みやぎボイス

333人による一人称の復興 ── みやぎボイス 2013-2016 総括
みやぎボイス 2016 ── これまでの復興とこれからの社会

みやぎボイス 2013　地域とずっと一緒に考える復興まちづくり
　2013年4月6日［土］7日［日］
みやぎボイス 2014　復興住宅のこえ
　2014年5月11日［日］
みやぎボイス 2015　復興で橋渡しをするもの
　2015年4月11日［土］12日［日］
みやぎボイス 2016　これまでの復興とこれからの社会
　2016年2月28日［日］

みやぎボイス連絡協議会　編
　公益社団法人　日本建築家協会東北支部宮城地域会
　一般社団法人　みやぎ連携復興センター
　一般社団法人　東北圏地域づくりコンソーシアム
　宮城県災害復興支援士業連絡会

鹿島出版会

目次

	みやぎボイスとは　みやぎボイス 2013-2016	3
1	333人による一人称の復興 — みやぎボイス 2013-2016 総括	4
1.1	混乱	5
1.2	復興に向けての体制の検証	6
1.3	復興を支えるお金の流れかた	11
1.4	意向調査と住民合意	13
1.5	復興計画・土地利用計画	15
1.6	住まいの問題	18
1.7	福祉の問題	27
1.8	地方都市における中心市街地の再生	30
1.9	沿岸部集落の再生	39
1.10	行政の在り方	50
1.11	普段の備え、事前復興、法整備の課題	52
1.12	専門家・支援の在り方、住民の在り方	55
1.13	フクシマ	58
1.14	今立っている場所	59
1.15	これからの地域の在り方、社会の在り方	60
1.16	復興とは何か？復興の在り方について	64
1.17	震災伝承・メディア	65
2	みやぎボイス 2016	70
2.1	開会の挨拶	71
2.2	ラウンドテーブル　Ⅰ	73
2.2.1	テーブルA　復興事業全般の課題の振り返り	74
2.2.2	テーブルB　中心市街地再生、地方創生の取り組み	74
2.2.3	テーブルC　半島部の生活・自治・なりわい・福祉の今と振り返り	74
2.3	ラウンドテーブル　Ⅰ　報告	143
2.4	ラウンドテーブル　Ⅱ	147
2.5		148
2.5.1	テーブルA　これからの社会の在り方、自治・生活・福祉	148
2.5.2	テーブルB　経済・なりわい・産業の再生	148
2.5.3	テーブルC　震災の伝承・風化、次の震災に向けての取り組み	216
2.6	ラウンドテーブル　Ⅱ　報告	219
2.7	閉会の挨拶	220
2.8	おわりに	222
2.9	主催・後援	223
2.10	事務局／文責	

みやぎボイスとは

みやぎボイス 2013 - 2016

東日本大震災が 2011 年の三月に発生したのち、2012 年の暮れ頃、JIA 東北支部では、震災復興シンポジウムを開こうということになった。当然、著名な数名の先生に登壇してもらい、震災に対する高い見識をみんなで拝聴するスタイルで企画が始まったが、次第に疑問を持ち始めた。

現実には、ひとつの地域だけをとっても、被災者、漁業者、農家、遠くから乗り込んできたボランティア、土木技術者や建築家のような専門家、学識経験者、一口に行政職員と言っても、そこに密着した行政職員から県、国など様々な立場の人たちが関わり、同じ場所の同じ目標を見つめていても、お互いの存在すら知ることもなく、意見を交わすこともない中で、どんどん現実の復興が動き始めている。

そこで、それらの人たちが一堂に会し、お互いの意見をぶつけ合うだけの、シンポジウムとも言えないシンポジウムを思い立った。開催に当たっては「そんな出鱈目なシンポジウムでは結論がまとまらない」と危惧する声も多くあった。当然、ひとつの結論に辿り着くことなどは目指すべきことではないと割り切った。現実の世界が結論に辿り着くことが出来ないのに、何故、シンポジウムにだけ結論が必要なのだろうか。参加する人数の多様さと話すべきテーマの多さから、シンポジウムはひとつの会場で、三つのテーブルでの議論が同時進行するスタイルをとった。当然、会場は雑然とし、人々の意見が複雑に交錯し聞き辛いものとなった。しかしそれに反して、ひとりひとりの意見や声は、自分自身から発したものとしてより立場を鮮明にし始めたと思う。

あれこれと企画のタイトルを考える中で、ふと頭に浮かんだのは Village Voice という雑誌である。このニューヨークの情報誌は日常の話題やニュースをジャンル横断的に扱い、新聞や既成メディアでは扱うことのなかった前衛カルチャーやリージョンカルチャーを牽引している。もはや震災と向き合うことが日常化していた我々の中で、ジャンル横断的な討議の場をこの名前にあやかって「みやぎボイス」と名付けることが自然に馴染んだ。

2016 年 10 月

333人による一人称の復興
みやぎボイス 2013-2016 総括

1

文責:JIA　宮城地域会　手島浩之

東日本大震災から5年を迎えるにあたって、この震災復興の全体像の把握を、冷静に試みる気持ちになった。自分の目で見たこと聞いたこと考えたこと以外のことは、国や県が客観的数値によってどこかの時点でまとめてくれるに違いない。しかし、当然のことではあるが、自分の目で見たこと聞いたこと考えたこと以外は真摯に記述することが出来ない。

そこで、みやぎボイス2016を機に、登壇者を中心に多くの方々に震災復興に関してのアンケートをお願いした。そしてその内容に追加補足するため、過去のみやぎボイス報告書をすべて読み直し、抜けている視点を抜き出していった。こうして集めたのが800項目以上の意見や想いである。こうして様々な立場の方の様々な想いや意見を集め、読み込んでみると、幾ら項目ごとに分類し並べ替えたところで、発言者の立場や視点の移動が読み手に把握し辛く、船酔いに似た不快感に襲われることが分かった。そして考えた挙句に、アンケートの発言と発言の間に、立場や視点の移動を読み手に誘導する「つなぎの短文」を挿入することにした。こうした経緯を経て、このアンケートはかなり変則的な集計の仕方なったことにご理解を頂きたい。

こうしてみると、このアンケートは、東日本大震災からの復興にまつわるひとつの長い文章であると同時に、多くの「当事者たちの主観の束」である。「当事者であることを放棄しない人たちの声」による全体像の把握を試みた、ということになる。

1.1 混乱

■あの地震が3月11日で、次年度予算がもう組まれていました。すぐに第2次補正予算で直轄調査が組まれましたが、実態調査が目的のひとつであるわけです。各県がばらばらで、どういう基準で集計してるかがはっきりしない、なので、どういう手を打っていいかわからない。だから早急に、同じ基準で実態調査をしろということだったんです。それが実際に、第2次補正予算でとれたわけですよね。その次にそれを踏まえて、その次の政策に対する予算を組むはずだったんです。しかし、それが11月になってしまったんです。ひとえに、次のステップまでに掛ってしまった、この6か月間が問題なんです。それが決まらなければ、政府が住宅に対する手当をどうしてくれるか分からなかったし、どんな事業制度でどれくらい市町村が負担するのか分からなかったんです。したがって全部止まっちゃったんです。なんで11月になったかっていうと、単に政治的問題で、6月に菅総理が辞めると言って、次の予算は次期政権で組むんだと仰って、3か月ずっといたわけです。ですから野田総理が入ったのは9月で、そこからようやく予算を議論しだして11月になったんです。単純に言えば、その6か月間が遅れているんです。（MV2016 日本大学/岸井隆幸）

■政府の悪口をあんまり言ったので、少し弁解しておきます。そのあと、都市局関係は地区担当者という役職を決めて、彼らは1週間に1度か2度、必ず現地に来て、実際に市町村の人と話をしながら、彼らのニーズを上に持ち帰って、中央の制度の動きを伝えて、次に何が起きそうかってことをやってました。これはお互いにすごく役に立ったと思います。ですから、何にもやって無かった訳ではないんです。それからプランニングのほうも、正直言うと地図がなかったんです。つまり震災直後に国土地理院が現況調査をしましたけど、それ上がってきたのが8月末ぐらいです。同じようにL1、L2の津波のシミュレーションをやりますってことになってたんですが、その数字の第1報がきたのも9月ぐらいです。だからそういう意味じゃあ、確かにそのプランニングをするリードタイム（所要時間）が必要だったんです。ですから「政治的な背景で半年遅れた」って言ったけど、そういう意味じゃあ、それだけが理由じゃないのも確かです。（MV2016 日本大学/岸井隆幸）

避難所

避難所の状況。大都市での避難所と、沿岸部の小さな集落での避難所の違い。

■そこに津波が起きて、まず避難所に行くわけですが、実はその避難所に行く時に、非常な混乱がありまして、コミュニティ単位で避難所には行ってません。バラバラになっています。それを仙台の場合には一時期、集約して、学校の体育館に行きますが、（学校の再開などで）大きな体育館などに移ってもらうことになり、それを集約したりして、元のコミュニティとはまた別のコミュニティというのがまたその避難所でも出来てくるわけです。で、今度は仮設住宅を作ると、これは早急に作らなきゃいけないってこともありますので、そういう意味では一定の空地として公園とか、そういったところを活用すると、その際には、仮設の住宅そのものも戸数っていうのは限界がありますから、元のコミュニティの方が、一斉にそこに入るとはいかない。そういうことで、新しいコミュニティが仮設でもできるわけです。（MV2013 仙台市役所/小島博仁）

■私、震災前から地元（北上町十三浜）小指地区の自治会の会長なんです。世帯主で構成している契約会で「契約講」というものが、いまだに地区で残っているんですね。十三浜には契約講が残っている地区は結構多いんです。震災の時に契約講の会長の任にあったことから、相川の子育て支援センターにみんなして避難して、そこで皆さんの世話役を延長して、避難所が解散するまでみんなと一緒に暮らしていました。（MV2013 建築家/佐々木文彦）

■震災時、しばらくずっと缶詰状態になっていましたけど、まず、携帯電話も使えず、役所にもどこにも連絡がとれない状況で、何を当てにできたかっていうと、集落ごとにある契約講でした。いつ連絡が取れるかわからないのでまず自分たちでできることをしようっていうので、残っている車が使えるように道路の片づけをしようとか、契約講の人たちの、家に残っている人たちが共同作業にでてきて、みんなやったんです。あと、避難所となった相川子育て支援センターは新しい設備ばかりで、何が困ったかっていうと電気が来ないってことなんです。トイレが一番困りました。しかし、契約講の割り当てで男たちは露天に穴を掘って、設備が整うまでそれで凌げるようにしました。水も、山の沢水が飲めるくらいきれいで、避難所だったところに、昔、山を開田した時に残っていた塩ビパイプを繋いで、3キロ先の山の中から避難所まで、3日で共同作業で水を引っ張れた、それがすごく助かったことです。（MV2013 建築家/佐々木文彦）

避難所の反省。

■ナショナルミニマムで、是非とも早く解決しないといけないのは避難所の状態です。あれはほんとに国辱に近いような状態で、あんなことをいまだにやってるっていうのは驚きです。体育館の床に雑魚寝で何週間、何か月も暮らすというのは…。（MV2016 立

命館大学／塩崎賢明）

■なぜ今あんなに避難所が国辱的で、あるいは仮設住宅はひどいかっていうと、避難所は災害救助法で1週間原則なんです。1週間の間だったらこれでも我慢できるだろうということで、避難所の水準が決められてるわけです。だからもし、1週間でなく、半年もそこに人を置いておこうと思ったら、最初からああいうものはすべきではないんです。仮設住宅も基本的には1年です。でも、安全率をみて2年と決めているので、本当は、2年の範囲で仮設からちゃんと出ていけるようにする責任があるんです、自治体には。（MV2016関西学院大学／室崎益輝）

<u>仮設住宅</u>

■1万世帯ほどが仮設にお住まいですけれども、その内、プレハブ仮設っていうのは1500戸です。それが以外は民間賃貸住宅に入っており、バラバラな状況です。数としては、2/3が仙台市民や元の仙台市民、1/3は他市町から来ております。福島県からも一万人弱来ております。（MV2013仙台市役所／小島博仁）

■5年も仮設住宅にいるとコミュニティが劣化して、まったく違う局面が出てくるっていうことに対して、やはり想像力はそんなに持ててなかったと思うんです。山のむこうに仮設住宅ができたりして、それ以上に広域での世帯分離を含めて、地域の崩壊がかなり進んでいます。時間の経過の中で何が起きるのかということをもうちょっと想像すれば、福祉部局も連動して動けたと思うんです。（MV2016東北大学／小野田泰明）

■あの時に省庁横断的なプロジェクトチームが組めて、連動して物事を議論できればもうちょっと違う局面になっていたような気がします。そうであれば、仮設に入ってる間を持ちこたえて貰いながら、どうやってコミュニティの劣化を防ぐかみたいな議論はできたと思います。（MV2016東北大学／小野田泰明）

■こんなに6割の方がみなし仮設にいるって、こんな災害は今までないんですよ。これを今後どう考えるかって大事なことであって、その中で起きてることが何なのかをぜひ解明していただきたいし、建設仮設とどう違うのかということははっきりといっていただきたいという気がします。（MV2016日本大学／岸井隆幸）

　建設仮設のこと。

■今回の震災前に、県では市町村といっしょになって仮設住宅を建てる場所というのを調査はしていました。大体7,000戸くらいについては、公共用地を中心に、こういったところに建てられるだろうという想定はしていたのは事実です。ところが今回、あまりにも被害の状況がひどくてですね、まして通信もできない、住宅を建てるための道路もなく、資材を運んだり工事をするためのルートも全部破断されているという状況の中で…（MV2015宮城県庁／三浦俊徳）

■避難所(体育館等)からの早期脱出のための二次避難、三次避難場所の想定が必要。宮城県では応急仮設住宅建設候補地をリストアップしていたものの、ガレキ捨て場や自衛隊の支援基地等で使えないところもあった。（国土交通省／楢橋康英）

■20,000戸の仮設住宅を建てるっていう状況になったときには、もう順番だとかなんとかっていうよりも、ともかくどこに建てて、どうやって資材を調達するかというのがそのときは1番優先されていたんだと思います。おそらくそういう中で、市町村によっては、じゃあ入居について、コミュニティ単位で入居させるとか、もしくは支援が必要な方を中心にまず入れましょうっていう話はあったんだとは思うんですけど、県の立場としてはそのときは本当にスピードだけの問題だったんじゃないかなと思います。特に避難所で、体育館とかで仕切りも無い状況を早く解消するというのが、そのときの一番の命題だったと思います。そういう中でも市町村が、ちょっとした工夫なんだと思いますけど、出来た仮設にどう人を入れるかについて、役場の中で考えていたところと、それに追いついていかなかったところとの差はあったんじゃないか、という気はしています。（MV2015宮城県庁／三浦俊徳）

■岸井先生が仰った空白の半年近くの間で、政府では復興構想会議をつくって、なんだかんだ議論して、最終的に出来上がった復興構想7原則というのも「東北の復興なくして、日本の復興なし。日本の復興なくして、東北の復興なし…」といった循環論法の非論理的なものが出来上がって…（笑）。ひとつひとつの議論は非常に参考になるものが多かったのですが、出来上がった東日本大震災復興基本法は、結局役人が無難にまとめたものになってしまいましたが、12月に施行されました。この基本法で優先順位を一応決めたわけです…（MV2016弁護士／津久井進）

　2011年（平成23年）4月14日に第1回「東日本大震災復興構想会議」が開催され、東日本大震災復興基本法が6月24日に公布・施行された。

1.2 復興に向けての体制の検証

<u>最初のスタート・都市局の直轄調査</u>

　そして、国土交通省都市局から、土木コンサルタント向けに、直轄調査「東日本大震災の被災状況に対応した市街地復興パターン概略検討業務」のプロポーザルポコンペが公示され、結果として、各被災市町に、土木コンサルタントが貼り付くことになった。

■都市局の直轄調査は、非常にありがたかったんじゃないかと思います。何故かというと、当時の被災自治体の職員の皆さんは、被災者の「いろんな意味での支援」に奔走しておられて、復興どころの話じゃなかったんですよね。そういう発注業務なんてできる余裕なんかなかったところを、国が代わりに復興計画の策定を発注してくれたと、いうことだと思います。（MV2016東北大学／平野勝也）

■国土交通省都市局の直轄調査により市町村を直接支援した。国の職員とコンサルと専門家をセットで被災市町村に派遣し、被災市町村に寄り添って復興マスタープラン策定を支援したことは有効であった。しかし賛否両論あり。（国土交通省／楢橋康英）

　都市局の直轄調査については、基礎自治体の人手不足や迅速であったことで好評だった面もある。しかし反省点も指摘されている。

■都市局直轄調査での市町村復興計画の策定支援は、土木的な発想での計画の根源ではないか？面整備と上物の不整合（住まい方等を考えない造成計画、面整備遅れによる上物の遅れ等の課題あり）を生んだ。（国立研究開発法人建築研究所／米野史健）

■面整備と上物の不整合を生んだ。住まい方等を考えない造成計画、面整備遅れによる上物の遅れ等の課題あり。（国立研究開発法人建築研究所／米野史健）

■比較的早く都市局は現地に入ったじゃないですか。それはすご

く素晴らしいことで評価するべきだと思っているのですが、逆に言ったら他の省庁とかも一緒に、もっと包括的に入れなかったかなって感じがするんです。(MV2016 東京大学 / 小泉秀樹)

　また、宮城県は宮城県で、独自の動きをしていたようだ。

■宮城県では、市町村の動き（決定）に先立ち、自治体別の空間的復興計画（図面）の試案作成を先行的に行っていたようだが、ある時期から（おそらく復興構想会議の方針が決まった６月後？）、止まってしまったよう。他県では、どうだったのだろうか？（東北大学 / 増田聡）

■宮城県は復興まちづくり計画のタタキ台を各市町村に提示（ゼロからの議論ではなく、タタキ台をベースに議論できたことは有効（国土交通省 / 楢橋康英）

大きな復興取り組み体制・復興庁の誕生

■震災復興の大方針の中で「今回は復興の主体を市町村とする」という方針が出まして、そんなこと言っても、果たして出来るのかということをずっと思っていました。といいますのも、財政状況も、マンパワー的にもどう考えたって足りません。とは言え、それを支援する立場にございますので、いろんな形で市町村に伺ったり、制度を紹介したり調整したりということをずっと続けて参りました。幸いにして復興庁が出来て、復興交付金という10/10の国のお金が付くことになりましたし、少ないとはいえ全国の自治体からの支援職員も来る形になりました。また、URや土木コンサルタントなどもどんどん市町村に入って仕事するようになり、辛うじてだとは思いますが、何とかここまで来ているのかなと思っております。(MV2015 国土交通省 / 脇坂隆一)

　2012年（平成24年）2月10日、復興庁の設置に伴い、東日本大震災復興構想会議は廃止され、復興事業の推進を監視する有識者会議として復興推進委員会が復興庁に置かれた。

　復興庁が設置された目的を明確化するうえで、現場担当者の以下の意見を最初に挙げたい。

■様々な市町村の漁業集落の復興を見た中で感じたのが、事業間調整の重要性及び市町村合併による地域特性に応じた復興の足かせであった。

■復興は総合行政なので、各省庁が個別にやっても効果がなかなか上がりません。それをどう繋いで、どうコントロールしていくかという意味で復興庁が出来たという経緯ではあります。(MV2016 国土交通省 / 楢橋康英)

■復興庁の役目としては、ふたつ大きな意味があるという気がしています。ひとつは予算についてです。自治体から、それぞれのタイミングに合わせて予算要求できるというのは、非常に大きな効果ではないかという気がします。もうひとつは、今まで基礎自治体が国と直接話をするということはなかったので、直接的に被災地の状況を、国に対して発言できること、そして国の方も、基礎自治体に直接関与できることは非常に良かったという気がします。(MV2016 元復興庁 / 石塚昌志)

■縦割り解消のために出来たのが復興庁でして、様々な問題を「ワンストップ」で解決しようという試みが復興庁でした。(MV2014 国土交通省 / 楢橋康英)

　復興庁の強み。

■復興庁が出来た一番の利点は「復興に特化して考える部署が出来た」ということだと思います。今、名取市の中でも、震災復興部というところがあって、復興関連のことをやっていますが、やはりそういう部署がないとうまく動かないんですね。名取市の中では、閖上というところが大きく被災し、復興の局面で非常に象徴的な場所になっています。名取市の中では閖上の人口は震災前でも10%を切っていました。そういう面では、閖上は、名取の中では１割でしかありません。市議会議員さんの数も、全員で21人いるのですが、閖上に関係する議員さんは２人しかいません。そういった中で、名取市全体の中で、復興をどう考えるかとなると、やはりある程度そういった専門の部署じゃないと前に動かないんです。今名取では、ようやく色々な事業が動き始めたのですが、そういう中で、震災復興部に入っていない分野、教育とか福祉といったところとどう調整するかというのが大きな課題になっています。そういった部署は結局名取市全体を見渡しながら仕事しなければなりません。「全体を見なければならない、復興だけに関わっていられない」というのが言い訳にもなっちゃうんです。(MV2016 元復興庁 / 石塚昌志)

　復興庁の反省するべきこと。

■目標があまり整理されないまま、復興庁がつくられて機能してしまったっていうことに問題のひとつがあると思います。そんな中で現在の復興庁の大きな役割は、復興費をいかに地方に流すか、的確に流すかということになってしまいました。(MV2016 元復興庁 / 石塚昌志)

■強引にまとめると、復興庁というのはある種「一本化した予算配布システム」であったということですね。要するに「一本化」の部分があまり議論されず機能しなかったので、「予算配分システムだけの機能」になってしまったのではないかという指摘もあります。(MV2016 東北大学 / 平野勝也)

■復興庁の生え抜きの人間はいないので、各省庁から寄せ集められて組織化されていて、その中での意思統一というか、相互の勉強や相互理解が不足していたのではないか、という反省はあるとは思います。(MV2016 国土交通省 / 楢橋康英)

■復興庁には，復興はもちろん，それに先行する災害対応の専門性が具備されていないので，自ずと，できることに限界があった。システムとしての専門性が不足していたのだから，民間の専門家をもっと数多く登用するという大胆さが求められていた。(弁護士 / 津久井進)

■計画を十分に練り上げるなど、復興を計画でコントロールしようという動きがあまりなかったですね。ですから復興庁自ら計画を縛っていこうっていうことはしていません。今、復興交付金計画の策定支援を受け交付金の計画も作りますが、それも予算のリストであって、思想を持った計画ではないんです。そういう面では復興全体を見据えることがうまく出来ていなかったのかなという感じがします。(MV2016 元復興庁 / 石塚昌志)

■復興庁では、国交省や文科省などから来た専門家が「この町はこうだから、こう戦略を立て、こうしよう」みたいな統合や総合調整を、多分やってないということです。やはりそれを復興庁がコントロールタワーとなって調整しないと、基礎自治体の統合力だけではとてもじゃないけど巨大な組織の統合は難しいと思います。(MV2016 東北大学 / 小野田泰明)

しかし、ワンストップ機能を果たすはずが、もうひとつステップが増えてしまったとの指摘もある。

■復興庁の存在意義に疑問がある。直轄官庁と話せば理解が早くなるものを仲介するため理解させるには時間を要す。(石巻魚市場 / 須能邦雄)

■専門性は"縦割り"と揶揄されることもあるが、それらの専門性を横串するまとめ役により有効に機能させることが必要。コントロールタワーとしての復興庁の功罪を総括し、より適切な仕組みづくりに活かしていくことが求められる（国土交通省 / 楢橋康英）

■国家システムとしての復興体制について。有事の際の救援活動には国家レベルでの体制構築が出来ているが、復興体制は基本的には基礎自治体を主とした体制でしかない。職員派遣、現地での復興対策本部など今回の復興庁活動の検証も含め必要。(パシフィックコンサルタント / 安本賢司)

国、県、市町の三層構造の役割分担が整理されておらず、混乱したとの意見もある。

■そういえば2011年の段階だと石巻市が独自で発注している復興計画と、国の直轄調査と、（県も石巻地区の復興を考えなければいけないので）県の復興計画と、3つの復興計画がバラバラに動いていたという時期がありましたよね。(MV2016 東北大学 / 平野勝也)

■復興庁が県の役割も吸収し、一元的な調整機能を持った組織とすればよかったのではないか？

■直轄調査を国が出てきてやったわけですが、県が直轄調査なり、復興計画の策定支援の最前線に立つという状況だってあったと思うんです…(MV2016 京都大学 / 牧紀男)

■本来的に復興庁が必要かどうかを考えると、今回3県被災なのでそういう意味では復興庁がいるのかなと思わなくはないですが、やはり復興庁というか復興における調整機能っていうのはすごく重要ですが、それを宮城県が復興局を作って、そこでマネージメントをして、そこに金を持って来るということも、もうひとつの姿としてあったのかなと思うんです…(MV2016 京都大学 / 牧紀男)

■県がどうだとか国がどうだとか言う話ではなく、市町村の行政機能がないときに、全体をかなり強力に推し進めるための組織が事前に考えられておくべきかという議論が重要だと思います。(MV2016 宮城県庁 / 三浦俊徳)

そうした復興庁の問題の多くは、国の体制の移行期、地方分権への移行期にあったことに原因があるともいえる。

■地方分権が始まっていて、国がどこまで出ていいのかわからない、逆に市町村の方も今までやったことのない、国や県にお願いをしながら市町村がイニシアチブをとって復興を進めていかなければならないという状況で、基礎自治体の方も随分戸惑いながらやっていたのかなという印象はすごくあります。(MV2016 東北大学 / 平野勝也)

■中央官庁の関与の関与の仕方が課題。中央官庁の意向により地元が混乱した感がある。責任と権能のバランスを確保することが重要（国土交通省 / 楢橋康英）

「査定庁」という揶揄。

■一般には便乗事業というのかもしれませんが、100％国費だから、あれもこれもやらせてくれ、といっぱい出てきて、それで復興庁も査定せざるを得なくなった、という部分もあると思います。査定庁と言われ悪口を言われても、叩かざるを得なくなった。それは「100％国費がモラルハザードを起こした」みたいな論調をよく聞きます。(MV2016 東北大学 / 平野勝也)

「100％国費」の是非

先ずは何故、「100％国費」となったか？

■基本的には市町村の事業に対して、その財政力指数に応じて支援をしていくっていうのが災害時の国の考え方で、今回非常に財政力の弱い市町村が多かったので、結果的に100％国の支援ということになってしまいました。それに法制度の問題については、制度が悪いというよりは、使い方・運用の問題であり、使いこなす工夫があれば、十分に制度の使いようはあったのではないかと思います。(MV2016 国土交通省 / 楢橋康英)

■復興交付金ができた当時の経緯からすると、災害の場合は、ふつう1/2補助からはじまって、各市町村の財政力、被害の額の大きさによって、60％70％80％と上げていくんです。今回の復興に際して、被災地の各市町村と財務省で調整をしたところ、とてもじゃないけど復旧で手いっぱいで復興には金が回せないということで、100％になったと聞いています。(MV2016 国土交通省 / 楢橋康英)

「100％国費」が招いてしまったモラルハザード。

■逆に言うと、そういうその震災復興で災害を受けたことの大変さをあとで背負っていくっていうことは、災害前にそういう被害が起きないための投資にもつながります。被災してただで復興できるのであれば、防災事業をする方が損ということにもなりかねません。(MV2016 京都大学 / 牧紀男)

■ひとつは「何でもかんでも申請してしまう」モラルハザードの問題もありますし、もうひとつは事業を進める中でも工夫をしなくなることです。こうすれば事業費を圧縮できるという工夫をしなくなるんです。(MV2016 パシフィックコンサルタント / 安本賢治)

■今回の100％国費負担によって、なにかあれば国が100％見てくれるという風潮になってしまうと、自治体自体が考えなくなってしまいます。それが本当に目指している地方分権なのかという部分も重要です。別に用意できなければ、無利子の貸付でもよかったと思うんです。(MV2016 パシフィックコンサルタント / 安本賢治)

■金貸しでも良かったのではないかということになると、今度はまた、借金の限度額っていう縛りがあります。今回の被災地のような財政力の弱い市町村では、そちらもいっぱいいっぱいだったので、これ以上借金できないという状態でもあったという中でどうするか、という問題も出てきます。(MV2016 国土交通省 / 楢橋康英)

■復興予算を全額国費で賄う方針が採られたため、市町村の予算制約は消え、復興を大きく加速させた。しかし裏腹に、復興事業の選択や実施で一定の制約と国の関与を残すこととなった。復興特区制度の「国と地方の協議会」に典型的に表れているように、被災当初に考えられていた柔軟な対応の多くは、むしろ具体的な復興事業が本格化する中で埋没し、自由度を失ってしまった側面も強い。(東北大学 / 増田聡)

地元負担があることによって生じた「コスト感覚」

■災害公営住宅には、地元負担があるっていうことと、「家賃収入があるから収益施設でしょ」っていう発想がありましたね。災害公営住宅と下水道に地元負担があったのは、それは両方共収益施設だからですね。特に災害公営住宅は、将来的に空家が増えて、維持管理費が自治体財政を相当圧迫するだろうと言われていました。やはりハコモノは維持管理費が相当かかりますから、そこで随分抑制的に働いたっていう気はしますね。(MV2016 東北大学 / 平野勝也)

■(事業調整の大変な話は基幹事業の話なので)財源を心配せずにどんどん復旧復興を進める基幹事業の部分と、地元負担してでも新しいまちづくりをしたい、という効果促進事業の2段階の体制は、理にかなっているのかなと思います。(MV2016 岩沼市副市長 / 熊谷良哉)

少ないながら「100％国費」の効能を挙げる意見もあった。

■被災をしてまちが動くということはすべてのインフラを作り直すわけで、それぞれインフラの種類ごとに縦割り、役割分担してますので、その縦割りの状態の中で、全員一括で解いていかないと解けないんです。しかし今回は県の事業もなにもかも100％国費が前提だったので、お金のことを気にしないで、ザクザクと設計の調整だけで進められたっていうのはものすごいメリットだったと思うんです。(MV2016 東北大学 / 平野勝也)

■制度的に難しいのだろうが、Value Engineering 的に、市町村のアイデアで経費節減ができたとすれば、その一部を地元に残しつつ、残りは国庫に返すというような方式は考えられなかったのか？ 例えば、復興庁・現局の査定で10億円かかるとした部分を、8億事業で済ませたなら、1億ずつ節約分を分けて、国に1億円返し、地元で1億を、別のより効果的な別事業に振り向ける、とか。(東北大学 / 増田聡)

復興の主体について

復興庁と基礎自治体の役割分担の話にしろ、費用負担の考え方にしろ、「復興の主体はどこか」から発する問い掛けである。「復興の主体」を整理する必要がある。

先ずは大きな潮流として「地方分権」という流れがある。

■大規模かつ広域的な震災については、政府の積極的な関与が必要だが、「まちづくりの主体は市町村である」との地方分権・地域主権の流れにあったことから、非常時の国と地方公共団体との連携・役割分担を考えておくことが必要。(国土交通省 / 楢橋康英)

■国が「国民主権」というシステムを採用して、根源的な主体が「国民」だと決めて、その意識が定着しているのだから、被災地の復興の主体は、当然、「被災者」だという建前を意識しないといけない。その意識が全体に薄いように感じる。(弁護士 / 津久井進)

■被災者の最も近くにある基礎自治体こそ、減災や復興の中心的な担い手となるべき。多くの権限や財源を自治体に与えて復興を進めるようにしなければならない。東北地域の（中央に対する）従属的な立場を払拭すべき。(関西学院大学 / 室崎益輝)

■「復興計画は市町村を中心につくりなさい」というのが、復興の枠組みだった。地方分権が始まっていて、国がどこまで出ていいのかわからない、逆に市町村の方も今までやったことのない、国や県にお願いをしながら市町村がイニシアチブをとって復興を進めていかなければならないという状況で、基礎自治体の方も随分戸惑いながらやっていたのかなという印象はすごくあります。(MV2016 東北大学 / 平野勝也)

■今回もそうだったんですけど、復興の主体は市町村、基礎自治体だということでやってきました。それでやってきたんですけど、それの評価できる面と否定的な面があるんじゃないかと思うんです。評価できる面はもちろん地方自治であって、住民に近いところの基礎自治体が主人公になるっていうことです。これは当然だと思うんです。しかし他方で、実際その市町村にそれだけの力量があるのかと考えると、そうでもないわけですよね。それとやはり市町村は住民に近いだけに、住民の要望に対しては弱いし、既得権益に対しても弱いので、全体が衰退している局面でも人口増を前提に計画をしたり、どうしてもそういうふうになる傾向があります。(MV2016 立命館大学 / 塩崎賢明)

■市町村が策定主体という方針はその通りではあるが、もう少し、広域的調整の可能性もあったかも知れない。福島は、県による市域を越えた災害公営住宅の建設はあるが…。(東北大学 / 増田聡)

■復興交付金の規模に対応する人的資源の支援策不備（派遣者の確保、活用が必要）(宮城県建築住宅センター / 三部佳英)

そのうえで、矛盾するようだが、下のような意見もある。

■他方で国のほうは市町村が主体だというんだけど、僕やっぱりナショナルミニマム（国が保障する最低限の水準）も必要かなと思うんです。つまり、市町村によってえらくばらつきがでるのはやはり良くないと思うんです。原因が地震とか津波であり、市町村に関係なく原因があるわけなので、それで被害を受けた人が市町村によってえらく救われる程度が違うのはやはり変だと思うんです。(MV2016 立命館大学 / 塩崎賢明)

基礎自治体への権限移譲、基礎自治体の自由裁量とナショナルミニマルについては、整理する必要があると思われる。

■自治はものすごく大事です。国と自治体の関係は、学校の先生と生徒の関係です。生徒の宿題を国がやってはだめです。国の役割は、基本的には自治体がちゃんとやれるように励まし、育て、サポートする。自治体はそれに応えてしっかりやる。災害の中でもどんどん成長しているので自治体は絶対できると思うんです。(MV2016 関西学院大学 / 室崎益輝)

■「回復力のあるコミュニティ」の力。個人，家族，地域，生き続けようとする以上，必ず災害被害から復元しようとする力をもっている．この力を見いだし，復興の主体としていかに関係を培っていくか，その方法論が問われているように思う (首都大学東京 / 市古太郎)

復興の前提となる議論・安全の基準について

「何をどう守るか」という大きなルール。

■今回の津波が来ても大丈夫なまちをつくりたいと、そういう安全性でやりたいと一番望んだのは、僕は民主党政権でもなければ、国交省でも、専門家でも、土木屋でもなくて、被災者の方々だと思っています。(MV2016 東北大学 / 平野勝也)

■住民の大多数の意見は、あの津波を見た以上、安全なところで安心して住みたいということだったと思います。それに、今回の

復興の最大のテーマは「被災者の視点に立って」ということだったと思います。ただ、これから時間がたってどう気持ちや状況が変わってゆくか、そのあたりを見据えながら取り組んで行くべきです。(MV2013 東北大学 / 姥浦道生)

■皆さんは、むしろ矛盾した制度の中で何とか工夫してやっているということだと思いますが、「安全は担保されています」だとか、「皆さんにとって一番良い選択が用意されています」だとか、そのように言っているようにも聞こえてしまう。今後、高台移転地の将来像がどうなってゆくのかなど、今後進まざるを得ない道が、私にはまったく見えていません。なぜ、もう少し、ぶっちゃけた議論ができないのか、ぶっちゃけた共有が出来ないのか…、(MV2013 日本放送協会 / 大野太輔)

■さらに言えば、(今回の震災で) 安全ということに対しても、１００パーセントではないということも明らかになったということだと思う。新たにできる防潮堤についても、まるで安全だと説明しているように聞こえてしまう。「どこまでだったら行政が担保します」「これ以上は住民がリスクを負いましょう」というようなことを含めた住民合意や議論が必要ではないかと思います。(MV2013 日本放送協会 / 大野太輔)

■今回の話を聞いていて、メディアにも責任はあると思うが、二元論でやり過ぎだと思います。行政の説明もメディアも「安全か、安全じゃない」か、「賛成か反対か」、という風な議論に陥ってしまっています。(MV2013 東北大学 / 平野勝也)

そして、「総合的判断の放棄」とも揶揄される状況が生まれてしまう。

■津波シミュレーション絶対主義 (総合的判断の放棄) の問題 (地域計画研究所 / 阿部重憲)

■安全性と土地利用計画で一番難しい問題は、次のようなことだと思っています。本来的には安全というのは、防潮堤の話だけではないし、土地利用の問題だけでなく、いろんな手段を使ってどう確保するのかということだと思います。土地利用の問題も、安全性だけで決めていい問題ではありません。ましてや４００年に一度の災害のために決めてよい問題ではない。リスクの問題があるが、どれだけ利益があるのかを考えながら、決めて行くべきだと思います。本来であれば、いろんなことを考えながら、最終的な安全性の担保を決めなければならないところを、今回は時間が無いので、安全性については防潮堤と土地利用ですべて解決し、それですべて安全ですという話になってしまっています。土地利用については安全性の確保の為に３９条を掛けて、すべて一義的に拘束してしまっている。そのあたりが問題だと思います。本当はもっと総合的に考えなければならないところがそうなっていない…、(MV2013 東北大学 / 姥浦道生)

■L1、L2に代表される議論が急きょ行われ、それがスタンダードになって復興が進められ、安全至上主義と言いますか、シミュレーション至上主義みたいな、そういう感覚がものすごく強くなってきてる気がします。むしろ「0か、1か」という議論ではなくて、僕たちは様々なリスクの中で暮らしてるので、どれだけリスクを許容できるかに焦点をあてることによって、空間的にも地域社会的にも自由度がある議論もできるし、これからの社会の在り方について、多くの選択肢が生まれると思います。(MV2016 東京大学 / 加藤孝明)

■ (津波シミュレーションは) ある仮定をおいた仮想的なアウトプットに過ぎないこと、条件を変えれば別の結果が出ること、自治体毎に (実はかなり) 条件設定が違うこと、隣の自治体のシミュレーションとは整合性を見ていないこと (仙台と名取では)、ある自治体の津波対策 (防潮堤、二線堤、盛り土等) が隣接自治体に＋－の効果 (被害) を及ぼす可能性があることなど余り議論されていない。その一方で、浸水深２ｍであるか否かが、過度に強調された。(東北大学 / 増田聡)

今回の震災復興では、津波シミュレーションにより、行政が安全と危険の線を引いてしまった。そのことにより、住民が安全を享受する側に追いやられ、行政は一方的に安全に対して責任を負ってしまう不自然な状態が出来あがった。本来、安全と危険は一本の線で線引きできるものではない。(ある意味ではすべてが) 大きな灰色の濃淡で構成されている筈である。絶対の安全も絶対の危険もない筈の自然な状態が、人為的に不自然な状態に置かれてしまっている。

様々な矛盾をはらみながらも大きな流れは決まってしまう。

■今回の中央防災会議で、Ｌ１、Ｌ２をどう考えるかっていう話で、L1は防ぐけど、L2は逃げましょうっていうふうになったはずなんだけど、実質はL2にも対応するような形で、都市計画が進められていて、閖上なんかは全くそこら辺のグレーゾーンで政治家の意図と共にあっち行ったりこっち行ったりしてるという状況だと思いますけども、これはいまさら議論してもしょうがない、現場に出ている人間は中央防災会議のルールに従うしかないんですが…(MV2013 東北大学 / 小野田泰明)

■やはり「2・2ルール」が問題だったのではないかと思います。もしくは2・2ルールは、あるところにはうまく適用できたけど、本当は適用しちゃいけなかったところにも強引に適用しちゃいました。その結果、非常にコストパフォーマンスの低い嵩上げの計画があちこちで起こって、国の富が浪費されて、誰も使わないような区画整理地がこれから膨大に出現するような状況を迎えようとしています。2・2ルールの適用と、安全をどう考えるか、その線引きが正しかったのかどうかについて議論できないかと思います。(MV2016 東北大学 / 小野田泰明)

２・２ルールとは『レベル１ (数十年から100年に一度の津波) は、防潮堤で浸水を阻止するが、レベル２ (数百年から千年に一度の津波) の津波災害では、浸水自体までは避けないというルール。当初案では、レベル２津波に対しては逃げることで命を守ることを前提に、シミュレーションで浸水深「２」ｍ以上の地区は、災害危険区域として居住用には利用せず、他方、「２」ｍ未満はまちづくりの対象 (商業、工業用地など) とする。「津波水深2ｍ以上、津波流速２ｍ／ｓ以上」で家屋の倒壊率が急激に高まるという越村俊一 (東北大学) の研究／調査知見を基礎にしている。』(東北大学 / 増田聡)

何故そうなったのか？

■「高台移転を前提にしたL2防災まちづくり」については、都市局と河川局の間に温度差があったんです。要は、水管理国土保全局が中央防災会議の後ろで事務局をやってますが、ここの安全性の議論と、随分早い段階で自治体に入っていた都市局サイドの議論とが合わなかったんです。L2防潮堤を作るわけにはいかないですから、それをどう止めるかって一生懸命頑張ったのは水管理国土保全局であって、地元の住民の意見をよく分かってるのは都市局サイドで、「L2で万全なまちづくりをしよう」って言わざるを得ない。だから、そういうふたつの温度差で動いてしまったことが最大の失敗で要因です。(MV2016 東北大学 / 平野勝也)

■今回の津波を止めるようなとんでもなく高い防潮堤を作るのをやめた結果、言ってみればお金をセーブしたんです。そんな無茶なことをしないという大英断をして、L1防潮堤とL2防潮堤に分けることによって、基準を下げたんです。下げた結果、今度は民意との話が完全にずれてしまった。「今回の津波が来ても大丈夫なようにしたい」という民意を実現するために、高台に逃げたり、二線堤を作ってその内側に住むっていう防御システムを組まざるを得なかった。そういう本質的な矛盾ですね。防潮堤はL1しか守りません、でも、L2でも大丈夫なまちづくりをしたい。その結果、今のような混乱が生じてしまったのだと思います。(MV2016 東北大学/平野勝也)

何をどう守るかについての「社会的了解」の必要性

■「安全、危険の線引き」について、それに対する住民の合意形成が無かった、ということが良くないと思います。安全については、行政でやるべきだという話は当然あるべきだと思いますが、だからと言って専制的にやって良い、という話ではないと思う。そこが住民合意形成の根幹にかかわる問題だと思います。(MV2013 地域計画研究所/阿部重憲)

■だから、この国がどこまでの防御施設をつくって安全性を確保するべきか、つまり防御水準に対して、国民的合意という意味で、無頓着すぎたのかなって思います。災害に対して、努力義務でもいいからどの程度まで行政サイドが頑張るべきなのかという話が何にもなかった。泥縄式に決めたってところが良くないと思います。(MV2016 東北大学/平野勝也)

■これまで、耐震基準は地震があるたびに見直していて、実はそれでコストが上がるんですよね。例えば耐震基準が変わったら、それですべての建設コストも上がるわけです。それに対して、それは安全過ぎるんじゃないか、過剰ではないかという議論に何故ならなのか。世の中にはもっと本当はいろんなトレードオフのやり方があるので、そういう国民的合意って、あっても良かったんじゃないかなと思います。(MV2016 東北大学/平野勝也)

■自然災害のリスクに対して、結局公共としてどの程度面倒をみるのか、もしくは面倒を見ないのかまで含めて、きちんとした合意を事前に取っておくっていうある種のドライさが必要だと思うんです。(MV2016 東北大学/平野勝也)

災害リスクに対して、「ソフト、ハードを様々に組み合わせた複合的対処」の可能性も指摘された。

■ヨーロッパなんかはPPRっていう浸水可能エリアっていうのを決めて、そこを国家保険で保障しているということがあります。低頻度災害への保障っていうのは保険が一番いいっていうは当たり前のことになっています。ただ津波っていうのはスパンが長くて、保険で保険料を算定できないっていう、問題があるにはあるんですけども、ヨーロッパみたいな「水害で、30年に一回とか10年に一回」というような、気象については割と精緻なデータが整っていて、リスクはある程度、交通事故と同じように見積もることが出来るんですが、津波に対しては、ましてや原発事故なんて言うのは、ちょっと難しいんですけども、やっぱり低頻度災害っていうのは保険が結構効くはずだと思います。(MV2013 東北大学/小野田泰明)

1.3 復興を支えるお金の流れかた

…政府が東日本大震災の復興に使うために一般予算と別に設けている予算。安倍政権は「5年で25兆円」と計画する。このうち10・5兆円は「復興増税」でまかなう。今年1月から25年間は所得税に所得税額の2・1%分が上乗せされる。14年6月から10年間は住民税に年に1千円が加わる。(朝日新聞 2013.06.03)

復興計画を支える制度
ハード中心の復興基幹事業となってしまったことの是非

■創造的復興を目指したが、復興予算に関係する制度は新たな挑戦を支援する内容ではなかった。復興交付金に当てはめた計画ばかりで、被災地の権限もなく、金太郎飴のような復興になった。県の市町の支援体制も弱い(気仙沼市議会/今川悟)

■旧来のハード中心の復興基幹事業(5省40事業)となってしまったことの是非は問うべき。(地域計画研究所/阿部重憲)

■これまでも復興交付金効果促進事業の基本となる基幹事業に経済産業省省のメニューがなかったことの限界を指摘する声もある。カネの出所と引き換えに使途を制限していた本制度の、本当の意味での運用柔軟化も必要だろう。(東北大学/増田聡)

■復興事業の5省庁40事業は不足。経済省が入っていないため生産から消費までの一貫性に問題があった。(石巻魚市場/須能邦雄)

■使ってる40の事業費っていうのは元々国が持ってる制度ですから、どんな復興でもそれを使うというのが基本です。それ以外のところは、中越地震の復興の場合は基金ですし、今回は効果促進事業です。ということでお金の流れについて、何か大きな違いがあったということはないのかなと思っています。(MV2016 京都大学/牧紀男)

では、中越復興の際の「基金」、今回の「効果促進事業」とはどういったものか?

■中越の被災地は、正直言って、潰れそうな地域だったものですから、持続可能なまちづくりということが一番大きな課題でした。それでやはり、その当時、みんなで議論してつくったのが「(公益財団法人)山の暮らし再生機構」というある種のプラットホームをつくって、そこで人づくりをやりましょうと考えました。復興支援員という制度をつくり、行政と地域の間に入って、様々な活動をして貰うようにしました。同時に、そういったことを実現する資金が大変なので、それについては県の方で、「(公財)新潟県中越沖地震復興基金)」というのをつくって頂き、非常に活用させていただきました。要するにマンパワーに対する支援です。また、なかなか公共ではできない領域もあります。たとえば、みんなの心の拠り所になっている神社の再生などは、普通、宗教施設という側面もあり公共のお金は入れられないのですが、基金をつくることによって、神社を再生することもできます。「集落の象徴であり、心の拠り所である神社が再生されるんだったら、村に帰ろう」という声は、多くあったように思います。(MV2015 元長岡市復興管理監/渡辺斉)

一方で、効果促進事業について石巻市役所HPに以下のような記述がある。「復興効果促進事業は、被災市町村の自由な事業実施による市街地の再生を加速するため、復興交付金事業の基幹事業と関連して実施する事業等に一定割合が国から一括で配分されるものです。被災

市町村が実施する　(1)　防災集団移転促進事業、(2) 都市再生区画整理事業、(3) 市街地再開発事業、(4) 津波復興拠点整備事業、(5) 漁業集落防災機能強化事業の事業費の20パーセントが一括配分されるもので、承認を受けることで交付決定前に事業を実施することができます。」

民間活力を利用した復興も模索するべきではないかという指摘もあった。

■「海外の支援も使った復興」もあったのではないか。それほど税金がふんだんにある分けではなく、大手NGOを主力とするような復興があっても良かったな。画一な復興ではなく、多様な復興、地域ががんばる復興となったと思う。(京都大学／牧紀男)

■個人的アイデアですが、UNochaのような組織が、海外被災地でのように、もっと積極的に、独自の情報収集と発信を行うことも出来たはず（大学等、研究機関の怠慢？）。3県が同一条件でデータ（復興実態／意識調査）を集めていないため、比較できない。神戸に、OCHA Japanがあるのに…（東北大学／増田聡）※ UN OCHA：国際連合人道問題調整事務所（UN Office for Coordination of Humanitarian Affairs）は、国際連合災害救済調整官事務所（UNDRO）及び国際連合人道問題局（DHA）を母体とし、1992年に国際連合総会決議46/182によって設立された国際連合事務局の一つ。OCHAは、さまざまな自然災害・紛争災害の場で人道援助活動を効果的に行えるようにするために、他の国連・国際機関や政府と協力して調整するのが主な役割である。

■復興状況のモニタリングという点では、NIRA（総合研究開発機構）による市町村別の復旧・復興インデックス作成（「生活基盤の復旧状況」と「人々の活動状況」の指数化）の試みが重要であったが、2014年9月「震災後3年目の被災地の姿をデータからみる」の報告をもって、データ更新・指標公表は終了した。他方、復興庁『復興の現状と課題』等が示す数値の多くは、マクロな工程管理向けの県別集計値であり、地域差を考慮したきめ細かい議論や生活実感を伴う現場対応には不十分である。その点で、(公財)地域創造基金さなぶりによる「次の5年をデータから読み解く」等の活動が期待される。（東北大学／増田聡）

■そろそろ民間企業の出番なんじゃないかと思っています。IBMや、企業さんたちがせっかくあのときに来てくれたんだから、いまこそもう一度来てもらって、しっかりICTを使った見守りもあるだろうし、新しいことも企業の力を借りてやるっていうことがすごく大事なんじゃないかと思います。(MV2016 日本大学／岸井隆幸)

震災復興における支援策・融資制度

■さらに二重ローン対策を皮切りに、税の減免（復興推進計画）やグループ補助金、津波・原子力災害被災地域雇用創出企業立地補助金、ふくしま産業復興企業立地支援などの制度導入が進んだ。資金的対応を中心に、被災地での設備投資や企業立地の促進誘導を目指したソフト対策の面でも過去の災害時とは全く異なる多額の国費が投じられた。（東北大学／増田聡）

■被災事業者に対する二重ローン支援や，事業再建の総合支援を行うために，東日本大震災事業者再生支援機構が立ち上げられたが，地域の復興の枠組みとは必ずしもリンクをしていないような印象がある。利用も予想を大きく下回った。なぜそうなったのかについても検証が必要。（弁護士／津久井進）

■被災企業の再稼動支援（グループ補助金等の活用）・新制度としての「グループ補助金」による産業再生の効果発現（宮城県建築住宅センター／三部佳英）

■再建資金の調達面で中心的役割を果たしたグループ補助金に着目すると、年月までに638グループに対して国費3151億円（県費と合わせて4727億円）が投入された。この5年間の予算規模拡大により合わせて1万を超える事業者に補助金が交付され、被災企業の再生に大きな役割を果たした。制度導入当初は、グループを編成して補助金申請を目指す中で、地元商工会・復興支援団体など を介して異業種交流の促進や 新しい地域経済の姿の模索がなされていたはずだ。（東北大学／増田聡）

■グループ補助金の導入対象として①経済・社会的な基幹となり、地域の復興などに不可欠な企業群②事業・雇用規模が大きく、経済・雇用への貢献度が高い企業群③わが国経済のサプライチェーン（供給網）上、重要な企業群④地域コミュニティに不可欠な商店街——などが掲げられている。実際に補助金がどれほど成果を挙げたか、有効性や効率性はどの程度か、グループとしての将来目標をどこに置き直すかなど、改めてその政策効果の検証が必要だ。（東北大学／増田聡）

今回の住宅金融支援機構などを中心とした施策では、自力再建者に有利な制度整備などが徹底されていたように思う。それがうまく浸透したかで、地域の未来に大きな差が出る。

■七ヶ浜なんかは自分たちでエクセルファイル作って、自力再建にしたらこれくらい資産形成ができて、災害公営住宅入ると、当面は楽だけど、最終的には損をするよっていうのをシミュレーションして、それで対面で丁寧にディスカッションしながら、災害公営住宅の数を減らしたんだよね。（東北大学／小野田泰明）

また、今回の住宅再建の提案では、個々人の復興の進捗度・状況に合わせて、「小さく建てて大きく育ててゆく」手法の提案などがあったが、住宅融資の仕組みがそういった多様な再建の方法を阻んでしまった。

■日本では非常にファイナンスが発達していて、住宅ローンさえあれば資金が十分じゃなくても、ある収入の見込みだけで一発で家を建てることが出来るんです。逆に住宅ローンがあるから商品としての住宅が進行したって側面もあるんですが、でもそれが完全に成熟しているがために、復興の場面でも、とにかく一発で復興しなきゃいけない。盤整備をし、100坪の敷地に60坪の住宅がいっぺんに建ち上がらなければいけないという、そうすることが正しい復興だというふうに日本ではなっているんです。しかし、必ずしもファイナンスの仕組みが整っていないインドネシアなんかでは、現金を配って、それでとりあえず小っちゃい家を造れと、小っちゃいうちをとりあえず現物支給みたいに造って、あとは、皆さんの力で、貯蓄をしてくださいと、地元の大工かなんか使って、増築をしていってくださいと、あとはあなたたちの自力で何とかしてくださいと。そうすると何が出来るかっていうと、小さい家なので地域の生産力を使ってつくって行けるし、そこに住まわった人たちのモチベーションっていうかインセンティブにもなるし、かつ、今我々が直面しているピークカットと言いますか、今は一発で建てるやり方で復興をやっているので、復興のピークが一度の集中してしまって結局労務単価が1.8倍とかになって、せっかく国民から集めたお金も、ほとんど無駄にというか、倍のお金を積まないと家を建てられないようになっちゃってるわけです。（MV2014 東北大学／小野田泰明）

お金の使い方を、シンプルに考えると…

■本当にものを作るのなら、スピードを重視しちゃったら拙速的なものしか出来ないです。本当にスピードを重視するんだったら、ものを作るんじゃなくてお金を渡しちゃえばいいんですよ。復興っていうまちづくりも当然大事だけど、同時に被災者の生活再建が大事なわけですから、スピード重視するのであればお金をどんどん渡しちゃえばいいじゃないですか。25兆円あって、仮に被災者が25万世帯だとすると、割ったら1億円ですよ、1億円全部渡せとは言わないけど、10分の1の1千万円でもいいと思うんです。（MV2016 東北工業大学 / 新井信幸）

■持ち家政策に乗って建てた家は保障されない一方で、高台移転と巨大防潮堤には1戸あたり換算でも数千万円が費やされる不可思議な制度を、どう議論したらいいのか。インフラに投入される資金を被災住民や被災地に直接手渡せばもっとうまくいくという話を何度も聞いた。（2016 横浜国立大学 / 小嶋一浩）

■日本は個人の財産形成に税金を投入できない建前があるので、どうしてもそういう形になっちゃってお金はなかなか直接被災者に撒けないんです…。しかし世界の中にはそういうことをやってる国もあって、先進国では、ハリケーンカトリーナからの復興を経験したニューオーリンズは、ロードホームプログラム（Road Home Program／州の住宅再建支援制度）っていうので、被災者に直接お金を渡して、自力再建を集中的にやっています。でもなにが起こってるかというと、途中で使っちゃって建物が建たないんです。渡したお金が次の社会資本にならなくて、フローになって消えちゃうんです。（MV2016 東北大学 / 小野田泰明）

■例えば失業保険を延長した結果、被災者のために良かったという声もある一方で、パチンコ屋が儲かっただけだって批判する方もいらっしゃいます。かえって労働意欲を失わせてしまったのではないかという声も聞きます。ただ、本当に仕事がなくて困っていた方もおられたことは確かでしょうから、どっちが良かったと簡単に言える話ではありません。（MV2016 東北大学 / 平野勝也）

1.4 意向調査と住民合意

意向調査の重要性と難しさ

■いろいろなことを積みあげていく大元が「民意調達」です。ちゃんとした「民意調達」があれば行政も動きやすいし、コンサルも動きやすい。ちゃんとした民意調達は、行政や専門家にとって動く明解な根拠になるようです。（MV2016 東北大学 / 小野田泰明）

■アンケートというのは、地域が元々持っている方向性や意図、この地域はたぶんこうまとまるだろうという意図をもってつくらないと絶対まとまらないと思います。それにはその前段階として、地域にしばらく入り地域を知ってる必要もあります。また、そのアンケート結果をもってじゃあどうするかっていうことも、「たぶんこの地域であればこういう選択をするだろう」ということを見越したうえでまとめてゆくことが必要だと思います。そういうように運営していかないと絶対意見集約なんか出来ないだろうと思います。多数決なんかで決めたら良い意見集約などは絶対無理ですし、そういう意味で土木の前の段階から始まって、運営の最後まで面倒を見るような専門家が必要です。（MV2016 北上町まちづくり委員会支援 / 手島浩之）

また、郵送によるアンケートは有効ではなかった。対面式や、徹底して住民集会を繰り返すことが重要だとの意見がある。

■意思決定の過程など、自分たちの意見をどのように行政や中央に届けていくのか？また行政職員もどのように拾い上げていくのかを知らない。自治体職員の企画立案能力の向上も必須（パシフィックコンサルタント / 安本賢司）

また、意向調査には、その前提として、住民と行政の間の情報共有が鍵になるとの指摘は重要である。

■行政と住民側で情報が共有できていない状態で、住民ニーズの集約や合意形成や意思決定を行うことの難しさ。（仙台高等専門学校 / 坂口大洋）

■被災者への情報提供が重要。復興計画の策定等の時期は、被災者からは自治体の動向が見えづらく、将来への不安や行政への不信感が増幅しかねないことから、情報提供が重要。（国土交通省 / 楢橋康英）

住民合意をめぐる議論

■人口減少局面でどういうまちづくりをするのかということにすごく関心があって、これから先どういうまちを作っていって、誰がどう負担していくのか、っていうことに非常に関心があります。実際子育て世代ですので、自分の子どもの世代の時のまちがどうあるのかということのヒントを、この被災地で見たいということを常々思っているんです。人口が減るっていうことを誰もちゃんと住民に言ってないというか、後で負担掛かりますよ、皆さん住民が負担していくんですよ、ということをどの程度コミュニケーションされた上での議論なのか、或は、それは言い辛いから言わないのか、言っても仕方がないということなのか、言った上でもう施策を取られていらっしゃるということなのか…、（MV2014 日本放送協会 / 大野太輔）

■「将来、そういう負担が皆さんに跳ね返ってくるんですよ」という話をしたことはあったんですが、やはり「将来のことはどうでもいいんだ、今を何とかしなければ明日はないんだ」ということを言われて、お叱りを受けるケースも多々あったんです。ただ、徐々に会合を重ねているなかで、やはり将来的な負担という部分を考えなければならない、という視点については少しずつそういう考え方にシフトしてきている部分もあるのかな、と…（MV2014 東松島市 / 難波和幸）

「どう合意を獲得するか」についての暗中模索。

■様々な違う人たちや違う論理が錯綜する中で、何をどうすればいいのかということはすごく見えにくいわけです。それを統合・整理しなきゃいけなくて、それをやるのが専門家で、デザインだと思うんです。整理した情報を元にテーブルに人を集めることができれば、またそれを前提にしてある程度の民意を結集できれば、それが可能なんだと思います。（MV2016 東北大学 / 小野田泰明）

■とにかく住民との議論って落とし所が難しいし、それぞれの話を聞くとそれぞれに理由があってそれぞれに大切なんですけど、そういう時代には、やはり未来に対して責任を取れる議論なのか、ということに最終的に落とし所の一つがあるんじゃないかと思っています。（略）譲り合わなければいけないところとか限定条件があるところでの納得するべき落とし所は、やっぱり自分じゃなくて、次の世代や未来に向かって胸を張れるものであるかどう

■かというところで、皆に納得してもらうしかないんじゃないかというのが、（いろいろ揉めてらっしゃる方々を見てきての）実感です。外から言うのは簡単なんですけど、何かそこにゴールを見出せるような仕組みになってほしいと思います。今までの右肩上がりの路線の中で儲かりたい人がいるのか、今まで通りのほうがいい人がいるのか分からないですけど、なかなかそうならない…。（MV2014 日本放送協会 / 大野太輔）

■昨年のマスコミの気分で言うと、復興に関してスピード重視というところから、スピードか、住民合意か、みたいな（二極的な）議論になりがちだったところがあるんですけど、お話を聞いていると、予算とかシステムとしてスピードを重視せざるを得ない行政組織の立場や、限界があると思うんです。ただ、それだけでは立ち行かないというのも分かっているので、それをどこが補っていくのかというのを意識しながら、スピードと住民合意の両方に取り組んでいくことを「どう仕組化していくのか」ということはすごく重要なことで…、（MV2014 日本放送協会 / 大野太輔）

■大野さんが仕組み化という話をされましたけども、たぶんこういうものを仕組化した途端に形骸化して、仕組み通りやったらいいよね、ということで中身がなくなるのかな、という不安があります。岩沼の玉浦西を住民の方々と一緒にやって思ったのは、やっぱり「思い」というところですよね。先ほどの菅井課長の説明でも「思いを形にする」という、その思いを語り合う場、何回でもとにかくとことん語り合う場を作ってきたことが、結果的に形になったのかなと…。（MV2014 尚絅学院大学 / 阿留多伎眞人）

しかし、その仕組みづくりにいち早く取り組み、成功した例もある。

■東松島市の場合、比較的に計画通りに進んでいると言われているのは、広域合併当初に市内8つの地区公民館を市民センターに変えまして、地域内分権を進めようということだったんです。「今まで役所がやっていた仕事を、地域の皆さんが自分たちでできることありませんか」ということです。そのための交付金を差し上げるので、たとえば市民センターという市が持っている施設も、「自分たちで地元の人を雇って給料払って運営してください」というようなかたち（指定管理）の中で進めてきました。そのときに8地区で年間に400回も夜会議を行っています。ということで、市民の方がワークショップとか、市と話し合いするっていう風土に慣れていた部分もあるんです。（MV2015 東松島市副市長 / 古山守夫）

丁寧な住民合意とスピードアップは決して相反しない。

■（玉浦西の合意形成を見ていて）私は日本の民主主義って（欧米とは）全然違うと思いました。日本では、必ず中川さんが集落に持っていって話をするんです。そうして日本型の民主主義ということを、この復興の過程ではじめてわかりました。ですから、必ず持って帰る、話し合う、また持って行く、の繰り返しです。遠回りのように見えるけれども、このコミュニティの合意形成の着実な、いわゆる今までの習慣というか、そういったものをきちんと継続して、コミュニティとは何かということをきちんとおさえた、リーダーがいたということです。（MV2015 中央大学 / 石川幹子）

■とにかく、住民主体が重要。被災者らが自ら考え計画したことで、より迅速な行動につながる。なお、制度や技術に精通したアドバイザーは不可欠で、調整役は必要。（岩沼市職員）

■「復興は急がなければならない」という大命題があるなかで、まちづくりは地域住民がその気になってイニシアチブをとって仕組みを回していかないと持続可能な地域づくりには絶対にならない。だから、その地域力を高めていく必要があるのですが、そのためにはものすごく丁寧な対応が必要になります。その一方でとにかく住宅再建を急がなければならないという完全な二律背反の中で取り組んできたのが、この5年間だったと思います。（MV2016 東北大学 / 平野勝也）

■「急ぎながらも合意形成もちゃんとやる」ということが、上手にやればできるんだなと、僕は北上の今野さんや手島さんの活躍を見て思いました。ただ、もともと契約講まであって地域力があり、石巻の中でもすごくコミュニティが強い地域だったっていうことも、「急ぎながらも合意形成もちゃんとやる」ということが実現できている要因だと思います。（MV2016 東北大学 / 平野勝也）

■地域再生、まちづくりに向けていろんな形でやっているわけですが、本当のこと言って、理屈では住民の人たちは絶対に動かないです。やっぱり、俺たちの村をこうして、こうしてまちを作っていこうっていう、心の琴線に響くような、そこの仕掛けがないと…。そこを専門家も入ってやっていくっていうのがとても重要だと思います。（MV2013 元長岡市復興管理監 / 渡辺斉）

■「介護のおじいちゃんおばあちゃんが元気になるまで頑張ります」っていうような、いろんな政治的スローガンを言い募る先生方もいるんですけど、それじゃ住民はあまり納得しないんですね。やはり多少時間はかかっても具体的な道筋を説明する必要があります。納得すると、非常に厳しい現実でも受け入れてくれるんです。（MV2013 元長岡市復興管理監 / 渡辺斉）

住民合意には「思い」「熱意」「強い絆」「具体的な」「丁寧さ」が鍵のようである。

一方で、都市化した地域での「住民合意の難しさ」については課題が多く残る。

■閖上地区の大きな問題は、（略）統計的な数字を見るとニュータウンなんです。5,000人規模で6割が仙台市に勤めている。ですが、非常に地縁の深い地域であります。玉浦西の例で、集落で合意形成をして動かすというのは1層の合意形成でいいんですけれども、閖上の場合は日和山町内会っていうのがあって、貞山運河の東側という、具体的になっていない組織があって、さらに閖上全体っていうまとまりがあるっていう、3層くらいのコミュニティーのまとまりになっています。それをどうするのかという問題があります。日和山町内会だけの合意形成であれば、非常に楽だったと思いますけど、そうじゃない難しさがある規模です。人口規模から言うと5,000人、元々は10,000人くらいいましたんで、都市的な地域ですけども気質的には非常に田舎集落の地縁、血縁っていうのが強い地域。そこのバランスの難しさっていうのはあるのかなと。（MV2015 パシフィックコンサルタント / 安本賢治）

■合意形成の話で、ひとつの反省は、「やはり最初にやるべきことは直接住民と対面しなさい、対峙しなさいということだろう」と考えて、行政にも自分にも言ってやっていたんです。でも、閖上くらいの規模であれば、それよりもまず住民自治の組織を再編して、新しいコミュニティのかたちをつくればよかったなと、じゃないと情報発信してもなかなか情報が伝わっていかないんです。情報がうまく流れるような仕組みをつくるべきだったと思います。そのときに旧来の組織があるんですよね、それをちゃんと壊

しながら新しいものをつくっていかないといけないんだけれど…（MV2015 パシフィックコンサルタント / 安本賢治）

■復興の場合は、この思いを形にするチャンスは何回もあるんです。ひとつ目は復興計画を作る時です。この時にどれだけ議論したのか。これが復興庁というか政府のほうが2011年の12月までに復興計画を立てなければ補助金は出さん、というようなことを言っちゃったので、思いを充分語り合う前に締切りが来てしまった。特にN市のY地区は、これがいちばん引っかかっているのかなと。あの時に「あと半年でも充分に語れ」と言えば、違う結果になっていたのではないか…（MV2014 尚絅学院大学 / 阿留多伎眞人）

先ほどの意見と反するようだが、「住民合意とスピードの矛盾」への指摘はある。

■その時にちょっと「スピードっていうことが、足かせになっている場合があるな」ということを僕自身は感じてきました。もちろんスピードが大事ではない、とは全く思わないんですけど、スピードが人質に取られているような感じで、「十分に語り尽くすこと」が出来ていない。そこが充分に出来てれば、満足度は絶対上がるんじゃないかな、と思うんです。（MV2014 日本放送協会 / 大野太輔）

■防潮堤に賛成する人にあまり出会ったことがない。「しょうがない」という人は多く、彼らは「防潮堤を了承しなければ他の事業が進められないと言われる」と言う。彼らの人生が人質にとられているようだ。制度を運用する者の価値観に責任が乗り過ぎている。

反して、時間の空費を懸念する意見もある。

■時間の有限性と決断の必要性。支援者も復興地の住民も有限の人生を生きている。どの選択をしても住民の不満を免れない課題もある。話し合うことに重点が置かれ、時間が空費されないよう、決断も必要。（宮城県 / 中尾公一）

■民意調達に絡む局面で政治化する状態になったときには、選挙で選ばれた首長や首長の意を受けた幹部クラスがリスクを取っていくしかないと思います。こうした民意調達から最終責任までがきちんと機能している市と、機能していない市で、差がでてきているんです。結局、その最終的なツケは住民に戻っていくんだと思います。（MV2016 東北大学 / 小野田泰明）

住民合意の解決し難い矛盾

■日本は合意調達に偏りすぎだと思います。研究者は、制度とかそういうものに何故目を向けないのでしょうか。実務の人間にとっては、やっぱりそういったバランスが重要であって、コミュニティももちろん大事なんですけども、研究者があまりにもコミュニティに意識が集中しているのは、全体のバランスとしては良くないと思います。（MV2013 東北大学 / 小野田泰明）

■復興計画の住民合意のあり方のむつかしさ。復興計画はマスタープランレベルであり、一から住民合意を図るのは困難。ある程度は自治体の主導が必要。一方で、マスタープランに基づく各地区の計画には住民合意を細かく行う必要があり、住民主導も有効（国土交通省 / 楢橋康英）

この指摘のように、「大きな全体計画の中で、一からすべて住民合意を行うのは難しい」という指摘はもっともに思える。この点でも「全体計画を考える」基礎自治体の規模感が重要だと言える。大きすぎる自治体では住民合意とマスタープランの整合性が確保できない。

また、意向調査と住民合意の基礎となる「総合的な情報提供」が重要であるという指摘はもっともである。

■全体像がつかめないまま高台移転・防潮堤・道路・農地など事業別に住民に判断を求めることへの疑問。（東北工業大学 / 福屋粧子）

復興過程における情報提供のむつかしさ。

■正直な話、情報を出してしまうと、今回の震災だと何度も制度やルールが変わっちゃうんです。変わってしまって、結局私の言ったことが「うそ」になってしまう。そういった繰り返しが何度もあったというのが事実です。ただ正直に言うのが正しいかどうかは今となっては分かりませんが、正直に「こういうような制度で変わりました」って言って、きちんとお話すれば理解して頂いたことも事実としてあります。（MV2013 北上総合支所 / 今野照夫）

■堤防高や跡地利用に際し、多くの住民が賛成していても、必ず反対者はある。そうした場合の判断基準とは？　踏むべき手続きは？　住民合意とはどのようなものか。（雄勝総合支所 / 三浦裕）

■災害時（非常時）における民意調達の困難さ。情報・知識の偏りのある中で、発せられる民意には意図とは反する事象も多く、民意に即した対応が必ずしも正ではない。被災直後においては容認されたとしても平時に戻るにつれより大きな課題となる。（パシフィックコンサルタント / 安本賢司）

住民合意についても平時からの準備不足がアダとなった。

■あらゆる事における市民のプロセス認識不足があった。今までまちづくりを行政任せにしてきた結果、自治体で物事が決まる順序の理解不足による被災地域の合意形成の遅さ。（㈱ファミリア / 島田昌幸）

1.5 復興計画・土地利用計画

復興計画の策定

■３１１の前は、いい意味でも悪い意味でも、本当にのんびりとだらだらとプランニングをしていました。しかし震災後は、「時間と金が決める」ということになってしまっています。その後起こる問題について自覚する時間すらないという状況で計画を進めてしまっています。計画自体を検証できる時間を持つことが必要で、止めることが出来ることは止める、進めるべきは進める、そしてそれが住民にも見えている、というような状況が出来ればと思います。（MV2013 地域計画研究所 / 阿部重憲）

■前の時代と今が違うのは、行政の縦割りがすごい細くなっていて、金も無いし人も居ないんです。割と被災者の方々や被災コミュニティが孤軍奮闘しなきゃいけないっていう別の時代補正も必要になってきてるってところが、今の困難さのポイントではないかと思います。（MV2016 東京大学 / 加藤孝明）

■被災当初はとにかく早く計画を立てて、如何に早く実現に移すかが問題になってしまっていましたが、早く出来るところとそうでないところの差が出ても仕方がないと思います。「あそこは遅い」だとか、「あそこは進んでいる」というような、一義的な時間軸

を気にしすぎてしまったのではないかと思う。本当は１００年後２００年後の評価をもっと気にするべきだったのではないか。将来の評価に耐えうるまちにするには、計画の段階でもっともっと練るべきではなかったかと思います。(MV2013宮城県建築士会／中居浩二)

■まちの在り様については、本来であれば、土木や建築だけでなく様々な要素が絡み合い、時間とともに熟成されてゆくべきだと思っています。しかし、現実には、そうでないところでバラバラに土木や建築や他のジャンルの専門家がたくさん無造作に携わることになってしまっています…。(MV2013宮城県建築士会／中居浩二)

オーバーフレーム

■過疎地にもかかわらず多くの町で震災前の人口をベースに復興計画を作成し、結果としてオーバーフレームとなり、「まち」の形成を難しくしている。高台への数十戸単位の住宅建設は買い物の事を考えると、いずれ成り立たなくなる((独)中小企業基盤整備機構／大矢芳樹)

■地域の現実の変化に見合った「身の丈」の復興をすべき。海岸が公園化していくこと(稼がない土地、維持費のかかる土地)になっていく事を危惧する。(東北学院大学／柳井雅也)

■東松島市や名取市の復興計画に有識者として入ったメンバーの一人としては、科学的なデータの根拠に基づく計画が出来たかどうかがかなり怪しくて、結果として網羅的な計画が出来てしまったんではないかというところと、そこが人口動態をあまり重視しない計画策定に繋がってしまったのかな、という気もします。もうひとつ、これは間違っていたら申し訳ないのですが、議会が通らないんですよね。人口減の計画をやると。そこは議会とのシビアな関係があって、あまり将来に対して消極的な、と見える計画がなかなか出来ない。復興計画も議会を通さなければいけなかったので、そこら辺のスピード感の問題もあって、そういうことがあったかと思います。(MV2014宮城大学／鈴木孝男)

■人口動態の現実として、劇的に減っている市町村が大多数である一方で、増えているのは仙台大都市圏ですから、これはもう現実として、それを直視して、被災直後に作られた復興計画というのは見直ししないといけないわけです。私は宮城県の復興会議の委員もしていましたので、そういうレビューの時にそういう話もあったのですが、やはり事業が動いている以上、ここで後戻りはできないということで、…(MV2014中央大学／石川幹子)

「身の丈の復興」が叫ばれるが、縮退する社会の中での復興のむつかしさ。

■復興の時に、国が復旧ではなく復興という言葉を使ったことが一番の問題ではないかと思います。復興という言葉からは人口の増加、産業の増大も含めて、もっと大きくなるようなイメージを被災者の方々、皆さんが持ってしまったことにあると思います。実際には復旧よりも、もっと大きなものを作ります、ということでバブリーなものがどんどん出てきてしまっています。それを抑えることが誰も出来ないんですね。というのは抑えた途端に、私たちの町の復興、復旧をさせないんですか、という話になってしまいます。(MV2014尚絅学院大学／阿留多伎眞人)

■しっかりした現状認識・予測のないまま復興計画を作成してしまったため、復興の絵姿が描けない所が多く、仮設から本設へ の移行が進まない原因にもなっている((独)中小企業基盤整備機構／大矢芳樹)

■震災以降、各市町村では、復興計画というものを立てています。その時は大学の先生とか有識者とかいろんな方や住民も入って、それぞれに復興計画を立てているんですけども、復興計画というのは「５年先か１０年先の中で復興していきます」という事業計画になっているんです。国の予算を投入するにも基本的には「先ず元に戻すという前提があって、さらにそこからどう発展していきましょう」ぐらいのベースで復興計画は立てられているんじゃないかと思っています。本来、並行して将来のその地域の在り方やまちづくりをどうするかいうのは、「総合計画」というのですが、総合計画的な復興計画にはまだまだなり得ていませんし、いま復興進めながら並行してそういう計画を、そろそろとういうか、本当はやっていかなきゃいけない時期かと思います。(MV2014宮城県庁／三浦俊徳)

災害危険区域の設定・低平地利活用の問題

災害危険区域の設定の問題

■低平地では、Ｌ１防御(百数十年に一度の津波が来ても完全に止まる)によって守られることになっていますが、防災集団移転促進事業が(居住禁止区域を定める)法３９条がセットになった事業であるために、居住禁止区域が防潮堤に守られているという捻じれた状況になってしまっています。これは、震災後の被災者感情から言ってもしょうがなかったのではないかと思っています。一番矛盾しているのは一番ナイーブな部分でもあるので、そこの議論をここで深めて行っても仕方がないと思っています。私としては、そんな矛盾してしまった状況を認めたうえで、無駄と言われるＬ１防潮堤を如何につくらないかが課題だと考えています。しかし、ただ単純に無駄だからやめろとも言えない状況でもあります。民有地が低平地に一箇所でもあれば、行政はそれを守らなければなりません。民有地を守るというのは行政の責務です。皆さんの生命財産を守るというのが行政の責任なので、それを安易にやめろというのは大問題だと思います。(MV2013東北大学／平野勝也)

■災害危険区域、移転促進区域の設定の難しさ。防潮堤が先決問題となることによる難しさ。また、元々低平地が少ない地域や、低平地の殆どが被災した漁業集落などでは、長期的視点から移転促進区域を広く設定し過ぎない方が…。(弁護士／野村　裕)

■災害危険区域と「生活の再建の選択肢」の兼ね合い。「災害危険区域となることにより、居住の場ではなくなる」「災害危険区域にならなかったために、自主移転となってしまう」など、その色塗りにより、そこでの住民の再建のあり方が決まってしまう。本当に二者択一でいいのか。(みいしょ計画研究所／三井所隆史)

■「防災と生業、災害リスクとの向き合い方」災害危険区域指定と防潮堤整備は、防災面では効果が高いが、普段の暮らしや産業にはマイナス。災害リスクをどう判断し、防災と生活のバランスを考えないと、どこにも住めなくなってしまう。(気仙沼市議会／今川悟)

■様々な地域での災害危険区域の設け方も大きな問題があると思います。例えば仙台市でも、かなり大きく広げすぎて区域を指定していると思う。これまでの集団移転は「小さな区域での防災集団移転促進事業」だったと思いますが、あれだけ広大に危険区域

を設けてしまうのは大きな問題をはらんでいると思います。広域の地域分断事業になってしまっているのではないかと大変懸念しています。(MV2013 地域計画研究所／阿部重憲)

■防集に関する災害危険区域の設定、建設可能な用途・構造も、実は（各自治体ごとに）条例を読むとかなりばらついている。(東北大学／増田聡)

　増えてしまった用地の問題。低平地の利活用の問題。人口減少し縮退する地域の中で、移転元地に加え、高台移転用地が増えてしまった。単純に土地が倍になってしまったことの矛盾を抱える。

■低平地の被災宅地を市で買い上げるということになっていますが、その土地利用について何も決まっていないことです。それらはかなりの面積になってしまうので、農業の復興への利用や、漁業関連の施設への利用ということも考えなければならないと思っています。(MV2013 元北上総合支所／今野政明)

■浸水エリアの活用方法について。買い取った敷地の活用策、全てが活用出来るわけではない。

■嵩上げエリアの土地利用。非居住用途で埋まるか？勝ち組・負け組の差が明確になる？(国立研究開発法人建築研究所／米野史健)

■高台移転した被災地では、高台に集約してインフラを縮小出来ても、移転元地の問題があります。例えば民間所有のまま自然に還すなんてことは難しい。じゃあ公有地化して自然に還していくのか、そういうことに税金をつかっていいのか…、「縮退のための論理」はまだまだ構築されておらず、拡大の論理だけで復興に取り組んでいるという難しさは日々感じています。(MV2016 東北大学／平野勝也)

　「白地地区」の問題

■石巻の中心部では「白地地区」という復興事業の網のかからない地域がかなり大きくあります。つまり「平野部の被災でしたので浸水して家はなくなったけれども危険区域としての指定はしないで可住地として活かしていこう」という地域なわけです。結局復興事業が無いために特にその地域で住民の合意形成を進める必要が行政の側ではなかったんです。じゃあ、その地域の住民が例えば町内会などをつくれるかというと、さっき言ったように全部バラバラになっていますので、そうした被災者同士のつながりを作るのは大変困難です。4年経っても自分の隣の人がどこに住んでいるのかわからないという事例はたくさんあります。(MV2015 住まいと復興を考える会／佐立昭)

　漁業集落再生事業。

■地盤沈下は、これまで経験したことがない被害であり、漁場の瓦礫処理と同様、支援策について、整理がなされていなかった。

　防潮堤の問題。

■喫緊の課題はたぶん防潮堤の問題だと思います。10軒にも満たない小さな漁港の集落が防災集団移転を行うケースがたくさんありますが、その低平地では漁具倉庫が出来るくらいの土地利用計画しかありません。そんな場所にでも（漁具倉庫を守るためだけに、莫大な費用を掛けて）防潮堤が出来てしまう。後世にムダだったといわれないように、どう有効な着地点を見出してゆくのかが問題です。(MV2013 東北大学／平野勝也)

　防潮堤の問題は、原発事故の問題と並び、東日本大震災からの復興過程において象徴的な問題だと思われ、さらに詳細な検証が必要である。同時に、政治問題化し易い課題であり、みやぎボイスでは意図的にこの問題に触れることを回避してきた部分もある。下記の朝日新聞の記事には変化の萌芽がみられる。

　防潮堤の高さの決め方について、専門家が集まる土木学会が見直し作業を進めている。被災地での巨大防潮堤建設が批判されたことから、まちづくりや景観を考慮し、コストと便益を比べ最適な高さをはじき出す方法に転換を図る。学会の提言が出れば、国土交通省も検討に入る予定だ。　東日本大震災の大津波は各地で防潮堤を乗り越え、破壊した。震災後、▽数十年から百数十年に一度の津波（レベル1）は防潮堤で防ぐ▽今回のような最大クラスの津波（レベル2）は住民避難を軸にソフトとハードの組み合わせで被害を減らす、との考えが土木学会でうち出され、国の方針になった。これをもとに被災各県はレベル1の津波高を設定、それに応じた防潮堤復旧を進めてきた。だが防潮堤の高さは一部で震災前を大きく上回る10メートル以上となり、宮城の三陸沿岸を中心に各地で反対が起きている。こうしたことから学会は2014年秋、「（防潮堤などの）津波対策は、地域の社会経済活動を支えるために行われる」として、新しい技術や制度を検討する「減災アセスメント小委員会」を設置。海岸工学者にまちづくりの専門家が加わり、勉強会を重ねてきた。これまでの防潮堤は、津波、高潮などの発生確率をもとに物理的に設計され、陸側に住む人々の活動は考えられていなかった。ところが、海の見えない防潮堤がまちの活性化を阻む場合もある。守るべき民家が高台移転でなくなった浜で、巨額の工事が進む矛盾も指摘されている。防潮堤が高ければ高いほど災害リスクは減る一方、建設費は膨らみ、影響も大きくなる。小委員会では、被害を減らせる効果と、人々のなりわいや自然を損なう負の効果を数値化することを検討。これらを合わせた「便益」から「費用」を差し引いた「純便益」が最大になるような高さが、望ましいと考えた。被災地では、防潮堤を巡る地域の合意形成のあり方も問題になった。住民にわかりやすく情報を伝え、計画段階から参加してもらう手法についても、研究が進行中だ。　共同小委員長を務める岡安章夫・東京海洋大教授は「人口減などでも防潮堤の最適値は変わりうる。いかにまちが活性化し、安全に住むことができるか、方法論を考えたい」と話す。様々な指標をどう数値化するかなど、課題も多い。小委員会は来年秋にも提言をまとめ、今後、南海トラフ地震津波が想定される地域での防潮堤整備に役立てたい考えだ。議論に加わっている国交省の井上智夫海岸室長は「提言の後、省内で採用に向けた議論を始めたい」としている。(朝日新聞 2016.03.04)

復興の加速化という取り組み

　当初、復興のスピードアップが標榜されたが…

■今回の許認可制度の簡素化はどうなったのか。震災直後はワンストップだと言われていたが、実際には、公園法、農地法、農振法、森林法、開発許可等、平時とあまり変わらない許認可事務であった。(元北上総合支所／今野政明)

■跡地買取や復興計画等、行政による決定遅延が問題。跡地買取基準や復興計画事業確定（予算の確保等）の決定が遅い。行政による支援等の決定が遅いために被災者は身の振り方を決めれない、まちづくりの復興計画が決まらない（雄勝総合支所／三浦裕）

■制度の考え方（道路幅員、敷地面積、世帯の考え方など）への違和感。もっと地域の実情に合わせた弾力的運用をするべきだった（元北上総合支所／今野照夫）

■一言で言えば、「経路依存」。誰もが「このままではダメ、やり方を変えなければ」と分かっているが、このまま行くしかない状態。防潮堤などのハード事業の計画・実施についても、住民合意形成、住民協働、住民説明など、プロセス面についても、元の風習から

抜け出せない。(気仙沼市)

1.6 住まいの再建をめぐる問題

震災後の被災者の住まいをとりまく現状はどうかと言うと…

■(2015年春頃の)被災された方が住まいの環境としてはどういう環境に暮らしているかっていいますと、非常に多様化しています。県全域、内陸の方も含めてなんですけど、応急仮設と言われるプレハブやみなし仮設に住んでいらっしゃる方、在宅で被災されて改修しながら住んでらっしゃる方、自律再建された方(別の土地に家を建てた方ですね)、それから広域避難者と言って県外で暮らしていらっしゃる方が宮城県でまだ8,000人くらいいらっしゃいます(これは日本全国にいらっしゃいます)。それから今話題になっている災害公営住宅に暮らす方、ということで、非常に暮らしのあり方が多様化している。そういう中でやっぱりこういろいろ生活課題を抱えた方というのが置き去りになっているような状況というのが非常に課題だと…(MV2015 宮城県サポートセンター支援事務局／真壁さおり)

ハウジングファースト…包括的に考えること

■現在は、「避難所から、仮設居住をして、本設の生活に移る」という全プロセスがきちんとプログラム化出来ていないんです。その過程では、担ってる主体もばらばらだし、被災者が受ける制度もその都度変わっていきます。(MV2016 立命館大学／塩崎賢明)

■ハウジングファーストの重要性。復興過程における住まい再生のプログラムは不十分。「みなし仮設」の本格的な導入を機会に民間借家の社会的位置づけや家賃補助などの位置づけを本格化するべき(福島大学／鈴木浩)

仮設住宅全般のことについては、冒頭部分に記載してある。

仮設住宅の課題

■仮設住宅の管理責任や広域の人口流動、特に仙台都市圏への被災者の避難・定住への対応は、実効性を有する広域調整が不可欠。(地域計画研究所／阿部重憲)

■多数の仮設住宅建設場所の確保は困難を極め、市有地では足りず民有地を貸借してやっと確保できた。また、避難所を閉鎖する際に、本来は仮設住宅への入居資格がない方も多く入居せざるを得ず、仮設住宅解消を阻む大問題となる。(石巻市)

建設仮設でのコミュニティづくり

■岩沼では、ばらばらに入ってしまった避難所をそれぞれ集落単位に分けて、集落単位でプレハブ仮設に入り、玉浦西の防災集団移転や災害公営住宅に集落単位で入りました。(MV2016 岩沼市役所／家田康典)

■(アスト長町仮設住宅団地では、)コミュニティづくりや、関係づくりが重要になってくるわけですけど、運営委員の方々も、孤独死をださないように、隣近所で顔見知りになってもらいたい、ということでいろいろ取り組んだんですけど、そんな中で有効だと思ったのは、こういうクラブ活動ですね。楽しみ合うことからつなげ合っていくということで、最初からスイカのような大きなコミュニティを目指すんじゃなくて、小さなコミュニティというかグループを作っていって、ぶどうのふさのようにそれをつなぎ合わせていって大きなコミュニティにしていくことです。(MV2015 東北工業大学／新井信幸)

■そのときにやっぱり行政とも関わりをもってやっていきたいんですけど、行政の方は地元の連合町内会を軸にした動きにしたいと。だけど我々は飯塚さん達のような仮設からコミュニティ形成をしていった人たちを中心に、かつ、外部から来たNPOや、ボランティアグループなどがネットワークして新しいコミュニティづくりにもサポートしてもらおうと考えているんですけど、そこがなかなか連携できていないのが大きな課題になっています。(MV2015 東北工業大学／新井信幸)

■仮設でいろんな支援団体の活動をのぞきに行ったんですけど、カフェもあれば、趣味的な、織物を教えてくれるところとか多種多様なんですね。一つ一つみれば3,4年たっているので同じような感じなんですけど、だけどよくみるとそれぞれ違う人が来ている。ぼくもほとんど仮設の人みんなと顔見知りだと思ったんですけど、結構知らない人がポツポツといるんです。で、非常に問題を抱えている人もある活動にはずっと出てきているんですね。そういうことを考えていくと、孤立しない環境を作るには多様な人達が担い手になって居場所をつくることが大事だなってぼくは感じました。(MV2015 東北工業大学／新井信幸)

その他

■仮設住宅に入れた人の問題とは別に、様々な事情で仮設住宅に入れずに自宅などで困難な生活を余儀なくされている人々が数多く存在することが分かってきた。「在宅被災者」と言われる人々は、そもそも被災者扱いをされず、支援制度の恩恵の枠外に置かれている。災害対策基本法ではフォローする規定が新設されたが、被災地の現場では、まだまだ手が回っていない。仮設住宅の問題と裏表の関係にある。(弁護士／津久井進)

■木造仮設住宅の検証・木造仮設から恒久住宅への移行の可能性(福島の木造仮設は良かった)

■地元発注型木造応急仮設住宅の建設(宮城では少ないが岩手・福島では一定の役割)(国立研究開発法人建築研究所／米野史健)

■仮設住宅での追加工事の問題。断熱材や追い焚き釜の追加…積雪地域での配慮の不足?(国立研究開発法人建築研究所／米野史健)

みなし仮設

■僕もみなし仮設は大変重要だと思っていますが、それはどんな仕組みにすればいいのかは、今回の震災から学んで次に残すことが出来れば、大変重要な遺産になると思います。(MV2016 立命館大学／塩崎賢明)

■みなし仮設住宅の特例的運用の是非。自ら探した物件の借り上げが、広域的移転の発生を生んでしまった。(国立研究開発法人建築研究所／米野史健)

■よく言われる「仮設住宅で発生した世帯分離」なんですが、世帯分離が圧倒的に起こってしまい、家族というものの中に閉じ込めていた介護問題が外に噴出するということがいま起こってるわけです。(MV2016 東北大学／小野田泰明)

■みなし仮設だと、実際に仕事の場所や住んでた場所の近くにそういったアパートはなく、都市に近いところにしか居住ストック

■がないので、みなし仮設に入ってた家族は世帯分離がぐーっと進むんです。建設仮設の場合だと、建設仮設を起点にしながらネットワーク居住っていうか、今まで多世代だった家族がバラバラになってるんだけど、週に1回集まったり、調整しながら家族を繋ぎとめてるんです。それが可能になりやすい条件と、可能になりにくい条件とがその先を変えるんです。(MV2016 東北大学/小野田泰明)

■石巻でも、かなりの方の生活再建がはっきり決まってないのですが、これの多くはみなし仮設にいらっしゃる方なわけです。そういう生活をずっと続けているという状況を、いつ我々は変えてください、と言うのか。或は、言わないのか。どうするのかということも含めて、何かちゃんとメッセージを出さなきゃいけないと思うんです。(MV2016 日本大学/岸井隆幸)

みなし仮設の矛盾。恒久的住宅に入居しているのに、仮設住宅のように無料で入居できるという矛盾が指摘されている。

■1885年のメキシコの地震の後で、被災者の選択肢は、「仮設住宅を作るのでそれに入る」か、「空家を借りるか」がありました。空家を借りる場合には、家賃補助といって収入に応じて収入のある人は一定の家賃を払うんです。どういうことかというと、仮設住宅は住宅ではないので、お金を取れないけれども、空いてるストックについては一応住宅であり、きちんとした生活ができるものなので、それについては然るべきお金を払うのがひとつのルールだ、という考え方です。…そういったことを踏まえて、建設仮設とみなし仮設をうまく併用するシステムをつくらないといけないという風に思っています。(MV2016 関西学院大学/室崎益輝)

■みなし仮設については、家賃補助制度をきちんと作ることです。そして、時期が来たらみなし仮設に入ってる人は、一般公営住宅並みの家賃を払っていただくというふうに移行させる。ただ、その家賃を払えない人については、(今でもある)減免制度を適用する、そういう受け皿を作る以外に軟着陸は出来ないです。(MV2016 立命館大学/塩崎賢明)

■みなし仮設については、結局のところ仮設住宅を現時代的にどう考え直すかということが必要でです。法律を読めば良く分かりますが、基本的に仮設住宅って貧民救済の収容施設に過ぎ無いんです。ずーっとそれは一貫して現在まで至ってるわけです。「それだけで災害対応できるか」ということをちゃんと問題提起して、完全に現時代的にフルモデルチェンジしない限りは、たぶん話にならないと思うんです。その中でみなし仮設をどういう位置づけで考えていくかという整理が必要です。(MV2016 東京大学/加藤孝明)

■僕が非常に危惧しているのは、みなし仮設って建設仮設を作らなくてもいいし、その用地を探さなくてもいいので、全国の自治体が飛びつくわけです。そうすると、仮設住宅の用地を探さなきゃいけないセクションからすると、「空家いっぱいあるから空家の数を掴んどけばもう俺たちの仕事は終わりだ」っていう話になって、より復興準備の対策が、いびつになってくっていうドライブがかかっちゃうんです。だからそういう意味では、まさに今、みなし仮設には現状で、どういう課題があり、最終的にそれをどう落とし込んでいくと世の中が良くなるかという議論が重要だと思います。(MV2106 東京大学/加藤孝明)

仮設住宅は一気に作られるが、役目を終えると廃棄される。

■仮設住宅のリユースの可能性について検証が必要(東北工業大学/新井信幸)

仮設集約の問題

■応急仮設住宅の再編・集約の問題(応急仮設住宅→応急仮設住宅を含む)(石巻市役所/今野照夫)

■地域や仮設住宅の支援格差による依存が見られた。また、復興住宅建設の遅れから、仮設入居者の中に「いれるだけいる」といった意識も出て来ている(一般社団法人サードステージ/新井英児)

自力再建か、災害公営か？

■山古志なんかですと、理屈でいうとほとんどの人に災害公営住宅を提供しなきゃいけないんです。だけど、私たちは出来るだけ自立再建を促しました。なぜかというと、ああいう地域では、「自分たちの力でいろんな困難を乗り越えていかなくちゃ、課題を乗り越えていかなくちゃ」っていうふうに、自分たちで決めて、自分たちでやったってプロセスがすごい大事なんです。(MV2013 元長岡市復興管理監/渡辺斉)

■「どれくらいの被災者を自力再建に誘導し、復興公営住宅に入る人を上手く管理しながら、その再建をどういうふうに誘導するか」というマネージメントとや情報提供が、うまく行っているところと、うまく行っていないところがある気がします。(MV2013 東北大学/小野田泰明)

新しくまちをつくるということ。防災集団移転の問題

■今回非常に難しかったのが、新たな場所にまちをつくるということがそんなに簡単なことではないということです。(MV2016 東北工業大学/大沼正寛)

■なるべく「医、職、住、育、連、治」を包括的に考えて、復興像や市街地像を作ってかないといけない。例えばガバナンス、自治という問題について、先ほどの共用スペースの話では、自治とガバナンスの要素が入ってると思うんですが、そういうすべての課題に対して、きちんと満足できる答えを出し切れているのかどうかという視点がないんです。何か住宅さえ作ればいいとか、高台さえ行けばいいということが先に出過ぎて、もう少し一緒に考えるべきことを忘れていたかもしれないと思います。(MV2016 関西学院大学/室崎益輝)

■今回の復興が、住宅再建っていうことに重きを置き過ぎていまして、客観的に見ると高度成長期の住宅政策を見ているような、「山を切って住宅をつくれ」みたいに見えてしまうんですけど、実はそうじゃないんじゃないのって思います。あくまでも戻すということは、コミュニティを戻さないといけない、コミュニティを戻すためには都市機能や、文化も戻していかなきゃだめです。いろんなものを同時に復興していかないと、なかなか本当の復興にはならないのかなっていう感じがあります。(MV2015 パシフィックコンサルタント/安本賢治)

■今回の震災復興でも集落をつくるという感覚が役所も建築家もゼロで、住宅をつくろうとしている。土木屋は道路をつくろうとしている。それでは集落にならない。(MV2014 国立研究開発法人/岩田司)

■最近話題になるコンパクトシティという考え方は職住分離ではなく職住融合がテーマだと思います。今後迎える高齢化社会を考

■えたときに、職住分離では行政コストの掛かり方などが大きな問題になってゆくと思われます。(MV2013 東北学院大学 / 柳井雅也)

■やっぱりコミュニティって空間が必要で、それで新しいところ新しい場所に移転しようとなるわけですけれども、私が最初に仮設住宅に伺って皆さんといろいろ話を始めたときは、先ず、皆さんと津波にあったところを歩きましたよね。自分たちが住んでいたコミュニティってどんなだったのかということが重要になるんです。要するにずっと住んでいれば、そんなこと考えないわけですよ。でも、なくなってしまったから、新しいのを作らなくちゃいけない。そうすると、自分たちのいたコミュニティってどんなのだったのかな、ということを先ず掘り起こすことからしないと、新しいことなんて出来ないんじゃないかと思ったんです。(MV2014 中央大学 / 石川幹子)

■東松島市さんが言われたように、確かに岩沼の市長も「日本に誇れる町を作る」と言っているんですね。いま考えてみたら、日本に誇れる町を作って、我々がうれしいのかな、ってちょっと思ったんです。私は、今まで住んでいた集落の思いが残るような町ができればいいな、と思っています。それでなおかつ、現代的でちょっと暮らしやすいかな、というような、そういう町があればいいかなと思っているんです。(MV2014 玉浦西地区まちづくり検討委員会 / 中川勝義)

■結局、場所があって、そこに暮らす人があって、文化があったわけです。新しい場所に来て同じことが出来るとは限らないですよね、場所も違うし…。(MV2014 中央大学 / 石川幹子)

■ここは巨大な津波に関しては安全ですが、働く場所やこれまでの様々な関係性から切り離されて、しかもある年代の方々が集中してしまっているという状況を、結果として作り出さざるを得ませんでした。この状況は、津波というものに対してどうやって備えるかということに対しては、我々や、市、国の中で、了解可能な解答だと思います。しかし、視点を変えて、こういった地域が将来どうなるかについては、了解し切れない、心の中にモヤッとしたものを抱えながら突入していますよね。(MV2015 東北大学 / 小野田泰明)

防災団地の用地交渉・用地確保にまつわる問題

■防災集団移転場所の決定について、集約化を図りたかったが、各地区ごとに住みたいとの要望が強かった(雄勝総合支所 / 三浦裕)

■(防集団地の用地確保の問題で)相続登記がされていなくて、やっと見つけた高台移転地を泣く泣く諦めざるを得なかったケースが多くあります。(MV2016 東北大学 / 平野勝也)

防集団地には余地がない。

■防集では、被災者の分だけしか造成計画が認められない。半島部においては山を削る以外に公共用地等の確保が難しい。今後増えるかもしれない人達の土地等(商業用地等)を造成することによるまちづくり計画を策定することができない。(雄勝総合支所 / 三浦裕)

■そんな状況の中で、漁師希望者を受け入れる際に、桃ノ浦ではこれまで集落があった低平地が居住禁止区域になっており住宅が建てられません。更に、高台移転地はこれから整備されてゆきますが、そこには被災者しか住めないということで、新規に漁業を担いたいという人たちの受け入れ先が無い状況です。それをどうやって確保するかということが大きな問題になっています。(MV2014 筑波大学 / 貝島桃代)

■近々の課題で言いますと、貝島先生が仰ったように、新規参入をする方の住む場所が無いということがあります。低平地はすべて災害危険区域ですし、高台の土地を探そうとすると、高台の土地は今回被災された方たちの移転先としてしか整備されません。これは桃ノ浦のケースだけでなく、どこでも起こってくる課題です。例えば、似たような問題がうまくいっている地域でも(相川でも)起こりかねないと思っていて、都会で働いている息子さんが「そろそろ親父も年を取ってきたし漁業を継ぐか」と決心して帰って来たとします。(略)土地を買って家を建てようとすると、もともと地元の人間であっても、新規参入と同じ扱いを受けてしまいますので、高台に新たに家を建てて住む土地はないんですね。そういった問題を今のうちにどう解決して、地域がその資源をベースにして適切な「回転(地域の再生産)」が出来るような「復興住宅地」のまちづくりをしてゆくかが問われています。今それをやっておかなければ、今後、地域が存続するために必要な回転が出来なくなってしまう、そういう状況にあると認識しています。(MV2014 東北大学 / 平野勝也)

■先ほどのにっこり団地の気持ちとして、若い方に住んでもらえるように頑張るっていう視点はものすごく大切だと思うんです。いま福島でも、東京でも、ニュータウンとかの世代交代がうまくいっていません。今回の震災で、新しい高台を造成して移転し、それで20年後、30年後と、世代がどんどんどんどん替わっていくような形になれるのかと、心配しています。(MV2015 福島大学 / 阿部高樹)

> 石巻市では、2012年12月に「がけ地近接等危険住宅移転事業(がけ近)」が公表されたあと、多くの人たちが、一気にそちらに流れていった。石巻市HPによると、がけ地近接等危険住宅移転事業とは、「災害危険区域内に居住している方と東日本大震災時に居住していた方が、市が整備する住宅団地ではなく、任意に戸別移転される際に、住宅再建に係る資金を借入した場合の利子相当額、除却及び移転等に要する費用を限度額内で補助を行うものです。」とある。

■にっこり団地は当初64戸で計画スタートしたと思います。「まずまずの集落が出来るなぁ」と喜んでいたのですが、計画の遅れや、突然出てきた「崖近」で「自由に場所を移動しても防集と同じ制度が受けられますよ」という話が出てから、雪崩れのように一気に二十数戸が他に行ってしまいました。要するに先に言ったように、にっこり団地は「そこに住んでなりわいを立てる」という地域ではなく、「寝に帰る場所」ですので、仕方がないのだと思います。ではなぜ震災の直後に出ていかなかったかと言えば、防災集団移転促進事業などの制度を利用することによって受けることのできる手厚い補助金などが、人の流出を食い止めていたのだと思います。それが「崖近」が出たことによってガラリと状況が変わってしまいました。防集で買うことのできる北上の土地は確か200万円くらいだと思いますが、土地は河南に行っても100坪で400万円〜500万円程度で買えます。そうであれば、少しくらい高くても明日にでも家が再建できる方を選ぼう、ということだったんだと思います。(MV2014 にっこり北住民有志の会 / 鈴木健仁)

防集団地の課題

■東北では防災集団移転とか、区画整理とかいろんなことになっていますが、いろんな制度にかなり格差があります。中越は典型

的な中山間地域でありますから、なんとか上流を守りたいという思いがありました。その時には防災集団移転事業というのはなかなか合わないんですね。実は、先ほど言ってましたけども、かつて同和地区対策で使ったような小規模住宅改良事業とか、いろんな制度を組み合わせてやらせて頂きました…（MV2013 元長岡市復興管理監／渡辺斉）

■高台移転計画の中で、やはり目指すべき理想として「自然地形に沿った自然に逆らわない造成にしましょう」ということに取り組んでいました。（略）進んでいくうちに、例えば自然地形を生かした造成っていうのは景観保全にもなりますし、残土搬出量も減りますので、工事費の圧縮と工期の短縮にもつながります。それまでは、行政や住民、そして専門家というそれぞれの立場があって、利害が分かれているものだと漠然としたイメージがあったのですが、実際は案外そうではないんだと思えるようになりました。つまり物事の合理性ということがさまざまな立場を超えて、成り立っているんだというように思えるようになりました。これはまあ、支所の人たちや、あるいは住民の人たちと一緒にやっていけるという大きな自信になりました。（MV2015 北上まちづくり委員会支援／手島浩之）

■防集団地の設計のお手伝いをする中で一番意識したのは、「集落というのは交通路に密接にリンクしてしか成立しないと」ということです。北上だと、にっこり団地はそういった意味ですごく心配です。これは、事業的に大変難しかったのですが、本当だったら県にお願いをして、にっこりの団地の上に県道を通してもらい、にっこり団地と連結しようということになると思うんです。しかし、金を持っている国交省が「堤防の復旧と同時に県道の復旧もしてあげます」ということになっちゃっていて、このストーリーで話が進んでしまいました。これについては随分県の方とも議論したのですが、「国の事業の中で全部やってくれることになっているから、県はもう身動き取れません」という話になって、国道の位置はそのままです。だから幹線道路とにっこり団地をどうつないで、将来にわたって、北上の中心地としてのにっこり団地を維持していくのかは、懸念事項ではあります。（MV2015 東北大学／平野勝也）

■防集団地の残土処理の問題が復興を遅らせた。残土を制するものは復興を制す。（元北上総合支所／今野照夫）

<u>低地利用の問題</u>

■今回低平地利用でうまくやっているなと思うのは、ひとつはポテンシャルがあるところです。もうひとつ、農地で復興・復旧しているところはかなり大規模な区画にしています。（MV2015 東北大学／姥浦道生）

■商業利用を考えたとしても、やはりもともとの人口とか産業のポテンシャルに依存するところがあって、そのポテンシャルのないところに需要を作れるかというと、なかなかそこまで出来ません。とすると、そこは公園にでもするかというような議論になるんですけど、じゃあ意味のある公園になるかということだと思うんです。税金をかけて作って、且つその効果が出しうるような公園になるかどうか…、（MV2015 国土交通省／脇坂隆一）

■防災集団移転の跡地利用というかたちで、クローズアップされますが、復興庁も「利用ニーズあればそれに合わせて考えるよ」みたいなところがあるんです。しかし、難しいのはニーズをつくることで、例えば、復興計画で紫色に塗って産業ゾーンにしても、だからニーズが生まれるかというと、なかなかそういうものでもないと思うんですよね。それで、南三陸みたいに高台には移転するけど、もとのところも使うという町が広がってしまった時に、それが全部使いきれるかというと、正直なかなか簡単ではないと思うんです。（MV2015 国土交通省／脇坂隆一）

■土地って良くも悪くも動かないものもですから、捨てることはできない。いつまでも固定資産税を払いつづけなきゃいけないんですけれども、できれば捨てたいということだと思います。持っている人も草刈りもしたくないので維持管理コストだけ掛ってしまうっていう全く別の土地所有権の問題に突き当たっています。「土地って捨てられるんだろうか」という議論も実は本格的に考えていかないといけないと考えていまして、それって低平地の問題だけではなくて、人口がどんどん減っていって、集落が捨てられてしまうだとか、そういう部分とも繋がってくる話だと思うんですけど…（MV2015 東北大学／姥浦道生）

防集団地計画時には公平性を巡る議論が沸き起こった。

■石巻市には市道認定基準があり、道路幅は6ｍ以上にしなさい、というルールがあります。市街地の道路ではそれでよいのだと思いますが、半島部の高台造成では、6ｍの道路を4ｍ、5ｍ幅にすれば、それだけで工期がぐんと短くなり、工費もぐんと削減できる、という話もあり、半島部でも必ず6ｍ道路が必要だろうか、という話がありました。そういったことについて、いろいろな面から議論してきた結果、制度上6ｍ道路じゃなきゃいけない、という結果にはなりました。（MV2015 北上総合支所／武山勝幸）

■「公平性という足枷」と書いてしまいましたけども、行政の論理です。行政は、公共という名の下に皆さんに対して公平でなければならない。直接の原因は書いてあるように「<u>宅地開発指導要綱</u>」です。宅地開発をする時は6ｍ以上の道路を造りなさい。それが標準だ、と書いてある。それからもう一つが「<u>市道認定基準</u>」。新しく市道として管理していく上では6ｍ以上の道でないと市道認定しませんよと、そういうことが書いてある。それがもちろん直接の原因なんですが、言ってみれば今回のケースは、想定外の事態だったんですね。こんな小さな田舎の方で新規の開発が行われるなんて誰も想定していない。開発が行われるのは、当然、人口が増え、市場価値のある、石巻の中心部周辺だという想定なわけです。（MV2015 東北大学／平野勝也）

■できた先行地区に住民みんなでバスツアーを組んで見て、その時に「これは嫌だなあ、我々だったらこうしてほしい」っていう思いをみんなで話し合い、それを今度要望にあげようという話になっています。もし行政が公平性を気にするのであれば、私たちを1年2年と待たせている代わりに、私たちには多少グレードがいいものが実現しても、それは公平じゃないのかと思います。もしそうでなければ、極論すれば、先行3地区は早くできたけれども、「他が出来るまでの2年間は待ってくれ、全部完成してからみんなと一緒に入りましょう」というのが、公平なんじゃないかと思います。（MV2015 にっこり北住民有志の会／鈴木健仁）

■「公平性のために造成が完成しているのにまだ住むな」っていうのはやはりできない。要は、土量が多くてすごく時間のかかるところもあれば、そうでもなくさっとできるところもある。そこはもう同じように技術的に、どこの地区も最大限頑張りますというところで何とか公平性を担保せざるを得ないのかなと思いま

す。ただ、せっかく先行地区がある種の反省を含んで出来上がっていますので、その反省を次の地区に展開するときに、公平性を盾に、「前こうだったから同じにしなきゃいけない」っていうのは是非やめていただき、反省を柔軟に活かすべきだと思っています。（MV2015 東北大学 / 平野勝也）

自力再建住宅団地の問題

景観再生について、現在の状況下では、元の農村集落・漁業集落らしい「地域固有の景観再生」は難しいことが分かった。公共と個の断絶がその根底になるような気がする。

■避難所暮らしや、あるいは仮設住宅の段階から、情報として被災者の方に提供していかないと、本当にハウスメーカーさんたちの一本勝ちみたいなかたちで進んでしまうんだなというのが実感です。（MV2015 尚絅学院大学 / 阿留多伎真人）

防集団地・自力再建住宅の景観形成。

■せっかく造成の段階で頑張って計画しても、住民の方たちはあまり景観のことに頓着せず、住宅展示場の様なバラバラな景観が出来上がってしまった。

そうこうしながらも、なんとかみんなで「まちづくりのルール」を定めたところもある。

■やっぱり地域でこういう「まちづくりのルール」になったときには、「なんでそんなことまでしなきゃなんないの」だとか、「お家を建てるだけでも精一杯なのに、そこまでやんなきゃいけないのか」とかいろんな意見が出て辛い面もありましたけど、やっぱり先ほどのお話のように、「こうしてルールを守らないと、良いまちはできない」というのも、だんだんだんだんと皆さんも分かってくださって、今はもうそのように、うちの地域はなりつつあります。（MV2014 玉浦西地区まちづくり検討委員会 / 櫻井よしみ）

しかし、そうして「まちづくりのルール」を定めたところで、その結果を改めて問う声もある。

■岩沼では、建築のフェーズの前段までは、我々もワークショップを一緒にやりながら非常にいいまちづくりが出来たと思っていますが、建築が立ち上がった後に実際行ってみると、ハウスメーカーの家が建ち並んでいて、震災前に彼らがどういう生活をしていたかをよく知っているので、「ああいう暮らしをしていた人が、この家かよ」っていう感じも正直あるんです。今までは大工なり工務店が丁寧に造ってたのが、ハウスメーカーで商品を買ってくると、そういうスタイルにどうしてもなってしまいます。その商品として買ってきた住宅をそこに置くっていうことになると、せっかく丁寧につくった街並みも、やはり本当の心が入らないという感じになってしまいます。（MV2015 東北大学 / 小野田泰明）

更には、その「まちづくりのルール」を突き詰めたところで、そこで実現されるものは「良くできた新興住宅団地」でしかない。それが本当に、東北の沿岸地域にふさわしい、取り戻すべき風景なのかという問い掛けもある。では、どのようにすれば「東北の沿岸地域にふさわしい風景」を取り戻せるのか、その答えは誰も見出せていないように思う。

「誰がどこに住むか」問題

■にっこり北団地ではこれから、誰がどこに住むかを決める段階に来ていますが、うまく要望が分散し、誰もが「自分の希望がかなった良い場所が選べた」と思え、満足して次のステップに進めるかが今後のコミュニティにとって重要だと思うのです。（MV2014 にっこり北住民有志の会 / 鈴木健仁）

■自力再建住宅の「誰がどこに住むか問題」では、抽選等の結果に不満を持ち、離脱するひとが多いと聞いた。「誰がどこに住むか問題」で、どう満足を高めるか、もおおきな課題。

■どこの移転地でも「誰がどこに住むか」ということを決めることが最大の関心事になっています。何回も話し合って「抽選でどこにあたっても文句は言わないよ」という約束をしていても、実際に抽選をした結果をみると「やっぱりこれは納得いかない」と言って、そこの防集団地から抜けてしまうという事例がそここで起こっているというような話が伝え聞かれていました。（MV2016JIA 宮城 / 齊藤彰）

■行政は高台移転の中については各契約構や自治会にお任せなので、一番の課題は、隣にだれが住むかを決めることです。山古志村でもそれがあるために3年半かかったとか話に聞きますけども、大体集落の中で、今まで代々我慢して住んでいた人、あの家の隣には絶対に行きたくないとか、そういう問題が現実にすごくあって、それをどうやって調整して、納得させて、まとまりのある住まいにするか…。（MV2013 建築家 / 佐々木文彦）

■田舎になればなるほど、三代前かと四代前とかの代々続く家と家の問題が残っており、それを解決するのは、エイ、ヤーで行政が決めてしまい、あとは仲良くやれと言い聞かせるのも必要だと思います。（MV2013 宮城建築士会 / 砂金隆夫）

■やはり、リーダーシップを持ってですね。自分なりに判断し、部落の「この人とこの人だったらいいだろう」っていうことを決断しないと駄目です。やっぱり他の人に任せたらだめです。私も責任を持ってやりたいと思います。大体の部落に入れば、あの人とあの人は仲が良いとか悪いとか自然とわかるわけですから。行政に任せたって行政はどうしようもありませんし、行政が入って良いとこ、入っていけないとこがありますから。そういうことでまとめて、会長である私の責任で、あの人とあの人は仲良い、あの人とあの人は仲悪いって分かりますから、責任もって私がやります。（MV2013 北上地域まちづくり委員会 / 佐藤富士夫）

■最大の課題は、隣の住人との関係っていうのも、ある意味の感銘を受けました。（MV2013 東北工業大学 / 新井信幸）

■（にっこり北住宅団地では）場所決めの決め方を考えるためにアンケートを実施しました。ここだったら「大いに満足できそうだ」という区画と、ここだったら「ある程度満足できそうだ」という区画、ここは「絶対に嫌だから避けたい」という区画を、ひとつではなくていくつでもいいので書いてください、というようなアンケートです。なぜこのようなアンケートだったのかというと2点ポイントがあって、ひとつは、今までワークショップで取り組んできたことは、地域全体のことをどうしていきたいかという、「みんなの問題」だったのですが、「自分がどこに住むか」というのは「個人個人の問題」になってしまいます。できるだけその問題を個人の問題ではなくて、今までのワークショップと同じように地域全体の問題として、みんなで捉えるようにできないかということを考えました。もうひとつは、「絶対ここじゃないとはずれくじを引いたんだ」という結果が出ないように、できるだけ満足というものに幅を持たせて、「なんかはずれくじ引いたな」ということにならないようにと試行錯誤して、まずはこういった聞き方で聞い

てみようということで、アンケートを実施しました。(MV2016 北上まちづくり委員会支援／齊藤彰)

災害公営住宅の課題

大きな問題

■自立再建住宅建設への公的支援の欠如。公営住宅頼みの気風をつくりあげてしまった。その理由は自立再建住宅を促す自治体の支援策が欠如していたためでは。(日本建築士会連合会／三井所清典)

■災害公営住宅の広域調整不足。市町村毎の計画で広域的観点での量・質の調整足りず。(国立研究開発法人建築研究所／米野史健)

UR

■私どもUR（独立行政法人都市再生機構）は災害公営住宅という事業以外にも面整備（防集の工事の策定、それから、復興市街地の区画整理など）を同じ舞台でやっておりまして、そちらと連携しながら進めて行くという事業をしております。(略)大量に短期間に、復興のまちと住宅が必要だということが条件としてありますので、大部分とは申し上げませんが、相当の部分が、岩田先生のおっしゃった「ハコモノ」的なものが、ある程度の規模で出来てしまうということは致し方ないと、逆に言うとこれは求められているというふうにして進めております。(MV2013 都市再生機構／永井正毅)

■URはどうしても大規模なものを、大量な物件をスピーディーにやるという、市町村からの要請を受けてある時間の中でやらないといけないということがミッションになっていますので、どうしてもなかなか住民の意見を反映しながらワークショップ形式でやっていくという時間がなかなか取れなくて…、(MV2015 都市再生機構／助川護)

■ＵＲの前身がやって来た「団地・ニュータウン建設の成果と反省」はどこへ行ったのか？(ＵＲ職員のボランティア的活動で還元されたのか)(東北大学／増田聡)

みなし仮設から、みなし公営に移行する際の問題

■みなし仮設をそのままみなし公営住宅にしようといったときに、公営住宅としての、こんな設備でこんな機能がないといけないっていう基準が結構立派なもんだから、普通のアパートがぜんぜんみなし公営にスライドすることはできないって話はよく聞いています。(MV2015 東北大学／平野勝也)

災害公営住宅のポイントは幾つかに絞られている。孤独死の抑止、お互いの見守り環境の醸成。バリアフリー住宅対応、景観への配慮、地域経済への配慮、そして、今後予想される空き室空き家の活用問題、…

■南三陸町の志津川という地区で、高台の移転先に災害公営住宅と福祉施設を誘致しようということで、いろいろ計画を検討している時に、厚労省の老健局の方が言われたのは、地域の見守りとか地域サポートの拠点となるには、3つ大きなポイントがある、と。まず一つ目は相談できる窓口、場所があるということ。二つ目は住民の方が来て交流できる場所があるということ。三つ目は一緒に食事ができる場所とか機能がある、こういうものが揃っていると、少し皆さんが、今まで手厚くサポートされていた方々が自立されるときに、地域の中にそういうものがあることによって、安心感も生まれるし、サポートが出来るようなシステムを用意することが大事なんだと…(MV2014 都市再生機構／関本恒久)

災害公営住宅が防集団地の中にあるということをどうとらえるか？

■防集団地の自力再建者用地は100坪に限られていて、駐車場を数台分とると、もう余裕はないという状況で、民間の土地だけでは、植栽を整備し緑豊かなまちをつくることは殆ど不可能です。まちのポイントに災害公営住宅を配置して、そこを緑化のアイストップにして街並み全体をつくってゆく、ということは「ひとつの基本形」だと思います。私たちが地域の人たちと一緒に全体計画をつくり、むこうのテーブルの鈴木弘二さんや手島さんたちに設計をしてもらった岩沼市玉浦西地区災害公営住宅なんかは、まさにそういうふうに出来ています。もうひとつの公営住宅のメリットは、先ほどから「見守り」と言われていますが、コミュニティケアの一端を担う場として公営住宅を考えて行くということです。公営住宅だけを一箇所に固めてしまうと、見守られるべき人たちだけのまちになってしまうので、孤独死が続発する、ということについては阪神大震災からの大きな教訓です。公営住宅をある程度分散させながら、そこで何が起こっているか周囲から分かるような状況をつくらなければならないということです。(MV2014 東北大学／小野田泰明)

■「災害公営住宅を地域が受け入れるメリット」とは、「災害公営住宅を地域が受け入れることによって地域が受ける恩恵」というだけの意味ではないんです。相乗効果によるお互いのメリット、相乗効果によって地域社会全体が受けるメリットだと思うんです。災害公営住宅としても、やはり、地域の人たちに支えられて初めて社会施設として成立するのではないでしょうか。それによって市の負担は減りますし、入居者はより親密な見守りを受けることが出来る、地域としても今後の世帯変動に対応できる余裕を確保し、景観の上でもひとつ上の整備をすることが出来ますし、誰もが使える緑道も整備できます。その代り、みんなで力を合わせて維持管理し持続させてゆく必要も出てきます。こういったように、一方的に誰から恩恵を受ける、という意味ではないんだと思います。行政、地域社会、自力再建者、災害公営住宅入居者など、それぞれの立場から見たメリットを重ねていって、掛かる負担をうまく分散しながら、地域全体で相乗効果を生んでいこう、ということではないでしょうか。(MV2014 北上まちづくり委員会支援／手島浩之)

■私は岩沼市玉浦西の災害公営住宅の設計もやっています。この設計は県から発注されたものですが、全国から宮城県に来ている派遣職員の方たちと、「地域の中で災害公営住宅がどうあるべきか」ということをさんざん議論しました。僕ら設計者としては「税金を使ってせっかく造るんだから良いものを造りたい」と当然のように思います。しかし、行政の立場から見ると「それでは困るんだ」というところから議論が出発しました。被災し苦労して立ち上がろうとしている周囲の自力再建者たちの中で、災害公営住宅の人は裕福な生活をしていると言われると困るということでした。災害公営住宅は「自力再建を断念したひとのための最後のセイフティネット」であり、バランスとしてはやはり自力再建した人よりも、(あえて悪い言い方をすると)「ひとつ下」なんだと。そんな「地域のバランス感覚の中で、災害公営住宅がどうあるべきか」を見極めてつくらないと地域の大きなバランスが崩れてしまう、というような議論をずっとしてきました。ただ一方で、故意に「税金を使って、魅力のないものを造る」ことは果たして正しいのかという話がありますよね。それは税金の無駄遣いであり、社会にとっ

ては浪費ですよね。国民から預かった税金の使い方としては正しいとは言えません。(MV2015JIA 宮城 / 手島浩之)

コミュニティは重要で、コミュニティ単位で防災集団移転団地と災害公営住宅を隣接させて計画し、そのような入居を行った地域がすべてうまく行ったかと言うとそうではない。自力再建できず、災害公営住宅に入居した被災者たちは、周囲との関係が強いがために、自分が自力再建できなかった負い目に悩む様子もあるらしい。また、「何のしがらみもない新しいコミュニティで再出発したほうが活き活きしている」という事例報告もある。成功事例が、先進事例としてその先に進むとまた新たな困難があるようだ。

災害公営住宅とは何か？「災害公営住宅の主体」が大きな問題をはらんでいるのではないかと思う。

■行き場のなくなった災害公営住宅をにっこり北住宅団地で受け入れるということになった時に、今野さん、武山さんと相談して入居希望者への意向調査ヒアリングなど、いろいろなことをやったんですが、やっているうちに、「災害公営住宅の主体って誰なんだろう」という疑問が湧いてきました。被災して家を失ってしまい、災害公営住宅を希望するに至った入居希望者の要望を聞いて、彼らの要望通りに個人的な意向を組み入れて災害公営住宅を建てて、それで良いのかということです。こういうと誤解を生んでしまうかもしれませんが、自力再建のひとたちの方がより大変なものを背負って立ち上がろうとしていますが、家が出来上がった際に、すぐ隣の災害公営住宅が、個人的な趣味をくみ取った快適すぎるものであれば、地域は混乱してしまい、不平や嫉妬で分断されどうしようもなくなってしまうのではないか、と思えてきたのです。そんなことを迷っている時に、鈴木昭子さんだったと思うのですが、「自分たちが地域として災害公営住宅を受け入れることに決めたのだから、災害公営住宅のことも自分たちに決めさせてほしい」という話をされたんですね。そう言われてみると、確かに、災害公営住宅の主体はそれを受け入れる地域や社会が主体なのだろうと気がしてきました。地域のセイフティネットとして自分たちがこの施設を持つんだということを、地域がはっきり認識し、将来も含めて積極的に関わってゆくべきじゃないかと思いました。「誰のものでもない公共物」でなく、「自分たちのものである公共物」として、地域が主体的に関わってゆくということだと思います。それは自分たちにとっては大きな発見で、にっこり団地の災害公営住宅計画には、そういった「地域が主体なんだ」ということがはっきりと分かる計画にしたいなと考え、取り組んでいます。(MV2014 北上まちづくり委員会支援 / 手島浩之)

■多くの災害公営住宅では、入居者も「自分の家ではないから…」と思い、周囲の自力再建者も「自分の地域の中に建っているけど、事前に相談も何もなかったし自分には関係のないもの」だと思ってしまっています。自分たちのまちの中にあるけれども、誰のものでもないという「主体の空白」のような状態のなのです。(MV2016 北上まちづくり委員会支援 / 手島浩之)

■自主的に彼らが見守り合うような環境をどう作っていくかっていうことなんです。それには、その災害公営住宅の入居者が、「これは私の家だ」とか或は、「今は私が仮に住んでるだけだけど私たちのまちの一部なんだ」っていうように主体的に「私の家、私のまち」だと思うことが重要だと思うんです。(MV2016 北上まちづくり委員会支援 / 手島浩之)

■これから先のにっこり団地の維持ということを考えた時に、「にっこり北団地の自力再建者たちが、災害公営住宅を受け入れたことによるメリット」を自力再建の人たちに感じてもらえないと、維持管理の共同作業はうまく持続してゆけないと思います。これは以前に手島さんたちと一緒に住民ワークショップをしたのですが、「災害公営住宅の共同施設整備によって、緑道や植栽が整備出来る可能性がある」ということで、地域みんなで維持管理をするので、みんなの庭として使わせてもらいましょう、という要望をすることになりました。しかし、最近出てきた絵を見ると、災害公営住宅の部分は緑道とかを一切確保しないで、単純に災害公営住宅がぎゅうぎゅう詰めに並んでいるという状況でした。そもそも、災害公営住宅を地域で受け入れることにしたのは、そういうメリットを求めて決めた訳ではないのですが、しかし、せっかくだったら自分たちのまちをより魅力的にしたいと思うのは正直な気持ちです。そして、より地域がお互いに見守り易いまちにしてもらえれば、進んで見守りをしようという気持ちをみんなが持っています。維持管理についてはみんなで分担し、市には負担を掛けないつもりですので、そういった気持ちを汲んでいただいて、なんとか、要望を叶えていただけないかなぁと住民一同望んでいるところです。(MV2014 にっこり北住民有志の会 / 鈴木健仁)

■北上町では、今野さんや武山さんたち支所の方々が制度説明と意向ヒアリングを丁寧に行ったお蔭で、災害公営住宅入居希望者は、高齢者などの本来災害公営住宅に入るべき人たちだけに絞られていました。そういったこともあり、入居希望者の希望を聞くと、戸建てタイプではなく、長屋タイプの希望が多いという状況でした。その状況に従って、にっこり北住宅団地の中に災害公営住宅の長屋タイプを計画する必要がありましたが、にっこり団地の全体計画をまとめる際に、公営住宅の必要敷地面積を確定させる必要があり、最終意向調査を行いました。同時に、にっこり団地は敷地面積が不足していたので、長屋タイプに誘導し面積を切り詰めたいという事情もありました。石巻市には長屋タイプの災害公営住宅が無かったので、長屋タイプの災害公営住宅において先進的な事例のある岩沼市の例を元に説明し、「他地域の長屋タイプの災害公営住宅はこんな感じですよ」というような説明をしました。例えば「住民たちが安全に行き来できる緑道を整備することが出来、自力再建者と災害公営住宅入居者が一緒に利用するように計画することで、見守りの空間をつくることもできますよ」だとか、「公営住宅の整備メニューのひとつである共同施設整備を使えば、植栽を整備することもできますよ。ただし、その後の維持管理が課題になり、どこの地域でも整備に踏み切れない状況がありますが、皆さんはどう考えますか」といったワークショップを行いました。鈴木さんの仰る「災害公営住宅を受け入れるメリット」というのはそのようなことだと思います。災害公営住宅については、一般的には、入居希望者に向けて計画されるということになってしまいますが、にっこり団地では、いろいろな経緯があり、偶然にも「地域住民が主体的に災害公営住宅を受け入れることを決断する」という場面が発生してしまったので、「地域住民を主体とした災害公営住宅」という視点が生まれました。その視点で災害公営住宅をとらえ直すと、「地域にとって災害公営住宅はどうあるべきか」ということになり、その視点で地域住民を集めた住民ワークショップをやりました。(MV2014 北上まちづくり委員会支援 / 手島浩之)

■まちづくりについて様々な議論をしたので、災害公営住宅の外部空間や植栽についても「地域みんなで管理を行うので、整備し

てほしい」という要望を当初から上げています。こうした議論を振り返ってみると、にっこり団地の住民たちにとっては「災害公営住宅の主体は自分たち地域社会なのだ」という意識があるように思います。「災害公営住宅は自分たち地域社会の公共物で、たまたま今はあのおばあちゃんたちが入っているけど、十年後は自分たちが住んでいるかもしれないし、その必要がなければ自分たちで別の運用の仕方を考える」ということなんだと思います。(MV2015 北上まちづくり委員会支援／手島浩之)

■今の話って結構面白くって、公営住宅の話題と、公共の話とが、ぴったりしている議論だと思います。昨日の平野先生の「公共」という言葉はものすごく抽象度の高い言葉になっちゃっていますが、今のような具体的な話を通してやると、結局のところ法律とか法令、制度、基準っていうものが公共の実体なんですよね。で、その法令・制度の基準っていうのが被災地の現状にあっているかっていうことなんだけども、そこまで遡って、議論する余裕がない。(MV2015 立命館大学／塩崎賢明)

「公共とは何か」を巡る議論については、後ろにまとめる。

■にっこり北住宅団地では、お互いに混ざり合って見守りあうまちをつくろうということで、一部の公営住宅が自力再建住宅地の真ん中にあります。その部分は虫食い状態にしたくないと思っていますので、そこに空き家が出てきた場合には、他の公営住宅から移ってきてもらうことなどは出来ないかなと考えています。(MV2014 にっこり北住民有志の会／鈴木昭子)

災害公営住宅と福祉との連携

■災害公営住宅と、福祉との連携・地域包括ケアとの連携が重要。

■災害公営住宅にある空間をつくってそれをサポートセンターとしただけで、それで福祉がオッケーである、ということは全くの幻想だと思います。事業者をどういうふうに位置付けるのか、どう運営し維持してゆくのかという部分に掛かっています。そういう意味で、建築だけでなくその後の運営や管理などのソフト面と連携して取り組んで行かなければならない問題です。(MV2014 東北大学／小野田泰明)

■七ヶ浜でも見守りができるようなリビングアクセス型住宅が出来ましたけど、それが本当に動くかどうかについては、かなり疑念が残って、そこに合うようなソフトをちゃんと丁寧に入れてかないと、ただのプライバシーが暴露するバカな住宅になっちゃいます。そこで建築側が頑張ったことが嘘じゃないように、どこまで頑張れるかが、先行している自治体で試されているんじゃないですかね。(MV2016 東北大学／小野田泰明)

■私の見たところは、どこの災害公営住宅を見ても、居室を一歩出るとすぐ共用スペースになっており、プライベートとパブリックの両極しかなく、その中間がないんですよ。もう少し中間の場所が必要だと思います。(MV2016 宮城県社会福祉協議会／本間照雄)

■どこの市町村でも、LSAさんが配置されてきて、なんとかコミュニティづくりの仲立ちをしようという体制になり始めています。しかし、そのLSAさんがいる場所は、災害公営住宅でいうと機械室のような「隅っこ」だったり、みんなの中心にはなってないんです。ですから、設計思想の中で、彼らが人と人を繋ぐ触媒になるんだっていう考え方が、そもそもないんじゃないかと思います。(MV2016 宮城県社会福祉協議会／本間照雄)

■建築のほうは建築側で何かやろうとし、福祉の側でも何とかしなければと、それぞれの立場で模索している状態です。しかし、如何ともし難いほどの縦割りであり、かなり距離が隔たっています。(MV2016 JIA宮城／手島浩之)

■災害公営住宅では、建築が頑張っていろんなことをやった事例もあり、全部失敗じゃないけれども、じゃ成功した例はどんな例で、何が良くて成功したのか。或は、失敗してるところについては、建築についてはもう無理だから、ソフト的にどう手を入れるべきかとか、そういう議論をする必要があると思うんです。そういった議論は、コミュニティ保全という観点から評価してるわけですが、お金の問題や、管理の問題など、いろんな視点から検証する必要があります。(MV2016 立命館大学／塩崎賢明)

■阪神の反省から言うと、コレクティブハウジングがうまくいってません。何故かというと、「共有スペースの電気代は使った者が払え」というと誰も使わないんです。都市で言うと、コモンスペースは都市全体の公民館のように行政がつくり管理するべき空間です。コレクティブハウジングや公営住宅のコモンスペースを住んでる人で管理してお金を払えというのは、間違ってると思います。(MV2016 関西学院大学／室崎益輝)

> 管理の問題。今回の震災復興は「右肩下がりの時代」を前提に取り組んだ震災復興である。どの自治体も管理費の低減を第一目標とし、維持管理費の増大を理由に、植栽の整備等を嫌がる傾向にあった。

■岩沼の玉浦西の造成地は、いろんな手間のかかる草木をたくさん植えて、緑地も相当よく出来ています。では、なぜそれが可能になったかというと、「市としては、木を植えてもいいけど、管理はやらないよ、本当に植えたかったら、住民の皆さん自分たちで管理してください」「基本的な、苗木のお金は出します。後の管理は皆さんでやってね。やれるんだったら市は金を出すよ」っていうミーティングをしたんです。で、住民の皆さんはそれを受けて管理をするための組織を作ってやることになっています。(MV2015 東北大学／小野田泰明)

> 災害公営住宅の入居について。

> 災害公営住宅では「特定入居」が認められている。コミュニティを保全しながら、どう「誰がどこに入居するか」を決めるのかが、課題になった。

■災害公営住宅へのコミュニティ入居・ペア入居の重要性(東北工業大学／新井信幸)

■にっこり団地の公営住宅でも「誰がどこに住むか」問題に取り組みました。個別に聞き取り調査を行って、その結果、グループ入居やペア入居など様々な要望を元にグルーピングを行い、誰がどこに入ると満足できるかというグループ分けが複数作れたので、それをもとに話し合いをして決めました。(MV2016 北上まちづくり委員会支援／齊藤彰)

■神戸の例ですが、長田区の新倉地区というところですね、区画整理をやった後、災害公営住宅を建てました。その後区画整理の過程では、行政といろいろありながらも纏まって住民が取り組んでたんですが、生活が始まった時に、公営住宅に入っている人たちと、自立再建の人たちとの間に、なんとなく溝が出来ているという、そういうプロセスを見ました。(MV2013 JIA関西支部／小

島務）

■仮設から終の棲家への公営住宅であれ、自立再建であれそういう恒久住宅への移行過程にかなり踏み込んできている点で進んでいるなと思いました。とくに霊屋下地区での取組なんかは阪神でもあんまりそういうのはなかったんじゃないかなと思います。（略）だいたい阪神の復興公営住宅って、既存のコミュニティなんか全然ないような山の中とか埋立地とか、変なところに建っていたので、そういう既存のコミュニティとのトラブルそのものがなかったのではないかなと思います。（MV2015 立命館大学／塩崎賢明）

「災害公営住宅のつくり過ぎ」の問題

■各市町さんで災害公営住宅の整備戸数を計上する時に、そのアンケートを下敷きにして、入りたいという人の全ての住宅を作ろうと思われたようです。我々も「本当にその住宅必要なんですか」という疑問を持ち、将来の人口の推計や、将来の高齢者の割合とかを想定しながら「計画を若干マイナスに下方修正したらいかがでしょうか」というようなこともずいぶん提案したこともあるんです。しかし、自治体の首長さんはやはり目の前の被災者の方々を最優先に、住宅の戸数を決めていったという経緯があります。そこの辺りは、今ある方々の住宅を先ず確保するという意味ではやはりやむを得なかったのかなと。（MV2014 都市再生機構／関本恒久）

■亘理町の話として、防災集団移転促進事業の、災害危険地域の人たちを対象とした集団移転地として造成した場所に15区画の空きが出てしまったということでした。対象者に希望を聞いた時点から時間が経ってしまい、「待ち切れない」ということでそうなってしまったようです。それを災害危険区域以外の人に分譲しようとしたところ、国土交通省の怒りを買ってしまい、結局「15区画分の交付金の返上」という形で分譲したということでした。それは明らかに自治体の負担になってしまうというようです。自治体の方からは「入居適用条件を緩和してほしい」という要望があると記事は締められていました。例えば、災害公営住宅の空きが出た時の適用条件を緩めることで、世代的にも多様な構成をつくりだしてゆくというような、仕組みをつくるべきだと思うのですが、（MV2014 河北新報／寺島英弥）

■しかし気を付けなければならないのは、今回の場合、1000年に一度の震災からの復興ということで全国から税金を集めていますので、復興以外のことに使うということについては、一定のハードルがあります。（MV2014 国土交通省／榎橋康英）

■災害公営住宅の空家問題。自力再建＆高齢者死去で増、新規入居の可能性が低く、ストックの活用が必要。

災害公営住宅の「出口戦略」

> 災害公営住宅の入居者は、高齢者が多く、今後どんどん空き家化してゆくことが指摘されている。その後どう活用するかの問題はいつの間にか「出口戦略」と呼ばれるようになった。

■人口が減っていくだとか、高齢者が亡くなって災害公営住宅がどんどん空き家になってゆくことが心配だというような話がありましたが、これは被災地全体が抱える課題であり、それをどうしてゆくかということは、非常に重要な課題です。それと同時に、市の財産である災害公営住宅をどう管理してゆくのか、ということにもつながってゆきます。どういう状況になったら取り壊し、管理をしなくてよい状況にするかとか、もしくは取り壊さず別の形に転用するのかなど、「災害公営住宅の出口戦略」などという呼び方をしたりもしますが、そういったことについても考えなければならないと思います。（MV2014 東北大学／平野勝也）

■最近は建替えることもなかなか難しくなってきているなかで、どういう風にしているかと言いますと、これは都心の方ですけども、その住宅をシェアハウスにしたり、これからのニーズを考慮して高齢者が要介護になった時にグループホーム的なものに使うとか、今までの住宅という箱にとらわれずに考えています。公営住宅でもグループホームであれば用途転換せずに出来ますので、（略）そういう臨機応変な住宅の管理するやり方、使い方みたいなことを、作る側も少しずつ考えなければいけないし、管理される方も将来のことを考えて、計画づくりなり実際の設計に反映するというのが大事なことです…（MV2014 都市再生機構／関本恒久）

■先のことを考えるとやはり、維持管理上、市では抱えきれない数を作っているというのが実態です。いちばんいい答えかどうかは分からないのですが、今後、やはり払下げなどを行い自分の家として活用していただく、という形が少しでもないと、災害公営住宅という部分では、市が潰れてしまう恐れはかなりあると考えています。払下げが出来る時期についても、（国の補助金で建てているので）国の方では、「いつになったら払い下げ可能か」ということをなかなか示してくれないんです。ゴーサインを出すのはかなり遅くなりそうだとか、そういったことが聞こえてくる状況にあるんです。（MV2014 東松島市役所／難波和幸）

> 災害公営住宅の払い下げについては、当初から話題に上っていた。考え方としては「災害公営住宅として建設し、被災者の初期投資を抑え、その後被災者に払い下げれる」ことが出来れば、速やかな生活再建が可能ではないかとの提案もあった。しかし、現在の制度上は、減価償却分しか値段が下がらず「決してお買い得ではない」ことも当初から明らかになっていた。この面からもある程度の収入がある方であれば、自力再建した方が、利点が大きいことが言われていた。そうしたことを念頭に置いて、自治体によっては、自力再建に誘導する方策が取られていた。

今後発生する公物管理の問題

■財産管理という意味で言えば、道路や、防潮堤といった土木構造物についても、今回、ずいぶんと負うべき財産が増えてしまっています。そう考えると、例えば、高台移転した跡地である低平地にはできるだけ道路を減らした方が良いと言えます。防潮堤も、地元の人と丁寧に相談しなければなりませんが、当然メンテナンス費用も莫大なので、そういった面からも、本当に整備するのか、といったことを考える必要があります。特に石巻市半島部の場合は「住宅地は高台移転」という大きな方針がありますので、本当に防潮堤を整備する必要があるのか、というような議論も必要だと思います。そういう財産管理という観点について、公営住宅に限らず議論し、戦略的に将来どうしてゆくべきかが大きな課題です。それを考えると、公営住宅もなるべく減らさなければならないという面もありますが、同時に、困窮する被災者に終の棲家を供給するということも行政の重要な使命です。そこをどう両立するかが、今後災害公営住宅の計画を実現してゆく中できわめて重大なジレンマに陥ってしまっているのだと思います。（MV2014 東北大学／平野勝也）

■膨大に生まれてしまった公物管理の問題（防潮堤・災害公営・防集団地…）これをどう管理するのか？　これは当初から指摘さ

れていた筈。何故止められなかったのか？

■先ほど、にっこり団地では「地域で公営住宅の高齢者を見守ろう」という機運があるということでしたが、これは国にとっても非常にありがたいことでして、こういった地域の力を是非、公共施設の維持管理にまで広げていってほしいと思います。例えば、「災害公営住宅の空き家」は、地域にとっても大きな問題なので、そうなった際には、集会所として活用するとか、「目的外使用として地域が有効に使う」ということも可能だと思います。そのように「せっかく作ったものを有効に使ってゆく知恵」は地域の皆さんに委ねても良いのかなと考えています。（MV2014 国土交通省／楢橋康英）

■税収にも限度があるので「公共施設を市で適切に管理してゆく」ことや「行政サービスを均等に展開してゆく」ことは、これからなかなか難しくなってくると思います。そういった点も、二十年後三十年後の社会を見据えて議論してゆく必要があると思います。実はこういった話は震災直後に霞が関で議論がされていました。しかし、今それを言うと被災者が混乱してしまうことに配慮して、「今それは言うな」と上からのきつい指示がありました。こういった問題点については、これまで我々内部の議論だけで溜め込んでいたところがあるのですが、やっと地域の皆さんとこういった重要な議論が出来るようになってきたなぁと実感しています。（MV2014 国土交通省／楢橋康英）

循環型地域経済の形成への試み

> 中越復興の頃から、震災復興の重要課題の一つに、「仮設住宅・災害公営住宅の循環型地域経済に与える影響」があげられるようになった。

■金山町は金山杉で食べているので、自分のまちのなかの山から、自分たちが木を切って、自分たちの大工が家を建てる。これをやると建築費のおよそ８５％～９０％が地元におちる。それを木造じゃなくてコンクリートの公営住宅にすると、だいたい山形市か仙台市のゼネコンが仕事を請ける。そうすると若い人が土方で使われるのが精いっぱいなので、だいたい町に３０％落ちるか落ちないかです。建設事業というのは経済への波及効果が高くて、直接的にも２.５倍くらいの波及効果があります。例えば２０００万の家を建てると、５０００万円くらいの経済波及効果がある。（MV2014 国立研究開発法人建築研究所／岩田司）

■建築の専門家としては「大きな家を急に、みんながつくってしまうと、この先数十年間の大工さんの仕事がなくなってしまう」状況を心配しています。「先ずは小さく作って、その後次第に大きくしてゆく」といったように、大工さんの仕事を長い時間の中に分散し、長く需要が持続してゆくような復興の在り方が地域経済全体にとっても良いのではないかと思っています。（MV2014 日本建築士会連合会／三井所清典）

■仮設だけの話にはならないのかもしれませんけれども、プレハブについては従来どおりのプレ協との協定で動いていた訳ですよね。ただそれじゃあもう圧倒的に足りないと、しかもその後住宅部会の木造系の話も出てきて、みなし仮設とかも含めて新たな取り組みがどんどん出てくる中で、スピードと同時に地域を守る、地域の活性化につながるようなかたちで、仮設住宅の整備や、災害公営住宅の整備を進めなくちゃいけないという状況になりました。そういう中で今回の玉浦西のケースは計画的に非常に評価されている。（略）もうひとつ地域の活性化という意味では、これから地域をハードな面で支えていく、地域の産業、例えば住宅産業、地域の工務店は、今までは早くっていうことであればピラミッド型の重層構造で一気に効率よくつくる、という形があったわけです。B1 地区について言うと、地域の工務店が元請けになるんだけれども、必ずしもピラミッド、重層構造でつくるんではなくて、地域の工務店が協力をしながら水平協働でつくっていくような取り組みがありました。（MV2015 東北工業大学／有川智）

■今回玉浦西地区が成功事例として紹介されていますが、その中で実は住宅生産についてもいろんな試みがされていて、多分これからこの後東松島やいろいろなところで災害公営住宅が協議会方式で進んでいっています。正に今回の玉浦西の木造災害公営が、試金石になっていたんだろうと思うんです。だから復興が終わった後も地域の産業を支えるような取り組みについても、もしかしたら将来的に高い評価が得られるのかもしれない…。（MV2015 東北工業大学／有川智）

■三重県の十津川村の水害では、復興住宅のモデルをつくって、災害公営住宅をそれに近い形で混在させて既存の集落の中に溶け込ませてゆくという形で、計画しました。そこの村長は復興住宅をつくることだけが今回の目的としてはいけないと言っています。これを機会に林業と製材業と大工たち建設業の仕事を、「里の方に産直という形で家を建てる」ような地域産業として興そうということを目標に掲げてやっています。（MV2014 日本建築士会連合会／三井所清典）

■震災から３年後にはどんどん仕事がなくなってきて、地域の大工さんや職人さんはとっても大変でした。そういう反省は活かしていただけると地域における設計士、大工さん、職人さんや、材料がうまく時間をかけて地域に回っていく仕組みができるといいなと思いますね。（MV2015 元長岡市復興管理監／渡辺斉）

■復興住宅を一緒にたくさんつくり、まちを新しくすることになるが、在来の地元の住まいづくりの仕組みが将来とも保全されるような作り方をしないと、それまでの地元の職種・職人の将来の仕事・市場がなくなる。その施策づくりに自治体は力をそそぐ必要がある。（日本建築士会連合会／三井所清典）

■復興住宅については、大量供給をしなきゃいけません。地域活性化の観点から地域の工務店になるべく作ってほしいんですが、ただこれだけ大量となると、どうしてもメーカー住宅とかいろんなのが出てくると思います。しかしやっぱり地元で、メンテナンスをしていかなきゃいけないっていうのが住宅ですから、地元の大工さんたちが表に立って一生懸命頑張って、それを外から来た人たちが助けるというシステムがいいですね。（MV2013 国立研究開発法人建築研究所／岩田司）

1.7 福祉の問題

なぜ、福祉の問題なのか？

■高齢化社会や人口減社会というテーマが地域のトレンドになり、いま福祉の問題に、地域の課題が極めてクリアに見えてきてると思います。（MV2016 東京大学／加藤孝明）

■こういう人口減少が進んで高齢化が進む町や田舎というのは、今までの感覚からするとすごく遅れているところですね、日本の都会の発展から取り残されて、遅れているようなところだと捉え

られがちなんだけれども、逆にこれから先の状況を考えると、日本中どこもが経験する20年後30年後40年後の姿が今ここにあるわけです。都市部の話とはちょっと違うのかもしれないんだけど、多くの日本の地域が抱えている問題というのはまさにこういうことで、その姿をここで見せていただいているような気がしました。(MV2016 東北工業大学 / 石井敏)

■実は、医療なんてのは、全体の健康問題の中では比重が小さいんですよ。医療が足らなくて寿命が短くなるなんて、今の日本では在り得ないんです。それよりも、圧倒的にコミュニティやケアの貧困の方が重要なんです。(MV2016 石巻市包括ケアセンター / 長純一)

■日本人は、とにかく医療に精神的にも依存しているし、医療がないと高齢になった時に死ねないくらいに思っていると思うんですけど、実はそんなことはなくて、医療が無いなりの生き方があるんです。(MV2013 東北工業大学 / 石井敏)

■大きな命題として「一人一人の生活の支援」と大きく括れるんじゃないかと思います。その中でひとつ目は、もちろん今出ている住宅や公営住宅や都市という「生活の器」の話があると思います。ふたつ目は健康や、その人自身の生物としての機能維持の問題がずっと出てくると思います。三つ目ですが、この成熟した社会で生きていくための「生き甲斐」が必要になってくると思います。「生活の器」と「生命維持」とそれから「生き甲斐」。これらをどう組み立てるのかという理念を作らないといけないのではないのかと思います。(MV2016 弁護士 / 津久井進)

では、これまではどうだったか…

■今までソーシャルキャピタルが豊かだった東北では、福祉的な機能は、家族やコミュニティの機能でやれていたので行政がやらなくてもよかったんです。今後は、そのことを都会以上に行政が福祉としてやらなくてはなりません。貧困対策とか、人権的な配慮の面で、そういった仕組みづくりが十分には進んでいないと思っています。(MV2016 石巻市包括ケアセンター / 長純一)

■牡蠣漁師さんたちが集っている長面浦というところは、居住域が全部災害危険区域に指定されたので、毎日のように20kmの通い漁業を続けているわけです。そんな事情もあって、私が支援しているところは、住まいの問題を後に置いて、生産の場面だけを支援するという形を取らざるを得ませんでした。農漁村と言われる地域が自分たちで助け合い、結果として福祉というシステムが成立しているというのはやはり、生産を共にしているからだと思います。まず当たり前のように互助のシステムがあって、それで気が付いたら乗り合いをしているわけですよね。「ちょっと乗せてってけらいん？」ってだけの話ですよね。これを都市側から見ると、何とかシステムとかいうことになってしまうんだけど…、(MV2015 東北工業大学 / 大沼正寛)

阪神淡路大震災のときには…

■当時はまだ介護保険が無く、高齢者問題や弱者の方々の問題のサポートシステムが日本全体でまだ未成熟な中で起きた震災でした。(MV2016 石巻市包括ケアセンター / 長純一)

■阪神で良かったのは、見守りです。ひとつは事業者の社会福祉施設です。コミュニティケアや高齢者のケアに非常に優れている事業者があり、優秀な人材がそこを経由していて、どんどん人材が育っています。そして、制度での取り組みの足りない部分を学生が今まさにボランティアとして公営住宅や地域社会のケアに入っていて補完してくれています。優秀なプロのケアと学生ボランティアのケアで、兵庫の公営住宅はそこそこもっていると思っています。(MV2016 関西学院大学 / 室崎益輝)

■ですので、(阪神淡路大震災の時には)その問題が逆に自治体全体の問題だった筈なんです。今はかなり介護保険をはじめ様々なサポートシステムが整備されており、災害直後はその影響が非常に大きくプラスの面が大きかったと思います。しかし、別の側面では、福祉の問題が専門職だけの問題にすり替えられてしまっているとも言えます。(MV2016 石巻市包括ケアセンター / 長純一)

「この社会」は抗しがたい流れの中にいる。

■いま私たちのところでは、介護、医療、年金などの社会保障のサービスをどうやって運営して行こうかということを議論しているところです。正直に言いますと、国にはお金が潤沢にあるわけではありません。今の制度を延々と維持して行けるという状況ではないのです。そうなると、限られたお金を有効に使ってゆくしかありません。現在国では、地域を取り込んだ形でサービスを提供してゆくやり方を提案しております。今回、国会でも審議をしておりますけれども、「地域包括ケアシステム」という名前で、地域の中にいろんなサービスを集めて地域に提供してゆくことを考えています。何故そういうことが必要になっているかというと、少子高齢化、更に言えば、超高齢化社会が到来すると予想されていますので、このような様々な問題に対応できる社会の仕組みを、お金が無い状況の中でつくるしかないということなのです。(MV2014 厚生労働省 / 家田康典)

■先ほど、わが国では超高齢化社会が始まっているというような話をさせていただきました。そんな中で、つい最近まで、各地の高齢化は同じ方向を向いていたのですが、これからの高齢化は地域地域によって、全然違って来ます。大都市部では、高齢化率も高齢者数も増えて行きますが、大都市部でないところは、高齢化率は高くなりますが、高齢者数はそれほど増えません。高齢者が増えないのに高齢化率が増えるのはなぜかと言えば、「人口減少するので分母が小さくなるほど高齢化率が高くなってゆく」という計算です。そういった意味で大都市部では、人とか、もの、お金がそれなりに揃っているので何とか対処出来るのかもしれませんが、そうではないところは、人もない、ものもない、お金もないところで、どうやって行くかというところです。つまり、自助・共助・公助の関係をどうやって作ってゆくか、ということなんです。確かにここで「どーんとぜんぶ公助でやるよ」と国が言えば、問題はすべて解決するのかもしれませんが、国にお金が無い現状では、それが未来永劫続くわけではありません。いま国として取り組んでいるのは、その「共助」の仕組みをどうつくっておくか、「互助」をどうやって行くか、ということです。最後には公助が出て来ざるを得ないのですが、これからの社会では、なかなか出せなくなって来るでしょう。(MV2014 厚生労働省 / 家田康典)

新しい仕組み

■今後、社会保障が脆弱化していく中で、どこまでサポーティブ(積極的な外部からの支援)にするべきかということに関しては、けっこうシビアに考えなきゃいけないんじゃないかと思っています。であるがゆえに、この震災復興のプロセスの中で、縮退する社会の現状を見据えて、弱者支援をどう現地化していくか、お互

■いの見守りに移行していくか、ということは非常に重要なんです。(MV2016石巻市包括ケアセンター / 長純一)

■今までの福祉っていうのは特定の障害を持った方とか、ある特定のニーズを持った方が対象だったし、そういう見方をされてきましたが、ここで言う「福祉」はもうそういうのを超えているんです。ましてや、高齢者が多数を占めるという状況の中では、福祉を受ける側は、マジョリティですよね。その方々の暮らしをどう考えるかということが重要です。(MV2015東北工業大学 / 石井敏)

■介護保険は、今のような形でこれから先継続していけるかというのは非常に疑問だし、おそらく今のままでは多分無理だろうと僕は個人的には思っているんです。そういう中では、こういう活動を支えること自体がまさに保険事業だし福祉の事業で、人々がそこで生き生きと暮らせる仕組みや、それを支えること自体が大事なことです。(MV2016東北工業大学 / 石井敏)

■介護保険の仕組みもお金が無くなっていて、例えばデイサービスに通っている人たちは、これからは、近所でお茶呑みをして支え合いましょう、っていうことになります。そんなことで福祉が可能なのかっていう話なんですが、全国一律一斉にそういうことを行わなきゃいけない状況になってるんです。この国の社会保障の状況はそれほど厳しいので、孤独なお年寄りは普通に何処にでもいるんです。(MV2016石巻市包括ケアセンター / 長純一)

■これは目に見えるカタチが出来上がるものではありません。ソフトの世界なので、お金を投入したらすぐに出来るものではなく、みんなで作っていくしかないものだと思っています。こうして皆さんと意見交換しながら、或いは、地域や住民の中に入っていって「どういったものが必要か？」「どうすればうまく行くか」を考えて行かなければなりません。(MV2014厚生労働省 / 家田康典)

■地域全体で中心市街地という新たな構成で、全体が高齢化していく地域社会をどういう風に支えてくのか。どういうハードにしたらよいのか、どういうソフトにしたらよいのか、そういったことも考えていかなくてはいけないと思います。コミュニティや地域社会を同時に意識的につくっていくということも必要かなと思います。(MV2014仙台市燕沢地域包括ケアセンター / 折腹実己子)

■「まちづくり福祉」という言葉を思い出しました。これは2、30年くらい前からずっと言われている話です。ただ地域福祉と言っても、実は地域づくりよりも福祉の方が優先されていて、4, 5年くらい前から、福祉よりも、どちらかといえば地域おこし、地域を主体にして考えていくというような時代に変わってきているというのが今の現状です。ただ私どもは、福祉をどうするかというノウハウはそれなりに持っていますが、地域をどうするかというノウハウがないという問題があります。たぶんそういった意味で、建築やまちづくりの専門家である皆様方とこうしてやり取りしている中に、そういう解決をするきっかけみたいなものが出てくるんじゃないかと思っています。(MV2015厚生労働省 / 家田康典)

■この地域包括ケアシステムという形ができ始めてきたのは平成23年くらいからです。そして、26年から大々的に地域包括ケアシステムという言い方をするようになってきました。根底にあるものは、(先ほども話題に出ましたが) 地域おこしという観点であり、当初は福祉が前面に出ていましたが、次第に地域の方が重要視されるようになってきました。それまでは、人がサービスを取りに行くような形、つまり病気になったら病院に行くとか、介護が必要になったらそういう施設に行くというような仕組みだったのです。しかし、地域包括ケアシステムというのは、そこに住まいがあって、そこに外からサービスがやってくる仕組みに変わっていこうということです。ですから、人がサービスを追いかけるのではなく、人にサービスがやってくるということなので、「住まい続ける」ということをどう作っていくかが、地域福祉ということのキーワードになってくると思います。四年前に大きな震災があり、それから高台移転や、様々な手段で震災復興していこうとしていますが、そこに従来の視点ではなく「外からサービスがやってくるような視点」を取り入れながら、如何に震災復興していくかということがこれから求められることじゃないかと思っています。(MV2015厚生労働省 / 家田康典)

「施設から地域へ。制度からお互いの関係へ。そしてまちづくりへ」という大きな流れが見て取れる。こう見てゆくと、福祉には三つの段階があるのかもしれない。①制度仕組みで救う。②コミュニティ地域包括ケアのように関係で救う。③パーソナルケアのように個々人を救う。

■新しい場所で暮らすということは、とても希望があって期待があって、新しい建物に入るということはワクワクするんですけど、高齢者は住まいを移していけばいくほど、人とのつながりを失って、新しい関係性をなかなか構築できないということに陥りやすいんです。いつまでも元気ではなくて、認知症になったり、要介護状態になったり、誰もがいつかはそういうところになっていきます。(MV2014仙台市燕沢地域包括ケアセンター / 折腹実己子)

■いわゆる田舎と言われる地域の方が、実は進んでいる部分は非常にあると思います。ただ私が少し心配しているのは、コミュニティのメンバーが固定的であればうまくいきますが、長期的に若い人を入れるとか、外部の人が入ってくるとか、そういう形でもそれを維持していくことができるかどうか、です。(MV2015福島大学 / 阿部高樹)

復興と福祉

■土木や建築的な視点から言うと復興というのはある進捗率があって、今どこまで来た、どこまで進んだ、100%になったら復興が果たせたという時期が来ますよね。でもご存知の通り、大変なのはそこから先の話です。しかも更に大変なのは、そこから先には復興の補助金が終わり、お金が付かないんです。今は復興ということでバンバンお金が付きますけども、そこから先の本当に必要な「人の暮らしの復興」にはお金はほとんどつかない。その中でどうするのかというのは、相当大変な話ですよね。(略) より良い福祉を実現するには、自分たちでその地域の暮らしをどう作るかということを考えなきゃいけません。それをまちづくりの中でどうやって仕掛けていくかということはとても大事だし、まちづくりがないと多分これからの暮らしは出来ないだろうと思います。(MV2015東北工業大学 / 石井敏)

■まさに、地域包括ケアというのは住まいからのまちづくりです。だからまさに復興と重ねあわせてやる最大のチャンスだと思うのですが、それが出来ている自治体が殆どない。(MV2015東北工業大学 / 石井敏)

災害公営住宅での見守り

■今まで応急仮設のところで見守りの仕事してくださっていた支

■援員さんをきちんと災害公営住宅後も、ブツッと支援が切れるんじゃなくて、主に生活課題を抱えている方を中心にきちんと見守っていくような体制というのが必要かなと思っていますし、実際、阪神淡路大震災でも、多くの災害公営住宅に移転してからの孤立死というものが生まれました。(MV2015 宮城県サポートセンター支援事務局 / 真壁さおり)

■災害公営住宅では、マンション暮らしを強いられています。そうした中で、なんとか他の人たちと交流しようとしたときの唯一の場所が集会所なんですが、集会所が単なる集会所でしかなくて居場所になっていない。そういう状況では、本来自分たちで持っている地域力を発揮することは出来ません。「地域本来の力を活かす」という方向性を目指すのであれば、大きな制度を作ってどうするかということではなくて、もっと身近に解決のヒントがあるのではないかと思っています。(MV2016 宮城県社会福祉協議会 / 本間照雄)

■生活支援員のような制度も含めて、個々の一人一人の対応だけではなかなか難しくなってくると思うんです。個々への対応だけでなく、先ほど本間さんからも提起のあったように、災害公営住宅等の整備の中で、地域のコミュニティづくりや見守り、地域包括ケアのような関係づくりでの対応がこれからの課題として出てくると思います。(MV2016 東北大学 / 増田聡)

■公営住宅の高齢化率がもう4割を超えると、そこに住んでる人だけでコミュニティが維持できないんです。これだけは事実なんです。そうすると、事業的なケアや、或は周辺の地域のケアをここに入れたり、社会的なもっと大きなケアをつくらなければならないことは間違いありません。(MV2016 関西学院大学 / 室崎益輝)

地域の中での集会所の重要性

■長野県が日本一の長寿だってことの最大要因は、おそらく人口密度に対して、公民館が2位の県の倍以上あることなんです。そういった社会教育の領域が健康増進に非常に大きく寄与していいます。高齢化の問題を、医療問題ではなくて、コミュニティの課題だと捉える視点が重要です。コミュニティベースや社会教育、つまり教育や医療をどんどん専門職化し、地域から引き離してしまったことの弊害があったんじゃないかと思います。(MV2016 石巻市包括ケアセンター / 長純一)

■集会所が地域の医療や介護の問題を解消し、日本全体の社会コストを縮減することを意識したまちづくりとか集会所のあり方があると思うんです。(MV2016 石巻市包括ケアセンター / 長純一)

■北上の高齢女性は、仮設住宅に入っていても元気にやる気を出していて、自分たちで出来る手仕事などを活かした仕事をやろうということで、集会所に集まってみんなで作業したりしています。やる気があってもうまく作れないおばあちゃんたちを手伝ったり、教えてあげたりということが盛んで、七十代から八十代のおばあさんの方が私たちより、活発に自立して活動しているような気がします。(MV2014 にっこり北住民有志の会 / 鈴木昭子)

震災復興で残された遺産と課題

■応急仮設住宅のサポートセンターで、この5年間である程度の人材が揃ってきているんです。ということは、新たに地域コミュニティを維持するための人材を育成しなくても、ある程度の人材が揃っているということです。このままでいくと、彼らが途切れてしまうかもしれないのですが、出来るだけ繋げて一般政策に入れていくことが、これからの被災地における福祉の取り組みということになってくるんだと思います。(MV2016 厚生労働省 / 家田康典)

■私は南三陸町にいて、被災者支援システムを立ち上げたのですが、その時に、サポートセンターという制度と緊急雇用創出事業をプラスして、町民100人を雇用して、被災者支援センターを立ち上げたんです。これはたぶん、宮城県内でも数としては一番多かったんではないかなと思うんです。そして、制度を作った時からその人たちを将来の社会資源化しようと考えていました。この被災者支援制度は、あくまでも一時的なものだろうと考えていたので、この制度が終わっても地域の人材になるように、生活支援員の段階からホームヘルパーのライセンスを取らせるなどの取り組みをしました。今被災地では特に介護施設の職員の確保がとても厳しいのですが、彼ら彼女らが、そういう人材になっているという状況があったりします。これもすべて、担保するという意味で地域福祉に繋げるという「大きな全体構想」のもとに被災者支援を行っているかどうかによって、差が出ているのではないかなと思ってます。(MV2016 宮城県社会福祉協議会 / 本間照雄)

…

■今、日本全体で8割の方が自宅以外で亡くなっている現状があります。自宅で亡くなられている方は2割しかない。それは全国的に起きていることで、牡鹿だけじゃない。最終的なところでいうと、介護が必要になってきたりするというのは人なので仕方がないと思うんですが、専門職が地域にしっかりと根付いて活動ができる拠点は必要だと思っています。結果的な介護予防とともに、専門職がしっかりと地域で根付けるような体制、制度があればいいかなと思っています。(MV2016 キャンナス東北 / 野津裕二郎)

■やっぱり福祉的視点から見たときに、元気な方、経済的に前向きな方、自己決定が出来る方ばかりじゃないというのが、今被災された方が抱えている状況です。個別に自分で物事を決められない方、たとえば認知症であったりとか、いろいろ病気を抱えている方、経済的に困窮している世帯、こういう方たちが一定数いらっしゃるというところを、ちょっとイメージをみなさんしていただきたいと。(MV2015 宮城県サポートセンター支援事務局 / 真壁さおり)

■孤独死を防がなきゃいけないってことも、孤独死を防ぐというより、「孤独生」をどう支えるか、ですよね。孤独死に至るまでの孤独な生活をいかに支えるのかということです。(MV2016 弁護士 / 津久井進)

1.8 地方都市における中心市街地の再生

■被災地は課題先進地。縮退さらに消滅する恐れのある「地域での復興」の意味は何か。「地域」をみんなで考え、共有しないと「復興」は続けられない。私は「成長と違う価値観を持つ社会」が「地域」と考える。(JIA宮城 / 渡辺宏)

■中越の例で言うと、非常にうまくいった地域と、全然うまくやれず落ち込んでいった地域があります。正直に申しまして、山古

志などは、被災前より現在のほうが元気になっているような部分がありますが、そうでない地域もたくさんあります。やはりその処方箋や対処法にいわゆる一般解というのはなかなか見当たりません。それぞれの地域で特殊解を解いていくということしかないと思っています。(MV2015 元長岡市復興管理監／渡辺斉)

■閖上の例を見ても、ひとつの大きなテーマは、人口減少社会でまちをどうつくってゆくかということと、それをどう共有するかだと思う。いうまでもなく、奥尻や神戸の再開発の事例を見てもそうですが、復興にお金をいっぱい掛けても決して良くなるとは限らないということが、認識の前提になっていると思います。たしかに「最大限出来ることはすべてやってほしい」という被災者感情もあるとは思いますが、２０１１年の中で起こった災害については、すべてが右肩下がりの社会の中で起こった大災害であり、それをどうみんなに共有してもらうかが最大の懸案だと思います。(MV2013 日本放送協会／大野太輔)

> このように、被災地の地では、この震災復興を機に突き付けられた課題を乗り越える地域と、乗り越えられず衰退に向けて加速してしまう地域が出て来る。被災地でもがく誰もがそこを意識して復興に取り組んでいる。
>
> そして大きな潮流として、地方分権がある。

まちづくりの取り組み方。地方分権の流れ

■人口減少社会の到来を迎え、国は「地方創生」という旗を大きく振っており、「地域に応じた支援策をするから、それぞれやりたい事業を提案しなさい」と言ってきています。(MV2015 岩沼市副市長／熊谷良哉)

> 自立した地域とはどういった地域か。経済的自律か。何を最初に語るべきか迷い、あえて経済の話を最初にする。

■「地域経済的視点からの復興まちづくり」の取組みの必要性。地域内で循環する経済システムと一体でまちづくりを考えないと、すべてのまちづくりは過剰投資となる。(街づくりまんぼう／苅谷智大)

■産業復興と濃密な地域経済循環の形成。コミュニティ形成型産業（福祉・介護等）の移植・充実。超高齢者社会を迎え撃つ為、農商工連携による産業強化。先端技術産業よりも中テク技術でマーケットをみんなで獲得していく（東北学院大学／柳井雅也）

■産業に対するプラットフォームがあるといいと思っています。沿岸被災地では、農業、漁業の人とはそれなりに話が出来ていますが、産業界の人とはほとんど話が出来ていません。それでも町はどんどん出来てしまい、本当にそれでいいのかと感じています。(MV2013 宮城建築士会／中居浩二)

■被災自治体及び被災コミュニティが、自分たちの将来は自分たちで決めることができるように自立するとともに自由を回復することが欠かせない。財源もひも付きではなく、自由に使える仕組みに変えること、自らの力で財源を生み出すようにすることが、これからは必要である。国も、与える支援ではなく、引き出す支援に心がける必要がある。(関西学院大学／室崎益輝)

■政府の基本方針として、自治体が復興の主体になるべきであるという、そこの方針そのものに大きな間違いはなかったと思いますが、石巻市の復興というのは他のところと比べて、被災規模や復興に掛るエネルギーという意味で市役所の行政能力の限界を超えていたのではないかと感じています。人材的にも組織的にもいろんな形で行政能力の限界ということが影を落としている部分がかなり強くあり、そこが底流にあることを認識していかなくてはいけないと強く感じています。(MV2014 都市計画家／田中滋夫)

■震災とは関係なく、まちづくりということの目標はここ数十年で大きく変わったと思っています。昔のまちづくりは明快に「観光客が何人増えたか」とか「人口がどれだけ増えたか」とか、「商店街の売り上げがどれだけ増えた」とか、そういったことが目標だったと思います。ここ10年くらいのまちづくりについては、「地域住民がどれだけ地元に愛着や誇りを持てるか」に明解に変わってしまったと思います。しかし、そのことが共有できていないのが行政だと思う。行政は、すべての制度が右肩上がりの状況を前提として出来ているので、右肩上がりを前提としなければうまく仕事が出来ない。そこの頭を切り替えて、すべての制度を作り替えていかなければうまくいかないと思っています。(MV2013 東北大学／平野勝也)

中心市街地の現状

■（一住民として、普段の生活のなかでの中心市街地って）ずっと石巻で生活しているので、シャッター通りというイメージしかありませんでした。どうしても車で行かないといけないのに、車をとめるスペースがない、また、止めたとしても全部有料の駐車場です。お買い物をしないとタダにならなないけれども、お買い物をするものがない、みたいな…(MV2016 山下地区協働のまちづくり協議会／曽根史江)

■商店街というのは、いまほぼ存在しないという状況に近いものがございます。そういうとちょっと誤解があるかもしれませんが、まあそう言い切ってもいいだろうと個人的には思っています。したがってある意味、商店街づくりということではゼロベースからのリスタートということだと思っています。(MV2016 石巻商工会議所／後藤宗徳)

■石巻は、震災前は衰退傾向にありながらも、それなりに建物が建っていて、空き地が増えてきましたねというぐらいのレベルだったと思うんですが、震災と津波で、「全国の中心市街地が20〜30年後にこのままでいくとそうなるだろう」という風景が、石巻で一瞬にして現れてしまったということだと思います。そういう意味では、石巻で抱えている課題を解決していくということは、全国で抱えている課題のさきがけであるということだと思います。(MV2014 都市計画家／西郷真理子)

■「石巻のまち中で自立できる職業って何」って言ったときに、極端に言うと、平地の駐車場か自分が土地を持っている飲食店のこの２つだけだと思います。他の商売は、自分の自前の土地を持っていても、本当に食っていけているのかどうか疑問です。あるいは元々資産があって外にアパート持っているとか、仙台にマンション持っていて食っているという状況で、地場の中での商売で自立するというところが非常に難しくて…。(略) ISHINOMAKI2.0の人たちもそうですけれども、彼らも一つ一つのビジネスが単独採算で成り立っているかというとかなり難しいと思う。外からの支援があって成り立っているという現状と、外とのアクセスでビジネスモデルを持っているから成り立っているという形で…、(略)石巻でも残っている商店で元気なのはネットでたくさん売れている靴屋さんと、若い人向けの洋服屋さんというような状況で、軸

■がネットビジネスにかなりウェイトを置きながら、自分の店を細々と維持しているというようなビジネスしか成り立たないんです。(MV2014 街づくりまんぼう / 緒方和昭)

■「ビジネスとしてすごい過酷な競争をしていこう」みたいな感じは、実際、商店街には、もうほとんどそういったお店はないです。そんな状況でもすごい特徴的なことをやろうとしている店舗はいくつかあるんですけども、なかなか自分で銀行に借金をしてきちんと投資をして新しい販路を開いてみたいというモチベーションは無いですね。そんなお店が多いというのが、まず石巻のまちなかの商店街の一つの事実です。(MV2016 ISHINOMAKI2.0 / 松村豪太)

■もともと中心市街地の昔の繁栄を知っている方たちには、ひとつまだ幻想が残っていて、人が来れば物が売れるんだという認識が非常に強いんです。自分たちがお客さんのニーズに答えるために何ができるのか、そういった工夫が見られない商店街であり…、たとえば漫画館ができましたけれど、それを核にした町の活性化に自分たちがどう演出して、演じていくのかという部分の視点がみられない地域だっていうのが非常に大きな問題点かなと。(MV2015 石巻商工会議所 / 後藤宗徳)

■商店の方々自身はあまり、こちら側から見ていると、あんまり危機感をもって集まろうとかいうのがないですね。もしかしたらそんなに困っていないかもしれない。この8月を一つの境目にやめるというところもあって、でもそういう（人は）やめる余地があるんですね。(MV2016 鹿折まちづくり協議会 / 丹澤千草)

■今回の関わりで見えたのは「自分たちが何を誇りに思って商売をしているのか」ということです。商店街なんて言うのはどこも同じなんです。ただ単にその土地にたまたま人が集まってきただけであって、何の関係性もないという。それぞれが個店の店主なんで、そんなにお互いのことを考えないんですね。でも、そこのまちに集まってきたということは何かを求めて集まってきたし、そこで商売を続けるということはなにか誇りを持って続けたいという思いがあるわけですね。そこをどうやって汲みとるかということで結果が変わってくるのかなと思いました。(MV2016 石巻専修大学 / 山崎泰央)

■いまたぶん石巻の商店街というのはそういう商店街エリアというよりも本当に住居エリアとして非常に質のいいコミュニティがまずあるんだろうなというように思います。本当に商店街の皆さんは高い教育を受けていたりとか文化的素養があったりとか、すごいインテリで会話も面白くて、外からくる人をそのほかのエリアよりももてなしている。(MV2016 ISHINOMAKI2.0 / 松村豪太)

行政との関係。

■あともうひとつは行政依存が非常に強い商店街でもある。何かをやろうとすると、じゃあ市は金を出してくれるんだよね、っていうのが必ず二言目には出てくるんです。町を何とかするために皆さん頑張りましょうと言った時に、「で、その金出てくんの」ということを必ず言われるということで、自分たちがいかに工夫してやろう、という部分が余り見られないんです。(MV2015 石巻商工会議所 / 後藤宗徳)

■いろいろ、商店街の方々との意見交換とか、いままで住民の方々との意見交換等々をやっては来たんですが、役所が入ることで結果的に役所に要望という形で終わってしまうということが結構有

ります。そのへんは入ったほうがいいのか、入らないほうがいいのか、そのへんリーダーシップをとってやってもらっている松村さんとかですね、そういった方々と話し合いながら、役所でどういった側面的なバックアップとか、何をすべきなのかとか、そういったところをちょっと今後詰めながら対応していきたいなというふうに思っております。(MV2016 石巻市役所 / 中村恒雄)

■ひとつはっきりさせなくてはいけないのは、その問題が社会的な問題であるのか、個別的な問題であるのかというところもはっきりさせなくちゃいけないですね。今出てきた駐車場問題というのは社会的問題であって、その問題を解決するには、市役所や行政機関が率先して土地を用意して無料の駐車場を作るべきなんですよね。それで一旦社会問題部分は解決するわけですよ。客が来ないというのははっきりしているわけですよ。どこの商店街もそうなんですけどね、個店の努力がまったく足りないんですよ。個店の努力が足りないのは人のせいにしているからなんですね、駐車場がないとかなんとか (MV2016 石巻専修大学 / 山崎泰央)

…

■民間レベルでは再開発とか色々な情報交換をしているんですが、行政がやろうとしている計画は設計とかも含めて、民間に出てくる情報が少なくて、例えばそこの行政がつくるものと、私たちの街がどういうつながりになるのかということが分からなくて、それが一番不安な材料でもあります。もう少し民間の意見とか民間との話し合いの場を設けていただいて、街とつながりのある計画を考えて欲しいんです。(MV2014 街づくりまんぼう / 阿部紀代子)

そもそもの原因。

■よく考えていくと、これ日本の住宅政策、国の住宅政策に問題があると思っていますが、持ち家を持ちたいと皆さん考えます。その時にじゃあ土地を求めたい、土地を求める時っていうのはどうしても安いところに土地を求めるということになりますから、ですから、そこで安い土地を求めると郊外の農地だったところとかそういったところに土地が安くて、人口が増えるかなと想像するとそこに大手のナショナル資本のスーパーさんが出店していくと、そうするとさらに集積が加速するということですが、私が石巻に住み始めてから30数年の間に町の賑わいゾーンが3ヶ所変わっています。これは大手のスーパーさんが動いていくことによって、それは今後もガラッと変わるわけで…(MV2016 石巻商工会議所 / 後藤宗徳)

■東北のコンパクトシティや、中心市街地活性化計画を立てる、或いはその課題の背景は、私は今まであまり議論されてないけど、2つあると思っていて、ひとつは中心市街地が空洞化する大きな原因は、周辺の農村部の衰退にあるという事です。周辺の農村部の衰退が、街なかの機能を農村部に引き寄せようとする力が働いている。街なかの病院が建て替えようとすると、周辺部の農村部が今度の建て替えは、周辺部のこちらに広大な土地があるから、こちらに来ませんかっていう力がたくさん働いています。とすると、農村部と中心市街地の関係が、敵対的になってしまったのだと思います。私たちが子供の頃は、そうではなかったことがそうなっている。中心市街地の再生のために、周辺の農村との有機的な関係をどうつくるのか、そこの議論に突き進んでいく必要があると思います。もうひとつは、私はこの90年代以降に、地方にも金融経済がたくさん入り込みました。もともとは実態経済、そういう中で成り立っていた地方の経済に、金融経済が入り込んできた。

そのことによって、例えば大型店は、それぞれの出店だとか撤退は、地域の経済や地域の需要、消費者との関係で決まっているわけではありません。調子が悪ければ、ステイクホルダーである、金融機関や或いは株主から「そこからもうとっとと撤退しなさい」ということになります。その株主はニューヨークにいるかもしれないし、ワシントンにいるかもしれないんです。そうした背景の中で、地域のエンドユーザー、消費者が、その大型店に対して、ものが言える関係にするにはどうしたらいいか、ということも課題です。（MV2014 福島大学／鈴木浩）

…

■（和歌山市も今では）閑古鳥が鳴きまくっていてですね、それでもお店持っている人はなかなか売らないんですよ。シャッターが閉まったままでも左団扇なんだろうとぼくは思うんです。そういう条件があるかぎりなかなか活性化は無理だと思って、落ちるところまで落ちるしかなくって、そこからもう一度這い上がることしかないという気がします。それからもうひとつ、石巻の人は行政に依存して、自分でものを考えないっていうご批判があったけど、それ、多分どこでもそうじゃないかと言う気がするんですよね。（MV2015 立命館大学／塩崎賢明）

■確かに市街地の役割とか、高いところからの議論はいいんですが、現在あるものをどうするのかっていう議論というのが、非常に必要かなと思うんですよ。（MV2016 石巻専修大学／山崎泰央）

■確かに、商店街がダメなのは分かっています。分かっているんだけど、（商店街は）あるし、そこで生活しているし、そこで稼いでいるわけですよ。だからそこをどう活かすのかって考えるのはやはりあり方を考えるところじゃないですか？「こうあるべきだ」じゃないんですよ、どうあるかなんです。未来がどうあるかなんです。（MV2016 石巻専修大学／山崎泰央）

中心市街地の意味の問い直し

■中心商店街、いままでは、郊外がなかった時というのはそこに全市レベルでみんな買いに来たわけですよね。で、それが、全市レベル買いに行くのは石巻だったらイオンだし、気仙沼だったらまた別のところに行くわけでして、そうするともう中心商店街の役割というのは近隣商店街、周りに住んでいる人が行くだけの一商店街にすぎないというレベルになっているんじゃないかなと。（MV2016 東北大学／姥浦道生）

■石巻でしたら蛇田ですし、気仙沼にも４５号線沿いの郊外がずっと広がっていると思いますけれども、そういうところとの比較した場合のポジショニングが一体何なのかと、そこで一体中心市街地ってどういう役割を果たすべきで、そのためにみんな何をすべきなのかというところがまず一つ目ですね。それから二つ目にそれをどういう役割分担でやっていくのか、ということで、たぶん、いままでは商店主の人は商業をやっていて、行政の人は行政の仕事をしていて、住んでいる人は普通に住んで普通に買い物をしてというだけの話だったと思うんですけど、これがいろんな要因で、少子高齢化もあるでしょうし、人口が減ったということもあるでしょうし、店の魅力がだんだんなくなってきた、客が来ない、いろんなことがあると思うんですけど、いままでのスキームでは全然解けなくなってきているということがたぶんあって…（MV2016 東北大学／姥浦道生）

■気仙沼市は今一つ大きなテーマを抱えていまして、都市計画税というものを、１００％減免しているんですね。被災地は、人が住めないんだからということで、です。これを、まもなく減免措置が切れた時に、もう一回都市計画税をかけていいのかという議論が始まっています。要はもう人が住んじゃダメって宣言して、何もないところで、果たして都市計画税をもう一回集めてしまっていいのか、ということです。税金を取るということは何かに使うということですから、使う予定もないところに、そう言う期待を持たせて、やっていいのか、ということです。もしかしたら、都市計画区域を縮小しなきゃいけないんじゃないかみたいな話し合いをしています。ということは中心市街地ってなんだ、市街地ってなんだというところをもう一回議論しないと、ということになります。（MV2016 気仙沼市議会／今川悟）

■どうもちょっと違和感があるなと思っていたら、討議のテーマが既存市街地の再生だったんですね。そもそも、今、市街地がなくなっちゃって市街地そのものを再生している段階なので、たぶん途中から個店の努力とかいろいろ出てきたんですけど、気仙沼は、まだ個店が努力するまで行っていないと思うと、今日はちょっと場違いだったかなって正直思いました。（MV2016 気仙沼市議会／今川悟）

■いくらイオンが頑張っても中心市街地に勝てないと思っているのが、文化自体は勝てないと思っていて、受け売りですけど永六輔さんが言っている台詞で、「郊外ショッピングセンターを支えてきたのは文明であって、中心市街地を支えてきたのは文化である」という話をして、うちの学生で「よさこい」をやっている連中がいて、人にいっぱい見てもらいたかったら、イオンのショッピングセンターでやった方が見てもらえるんだけれども、古くからの中心商店街で踊りたいんですよ。「ハレの場所」なんですよね。（略）石巻だって「川開き祭り」に人が集まるわけですよね。（MV2014 弘前大学／北原啓司）

まちの歴史・アイデンティティ

■観慶丸がわかりやすい象徴的なアイコンですけど、一つ一つの路地にもいろいろなストーリーであって、最近、そういったことの価値を再評価する動きがありますけれども、みんなが街なかに住んでいて、みんなが忘れている路地の名前があるんです。そういったものをなんで今誰も知らない状態になっているんだろうということだと思うんです。昔、小さなお地蔵さんがあったりだとか、金華山道の石碑があったりだとか、あるいは繁華街、夜の淫靡なところに抜けていくお話があったりだとか、そういったことをきちんと、あの、編集して、外からくる人に見せないとまちのアイデンティティというのはできないんじゃないか、そこを誰よりも行政とか支援者ではなくて、まちの人が大事にしないと始まらないというところがあると思います。（MV2016 ISHINOMAKI2.0／松村豪太）

まちは誰のものか？

■今までのまちづくりや開発事業のように、地権者や既存のステークホルダーの方たちだけが街中のことを考えることには限界があるんじゃないかという視点が出発点にあります。これから街中に移住してくる、例えば蛇田に住んでいる方だったり、そこに参加していないような人の声を拾い上げる場が、今の制度設計の中にはあまりないと思います。（MV2014 ISHINOMAKI2.0／勝邦義）

■中心市街地でまちづくりをするといっても、したいという人は

ごくわずかで、実際には多くの人たちが外縁のほうから見ている。でも街中居住を考えるときにそういう人たちは、次の市街地の主役になるべき人たちです。私たちが考えているのは、まちづくりの敷居をどうやって下げられるかということなんです。街をひらくといっているんですが、例えば自己資金がないけれど、街中でこういうことがやりたいとか、街中でこういう暮らしがしたいとか、そういうことを実践するまでをサポートができれば、のちの計画に反映できるのではないかと考えています。(MV2014 ISHINOMAKI2.0/ 勝邦義)

■勝さんから話がでた「まちの担い手」についてですが、被災前からそうですが、行政からみる「まちの担い手」と実際の「まちの担い手」というのがものすごいギャップがあるんです。行政は町内会長とか商店会長の単位で話を進めて決めていくんですが、本当に一生懸命やっている人は少なくて、名誉職で長くやっていてなかなかやめないという人が多い。そうすると現実の住民の声を拾い上げていないというパターンが多くなると思います。(MV2014 街づくりまんぼう/ 緒方和昭)

■中心部の一番のポイントというのは、多様な人が住んでいて多様な暮らしをしているというのが大きいと思っていて、現実問題としては先ほどから出ているように高齢化率の問題もありますが、そこで重要なのは郊外に住まないような最近の若い人たち、ファミリー層だけに限らず、今の若者は3分の2ぐらいの人が子供がいないとか、3分の1が結婚していないとか、そういう人たちがメジャーになってきていて、そういう人をいかに積極的に認めていくかというところがポイントだと思います。(MV2014 東北大学/ 姥浦道生)

■われわれがやっていることというのは、制度から抜け落ちた部分だったり、そういう人たちの共感を得ながらいろんな場をつくっていくということが大きくて、多様性をもつという話となると、今までまちづくりの主役となっている地権者じゃない人の声を拾うとか場をつくるということが重要となってくると思います。(商店街の中にシェアハウスをつくりましたが)、そのシェアハウスをつくったこと自体が、反響が大きかったんです。シェアという新しい暮らし方は、復興公営住宅やそういった制度から抜け落ちるような、だけどメジャーにはならないような人たちが、街中の起爆剤になるのではないかと思っています。(MV2014 ISHINOMAKI2.0/ 勝邦義)

■中心市街地を活性化させるというのは、商店街を活性化させるという意味ではなくて、中心に場を持てる人をいかに増やすかとか、中心で何かができるとかワクワク感みたいなものを、中心市街地にいる人たちに持たせるということですよね。ある北海道の街では、中心市街地の活性化のワークショップに来るのは、農村部の人なんです。どうやって自分たちが頑張れるかということを考え、空き家でフードマイルゼロのレストランをはじめたりするんです。そうやっていると他の人たちも私たちも使いたいみたいな感じになる。住むだけじゃなくて、行かなきゃいけなくなるような、そういう人たちの想いみたいなものがかかわるような場所にしなくちゃいけない。(略)そういう意味で言うと制度も含めて、使うという人たちが、所有権のない空間で、ここは私の場所だからという風に使えるところを増やしていく事が大事なんです。(MV2014 弘前大学/ 北原啓司)

「まち」とは何か？「サードプレイス」を巡る問い掛け。

■日和山の近くにある掘っ建て小屋のことです。お茶を飲んでいるおじいちゃんおばあちゃんが、毎週末いるんですけど、誰も来るも来ないも決めてないし、何をする目的もないんですよ。ただお茶を飲みに来ている人たちがいて、そこには（閖上には）もう帰らないと決めた人も、帰ると決めた人も来ている。「何でここにきているんですか」って話を聞いても「特に理由はない」って言うんです。僕はそこに初めて、「おお、もう町があるじゃん」と思った記憶があります。まちというものは、そういうもの（意味や目的のあるものだけではないもの）であって欲しいと思いますが、なぜか、今回の震災復興のまちづくりでは、目的の無いものは排除されてしまっていると思います。行政の平等と公平の議論がありましたが、もちろん、行政がそういうことに拘束されるということは分かるのですが、そこら辺のところで行政が持っている公平性と、それ以外の公共性というものを分けてでもいいので、もっと目的のない人たちも居られる場所とか、目的がない人たちにとっての復興を考えることが、究極的に多様でいいなという思いを、改めて感じました。(MV2015 日本放送協会/ 大野太輔)

■気仙沼の唐桑半島で若者たちが、「ベース」っていう掘立小屋を建てて、そこが交流の場になっていたりするんです。皆さんそこで自由に過ごして地元の方も集まったり、外から来た方も来て、復興談義をしているんです。それには全然公費は入ってないですし、もちろん計画にも位置づけられていないものです。このように、私が考えるサードプレイスというものは、無理をして公共が整備の計画に位置付けなくても、良いんじゃないかと思います。逆にそこを行政の中に位置づけてしまうと、本当に住民がやりたかったことや、その後に生まれる筈のコミュニティが出来てこないんじゃないか…。(MV2015 宮城県連携復興センター/ 石塚直樹)

不動産の流動化というハードル

■なんで街がそういう建て替えをしなきゃいけないかという根本に立ち返ると、街は人が動く。土地が動いて、人が動いて、若い人が入ってくるから街なのです。ところが今の街というのは、所有者が老人になって亡くなっても、息子や娘は戻ってくるつもりもなくて、売るつもりもなくて建物が老朽化して空き家空き地になる。これは都会ではない。(MV2014 国立研究開発法人建築研究所/ 岩田司)

不動産の流動化

■石巻の現状から言いますと、決して空家は多くないんです。皆さん持たれている物件なんです。何らかの形で使われています。ただ、使われ方がアーケード街、中心商店街の一等地なのに、倉庫だったりとか、ガレージだったりとか、あるいはよくわからないゴミ屋敷のようなことになっているところもあります。(MV2015 ISHINOMAKI2.0/ 松村豪太)

■売買でも賃貸でも不動産が流動しないことが課題です。原因としては、皆さんわりと余裕があるんです。高度経済成長期、バブル期に蓄えもあって、成功されているんですね。一方で、中心街での商売っていうのがちょっと斜陽傾向にありましたので、自分の息子の世代に対して、東京に行って働けっていうふうに出しちゃっていて後継者がいないというところもあります。そうすると商売っていうよりも余生をいかにゆっくりと過ごすかっていうマインドの方が多いというところがあります。(MV2015 ISHINOMAKI2.0/ 松村豪太)

■そこでキーワードになるのが、どうやって不動産、土地を流動化させるかです。あるいは、いろんなポジションの流動化というのも、もしかしたら必要なのかもしれない。(MV2016 ISHINOMAKI2.0/松村豪太)

■土地というのはその人個人のものではなくて、非常に公の部分が強いわけで、先ほどの公共という話かもしれませんけども。ましてや、よそのように公金が投入されていないところと違って、中心市街地は、お金がたくさん投入されているわけです。インフラや、ソフトも含めてですけど、そういう中に土地を持っているという場合には非常に大きな責任なり制約というものを受けてしかるべきであって…、(MV2015 東北大学/姥浦道生)

■土地の所有なり、建物の所有をどう考えていくのか。これはかなり根本的な問題で、ここで解けるような問題ではないんですが、土地の所有権とか建物の所有権があまりにも強すぎるということを思っていて、公共投資をこれだけするのにも関わらず、「ここは俺の土地だから」といって、自分の土地の主張だけはして、一方で助成だけはしてくれという状況になっている。土地や建物を上手く回していかないと、新しいニーズにまったく対応できないにも関わらず、俺の土地だからこうしたくないということが、まかりとおってしまうというのは非常に辛くて…(MV2014 東北大学/姥浦道生)

■そもそも所有権を確立して、基本的には人間は利益最大化、効用最大化を測るはずなので、自分のものになれば頑張ってそこから上がる利益を最大化することを前提に、所有権を守りましょう、という話になっています。でもそんなに頑張りたくないよねと思われた時に、なかなかそれ以上頑張りなさいというのは難しいかなということです。(MV2015 東北大学/増田聡)

「土地の流動化」について、根本的な問い直しは出来ないのか？

■日本国憲法もそうですし、その前の明治憲法からそうです。最初に明治政府ができた時に、税金を取るときに土地所有者に「土地持ってんだから税金払え」って言ったところから国が成り立っているので、そこを崩すというのはたぶん難しいと思うんです。逆にソ連とかは土地が完全に公有だったので、チェルノブイリでも全村移転ができちゃうわけなんで、そこは国の成り立ちのところなので簡単にはいかないと思います。(MV2016 国土交通省/脇坂隆一)

■土地というものを公共がどうマネージメントしていくのか」ということをちょっと真剣に考えていかないと、まちづくりそのものが立ち行かないのかなっていうことを本当に感じます。(MV2016 東北大学/平野勝也)

■土地の利用について、所有と借地の間に大きなギャップがあります。所有に手を付けるよりも、借地という方法をもっと活用するアイデアを出すのが現実的だと思います。平成25年には「被災借地借家法」という新しい法律が出来て、被災地における5年という短期の借地利用の選択肢もできました。仙台市の高台移転でも、借地方式が活用されていますが、こうしたアイテムや実例を上手くブラッシュアップすれば、土地利用の流動化の可能性が広がると思います。(弁護士/津久井進)

■土地の流動性の話で、売りたくないとか、処分したくない、自分が持っていたいという理由で土地が流動化していないのは、仕方がないと思うんです。「処分したいのに処分できない不動産による流動性の低下」というところは、直せる筈の部分ですので、ぜひ対応を考えていくべきだと思っています。(MV2016 弁護士/野村裕)

…

■しかし上を利用する仕組みが今できていないということで、土地も利用と所有の分離という形での上物の作り方という仕組みが必要ではないでしょうか。(MV2014 都市計画家/西郷真理子)

■高松の商店街のみなさんは、自分の土地は代々持っている土地なので、それを手放すということには抵抗感がある。従来の再開発というのは土地を共有化して、土地を建物に権利変換するという仕組みになっていて、高松はそのとき非常に土地が高かったものですから、ぜんぜん事業が成り立たないという中で、「わざわざ事業の中に土地費を入れるのはよく分からない、自分たちはもともと土地を持っているんだから」ということになりました。だからみんなで土地利用をしようという発想になり、じゃあ建物は誰が持つかという点では、ちょうどそのころ経産省が中心市街地の活性化ということで色々と制度を用意していたので、その制度に合わせながら基本的にはみんなでも持とうという話になったということなんです。歴史のある土地というのはあまり借地がなくて、土地を持っている人が商売もしているんです。(MV2014 都市計画家/西郷真理子)

変化の兆し

■実際、後藤会長がおっしゃっていた通り、だんだん貸してもいいかなという方が出てきているのは事実なんです。ただ、事実として使える物件、賃貸という意味でも少ないです。(MV2016 ISHINOMAKI2.0/松村豪太)

■震災を契機に、専門家も含めて、これまで石巻にほとんど関心が無かったり繋がっていなかった人たちが、まちのなかに様々な局面に入ってきています。そういう企業や、人材の能力、そこから発生しているライフスタイルなど、そういう新しさみたいなものを、これから石巻のスタイルとしてどうやって定着させていくのか、が重要だと思います。その人達が震災後5年目から10年目の間に継続的に来るような、関わり方の仕組みみたいなものがこれからの可能性であり、大切なんじゃないかというふうに考えています。(MV2015 建築家/西田司)

まちを支えようとする若者たち

■外からの収入を入れないと街が成り立たないという構造になってくるので、そこを今風に若い人たちはネットを使って外貨を稼ぐ、あるいは観光型ビジネスでは来街者をいれてお金を稼ぐという部分があって、(略)若い層はむしろチャレンジしていくのですけれども、既存商店が土地の所有だけを主張するという構図がまだまだあるので、そこらへんが一番難しいところかなと思います。(MV2014 街づくりまんぼう/緒方和昭)

■石巻にいる若者がみんな「2.0」かというとそうじゃなくて、かなり貴重な存在なんです。このようにまちを変えていこう、まちを面白くしていこうと考えていらっしゃる方は本当に一握りいるかいないかです。私は5年後どうあるべきかと思うのは、そういった方、このまちが好きで、このまちで暮らしていきたいと思える方々がやっぱりきちんとマジョリティになれるということです。(MV2015 街づくりまんぼう/苅谷智大)

みやぎボイス
2013
2014
2015
2016

■松村くんも震災前は、ほとんど目立っていなかったのですが、震災後、突如露出度が高くなって、あっという間に著名な若者の代表になりましたけれども、こういうスタッフを我々は何人セットアップできるかだと思います。一人だけではだめです。二人、三人、四人という風にどう作っていくかというのがわれわれ五〇代の役割だと思っています。(MV2015 石巻商工会議所 / 後藤宗徳)

■ただ、ちょっと希望のある話としては、まちのジュニア世代がだんだん我々の活動にコミットしだしているんですね。観光協会会長（後藤宗徳氏）の息子さんだったり、大地主の息子さんだったりとか、元県会議員の息子さんだったりとかという方たちが入って、ちょっとそれは勝ち目が見えてきたかなというところを思っているんですけど、まあ、それは一歩一歩のところがあります。事実としては、絶対的に外部の参加者が多くて、それはいろいろ大学生だったりとか、２０代、３０代のちょっとおもしろいことがしたいという方、あるいは４０代、５０代の作家だったり、建築家だったりというような職能を持っている方がコミットしているというところがあります。(MV2015 ISHINOMAKI2.0/ 松村豪太)

若者たちを中心とした「新たな取り組み」もある。

■2.0 不動産という空き家を改修している事業なんですが、その中で商店街の中にシェアハウスをオーナーさんの協力を得てつくりました。(MV2014 ISHINOMAKI2.0/ 勝邦義)

■隣り合う３人の地権者で「優良建築物等整備事業」（優建）を使った小規模の共同建替えということに取り組んでいます。石巻はもともと路地横丁が多い街でしたので、横丁から楽しいものを発信していこうということで、７月に着工予定で進めております。１階が店舗、２階がシェアハウスと一部地権者住宅、３階が一部地権者住宅と賃貸の住宅という形でやっていて、今後６月に運営とまちづくりを考えたまちづくり会社を発足の予定です。小さいけれども目に見える形のもの、想いは少しでも早く、街中がこういう風に変わるんだよということをみなさんに見ていただきたい。(MV2014 街づくりまんぼう / 阿部紀代子)

■津波で流されたというよりは津波を受けたから解体したという建物がかなり多くあり、結果ポツポツと空き地がかなり残っています。建物が残っていればリノベーションとかをして、新しくお店に入ってもらうことはできるんですが、何もない状態でどのように新しい活動をそこで生んでいくかというときに、今コンテナハウスであるとかキッチンカーであるとかそういった軽微な箱をそこにもってきて、そこで仕事を生むことができるのではないかと考えています。そこで継続的に商売をするわけではなくて、いずれ体制が整えば今作っている建物の中にお店を構えるというのもありだし、別のところでお店をやるのもありなのですが、ここで何か商売をしてみたいという方々のハードルをなるべく下げて、商売ができる場所をつくるということを具体的に考えています。(MV2014 街づくりまんぼう / 苅谷智大)

打開策としての「まちなか居住」

■まちの中でご商売をされるのであれば、まちの中に出来るだけ住んでいただいて、まちの中の向こう三軒両隣の生鮮食料品屋さんで買い物をするとかって言いながら、もし品揃えがよろしくなければ「もっといいものを置けよ」って文句を言いながら、コミュニケーションのキャッチボールをすることが、まちを育てて行くとということにつながるんじゃないでしょうか。今でもそうすべきだと思っています。まちを元気にするためにはまずは住むと、当初から石巻市はコンパクトシティを掲げていますので、まちの中に住んでいただいて、そこで買い物をするということがとても大切だと思っています。(MV2016 石巻商工会議所 / 後藤宗徳)

■ぼくは街なかというものをもう一回夢を描いてそこでどんな夢を描いて、どんな町にしたいのかということをもう一回考えて作りなおせば、（中心部の土地は値下がりしてしまって）まだまだ今は買いですから、買っていただいて、そして住んでいただいて、そして、町の未来というのを考えていっていただける環境づくりにいまがラストチャンスなんではないか。(MV2016 石巻商工会議所 / 後藤宗徳)

■地方都市の中心市街地活性化の切り札として考えられた街なか居住というのは、住んではみたものの行く場所がないということもあるので、決して「まちに住宅を作ればまちが元気になる」という話ではないということをもう一度ちゃんと考えなくちゃいけないんです。（略） そこにアクティビティが起きてこないと、せっかく住む人がいても「住んでよかった」にならない。だからこそ、もし商売やっていた方で、もうこの際うちを動かすつもりはないみたいな方は、どんどんそういう空間を違う方々が貸すとかしながら、中を流動化して編集していかないとせっかく住んで呉れた方々が行く場所ないから週末になったら蛇田に行くみたいになったら意味がないわけです。(MV2015 弘前大学 / 北原啓司)

■ずっとむかしは普通だったんだけれども、それが高度経済成長期でみんな一人ひとり、特に郊外の戸建てに個別に住むようになって、そういうライフスタイルに変わってきた中で、失われてきたものも随分あって、それをもう一度取り戻すにはどうしたらいいんだろうという意味の空間として中心市街地というのはありうると思っていて、それは当然それを支えるためのソフトのコミュニティ的なものですね、福祉的なものだとか、教育的なものだとかそういうものも含めてですけど、いろいろ考えなければならない (MV2016 東北大学 / 姥浦道生)

■人が住むということは住まいだけあっても成り立たなくて、そこにはやはり商店があったり、お買い物が出来たり、病院があったり、街としての機能がきちんとなければならないと考える中で、往々にして住まいの再建ということに偏りがちなのかと思います。(MV2014 街づくりまんぼう / 阿部紀代子)

外科手術と鍼治療（再開発とリノベーション）

■空間につきましては、石巻の特徴といたしまして、大きな再開発事業とそれから、小さなリノベーションと二つの典型的な動きが今併存して、出てきている状況でございます。その二つをどう考えるのかということを中心にお話をいたしました。いずれの立場からもこれは両方共重要であって片一方がそれぞれ頑張ればいいということではなくて、片一方がこけるともう片一方もコケるという可能性があるくらい相互に依存しあっているものであり、もしくは依存するべきもの、もしくは協力関係を作っていくべきものであって、そういうものをどううまくやっていくのかということがまさに課題だと…。(MV2015 東北大学 / 姥浦道生)

■（再開発事業の比喩として）外科手術を一生懸命やっていらっしゃる方と、（ゲリラ的なリノベーションの比喩として）鍼治療を一生懸命やっていらっしゃる方と、どういうふうにうまく連携していくと、外科治療ではうまく出来なところを鍼治療でしてもら

い、もしくは鍼治療では出来ない部分を外科手術にしてもらいという、そのうまい関係というのはどうやったら作っていけるのでしょうか。(MV2015 東北大学 / 姥浦道生)

■鍼治療の役割って大きく３つあると思うんです。空間的な側面と、時間的な側面と、人という側面から必要になると思います。まず、空間的な側面は、再開発は点として事業が出来ていくものですので、余白ができるんです、空白が、路地や、再開発と再開発の狭間の線、あるいはそこにはまらなかったところをどういうふうに魅力的につなげていくかというところです。あと、時間という側面もあると思います。当然、再開発事業というのは非常に時間がかかるんです。急いでやってはいますけれども、５年間使っていない敷地を作るということは非常に危険だと思います。ちゃんとそこの間にも、期間限定の、まさに橋通りコモンのような企画なのか、そういったものも鍼治療の役割だと思います。ただ、一番は人っていうところだと思います。再開発事業は非常に大きな事業です。マンションにしても、観光施設にしても。いままで小さな事業であれば、自分のこととして考えられていたこと、自分のそろばんで間に合っていたことが、それが億とか１０億とかになった時に、それが、人ごとになっちゃうんです。(MV2015 ISHINOMAKI2.0/ 松村豪太)

■本当の大きな開発と、小さなゲリラ的なやつ(リノベーション)、それはたぶん、その小さいやつっていうのはパブリックというよりも、「活私開公」という言葉がありますけど、「私」から開いていくことだと思います。それがまさに「小さなパブリック」なんで…、(MV2015 弘前大学 / 北原啓司)

■いろんな治療法というか関わり方ができるようにしていく必要があると思っていまして、それは逆にいうと、土地や、建物といった不動産に対して立ち入り辛ら過ぎる、タブーが多すぎるんだと思います。そこを少しづつ、せっかく、きっかけとしての再開発や、リノベーションという動きがあったら、それを手がかりにして、周辺の土地や建物を使って、次の治療法の実践が出来ていけるようにしていくことがまずは最初に必要かなと思いました。(MV2015 街づくりまんぼう / 苅谷智大)

■まちをずっと運営していくということが大事で、結局、巨大なものを作ったらハコだけではだめなので、それをどうやってまちのアクティビティにしていくのかというのは、再開発事業の制度ではありません。あれはものを作ったらそれで終わりなので、後のことはやっていかなければならないけど、それをやっていけるかどうかということも見通してやらないとだめで…、(MV2015 立命館大学 / 塩崎賢明)

■「ご近所再開発」と言っているんですが、再開発というのは５人以上、２０００㎡以上だと法定再開発にできます。一方では優建（優良建築物等整備事業）だと３人からということがありますので、小さい単位で再開発ができるような仕組みです。(MV2014 都市計画家 / 西郷真理子)

…

■工事費の高騰という大問題がありまして、だいたい地方都市では、ここ２０年ぐらいは一坪６０万円ぐらいの建設費で推移していたんです。私がお手伝いした高松の丸亀町というのも大変評価いただいているが、坪５０万です。六本木ヒルズは坪６０万です。石巻でお手伝いを始めた時にそれぐらいでやれるだろうということで計画づくりを始めましたが、今はみなさんご存知のように坪１００万です。その工事費が上った分だけ、マーケットが豊かになったかといわれると、その逆で、被災地として、その価格の高騰を吸収できるだけの民間のマーケットはまったくないということです。(MV2014 都市計画家 / 西郷真理子)

まちづくりを支える制度の問題

■事業を担当していると、実態としては街中暮らしを支えられる事業システムがまったくないんです。再開発事業は再開発事業で個別にものすごく複雑に発展してきていて、それを解けるのは専門家の中の専門家しかいない。区画整理も、また公営住宅についても同様です。例えば再開発と公営住宅を一緒にやっているんですけども、公営住宅の補助システムと再開発の補助システムはそれぞれが縦割り状況になっている。課題に対し、ちゃんとやれるだけの制度的な組み立てがたぶん足りないんです。再開発であるとかそういう制度は、高度成長に合わせた制度設計になっていて、その都度、修正を繰り返してきたものです。今回事業を手伝ってみると、中心市街地を支える制度が不足しており、多くの人たちがボランティア的に何とかがんばるけれど、ひとつの形だったり組織だった形になりにくいと痛切に感じています。もちろん様々な事業の芽生えはあるんですが、一方で制度の不足を感じています。まちづくりの制度そのものが、専門家の中の専門家しかなかなか使えないことを実感しています。(MV2014 都市計画家 / 田中滋夫)

■大手のスーパーが街中にきてもいいし、ハウスメーカーが建ててもいいんですが、そこにどうやって一緒に税収や街へのお金を落とすかという仕組みを復興特区というかたちでもやっていかないと、どんどんお金が吸い上げてられていって何も残らないという形になりかねないということを懸念しています。(MV2014 街づくりまんぼう / 緒方和昭)

石巻のような都市で生きてゆくライフスタイル

■一つの企業に就職して月に３０万得られるというのはなかなか、特に石巻だとほぼないです。でも、一件、月１０万円のしごとを３つ持つような在り方というのはありえるんですね。で、結果として月３０万稼ぐみたいな。それは漁業の忙しい時期を手伝ったりとか、普通にサラリーマンとしてパートタイムで働いたりとか、あと、まさに起業しやすい町に石巻っていうのはなっています。いろいろな良い意味でも悪い意味でも助成金の機会があります。(MV2015 ISHINOMAKI2.0/ 松村豪太)

■全国的に、なんとなくゆるやかに地方嗜好があるというかファッション的な移住ブームみたいなのがあります。雑誌とかもいろいろ作られています。それはもちろんいろいろ幻想ではあるんですけれども、せっかくそういった幻想があるんだったら、受け皿をいまつくるチャンスなんですね。あとは石巻の方たちがそれをオープンに歓迎する雰囲気を作るかどうかです。(MV2015 ISHINOMAKI2.0/ 松村豪太)

■あけぼのの大規模量販店の人が寝る間を惜しんで頑張っている中、中心商店街の人は５時、６時になるとシャッターを閉めてタバコをくゆらせて、という、全くそれはそのとおりなんですが、逆に言うと今時のそう言う経済のなかで、汲々として動いている中で、そんなことが許されているということは、他にない、面白いことだと思うんですよね。これもっと、むしろ堂々と、街なか

■に行くとなんであの人達はこんなにのんびりと腰掛けに座っているんだろうと、むしろそう言う人達をミッキーマウスにしてしまって、あけぼののあの商業的な、表面だけの会話じゃなくて、リアルな人間の生き様というか、一種ダメなところはダメなところとして見せる面白さ、それは、いまどきの子どもを連れているお母さんにとっても、量販店に連れて行っては体験させられない教育にもなると思うんです。(MV2016 ISHINOMAKI2.0/ 松村豪太)

■その中で、個人でできることはなにかといったら、私は評論家にもなりたくないですし、傍観者にもなりたくない、文句だけをいう人にもなりたくない、批判ばっかりしている人にもなりたくない。自らはプレーヤーでありたいと思っています。(MV2016 石巻商工会議所 / 後藤宗徳)

■結論といたしましては、公共性につきましてもそうですし、人につきましてもそうですし、空間につきましてもそうなんですが、いかにこの多様性というものを担保していくのかということがわれわれ一番考えなければならないことです。(MV2015 東北大学 / 姥浦道生)

いろんなものを許容する多様性

■いろんな方々がまちにあつまって、生業をつくって暮らしていく風土、歴史があるっていうのが石巻の街なかの一番の強みだと思います。逆に最大の課題はそれに表裏一体だと思うんですが、新しい人達をどう受け入れていくかというところです。例えば官民の関係や、民民の関係など、たくさんのアクターがいるんですけど、それぞれが考える前提条件というか、常識、論理が全然違うんです。先ほど後藤さんがおっしゃった「人さえ来れば物が売れる」と信じている考え方は、ある商店にとっては4,50年ずっとやってきて、培われた商売の論理でありやり方なんです。その人たちに論理を否定するのは簡単ですが、その人達の論理も含めて、新しい町をどう作っていくか、もともとあるその前提条件だとか、常識っていうものをどう変えていくのか、あるいはそれも受け入れながらやっていくかというところを考えないといけないんです。(MV2015 街づくりまんぼう / 苅谷智大)

■本当のコンパクトシティというのは、中に全部集約しろというのではありません。いくつかの拠点の集落とかそういったものとさっきの交通のネットワークを繋げながら、そこの第一次産業と町の生業をどうつなげていくかというのが東北で考えなきゃいけないコンパクトシティ像だと思います。郊外にものを作ったからそれで終わりと言うんじゃなくて、それがどういうふうに成り立っていくかを、コンパクトシティとしては考えていくんだと思うんです。(MV2014 弘前大学 / 北原啓司)

■「多様性のあるまちを具体的にどう展開していくのか」ということは、「どうやって存続するか」ということと裏腹の問題だと思います。やはり都市・街というのは、ひとつひとつの積み重ねでしかないのは確かなんですけれども、「お互いがお互いに投資する」「こうなればこうなるな」というのがお互いに見えてくると投資が循環するんです。しかし、その投資がお互いの足の引っ張り合いになったり、様子見になったり、「おれは駐車場だけやる」と言っても周りに施設がないと食えるわけないんです。そういう風になると投資が負の循環になってしまう。そこは尾形さんが一番心配しているのは、つまり負の循環になると何をやろうが存続できなくなる。結局多様性もどんどん失われていくんです。(MV2014 都市計画家 / 田中滋夫)

■やはり郊外のショッピングセンターとの大きな違いというのは、イオンというスーパーパワーがいて、それが全部トップダウン的にコーディネートして、お前行けとかお前出ていけとか言えるのですけれども、中心市街地ではどうかと言われるとぜんぜん仕組みが違っていて、まちづくり会社があったとしてもそれが中心市街地の全体を見ていて、お前出ていけとかお前来いとか話ができるかといったらできないと思うし、すべきではないと思うんです。多様性のでき方の違いで、中心市街地は自然発生的にできてくるものをどう上手く取り込んでいくのかということがポイントで、そうしたときに民間同士でもお互いに情報を知っていることが、お金の循環とかビジネスチャンスという意味でもそうですし、一つの課題を解くという意味でも必要だと思うのです。(MV2014 東北大学 / 姥浦道生)

集積と連携

それだけでは不十分である。縮退する地域社会の中では、「集積と連携」が不可欠であるとの指摘がある。

■人口15万くらいの規模だとやはり多様性が必要なんでしょうけれども、お互いの投資の循環をやるには、はっきり自分のところはこれはやれるというテーマが必要です。広域合併をした石巻の場合は、「食」を基幹にやるんだという強い意志を持たなければいけないと思います。(MV2014 都市計画家 / 田中滋夫)

■縮小していく社会への対応。現在の都市計画はコンパクトを目指しているが、コンパクトを通り越した人口減による崩壊に向かう都市間競争ではなく連携する社会の構築を考えることが求められている。(元福島県任期付職員相馬市応援派遣 / 上野久)

■「他者を受け入れて新たな展開へ」震災により人口が減少し活力が著しく低下した地域にも意欲を持ってやって来る若者たちがいる。活動初期には公的助成も見込めるが、その後の定着には地域との結びつきが必要。ヒト(仲間)＞モノ(土地や建物)＞カネ(資金)の順で重要か？互いに相手を頼り過ぎない関係が大事。

■「外の世界との交流」これまでの農村・漁村は閉鎖的社会を前提とした秩序を形成していた。震災と復興過程を通して、外との交流が進むなか、人材・経済取引・文化など多様な側面で「外」との関係性が重要になってきている。(福島大学 / 阿部高樹)

■復興計画について。国は復興計画を地元に任せるとしたが、元々過疎地域であり、単独で公共サービスを提供し続けるのは難しい所が多い。幾つかの市町をまとめてエリアでの復興方針を示し、各自治体が役割分担をするべき ((独)中小企業基盤整備機構 / 大矢芳樹)

■人口減少社会における「集積の利益」。学校・病院などの公共施設・商業施設などは、人口減少下では、一定程度「集積」が求められる。一方、「集積」の過程で、これまでの地縁・血縁を基礎とした伝統的価値が失われる側面がある。(福島大学 / 阿部高樹)

全体の中での地方の位置づけ

■中央との関係を視点においた地方のまちづくり。資金的にも人材的にも、地方へいかに資源を配分するかという視点が必要。戦略的に地方を残し、活かすという視点が無いと今の様々な具体策が効果を生まない。(街づくりまんぼう / 苅谷智大)

■実は都会の高齢者を地方が引き受けていくというのが地方の役割になるかもしれない。その時には、その地方に医療があること

が圧倒的な強みになるように感じています。というのは、都会と比べて地方は福祉においては劣ってはいないのですが、医療においては圧倒的に地方が不利だというのは常識です。医療機関がない、医者がいないという状況の中で、石巻が医療を持っていることはひとつの売りになるのではないかと思っています。(MV2015 石巻市包括ケアセンター／長純一)

■地方創生というのは、徹底的な少子化対策だとか言われていますが、実はその裏で、高齢者の移住ということが言われています。簡単に言うと子育て領域と高齢者の介護を雇用に結び付けて、「人の世話をすることが地方の役割です」と言っているようなものです。今まで女性のシャドウワークや、ソーシャルキャピタルに頼ってきた地方のそういった特性をある程度雇用にして若者たちを引き留め、それで人の世話をする人を生み育て、人を看取る機能を地方の役割としていくということだと思います。(MV2015 石巻市包括ケアセンター／長純一)

今後のことを考える上での指標

■これから地方が頑張って行く時に、何人移住してきましたという数字よりも、こんな格好良く生きている人たちがこれだけいますっていう事のほうが大事だと思うんです。(略)次の日本を作っていくのに石巻から出発したいと思う人が(もしくは２拠点居住でもいいと思うんですけど)、どれだけここにいるのかという、そこの単位の捉え方が、いわゆる中心市街地活性化計画にあるような、定量的なデータじゃないところに、いま日本は行っているんじゃないかという感覚はあります。(MV2015 建築家／西田司)

■中心市街地活性化の話が出てきましたけども、私は中心市街地活性化の全国の状況を見て、なぜ中心市街地活性化の重要な指標に、「中心市街地が雇用を生む、如何に雇用力を持っているか」という指標にしないのかと思います。イギリスなら必ずそれを指標にします。ジョブゲッティングがどれくらいのジョブをゲットできるか。ジョブロスもあるけど、ジョブゲットはどれくらいできるのか。これが中心市街地活性化の重要な指標です。でも日本は中心市街地の交通量がどうだ、人口が何人に増えた、こういう話で、これが本当に中心市街地の活性化、雇用に繋がるのか、ということとは全く関係のない指標が使われている。(MV2015 福島大学／鈴木浩)

■さっき、具体の数字ではなくて、質の問題だよねという話がありましたが、地方創生でつくる総合戦略や、中心市街地活性化計画もそうなんですが、そこに具体的な KPI の設定が求められているわけです。国はその KPI の設定の進捗管理をしますよと、いうことでの管理もされるので、行政としては、国なり行政が求める具体的な成果目標もありますし、実際には地元でどれだけ効果があるという意味では、松村くんが言ったように、具体的な数字に表れない質と言った部分の問題が重要になります。そのジレンマが市役所で担当していた人間としては非常に歯がゆい部分ではあります。(MV2015 石巻市役所／岡道夫)

■「復興の目標をどう考えるか」がもう一つの課題だと思います。奥尻を訪れた時に奥尻の総務課長さんが「奥尻では、復興が成功しても失敗しても、人口はどっちにしろ減るんだ」と言っていたのが印象的でした。「人口が増えた、減った」が成功・失敗の評価に直結してしまうのは違うのかもしれないと思います。(MV2013 名取市副市長／石塚昌志)

さらなる問い直し

■歴史性があるじゃないかという話もありますけど、歴史ってどこにあるのかって言ったら、本当にどこにあるの？っていうのがまたよくわからない。そんなところに毎日人が来るのかっていうと、それだけで人が来るっていうのは、歴史を観光にしているところであって、歴史性なんて言う大したものは石巻にはないわけです。(略)さらに「新しくゲリラ的に起業」という話がありますけど、それがどれくらいの量的なものになるのか。確かにいくつか出てきていて、それ、すごく重要だと思いますけど、それが既存の商店街を、極端な話全部埋める数になるのかというと絶対そうはならないわけでして…(MV2016 東北大学／姥浦道生)

■日本人は人の真似が大好きなんです。海外を含め、成功事例があるとすぐにとびつき形を真似る。その結果が日本全国同じような中心市街地、商店街です。復興でも似たような案ばかり。町の魅力とはその地の歴史と文化から出てくるものであることを再認識し、真似るにしても形ではなく成功要因を分析し、自分たちに適用できるのかを検証すべき。((独) 中小企業基盤整備機構／大矢芳樹)

…

■今日のお話っていうのはほとんどが震災前からの課題で、これに復興という切り口を入れたらどうなるかという話だと思うんですが、ちょっと分かって欲しいんですが、やる気が無いと商店街の方々に感じることもあると思うんですけど、基本的には被災して元気がないという部分がありますので、そこに支援をし続けていただきたいと思います。(MV2016 気仙沼市議会／今川悟)

1.9 沿岸部集落の再生

震災前後の沿岸集落の状況

■震災前から、あと一世代くらい回ると、「人が住まなくなってしまった場所」が急に増えるという予測は人口計算の中で分かっていて、でも多くの市町は特に何もやらないという選択を、明示的かどうかは別として、そういう選択をしてしまっていたと思います。静かに消えて行くのをただ待っているような、そういう集落は多くあったが、痛みはあるがじわじわとした痛みなので、まぁ、誰もが見ないふりをしていたところがあります。(MV2013 東北大学／増田聡)

■十三浜は漁業だけでなく、いろんな産業が混在して地域社会を構成してきました。これまでの住み方としては、先祖代々の土地を守りながら、悪く言えば、惰性で暮らしていたところがあります。しかし、震災によって多くの人たちが去ってゆき、純然たる漁業者とその後継者だけが残り、水産業の純度を高めたとも言えるような状況です。このような人的、財産的被害から立ち上がるために、北上の漁業者たちは、大きな借財をかかえて再出発することになります。莫大な借金をかかえながらのスタートであり、加工所、倉庫、冷蔵庫、船、車、住宅などすべてを失いながらの再出発となっています。わずかな年金を貰いながら生活しなくてはならず、ここから外に逃げられない人たちも多くおり、いうなれば、二極化された地域住民たちが、これから地域の再興・生活再建にむけて進むことが課題となっています。(MV2013 宮城県漁業協同組合北

上町十三浜支所 / 佐藤清吾）

■元々抱えていた構造として考えるべきなのは、消えてしまったご高齢者のことです。つまり地方からどんどん人口が減っているのは死んだからではなく、住めなくなって出て行ったのです。コミュニティがそれらの高齢者を支えていく力があるうちは良いけれど、システムとしての福祉がないが故にどんどん人口が流出していったということです。消えた方々の意見から、何があったら消えなくて済んだかという視点を持ちたいと考えています。（MV2015 石巻市包括ケアセンター / 長純一）

限界集落の問題

沿岸半島部の小さな集落の抱える課題

■東北はほんとに大変だなと思ったことは、例えば漁業の話も出ましたが、今回巨大な防波堤で命を守るという国の政策が展開されたわけですが、長年大地とつながってきた人、あるいは長年海とつながってきた人を大地や海から引き離すべきか、それともリスクを背負いながら寄り添って生きていくべきかという判断ってとても難しいと思うんです。僕は人間の存在というのは自然の中ですごい小さなものだと思っていて、ある程度リスクを背負いながらも大地とつながりながら生きていくべきじゃないかなと思っています。（MV2016 元長岡市復興管理監 / 渡辺斉）

■「人口が減少していく」ことに加えて言うと、それは「非常に格差を伴いながら減少していく」ということだと思うんです。「これ以上人が減ってはいけないところほど人が減っていく」というアンバランスな人口減少のスパイラルが動いてることを直視するべきで、それはどこかで歯止めをかけないといけないと、と私は思っています。（MV2016 関西学院大学 / 室崎益輝）

■地域に住めなくなる理由も、車が運転できないのと、病院、医療機関がないことの２点に関わっています。おそらく、ここで言っている医療というのは、移送の問題や福祉の問題を含めて、医療とみなしていいと思います。これが地方の実態だろうと思います。（MV2015 石巻市包括ケアセンター / 長純一）

■どうしても「20年後に誰も住んでいない高台移転地域」という地域は存在してしまう。だがそれでも、被災者に対して、いつまでも仮設住宅に住んでいろとは言えないと思います。そう考えると、個人的には、無駄だと分かっていても高台移転計画を行わざるを得ないと思うんです。（MV2013 東北大学 / 平野勝也）

■こうしてみれば東日本の沿岸部、いわゆる第一次産業が中心になっている集落っていうのは、間違いなく限界集落がでてしまいます。外の人が客観的に「浜ごとの防災集団移転にこだわりすぎれば、いずれ限界集落になるぞ」ということを言ってあげないと、地元がいくら話していたって分からないと思うんです。（MV2013 元北上総合支所 / 今野照夫）

雄勝が抱える悩ましい苦悩

■高齢化率が５割を超える町となるであろうと予想される。高齢者が死ぬまで住み続けられるシステム構築（住民バス等交通の確保や福祉政策等）。（雄勝総合支所 / 三浦裕）

■特に雄勝総合支所の場合は、住民の大半、三分の二がいなくなります。4,300人居た人口が約1,500人、今回の国勢調査の速報値でいきますと、雄勝総合支所の中では75％がマイナスです。逆に言うと残る人は25％しかないという今の状況です。「寄らいん牡鹿」のような色々な活動をしていくとしても、そうした中で残った人たちにそれができるのか。（MV2016 雄勝総合支所 / 三浦裕）

■そうした中で例えば今あります復興応援隊であるとか、NPO法人さんであるとか、そういう方々に色々な活動をしてもらいながら、残った人たちで新しいコミュニティをつくっていかなきゃないわけです。で、残った人だけでコミュニティつくれるのかというと、そうした支援をしていただくというのが、やはり我々にとっては必要なのかなと思います。（MV2016 雄勝総合支所 / 三浦裕）

■単に支援をするといっても、やっぱりそこに残る人たちというのは、そこで若い人たちも暮らさねばなんないわけです。ということは収益を上げねばならない。（しばらくは補助金などがあるかもしれませんが）ある程度の一定の期間、３年５年という期間の中で、残る我々の方でもやっぱり自立していかなきゃないんです。でもやっぱり、その残る方をどう国や県が支援していくのかというのが今からの問題なのかなと思います。（MV2016 雄勝総合支所 / 三浦裕）

■超高齢社会における地方部の住まいとまちのあり方。地元に残りたいのは主に高齢者だが、その意向だけを聞いて復興するのは問題。将来のことを考えた復興まちづくりを今の状況＆住民でどのように出来るか。（国立研究開発法人建築研究所 / 米野史健）

■ハードの部分はできるんです。ハードの部分は計画を立てて、予算さえつけられれば何とかなるわけです。問題なのは今言った通り、戻ってくる80、90歳になるじいさんばあさんをどうやって面倒みるのか、それが我々の一番の課題だと思います。（MV2016 雄勝総合支所 / 三浦裕）

■防災集団移転促進事業は、限界集落促進事業だという話もあります。しかし、そうならないように、例えば北上では、漁業権を持って漁業を継続できる人たちだけを浜に残し、そうでない高齢者たちはにっこり団地に集めようとか、そういった戦略をとっています。そういう戦略が取れたところもあるし、取れていないところはやはり限界集落のようなことになってしまうと思っています。（MV2013 東北大学 / 平野勝也）

広域合併の弊害

■北上は、石巻市と合併した地域なので、なかなか本庁まで声が届かないのも大きな問題だと思います。震災後によく言われるのが、合併していなければよかった、という話です。石巻市沿岸部の旧町では皆がそういった話を良くしています。しかしまた、石巻市沿岸部でも北上、牡鹿、雄勝では漁業でもやり方が違うので、声がひとつに集約されないのも課題だと思っています。総合支所の立場では、高台移転でもなんでも、住民合意したところからどんどん前に進ませてゆきたいのですが、石巻市の下ではそんなことすら行うことができないのが現実です。（MV2013 元北上総合支所 / 今野政明）

■広域合併市町村での、地域ごとの個別的展開の困難性が露呈した。（宮城県建築住宅センター / 三部佳英）

■合併の時には、規模が大きくなれば専門職が採用できる、予算規模も大きくなり財政上の裁量が増す、という話があったが…、現実にはどうだったのか？「まだ再編の途上だった？」「合併特例債はマイナスに働いた？」「より人件費削減の方向に進んでしまった？」（東北大学 / 増田聡）

平成の広域合併後間もない震災であったことから生じた困難も多くあった。

■やはり市街地というか都市部は、平成の市町村合併をした後の状態をベースにして行政を考えてもいいと思うんですが、農山漁村の場合、昭和30年の合併かそれ以前くらいのまとまりで考えるのが良いと思います。その方が、地域の自立性が生まれるんじゃないかという気はしてます。(MV2016 東北工業大学／大沼正寛)

■まちづくりを実践する単位として、平成大合併前の旧市町を引き続き活用すべき。旧市町単位をベースとした活動の相互発信が、近隣地域との関係づくりや、移住希望者にとっても「顔の見える地域づくり」を継続し、交流人口の維持につながる。(東北工業大学／福屋粧子)

■東松島のように、2町合併程度だと、より上の水準に旧2町が揃う可能性がある。石巻のように、1強多弱の合併は、周辺部の衰退・人材不足を助長するのではないか？(東北大学／増田聡)

■僕は、日本の平成の大合併ってのは、果たして良かったのかどうかって思うんです。やっぱり今回は合併が終わった後だったということで、半島部とか周辺部というのは本当に厳しい、ある意味での格差っていうのがあったのかなと。どうやってアイデンティティ、あるいは誇りであったり、そういうものを取り戻していくかっていう、そのプロセスっていうのか、自分たちのふるさと、自分たちの地域という思いを取り戻していくということがこれから重要なのではないかなと思います。(MV2016 元長岡市復興管理監／渡辺斉)

牡鹿での様々な活動の芽生え…「よらいん牡鹿」の試み

以下に、よらいん牡鹿の概要を掲載する。

■ 3.11の被災があってから、牡鹿地域では、まず避難所が非常に少なかったということなんです。小渕浜には公共施設は地区の公民館一か所しかないんです。ところが、その公民館が津波で流出してしまって、避難する場所がないんです。そこで考えたのが、うちの小渕地区というのは、当時、世帯数で言うと157世帯ございました。そのうち120世帯が津波で全部流出。残った30数世帯にお願いして、当時の住民約五百何十人を、その残った家の大きさに応じて20人とか、10人とか分散して避難させていただきました。(略)

そういう状況の中で、行政サイドでは仮設住宅の設置が課題となりました。ほとんど半島部の方は地域の沿岸漁業をしており、住んでいた地域に仮設住宅がほしいという思いが非常に強かったので、度々要請をおこなったんですけれども、やはり公共用地以外はダメですという一点張りだったんです。

四月の下旬になりたまたま東京弁護士会の弁護士の先生方が5人程現地の調査に見えられ、「仮設住宅の設置がままならないんです、土地であれば各地域地域にいくらでもあるんだけど、それがダメなんです」という事で困っているんですということを話しましたら、ゴールデンウィーク明けに、厚生省の大臣官房と援護局の連名で、被災各県の土木部長宛に、仮設住宅の設置についてという通達を出していただいたんです。手っ取り早く言うと、仮設をつくるのに必要な公共用地がない場所は民間の土地を借り上げてつくってもいいですよ、そのために生じる費用については全部国が負担します、という通達の内容だったんです。

どこもおしなべてそうだったようですけれども、仮設住宅に入ると狭いところに閉じこもってしまう。そして震災から一年後ぐらいですか、報道を通じて、仮設住宅内での孤独死というニュースが大分聞こえてくるようになりました。

それらを解消するためには動くしかないなと。やはりサロン活動が一番最初なんだよねと、なりました。ではサロン活動をやれるような場所はどこがあるかという事で、色々模索したんですけれども、鮎川地区の、家が残った高台の地区の住民の方たちが、やはりみんな閉じこもってるところが、「場所があるから、じゃあうちらほでやってみようや」って、手を挙げていただいたんです。そういうところがあるんであれば、じゃあ我々もとにかく動き出そうや、という事で我々2014年、平成26年の4月にこの「寄らいん牡鹿」という組織を、住民の中から立ち上げたんです。

寄らいん牡鹿の組織というのはどういうものかというと、要するに会員同士の助け合いの活動という事で、まず会員を募ります。会員になると年二千円の会費を払っていただきます。そしてその中で、何か会員が困ったことがあったら、それをできる会員が行ってお助けしましょうと、というようなことで始めたんです。

それでふれあいの場をどうするかという事で、当初鮎川の南地区の人たち、ほとんどが高齢者、独居の方たちが、会員が14名ほどで、週一回のお茶っこ会を開き始めたんです。それも、ただやるんじゃなくて、一回100円持ってきてと。その100円を原資にして、コーヒーやお茶菓子を買ったりしました。それで週一回やったら、みんな「楽しい」って、「来週のお茶っこ会が楽しみだよ」という話があって…、

じゃあこれを他でもやってやろうということで、同じ鮎川地区の湊川仮設住宅に話を持っていったら、そこにたまたま、元々鮎川の人なんですけれども、震災の何年か前に東京から戻ってきて自分で店をやっていた板前さんがいたんですよ。「そういう事だったら、この団地の人たちを集めて昼食会をやってもいいよ」ということで、それは週一では無理なので、月二回ぐらいやってみましょうや、という事で、来ていただく方は材料費だけ300円負担してもらいますよと、それを始めたら大変好評で、仮設団地の集会所があるんですけれども、そこを溢れるぐらいの人たちが集まってきた。しかも集まってきてただ食べるだけじゃなくて、料理を作る過程でみんなでやるんだ、共同してつくるんだと、そしてそれを自分たちが食べる、非常に楽しいと…、

ではそれを他でもやれないかな、ということで今度は小網倉地区という、野津さんが住んでおられるところの地区にも、お茶っこでもやってみませんかという事で話を持っていったら、楽しそうだから、と個々に集える場をつくったんです。それを今度はどうにかしてつないであげたいな、ということで、寄らいん本体でも色々なイベントをやろうや、という事で、寄磯地区のお寺に樹齢300年は経つというすごい枝垂れ桜があるんで、その桜を見る会をやりましょうや、ということで26年の4月にまず一回目を開いたんですが、そうしたら参加したいという人が30数名おられました。ところがうちの会員だけでは移送できないんで、うちの地区にございます牡鹿の地域包括支援センターにお願いしまして、そちらの応援も得て、それで移送していただいたんです。

それが今度は評判を呼んで、「寄らいんさん何かやらないの」という話になりました。じゃあ次は鮎川で一番近いところで会員さんの自宅で山法師のきれいなところがあるから、それを見ながらお

茶を飲みましょう、たまたまその会員さんの方がピザ釜を持っていたんです。「私ピザをつくって皆さんをおもてなししますよ」と。それがだんだん評判を呼んで、それで当初2014年の設立当初の会員が40名程度だったのが、翌年の4月までには80名超えておったんです。

そういった形で、個々にサロンをおこなえる場所をつくる、さらにそういったものを全体的につないでいくというような活動をやってきました。

市で今やっている住民バスというのもあるんですけれども、バス停まで行くのが大変だという事で、じゃあ私たち何かできることはないのかと模索した結果、その人たちの病院までの介助をしようじゃないかと、単なる移送だけだと、色々な法令的に引っかかるので、病院に通う患者さんの付き添い介助をやりましょうということで、一緒に病院行くからお願いしますと依頼あると、玄関まで迎えに行って、玄関からそれぞれのスタッフのマイカーに乗せまして、病院まで行きます。そして一緒に受付まで連れていって、受付も手伝って診察室前までお連れして、そして処方箋が出れば薬局まで行って薬をもらってくる、そして自宅の玄関まで送る、そういう事もやっています。

会員さんの中には、「家は残ってあるんだけれど、私一人では庭の草取りまで手が回らないんだ、何とかならないか」と、じゃあそれも「会員でできる人いたら派遣しますから」ということで、「その代りただではないですよ、一時間当たり一人700円だけは頂戴しますよ、それでもよろしいですか」という事でお話すると、「私できないんだからぜひお願いします」という事で、できる人に行ってもらっています。我々はそういう事をやっている組織なんです。(MV2016 よらいん牡鹿 / 石森政彦)

■結構漁業地区って独立しているんですよ。鮎川、新山、小渕浜、給分、大原・・・と、たくさんの浜が連携しているっていうのが、震災前からすると結構驚きです。これは、震災が起こって、石森さんたちのリーダーシップで可能になったことなんだろうなと思いました。(MV2016 福島大学 / 阿部高樹)

■三浦さんが「雄勝に帰ってくる人はほとんど高齢者ばっかしで、それをまとめられるのかな」という話をしていましたが、私もすでに来年には後期高齢者の仲間入りです。そしていま、寄らいんを動かしているメンバーをみますと、私より高齢者の方もいます。そういう人たちでも「私、何もできないから」って話していたんですけど、「動けなくてもいんだよ。口だけ出してくれ」と。そうすればいい知恵も出てくるんだからというようなかたちで、それぞれのいいところ、いいところを出し合えるかたちで動いているのが、この寄らいん牡鹿なんです。(MV2016 よらいん牡鹿 / 石森政彦)

牡鹿での様々な活動の芽生え…「おらほのいえ」の試み

■仮設住宅でやはり独居高齢者の方ですとか、高齢世帯の方々が、震災後居場所がなくなったという声をよく聞きました。その中で「私たちにできることは何かな」という事で考えて、皆の居場所になればいいかなということで、居場所づくりという勝手な名目で始めたのが通称「おらほの家」です。

例えばあるおばあちゃんは、元々わらび採りがすごく好きで一人で行っていたんですけれども、足腰が悪くなって転ぶのが不安だという事で一人では行けなくなってしまった。ただ実は、仲間と一緒だったら手をつなぎながらだったら行けたりするんです。元々やっていた作業を大事にしながら、また新たにできることに取り組んでいきました。

震災後、「ありがとう」と言う機会はすごく増えたんだけれども、「ありがとう」と言われる機会が、特に牡鹿半島の被災された方には少なかった。その中で、やはり「ありがとう」と言ってもらえる、そういう喜びというのが増えたらいいなと考えています。元々裁縫がすごく得意だった方が僕のズボンのほつれたポッケを縫ってくれたりとか…、

そこに集まる「一人一人のできること」というのはできる人がする。できることというのは、もしかしたら70代80代になって少なくなってきているかもしれないけれども、ただそれが集まると、一つの大きな力になる。ただ、できないことは別にしなくてもいいですし、やりたくなければしなくてもいい。一人一人が支え合って、認め合って、助け合って生きていく。人と人がつながるような空間、そこにいてもいい空間、というところです。

こういう居場所づくりを始めていって、今、何も制度は使っていないんです。財源は助成金等でやっているんですけれども、その中で集まってきている方が、自ずとやはり高齢者の方が増えてきている。そしてその中でも、いわゆる介護保険の要支援ですとか要介護、少し介護の手が必要になってきている方々が増えてきております。二年位前の時点では約30%近くがそういう方でしたけれども、今現在では、約四割の方が要支援、要介護の方々です。最近やはり認知症の方ですとか、失禁だったりとか、少しそういう状況が起きてきています。

牡鹿半島では、様々な居場所が、特にご高齢の方の居場所がなくなってしまいました。ホームヘルパーステーションですとか老人ホーム、グループホーム等が震災の影響で流されてなくなってしまった。また、各浜の公民館等も無くなってしまった現状も見受けられます。またそういう集まる老人クラブ等も、元々5か所ぐらいあったのが今1か所になっております。

「おらほの家」を通して、コミュニティの状況が個人に及ぼす影響という事について少しだけ考えさせてもらいました。様々な影響が起こっているのですけれども、やはり震災による環境の変化というのがすごい大きいのかなと思っております。物理的環境ですとか人的環境の変化ですね、度重なる改修工事ですとか、今までと勝手の違う住環境。また、家族や仲間が亡くなってしまった。元々やっていた仕事を止める、今回がきっかけで止められた方もいらっしゃいます。畑ですとか公民館など、人が集まる場所ですとか自分が元々楽しみでやっていたことが流されてなくなってしまった。(MV2016 キャンナス東北 / 野津裕二郎)

■住民さんなどがおっしゃっていた課題を挙げさせてもらいました。今現在ですけれども、交通手段が限られてきている、あとは介護サービスなどの社会資源が少ない、緊急時に不安だと思っている住民さんがとても多くいらっしゃいました。(MV2016 キャンナス東北 / 野津裕二郎)

■今のかたちって、包括支援センターの方々が介護予防事業というかたちで体操をしたり、集まってなにかやったりとか、すごく一般的な、福祉の業界ではそういうかたちだと思うんです。実は、個人的に、あまり面白くないなと思っていまして、それこそ犬塚さんが言っているツーリズムだったり、もっと地域づくりに絡め

ることもできますし、寄らいん牡鹿さんの石森代表がやっている
ことは、ほんとに牡鹿半島を変えることができるくらい大事な事
業だと思うんです。それに関わっている方々の生き生きした姿と
か、やっていること、それ自体が実は結果的に介護予防になって
いる。地域のためとか人のためになりながら、実は自分のために
もなっているっていう、そういう循環自体がすごく大事なんじゃ
ないかなと思っています。(MV2016 キャンナス東北/野津裕二郎)

牡鹿での様々な活動の芽生え…「おしかリンク」の試み

■おしかリンクの法人の目的は、牡鹿半島の暮らしが牡鹿半島
らしく続く、というところです。ただ、キャンナスさんからも課題
としてあげられていたように、収益介護事業が難しいだとか、社
会資源が少ない、キーパーソンの高齢化という事で、今後時間が
経つにつれどんどんそういった課題は深刻化していく中で、そう
いった牡鹿半島らしい暮らしを続けるためにはどういった手段が
あるのか、ということに対して、おしかリンクが掲げている手段は、
地域づくりとツーリズムを兼ねていきましょう、というものです。

ツーリズムというのは観光業という事になるんですが、今後深刻
化してくる人材不足であったりに対して、地域に人材とお金を落
とすような仕組みをどのようにつくれるか、ということを考えて
います。

私たちは、今「寄らいん牡鹿」さんや「キャンナス東北」さんが
上げていたような課題に今後どういうふうに地域全体で取り組ん
でいくかということに対して、外から人を連れてくるというよう
な役割に徹して、地域で精力的に活動されている寄らいん牡鹿さ
んだったりキャンナス東北さんと組みながら、それぞれの役割を
しっかりと果たすことによって地域課題を解決していきたいなと
思っております。(MV2016 おしかリンク/犬塚恵介)

■寄らいん牡鹿さんや、キャンナス東北さんが普段一緒に動いて
いる高齢者の方に協力してもらいながら、それで「土日に牡鹿半
島に来てくださいよ」というプログラムを作って、では泊まると
ころどうするのっていったら、「息子さん世代が外に出ちゃってい
ないんだ」というようなところに「親戚みたいな感覚で泊まった
らどうですか」ということで民泊をつくる取り組みなどをしてい
ます。そういったプログラムは、楽しみながら1泊2日で週末に
来て帰るっていうだけですけど、実際、福祉にも貢献しているん
じゃないかなと考えています。地域の人と外の人が win win な関
係を築けるプログラムをどういうふうに作れるかということが非
常に重要だと思っています。(MV2016 おしかリンク/犬塚恵介)

…

■若い人が入ってきて、地域の住民の方々と一緒に地域をつくっ
てくださるという流れができつつある一方で、先ほどおっしゃら
れていたとおり高齢化が進みます。それをどういう風に支えてい
けばいいんだろうかという危機感から、住民主体の動きを動かし
ていくという流れが離半島部の中で生まれていることが非常に心
強いかなと思っております。(MV2016 宮城県庁/中尾公一)

牡鹿町における地域主体の先進的で多様な取り組みをベースに、沿岸
半島部における生活の再建についての現状と課題の整理を試みる。

沿岸半島部における生活基盤の再建

■小指集落っていうのは25軒ほどの小さな集落で、その内、18軒
流されて高台にあった7軒だけが残っています。で、実は今年の
3/11に、9か所の移転用地の中でいち早く地権者の高台移転の契
約が成立しました。漁業を専業でやっている世帯は最初から高台
移転を希望しています。本人や息子さんが、十三浜に住みながら
石巻市内の会社に勤めていたりという方は、これを機に離れよう
と考える方も多く、18軒のうち11軒が高台移転を考えています。
(MV2013 建築家/佐々木文彦)

■高台移転ですが、私たち白浜は、農業と漁業と半分半分が多い
んです。そうするとやっぱり100坪では足りない、200坪以上欲し
いってことで市の方にお願いしたのが、最初の方は、農家だから
認められるんじゃないかという話もあり、集団移転をする世帯は
200坪希望していました。もともとはどこの家も、300から200坪
はありましたから、それは農業や漁業やっていれば当然のことだ
と思います。(MV2013 北上まちづくり委員会/佐藤富士夫)

■「職住分離」は、今般の失策の代表例。そもそも生業とともにあり、
経済文化を形成してきた地域に対して、都市生活論を押し付けて
しまった。分離が重要なのではなく、単に安全確保を状況に応じ
て見出せばよい。今後はむしろ、新たな居住のなかで、持続的経
営ができる職を再構築することが重要。(東北工業大学/大沼正寛)

■防災集団移転事業としては一区画100坪。石巻半島部は大体そ
うだと思うんですけど、2つ方法があって、30年間借地を無料に
できるっていうのと、あと、100坪を200万で払い下げでき
る。ただ、30年後どうなっているのか分からないということで、
借地を選んでいる人は意外と少なく、また、この地区の特徴として、
子供や孫に借金を残したくない人が、やはり借地をあまり選択し
ていません。(MV2013 小指契約会/佐々木文彦)

半島部における生業・商業の再生

六次化。様々な一次産業の連携

■東北には見どころや美味しいものが沢山あります。ただ非常に
似たようなものばかりがたくさんあるのです。牡蠣やアワビ、ワ
カメであっても色々なところで同じようなものを作っていて、地
元の人は皆さんがうちの牡蠣が一番うまい、うちのワカメが一番
うまいと言っています。私も頂くのですが、正直言って区別がつ
きません。こういうことをやっているとなかなか外から人は呼べ
ません。地域ごとにある程度広いエリアでもって何かブランド化
みたいなものが出来ればもう少し呼ぶことが出来ると思います。
また、今まで地元の人は気が付いていないようなもので、東京の
人から見ると、あ、こんな面白いものがあるのだというものも当
然あるはずです。そういったものを拾い出して、南三陸エリアや
北三陸エリアなどでストーリー化することが出来れば人を集める
ことも可能ではないかということを考えています。(MV2016 中小
企業基盤整備機構/大矢芳樹)

■「地域産業振興」食品加工業、高付加価値化が必要。東北の雇
用を支える産業は食品加工業(製造業で雇用トップ)であり、食
品加工製品の付加価値を上げ、食品加工産業と共に3次産業と利
益をシェアし、雇用環境改善を図る(公益財団法人東北活性化研
究センター/小杉雅之)

■「6次産業化支援」農工連携、人材育成。農業の多角化も必要
ではあるが、食品加工業者の農業経営も重要である。両事業を平
等に扱い、両事業に通じた人材育成を行ないながら、相互の連携
を進めていくことが大切(公益財団法人東北活性化研究センター/
小杉雅之)

みやぎボイス 2013 2014 2015 2016

■おまかなえみたいな魚は、漁師さんに話を聞くと、市場にあげても値が付かないから捨てていると言います。僕たちはそこに息吹を与えていきたいです。地元の人だと市場に並べられないものは価値がないとする魚でも、観光客からすると知らない魚に価値があるわけです。そういったものを上手く紐付けていきながらブランド化をしたり、お客さんの右脳を刺激しまくって、雑魚みたいな魚に対しても、お客さんが「あ、やっぱり地元に来た」という感じにさせるようにしていきたいです。（MV2016 ファミリア／島田昌幸）

漁業再生の課題

■「長期的地域経営」の視点。荒廃した山林が典型例。世代を超えて地域経営課題を解く主体形成と、従来型でない産官学民のステークホルダー形成が要る。その主体のなかの検討項目に、居住や都市形成論が入っているべき。そして行政は、そうした自立的課題を超えた地域間・国家的課題を解いていくべき。（東北工業大学／大沼正寛）

■北上にはいくつかの産業がありますが、その中でも漁業の立ち直りは、間違いなく早いです。しかし、ものが売れるか、どう売るか、という大きな問題があります。全部漁協で買い上げる、というわけにはいきません。ある枠があり、それを漁協が買い上げるということだと思います。漁業従事者は六次産業化を目指しており、その部分で漁業従事者と漁協さんとはちょっと考えが違っているのではないでしょうか。（MV2013 元北上総合支所／今野政明）

■北上の漁業は、震災で大変な被害を受け漁船もほとんど失っていますが、他の被災地と違い、外からのボランティアも殆ど来なかったようです。わかめ養殖は外からのサポートや支援を受けて、２０１２年の春から何とか復活できたようです。しかし、去年の７月に福島第一原発からの汚染水流出事故では大変な風評被害があったり、今回の震災にはどうしても風評がついて回るようで、復興への体力を培うべき時に、その力を削いでしまうような流れが出来てしまっているようです。（MV2014 河北新報／寺島英弥）

■時代の流れとして、六次産業化は重要だと考え、奨励しています。六次産業化が漁協活動の支障にはなるという考えは全く持っていないです。また生産体制は整ったものの売り先に困る、という話は他では聞きますが、十三浜では、加工業でも売り先には全く困っていません。加工者が生産したものを消費者にダイレクトに売る方法が盛んであり、全国的に知られたおかげでまったく困っていません。（MV2013 宮城県漁業協同組合北上町十三浜支所／佐藤清吾）

■漁業権の問題で、別の場所に移っちゃうと漁業ができなくなるという根本的な法律上の問題があって、いまは猶予期間の様なものを設けていますが、それをどうするかという問題があるんです。日本の沿岸漁業というのは地縁血縁でやっているんですが、今、被災地で元の場所に住めないとなって場所を移った時に、違うところに住んでいるのにその人に権利をあげられるのかあげられないのか、ということが重大な問題になっていて、今でも多分決着はついていないんです。で、長期的に沿岸漁業を維持していくためには、外に出ていった人にも権利を残していいのかとか、外から入れる仕組みとかという事が、今後重要な仕組みになってくるのではないかなと思いました。（MV2016 福島大学／阿部高樹）

■水産業の集約化ですけれども、震災前は大きな水産会社は一次処理、二次処理を、基本的な定義はありませんけれども、地域での緩やかなグループ化といいますか、下請け孫請けのような形でわずかなものをやってもらっていました。ところが今回の震災の結果、グループ補助金で４分の３は誰でも貰えるようになったものですから、下請け仕事の人も独立するようになってしまって、現在そういう意味では、今まであった緩やかなグループ化といいますか、仲間が少し分散しています。ただ仕事がどんどん厳しくなれば、いずれは集約化してくるだろうなと思います。（MV2016 石巻魚市場／須能邦雄）

水産特区

■その桃ノ浦地区では、今残っていらっしゃる方は、今年八十四歳に去られる区長さんを中心に非常に高齢化が進んでしまっています。一方で、残っている漁師さんたちは、漁業特区で合同会社をつくってなりわいを立て直そうとしていますが、高齢化の問題もあって、新規に漁師さんたちを受け入れる仕組みを、地区の存亡をかけて取り組んでいかなければならないというところです。そんな状況の中で、最初のころから、「漁師学校をやったらいいんじゃないか」という話が出ていまして、漁師学校を立ち上げることになりました。（MV2014 筑波大学／貝島桃代）

　しかし、地域の人たちには家族の在り方、漁業への取り組み方自体へのこだわりも大きく、水産特区への抵抗も多いように思う。

■震災がきっかけになって、後継者がいない漁業者は漁業を再開できず、どんどん廃業しています。漁業の継続には、親子二代が一緒に働いても十分な収入の確保が大前提となります。零細漁業者の廃業によって生まれた余白を活用した漁業規模拡大は地元の復興に掛ける漁業者に与えるべきだと思っています。宮城県知事は余った漁業権を大企業に与えようとしていますが、地元漁業者の漁業規模拡大によって親子二代でなりわいを継承できるようになると思っています。（MV2013 宮城県漁業協同組合北上町十三浜支所／佐藤清吾）

■水産業については、現在、宮城県の知事が水産業の復興特区を掲げています。今まで独占的に持っていた漁業権が大企業に剥奪されるということで、県漁協は反対している状況です。県は、人口が減り漁業者が減り、海が余ると考えているようです。私は、零細業者が震災によって減った分だけ、力のある漁業者が規模拡大し、力ある漁業者と後継者が定着すれば、人が増えると考えています。（MV2013 宮城県漁業協同組合北上町十三浜支所／佐藤清吾）

■簡単に「ここに入ってきて漁業を始めよう」と言えるような状況ではないんです。また、漁業という仕事は、朝早く海に出て帰ってきたらシャワーを浴びて「はい今日の仕事は終わり」という仕事ではありません。陸に帰ってきても漁師はそれなりに仕事があるんです。ですから、十三浜では、ゲートボールをして暇そうな年寄りは一人もいません。人生の最後まで現役ですから、浜では。そういう状況ですので、最低限の生活施設の整備が、復興の第一条件だと思っています。（MV2014 相川の明日を創る会／鈴木学）

■先ほどの平野先生のご意見では「漁村に帰ってきても自分だったら親と一緒には住まない」というお話がありましたが、私は子供を育てている時から、「家業を継ぐときは、家族と一緒に住んで、家族と一緒に生活し、仕事をするものだ」と教えてきました。息

子にも、いったんは県外に出して生活させましたが、戻ってくるときには、そういった覚悟を決めて帰ってきなさいと言い含めていました。漁村部のこどもは、帰ってくるということは必ず家と家業を継ぐということだと教え込まれているので、帰ってきたのに別に住むということは絶対にないですし、現実に、私の周りにはそういう子供は一人もいません。（MV2014 十三浜小泊集落／阿部こう子）

農業の再生

■これからの北上の農業は、漁業とは違う状況だと感じました。確かに、毎日やってても魅力のない仕事だと思ってしまいますが、震災後に出て行ってしまった方も多くおり、耕作する人が少なくなっていますので、田んぼの面積が増えてしまっています。そのために、耕作を引き受けなければならない、自分たちの労力が、ついて行っていないのが現状です。漁業では、他所から人が入ってくることを反対する人も多いですが、私たち農業では、仮設住宅の人たちや外の人たちに、農業に入ってきてもらって活性化して行く必要があると思っています。人が不足していて、自分たちだけではこれ以上は難しいのです。出て行ってしまった地元の若者は帰って来ないことを前提にして、それ以上に他の地域から人を呼び込める農業を考えています。（MV2013 米工房大内産業／大内弘）

■農村である北上町橋浦では、農地は、国の事業でどんどん復田をしています。けれども、津波で農家の方は家も農機具も流されて、なりわいの再開を断念する人がとても多く、残った一握りの農家が何十haもひとりで抱えてやっている状況です。その上、去年秋に米価が大きく下落したんです。幾ら作っても赤字だという状況だそうです。そのように、地域を支えている農家がやっていけない状況や、ひとりひとりのそこに生きている人たちのなりわいを取り巻く環境が、非常に厳しくなっていると思います。（MV2015 河北新報／寺島英弥）

■農業では、震災前は担い手の集約・大規模化をしなさいと良くいわれていました。ところが、震災後は、機械が流され農業を再開できる農家がぐんと減ってしまい、農地全部を一部の農家に無理に振り分けていいます。現在浸水地域では塩害除去を進めていますが、それが次々に終わってゆくので、数年後にはと大内さんたち農家は人手不足で悲鳴をあげるのは間違いないと思います。以前は地元の土建業者などの会社が農業に参入するという話もあったのですが、今では土建事業者は復興事業で忙しく、そんな余裕はないのです。（MV2013 元北上総合支所／今野政明）

■農政に関しては、規模拡大一辺倒になりすぎている傾向があります。実際は、例えば、ある村のおばーちゃんひとりで年間１５００万円売り上げるなどの例もあり、最初から大規模経営でなくては収益性が無いという前提で始めてしまうと、資本もいるし、ハードルが高くなってしまいます。そうすると結果として、新たに取り組もうという人を排除してしまう結果になってしまう。農業、漁業、畜産などにはいろいろな多様な形が、ビジネスモデルとしてありうるという認識が重要だと思います。それをトータルとして評価していくようなしくみ、多様なありかたを地域の中に共有できる形を考えていくことが重要です。それにはやはり、ハードルが低く、参入しやすいところから、取り組んで行くべきでしょう。（MV2013 大阪経済大学／遠州尋美）

その一方で、新しい農業を模索する動きもある。

■社長というのは誰でもなれるがＣＥＯ（最高経営責任者）という立場はそういかないということをこの５年間で強く感じました。社長になって赤字で倒産します、というような話ではやはり経営者になり切れていません。究極の課題を必ず最短で乗り越えるためのグッドアイディアとか仕組みづくりとか、そこには資金需要とか、資金だけあったとしても組織や人材力、こういうところをしっかり組み合わせられないと経営ができないわけです。私はそういう意味では新しいイノベーション型の農業組織を日本に創りたいと思ってこの５年間やらせて頂いて、おかげさまで昨日も中部地区で説明会をやって参りまして戻ってきたところです。結論から言うと、強い思いがあっただけでは経営はうまくいかないということであります。（MV2016 舞台ファーム／針生信夫）

■ご試食いただいているトマトは、自然農法のものです。食感がよく、夏でも常温で20日間もちます。肉厚で種もあまりなく甘みも香りもよい。このトマトを被災地で作ろうと考えています。六次産業化には、県も前向きのようです。約2〜2.5ヘクタールの大きさで、津波被害にあった買い上げ宅地の跡地利用を考えています。土地の復旧事業は3月に終わっており、トマト栽培用地にしたいと思っています。手法は溶液栽培の先進地であるオランダの農業に倣っています。溶液栽培により、食味を自由に調整できますし、空調・温度管理などをコンピュータで行い、人員は6ヶ月の研修後、すぐに生産に入れます。経験は研修でカバーできるので、経験が必要ない。そして365日のフル生産が可能です。農業は、小規模ではどうしても採算があわないです。しかし、大規模で採算がとれるかというと、これもなかなか難しい。やはり農業は、補助金、助成金などで、初期投資、設備投資をまかなうことでようやく成り立つ産業だと感じています。農業では6次産業化しても何をしても、なかなか採算が合わないのではないかと感じています。（MV2013 スズキ産業／鈴木嘉悦郎）

半島部における商業・流通の再生

■石巻市半島部で、雄勝、牡鹿の拠点地域で今苦しんでいるのは、商店街が再生しないっていうことです。みんな石巻に直接買い物に行くようになっちゃって、そこでの商店が成立しない。でも本当に半島部にお店がなくなっていいのか、ということです。震災前まで、商店街があることで地区の人たちがより集まって、集落という単位を超えた大きな文化的まとまりが出来ていたのに、それが震災後に商店が成立しなくなってしまい、石巻市半島部全体が再生しにくくなっていると思います。（MV2014 東北大学／平野勝也）

■現在では、仮設住宅の集会所で金曜日午後から販売をしています。また畑のある脇に直売コーナーみたいなものを設けて、その時にあるものを売ったりしています。今までは物々交換をしていたのですが、もらうと何かお返しをしなくてはならないという気持ちになってしまうので、それよりは少しだけでもお金を払ったほうが気が楽だという声に応える活動です。（MV2014 にっこり北住民有志の会／鈴木昭子）

■物々交換がメインの流通方法で、何か買おうと思うと、北上町の外に出ざるを得ないんです。基本的に生活は物々交換で成り立っていて、現金というのは外に行って買い物をする時にだけ使うんだと思います。わかめなどの海産物はほとんどそうで、農産物もほぼそんな状況だと思います。ベースにある経済活動は基本的に物々交換が強固に残っていて、その上に「いろどりとして」貨幣

新たなる雇用の可能性

■医療、介護は、雇用においてきわめて有効で、断トツで多く雇用を創出するのは介護だということです。介護はほとんど人件費産業ですから、消えたお金がそのまま地元に落ちるんです。こういったことで町おこしをしているところもあります。社会保障領域というのは非常に地場産業として有力なのです。(MV2015 石巻市包括ケアセンター / 長純一)

地域の自治・地域の運営

■震災後多くの公共施設をつくる一方で、その維持管理をどうするかを考えなくてはならなくなっています。そうした中で、北上の人たちには「自分たちの地域は自分たちで管理してゆこう」という空気があります。自分たちだけの手に余ってしまうようであれば「もう少し広い地域が連帯して管理しよう」、それでも手に余れば「市にお願いしよう」というような、自助・共助・公助の考え方が根付いていると思います。(MV2014 元北上総合支所 / 今野照夫)

■昔から、そうやって「自分たちのことは自分たちでやる」というような自治を組織していたのだと思います。家田さんが仰るような地域包括ケアや、今後必要になるであろう福祉の在り方は、非常に重要な要素になって来る筈だと思っています。私たちは最初からそんな風に考えていたわけではありませんが、わりと、役所が先導するのではなく、地域の方々の意見を聞きながら、地域の運営をしていたという気がします。確かに震災後もたくさん説明会をしていますが、行政が前面に立ってやっているということはあまりありません。北海道大学の宮内先生やパルシック、JIAといった支援団体が行政と住民の間に入ってやってきました。そう考えると、あまり行政が前面に出ていかなかったということ自体が、住民が自立して行くためには良かったのかなと思っています。(MV2014 北上総合支所 / 今野照夫)

■北上の支援をする中で、北上の地域性について、幾つか「ああ、なるほどなぁ」と考えさせられたことがあります。例えば、釜谷崎という5戸ほどの少ない移転戸数の防災集団移転団地があるのですが、そこの移転地計画のワークショップをしている時に、集会所をつくるかどうかといった話が出たことがあります。そこで分かったのは、自分たちがどの程度の施設だったら自分たちで管理できるかを理解していることでした。「こんな大きいのは自分たちで管理できない」とか「この程度だったら5戸でもやれそうだ」とか、感覚的に理解しているように思いました。この程度の施設だったらどれくらいの負担が自分たちに掛かってくるか、「一軒当たりの手間がこの程度で、金銭的負担がこの程度だと、これだといさかいもなくスムーズに運営できそうだ」ということが、それぞれの頭にリアルに思い描けているように思えました。そういった意味では、地域としての長い経験だとか、地域としての文化や知恵といった蓄積が無いと、こういったことはなかなか出来ないのかなと思いました。(MV2014 北上まちづくり委員会支援 / 手島浩之)

■やはり維持管理というのは、この「地域社会自体の運営」という側面もあり、やはり一番本質的なことなんだろうと思い始めています。そして、更にその時に、「その公共物は誰のものか」ということをみんなで本気で考えるということが重要だといろんな場面で思います。(MV2015 北上まちづくり委員会支援 / 手島浩之)

■(北上町のような地域の強みとして)まず人口が適正に少ないということだと思います。要するに、行政の側から見て、住民っていうのは他人じゃないんですね。所謂「匿名の市民」ではないんです。そうなると住民の方も身勝手に自分のことは関係なく行政にただ単に文句を言うという形ではなくて、ちゃんと個人として責任のある立場で行政に対しての発言をします。行政もお互い、住民の人たちの顔が見えて、その人に必要な適切なアドバイスが出来るようです。こうしたことは基礎自治体としての強みだなあと感じます。(MV2015 北上まちづくり委員会支援 / 手島浩之)

■その協働を大切にするには、たぶん、自助ですね。被災者の方たちに「自分たちでできることは自分たちでやろう」っていう気持ちを持ってもらうことです。そしてどうしても、その被災者がやれないことに関しては共助する。それは、我々行政であったり、皆さん専門家の人であったり、そういう人たちにアドバイスしてもらえばポンッと、解決するわけです。どうしても専門家の人たちと、行政と、被災者がタッグマッチを組んでもできないのは、国の公助というところになってしまうのかなと思います。その「公」には行政も入るんですけど、私たちの北上総合支所の人間は被災者に近いので、「共助」の方に入りたいなと思ってます。(MV2013 北上総合支所 / 今野照夫)

■契約構などの昔からの地縁組織がまだ活きていますので、自分たちで自分たちの地域を運営するということのノウハウがまだ活きているんですよね。たとえばちょっと前まで水道も自分たちで沢水を引いてきてそれは保健所に定期的に検査に出してっていうような、要は自分たちの生命線に関わることでさえ、そうしてみんなで共同運営することが出来るんです。今僕らは(略)、行政に一方的に押し付けてしまって、あとは文句だけ言えばいいという形にどうしてもなってしまっています。それをやっぱり自分たちが、まだ自分たちの共同体の中に公共の部分を持っていて、それを自分たちで運営できるということが、大きい強みかなと感じています。(MV2015 北上まちづくり委員会支援 / 手島浩之)

地域の自治について、沿岸半島部を離れ、少し周りの状況をを見渡してみる。

■災害公営住宅を作るにあたっては行政も一緒になって自治会づくりの支援をやってくれたりするんですが、殆どが管理組合的なレベルの自治会で終わってるんです。私たちが考えているコミュニティづくりを支える自治会とはちょっと違うんです。(MV2016 宮城県社会福祉協議会 / 本間照雄)

それが本当に自治と言えるものなのか、或は、単に維持管理の押し付けなのか。より良い地域運営には創造的な運営のための仕組みづくりが重要なのかもしれない。

では、自治はいつから始まるのか。

■今日少し自分の中で整理できたのは、通常であれば、ハードの整備があって、その後ソフト的なものに移行しますが、そこではじめて自治みたいなことが始まるのだと思っていたのですが、それ以前のことが本当は大事じゃないかと改めて思いました。自治をつくる時に、「本当にそこに暮らしたい」と思える暮らしや、「(今後どんどん空き家も出てくるっていう話もありましたが、)本

当にそこの暮らしを引き継ぎたいと思えるような暮らしをどう住民の人たちが主体になってつくれるか」が大事だと思いました。（MV2015 みやぎ連複 / 石塚直樹）

地域としての意思決定の課題

■「地域がまとまってる」って具体的に何なのかと考えると非常に難しい。今関わっている閖上についていうと、閖上っていうコミュニティはすごく独自性があって、強いです。ただ、閖上が地域としてまとまってるかっていうと、まったくまとまってない。地域の意思決定をするシステムや、組織がきちんと定まっていないんです。（MV2016 パシフィックコンサルタント / 安本賢治）

■「地域として、意思決定する組織があり、ちゃんと話ができて、それが地域に浸透していく」っていう組織があるところきっとスピードも速いし、話も早いし、良いまちづくりが出来るんだろうと思います。（MV2016 パシフィックコンサルタント / 安本賢治）

■昔からある村落的な共同体であることをが失われ、中途半端に都市的になっている閖上のような地域が一番難しいと思います。どうすれば、意思決定が上意下達的に伝わり又はボトムアップ的に拾っていけるのか、それがわからないんです。（MV2016 パシフィックコンサルタント / 安本賢治）

■基礎自治体の規模が重要。自治体は基本的に大都市とそうでないところに大別して考えるべきだと思うが、小自治体の場合、住民の顔が見える規模に分割したほうが、良いと思う。そういった自治体と、「所謂市民」が生まれてしまった顔の見えない自治体の格差が大きいと思う。

■北上地域では殆どの防災集団移転事業の用地で「誰がどこに住むか」を決めたのは抽選じゃないんです。すべて自分たちの想いでみんなで話し合って「誰がどこに住むか」を決めていた。要するに、決して抽選は公平じゃないし、みんなが納得するのは抽選じゃないってことを、みんなで分かっているんだと思います。そういう知恵ってすごい地域力だと思います。（MV2016 元北上総合支所 / 今野照夫）

■私たちの地区には昔から漁業に携わっている人たちが多いものですから、漁協婦人部や、漁協などがあり、それから、お神楽の団体、契約構、婦人会などといった組織が根強く今も残っております。今回の高台移転にしても漁港つくるにしても、何をするにしても、そういう人たちが集まって、その「長」を決めて、いろんな意見を出し合って維持管理までどういう風にしたらいいかってことまで話し合っていますので、そういうことには私はあまり危機感を感じておりません。みんなで決めてみんなで運営することは当たり前のことだと、みんな思っています。（MV2015 十三浜小泊集落 / 阿部こう子）

粗放管理する社会

縮退する社会では、これまでのような精密な管理は無理であり、不要であるとの指摘がある。縮退する社会に合わせた簡素な社会運営が求められる。

■例えば田舎で、「補助金をもらって道路をつくると、全国一律の基準でつくらなきゃいけないので立派になりすぎる、そんなのはうちの村にはいらないから、補助金なしで村民挙げて自力でつくっちゃえ」のような道普請みたいな話が始まっている時代です。少し大きく捉えると、全国一律の統治システムで同じ規格で道路をつくろうという、発想そのものの間違いとも言えますが、財政的なことを考えていくと、やはり自立して地域のことは地域でやっていくということを進めていかなきゃいけない時代になってきているんだろうという気がします。（MV2015 東北大学 / 平野勝也）

■そう考えると、コンパクトシティのように、とにかく集まればいいという話ではたぶんなくて、もうちょっと粗放的に物事を管理する仕組みを我々は作り出すべきだと考えています。粗放的な管理が可能な社会はどんなものかというと、ひとりの人が多能工化するということです。（略）粗放管理を可能にする社会を作るためにどうするかが大事で、それは災害が来た時にも強いはずだと思っています。今の災害で立ちはだかっている困難の延長線上に、我々は社会を構想すべきだし、東北ってそういうエリアだと思うんですよね。（MV2016 東北大学 / 小野田泰明）

■粗放的な管理をする社会について、一言補足させてください。これまでの社会は、ひとりの人間を専門家として育成し、その水準を上げることによって水準の高い安全性を維持してきましたが、地方ではそれは成り立たなくなってしまいます。そういう高度に安全性を確保した社会が成立するには圧倒的に人数が少ないのです。そんな中でも成立する社会モデルが必要になります。（その社会を構成する人は）専門に特化し過ぎず、専門性に習熟していないのですが、一人の人間が何でもやるイメージです。これからの地域社会は、たぶんそういう社会になってくると思うんです。（MV2016 北上まちづくり委員会支援 / 手島浩之）

冠婚葬「祭」の問題。

■「地区の再生」って簡単に言われるんですけど、実は、冠婚葬祭の「冠婚葬」までは誰でもできると思うんですが、問題なのは最後の「祭」です。これは本当に難しいと思います。これをどのようにするか、先ほど鈴木さんがお話ししたように、にっこりは北上の全地域から集まってくるのです。追波地区という集落の中に吉浜、月浜、上浜、塩浜、白浜と、17の集落からここに集まってできる集落なんです。この時に出て来る問題が「祭」です。われわれ役所の人間が入ってどうのこうのできる問題ではありません。役所に「祭」を作ることはできない。（MV2013 元北上総合支所 / 今野照夫）

> 北上の人たちにとって、お祭りは単なるレジャーではなく、自分たちの祖先を祭ることに他ならないことは暫くしてやっと理解できた。なので、自分たちの神社を祭ることをほかの集落からくる人たちに強いることは避けなければならない。それが防災集団移転計画に際して、集落の再編を話題に持ち掛けた時にまとまらなかった本当の理由であるかもしれない。「にっこり北住宅団地」等、新たに再編される防集団地では、そういったことをみんなで乗り越えたうえでの再編であり集約である。それらの新しいコミュニティでは、お祭りや神社、自治会の在り方をどうするかについても、議論され始めている。

■近所付き合いや地縁組織への若者参画。自治会や町内会は、日中仕事がある若者夫婦などが参画する事がし辛い。また、一部の現役引退組が牛耳っている事が多い。未来を考えた意見を言う若者の参画がしやすい地縁社会の組織化が必要。（キャンナス東北 / 野津裕二郎）

ジェンダーの問題・女性の果たす役割

■特に東北は、圧倒的に女性が発言する機会が少ないと思います。生活の問題は実は男性ではなくて、圧倒的に女性が支えているにも関わらず、女性の発言が少ないんです。これは、日本全体

の問題でもありますが、女性の社会進出が少ないがゆえに、医療や保健や福祉や教育などの社会共通資本の中に女性の視点が不足している現状に、女性の発言を取り込んでどういくかが課題です。(MV2015 石巻市包括ケアセンター / 長純一)

■先ほど言いましたように日本では、コミュニティの問題や、医療・保健・福祉、あるいは教育、そういった問題が相対的に低く位置づけられています。これはたぶんこれまで女性が社会的に担っていて、社会システム化があまり出来ていない領域なんです。復興の中でも女性をいろんなところに参加させたりとか、そういうことを積極的にやれば、おそらくまちづくりや介護、子どもの生活の問題が、もっと優先順位が高くなるのだと思います。(MV2016 石巻市包括ケアセンター / 長純一)

■これは、私の団地で鬱のケースを調べたものです。赤が中年女性なのですが、中年女性が全国平均と比べて大幅に悪いんです。男性はそれほど変化がないんですが、中年女性の鬱が非常に多いということがわかりました。これは想像ですけれども、おそらく地域のコミュニティをつくっている中軸って、中年の女性ですよね。おそらくそういった方々が東北ではコミュニティを支えてきたんです。おそらく北上でもそうだと思うのですが、そういった方々が被災されて、仮設住宅に行き、役割を失うことで、非常に鬱が増えているのではないかと思われます。(MV2015 石巻市包括ケアセンター / 長純一)

■（山古志視察の際に）渡辺斉さんも何度もおっしゃっていましたが、「女性をいかに活かすか」が大きなポイントだということでした。それに加えて、北上まちづくり委員会は半分弱が女性で構成されていましたので、女性の力を表に引き出す場を何とかつくりたいという思いもありました。そうするうちに、鈴木昭子さんたちが北上総合支所に来て「遅い、遅い」と騒ぎ始めるようになりました。ひとことで言えば、行政に対してのクレームなのですが、女性だけで集まって自分たちで何とかしようという機運が出てきていました。自分たちはクレームを言われているにも拘らず、それを見て「いい機運が盛り上がってきてるなぁ」と思っていました。(MV2014 元北上総合支所 / 今野照夫)

■行政職員が足りないということで、北上にも北上復興応援隊を立ち上げることになりましたが、募集を掛けたところ、応募してきたのは全員女性で、彼女たちが、頑張って私たち行政職員のサポートをしてくれたということもあって、北上では被災者に対しての制度説明やヒアリングが非常にうまく行ったと思っています。北上地区の復興公営住宅の希望者数は、全移転者の中での比率は29％程度と、半島部としては非常に低い数字に収まっていますが、それは、彼女たちが手伝ってくれて説明を丁寧にしてきた結果なのかなぁ、と思っています。(MV2014 元北上総合支所 / 今野照夫)

■いま昭子さんからの話にあったように、にっこり団地の有志の会が立ち上がり、移転の時期などについていろいろとやり取りがありました。本来、石巻市では契約を交わさなければ工事に入ることが出来ないのですが、昭子さんたちが直接、地権者の方とどんどん交渉を進め、地権者の方から「工事に入っていいですよ」というような書面を集めてもらい、市長や支所長に了解を得て工事契約前に工事に入る、というようなこともやっています。(MV2014 北上総合支所 / 武山勝幸)

子どもを巡る環境

■ここから出ていった人に関しては、受け入れる場所はあるのですが、新規に入ってくる人に関してはありません。簡単に漁業といいますが、そう簡単にできる仕事ではありません。経験が無いと危険が伴いますし、一人ではできません。家族全員で関わって初めてできる仕事なんです。おじいちゃんおばあちゃんも、当然、旦那さんと奥さんも、家族が一体となって取り組む仕事です。特区制度などを使って会社が安易に始めても、多分うまく行かないと思います。そう考えると個人的には、人を増やすためには、そこから出ていった人たちをいかにして呼び戻すかしかないと思います。若い人が帰って来るには、学校など必要な施設が無いと帰って来ないんですよ。学校が無いのに、子どものいる家族がここに来ますか？　嫁さんだって来ないですよ。「学校もないのに。四十分かけてやっと小学校に通わすの？」と言われるだけです。そういう意味でも、もう少しハード的な整備を含めて、そこで子供を育てられる状況にしてほしいと思っています。そうすれば若い人たちもだんだんと帰って来られるのかなぁと思っています。(MV2014 相川の明日をつくる会 / 鈴木学)

■わたしが子育てしているときは、「石巻まで出ないと何もできない、十三浜では習い事は何もできない」と言われたのに、反発して、子どもの教育のために、石巻や仙台まで週に何度も通わせていました。(MV2013 北上地域まちづくり委員会 / 鈴木昭子)

■野球ですと最低9人、登録するうえで11人必要で、バスケットでも登録するうえで10人必要なんですがその登録する人数にも足りないような状況で、大会にも出れなくなってしまう。雄勝のチームと合併しまして何とか存続していますが、あと数年もすると無くなってしまうというふうに懸念しています。(MV2013 北上総合支所 / 青山秀幸)

交流・新たに人を呼び込むこと

■（人材育成について）そこが一番弱い部分だと思います。私にも娘が一人いますが、北上には旅館、民宿がたくさんあり、観光協会もあったが、何処にも後継者がいない、という問題でどんどん無くなっていったところで、今回の震災の追い討ちがあったような状況です。(MV2013 追分温泉 / 横山宗一)

■日本自体の人口が減っているなかで、女川で急激に人口が増えることは基本的にあり得ないだろうと思います。ではどこを目指していくのかを考えたときに、町長がよく使う言葉が活動人口という言葉です。交流人口は観光に特化していますが、活動人口は、観光以外の、例えば女川という町を使って動く人たちです。例えば東京に住んでいるけれども女川の仕事も手伝いますよというプロボノの方や、若しくはビジネスとして東京に住みながら女川に関わる人、先ほどのフリーランスの人たちで言えば、移住はしないけれども季節のいい時期には東京のビルの中で仕事をするのではなくて女川で仕事をする人たち、そういった活動をする人たちをどれだけ増やしていくのか、ということを今議論しています。(MV2016 アスヘノキボウ / 小松洋介)

■震災を契機に生まれた地域の外との交流というのが離半島部の方々の一つの私はチャンスだなと思っています。(MV2016 宮城県 / 中尾公一)

■つながりや連携によって新たな事業活動が発展する。震災後、絆、つながり、共同事業等互いの特色や強みを利用することで、これまでにはなかったような事業展開がいくつも生まれている。今後

も多様な連携が可能となるように、オープンな意識を持ち続け、仕組みや仕掛けを作っていくことが必要。（東北経済産業局／小林学）

■交流人口の拡大。沿岸部では、豊富な観光資源を活かし、体験型観光や、震災学習とも組み合わせて、交流人口拡大のための方策を展開する。その際、様々な関係者が互いの知恵を持ち寄ることが必要。さらに広域連携も重要。（東北経済産業局／小林学）

■高齢化、過疎化の傾向の中で被災した沿岸部は、地域内では縮小傾向から脱することは容易ではない。このため、販売先確保、来街者の確保、新たな事業分野への進出などで被災地外とのネットワークを持つことが重要と思われる。（東北大学災害科学国際研究所／丸谷浩明）

そうした繋役としての観光。

■ある意味で観光はズルいのかもしれない。観光は、地域のみんながんばっていることを利用し、その結び役として、皆さんが作り上げた六次産業化した魅力などを紹介する産業です。地元食を食べてもらうなど、地域がよくなれば、観光もよくなると思っています。（MV2013 追分温泉／横山宗一）

中越の場合は…

■厳しい中山間地域でどう地域のなりわいを活性化していくかを考えた時に、やはりキーワードは交流になるだろうと考えました。人に来て貰いお金を落としていただく、あるいは「共に楽しむ」ということの中から地域を元気にしていくしかないんじゃないかと考え、その辺はかなり意識してやりました。たとえば交流を活性化するには地域の魅力を考えることがとても大事なんです。ですから住宅の再建にあたっても、「景観に配慮して再建しましょう」なんて言うと最初は住民の皆さんは血走っていますから、「何が景観だ」っていう感じだったんですが、それが「後々財産になりますよ」と言うお話をし、村の景観に馴染むように協力をいただきながら、交流を基軸に少しずつ元気になって来たのが山古志です。山古志の中には14の集落があり、交流で非常にうまくいっている地域と、そうでない地域もあります。（MV2015 元長岡市復興管理監／渡辺斉）

■他者との交流というのがやはり地域にとって大きなことだと思っていますし、皆さんが外部から行って地域の人とふれあって、そうやって新しい血が入ることによって地域が元気になるという構造もあります。たぶん地震がなかったら、あるいは津波がなかったら、そういう事は起きなかったんでしょうから、その辺も是非、地域づくりに活かしていっていただけるといいのかなと思いました。（MV2016 元長岡市復興管理監／渡辺斉）

■あそこは本当に山の奥の奥で、震災の後は、あんなところが本当に復興するかなあと思っていたのですが、本当によく頑張ったと思います。中越の復興って、専門家や大学の先生も含めて他の地域の人たちがたくさん入ってきて、様々な交流があってガチャガチャやっていく中で、あの地域が持っている資源を自分たちで再発見していく過程だと思うんです。（MV2015 立命館大学／塩崎賢明）

■「地域が持つ宝物」って言い方をよくしますが、そんな宝物を発掘していくっていうことが一番大切じゃないかなと思います。逆に言うと神戸なんかは、大都市なのでなかなかそういう宝物が見えなくて、一定の都市的な生活様式から離れられないところがあるので、かえって難しいんです。しかし、人や自然が割と見えやすい地域での復興というのは、「誰でもが参加できる」という可能性を持っているなということを感じました。（MV2015 立命館大学／塩崎賢明）

ある小さな地域の「宝物」

■先週の日曜日に、大室伝統の南部神楽保存会のお祭りがありました。これは、去年に引き続いて第二回目なのですが、地域の子どもたちが毎週金曜日に集まって練習し、その子どもたちの初舞台の披露もありました。年配の方には感動して泣いていらっしゃる方も多かったようで、やはり、子どもの存在感は地域に大変な希望を与えてくれるものだと思いました。印象としては、なかなか盛大なお祭りで、地域の力や未来を感じるものでした。若い人を含めて地域の皆さんが集まる「場」が、年に一回とかではなくて、継続的にあるということが重要なのではないかと思います。単純なことですが、地域の方々が、常に接点を持っていけるような場をつくったり増やすことが地域にとって大事なんじゃないかと感じました。（MV2014 河北新報／寺島英弥）

■神楽だから年寄りがでてくる。年寄りが出てくるとその息子たちも連れ出すために出てくる。すると孫だけ残すわけにはいかなくてみんなで出てくることになる。神楽ってそうやって、世代を超えて見るものなので…。（MV2013 大室南部神楽保存会／佐藤満利）

変化の兆し。

■出ていく仕組みがあって入れる仕組みがなかったら上手くいかないに決まっているわけで、実は2011年の夏ぐらいにも牡鹿半島の寄磯の方に行ったんですけれども、最初はみなさん戸惑っているわけです。この震災景気でどんどんいろいろな団体が入ってくるわけだから、この人たち何しに来ているんだろう、という戸惑いがあったんですけれども、その後行くと逆に、今度巻き込む力というか巻き込まれる力も彼らについてきている。外とのお付き合いの仕方というか、そこが上手いところが復興が早い、外とのお付き合いをどんどん積極的にしているところがどんどん復興しているなという感じがしました。（MV2016 福島大学／阿部高樹）

■鈴木学さんのいる、相川地区はすごくまとまりのある地区です。その中に大指という集落があるのですが、そこの高齢化率は、石巻市内でも有数に低い地域です。四十三世帯に子供が二十数人います。この地域は漁業で生活が成り立っている地域なので、子どもたちは地域に帰ってきますし住み続けます。今後、漁業地域に人を呼び戻すにはどうすればよいかについては、漁業権を他の地域の人たちに移譲するとか、そういった大きな発想の転換が必要になって来るのかもしれません。（MV2014 元北上総合支所／今野照夫）

■例えば元々は震災前までは漁師の奥さんだったおばあちゃんですけれども、震災後にできたコミュニティカフェで料理を作り始めて、みまもられる側ではなくて、自分は納税者の側に回ったという事で、単に支えられるだけではなくて自分が納税者に回ることで、その生きる喜びというものを感じていただいている、そういう方々もおられます。（MV2016 宮城県庁／中尾公一）

そして、様々な専門家や支援者、行政の交流と連携も課題となる。

■災害公営住宅などでも、実際に集落毎にやっていることと、市として全体でやっていること、そして、国としてやっていることが、もう少し連携出来ないとマズいかなと思っています。そうした状況を踏まえて今、浜と浜を繋ぐような取り組みを幾つかやっています。こっちの浜で足りないことをこっちでやるとか、もともと漁業集落でも普通にされていたことだと思いますが、今はかえって、行政上の単位に区切られてしまっているような感じがします。（MV2014 筑波大学／貝島桃代）

■我々が色々な制度、仕組みを持っていた中で、今日この「みやぎボイス」の機会で、建築家の方が集まっている中に、福祉がご専門の野津さんとか、その野津さんを介して牡鹿半島でご活躍されている住民組織の寄らいん牡鹿の石森さん、支援団体で入っておられる犬塚さん、杉浦さんの様な方々もお会いする場が生まれている様に、ようやく今年になってその仕組みと仕組みがつながり始めている、微力ながらそのお手伝いができ始めているのかなと思っております。（MV2016 宮城県庁／中尾公一）

県の立場から見た地域の支援を巡る状況

このように、地方分権に向けて大きく流れる潮流の中で、「地域を支援する」ことに向けた県の取組もある。

■仙台に居てはわからないことがいっぱいあるので、それはやはり現場に伺って、お邪魔してその中で「地域の課題ってどういう事なのか」ということを、それぞれからお話をいただいて、その中で県としてどういう方向性で施策を練れるかということを検討させていただいているお仕事です。私と同様の者が今県庁で3名おります。3人で手分けして県内全域を走り回って、様々な団体とか協議会とか、今年上期前半だけで3名で202か所の場所を回らせていただいております。

地域復興支援課という課がどのようなことを被災地の現場でさせていただいているかというと、私たちのような復興支援専門員の他に、復興応援隊事業というもので、ボランティアで被災地支援に入ってきてくださった方にもっと長く現場にいていただきたい、行政の方々もそういった方々を頼りにしたいということで、そういった方々に現場にいていただくための仕組みづくりというのもさせていただいております。もう一つ、被災地地域交流拠点施設整備事業という、各地でやはりコミュニティの中で集会所が大切だという事で、集会所を建てるためのプログラムです。最後に、地域コミュニティ再生支援事業という、地域を自ら作っていくための住民団体さん向けの助成金、主にこれは災害公営住宅ですとか、防災集団移転されたところの住民さん向けのメニューです。また、地域復興支援助成金というもので、人件費ですとかいろいろなものをご提供させていただいております。

成果が、大きく4点あります。①「住民さんの合意形成に際して、やはり行政からの説明って難しい場合があるところを、翻訳してくださる機能」②「先ほど離半島部では公民館活動が非常に難しいということがございましたけれども、その中でコミュニティを支えるような活動」③「震災の経験の震災伝承、今後の地域づくり」④「イベント開催の他に交流人口を離半島部の中でどう増やしていくのか」という事を真剣に考えてくださっている若い方々がおられるということが本当に素敵な成果です。（MV2016 宮城県庁／中尾公一）

今後の課題

■その一方で我々の見えてきた課題もあります。この制度自体が一人最大で5年までしか地域に定着できないので、その次にその人材の方々にどう残っていただくのかというのを考えていただかなければいかないという段階に来ています。そしてこれは公的なシステムですので、我々行政側にはどうしても稼ぐことに関してちょっと抵抗感がある中で、でも皆さんが残っていただくためにはやっぱり収益を稼いでいただかなければいけないという、この公共のバランスと収益のバランスです。（MV2016 宮城県庁／中尾公一）

■先ほど杉浦さんからJENさんの話がありましたが、大手の団体さんが撤退していくという状況が生まれてきております。地域に残って活動していく方々の人件費をどのように確保していくのかということも課題だと思います。あともう一つ、住民さんが新規に立ち上げられた団体さんには、これまでの東京とかから来てくださっていた団体のような潤沢な資金ですとか、マンパワーが整っているとは必ずしも言えないため、そこをどう支えていくのか、というのが課題なのかなと思っております。（MV2016 宮城県庁／中尾公一）

■先ほどお話したように大きな支援団体が外から入ってきて支援する時代が当初はあったと思いますけれど、支援団体の方々もやはり自分たちはいつまでも支援できないという事も仰っている現場もございます。これからは、宮城の人が宮城のことを支えていくんだという大きな流れの中で、それをどうつくっていくのかという事だと思います。（MV2016 宮城県庁／中尾公一）

1.10 行政の在り方

国と県と基礎自治体、そして地域の関係

■住民／被災者と地方公共団体／国と専門家の連携の重要性。震災復興は、被災者の自力再建が基本。それを行政や専門家が各専門分野から支援していくことを前提とし、今回のように生活基盤を失うような場合には行政が主導的に事業展開していくことが必要。それぞれの責任を明確にし、適切な役割分担と連携が肝要。（国土交通省／楢橋康英）

しかし…

■ガバナンスの在り方がいま逆さまになっているんじゃないかということです。本来は国が決めて地方が実行するのではなくて、地方が決めて国がそれをお手伝いするんだと思います。もっと言えば、地方自治体が決めるんではなくて、住民が決めたものを地方自治体が実行するんです。それを国がバックアップする。（MV2016 弁護士／津久井進）

■やはり地域の活動がすべての基本になっていると思います。専門家が一生懸命考えて良い知見を与えるということでなく、やはり地元の方たちが、いかに力を出せるかというところが復興の成否に非常に影響しているということが、まず基本だと強く感じます。（MV2016 弁護士／野村裕）

■ガバナンス（自治）の話が一番重要だと思っています。震災前に、財政的にそれなりに固定資産税収入が多くて、完全単費の独自事業が展開していたであろうなと思われる自治体は、今回の復興に

おいても結構主体的に動けているような気がするんです。その一方で、財政的な体力がそんなに強くなくて、通常時から補助要綱を見ながら「この補助金でお金とれるかも」という感じで、受け身のまちづくりをやってきた自治体はどうしても受け身であり続けています。(MV2016 東北大学 / 平野勝也)

「制度を持つ」国と、「制度を統合し地域をつくる」基礎自治体との関わり方について…

■「制度を持つ」国と、自治体との関わり方という視点も今回は課題になったのではないかと思っております。(MV2016 国土交通省 / 楢橋康英)

■私はいま自治体にいて、国と地方の違いを非常に感じるところがあります。地方自治体は市民に対しての平等性ということに非常に敏感に反応してしまいます。いかに制度からこぼれる人がないようにするかが非常に重要な課題となります。ところが国の場合は施策を展開する上で、国全体の人を平等に扱うことはできません。ある時点で施策を実行するとなると、「そこから落ちる人がいても、これから必要となる重要な施策を進める上ではしょうがない」というのが国の考え方ではないかという気がします。それに対して、自治体というのはなかなかそういったところが割り切れないようです。(MV2016 名取市副市長 / 石塚昌志)

■自治体には国に対して「国から与えられた制度をしっかりと守ってやっていこうとか、指導に従って仕事をしていこう」という意識が非常に強いですね。逆に国に対して、制度を変えてもらおうとか、変えさせるとか、作ってもらうとか、そういうことがなかなかしにくいところがあります。そこの意識が変わらないとなかなか国と地方との関係はうまくいかないんじゃないかという気がします。(MV2016 名取市副市長 / 石塚昌志)

行政の抱える課題

行政の意思決定について

■首長、議会以外の、自治体の物事の決定手法を再検討する必要がある。多くの自治体では、(市役所職員は判断しないとの前提の元に)学識経験者による承認の仕組みを取り入れているが、社会全体で、自治体の中での学識経験者の役割の検証も必要。

■(再掲)民意調達に絡む局面で政治化する状態になったときには、選挙で選ばれた首長や首長の意を受けた幹部クラスがリスクを取っていくしかないと思います。こうした民意調達から最終責任までがきちんと機能している市と、機能していない市で、差がでてきているんです。結局、その最終的なツケは住民に戻っていくんだと思います。(MV2016 東北大学 / 小野田泰明)

硬直する行政組織

■行政や制度への批判があがり、行政は更に硬直してしまう。一方、行政が動かないと解決しないことも多い。地域を支える専門家と行政のギリギリの関係構築をどうするべきか。同様に、制度にはフレキシビリティに限界があり、批判するのではなく、ぎりぎりまで使いこなすための知識が必要。(みいしょ計画研究所 / 三井所隆史)

■官僚制度の弊害が露呈。震災1年目は弾力的運用で官民一体で進んだが、年を経る毎に法的瑕疵を恐れるため事がスムーズに進まなくなった。(石巻魚市場 / 須能邦雄)

■今回の復興で一番感じたのは、結局総合的なまちづくりをやるとなると、縦割りだけじゃあ対応できないということです。横に繋がなくてはうまく行きません。(MV2016 東北大学 / 平野勝也)

■午前中に縦割りの問題が議論されていましたが、建築がこうだとか、医療福祉がこうだっていうのも縦割りや専門性の問題だと思うんです。やはり根本に立ち返ると、目的が手段を決定するわけであって、何を達成しようとしてるのかということを、きちんと総合的に考える必要があります。東北のこの地域でこんな被害があって、生活の全局面が奪われているので、何を獲得するべきかという議論をしなければならないんです。にもかかわらず、手段だけが先行して、災害救助法で仮設住宅は供給できて、公営住宅法で公災害営住宅を整備する、というように手段が先行している。逆転しているんです。(MV2016 立命館大学 / 塩崎賢明)

■高度成長期に最適化された縦割りシステムの弊害が露呈した。社会自体が縮退する中で、新しい行政の役割分担の方法が求められている。

■復興において、縦割りの行政システムによって無駄な税金が使われ過ぎているような気がする。政治システム、法制度を改革する必要がある。(JIA宮城 / 松本純一郎)

縦割りとは何か？統合機能・総合化について

縦割りとは何か？

■役所の縦割りといわれるものは、役割分担でしかありません。それぞれの部署がやっていることは「それぞれが持っている制度の運用」です。地域が求めていることが、それぞれの制度に当て嵌まらない場合には、どうやって対応してゆくのかを部署を横断的に取り組まなければなりません。地域がやりたいと言っていることに対して、既存の制度では対応出来ないことになった場合に、それをそのまま伝えるのではなく、様々な制度の中で横断的に「どう運用すれば、何が実現するのか」を考えて提案することが、本来的な行政サービスの在り方として重要なのかな、と思っています。(MV2014 石巻市行政派遣職員 / 我謝賢)

■手段はひとつひとつの行政の縦割り組織が持っています。そして、それはほぼ自動的にお金がついて動くマシーンのような性格を持っているので、それが先行してしまっているわけです。それらが動いて結局何を達成しようとしてるのかについてはあまり考えてないんです。(MV2016 立命館大学 / 塩崎賢明)

■このように「専門分化してしまうことによって、全体で考える機会を失ってしまう」ということは様々な場面で起きており、それは、まちづくりの在り方に関しても同じではないかと思います。平時の仕組みが出来たが故に、そこが担うことになり専門分化したので、地域全体の超高齢化社会像みたいなことを行政全体の主要課題として考えることが出来なくなったのではないかと思います。(MV2016 石巻市包括ケアセンター / 長純一)

縦割りを、どこで誰がどう統合するべきか？

では、どこで統合するかが問題になる。やはり「縦割りの上層で地域の実情に合わせて統合すること」は不可能ではないか。地域に当て嵌めて必要な制度を統合してゆくのは「末端」であり、「地域」しかないのではないか。

■結局、縦割りされた制度を繋ぐのは基礎自治体、市町村でやるしかない。しかし県がなければ楽だったのになあと本当に思いま

す。市役所の内部でも大変です。道路と河川。復旧事業と復興事業を調整するのも大変なのに、県がだいたい河川と海岸と道路の部署を持っておられるので、県が関与することによってだいたい単純計算で調整相手が倍になるんです。（MV2016 東北大学 / 平野勝也）

　　統合するための大きな課題は…、

■難しいのはそれぞれのインフラの影響範囲が違うってことなんです。例えば白浜であれば、北上町白浜地区にすべてのインフラの影響がそこで閉じていれば、まさに地域が決めるんですよ。縦割りの調整は必要じゃなくなります。ところが、例えば白浜で作られる北上川の堤防はその左岸側の全線を一連のものとしてきちんと整備されないと機能しないという性格を持っていますし、国道398号線が通ってますけど、あそこはたまたま整備が終わっていて立派な道路になっていたので、そこに手をつけることない。要はあの広域を結んでいるインフラとして、白浜がこう思ったってそうはいかないことが、実は結構あるんです。本当はそれも含めて、もうちょっと広域の民意をちゃんとつくりましょうっていう話でしかないんですが…。結局、その議論のテーブルには違うスケール感を持ってる連中が集まってきて、なんとか決着をつけなくちゃいけないっていうケースがけっこうあります。（MV2016 東北大学 / 平野勝也）

行政の多様なネットワーク。

行政派遣職員の有用性

■（時期を問わず）被災自治体に対し、他自治体等から人材・人手を支援することの重要性・有効性が、あらためて確認された（弁護士 / 野村裕）

■大規模震災の場合、人口数万人の小規模自治体では対応能力がほぼ０と考えると、長期的な県外の応援による人員的支援より、各県内での連携体制を考え、広域連携を前提とした体制を考えれば、防災集団事業の広域化もできる。（元福島県任期付職員相馬市応援派遣 / 上野久）

　　今回の震災復興では、全国の自治体から様々な分野の行政職員が派遣され、様々な市町で業務を行った。彼らが居たが故にできたことも多くある。誰かが、行政派遣職員の有用性についてきちんと検証し伝える必要がある。

■はっきり言えば国は国民を見るのではなくて県庁を見ているのです。県庁は県民を見ているのではなくて各自治体を見ているのです。各自治体は初めて市民を見るのですが、実際は市民の生活が大変だから、産業のところまで意識がいかないのです。今私が言ったことは私の発想ではなくて、３月１１日以降私は２か月間電気がなかったので、夜中に起きていつも深夜放送（ラジオ）を聞いていたのですけれども、その時、阪神淡路大震災の結果として、皆さんが異口同音にこのようなことを言っていました。ということは、なかなか教訓が活かされないものだなと思いました。ですから明治時代以降の日本の国のかたちというものは本当に変わっていないし、これを機会に国のあり方、制度のあり方を考えて欲しいなという思いでした。（MV2016 石巻魚市場 / 須能邦雄）

　　一方で、今回の震災復興での様々な交流を機に、何かのきっかけをつかみかけている人たちもいる。

■４年前の震災でひとつ、被災地において感じることは、今までは、住民の方は市役所とか役場に遠慮があって、市町村は県に遠慮があって、県は国に遠慮があったんだという気がします。しかし、今回の震災を受けて、そこからいち早く復興に繋げていかなければいけない状況の中で、国も県も市町村も被災者住民もなく、同じレベルで、随分最初の頃は議論できたと思っています。それがこれからの、新しいまちづくりの、ひとつの手掛かりになっていくのではないでしょうか。この被災地においては随分、自由に議論できるようになったと思います。（MV2015 岩沼市副市長 / 熊谷良哉）

■本来行政がやるべき事業を、民間と一緒にやった方がいいよねというものに関しては行政に私達から提言する、若しくは行政から話をもらって、私達は業務委託を受けてその事業を動かして、行政が通常やる以上の成果を上げる、ということを目指して活動しています。（MV2016 アスヘノキボウ / 小松洋介）

■今回の経験の中ですごく勉強になったのが、「工期の感覚」です。国などの機関の優秀な方々は、市役所のこれまでのやり方と違い、目標となる締切が決まればそれを動かすことなく、どうやって実現するかを考え、行動します。そういった姿勢は、地方公共団体の職員としては、見習うべきことだなぁと思いました。（MV2014 元北上総合支所 / 今野照夫）

1.11 普段の備え、事前復興、法整備の課題

震災という「歴史的な不連続点」

■「この歴史的な不連続点は、前向きに質的転換をできるチャンスでもある」っていう捉え方があると思うんです。だから、事前にいかに選択肢を増やしておけるかが鍵になります。場合によっては変われる力っていうのを地域につけていくということも、次の震災を見据えた時のレジリエンスを高めていく、非常に重要な要素かなと思ってます。（MV2016 東京大学 / 加藤孝明）

■集落再編をどうするかということや、生活は今後20年後にどこを目指してゆくか、についてなかなか議論が出来ずにいました。震災後、宮城県は集落再編をしましょうと言いながら、うまくいかなかった。本当は５年くらい前にそういう議論をしておいて、「再編成するんだったらここに行きましょうね」と言う議論をしておけばこういうことにならなかったのではないか。高台に権利をお持ちの方たちだけが、今後高台移転し暮らしてゆくことになりますが、そろそろその次の時代に、せっかく作った高台をどう使ってゆくかを考えて行くべきではないかと思います。（MV2013 東北大学 / 増田聡）

■震災前の短所はより深刻に、長所はより良くなることが分かった（気仙沼市議会 / 今川悟）

■振り返ると、震災前から認識されていた様々な地域課題への対応策が、実施可能なレベルにまで詰められていなかったことが最大の問題だ。特に、繰り返し津波被害を受けていた地域にもかかわらず、大災害を想定した事前検討が全く不十分で、発災後に制度設計と計画策定を同時進行するという困難を生んだ。（東北大学 / 増田聡）

普段の備え、事前復興

■震災前にはなぜ、津波常襲地でさえ、仮設建設や高台移転の必

要性・候補地の検討が皆無だったのか？「守れると思ったから？」「考えるまでもなかったから？」「考える必要は分かっていたが、先送りしていた？」（東北大学／増田聡）

■事前に復興課題というのは分かっているんです。震災以前の地域社会の課題が深刻化して飛び出してくるだけなので、事前に復興課題は把握できます。とすると事前に対策を考えておけば被災後に使えます。でも、今回の大きな反省点でもありますが、事前に考えておかないとどうしようもないんです。（MV2016 東京大学／加藤孝明）

■事前復興。災害前に地域の将来ビジョンを考えること。災害後には時間が無い、身内を失った人がいる等の理由で冷静な議論はできない。地震・津波・人口減少は必然であり、そういったことを踏まえて災害前に復興について考えておく必要がある。（京都大学／牧紀男）

■これまでも各地の震災復興に関わっており、平常時の「協働のまちづくり」や「事前復興のまちづくり」の重要性を感じていた。（日本建築士会連合会／三井所清典）

■街の将来像についての合意の必要性。震災後に街のあり方を一から議論する状況にないことから、平時に街の将来像（コンパクトシティ等）を合意し、共有できているかがカギ。（国土交通省／楢橋康英）

■映画のように、弱者が急にヒーローになったりはしない。震災前にできていなかったことはより深刻な課題とり、震災前に輝いていたものはより輝く。リーダーも同じ。結局は普段からの人材育成、弱点の克服、合意形成において、普段から話し合いが必要（気仙沼市議会／今川悟）

■復旧段階から復興段階に入ってきた場合、集まってきた人材がどう活躍するかがとても大事だというお話について改めて認識しました。災害対応や事業継続についても最終的には人材育成だろうと言われております。結局想像出来ない状況にあった時に、それに対応するためには、マニュアルではなくて人の判断が大事であり、これは方法論としてある程度確立出来ているのですが、復興段階においても人材の重要性が大きいと思います。（MV2016 東北大学／丸谷浩明）

事前復興に向けての課題

■しかし、注意しなくてはいけないのは事前復興で議論するときは、常に現存の制度を前提にして考えるっていう傾向があるので…（MV2016 立命館大学／塩崎賢明）

■…現行の制度を前提とせずに、課題オリエンテッドでどうあるべきだっていうことをきちんと考えたうえで、ちゃんと手段目的を逆転せずに取り組むことが重要です。（MV2016 東京大学／加藤孝明）

■震災後は今回の復興の経験を教科書として次の震災に備えるという雰囲気が被災地外でかなり広がっていて、「これはおかしいだろう」と強く感じています。むしろ、こういった場での議論を通しながら、修正してゆく必要を感じています。今回の震災復興を教科書として学ぶということはナンセンスで、むしろこのメインフレームのどこがおかしかったのかということを、こういう場所での議論を通して、次の災害復興に繋げていくべきだと思います。（MV2016 東京大学／加藤孝明）

■今は目指すモデルがないので、自分たちで作らなきゃいけないというのが今の日本に課せられている課題だと思うんです。だから「目指すべき社会像」を平時から作っておかないと、もちろん復興の時にも役に立たないと思っています。（MV2016 東京大学／小泉秀樹）

特に、人口減少の中での社会モデル、事前復興の在り方については、課題がある。

■既存の政策や制度は、人口が増えるという前提で制度を作ってしまっています。そういう意味で震災復興の次のステージに移行する時には「人口が少なくなる」という前提で、政策や制度を練り直し、福祉や医療を考えて行かなくてはなりません。（MV2016 厚生労働省／家田康典）

■人口減少や少子高齢社会のトレンドの中で、コンパクトシティの取組は全国的にも緒に就いたところであり、先行的（モデル的）な取組を余儀なくされたが、一から議論している状況にはなかった。平時において街の将来像を十分に議論し、合意しておくことが重要。（国土交通省／楢橋康英）

災害時の法整備

制度化することの重要性

■リーガルニーズと立法作業と現地への還元が重要。きちんと連関したのか？検証が必要。（弁護士／津久井進）

■実は今回の東日本大震災の経験でも、国のいろんな仕組みの欠陥が問題に直結しているところもあって、その部分に関しては、それをきちんと国側にフィードバックしていくということが、次に震災復興をより良く進めていくために必要な条件だと思っています。（MV2016 東京大学／加藤孝明）

■誰かが制度設計して、制度の中でどう調整をするかっていう社会の仕組み、インフラが重要なんです。その仕組みを作ったり仕組みを調整したりする人たちが主役なのはおかしいと思いますけど、個人的に資質の良い建築家に頼って、住民主体のまちづくりをしてしまっても、それを仕組みにしていかないと、それ以上には広がらないんです。だから、今ここで考えなきゃいけないのは、専門家が前面に出て、その「生活者を主役にするための制度設計」をどうするか、ということだと思います。（MV2016 東北大学／小野田泰明）

■人間の復興。災害復興に最も必要なのは，方向性を定めて共有すること。今こそ，人間の復興を中心とする「災害復興基本法」を平時に確立すべき（弁護士／津久井進）

■災害救助法はそろそろ変えましょうということです。災害対策基本法は国交省がちゃんと変えました。本当は救助法も改正すべきだったんですけど、あれはもともと厚労省のものとされていたせいか、内閣府に移管した後もほったらかしで今日に至っています。（MV2016 弁護士／津久井進）

■先ほど災害救助法の話があったのですが、災害対策基本法の予防・応急救助・復旧・復興という4ステージのうち、唯一足らなかった応急救助を担う災害救助法が内閣府に所管されました。ですから、今まで厚生労働省でやっていた（つまり内閣府でやっていなかった）応急救助が、今後は一体的に取り組まれることになりましたので、少しは変わるのではないかと思われます。（MV2016 厚生労働省／家田康典）

みやぎ
ボイス
2013
2014
2015
2016

■そもそも災害対策基本法の元々の根底は風水害を対象にしているものであり、同様に災害救助法も、地震への対応はそれほど強く対策がとれない仕組みとなっています。今回は大きな津波災害でしたので、広域的な災害に対する救助の方法はこれからの課題と言えます。(MV2016 厚生労働省／家田康典)

■被災者台帳制度が法制化されたが、全く実務に定着していない。広域避難を考える上で不可欠であり、復興の意見交換の場設定にも不可欠である。(弁護士／津久井進)

医療福祉分野の法整備

■今5年経ってみて、今後のことを考えるとすると総合的に考えるべき時期だとは思うんです。しかし私個人の立場でいえば、むしろ現状と課題をそのまま把握して、次回大きな災害が起こった時には、最初の段階からこの震災で得た教訓を活かして、少しづつでも修正を加えてゆくんだと思います。だから、総合的に大きく変えるというよりは、少しずつ漸進的に変えていくっていうようなことが、とりあえずやるべき話だと思います。(MV2016 厚生労働省／家田康典)

■医療面で言うと日本では災害医療を救急医療ベースでやってるんですが、必ずしも世界的には標準ではありません。他の国では、公衆衛生の領域の人たちがやることが多いんです。そうなると、健康問題や長期的な視点がでてくるのですが、日本では圧倒的に救急医療をベースでやっていて、それが問題ではないかと思っています。(MV2016 石巻市包括ケアセンター／長純一)

■簡単に言えば医療は県の政策なんですけど、地域包括ケアの時代になると医療が市に降りてきます。それが国内で広まっていくと、市が医療機関と連携をとり、在宅医療をやっている先生たちが日ごろから介護の人たちと連携するようになります。そうなると被災者の状況が分かる医療者がいるという体制になってくるので、大きく災害対策も変わるのではないかと思います。(MV2016 石巻市包括ケアセンター／長純一)

■日本は、災害時の国際的な支援の仕組みが非常に脆弱です。世界的には国際協定を結んでいたり大きなNPOをもってたりして、ちゃんと外部からどういう支援が来るか分かってるんです。日本は自衛隊が来るくらいしかなくて、あとはほとんどボランティアとして乗り込んで支援するということくらいしかありません。(MV2016 石巻市包括ケアセンター／長純一)

平常時の法整備

　何故、どのような法整備が必要か。

■やはり次のためには、何かもっとシンプルな仕組みが必要です。何故かと言えば、大きな地域で一部被災した場合にはどんな複雑な仕組みでもプロがどんどんやればいいと思うんです。ただ、石巻を見ていると、これだけ広域的に被災し、被災者も非常に多いという状況です。こういう時にひとりひとりに難しい仕組みを適用するというのは難しい。制度を如何にシンプルにできるかということが、大規模被災の復興局面では大事なんじゃないかと感じています。(MV2016 弁護士／野村裕)

■登記全般がちょっと専門的になりすぎており、素人が自分で登記できない世界になってしまっています。しかし本来土地は市民の基本的な財産ですから、やれば自分たちでも何とか出来るというくらいのシンプルな制度でなければいけないと思っています。

(MV2016 弁護士／野村裕)

　具体的には不動産登記の問題についての意見が多く寄せられた。

■不動産登記制度全体（戸籍制度も含む）の検証・根本的な見直し。現行の民法、戸籍法制、不動産登記法制、民事保全法が、各立法時において、数十年単位の期間経過に耐え得るものでない。放置すれば、起因する問題は深刻化する。(弁護士／野村裕)

■未相続の土地の取得、共有地の取得についての問題。被災跡地を利用して地区再生計画を作成する際、未相続の土地等があり相続させることも困難であった。そうした場合に超法規的な手段で解決する法整備も必要ではないか。(雄勝総合支所／三浦裕)

　では、何故、誰もが重要だと指摘することが修正できないのか？どうするべきか？

■登記義務者全員を関与させなくてもある程度の要件を満たしたら登記していいよ、という制度が良いように思います。それですべてが確定するわけではなく、本当に異議があるんだったらあとから何かやってもらうような制度です。半島部なんて、金銭的に後で補償したって大したことはない筈なんです。（略）後で十分に対処できる程度のリスクなのにすべてが止まってしまうということが、アンバランスなのではないかなと思います。何分の一の権利者に対する適切な対策が必要なのであって、その人たちに対してもすべて100％補償するような仕組みっていうのは、誰も望んでいないんだと思っています。(MV2016 弁護士／野村裕)

■このような話が「そうだといいよね」って言いながら、全く進まないような仕組みになっていることがすごく不幸なんです。法律のベースを司る人たちが複数関わってる中に登記制度がありますので、ちょっと変えるということに対しても非常に大きな労力が必要になります。そこがこの問題の難しさの原点なのかなと思っています。(MV2016 弁護士／野村裕)

　法律家からではないが、所有ということに対しての見直しが必要ではないかとの指摘もある。

■「共有」の再定義と法整備。漁村のコミュニティ、浜の結束の力は復興にとって重要であるが、かつてはそのコミュニティの所有であったと思われる、明治期の所有者76人の山を高台移転場所として検討することはできなかった。日本の土地の所有・管理は、明治期の個人や共同体の所有や利用の状況を無理やり文章化したことで、年月が経って、山奥に実質上所有者不明の土地が増えても、歪んだまま運用されている。土地について、「共有」を再定義し、手続きを簡便化する法整備を行わなければ、過疎地の土地の管理は難しくなる。(東北工業大学／福屋粧子)

その他の課題

■プライバシー権（自己情報コントロール権）の価値を再評価する必要性。アウトリーチ的な（被災者）支援・行政活動は、必然的に、個人情報の利用を伴う。個人情報は重要であり保護されるべきだが、それを上回る価値や必要性も考えられる。(弁護士／野村裕)

地籍測量の重要性

■（地籍調査が進んでいない場所はワンステップ障壁が増えたことについて）宮城県は非常に進んでおりまして、今回の沿岸部の被災で土地を市町村が買収するにあたっても、土地の復元性がな

いとダメだということだったんですが、そこが非常にスムーズにいったということが、すごく大きかったかなと思います。（MV2016 宮城県庁／熊谷良哉）

■近い将来そういう災害が懸念されているところで、地籍調査が終わっていないのであれば、まずは土地関係を確認しておくことが復旧には非常に役立つので、必ず手を付けるべき。（MV2016 宮城県庁／熊谷良哉）

1.12 専門家・支援の在り方、住民の在り方

専門家の在り方

「復興における専門家の役割」とはどういうものか？

■イメージとしては、ケガをして入院したスポーツ選手のトレーナーみたいなものではないかと思うんです。実際活躍するのは地元の人たちや地域だし、それに対してちゃんと的確なアドバイスをしながらトレーナーとしてやってくっていうのが我々の役目かなっていう気がするんです。それには、選手の特徴をよく知らなきゃいけないし、選手の持つ可能性をよく知らなきゃいけない。それからその選手の長所と短所もよく知らなきゃいけない。（MV2016 名取市副市長／石塚昌志）

■鈴木さんが「造成地の手前の方にばっかりみんな住みたがるけど、後ろの方もいいんだよ」って言っても誰も分かってくれないから自分たちで工夫したっていう話がありましたよね。地形って生き物だから、その地形の中で「ここをこう料理すればよりおいしくなる」みたいなことってあると思うんです。「普通では捨てちゃうところなんだけど、これを別の料理法で料理するとすごくおいしい」っていうようなことですね。そういうことを、地形を見ながら料理の仕方を考えるプロが土木の計画者であり、建築の計画者なんです。そんな時に、専門家の料理の仕方と、「他と一緒の料理の仕方をしろ」という行政の立場との対立があって、それをどこまで軟らかく出来るかというのは、行政の配慮の問題だと思います。（MV2015 東北大学／小野田泰明）

専門家の果たす役割

■「行政の合意形成は自らの素案に賛同してもらうこと」でしかないのではないか。地域によっては、被災者や住民に「任せなさい」とする慣習が改めて浮き彫りになったのでは。都市計画家や建築家がその橋渡し役となれるか。（福島大学／鈴木浩）

■専門家の具体的行動が重要。建築家をはじめ専門家が、離半島部の少子高齢化、中心市街地の課題、復興施策にいかなる「行動」をもって貢献するかが求められる。　話し合いの結果、具体的行動が生まれることを期待。（宮城県庁／中尾公一）

■今進んでいることと、より良くするためのオルタナティブ（代案）を住民に提示してゆくことも専門家の大きな役割だと思う。フラットに大きく削る造成の計画と、地形に合わせて造成計画を考えることを住民に分かり易く説明するような試みは北上でもやられていますが、被災地全域でやったほうが良いと思っています。（MV2013 東北工業大学／福屋粧子）

■同じことを目指していても、だんだんにズレが生じてくるというところで、誰かが間に入って繋げる役割をしないとなかなかうまく進まなかったところを、北上ではJIAが入ってやってきた。それが一つの住まいの形にもなっていると思うんです。そういうつなぐ役割、お互いの言葉を翻訳して通訳してつなぐ役割っていうのは、こういう時にとても大事だなということをすごく感じました。実は、たぶん復興全体で見たときにはそれがないところが多くて、そうなったときにおこる問題というのは想像に難しくないわけです。（MV2016 東北工業大学／石井敏）

■「専門知識を持った専門家がきちんと関わるということが極めて重要だ」ということが今回明確になったと思っています。北上やにっこり地区は、JIAの方々が丁寧な入り方をしたお蔭で非常にうまく回っている好例だと思っています。これについては是非、どんどん情報発信をしていただきたいと思っています。（MV2014 東北大学／平野勝也）

■わたしも北上は良い事例だと思っていますけど、別に北上だけがモデルなわけではなくて、他のところでもいろいろうまくやっている例もあるでしょうし、やっていそうなところもあります。むしろ、失敗しているところの方が、たくさんの経験を積んでいるかも知れないから、重要な事例になる場合もあるでしょう。より高い理想に向かって頑張ってやろうとしてむしろ失敗したので貴重な経験をした、というケースもあると思います。そういうところを、溝に落ちた犬に石を投げるんじゃなくて、なぜそれがそうだったのか、それを今後失敗させないためには何が必要なのか、っていうことを、「自分たちの問題として我々が一緒に共有をしていく」ような、多分そう言う事を繰り返さないといけないんじゃないですかね。（MV2014 東北大学／小野田泰明）

更に「地域に寄り添い復興をサポートする専門家」とは…、専門家の係わりの継続性。

■専門家の中でも「更にロングスパンで関わる専門家の重要性」を感じました。ただの住民アンケートを作るところからはじめて、ヒアリングし、意見を統合して案をつくって、ワークショップを運営するという一連のことを全部やる専門家が絶対必要だと思います。アンケートは地域が元々持っている方向性や意図をもってつくらないと絶対まとまらないと思います。それにはその前段階として地域を知ってる必要もあります。また、そのアンケート結果をもってどうするかっていうことも、「この地域であればこういう選択をするだろう」ということを見越したうえでまとめてゆくことが必要です。そういうように運営していかないと絶対意見集約なんか出来ないです。（MV2016 北上まちづくり委員会支援／手島浩之）

■「出来なかったことってなんだろう」と考えてみると、私は最初に、牡鹿の30浜にかかわり始めました。そんな中で、現在もコミュニケーションが取れているのは9浜くらいだと思います。専門家の関心や通う頻度が落ちている中で、「専門家が、本当に集落の人がやりたいことに寄り添って支援していくにはどうしたらいいのか」というのが私にとっての課題です。（MV2015 東北工業大学／福屋粧子）

■閖上では、いろいろ専門家の方々にご協力いただいております。我々住民の立場としたら、ご協力いただいていることは非常にありがたいんです。そして、もっともっとご協力いただきたい。しかし、一度首を突っ込んだら、ちゃんとできるまで抜けないでいただきたい。抜けられると住民は一番がっかりするんです。（MV2015 名取市閖上地区まちづくり協議会／針生勉）

行政や様々な分野の専門家の連携の重要性

専門家の縦割りの問題

■建築家が、震災復興や、まちづくりそのものの中に、何か魅力的な空間をつくるだけじゃなくて、ちゃんと福祉や地域の食材とかとくっつきながらやっていく仕事がいっぱいまだあるんだということを、そっちを学んでほしいと思うんです。(MV2014 弘前大学 / 北原啓司)

■北原先生がおっしゃっていたのは「建築家の人たちも敷地をでて、空間的にも話題的にも敷地だとかハコだとかを出て、まちにある建築物になりなさい」ということだったと思うんですが、建築家がそういう役割を担うのも重要ですが、本来的にはそういう役割を担うのはまちづくりの専門家であって、日本都市計画家協会はもっと頑張らなくてはいけないと思うんです。こういう場ではもっと建築家を批判したいんだけど、そうすると「都市計画家はもっとひどい」という話になります。ジェネラリストとしてまちづくりを手掛ける人の存在は非常に重要だと思っていまして、その存在というのは建築家の人もなれますし、今回実際に活躍されたのは建築家の人たちだと思っています。(MV2014 東北大学 / 姥浦道生)

全体を見ることが出来ない専門家

■特に防御施設を作る方々は、「防災力さえ高まればいいんじゃないの」って感じの人が結構いらっしゃるんです。安全性を高めるのは俺たちの大命題だって。安全性が高まることによって他にどんな悪影響が出ようがあんまり気にしてないです。「それ、自分の専門じゃないんで」って。そういう専門の蛸壺からちゃんと引きずり出してきて、コラボレーションしながらやっていくという体制が重要だと思います。(MV2016 東北大学 / 平野勝也)

■専門家は「部分最適」は語れるが、「全体最適」を語るのは不得手。全体の実務に精通した者をコーディネーターとして最初から置かないと街作りはできない。((独)中小企業基盤整備機構 / 大矢芳樹)

■都市計画屋も土木屋も標準設計しかできない人ばっかりになっちゃっています。標準設計をずーっとやってきたので、偉い人が標準設計しかやったことがないから、そんな環境で育ってきた人って工夫してものを作る力がないんですよ。都市計画屋さんもずーっと都市計画決定手続きの仕事ばっかりやってるもんだから、都市計画決定手続きは詳しいんだけれども、都市をどうするのっていう一番大事なところをやってないんです。(MV2016 東北大学 / 平野勝也)

■専門家や研究者の領域の狭小さ、総合プランナーの不在。(宮城県建築住宅センター / 三部佳英)

「全体を統合する人」の重要性。

■専門分化が進み、各専門分野の境界領域を担う制度や人材がないことによって、被災者の苦しみが増え、復興に支障をきたしている。様々な分野で、境界領域を埋めるシステムを構築し、人材を育成することが必要だと思われる。(JIA宮城 / 松本純一郎)

■専門家の連携の重要性を認識した。専門家の能力も重要だが、単数の専門能力では大きな災害に対応できない。建設部門でも建築・土木・都市計画など専門分野が分かれている。今回の災害復興でどれだけ協働できただろうか?「日常の連携の必要性」を痛感する。(宮城県建築士会 / 中居浩二)

■私は建築設計を専門としていますが、石巻での活動は建築の職能の部分でも、「ものごとを統合すること」や「ルールを与える」といったアーキテクチャーな部分が求められていると思っていて、あえて設計はやらないようにしています。(MV2014 ISHINOMAKI2.0 / 勝邦義)

それぞれの専門性に付属する倫理観の違いにも十分に配慮が必要になる。

■専門性が違うことは、その専門性の成り立ちが違い、その倫理感が大きく違うことでもある。それぞれの専門性の倫理観を損なうことなく連携することが重要である。

特に、建築、まちづくりと、土木分野との連携の重要性が指摘された。

■仕様の設定で突っ走る土木(予算は無制限に近い)とユーザーとの対話を経て予算内に納めるのが前提の建築。耐震基準もL1、L2の土木と建築との読みあわせが困難。海外では当たり前のシームレスな関係を考えるべききっかけとすべきではないか?(2016 横浜国立大学 / 小嶋一浩)

■中国も含めて日本以外のところは建築と土木がデザインで分かれていないというのが基本で、日本の建築家というのは敷地から出て、リアルにものを考えるという癖が非常に少ない。逆に土木の人は敷地の中に入らない。そういう分離がどうしてもあるんですが、それをやっていたんでは話にならない。モノの空間を描いたり、モノの空間を提案する人間は、そこを自分のチカラで乗り越えるだけの提案力がないとだめだと思います。(MV2014 都市計画家 / 田中滋夫)

■特に住民と行政の協働って観点からとらえたときに、今のこの復興街づくりのスピードで、例えば、区画整理の話とか、防集の高台移転の話とか、本当に協働が必要かっていうと、私は必要ないと思います。こうした部分を協働で、事業の組み立てからやっていると、とても、1年2年で終わるような話じゃない。我々は、住民からアンケートも取り、意見も聞き、やっているわけなんで、そこはもう我々専門家を信頼してもらうしかない。それでも私は、協働は必要だって思う。じゃあなんで必要かっていうと。街を作るのは行政じゃできないんですよ。我々じゃできないんですよ。住民にやってもらうしかない。(MV2013 パシフィックコンサルタント / 安本賢治)

専門家が被災地に乗り込んでしまうことの弊害…

■今回の被災地では、「元々閉ざされ、人のつながりが強い地域性がおそらく復興の経過で非常な課題をはらんでくるだろう」と感じました。また、この震災復興を考えるに際して、中央集権的な思考、或は、多くの専門家の考えが入れば入るほど、それは基本的には都会的なものの見方をしているはずで、地方の実情に合わないのではないかと危惧を持っていました。(MV2015 石巻市包括ケアセンター / 長純一)

「困った専門家」問題

専門家の乱立と混乱・専門家による住民に対する間違った情報提供の問題、「困った専門家」の問題。

連携せず、競うばかりの専門家。

■復興の現場にいて、すごく困ることは、建築家、もしくは大学の先生同士が、復興自慢というふうになって、ぜんぜん情報共有

をしないというのが私にとって非常に腹立たしいことですね。復興についてはある意味で「支援者（建築家）の野心」が原動力にはなっているところがありますが、もうちょっと、自分を殺していろいろなことを共有した方がいいのに、何故そうならないのか。(MV2013 東北大学 / 小野田泰明)

制度を勉強しない専門家の存在。

■もう一方で、うまく行っていない例も多く見受けられます。今回の復興事業の制度は非常に複雑に出来てしまっており、普通に専門家が「こうするべきだ」と思うことでも、なかなか現実できないことも多くあります。そういう事情もよく勉強せずに外部の専門家が安易に入ってきて住民に説明してしまい、盛り上がった挙句に、どうしようもなくなって基礎自治体が困ってしまう、というケースもあちこちで見聞きしています。私たちも提案するときには、合言葉のようにして「実現できない提案はしない」と自分に言い聞かせています。そういったあたりの「専門家に問われる倫理観」といいますか、そういったことも今回学んだ部分かなぁと思っています。(MV2014 東北大学 / 平野勝也)

住民に寄り過ぎ、行政批判を行う専門家。

■今日発表された先生方にも、地域の実情に、ずいぶん寄り添ってらっしゃる先生と、かなり一面を見てそこに偏った活動をされている先生と両方いらっしゃるのかなと思いました。先ほどの発表の中で、誰とは言いませんけども、「実現性はともかくとして」とおっしゃった方がいらっしゃって、それは専門家としてはあるまじき話であって、やっぱその時に、行政に繋いでいただきたいなと思うんです。(MV2013 国土交通省 / 楢橋康英)

■建築・まちづくり系専門家の地域別支援について、住民視点での取り組みが主であり、行政側との調整の欠如していたのでは？（国立研究開発法人建築研究所 / 米野史健）

■弱者を守ることは重要だが、弱者を囲い込んだり、弱者を盾に批判等を行う方も多いように思う。これだけ災害が多い状況で、被災者となる確率も高い。「被災者＝弱者」のような構図でよいのか。被災者の自立する意欲を引き出すことが大切。(みいしょ計画研究所 / 三井所隆史)

専門家がマスコミを煽る。「私がやった」的な自己主張の過剰な発信が多いとの指摘がある。

■一部の建築家たちっていうのは、大勢で被災地に押し掛けて、何にも知らんくせにぎゃーぎゃー、ぎゃーぎゃー言って、好き勝手に民意調達して、自分の案を押し通すためにマスコミを動員してどんどんメディアに載せ、行政にしかけてくるってことをしてましたよね。そういうのはゲリラ以外の何者でもなくて、やはりそういう人間は排除されるんですよ。(MV2016 東北大学 / 小野田泰明)

■脱発信主義。プレゼンばかりにとらわれず、中身の練磨を内省する時間を。すぐ発信、すぐ出版という動きには何か欠けたものが残る。関係者の信頼を得るには時間が要る（東北工業大学 / 大沼正寛）

■専門家の役割の偏りが問題。専門家は被災地で何をするべきなのか。今回の震災では、「私がやった」的な発信が多いように感じた。震災で焼け太るのではなく、次の震災・将来の災害に向けて、地道に制度や社会の改善を呼びかけることが必要。(みいしょ計画研究所 / 三井所隆史)

「華美論争」を巡る議論

一部地域では「華美論争」が沸き上がった。

■建築側では華美問題っていうのがあります。「全国の納税者から集めたお金で実現する震災復興なので、華美につくるな、できるだけシンプルに普通につくれ」という圧力があります。それはそれで、当然の視点なのですが、被災地の側になってみれば、工夫して少しでも魅力的なものをつくり、少しでも復興の可能性を高めたいという気持ちも当然です。(MV2015 東北大学 / 小野田泰明)

■もうひとつの問題は「華美論争」です。これにわれわれ苦しめられていて、「とにかく華美につくるな」と、「華美に見えるのは一切ダメだ」という話になっています。一体全体「華美ってなんだ」みたいな話なんですけど。軒があって垂木が見える、軒裏が見えるみたいな住宅を造ったんですけども、「華美だ」「そういう装飾的なものはやめろ」って言われまして、それをわざわざお金を掛けてガルバリウム鋼板で包みました。普通に考えるとどう考えてもオカシイですよね（笑）。いや、でも、現場ではそういうことが起こっているんです、本当に。(MV2015 東北大学 / 小野田泰明)

■景観でたとえば、この地域で建てるにはこれは最低限守らなきゃいけないルールだっていうなら分かるんです。その地域性にあったものを造って頂く分については華美だとは言わないと思います。しかし、いろんな著名な建築家が来て、様々な装飾を施しているのについては釘を刺すべきだと思いますし、機能論の中で議論していただければと思っています。(MV2015 国土交通省 / 楢橋康英)

■非常に良かったなと思ったのは、アーキエイドの発表の中で、サマーキャンプでいっぱい学生がいらっしゃった中に、真ん中に石巻市長が座ってたんです。(MV2013 国土交通省 / 楢橋康英)

学識経験者の問題

建築家や専門家、行政などの社会を構成する様々な役割が、在り方などが問われ、今後の社会の中でどう位置づけられるべきか議論に晒されている。

■阪神淡路の際には、大学が被災地に乗り込み、「調査公害」と言われたようだが、被災地が広いこともあるのか、今回の震災ではあまり調査が行われていないように思える。数年後に今後の検証に耐えうるデータは残されているのか。

■有識者、学識経験者は「無私の人」という前提で、様々な社会の仕組みが出来ている。しかし現実には、業者以上に業者的である場合もあるように思う。小泉改革以降の大学や社会状況の中で「本当にそうなのか」検証し、社会の仕組みを修正する必要がある。

■今回は、どのような支援チームがどこで活動しているのかを、アーキエイドのような組織的動きや、気仙沼大学ネットワーク等を除くと、(現地近くでは分かっていても、)把握できていないのではないか？(東北大学 / 増田聡)

■「大学による支援」は本当にうまく行ったのか、検証が必要。

支援の在り方

■「自立への総合支援」貧困といった経済的側面以外に、震災による心のダメージは計り知れない。被災地固有の複合的な要因を踏まえた、経済的、精神的自立の支援が必要である。特に子供たちの心のケアが重要。

■寄り添うプランニング。公的住宅再建支援策を元に受動的、世帯のみの問題として住宅再建をとらえるのでなく、再建策の短所長所を丁寧に示し、決断まで葛藤に付き合い、元の集落や避難所等での住民間の関係性に基き、主体的な住宅再建とコミュニティを育てる。そのサポートを担う専門家チームが必要（首都大学東京／市古太郎）

自立を促す支援

■被災者の能動的な動き。被災者は復興事業の単なる受け手ではなく、復興の当事者として関わっていくにはどういう仕組みが必要なのか、災害以前の生活者としての能動的な役割を発揮する場面を少しでも創り出していくべき。

■必要なボランティアと不必要なボランティアがある。後者は自立を妨げる。損得勘定で必要とされる後者のボランティアを無くす施策も必要ではないか。後者ほど、提案だけをしてリスクだけを地域に押し付けて復興を妨げている。

■「支援」から「協創」への早期移行が重要。誰もが震災復興で、善意のつもりでの「支援」をしてきたはず。他方、「支援」は無意識に上下関係を生み、受援者を更に難しい立場に。「支援」から「協創」に早めに切り替えることが大切。（宮城県庁／中尾公一）

■今回の震災時に神戸・阪神から支援に来られた方々のような人材を、東北は育てているのだろうか？　阪神地区には、人防を含め、防災人材を養成する大学・学部が複数作られたが。（東北大学／増田聡）

支援する側への報酬や、キャリアアップの問題

■復興過程において潤沢に入っていたお金が、外部からの人達の雇用のためにかなり使われていたのですが、復興の5年が過ぎた後、どのようにお金を回して、そういう人たちを地域の中に留めていくのかについて、真剣に考えないといけません。今までの復興の経験がある災害地に比べて今回の被災地については、100％補助とか直接的な税金の支援は手厚かった一方で、今後の復興段階に使える自由な地域におけるファンドがないということがありまして、民間企業の取り組みでどのようにカバーできるのかというのは、とても期待されます。また、ボランティアセクターの方々が、どういう風にこちらに残って活動していけるかというのは、本当に大きな課題だと思います。（MV2016 東北大学／丸谷浩明）

支援する側・支援員のキャリアアップの問題

■復興に取り組む若い人たちのキャリアをどうやって作り上げていくかという話が出ましたが、実際に今、ちょうど若い連中に出向というか、鮎川に送り込んだりしているところなんです。送別会の席では「がんばれ。お前が頑張んなきゃダメなんだ。必ずこのまちは良くなるから」と言っているけど、心のどこかでは「こいつ本当に将来どうなるんだろう」みたいに思うところもあります…。（MV2015 東北大学／小野田泰明）

■それから非常に悩んでいるのはやはり、震災復興に関わっている人のキャリアアップをどうしていくかということです。やっぱり地域支援員として入って、家族を持つとしたら給料が上がっていかなくちゃいけないんですけど、今はそういう仕組みがなかなかないものですから、家族に食わせてやれて、その将来も自立、あるいはどこかに勤めていけるような仕組みができるといいなと思っています。（MV2015 元長岡市復興管理監／渡辺斉）

専門家ボランティアが支える復興

■住民主体が掲げられるのですが、「何をどう作るか、誰のためか」という意味で住民主体である訳であって、この事業を動かしていくエンジンは専門家なんだよっていう、そこのところの意識をちゃんと当事者たちが持つことは、非常に大事なことだと思うんです。（略）その（専門家の）立場とフィーを認められて、ことが進むということが、全然進行していないわけですね。初期の支援は、それはやむを得ないことがありますが、最早2年経って、そういうことが確立していないということは、異様に奇怪なことですね。この2年間、多くの人たち（専門家やボランティア）が、血みどろの努力をして無償で働いてきたってことに対する…（MV2013 日本建築家協会／室伏次郎）

■是非もう一度強調しておいておきたいけれども、「（復興に携わる専門家の）公の立場とフィーを認める」ということを是非ともやっていただかないことには、これからいよいよ踊り場から上っていくときに、またいろんなことが停滞します。すでにして、大きなインフラの立案が実施できないで、予算が大きく余ってしまうという状況を迎えているということです。その調整業務がいかに大事かという、そのことを大いに意識して見据えてほしいと思います。北上の実績を見ればよくわかると思うんですよね。いかに調整ごとがエネルギーを要して、それがあったところはちゃんと成功しているということを、ぜひメディアはもっと大きく伝えていただきたいと思います。（MV2013 日本建築家協会／室伏次郎）

専門家を支える制度の整備の現状

■阪神大震災の時にNPOの仕組みが整いました。NPO法人もそうですし、数年前に決まった社団法人の仕組み、実は社団法人の仕組みの方が使いやすいらしくて、実はそういう法制度は非常に機能してよかったなと。つまり皆さんの活躍するときもそういうNPO法人なり社団法人の仕組みがあって、活動しやすい部分があったので、そこは制度としてそういう法律があってよかったんだなというように改めて感じました。（MV2016 福島大学／阿部高樹）

これから

■つまり定期的に見守るということが必要なんじゃないかという話がありました。復興がどれくらい進捗してるのかを含めて、ちゃんと見ておくってことが大事だろうということです。都市計画基礎調査というものがあるので、これを大学に随契発注してもらって、随契した大学が実際にその地域のコンサルタントをある程度決めて（ここは随契できると思いますので）、あるまちの状態をずーっと見守ってくれる医者ができるという意味では、これからの5年間、10年間そういうことを仕組んでいくべきだと思います。（MV2016 日本大学／岸井隆幸）

1.13 フクシマ

私たちの社会の在り方をこれほど揺さぶるほどの大問題にもかかわらず、私たちは、福島の問題をどう考えてよいのか分かっていない。

■こういう大々的なシンポジウムを来年は福島でというふうに言われてますけれども、福島は、宮城とは全く違う状態です。今でも16万人を越える避難民が、自分のまちに戻れないという状態

にありますので、高台移転だとかといった問題とは全く違う次元の問題を抱えてるんです。災害直後は、福島県地域会は木造仮設住宅において、阪神淡路の教訓を出来るだけ活かすことを目標に、玄関を向い合せにしたり、木造で造ったり、土地に合わせ場所性に合わせた配置をしたりという活動をしました。ここまでは上手く貢献できたんですが、その後は、全くと言っていいほど、復興には関われておりません。(MV2013JIA 福島地域会／辺見三津男)

■この原発の事故の後と前では我々の仕事は根本から変えないとダメだと言うことを常に、地域会のメンバーで確認し合ってます。人間というのは今日より明日、また明後日というふうに豊かさを求めていくものですが、その豊かさというのは一体何なんだと言うことを真剣に議論しています。我々自身が、今まで原発に頼り、加担してきたようなもんですから、ここからやっぱり地元の建築家として、しっかりとそれを発信していくというスタンスです。住宅とか建築とかいうことじゃなくて、住まいということを考える職能・活動に変えて行こうと、いうことを今やっております。(MV2013JIA 福島地域会／辺見三津男)

■4年間で時間の重さをものすごく感じます。実は双葉町の復興計画なんて言うのは、どうなるのかまだ見当がつきません。時間がストップしてしまっている。今でも新聞を賑わせていますけども、宮城県の中で汚染物質の最終処分をどこにするか。宮城県の方からも「いやいや福島県に持って行けばいいじゃないか」と話が出てくる始末で、福島県も最終処分場は福島県に作らない。これをどこに作るかというのは未だに大揉めに揉めているというような状況です。やはり福島が最終処分場の受け皿になるような話になっていくのだろうかというのは、どこか頭に不安がよぎるわけであります。そういう中で、この宮城の復興過程というのは、ものすごく大きく前進しているなというのを感じています。(MV2015 福島大学／鈴木浩)

■今年2015年10月1日に国勢調査が行われます。5年に1度。福島県の被災地の多くは人口0になります。たぶん国勢調査の時に人口0になります。それだけではなくて、この津波被災地の多くは、地震前の状況から言うと、人口が本当に減る。そういう数字がはっきりと出てきて、それが要するに消滅自治体かどうかわかりませんけど、そういう中でその地域社会を維持するエネルギーっていうのは、どういうふうに蓄えたらいいのか。(MV2015 福島大学／鈴木浩)

■原発被災者のコミュニティの再建に対する施策の欠如。原発被災地に戻すことを意識しすぎ、原発被災者が他の地域でコミュニティを再建する支援がすっきりしていなかった。(日本建築士会連合会／三井所清典)

■放射能問題と責任論。エネルギー政策者としての国の責任と支払い能力のない当事者の電力会社の責任の範囲。関係省庁(経産省、エネルギー庁、文部省、環境省、農水省、等)の中での代表者は誰か、不明(石巻魚市場／須能邦雄)

1.14 今立っている場所

いま差し掛かっている場所・移行の過程

■土木の世界で感じたのは、「テープカット」は象徴的な瞬間なんだなぁ、ということです。すなわち、土木では、計画し工事が終わり作業を終えて、保全作業に移行する場を常に追い求めてきていた。「テープカット」の瞬間から保全作業が始まり、減価償却が始まる。出来るだけ価値が下がらないように保守をやっていくのですが、やはりどうしても価値は下がって。(MV2013 元復興庁／石塚昌志)

■「制度や仕組み・インフラをつくって救う」という方向の模索が必要です。それと同時に、目の前にある個別の問題の解決という方向も必要だと思います。5年目を迎えて「制度や仕組み・インフラをつくって救う」ことはほぼ先が見えています。もう一方をどうするかが現在問われています。(MV2016 弁護士／津久井進)

■人々の生活を支える地域経済の復興ではハード事業の中心は、産業系インフラの復旧や仮設店舗・工場整備など応急的対策から、復興道路・復興支援道路の優先的事業化や防災集団移転促進事業の移転元地での工業団地造成など中長期を視野に入れた本格的復興事業へと移ってきた。(東北大学／増田聡)

■事態や状況は時間とともに変化し、復興の前提条件が変わってゆく。それだけに、絶えず復興の状況をチェックし、改善すべき点は速やかに改善しなければならない。東北の大震災では、検証する時間もないと思うが、内外の専門家を含めて率直に検証し、復興の進め方を見直すことが欠かせない。とりわけ、人口減少時代における復興は、従来の復興とは方向を変えなければいけないので、巨大事業の見直しは不可欠である。(2016 関西学院大学／室崎益輝)

■今後の平時施策への移行について。福祉施策や住宅施策等において運用・管理段階の長いスパンで考えることが重要。手厚い復興交付金によるモラルハザードに陥ることなく、適確な事業規模を見極める必要あり(国土交通省／楢橋康英)

■本来ならば、器とアクティビティのデザインが両方セットでやれればいいんだけど、今回そうならなかったので、アクティビティをどう考えていくのかがこれからの課題です。先ほど、法律は守るもんじゃなくて、使う・作るものであると。たぶん空間も同じですよね。空間も使うものであって作るものなので、都合が悪ければ修繕、改善はできると思うんです。そういう意味では、これからアクティビティの在り方を地域レベルで統合化して考えていって、必要があれば空間を修繕していくと。今は、そういう調整期間に入ってきてるということだと思います。(MV2016 東京大学／加藤孝明)

■増えていく人口に対応するという時代の使命が終わったのか、いや終わったんじゃなくて変わるだけなんじゃないのか、ということについて、もっと積極的に魅力的な議論をしてほしいのに、なぜか今までの仕組みの中で議論をされているような気がするということと…、(MV2014 日本放送協会／大野太輔)

■「テープカット」の瞬間から保全作業が始まり、減価償却が始まる。出来るだけ価値が下がらないように保守をやっていくのですが、やはりどうしても価値は下がっていく、そしてダメになれば、もう一度作り変える。それに対して、昔のまちや街道は、作った当時は大したことはなかったが、時代が経つにつれてだんだん良くなってゆく。今後はそういう風に「価値を高めていくこと」を模索するべきではないかと思います。その時に、育てて行く主体は何かと考えると、行政でもなく、専門家でもなく、やはり地域

住民だと思う。私が、北上がおもしろいなぁと感じた理由は、みんなで育てて行く、という気持ちがあふれている気がしたことだと思っています。(MV2013 元復興庁／石塚昌志)

■「変わる！」という覚悟を持つこと。災害前の姿には戻れないということを知る必要がある。災害復興が上手くいかない原因は、災害以外の社会的要因にある。(京都大学／牧紀男)

■今回は、完全に「器先行」で何でも進んでいて、そのあとそれをどうコミュニティづくりも含めて、社会で使いこなしていこうかという議論になっています。これって、基本的には途上国型の典型ですよね。器さえ作ればあとはみなさん伸び盛りで、アクティビティが非常に高いので、放っておいてもなんとかなっちゃうんですよね。今回は時代補正できないまま、途上国型の復興をとりあえずやってみたっていうことなんです。でも今の成熟社会、縮退していく社会では器だけがあったって中身はぜんぜん埋まらないんです。(MV2016 東京大学／加藤孝明)

復興格差

■復興のスピードの格差、進捗状況の格差があると思う。物資や、豊富な専門家支援を受けられている石巻市の中心地などのような場所と、ボランティアや行政からも見捨てられた場所の格差が存在していると思うが、今後どうやってそれを埋め、全体としての復興を成し遂げるかが課題で…。(MV2013 東北大学／姥浦道生)

■復興格差の解消。都市部と郊外および半島部の格差、合併されたエリアの疲弊、メディア露出の格差対策。(元長岡市復興管理監／渡辺斉)

■被災地間の格差が広がり、競争も激化していく。「第二の喪失感」によって被災地の自立と「心の復興」が課題となる(気仙沼市議会／今川悟)

1.15 これからの地域の在り方、社会の在り方

地域に即した社会の在り方

豊かさとは何か？ 成長とは違う価値観

■「豊かさの意味を問い直す」社会資産の豊かさという概念にゆがみが在る。豊かさの意味を問い直すべき、という時代認識が、肝要。(建築家／室伏次郎)

■「成長と違う価値観を持つ地域」であるためには、コミュニティ・共助・自治という「自律」を備えた「自立」が基本。ヒト・モノ・カネ・情報の地域資源の他に 「エネルギー」「交通システム」「国県市町村と地域の関係」で地域が自立することが大切と考える。(JIA東北支部／渡邉宏)

自治について

■自律分散型社会の構築。1極集中の国土構造、地方の行き過ぎた過疎化が震災で問われた。地方の文化や経済を大切にするシステムを作るべき (関西学院大学／室崎益輝)

■人も地域も、それぞれ違う。地域に即した社会システムを地域の人々が考え、作り、運営できるように、国のあり方を抜本的に変える。防潮堤、被災地の再建、まちづくり等において、被災者が被災で苦しみ、さらに復興で苦しむ例が多い。それがさらに次世代の負担を強いる。それを断ち切る。(JIA宮城／松本純一郎)

■域内責任新自由システム。終焉に向かうともとれる経済系での容赦ない新自由主義ではなく、地域社会や周辺の自然環境に責任がみえるなかで、法規制を合理化して自立的に地域が生産と居住を再構築できる考え方が要る。道路も衛生も建築の集団／単体規定も、もっと自由にできるはず。(東北工業大学／大沼正寛)

自然との共存

■大地震や大津波も日本の自然現象の一部であり、都市づくりに於いては、効率性だけで無く、日本の自然や地形をしっかりと読み解く中で社会を構築することが重要であると考える。日本の様々な地形や自然の差異をまちづくりに的確に反映させることで、よりいっそう魅力的で豊かな日本のまちをつくることができるのではないだろうか。(2016 名取市副市長／石塚昌志)

■リスクとともに生きる縮退時代を見通した新しい暮らしの再発見。どのような災害リスクもない土地はなく、今ある既存の住宅付近では今までの災害の歴史が記録されているので、災害地として移転の対象地とならない。よって災害後の住宅地を計画する場合、自然災害リスク0を目指して、山奥に孤立して移転するか、過大な整備（長大な防潮堤・過大な盤整備など）を行い、整備が完了するまで何年も待つ仕組みとなっている。これは防災意識の低下を招くだけでなく、被災以外の無自覚な機会損失（コミュニティ・買い物・生活・健康）が起きる可能性がある。 防災集団移転によって移転する被災世帯数が5年経つ中で減少するのは、この機会損失に対しての声にならない異議申し立てである。地域リスクとして理解しながら、自然縮退した際にトータルでより良い生活を送るための地域の暮らしの再発見が必要(東北工業大学／福屋粧子)

■「防災と生業、災害リスクとの向き合い方」災害危険区域指定と防潮堤整備は、防災では効果が高いが、普段の暮らしや産業にはマイナス。災害リスクをどう判断し、防災と生活のバランスを考えないと、どこにも住めなくなってしまう。(気仙沼市議会／今川悟)

■「自然との共生」巨大な構築物で災害に立ち向かうのには限界がある 防災面でも環境面でも産業面でももっと自然との共生をはかるべき 東北の豊かな自然を生かした復興を追求すべき (関西学院大学／室崎益輝)

■「根っこ」。やや後進的とされていた東北が持っていたもの。地域社会や自然環境に責任をもった行動。生産の技術・知恵。世代や人智を超えたものへの敬意。取り戻すべきだが、防潮堤のようにもはや取り返しがつかない。だが、根っこは保ちたい。(東北工業大学／大沼正寛)

災害に強い社会

■真の減災社会の構築。防災や減災では、ハードウエア、ソフトウエア、ヒューマンウエアの融合、アメニテイ、コミュニティ、セキュリテイの融合が防災には欠かせない 安全は必要条件だが十分条件ではないことを念頭に入れた防災を (関西学院大学／室崎益輝)

■結局多くの自治体では福祉も医療も手薄で、それに対応していけるだけの体制がないわけです。特に今回の被災地の小さな自治体ではそんな人員もいないし、お金もない。だからといって、合

理化で人を減らし、全ての職員が完全に機能することを前提にした組織ではだめで、何が起こるか分からないのが日本の社会、日本の国土なので、災害が起こった時にも対応できるような体制を作っておくべきです。この震災から学ぶとすると、日本全国にある自治体でも人口減少や高齢化など、社会がどんどん劣化していく中でも、災害に対応できるように社会を変えていかなくちゃいけないんじゃないかなと思っています。(MV2016 関西学院大学 / 室崎益輝)

暮らし方の総合計画

■今回の被災地域の中で「コミュニティをどうつくるか」という議論はあるんですが、できればその中で「暮らし方のプランニングを考える組織」を立ち上げて、医療や福祉、教育など様々なものの総合化に取り込むべきだと思います。「ハードとソフトが融合した地区レベルでの総合計画」が必要なのではないかと思っています。その中でライフサポートの人や、見守りをやる人、都市計画の人などが協働する可能性があるんじゃないかと思います。(MV2016 東北大学 / 増田聡)

人材の問題。地域を統合する民間の力の重要性

■憲法には地方自治の章が設けられていて、憲法ができたとき「地域のことは地域の人が決めるのが一番良い。なぜなら地域のことを一番よく知っているから」と教科書に解説があった。地域の復興の担い手は、地域をよく知っている自分たち自身だという自覚がとても大切。「住民の住民による住民のための復興」を実現するには、人材の調達も含めて、地域における民間の動きが、最優先されるべき。(弁護士 / 津久井進)

■(共通事項) 人材育成、ファシリテーターの育成。産業活性化、地域活性化共に、「人材」なしくして成功はない。ただし、専門家育成などに偏り、事業全体を見渡せるファシリテーター的な人材育成が遅れている。(公益財団法人東北活性化研究センター / 小杉雅之)

■復興特区、農業特区だけではなく人間特区だということで、とりあえず人間を特区にして、付加価値を最大化出来る人間や地域リーダーを特区扱いにしろ、と言うような事を言いまして…(MV2016 舞台ファーム / 針生信夫)

■復興の担い手となるのは住民(被災者)が基本であるが、津波被害では離れた場所で避難生活を余儀なくされ、あるいは、転出し、復興の担い手の確保が課題となった。(国土交通省 / 楢橋康英)

■町に暮らしている役割の自覚が重要。誰かばかりが活躍するのではなく、それぞれの個性を活かして役割を手渡してゆくことで、町に生きている意味や意義が深まる。人口減少の中で人が少ないことを逆手にとって「顔がみえるまち」の利点を自覚する。(一般社団法人復興みなさん会 / 工藤真弓)

■協働のまちづくり。役割を明確にした住民の声が行政に届き回り始めることで、協働のまちづくりへの梯子がかかる。復興には小さな声、小さな活動、小さな存在が大切。それを知ってる住民の力を活かし、行政の枠組みの中でも新しいまちづくりを目指したい。(一般社団法人復興みなさん会 / 工藤真弓)

■「防災に対する地域コミュニティの価値」コミュニティが重要といった簡単な言葉ではなく、生きるという意味で本当のコミュニティが重要ということを初めて分かった。(ファミリア / 島田昌幸)

■相互扶助的な組織として村落社会の伝統で重要な機能を要していた「講」が、薄れてきている中での大震災。北上総合支所が全壊、職員17名死亡・行方不明と公の機能を失った状況下、避難所運営、飲食糧の確保など、自助共助の力で運営できた(元北上総合支所 / 今野照夫)

■地区ごとのコミュニティの再生をどう実現するかが課題。住民数の激減により新たな地区運営が必要となる。(雄勝総合支所 / 三浦裕)

スマートシュリンク(賢い縮小)の課題

■人口減少局面を迎えコンパクトシティへ」っていう話はよくされています。スマートシュリンク(賢い縮小)と言ったりしますが、今回の復興でもいかに上手にコンパクトにまちをつくり替えるかが課題となっています。その中でいくつか課題が浮き彫りになっています。アクセス道路も含めてどこまでインフラを維持するのかという問題です。(MV2016 東北大学 / 平野勝也)

■例えばある平常時の仙台近郊の離れ小島のようになっている郊外団地を例にとります。もし将来仙台の総人口が減り、そういう離れ小島の郊外団地の住民が、5軒だけ残ってしまったときは、アクセス道路も含めてどこまでインフラを維持するのかという問題です。最後の1軒まで全部維持し続けるのか、それとも10軒くらいで団地を畳むのかという時に、実はさっきの財産権の問題が出てきます。この国の資本主義の大原則っていうんでしょうか、例えば団地を閉鎖してまちなかに移転してもらおうとすると保障する必要が出てきますよね。でも実は冷静に考えると、そういう辺鄙なところの不良債権化するような土地を購入したのは本人です。要は投資に失敗した人を何故税金で補填してやらなきゃいけないのかという議論がどうしても発生しちゃうんです。(MV2016 東北大学 / 平野勝也)

■道路の維持の程度を変えるとか、そういうところは今後議論されていくべきだと思います。「都市計画の抜本見直し」の議論を国土交通省の都市局の中で有識者を交えてやったときには、やはり負担の原則をどう考えるかという議論もありました。限られた行政の財をどう配るのか、今までだと市民全員に公平に配っていたのですが、もうそろそろ考え方を変えるべきじゃないかという議論です。(MV2016 国土交通省 / 楢橋康英)

「公共」ということを巡る議論

■やはり「公共」というものがどうあるべきか、ということについて、この復興を機に、是非いろいろ考えていかなければいけないと思っています。それは、ある意味で統治機構そのものです。先ほどの手島さんの話にもありましたが、小さい集落でみんなで水道まで管理できる、そういう範囲から権限から何もかもやはり見直していく、そんな必要性をつくづく、復興を手伝いながら感じています。(MV2015 東北大学 / 平野勝也)

■さっき平野さんが「公共とは」みたいな話でかなり上からの話をしましたけど、公共=行政でもないし、パブリックっていうのは上から定義されるものでもないし、いろんなものがきっとパブリックなんです。そう考えると、まちづくりとか「町育て」みたいな話をいままでちゃんとやってきたのかなって思います。それができなかったからこういう場面に、復興の場所だからこそ、本

■当にみんなで公共って言うことを考えて新しい展開とか、多様な展開みたいなことをしていく、ある意味で絶好のチャンスだと思って考えるべきだと思います。(MV2015 弘前大学 / 北原啓司)

■公共っていうのはたぶん行政の話だけではなくて、(先ほどの新井先生の話のように)連合町内会の話だけではなくて、もうちょっと下からのボトムアップの公共性というのがいっぱいあっていいんじゃないかと。それがたぶん最近の新しい町のあり方ともつながっていくのかなという気がします。(MV2015 東北大学 / 姥浦道生)

■にっこり団地の小さな広場でも、要するに市の土地であり、そこの土地はそこの集落の人のものではなく、それこそ牡鹿半島や中心市街地の人も含めて市民全員の広場なんです。そういうことを考えると、この集落のひとだけで独占的に駐車場みたいに利用してもいいのか、ということになってしまう。(MV2015 東北大学 / 平野勝也)

■パブリックについての話で、「これは市道で、市の道だから私たちには関係ありません」「市が掃除するべきだ」と、文句だけ言えばいいんじゃなくて、「自分の道だ、自分たちの道だ」という風になっていくと、自分たちで管理もできるようになってきます。その空間の作り方と、管理と、ある種の所有意識を、ワンセットで考えていかなければならないと思いますが、このパブリックという概念をもう少し柔軟に考えていくと、その地域固有の空間づくりにもなりますし、もっといい維持管理もできるし、それが地域固有のコミュニティ形成にもつながっていくと思います。(MV2015 東北大学 / 平野勝也)

■そのあたりの「公と、なんとなく公と、まあ民間、完全民間」みたいな、グレーゾーンの話を全然できる状況にないので、そこがもうちょっと柔軟なことができればいいなと思うけど、制度上やはりまだまだ難しくて、それをもう革命的にこの国の仕組みそのものを変えていかないとできないところもあるのかなと思いますね。(MV2015 東北大学 / 平野勝也)

■公平性について、北上のような地域を見ていると、うまく解決するやり方があるのではないかと思えてきます。いまの「公共」には、与える側と与えられる側が出来てしまっているように思いますが、与えられる側じゃない方にみんなが行くということだと思います。公共や行政から与えられる側に居ると、必ず公平性を求めてしまうんだと思います。北上町では行政と住民が、決して対峙していないんだと思います。みんなが北上町に住んでいる仲間で、仲間のうちでたまたまあなたは漁師で私は役所に勤めているとか、そんな感じがするのです。それだといろんなことが不公平にならない。「一方的に行政サービスを受けるだけの立場じゃない住民や地域の在り方」があるような気がして、それが、いろんなことをまちづくり委員会で決めて自分たちで実行していくっていうこととも繋がっていると思います。(MV2015 北上まちづくり委員会支援 / 手島浩之)

■「お互いの事情を理解できる範囲での公平性」ということが重要なんじゃないかと思います。それが離れていけば離れていくほど、「ただ単に右に倣えの平等性」になっていきます。(MV2015 北上まちづくり委員会支援 / 手島浩之)

■にっこり地区の鈴木さんがおっしゃっていたことですが、「桜公園をつくろう」と行政に提案しても通らなかった時に、自分たちで出来るところからまずやってみようと自分たち動き出したということでした。「それが自分たちコミュニティづくりのきっかけにもなる」と思っているとおっしゃっていたんですね。それは、自治と言うか、もともと、自分たちと行政の役割分担のところで行政側に預けていた自治の部分を少し取り戻していくということが復興の動きの中で起こっているのではないかと思いました。その時に、その「公共の役割」や、「公共の考え方」ということを、今日のこのテーブルで考えたいなと思いました。(MV2015 宮城連携復興センター / 石塚直樹)

多面的な合理性

■(再掲)今の話って結構面白くって、公営住宅の話題と、公共の話とが、ぴったりしている議論だと思います。昨日の平野先生の「公共」という言葉はものすごく抽象度の高い言葉になっちゃっていますが、今のような具体的な話を通してやると、結局のところ法律とか法令、制度、基準っていうものが公共の実体なんですよね。で、その法令・制度の基準っていうのが被災地の現状にあっているかっていうことなんだけども、そこまで遡って、議論する余裕がない。(MV2015 立命館大学 / 塩崎賢明)

■先ほど楢橋さんから、国としては「災害公営住宅っていうのはこういうものなんだ、それ以外の何物でもない」っていう話がありましたけど、本来「公共ってなんなのか」っていうことをよくよく考えてみると、たぶん関係するいろんな意見や、いろんな見方をすり合わせて、なんとなく「みんなこうだね」という場所に、落ち着いたところが公共である気がするんです。

それは、整備する側の理屈として楢橋さんのおっしゃることはわかる。しかし、ただ地域に住んでいる人からすると、また災害公営住宅の隣に住む人からすると、違う理屈があるかもしれない。また、管理する側にも違う考えがあるかもしれない。それをやはりみんなでやり直すというか、納得し直す必要があると思います。

「今現在の公共の在り方」は、きっと、かつてどこかでなされた、そういった合意の残りカスであるか、それが横展開されたものであって、今回の被災地を見る限り、どう考えても現実にあっていないと思います。

それは道路でもそうですよね。今の基準は、道路を整備する側、使う側、管理する側、或は、トラックの運転手の立場や、車をつくるメーカーの立場など、様々な立場からの意見が純粋結晶したような純度の高い公共性を帯びているのだと思います。なので、一律な基準としてしか適用されず、石巻の中心部の道も、集落で3軒しか使わない道も一律の基準でしか整備されない。しかし、本当に、集落で3軒しか使わない道に、そんな純度の高い公共性が必要なのでしょうか。こうした集落道には、もっと原始的な公共性でも十分だし、むしろその方が、使う側の愛着も湧くので大切に使い、地域固有の在り方も見出せるのではないでしょうか。

そういったことをもう一度、その当事者がだれなのかを見極めて、整備費を出す国と実際整備する市と、その3軒の実際に使う人たちが、もう一度「これはこうしようね」っていう合意をする必要があります。そうして顔を見えるところで合意をすることによって、小野田先生が昨日仰っていた「平等とは限らない公平」を私たちの社会の中でもう一度作り直すべきなのではないかと思いました。

抽象度の高い「公共」という言葉を具体化するものとしての、国

や市、或は制度や基準と、契約講や集落といった原初的な公共の在り方は、現在はそういった意味で、断絶してしまっていると思います。個人から公共へ向かう緩やかなグラデュエーションを、もう一度、やり直せたらなぁと思っています。(MV2015 北上まちづくり委員会支援/手島浩之)

■高台移転計画の中で、やはり目指すべき理想として「自然地形に沿った自然に逆らわない造成にしましょう」ということに取り組んでいました。(略) 進んでいくうちに、例えば自然地形を生かした造成っていうのは景観保全にもなりますし、残土搬出量も減りますので、工事費の圧縮と工期の短縮にもつながります。それまでは、行政や住民、そして専門家というそれぞれの立場があって、利害が分かれているもんだと漠然としたイメージがあったのですが、実際は案外そうではないんだと思えるようになりました。つまり物事の合理性ということがさまざまな立場を超えて、成り立っているんだというように思えるようになりました。(MV2015 北上まちづくり委員会支援/手島浩之)

■今回いろいろ、玉浦西の災害公営住宅や、石巻の北上町支援をやらせてもらって、すごく行政の人たちと同じテーブルで議論することの重要さが分かった気がするんです。全く違う意見を、よくよく聞いてみると、すごく彼らなりの合理性、それぞれの立場でそれぞれの合理性がやっぱりあって、ちゃんと価値基準っていうか、論理が成立しているんです。僕らにとっては、やはり「同じお金でせっかく造るんだから綺麗につくる努力をするのは当然だろう」って思います。でも、反対の立場では、それと同じくらいの強い理屈で「きれいにつくっちゃいけない」っていう論理があるんです。それを乗り越えてどう一緒にやっていくかっていうことが、テクニカルにもすごく難しい。でも、今回色々とやらせてもらって、やっぱりすごく優秀な応援職員のような人たちと本気で取り組めれば、案外それも乗り越えられるのかなと思いました。(MV2015 北上まちづくり委員会支援/手島浩之)

■ひとつのものを次の世代に繋げていくような、魅力のあるものにするにはやはり、様々な立場の、様々な視点の議論を総合して解決するべきだし、そうしたことに積極的に取り組んでいかなければ、なかなか成立しないと思います。また、そうやって「重層的に様々な立場の様々な意見を取り込んで総合的に解決された回答」は、強い強度を持っているのだということを、身を持って実感しました。そういった様々な立場の合意自体が、「公共」なんだろうと思います。(MV2015 北上まちづくり委員会支援/手島浩之)

人の在り方・心の在り方

■女川の場合は復興提言書を民間から上げて復興が進んでいる形です。それはどういうことかというと、震災後に商工会長が全産業界のキーマンを集めて復興連絡協議会を作りました。その協議会に当時県議会議員だった現町長が顧問で入り、全産業界の長や若手も入って協議会を作りました。その協議会の中で町がはっきり言ったことの一つが、よくメディアで出る「還暦以上は口出すな、還暦以上は全員顧問で若手に任せろ」ということです。要は復興にこれから10年で町ができて、本当にその町が良かったのかということを問われるのが20年かかると考えた時に、還暦以上の人間は、80歳を過ぎているか死んでいるので、若い人に任せて還暦以上は口を出さずにサポートするということを明言しました。(MV2016 アスヘノキボウ/小松洋介)

■一人ひとりの被災者の自尊感情(アイデンティティ)は不可欠な要素。被災地が,自らの地域に対する自尊感情を持つことも重要。この自尊感情の回復のプロセスが復興の本質。(弁護士/津久井進)

■生きることへの覚悟食事を食べる。家族と過ごす。排泄する。笑いあう。当たり前である日常が、実は当たり前ではない現実から目を背けず、毎日毎日を自分事として生きていく「生きている感覚」が、日本社会では薄れていってきていると感じている。(キャンナス東北/野津裕二郎)

土着性への敬意。

■漁村の住民のみなさんの持っていらっしゃる生活力、スキルは都会人のそれと比較になりません。自然と向きあうことの重要さを感じます。(筑波大学/貝島桃代)

■土着性、原体験がもたらす引力が大切。人口減少には鮭的人材育成を。土地に根差した椿のような生き方で災害に強い根っこ作りを構築したい。(一般社団法人復興みなさん会/工藤真弓)

地域の中での人の在り方

■一人一人がバラバラになる事が目標ではなく、個々に能力を高めて共存出来ることを目標に暮らして往きたい、独りで何でもできて一人前では無く相手の役に立って一人前なのでは (仙台朝市商店街振興組合/庄子泰浩)

■地元住民、そして外から来てたくさんのきっかけをつくったくださるかたがた、住民などが活かし、活かされながら仕事や対話をすればもっと素晴らしくなる。

■南三陸にいた時は分からなかったのですが、南三陸から出て被災市町村全部を回るようになった時に感じたことがあります。「地域住民が資源だという考え方を持てるかどうか」と、「被災者支援は専門家だけがするものだと思っているところには、人材がいない」ということです。そして、「被災者支援は専門家だけがするものだと思っているところ」が飛びついたのが、支援に来たNPOや、ボランティアさんです。そういう人たちを一時的に雇用して、一時的にそこに充てたんです。ですから、その人たちはずーっとそこに住むわけではないので、地元の社会資源になりえなかった。結果として地元に定着する人材をこの5年間で育てられなかったのです。その辺の差は、持続可能性を担保するという意味では大きな課題だと思います。(MV2016 宮城県社会福祉協議会/本間照雄)

事態を好転させるための幾つかの提案

■地方におけるICTの可能性。情報通信技術が「集積」ではなく「分散」状態の可能性を強める。情報の獲得・情報の発信が、「東京」を経由することなく可能となる。(福島大学/阿部高樹)

■小規模分散型居住の可能性。縮退化することにつれて、様々な集約化が行われていくと思われるが、他方ある程度の小規模分散型居住が成立する公共施設サービスの仕組みづくりも必要かと思われる。(仙台高等専門学校/坂口大洋)

■公共施設の持続性とその仕組みづくり。人口減少、少子高齢化に加えて1980〜1990年代後半に大量に建設された公共施設が今後20年以内に、大規模改修、建て替え時期を迎える。その際には縮退化に加え自治体の財政状況の悪化も想定される。指定管理者の制度運用を含めた実効性の高い長期計画の必要性。(仙台高等専門学校/坂口大洋)

■ヘリテージマネジメントの必要性（文化論　技術継承発展　地域資源　生産　居住論…）（東北工業大学／大沼正寛）

公共空間の多様な使い方

■公共空間で多様な使い方っていうのは、現実の、平時のまちづくりでは道路の占用の緩和ですとか、公園の占用の緩和ですとか、河川空間の占用の緩和ですとか、そういった「公共空間をもっと多様に使えるようにしましょう」っていう動きは全国で出てきていますし、この復興の中でも石巻がそれを目指しています。街中に堤防を造りますので、「堤防上を民間利用できるようにしたい」という話で動いています。だからそういう空間の多様性をどう担保していくのかというのは、僕が知る限り石巻くらいだと思います。（MV2015 東北大学／平野勝也）

1.16 復興とは何か？復興の在り方について

■外国の震災復興なんかと比べて見てみると、日本はすごく行政の力がしっかりしていて、いろんな制度もいろいろあって、やり過ぎじゃないかなと思うこともしばしばです。金も沢山使っているんですよね。２５兆円もお金使っているって、だいたい目が飛び出るほどびっくりしますよね、他所の国の人たちは。それで苦しんでいる人たちがいる、一体どういうことなのって素朴な疑問ですよね。（MV2015 立命館大学／塩崎賢明）

復興とは何か？

■大災害っていうのはある種の浄化作用のチャンスだと思っていて…、是非ですね、本当に大変だったけど、10 年後、20 年後、みんなで頑張って良かったねというような地域再生なり街づくりにつなげていければなと思います。（MV2013 元長岡市復興管理監／渡辺斉）

■復興には、問い直しと立て直しと世直しという、三つの直しが必要です。良いところも悪いところも含めて問い直して、次の方向を再構築しないといけない。立て直しは、復興とは、復興の主人公、自治体だとか地域社会が自らの力で復興を進めてく力を取り戻さないといけない。三番目が世直しで、これが私は一番重要なことだと思うんですが、これからの復興とは、新しい 21 世紀の社会を作るということに他ならないので、これからどういう社会をつくるべきかという課題です。（MV2016 関西学院大学／室崎益輝）

■復興事業を考える時に２つの視点が僕は大事だと思っています。一つは、復興そのもの。「復興ならではの案件」です。そしてもう一つの側面は、そもそも今回の津波被災地は、高齢社会を迎え、人口減少を迎え、日本の一地方都市としての大きな課題を持っている地域でもありました。それが復興事業の中で問題点として如実に現れてきました。（MV2016 東北大学／平野勝也）

■被災者が再び活動できる場の再生。被災者は被災前には社会の一員として活動してきたのであり、復興後の新しい社会の枠組みの構成員として活動できることが重要。（元復興庁／石塚昌志）

■知恵や文化の継承。真の復興は、過去の記憶や歴史を振り返ることからのみ始まる。急ぐあまり、見たことのないような未来を描くことに翻弄されず、自分の生きている土地の歴史を紐解くことが先だと学んだ。自然災害からの復興は、自然の営みと同じ速度で解決する覚悟をもちたい。次の災害に役立つ真の復興を成し遂げたい。（一般社団法人復興みなさん会／工藤真弓）

■いのちの循環。震災前は意識していなかった、いのちの循環は、多くのいのちを失った私たちには、忘れてはならないテーマ。人はもとより、復興のために山を削り川を埋め立て、多くのいのちを奪っている。その意識を高く持ち、全ての命を次につなげる努力を。失った命を次の命の始まりに結び付けてゆく（一般社団法人復興みなさん会／工藤真弓）

■これまでの価値観とは違う概念の創造。高度成長でもない安定成長でもない新たな時代の価値観等についての議論が必要。（宮城県庁／三浦俊徳）

「復興とは総合行政である」

■（再掲）復興は総合行政なので、各省庁が個別にやっても効果がなかなか上がりません。それをどう繋いで、どうコントロールしていくかという意味で復興庁が出来たという経緯ではあります。（MV2016 国土交通省／楢橋康英）

■復興はまちづくり。復興には目的・目標とそれを実現する戦略が必要。地域経営というまちづくりそのもの。「岐路」の中、「まちづくり」不在で多くの復興が進んでいる。普段のまちづくりが大切だが、今なら「復興」と「まちづくり」が一緒にできる（JIA 東北支部／渡辺宏）

■「ハードによる対処とソフトによる対応」津波対策にしろ施設整備にしろ、現時点までは主としてハードによる対応。ソフト的な対応を重視してハードは抑えめにするという形もありうる。ハードとソフトのバランスをどうとるかが課題。（国立研究開発法人建築研究所／米野史健）

復興の目的・目標の明確化

■復興の目的・目標の明確化、復興に取り組んでいる地域の目指すべき地域像の確立、社会として復興に取り組む意義、の再確認が必要。（名取市副市長／石塚昌志）

■「復興」の定義が重要。こぞって「一日も早い復興」が言われる時期があったが、「復興」の定義が明確でないため、「復興」しているかどうかを検証することができない。（国土交通省／脇坂隆一）

■災害の被災者は、被災前は、社会の弱者でも生活困窮者でもなく、その地域を支える一員として自立していた存在であった。復興に当たっては多くの被災者が、被災のインパクトからできるだけ早く立ち直り、一日も早く自立すること、重要である。被災者が少しでも早く被災者でなくなることが、復興の目標と考える。（名取市副市長／石塚昌志）

■こういう地域でこんな災害が起こったら、５年間で何を達成し、何を回復しなくちゃいけないのかを、それぞれの専門分野だけでなく、総合的に見て、それに必要な手段や、体制、事業制度を作り直したり、組み替える必要があると思うんです。（MV2016 立命館大学／塩崎賢明）

多様な復興の在り方

■地域性を考慮した復興の在り方。震災からの復興に向けた様々な取り組み、とりわけ政策対応が結果としてあまりこの点を取り込むことなく、その修正にコストがかかるか、あるいは地域の側

が無理に政策の枠組みにあわせるプロセスが各地でみられたのではないか。（東北大学／関根良平）

■「身の丈に合った復興」の在り方。災害後に被災した場所で自分で商売をはじめる、4メートル程度の道幅でまちをつくる、高台に車が通れる道をつくる、制度に縛られるのではなく実質的なまちづくりが将来の管理を考えても良い。（京都大学／牧紀男）

■「人口減少時代の復興の在り方」については、十分な検討がなされなかったのでは？まだ、誰も答えを見いだせていない。

■時間をかけたゆるやかな復興のあり方。「とにかく早く」が求められて急いで対応したために問題も発生している。一方で仮設に居続ける被災者も。速度が絶対的に必要か？。時間をかけ徐々に復興していくような計画論はあるか？（国立研究開発法人建築研究所／米野史健）

　　大都市における復興の在り方。

■大都市と小地域の復興のスタイルの違い。震災復興の進め方は、各地域の特徴を踏まえる必要があるが、従前の地縁が強い地域では住民主体で復興まちづくりを進めることが有効であった。一方、都市部においては、行政が主導的に復興の道筋をつけることが必要である。（国土交通省／楢橋康英）

■「多重防災2.0」首藤伸夫の「多重防災論」が暗黙のうちに，防災施設管理者，基礎自治体防災部局，地域組織の「予定調和型」になっていたのに対し，想定超過論を中心に徹底的な「理解と連携」を基軸とした多重防災論2.0が津波防災の基本となるべき（首都大学東京／市古太郎）

■被災地にいて思うことは、首都圏で大規模な災害があったとすれば、経済的には発展していますが、「地域コミュニティというものが消滅してしまっている」という意味で地域が疲弊していますので、復興の非常に難しい要因になるのではないかと感じています。（MV2016 弁護士／野村裕）

…

■北上町大指集落のように、行政の施策・支援を待つ気もなく、勝手にどんどん復興してゆく姿に、本来の復興のあるべき姿を感じる。

復興における重層的役割分担

■建築の計画で出来たことと、それをベースに今後どう対処するかは、「仕組みで救済すること」と、「仕組みから取りこぼされた人を個別に救済する」ことのように相互補完的と言いますか、そのような関係です。「仕組みを計画することと、何がそこから零れ落ちどう対処するか」は、一緒に考える必要があると思います。（MV2016 東北大学／増田聡）

■復興では、一人でも取りこぼされた方々がいるのであれば、ひとつひとつ解決してゆくということは大事なことで、それが大きな課題の解決にもつながるんじゃないかと思います。（MV2016 弁護士／津久井進）

　　また、被災地があれば、被災地の外がある。被災地の外を問う。

■東京側から総括すると、自粛問題とは何だったのか？検証する必要がある（首都大学東京／市古太郎）

1.17 震災伝承・メディア

風化の現状

■東日本大震災では、この石巻が被害規模最大の被災地でございます。そういった関係で、ガイドさんや語り部さんたちが一番多いのも石巻ということになります。一方で、（略）年々利用者が減少してしまっているということがわかりました。下に写真が二枚ありますが、これは阪神淡路大震災と、中越地震の被災地ですが、数字は出していないのですが、利用者は横ばいだったり、むしろやや上昇しているんですね。これはちょっとおかしいなと、何でここ（石巻）だけ減少するのかなということに疑問をもちまして…、（MV2016 東北大学／佐藤翔輔）

■私も復興支援員をやっていて、そろそろ小学生も震災の記憶がほとんどない子たちが入ってきてるというのを、ああ、もうそういう風になっちゃったんだというのをリアルに感じたので、これから取組んでいかなくちゃならないなと感じていました。（MV2016 WeAreOne 北上／佐藤尚美）

■次は首都圏直下型地震だとか、南海トラフだとか、いろいろ危機感は言われながら、、残念ながら、政府は震災と原発事故の体験、教訓、学びを活かそうというところがほとんど感じられない。東京なんかに行くと、風化というものを肌で感じます。真空みたいな感じですかね。（MV2016 河北新報／寺島英弥）

■山梨に避難して、そこで米作りを再び始めた南相馬の農家さんの所に時々行くんですが、全く情報が無いそうです。メディアからも入ってこないし、周りの人たちも忘れている。辛かったことを思い出さなくても良いという点では良いのだけれども、あまりのことに、自分がどこにいるのか、何をしているのかがわからなくなると言っていました…（MV2016 河北新報／寺島英弥）

■被災地の方にも同じような事を聞くわけです。川島さんの地元の気仙沼の町という商店街に復興市場があるんですが、取材に行っていると、今年の秋には閉鎖するとのことです。震災当初、その市場が出来たころと比べて、観光バスはもう来なくなり、関西などから来ていた視察の団体もほとんど来なくなったそうです。つまり外から人に来てもらえなければ、語り部さんも語ることが出来ない訳ですよね。例えば、復興ツアー等で一時期人を呼ぼうということで、南三陸町だとかいろんなところで行っていましたが、風化というものは外の人も関心が無くなるということで、結局この先、どこに行っても見えるのは巨大な防潮堤の工事現場になる。この先5年経ち、さらに時がたつと、どこに行っても巨大な万里の長城の様な防潮堤と、土色のまち、どこへ行ってもそういう風なことになる。（MV2016 河北新報／寺島英弥）

■私は、一貫して研究する、科学するという立場から、震災伝承に携わらせて頂いています。（略）我が国の、震災のミュージアムですとか、アーカイブの場所をプロットした地図になります。東日本大震災の被災地をご覧になって頂きたいのですけれども、緑一色です。他の被災地にない一番の特徴は、語り部さんやガイドさんが、異常に多いというのが、この東日本大震災の特徴です。（略）碑文とか、口頭の伝承とか、震災遺構とか、あと歌とか、朗読とか、このあと川島先生が紹介するお祭りとか、いろいろな伝えるもの、私は「津波伝承地メディア」と呼ばせて頂いていますが、これらについては、どれだけ減災に寄与しているか、人的被害をなくし

ているか、数字的な根拠というものは無かったんですね。こういったことを数値的に評価できるように、調査研究を進めております。先日、津波碑と、津波に由来する地名については一定の効果があったんではないかと言う見解をお示しして世に出してございます。(MV2016 東北大学 / 佐藤翔輔)

後世に継承することの重要性

■今後想定される他地域の「津波被害に対し」、我々の経験談を基にした、「復興状況や時系列に沿った検討項目」について、行政目線と住民目線に分けて後世の参考になる復興例マニュアルを伝える役目がある。(名取市閖上地区まちづくり協議会 / 針生勉)

■得られた教訓をシッカリと後世へ伝承する。過去の津波被害の教訓が活かされた地域とそうでない地域で明暗が分かれたことを教訓に、後世にシッカリと繋いでいくための取組が必要。(国土交通省 / 楢橋康英)

■「世代間交流」の重要性。知恵の伝承が災害時の人々を助けた。子供たちに必要な知恵を伝承する場面作りが必要。学校教育はゆとり教育からの脱却と学力向上を目指しているが、同じ高い意識を持って、地域の人々の知恵や技術に触れる機会が必要。地域の「生きた学び」を活かした学校教育が必要。(一般社団法人復興みなさん会 / 工藤真弓)

震災伝承の様々な試み

■つながりの種というものはそこに住んでいる人しか持っていなくて、例えばさっきご紹介した大室南部神楽でも年々お祭りの時には来る人が増えているんですね。東京からバイクで来たという人もいたし、一度来た人はまた来年来ますと言って行く。そこでの人のつながりが、結局また次の年に人を呼んで、「去年と変わってないね」とか、「ああここは変わったね」と、来る毎に変化を感じて、復興が遅いことなどの理由も、人との語り合いから分かっていく。そういう人がどんどん増えていく事がとても大事だと感じています。(MV2014 河北新報 / 寺島英弥)

■だけども、原発からの汚染水から風評被害が広まって、未だに販路を回復出来ないことが問題となっていますが、販路が見つからなくて、漁業者が手探りで販路を開拓しなければならない。(略)彼らは蒸し海鞘をつくって、長期保存が出来る状態にしていろんなところに売ろうとしている。結局その買い手、広め手になってくれているのが、震災後ずっと通ってきてくれている、首都圏からのボランティアなんです。彼らがここに来て海鞘の味を覚えて、応援をしてくれている。結局人のつながりなんですよね。そういうふうなことで、一人一人のつながりを地道に広げていくしかないんじゃないかなと思っています。(MV2016 河北新報 / 寺島英弥)
…

■「3月11日はじまりのごはん」という取組なんですけれども、これは、いわゆる震災後の、大手のメディアの皆さんが撮られた、被災地の生々しい写真だったり映像だったりではなくて、一般市民の方々の日々の生活、震災後の生活、つまりいかに震災というものを自分事にするのか、ということの一つのテーマとしています。なかなか自分のこと、生活のことを語る機会が少なくなっている中、震災後、初めて食べたのは何だったのか、ということを、写真を元にして語ってもらおうという試みです。「食べたのはいつなのか」「何を食べたのか」というように、食について語ってもらうことで、震災直後の生活が明らかになってくることが分かりました。例えば、こういった写真を元に、3月12日に七輪と鍋で炊いたご飯、茶碗洗いをしなくても済むように、ラップを敷いて、ご飯を炊いている様子、これを撮った時のいきさつなどを聴きながら、その生活ぶりを洗い出してみる、ということと同時に、話する機会をつくることを目指しました。(MV2016 NPO法人20世紀アーカイブ仙台 / 佐藤正実)

■震災前のまちなかの様子というものをもとに、現在の様子の写真を撮ってみるのですが、これは撮影することを目的とするのではなくて、その写真を元に地元の方々に震災前の様子を語って頂くことを目的にしています。(略) 震災前の、また元々のまちの生業をご紹介してもらうことで、県外から来る方々、思い出ツアーに参加してもらう方々に、このまちがどんな生活をしていたのか、このまちの特徴は何なのかということを知って頂いて帰ってもらおうという取り組みもあります。そういったことを、20世紀アーカイブが主体と言うよりは、地元の荒浜再生を願う会さんだったり、それから海辺の図書館さんであったり、そういった皆さんと一緒にツアーをつくっていくということをやっております。(MV2016 NPO法人20世紀アーカイブ仙台 / 佐藤正実)

■元々はボランティアで外から来た人たちが、2日か3日の滞在で、地元の人とほとんどお話をしないで帰る現状があったのを、当初私たちの団体は地元スタッフが多かったので、地元のスタッフが、「自分たちがどう被災したのか」「どのように感謝をしているのか」を伝えるために、ボランティア活動が終わった後の夕方に、こういうように車座になって話を聞くというところから始まったので、私たちの震災語り部活動は部屋の中でゆっくりお話を聞くというスタイルから始まりました。その後、ボランティア活動は出来ないけれど、お土産などをたくさん買って経済的な支援をしたいという人たちも受け入れてほしいという旅行会社からのご相談があって、受け入れることになりました。彼らは外を見ていないので、外を案内してほしいという話になって、車中案内と言うプログラムがスタートしました。その流れの中で、次にプログラムとして出来たのが、防災まちあるきと言います。石巻津波伝承ARアプリと言うんですが、このアプリを無料公開して、震災前や震災直後ですとか、工事現場であれば未来の絵などを、いろんなところから頂きながらアプリに入れています。(略) 小学校の先生からの強い希望で、大きな部屋で150人とかの生徒に一人の語り部さんが話してもなかなか子どもたちに伝わりにくいので、どうにか小さなグループに出来ないかと言う相談を頂きまして、それで語り部さんが被災した場所の周辺を一緒に歩いたりするプログラムを開発しました。これは小中高校生のみを対象としているプログラムで、去年くらいから修学旅行などで利用して下さる方が増えています。(MV2016 みらいサポート石巻 / 藤間千尋)

■仙台のメモリアル交流館の話で言いますと、私もあの場をつくる時に「地元の人にわかりやすく伝えてほしい」と言われて協力した経緯があります。地元の人が愛して関わってくれる場にしていくことが、一番大切なんじゃないかなと思っています。いくら立派なハコをつくってもそこで語りかけてくれる地元の方が居なければ、とても無機質で、そこで何が伝わるんだろうかと…。(略) メモリアル交流館の関係者には、地元の人が語り部として最初に居なくてもいいじゃないか、と伝えています。周辺は農業が盛んな地域ですが、そこでお茶出して、自分で作った漬物を出して、自分でつくった野菜を売る、野菜の直売所で良いじゃないかと。

まずは、地元の人に居てもらえるような施設でいいじゃないかと。そこから、会話が生まれて、一つずつ語り出せる様になれば良いじゃないかと、そんな風に思っています。（MV2016 みやぎ連携復興センター / 佐藤研）

■震災復興の支援をいくつかやっているところですが、福島の一番顕著な例で、風評被害を払拭するために何をやっているかをご紹介します。まず、九州の学生さんを裏磐梯にお連れしまして、そこで福島のいわきの学生さんがマルシェをホテルの中でやっております。いわきの伝統芸能を披露して、マルシェとして地元の食材を使った豚丼みたいなものをご提供して、その中で高校生が自分の言葉で九州の学生さんに対して、現在こうなっていますよと被害について語ります。それを持ち帰って頂いて、ご両親ですとか、学校の校長先生はじめ、高校生から皆さんに情報を発信して頂くことをやっております。かなり盛況でして、裏磐梯ロイヤルホテルでやったばかりですけれども、ＮＨＫや福島の放送局にも来て頂きまして、成功裏に終わったのが一つの例としてあります。（MV2016 経済産業省 / 小林学）

■今の風評被害を含めて、日本で絆だとかなんだかんだ言っても、痛みというのは伝わらないわけです。この震災を経て本当の意味で痛みになるものを、例えば学校で、突然今日の給食をなしにして、パニックになった時にどうなるのかということを体感させることが大事だと思います。風評被害の実態は何なのか、それの対処をどうするのかということについては、もう少し考えて欲しいなと思います。（MV2016 石巻魚市場 / 須能邦雄）

■西洋の場合は死んだ人というのは天国にいってしまうけれども、日本の場合は魂としてその場所に残るんですよね。だから交通事故があった場合で供養したりする場面を見かける訳ですけれども、やはりその場に残るんですよね。なぜ三陸の人々が、津波常習地と言われている所に戻ってくるのか。いろいろ経済的な問題とかありますけれども、海を離れられない何かがあるんですよね、やっぱり。それは供養していることも大きいですし…、（MV2016 河北新報 / 寺島英弥）

伝え方・マスメディア

マスメディアの課題

■中央の新聞とかに目が行くんですけども、3.11の報道を見ているときに、何も変わってないとか、なにも起きてないっていうのは全く勉強不足で、しっかり動いてるし、わからないところでも決まっていることもあるし…。ただ、遅れてる遅れてるって言っているだけです。ちゃんとメディアは伝えなければならない。（MV2013 弘前大学 / 北原啓司）

■災害時におけるマスメディアの在り方。かき消される少数意見を取材の中で取り上げる意義は素晴らしい。その発信方法や受け手側によっては、その事象が"大半"であると誤認し、判断を誤る可能性がある。どのように"現状"を伝えていくのか？（パシフィックコンサルタント / 安本賢司）

報道格差

■報道の格差が支援の格差になるっていうことを、前市長がよく言っていました。どうしても被災程度の大きいところにだけですね、いろんな義援金とか物資がいくという。（MV2015 岩沼市役所 / 菅井秀一）

■特に問題ある自治体は非常に偽装がうまいので、すごいメディアに取り上げられてて、素晴らしいって言われてるんだけど、内情を見ると本当に大変だったりします。やはりメディアで語られてることと現実に起こってることのギャップが凄まじいので、メディアの在り方についてももう少し何とかならないかと思っています。（MV2016 東北大学 / 小野田泰明）

■二元論に堕するな、という話がありましたが、マスメディアの人間として、まさにその通りだと思っています。「いち早い復興を！」という言葉があるが、僕自身は懐疑的です。国や政治家が「いち早い復興」を掲げ、マスメディアはそれを絶賛してきたが、いち早い復興が必要なことと、じっくり腰を据えて考えて行くべきことを分けて考えるべきだったと思います。同じように、姥浦先生の仰るところのナイーブな部分の議論ですが、被災者は支援するべきだが、言いにくいことをどう言いながらどう共有してゆくのか、ということを私自身マスメディアの人間としてはっきりと自覚してゆきたいと思っています。現在の「限られた条件、状況を認識して遣り繰りして行くしかない」ということを含めて共有するべきだと思う。（MV2013 日本放送協会 / 大野太輔）

震災伝承についての行政の課題

■震災伝承が仕事だと言える公務員がいないということが、難しいところなのではないか、という気がしております。「震災伝承もちょっと担当しています」という公務員はたぶんたくさんいらっしゃると思うんですが、それがメインの業務ではないという状況があります。（MV2016 国土交通省 / 脇坂隆一）

■こういう議論は災害の度になされて、また使い捨てのように忘れ去られていくというサイクルをずっと繰り返しています。知のストック、経験のストックをする仕組みや機関がないだけです。スポーツ庁を作るくらいであれば防災復興省という常設の機関を作るべきです。塩崎先生のアイデアに同感です。（MV2016 弁護士 / 津久井進）

■3つのことが必要で、ひとつは専門家を養成するということです。ふたつ目は、その専門家が被災者の代わりに動くのではなく、いろんな提案や、情報の提供、経験の伝達などに専念するということです。三つ目は、災害救助法はそろそろ変えましょうということです。（MV2016 弁護士 / 津久井進）

■ローカルメディア（SNS・ラジオ・伝聞・貼り紙）・人的ネットワークの再評価。（東北工業大学 / 福屋粧子）

震災遺構

■一番典型的なのが、私は震災遺構だと思うんですね。他の人に見せるという意味においてですね。気仙沼の共徳丸の場合は、ほったらかして置いているうちに、人々が集まりました。いつの間にか駐車場が出来て、自販機が立って、最後はコンビニまで出来ました。構わないでおいても、これは震災遺構になってしまったものなんです。外から来る人はやはり、ああいったショッキングなものを求めているんだと思うんですね。伝えるという意味では大事なんだけれども、先ほども言ったように、集落の一つ一つで、小さなものでも残しておくことが、結局は次の災害を防ぐ。そのためのものを残しておく必要はあると思っています。（MV2016 東北大学 / 川島秀一）

■まちづくりの計画自体は、市町村が国や県の支援を受けながら

つくるのですけれども、どうしても実際被害があった低平地で産業として利用できるところは良いのですが、そうでないところは公園にするという計画が結構ありまして、その公園にするにあたって、亡くなった方の追悼、また教訓の伝承を一緒に出来ないかという話がございました。政府が出した復興構想七原則の第一番の中で、「失われたおびただしい生命への追悼と鎮魂こそ、生き残った者にとっての復興の起点である」、ということが言われておりますし、またこの観点から鎮魂の森やモニュメントを含め、大震災の記録を永遠に残し、広く学術関係者によって科学的に分析し、その教訓を次世代に伝承し、国内外に発信するということが言われております。と言いながら、そういった組織があまり無いというところが問題でありまして、二年前の10月に、東日本大震災からの復興の象徴となる、国営の追悼記念施設をつくり、追悼と鎮魂、また記憶と教訓の伝承、また国内外に向けた復興に対する発信のために、陸前高田市、石巻市に国営追悼記念施設をつくることが正式に決まって、私の今の部署が出来たわけです。(MV2016 国土交通省 / 脇坂隆一)

復興シンポジウム

■このみやぎボイスでも公営住宅を中心にすでにこのような議論がなされており、集中復興期間が終わろうとしている中で、中間段階での復興の有り様が議論できる有意義な場であったのではないかと思う。(MV2015 国土交通省 / 脇坂隆一)

■復興の現場では、高台移転後の新宅地や災害公営住宅が次々と完成を迎える中で、そこでの暮らし方やその将来展望を話し合える（恒常的な）場へと、「みやぎボイス」それ自身を発展させていく必要があるのではないだろうか。地域保健・介護・医療・福祉、子育て・保育・教育、生活支援・見守り・住民サービス、地域交通（移動・アクセス権）等の様々な課題が未解決で残されていると共に、今後更に深刻化する恐れが強い。今回、これだけ広域で多様な被災地で試みられた復興への努力と知恵が、地域内外の「支え手・担い手・住い手」を巻き込んだ新しい活動の基礎となっていくことに期待する。(MV2015 東北大学 / 増田聡)

■東日本大震災は、千年に一度とも言われ、我が国をおそった大災害の一つである。我が国の社会や文化は、この災害により絶大な影響を被り、我が国の価値観が大きく変わるきっかけになったのではないかと思う。後世の人々は、東日本大震災が社会に与えた歴史的な意味をかならず検証するものと思われるが、大震災を直接経験した我々としても、後世に対し明確なメッセージを残す義務がある。そのためにも、みやぎボイスの役割は非常に大きいと考える。(名取市副市長 / 石塚昌志)

遠い過去からの声…

■主に三陸沿岸を中心に、全国の漁師さん達に会って、30年くらい、彼らから海の生活文化を学んできたものです。そのために漁師さんの自然観ですとか、生死観、あるいは災害をどう捉えてきたかということから、災害文化を考えようとしているもので、行政主導の、上から目線の防災に対しては、少し疑念を持っている者です。(略) 実は私も5年前に気仙沼にいて、実家が流されて、身内の者を一人亡くしました。そういった手痛い目にあった人、あるいは災いをもたらしたはずの海で現在も生活をしなければならない人にとっては、風化という言葉は無縁です。むしろ震災を外側から見てきた人、あるいは自然と関わらない生活をしている都市生活者から、風化と言う言葉が出てきている様な気がしてなりません。(MV2016 東北大学 / 川島秀一)

■記念碑は昭和8年の津波の時に、初めてだと思うのですが、未来に対してのメッセージを与える記念碑が出てきたわけです。これは直進的な時間を想定しておりまして、未来に向けてのメッセージなわけです。それに対して供養碑は、明治の津波の時には記念碑より数は多かったのですが、円環的な時間を想定しておりまして、津波で亡くなった過去の人たちにメッセージを送っている。(MV2016 東北大学 / 川島秀一)

■大きな目で見ると、津波のような自然災害の記念碑は三陸沿岸にはずいぶん多いのですが、「何年かに一度は巡りくるもの」という発想をしております。そういった碑の中には、天運循環という言葉が刻まれています。これは60年に1度、同じような災害がやってくるという考え方です。この時間の中で一番大切なのが、供養という行為です。供養がある限り、災害は伝わるだろうと。決して、追悼とか鎮魂とか、大それた言葉ではなくても、個人の苦悩によって、伝承は続けられているだろうということです。(MV2016 東北大学 / 川島秀一)

■(「長崎の念仏講まんじゅう」の話をして) この地域は、山津波、鉄砲水で40名くらい亡くなった地域なんですね。その地域は災害のひと月後から、毎月まんじゅうを配っているというか、本当は供養をしていたんですね。供養の内容と言うのが、(略) …まんじゅうというのは供物なんですね。供物を一軒ごとに、配って歩いていました。それがどんどん形骸化されて、まんじゅうを配る事だけになっているんです。それでも毎月やっているということは、素晴らしいことなんですが、ただそれを防災のためにやっているという再文脈化によって、今注目されているんですが、実は当人たちは逆にびっくりしています。当人としては供養のために毎月やっている事であって、昔の災害を伝えるという意識は特にない。(略) 日常の生活の中に、災害伝承を組み入れることが、一番自然で、実感を伴って伝えられるということです。(MV2016 東北大学 / 川島秀一)

■川島先生が、ひとつ仰っていないことがあるので言います。むちゃくちゃ大事なことなんで。長崎の念仏講まんじゅうの例で大事なのは、実は二回災害が来たということなんです。念仏講まんじゅうが始まったのは、1860年の土砂災害なんですけれども、この後1982年にもう一回土砂災害が起きるんですね。その時に、けが人が無かったということが、大事な話なんです。隣の町では、犠牲者も出てしまったと。このことがこの事例の一番大事な話ですが、先生にお話を聞くと、念仏講まんじゅうをやっている人は災害のことを知らないということなので、不思議だなあと、今そのメカニズムが知りたいなあと思っております。(MV2016 東北大学 / 佐藤翔輔)

…

■1995年に、まだこんなに災害伝承で大騒ぎしない時代ですが、その時代に唐桑で、たまたまなんですが、おばあちゃんに昭和8年の津波の話をしてもらったんですね。その時帰り際に、「生まれて初めてこのことを語った」と言っていたんです。計算してみたら62年ぶりに、自分の子どもの時の体験を語っていたんです。「何か胸のつかえが下りた」と言われたんですね。そういう伝承の力みたいなものも、考えていきたいと思っております。(MV2016 東北大学 / 川島秀一)

＜掲載に当たっての注記＞
匿名を希望する方の発言には、名前の記載していません。
肩書は当時のもの、あるいは一部発言の主旨の分かるものとしています。
発言については、趣旨が把握しやすいように一部修正や加筆を加えています。
全ての「事前アンケート」は公益社団法人日本建築家協会東北支部のHPに掲載しています。
MV20XXと記載のあるものはみやぎボイス20XXでの発言内容を示します。記載のないものは2016年1月に実施した「事前アンケート」への回答です。

（文責：手島浩之）

みやぎボイス 2016
これまでの復興とこれからの社会

2

2016年2月28日［日］
せんだいメディアテーク1F
オープンスクエア

2.1 開会の挨拶

安達揚一
みやぎボイス連絡協議会
JIA宮城地域会　地域会長
SPAZIO建築設計事務所

みなさまこんにちは。
日本建築協会東北支部宮城地域会　地域会長の安達揚一です。

来月には東日本大震災から５年を経過しようとしています。
各方面でさまざまな震災に関するイベントが予定されていますが、このような大変お忙しい時期に、「みやぎボイス２０１６」へご参加いただき誠にありがとうございます。

昨日、一昨日と、連動企画の「復興建築ツアー in みやぎ」を、全国から７０名程の参加者で開催しました。北上・女川・石巻・七ヶ浜・閖上・岩沼・亘理と、それぞれの地区の沿岸被災地を中心にバスで巡り、"建築とまちづくりの復興現状の姿"と、その地域的・社会的な条件の差異によって多様な復興状況にあることを、みなさまに感じ取って頂きました。

県発表の住宅供給事業としては、昨年の１２月現在、防災集団移転地区は７２％、災害公営住宅は５０％完成し、それぞれ建築と入居が可能な状態まで復興しています。また、土地区画整理地区も８８％工事着手しています。
昨年３月には、常磐自動車道とＪＲ石巻線が全線開通・再開し、女川商業地区・石巻市新市街地５区・岩沼玉浦西地区・美田園北地区がそれぞれまちびらきとなり、さらに、仙台市では１２月に地下鉄東西線も開通しました。

さて、「みやぎボイス」は、２０１２年３月、日本建築家協会東北支部が「震災復興シンポジウム」を開催したことを出発点とし、現在は、市民・行政・専門家・各団体が集い、地域共通のテーマと課題を共有し、協働・共創するプラットホームとして設立されたシンポジウムです。
主催する「みやぎボイス連絡協議会」は、日本建築家協会東北支部宮城地域会、みやぎ連携復興センター、東北圏地域づくりコンソーシアム、宮城県震災復興支援士業連絡会の４団体共働により構成されています。

東日本大震災はこれまでの想定をはるかに超える震災でしたので、この"シンポジウムの継続性を痛感"し、その翌年の２０１３年４月、多方面からの協働・協力・後援をいただきながら「地域とずっといっしょに考える復興まちづくり」と題し、「みやぎボイス２０１３」を開催しました。
２０１４年５月の「みやぎボイス２０１４」では、「復興住宅のこえ」と題して、住宅再建の課題・問題を共有し、改善・解決をめざした復興住宅の姿の共創を目指しました。
昨年２０１５年４月の「みやぎボイス２０１５」は、「復興で橋渡しするもの」と題し、復興計画・整備の"ハードからソフトへ"復興ステージが移行する中で橋渡しする、"これからの暮らしと地域のあり方"をみんなで考え明らかにしてきました。

現在、インフラ整備や産業の復興事業の進捗率は高いものの、いまだ暮らしに密着した「住宅再建や生業再建」に多くの時間を要し、仮設暮らしの間に、生活や暮らしの拠点を域外に移した人は若い世代を中心に少なくない現状で、今後の人口減少・人口流出でまちや集落の空洞化も危惧されています。
また、水産業、農業、林業、そして第６次産業という将来の地域産業構造をどのようにつくるかも問われ、さらに、これからの復興加速化の取組みとして「見守り、心のケア、コミュニティー形成への支援」も重要視されていると考えます。

「みやぎボイス２０１６」は、「これまでの復興と、これからの私たちの社会」と題し、震災５年の節目を総括するシンポジウムとして開催したく考えています。
午前は、みなさま方のこの復興に対する考え・関わり・取組んできたことを振り返り、復興事業に対し「地域・現場からの視点」を総括していただきます。そして、午後は、その取組んできた活動を教訓として「分野ごとの視点に立ちこれから取組むこと、次につなげること」について討議し、豊かな地域社会の未来を切り開いて行くための共創のあり方を明らかにしたく考えています。

本日は、地域の環境、生活、福祉、経済、観光、水産業、農林業、教育、防災など多岐にわたる課題解決に対し、多方面からの力強く忌憚のないご意見を期待されていますので、多少お耳の痛いこともあるかと存じますが、関係するみなさまにはあらかじめご容赦いただきたくご理解お願い致します。

最後に、開催にあたり多大なご支援とご協力、準備にご尽力いただきました、各団体・行政・関係者と、みやぎボイス連絡協議会のみなさまに心よりお礼申し上げます。

それでは、これから夕方までの一日、みなさまによろしくお願い申し上げまして、開会の挨拶とさせていただきます。

2.2 ラウンドテーブル Ⅰ

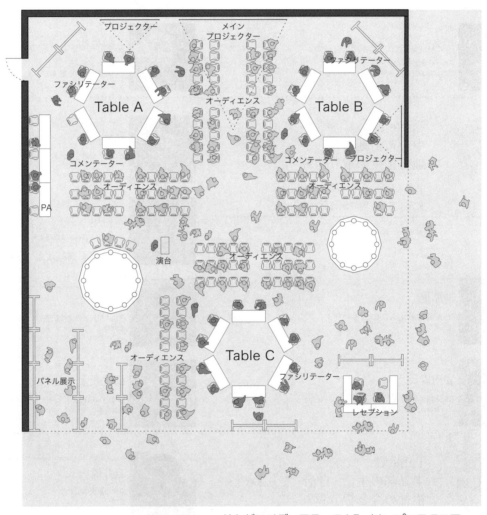

せんだいメディアテーク1F／オープンスクエア

Table A

2.2.1 復興事業全般の課題の振り返り

企画：JIA　宮城地域会　手島浩之
文責：JIA　宮城地域会　手島浩之

ファシリテータ
平野勝也
東北大学災害科学国際研究所
准教授

企画・コーディネータ
手島浩之
JIA　宮城地域会
都市建築設計集団/UAPP

熊谷良哉
岩沼市副市長
元宮城県庁

石塚昌志
名取市副市長
元復興庁

楢橋康英
内閣官房
元国土交通省東北地方整備局住宅調整官

三浦俊徳
宮城県土木部次長
元宮城県復興住宅整備室

Table B

2.2.2 中心市街地再生 地方創生の取り組み

企画：JIA　宮城地域会　安田直民
文責：JIA　宮城地域会　安田直民

ファシリテータ
榊原進
特定非営利活動法人都市デザインワークス
代表理事

企画・コーディネータ
安田直民
JIA 宮城地域会
SOYsource 建築設計事務所

後藤宗徳
石巻商工会議所副会頭
石巻観光協会会長
石巻グランドホテル　代表取締役社長

岩田司
東北大学災害科学国際研究所
教授
元独立行政法人建築研究所　上席研究員

姥浦道生
東北大学災害科学国際研究所
准教授

松村豪太
ISHINOMAKI 2.0
代表理事

Table C

2.2.3 半島部の生活・自治・なりわい・福祉の今と振り返り

企画：北上地域まちづくり委員会支援活動
文責：北上支援チーム　齋藤彰

ファシリテータ
米野史健
国土交通省国土技術政策総合研究所

企画・コーディネータ
齊藤彰
JIA 宮城　石巻市「北上まちづくり委員会」支援活動スタッフ
工作室　齊藤彰一級建築士事務所

石井敏
東北工業大学工学部
教授

阿部高樹
福島大学経済経営学類経済分析専攻
教授

三浦裕
石巻市雄勝総合支所長

武山勝幸
北上総合支所

Table A 復興事業全般の課題の振り返り

野村裕
石巻市総務部法制企画官
弁護士

今野照夫
石巻市役所
元石巻市北上総合支所復興推進監

小野田泰明
東北大学大学院工学研究科都市・建築学専攻
教授

牧紀男
京都大学防災研究所巨大災害研究センター
教授

新井信幸
東北工業大学工学部
准教授

安本賢司
パシフィックコンサルタンツ

サポート
齋藤拓也
関・空間設計

Table B 中心市街地再生、地方創生の取り組み

中村恒雄
石巻市復興政策部復興政策課長補佐

今川悟
気仙沼市議会議員
元三陸新報社

丹澤千草
鹿折まちづくり協議会
宮城復興局気仙沼支所

山崎泰央
石巻専修大学経営学部
教授

曽根史江
山下地区協働のまちづくり協議会
副会長

兼子佳恵
非営利活動法人法人石巻復興支援ネットワーク
代表理事
（やっぺす石巻）

紅邑晶子
一般社団法人みやぎ連携復興センター
代表

サポート
中沢峻
一般社団法人みやぎ連携復興センター

Table C 半島部の生活・自治・なりわい・福祉の今と振り返り

鈴木昭子
石巻市北上地域まちづくり委員会
委員
にっこり北住民有志の会

野津裕二郎
一般社団法人キャンナス東北

中尾公一
宮城県復興支援専門員

渡辺斉
元長岡市復興監
新潟県建築士会

石森政彦
寄らいん牡鹿　代表

杉浦達也
一般社団法人
サードステージ
代表理事

犬塚恵介
一般社団法人
おしかリンク
代表理事

サポート
江田紳輔
JIA　宮城地域会
関・空間設計

サポート
佐伯裕武
JIA　宮城地域会
東畑建築設計事務所

Table A
復興事業全般の課題の振り返り

（平野勝也）マイク入っている？はい。毎年マイクの音声が他のテーブルと混線してよく分からなくなるんですけど（笑）。皆さん頑張って集中して聞いて頂ければと思います。ご紹介頂きました通り、ファシリテーターを務めさせていただきます、東北大学の平野でございます。よろしくお願いします。私自身は土木分野の人間なのですが、2011年の6月から石巻に入って復興のお手伝いをずっと続けております。加えて2012年の終わりくらいから女川のお手伝いも始めて、いろんなところに首を突っ込ませていただいております。ということで、ここのテーブルに与えられた課題はですね、復興事業全般の課題の振り返りということで、要は大反省会をしろ、ということです。反省や愚痴を言い始めるとキリがないんですけども、反省会だけではなくて、次にどう繋げるかという話ももちろんございますので、後半戦には、次にどう繋げようかという話に展開していければと思っております。まず最初に、皆さん一人一人自己紹介をして頂きたいと思います。復興に関する関わり方を中心に、いきなり課題と反省の話をして頂いても構いませんが、まずは、自己紹介をよろしくお願いします。では楢橋さんから。

（楢橋康英）楢橋と申します。僭越ながらトップバッターを務めさせていただきますが、今は内閣官房、内閣府というところにいます。東京に戻りまして半年ぐらいたちますけども、復興への関わりとしては、応急仮設住宅の支援ということで、震災の3日後から宮城県庁に入りました。これは国土交通省住宅局の立場で入りました。それから3週間くらいおりまして、東京に戻って5月から都市局の直轄調査に地区担当として関わりました。これは賛否両論ございますけれども、地区としては名取市と岩沼市を担当させていただきました。その中で、都市局で復興整備計画とか、そういうことにも関与いたしました。それから平成24年7月から、東北地方整備局の住宅調整官としてこちらに赴任をいたしまして、災害公営住宅を中心とした復興住宅、住まいの復興の在り方について、関与をさせて頂きました。去年の7月から東京に帰りましたけども、東京では本当に復興の話が聞こえてこないのもあって、私の感覚がちょっと鈍っているかもしれません。たぶん私がここ

Table B
中心市街地再生、地方創生の取り組み

（榊原）皆さんおはようございます。今日一日よろしくお願いいたします。テーブルBは既存市街地、特に石巻と気仙沼の方々が来ていただいております。既存市街地の復興について前半は地域現場からの視点総括ということになっておりますので、その視点で議論をしたいなあと思います。始めるにあたって、ここの企画を担当されている安田さんから、ここのテーブルBで皆さんとお話をする企画の意図を説明いただきます。皆さんに配布している「みやぎボイス中心市街地の石巻の論点の推移」というものがあります。これ実はみやぎボイス2013から今回で4回目、それぞれ、こんなに分厚い報告書があります。今日の発言もこういうふうに報告書にまとまるんですが、それを紐解いて、中心市街地と石巻についての発言があったことを、全ては書ききれないんですが、安田さんと私の方で各回でどういうことを話し合われてきたかということを論点整理したものです。企画の意図と論点の推移について、内容を安田さんの方からお話頂ければなと思います。

（安田）皆さんおはようございます。日本建築家協会の安田と申します。よろしくお願いいたします。このテーブルの企画は大きくは地方創生ということを現場でどう考えるのかということだと思っております。今回の震災で市街地が被災したという意味では大きくは石巻と気仙沼というのが宮城県では代表的な場所かなということで、その2地域で活動されている代表的な方々をお呼びしたという形です。今回お呼びするにあたって、我々が日本建築家協会だということもあって、建築や都市計画といったハード系に偏りがちだった内容をですね、できるだけソフトの方に寄せられないかというのが私の気持ちです。いままでのみやぎボイス、過去3回やっていますけれども、石巻の中心市街地について常にとり上げておりました。気仙沼は今回初めてです。いままでみやぎボイスの討議についての論点整理はこういった表になっているんですけれども、ちょっと字が小さいので簡単にまとめました。いまからご紹介します。座ってお話致します。

この写真が、3年前、2013年ですね。榊原さんがまだ少し若い。毎年、石巻の「街づくりまんぼう」というTMOの苅谷さんに現

Table C
半島部の生活・自治・なりわい・福祉の今と振り返り

（米野）それではテーブルCを始めたいと思います。まずはこのテーブルでどのようなことをやるのかを確認いただくために、簡単に全体の流れをご説明したいと思います。こちらのテーブルのテーマは「半島部の生活・自治・なりわい・福祉の今と振返り」となっております。みやぎボイスは今年が四年目になるのですが、四年前から石巻市北上町の取り組みをずっと取り上げてきましたので、まずは第一部として北上町のこれまでの取り組みとか現状についてご説明いただきたいと思います。北上町にこれまで関わってこられているJIAから、齊藤さんに北上のこれまでの経緯をご紹介いただきます。そして、北上まちづくり委員会の鈴木さんから、それに対するコメント・ご意見をいただければと思います。北上総合支所の武山さんからも、活動についてのコメントをいただきたいと思います。続いて第二部では、これまでは北上をずっと取り上げてきましたけれども、北上以外の地域ではどうなのだろうということで、牡鹿の取り組みについて、キャンナス東北の野津さん、寄らいん牡鹿の石森さん、おしかリンクの犬塚さん、サードステージの杉浦さんから、それぞれどういう活動をされていて、

どういう状況なのかということをご説明いただきたいと思います。また、宮城県の中尾さんからは、半島部全体の様々な動きについて、全体的な状況をご発表いただこうと思っています。それらを踏まえまして、雄勝総合支所の三浦さんからは雄勝の状況についてご紹介いただくという形で、北上以外の半島部の状況についてのご発表をいただくのが第二部としています。そして第三部では、以上を踏まえまして全体的な議論を進めていきますけれども、まずは議論のきっかけとしまして、東北工業大学の石井先生、福島大学の阿部先生、元長岡市復興監の渡辺先生の三人の先生方からコメントをいただきまして、これらを受けて全体で議論をしていきたいと思います。議論は基本的にはファシリテーターが話を振るようにはしますけれども、何かご意見などありましたら手を挙げていただければ適宜お話をいただけるようにします。また、後ろの聴衆の方々でも、ぜひ言いたいことがあるという方は手を挙げていただければ適宜振りたいと思いますので、どうぞよろしくお願いいたします。それでは第一部ということで、北上の状況について、齊藤さんからご紹介いただきたいと思います。

に呼ばれた理由は、国に対する批判とかをいろいろ受け止めなければいけないのかなと思っておりますし、今回導入された復興庁という仕組みの在り方についてもしっかりと検証して、今後に繋げていく必要があると考えておりますので、議論の方よろしくお願いします。

(今野照夫)石巻市の復興政策部ICT復興推進室の今野と申します。ICTの人間がなぜに「みやぎボイス2016」のこの席にいるのかということになっちゃうのですが、私自身、震災当時に北上総合支所にいて被災しまして、そこから災害対応に従事いたしました。生存者の救出、行方不明者の捜索、さらには避難所運営、応急仮設住宅、最後は復興事業をやりましたが、震災後の3/5の期間を北上で過ごしてきました。所謂現場での位置づけです。その後やはり役所なので異動しまして、現場から離れ2年間を過ごしました。その2/5の期間は現場から離れ、あまり復興には関わっていないのですが、復興を外から見る位置といいますか、ちょっと現場と離れたところにいます。その2つの物差しがあるということで、

そういう立場でこの席に座っているのかなと思っています。今日は皆さんよろしくお願いいたします。

(牧紀男)京都大学防災研究所の牧と申します。この災害との関わりということで言うと、災害直後はずっと岩手県庁の災害対策本部で、災害情報をどう取りまとめるのかというようなお手伝いをしておりました。そんなところにいるうちに復興にはうまく関わることが出来ずに、失敗したなあと思うのですが、その後は専門家として被災しているところに出来るだけご迷惑をおかけしないように、日々ウロウロと飲み回っています（笑）。最後のテーマになると思いますが、やはりこの大変な教訓を、南海トラフの地震の復興にどう活かしていくのかというのが私の非常に重要な役割だと思っております。現在、和歌山で本当にここの復興まちづくりでやっているような試みをやっているんですけども、そういったところで議論に参加させていただければと思います。よろしくお願いします。

Table A　復興事業全般の課題の振り返り

状をご説明いただいていたんです。今日は、苅谷さんの会社の方のイベントと重なってしまって、出席していただけなかったんですけれども、今までの苅谷さんのコメントを石巻のまとめとしてちょっと発表します。まずこれ1年目の事例報告で、苅谷さんがおっしゃっていることです。「安心、安全を確保し、石巻らしい持続可能なコンパクトなまち」、この時点ですでにコンパクトという言葉がでています。最初のころは石巻の復興計画で非常にハードが注目されたので、もう少しソフトな面を具体的に実行に移していく必要があるというのが苅谷さんの感想に近い感覚でした。「中活基本計画（中心市街地活性化基本計画）を見直す必要があるだろう」、これが、その当時の状況です。どうやって事業を進めていくか、中心市街地全体、石巻地域全体を魅力ある町にしてくれるマネジメントが必要だと、まさにこれを苅谷さんが担っているんだろうと私は信じております。

この写真が2014年です。この頃の内容はかなりハードに偏っております。テーマもですね、復興まちづくりではなくて、復興

住宅とは？といったことでしたので、ちょっとそういう方向から話が展開しました。このころになると苅谷さんはもう少し街についての骨格を説明してくれたんですね。二核一軸が骨格であるとか、再開発事業がこの頃からようやく出てきました。この時は再開発3街区と優建（注：優良建築物等整備事業とは市街地の環境改善、良好な市街地住宅の供給等の促進を図るもので、国の制度要綱に基づく法定手続きに依らない事業。一定割合以上の空地確保や、土地の利用の共同化、高度化等に寄与する優れた建築物等の整備に対して、共同通行部分や空地等の整備補助を行う。）1街区となっていますけれども、途中で戻ってしまったものも含めて最大で再開発が7つぐらい、優建2つぐらいでそのくらいどんどんいろいろな計画が立ち上がっていきました。今は再開発が優建に変わったりして、ちょっと複雑な状況になっています。それから、やはりソフト事業ということを、苅谷さんは常におっしゃっていました。アートであるとか、食、それから石巻らしさ的なことをお話いただきました。震災後3年が経過して、生活再建の道筋は概ねついたと、計画もいろいろなところに出てきた、でも街なか

Table B　中心市街地再生、地方創生の取り組み

Table C　半島部の生活・自治・なりわい・福祉の今と振り返り

Table A
復興事業全般の課題の振り返り

（三浦俊徳）おはようございます。宮城県土木部の三浦でございます。私は震災以降ずっと、県の立場で住宅の再建を担当してまいりました。立場はいろいろと変わりましたが、住宅を含めた全体を担当しております。災害公営住宅では、最初は計画作りから始め、それから次は災害公営住宅の市町村への支援ということで、県が市町をお手伝いしながら災害公営住宅を作っていくということに関わりました。それから住宅行政全般、今は防災集団移転なども含めて全体的な建築行政を担当しております。そういう意味でこのみやぎボイスについてもずっと参加させていただいておりますし、行政という立場ではあるのですが、自らいろいろ反省すべきこともいっぱいあったと思います。是非、こういう場で皆さんと意見交換出来たらなと思います。どうぞよろしくお願いいたします。

（野村裕）石巻市役所の総務課におります弁護士の野村裕と申します。元々東京の弁護士ですが、震災後丸2年くらいの時から復興支援ということで石巻に来ました。ちょうど3年間を終えて、間もなく東京に帰る予定になっております。市役所では総務部総務課におりますけれども、業務内容は市役所内の各部署からの法律相談をお受けするということです。ですので、何か特定の事業を私が担当しているということではなくて、実際にさまざまな復興事業が進む中で、個別の問題として出てきたものを見てきました。そういう中では色々な悩みもありましたが、今日は実際に過ごした3年の中で、具体的にどういったことが法律問題になるのかを踏まえながら、情報提供できたらなと思います。よろしくお願いいたします。

（熊谷良哉）今は岩沼市役所副市長という肩書きですが、熊谷と申します。2年前までは宮城県庁の職員でございまして、地域復興支援課という部署で沿岸15市町の復興の、主にソフト事業の支援を担当しておりました。岩沼は復興のトップランナーと言われており、どんどん進んでいます。赴任した2年前は「何故自分がそんなところに行くのかな」と少し思ったのですが、これはこれで色々と課題があることが分かりました。それは、復興の終わらせ方とい

Table B
中心市街地再生、地方創生の取り組み

の雰囲気は何も変わっていないというのが苅谷さんの当時の印象でした。

これが去年の写真です。副題は「復興で橋渡しをするもの」というものでした。これぐらいからソフトの話というのを我々の方もできるだけ頭を絞ったんですけれども今日も来ていらっしゃる松村さん、商工会議所の後藤副会頭をはじめ、すこし街で事業をやられている方をお呼びして、ソフトと言っていいかわからないけれども、いわゆる箱物でない、あるいは箱物を利用したと言っていいかもしれませんが、そういう方々をお呼びしていました。2015年の苅谷さんの報告では<u>「仮設型起業支援施設」というものがあります。再開発というのはどうしても時間がかかってしまうので、その間で空き地を積極的に利用しようということと、実際に起業したいという人たちとのマッチングを図るような事業です。</u>これは街づくりまんぼうだけがやっているわけではなくて、今日来ていただいている松村さんをはじめ、ISHINOMAKI2.0の方々と共同でやられていたと思います。それが橋通りcommnです。それから再開発についてはこの頃から漸く着工したというような話がポツポツありました。川沿いでは巨大な一種再開発があるんだというような話があって、「リスク満載」というような話もありました。目に見えて町が変化してきたんだという時期でそういった紹介がありました。

続いて、振り返って計画のあり方という視点でいままでどういった話があったかということをお話します。これが2013年の論点ですね。人口減少が顕著、もともと石巻市の中心市街地というのは人口減少が大きな問題になっていたんですが、これに当然拍車がかかってしまったと、それからあと一世代まわると人が住まない場所が急増する。団塊の世代が引退するような歳になると街なかが空洞化するんだというような話がこの当時ありました。復興の事業というのは今まで住んでいた方たちが被災してその人達の生活再建には使える、ところがですね、新たに入ってくる人についてはほとんどケアできないんだというのがこの当時の認識でした。ま、この後ですね、復興の交付金についても少し内容が変

Table C
半島部の生活・自治・なりわい・福祉の今と振り返り

（齊藤）JIA宮城北上支援チームの齊藤と申します。石巻市北上町でのこれまでの取り組みと地域の現状ということでお話をさせていただきます。建築家協会の取り組みということで、少し建築寄りの話が多くなるかもしれませんが、ご了承いただければと思います。まず北上町の概要です。北上町は平成の大合併で牡鹿、雄勝などとともに石巻市の一部となった地域です。北上川から太平洋に沿って広がる東西に細長い地域で、大きく、農業の方やお勤めに出られている方が比較的多い橋浦地区と、漁業者の多い十三浜地区の2つの地区に分かれています。有名なのが北上川に自生する葦を使った茅葺屋根の工事の産業や、わかめに代表される養殖漁業が盛んで、特に十三浜わかめというブランドで全国的にも有名です。しかし、東日本大震災では大きな被害を受けてしまい、総合支所が機能喪失してしまったほか、地域の集会所なども多く失われてしまいました。現在では震災前に比べて1,100人以上の人口減少がみられています。国道398号の複数の橋が落橋するなど、道路にも大きな被害を受けてアクセスの確保が困難になり、主要産業の1つでもある養殖漁業についても、施設数にして2,723施設が流失してしまうというかなり大きな被害がありました。北上町での防災集団移転事業の現状ですが、計画されている12地区のうち6地区ですでに住民への引き渡しが完了しています。

引き続きまして、私共のこれまでの取り組みについてご紹介させていただきます。取り組みの第1歩としては、高台移転に向けた取り組みから始まりました。2011年6月、半島部の中から大室・小泊集落と相川・小指集落をモデルケースとして復興計画案を作ることになり、4回の住民ワークショップを経て、8月に高台移転の試案をまとめるという活動がありました。そこから、10月には全被災住民を対象とした集落ごとの集団高台移転移についての説明会、12月から2月にかけては住民意向の把握を目的として行われた全戸への個別聞き取り調査に協力させていただきました。北上町では住民と総合支所の職員の方々が非常に近い立場にいることもあって、制度を誤解して不利な判断をしている方に対してはどんどん職員の方が踏み込んだアドバイスをしたり、住宅再建のための制度勉強会なども行うことで徐々に制度への理解を得てい

Table A — 復興事業全般の課題の振り返り

いますか、例えば直近の課題で言えば「仮設住宅をどう終焉させていくのか」というような、トップを走っているが故に様々な細かい問題がいろいろ出ています。その中には初めてぶつかるような問題もあり、その辺のお話も出来ればと思っています。他には県にいたときは、ソフト支援ということで、被災地に若い人たちがいなくなってしまった中で、そこにどうもう一度活力を生み出すかという対策として、復興応援隊、復興支援員という制度を立ち上げました。意欲も能力もある方々が被災地に入り、復興の一つの核になったのではないかと思っています。平時であれば「地域おこし協力隊」というような制度です。ただ、未来永劫続けられる制度ではないので、これも「どう終わらせるか」と言うとちょっと変ですけど、「どう次に繋げていくか」というところで、現場の皆さんも色々悩まれているのではないかと思っています。本日はそういうようなお話ができればと思っております。以上です。

(小野田泰明)東北大学の小野田です。平野先生と同じ災害研です。本籍は工学部なのですが、復興に関係したりしています。なんかいっぱいやっているんで、何をやっているのか訳が分からなくなってしまっています…（笑）。発災後、大学も被災してしまい、結構大変なことになってしまいました。それをどう立ち上げ直すかというような計画を3月中から4月の頭までやってたので、復興において、計画を作り、それを実行するまでには計画側に相当負荷がかかるって言うことを身をもって知ったので、そういう立場で自治体側に立ちながら、その統合の問題や、民意をどのように形成していくかというあたりを中心にお手伝いをさせていただいています。岩手県から福島県までいろんなところでやらせていただいていますが、自治体によって全然違うということを感じます。もちろん人も違うし、被害も違うのですが、同じような市町でも、仕事のやり方、組織の作り方が相当バラバラで、それによって良いこと悪いことが相当出てきているなということを感じます。そのあたりも含めて、今後どういう仕組みを作れば一番いいのかということを皆さんと一緒に考えていければと思っています。よろしくお願いします。

Table B — 中心市街地再生、地方創生の取り組み

わってきますので、この限りではないんですけれども、この時はそういう問題認識がありました。それから復興交付金の使途がまだかなり曖昧でこんなことに使えそうだということをみんな噂レベルで話していた、そんなような状況でした。もう一つは<u>石巻の街なかを復興させるのに一番目標にしなければならないのは何か</u>というので、「愛着」とか「誇り」というようなお話がありました。<u>どうしても行政は定量的な指標を目標にしてしまうんですけれどもそこでは現れない例えば「愛着」「誇り」といったようなことをきちんと作っていかなきゃいけないんだ</u>という話です。さらにはマネジメントの話、これは苅谷さんのところでもありましたけれども、「街を育てる」ということが必要なんだけれども、ところがこれは具体的にどういうことかというのは、この当時、実際に取り組んでいる方々とそうでない方とでは意識に若干の差がありました。それから、これは二年前2014年ですけれども<u>「川とともにある」というのが石巻の中心市街地のもっとも根本のところだろう</u>うというのが、これは街づくりまんぼうの尾形さんからあった話だったと記憶しています。漫画館単独では無力だけど、川や海にまつわる「食」がテーマだろうということがありました。それから、この頃から商店街に無気力、無関心な人がいるという話が結構出てきました。これはですね、無関心だけならいいんですけれども、事業もやらない、事業に協力もしてくれないというような方が少なからずいたという話です。2015年には松村さんに来ていただいたので、中心市街地のリアルな実態ということで、<u>スナック文化</u>であるという話をして頂きました。この時はその時ファシリテータをやっていただいた姥浦先生からできるだけ石巻のいいところをあげようということを言っていただいて、石巻の本質的ないいところとして<u>「外の人を非常に受け入れる土壌があるんだ」</u>というような話であるとか、東北大学の小野田先生からは<u>「淫靡な雰囲気の路地がいっぱいある」といったイメージがいいところして挙げられました。ただ、意外と石巻中心部、あるいは石巻全域は取っ掛かりが多いんだけどそれが街なかからは見えないんだ</u>という話もありました。

「街なか暮らし」、定住人口を増やそうという、被災直後の復興計

Table C — 半島部の生活・自治・なりわい・福祉の今と振り返り

くというようなプロセスを経ていました。2012年3月からは集落ごとに高台移転の合意形成に向けたワークショップが行われました。いち早く住民合意が成立した小室集落では4月末には住民合意に基づいた案がまとまり、宮城県内でも最も早く住民合意にこぎつけた事例の1つとして扱われました。他の集落でも同様に検討が進められ、2013年3月には北上町の中では小室と小指と釜谷崎という3つの地区が着工しました。

当初の活動はこのように、住民のみなさんの合意形成をいかにしていくかということに集中的に取り組んでいたのですが、そういった中で北上地区にも全体の計画が必要ではないかという指摘を受けることがあり、2012年2月頃から、住民の方が自ら自分たちの未来を考え実現するための仕組みづくりに取り組んでいくことになりました。それが北上地域まちづくり委員会です。まちづくり委員会の仕組みを採用したきっかけというのは北上総合支所の職員の方々のアイデアだったのですが、この仕組みは石巻市の広域合併時に制定された「地域まちづくり委員会設置条例」を活用しています。2012年6月にこの委員会が立ち上げられてからは年間4、5回のペースで開催されてきたのですが、条例に基づいている市長の付属機関であり、最終的には市長へ答申を行うことができる権限がある一方で、なかなか住民には開かれた場にはなりにくいということで、ここ数年間ずっと試行錯誤しながら運営をしています。より住民に開かれた会にするために、2014年くらいから、自主的に立ち上がった地域ごとの活動を地区別分科会と位置づけるとともに、個別に取り組むべき課題が明らかになるごとに分野別分科会を立ち上げるようになりました。まちづくり委員会とこれらの分科会の間を円滑につなげるために、まちづくり委員に各分科会のリーダーを務めてもらい、また、まちづくり委員会で話し合う内容自体もできるだけ住民の方が主体で考えていけるようなかたちを目指して、まちづくり委員会の中に運営委員会というものを設置するようになりました。

続きまして、今までのまちづくり委員会と分科会の中で練られていった、にっこり団地の計画についてです。にっこり団地は、北

Table A ｜ 復興事業全般の課題の振り返り

（石塚昌志）名取市の副市長の石塚です。私は出身が宮城県の多賀城市でして、小学校3年まで仙台の原町、宮城野原に住んでいて、その後多賀城に移りました。25歳まで多賀城にいて、その後に建設省に入り国の仕事をしてきました。震災当時は、横浜にあるUR本社にいました。その時にはいろいろな映像やニュースを見ながら、大変なことが起こったと思っていましたが、URでは震災担当ではなかったので震災後の1年間は悶々としていました。その間、実家があるので多賀城にも帰りましたし、大学の先生たちの研究会にも参加させていただきながら、震災との関わりを持とうとしていました。そういった中で復興庁が発足した時に、復興庁に配属され、現地の担当者になりました。石巻に在勤で気仙沼から東松島まで5つの市町を担当するという形でした。復興庁の職員でありながら、それぞれの市町からも辞令を頂きそれぞれの市町の職員でもありました。ですから、5つの市町にそれぞれ机があり、石巻支局にも机があり、宮城復興局に属しましたので仙台にも机があって、形式的には本庁にも机があって、8つの机の、どこにいたらいいか分からない状況で仕事をしていたという感じです（笑）。

その後、2年程前に名取市に縁があり、こちらに来させていただくことになりました。と言いますのも、名取は非常に復興が遅れていると言われているところで、岩沼市さんがほぼ復興が終わり、亘理町さんのようにほぼ100%住宅供給が終わったところもあるのですが、名取はまだ13%くらいしか進んでおらず、宮城県の中で一番復興が遅れているというレッテルが貼られているところです。そういった状況で復興の仕事を的確に進めて言うことが今与えられた課題です。復興庁時代は現役だったのですが、現在は現場をやめて名取市に来たので、言いたいことも言えるかなと（笑）。今日は非常に楽しみにしてきました。

私はこの「みやぎボイス」という場がすごく重要じゃないかという感じがします。今被災3県として岩手、宮城、福島がありますが、岩手はこれまで津波との縁が非常に強い場所だったと思います。それに対して宮城県は県全体としては今回初めてといいますか、あまり震災の記憶のない中で津波を受けたという側面があると思います。それも平野部もあり、リアス式海岸の部分もあり、街や農地もあり、いろんな切り口があるという感じです。それか

Table B ｜ 中心市街地再生、地方創生の取り組み

画の大きな方針でしたので、じゃあどうしたらいいのかというのが2013年からすでに言われていました。広がりすぎた市街地をどう集約していくか、石巻ご存知の方はわかると思いますが、歯抜けになっていて本当に今ある商店街を並べたら実際には1.5km以上ある商店街が200mぐらいで終わっちゃうんじゃないのというような話がでていました。それからコミュニティ・ビジネスの話、あとで山崎先生が今日10時30分に来られるということで、この辺の話はその後どうなったのかということを今日は是非お聞きしたいと思っています。さらにこれは二年前ですけれども街なか暮らしについては徒歩圏という話が出て、500mが徒歩圏の限界だという話でしたが、人は車からおりて300m以上は歩かないということをおっしゃっている方もいました。

「石巻の街なかで住むというのは何がいいのか」ということでは、ライフスタイルを発信して、ここで住むということの価値を創ろうという話でした。さらには、市立病院ができるというのは街なか暮らしには大きいインパクトが有るんだという話も少しありま

した。再開発がどんどんできる、復興住宅もどんどんできる、街なかだけで1000人ぐらい一気に人口が増えるんだよという話があり、だけど住宅だけできてもしょうがないじゃんというのがこのころ顕在化してくる課題です。一方で住宅を作ることから始めるべきだという考えもあります。ここに住む意味、被災した人がここに新しい住宅を建てて戻ってくるというのが一つの流れですけれども、<u>せっかく若い人たちが今集まっているんだと、それこそＩＳＨＩＮＯＭＡＫＩ２．０をはじめとするいろんな団体が来ていろんな活動をしてそこに若い人たちが集まっている。ところが震災復興を手助けしている人はキャリアプランとかキャリアパスとしてはその復興の活動というのがなかなか使えない</u>、この後、彼らはどのように自分の人生や生活を作っていけるかということはなかなか見えないというのが問題認識として挙げられました。

それから、これは当初からよく言われていますが、<u>石巻にはなんとしても「多様性が必要だ」</u>と、誰かが絵を描いて街を作るようなものではないということです。まず、若者がちっともまちづく

Table C ｜ 半島部の生活・自治・なりわい・福祉の今と振り返り

上川沿いの河口近くにある高台で、震災前は野球場やテニスコート、総合グラウンドが集中している、石巻市でも大きなスポーツの拠点となっていました。北上町では多くの公共施設が被災してしまったということもあり、このまとまった高台であるにっこり団地に小学校、総合支所、公民館、消防署そして子ども園などの公共施設と自力再建住宅、復興公営住宅が計画されることになりました。先ほどお話した地区別分科会に取りあげることになった「にっこり北住民有志の会」というのが、この防集団地で自力再建を予定されている方々の集まりです。「にっこり北住民有志の会」は2013年3月から、造成の早期完成を目指して、自分たちで意見をまとめるために、今後のコミュニティ形成も含めて、住民の皆さんで自発的に話し合いを始めていました。ワークショップを積み重ねて、4月の段階では住民提案の造成案が一回まとまって、それをもとに6月には、模型を使って、住宅の建て方や空地の使い方などについて話し合いを始めていたのですが、ちょうどそのころに、地盤の関係などでにっこり団地全体の計画が変更されることになってしまいました。その計画変更については2013年8月か

らまちづくり委員会で検討されました。この時考えられたのは、にっこり北住宅団地の計画の考え方を生かして、北上川に向かう方向性を生かして、既存の野球場や小学校のグラウンド、総合支所の駐車場や広場、既存の中学校のグラウンドなどのオープンスペースを連続させて、相乗効果で広がりを持つような計画です。子どもたちの活気があふれるこのオープンスペースを囲んで、公共施設、各施設が配置されるようにし、この団地の中のどこにいても賑わいが感じられるようなまちを目指そうということになりました。この計画を具体的に進めるためには、復興公営住宅に必要な用地の面積を確定する必要があり、そのため、この次に取り組むことになったのが復興公営住宅の詳細な計画でした。石巻市半島部の復興公営住宅というのは、敷地が比較的広い戸建住宅を基本方針としていました。しかし、北上地区では復興公営住宅の制度説明や個別ヒアリングに徹底して取り組んでいたため、入居を希望される方は比較的高齢の方、単身の方が多く、車を持っていないという方もけっこういらっしゃって、広い敷地であるとか駐車場はいらないという声もありました。このため、北上総合支

ら福島では原発の影響も強いものですから、そういった面では東日本大震災が我々の社会に対してどんなインパクトを与えたのかとか、どういった意味を持っているんだろうかということを考えるには、宮城が一番分かりやすい場所じゃないかと思います。そのため、この東日本大震災が、我が国や我々の社会に対してどのような影響を与えたかを語ることは、宮城の使命じゃないかという感じがします。従って、是非、宮城から「大災害を経てこういう社会を目指すべきなんじゃないか」とか、「沿岸地域の防災性を高める上ではこういうことをするべきではないか」ということを強く発信していけたらいいなと思います。今日はどうぞよろしくお願いします。

(新井信幸) 東北工業大学の新井と申します。私は、「地域の視点」とか、「生活者の視点」から復興について考えているという立場です。具体的に取り組んでいるのは、あすと長町というところで、仮設住宅から災害公営住宅に向けて、コミュニティをつくり維持しながら、高齢者も単身者も安心して暮らしていける、復興プロセス、復興のコミュニティデザインに取り組んでいます。居住関係の復興プロセスを充実させることで、多少時間がかかったとしても良い復興に出来るんじゃないかと思っています。災害公営住宅の話では、空き家、空き室がこれから多くなる見通しがあり、なるべく量的には絞りたいという話もあるとは思うのですが、やはり、もう少し被災者の視点に立って、多少多目に整備していくことが必要じゃないかと思っています。これから人口は減っていくわけですし、どうせ今造ろうが造るまいが、空き家は出来ていきます。あるいは公共がつくろうが、民間が自力再建しようがどれも空き家になっていくわけです。あんまりそういうところをうるさく言わずに、やっぱり第一義的には被災者の生活サポートをどうするかという、そういった視点から復興を取組んでいくということが必要じゃないかと思っています。またみやぎボイスには1年目からずっと参加させていただいているんですけども、1年目からジェンダーバランスが悪すぎると言われているんですけども、今年も、テーブルAのみは前後半ともに男性のみの着席という状況になっちゃっているので（笑）。家では亭主関白なんで嫁さんに

Table A　復興事業全般の課題の振り返り

りの話し合いに参加できない、2013年ですが、商店街で活動している人たちはどうしても高齢、壮年なので、後10年、20年すると世代交代が来るんだけれども若い人たちがなかなかそこに関わっていけないという話がこの当時はありました。2014年はこんどはもう少し大がかりな再開発という言葉が出てきまして、「ご近所再開発」これは西郷さんの言葉ですけれども身の丈にあった再開発という言葉がありました。個々の小さな開発や計画の単位を出来るだけつなげていくことがまちづくりなんだと、それが多様性を確保しつつ街が作られていく。これは非常に理想的な話なんですけれども、じゃあそれがどこまでできるのかというのが一つの課題、このときに再開発が計画されるんですがなかなか立ち行かないというような話がありました。それからまちづくりには個々でやっていくこともいいんだけれども大きな目標は必要だよねということも言われていました。2014年に「まちを開く」ということもキーワードになっていました。街なかでなにかやりたい、こういう暮らしがしてみたいという人がごくわずかかもしれないんですが、次の主役、ユーザーになる、まちを開くことで実現するサポートというこうが言われています。2015年は再開発というのがかなり形が出来上がってきた、一方で、ISHINOMAKI2.0をはじめとする小さいリノベーションを中心としたプロジェクトもかなりいろんなところで起きてきました。これを姥浦先生が外科手術と鍼治療ということばで表現されて、これは同じ山頂を目指して違うアプローチをしているんだと言うような解説がありました。それから、「鍼治療」小さなリノベーションのプロジェクトというのは「時間」と「空間」と「人間」の3つの「間」を埋めるということです。再開発というのはできるまでに非常に時間が掛かる、その間計画地が空き地になっているのはまずいだろうと、さらにはその間、せっかく事業をやりたい人がいくらいてもなかなか活躍する場所がない、再開発のビルができるまで待っているのは危険だという認識です。もう一つは、神戸の塩崎先生からかなり何度も言われたんですが、再開発事業自体は建物を作ったら終わりだと、その後のまちのアクティビティに繋げなくちゃいけないということを非常に強い言葉とともに言われました。これはお金の話もそうですし、再開発がいかに難し

Table B　中心市街地再生、地方創生の取り組み

所では当初より戸建だけではなく長屋型の公営住宅も整備できないかという話があったのですが、最終的にはこの計画変更の際に長屋型の公営住宅も整備することになりました。2013年10月に全入居希望者を対象としてヒアリングを行ったところ、5割から6割くらいの方が長屋タイプへの入居を希望して、お互いで面倒をみるので一緒に暮らさせて欲しいというように、ご高齢の単身世帯の女性が6人集まって話をするなど、グループ入居への希望があるということが明らかになりました。

この、にっこり団地の計画変更により、にっこり北住宅団地にも復興公営住宅を一部入れないと敷地に収まらないということになってしまったため、「にっこり北住民有志の会」では、「地域として復興公営住宅を受け入れるので、復興公営住宅も含めて1つのまちとして自分たちで考えたい」ということで、「どういうかたちでこの団地の中で自力再建住宅と公営住宅が共存していくか」についても皆さんで取り組みました。ワークショップでは当初、自力再建住宅と公営住宅を明確に分けた方がいいのではないかという意見もあったのですが、最終的には全会一致で自然に混じり合った案にまとまりました。また、基本的には行政の方では「管理しきれないものは作れない」という考えがあるのですが、北上ではこれまでも道路愛護などで地域全体での共同作業を常にやってきていて苦にならないということで、地域住民皆で管理をすることを前提に、公営住宅の環境整備として植栽、緑地、歩行者専用の緑道などの整備を要望することになりました。

2014年に入ってからは、北上地区中心部の公共施設や北上小学校に関して基本計画の策定が進められることになりました。これらの公共施設の計画についてもまちづくり委員会で考えて、住民の声を計画に反映させていきたいということで、2014年9月からは分野別分科会として北上中心部分科会と子どもの分科会が立ち上げられました。これらの分科会をそれぞれ複数回行いまして、ここで検討した内容は2015年度最後のまちづくり委員会で正式に承認され、市長へ提案されました。このように住民主体の仕組みの中で、試行錯誤をしながらにっこり団地の計画は作られています。

Table C　半島部の生活・自治・なりわい・福祉の今と振り返り

Table A
復興事業全般の課題の振り返り

は怒られるかもしれませんが、なるべく女性の視点で発言出来ればなと思っています。今日はよろしくお願いします。

(安本賢司) おはようございます。土木系コンサルのパシフィックコンサルタンツの安本と申します。みやぎボイスには初年度から継続的に呼んでいただき（1年だけ抜けましたが）楽しく参加させていただいております。当初は、私のような土木系コンサルさんが結構いらっしゃっていたんですけども、徐々に徐々に建築系になり、福祉系になりという形で、気付いたら私一人ぽつんと、土木系コンサルというふうになっていますね…。やはり震災当時は、国交省や土木分野が主導的に引っ張ったというところもあります。そこでいろいろ反省すべき点やこれから改善していかなければいけない点がいろいろあるのかなと思っています。その上で今日のテーマを考えますと、やはり初動の部分でどういうことが問題になったのか、それを検証していく必要があると思っておりますので、そういうところでは自分の反省も含めて、本日はいろいろと発言できると思っています。行政の方々は立場上言えないこと

かあるかと思いますが、私はコンサルという立場なので、その辺についても発言出来ればと思っております。私自身、震災当初から名取市に入らせていただいておりまして、復興計画、復興に伴う事業の計画、設計とそれぞれの段階に入っております。そういうところを一体的に関わらせていただいています。元々は計画系の人間なのですが、しかしながら今では、「今何やってんの？」って言われると、非常に返事に困るんです。今は「実際何をやっているのかよくわからない」という事態になっています。名取市さんから何の仕事を頂いているのかも良く分からないって言うのが実態でございまして（笑）、困ったことがあったら「とりあえずやって」って言われるのが私の役割です。そういう面ではいろいろ地域で起こっている課題や、こういうことが課題になっているというところは分かっているつもりです。もう5年目になりますので、地域と話せるというところでは、その辺の自負もあります。地域の実情などは市役所よりも掴んでいると思っています。で本日はですね、いつもはCテーブルとか、比較的安全なテーブルにいたんですけども（笑）、Aテーブル大変だなと思っていたら、今回A

Table B
中心市街地再生、地方創生の取り組み

いかということを神戸の方々が身を持って知っていらっしゃるということだと思います。さらには多様性のある人を受け入れなくちゃいけないということもありました。なかなか地方都市では生活ができない、収入を得る口がないということが大きな問題なんですが、松村さんからあったのは30万円の月収を得る仕事はなかなかないかもしれないけれど、10万円くらいの仕事が3つあれば暮らせるんじゃないのという話がありました。石巻は実際に起業しやすいという話もあります。良かれ悪しかれ補助金がいっぱい入っていて、いろんなことを始めるチャンスなんだと、当時は事業用の床の賃料もかなり安かったということもあるんですが、この辺はまた、事情が若干変わってきているという話は少し伺っています。それからこれは最後に増田先生の話ですが、国が認定する中活計画などは具体的なKPI（注：重要業績評価指標（Key performance indicator）は組織や事業、業務の目標の達成度合いを計る定量的な指標のこと。 組織や個人が日々活動、業務を進めていくにあたり、「何を持って進捗とするのか」を定義するために用いられる尺度であり、現在の状況を表す様々な数値などの中か

ら、進捗を表現するのに最も適していると思われるものが選択される。）の設定が求められて質の部分は具体的な数字にあらわれないというジレンマがある、ということを言っていただいたという話なんですが、こういう数値目標では見えないところをちゃんとやろうということですね。

それから、土地の所有、利用権の分離という話です。代々持っている土地があるので、それを手放して他の人に事業をやらせるというのは抵抗がある、あるいは売ってしまうというのも非常に抵抗がある、だから、所有と利用を分けて考えようというのが、2014年に西郷さんからありました。これは西郷さんの持論ですので、石巻に限らず彼女は色んな所で展開していますけれどもこれが流動しない不動産という大きな課題に対する一つの答えだということでした。

様々な問題の根源がどこにあるかを出し合って、それからリセットして考えろという話題です。これは去年なんですけれども後藤

Table C
半島部の生活・自治・なりわい・福祉の今と振り返り

ここまでは昨年度のみやぎボイスでも報告があった内容だったのですが、ここからはその後取り組んだことと、課題として浮かび上がってきたことについてお話をさせていただきます。まず取り組んだのが「誰がどこに住むか」という問題でした。どこの移転地でも「誰がどこに住むか」ということを決めることが最大の関心事になっています。何回も話し合って「抽選でどこにあたっても文句は言わないよ」という約束をしていても、実際に抽選をした結果をみると「やっぱりこれは納得いかない」と言って、その防集団地から抜けてしまうという事例がそこここで起こっているというような話が伝え聞かれていました。ここではにっこり北住宅団地で取り組んだ事例についてお話させていただきます。ここでは、まず結果だけを言ってしまうと、場所決めの決め方を考えるためにアンケートを実施しました。ここだったら「大いに満足できそうだ」という区画と、ここだったら「ある程度満足できそうだ」という区画、ここは「絶対に嫌だから避けたい」という区画を、1個ではなく何個でもいいので書いてください、という

ようなアンケートです。なぜこのようなアンケートだったのかというと2点ポイントがあって、1つは、今までワークショップで取り組んできたことは、地域全体のことをどうしていきたいかという、「みんなの問題」だったのですが、「自分がどこに住むか」というのは「個人個人の問題」になってしまいます。できるだけその問題を個人の問題ではなくて、今までのワークショップと同じように地域全体の問題として、みんなで捉えるようにできないかということを考えました。もう1つは、「絶対ここじゃないとはずれくじを引いたんだ」という結果が出ないように、できるだけ満足というものに幅を持たせて、「なんかはずれくじ引いたな」ということにならないようにと試行錯誤して、まずはこういった聞き方で聞いてみようということで、アンケートを実施しました。にっこり北地区ではたまたま、アンケートを集計して調整をしてみると、みんなが「大いに満足」というところに、1個あげた人は1個、10個あげた人は10個のどれか、どこかには入れるという状況になっていました。これは世帯数に対して空き区画があったとか、いろいろな要因はあるのですが、たまたまそういうかたちになっ

テーブルになりましたので、お手柔らかにお願いいたします。よろしくお願いします。

(平野勝也)はいありがとうございます。主催者側の方もよろしくお願いします。

(手島浩之)日本建築家協会の手島と申します。このテーブルの企画をして、ぜひ、無謀な試みだとは思いますが、震災復興の中間総括という形にできればと思っています。よろしくお願いいたします。

(斎藤拓也)(書記)斎藤と申します。今日はよろしくお願いいたします。平野さん手島さんのサポートをしながら皆さんの意見をまとめていきたいと思います。書いている途中で、こういう視点が抜けているんじゃないかとか、いろいろご指摘いただければと思っております。どうぞ今日はよろしくお願いいたします。

(平野)復興の反省会というのは結構荷が重くて、何から始めればいいのか見当もつきませんね…。事前アンケートでも膨大にいろんなことが出ておりました。3時間もあるのですが、この巨大な復興の全貌について、一つ一つつぶしていくような時間はまずないと思います。どうしましょうかね。こんなことを議論したいって言うのを、まずは大元の楢橋さんに「これ大事なんちゃうか?」みたいな話をご提起頂ければ…。あ、ちょっと待ってください。思い出しました。復興事業を考える時に2つの視点が僕は大事だと思っています。一つは、復興そのもの。「復興ならではの案件」です。事前アンケートにもありますように、例えば復興庁はどうだったのかとか、基幹40事業がどうだったのかとか、そういう今回の復興事業制度そのものの話があります。そしてもう一つの側面は、皆さん現場におられる方々なので痛感しておられるかと思いますが、そもそも今回の津波被災地は、高齢社会を迎え、人口減少を迎え、日本の一地方都市としての大きな課題を持っている地域でもありました。そういう地域がどう復興し立ち上がるのかということは、実は、普通の地方都市が持っている課題と共通す

たので、本来はそれをもとに決め方をどうしましょうかという話合いをしようというところだったのですが、ワークショップでまずこの結果を1回場所決めのたたき台として受け入れて、それをもとに「やっぱり自分こっちがいいな」ということがあったら個別で相談することでどうだろうか、ということを全体で話し合いをして、地区の総意としてこれをスタートにするということを受け入れることになりました。北上でも全部の防集団地で、「どこに誰が住むか」が決まったのですが、こういったかたちでお手伝いをさせていただいたところがにっこり北とか、他には白浜・長塩谷というところでも同じようなアンケートをとって、ここまですんなりはいきませんでしたけれども、それをもとにみなさんで話し合いをすることで決めることができました。そのほか、北上ではどこの団地も、最初から抽選という選択はせず、話し合いでみんな、最終的には折り合いをつけて、納得しながら決めていったというように聞いています。にっこりのように戸数が多くないところですと、希望をとったところ重なってしまったのでくじ引きになったところもありますし、あとは話し合いで地権者優先や世帯分離優先などの条件を決めて順に区画を取っていくような決め方をしたところもありました。

続いて、にっこり団地復興公営住宅の計画の現状です。にっこり南と呼ばれている部分に整備される長屋型住宅は、大きく6〜7戸のまとまり、4つのクラスターごとに小さな広場を囲むようになっていて、これらの広場が歩行者専用の緑道で繋がっています。各住戸には長屋の単位ごとに各戸の庭のように使える共用のテラスが設けられていて、この広場や緑道、テラスが、日常のご近所付き合いができるような、見守りの場所になるように考えられています。長屋の単位ごとに玄関ポーチがあり、緑道側からテラスを通ってバリアフリーで玄関までアクセスできるような計画になっています。にっこり北の公営住宅は戸建ですが、バリアフリーアクセスや見守りについては長屋型とほぼ同じ考え方になっています。

この計画を進める上で問題となったのが、仮設住宅の移転集約の

Table A ―復興事業全般の課題の振り返り

る部分がいっぱいあります。それが復興事業の中で問題点として如実に表れてきました。そのふたつの側面があると思うんです。なので、復興事業ならではの課題と、復興事業から見えてきた全国共通の課題と、そこは分けて考えておいた方が、話が混線しないかなと思います。まずは復興事業そのものの話の中で、復興事業の元締めの国交省の立場から、ここはやっぱりポイントだよ、って言う議論を提起頂けると幸いです。こういう風に無茶振りしますんで（笑）皆さん、よろしくお願いします。

（樋橋）無茶ぶりはある程度覚悟しておりましたけど、元締めはどちらかというと復興庁の方が良いと思う気もしますけど…。国交省的に言うと、市町村の主体的な復興計画を直接支援していこうという姿勢でした。国から市町村への直接支援をするために、都市局の直轄調査というものを発災後2か月（2011年の5月）くらいにやりました。国にいて、ちょっともどかしい思いをしたのは、ここのところ地方分権の流れが非常に強くて、国が直接口を出していいのかどうか、躊躇する気分がありました。また、憚らずに言わせてもらうと、たぶん一番不幸なのは、震災が起きたのが民主党政権下であったということだったと思います。基本的に「役人はモノを考えるな」という状況の中で、どう関わっていけばいいのかということは非常に悩みました。ただ都市局としては意思決定をして、「とにかく被災地に入って、御用聞きでも何でもして来い」ということで、市町村に入らせていただきました。話の中でも出ておりましたように、市町村によって全然考え方も違うし、首長がどうリーダーシップをとるかによって、随分進み方も違ってきたのではないかと思っています。この場で総括するのはまだ早いかもしれませんが、国と県と市町村の在り方、或は住民に対してどう関わっていくかは、必ず検証しなければならない問題だと思っています。今回の震災は、大規模かつ広域的な災害でしたので、市町村は言うに及ばず県も跨っての大きな災害になったので、国としてはもっと積極的に関与していくべきだったのではないかと思っております。そこらへんもいつか皆さんで検証できればと思います。それから制度の問題ですが、復興交付金という制度についてです。「どちらかというと悪かった」という意見が多かっ

Table B ―中心市街地再生、地方創生の取り組み

さんの方から「中心市街地の土地は坪１００万円だったんだよその当時、ずいぶん高いなと思ったんだけれども今は１０万円ぐらいだろう」ということでした。そういうイメージの延長に、被災された地主の方はみなさん割りと余裕があると、高度経済成長やバブル期に蓄えもある、息子を東京に出して後継者がいない、ゆったり余生というマインドなんだ、これが土地が流動化しない大きな理由なんだという話です。それから商店街は非常に行政依存が強いということも石巻市の復興政策部の当時の課長だった岡さんからいわれました。例によって塩崎先生は非常に厳しくて、落ちるところまで落ちるしかないと思ってそこからもう一度這い上がれというような言葉もありました。

石巻の非常に大きい問題の一つは公共交通、いや、交通全般ですね。公共交通ということは２０１４年から話題になっていまして、公共交通は絶対いるんだという話はいつも出るんだけど、具体的には何も決まっていないということが問題となっていました。今回、交通の専門家にもお声がけをしたんですが、別のイベントとバッティングして出席いただけなかったんです。そのへんは今日できるだけ皆さんでフォローしていただきたいと思います。さらに去年は副都心、これは蛇田のことですけれども副都心の人たちをどうやって街なかまで持ってくるんだということも話題になりました。石巻というのは中心部の道路網が非常に弱く、「まちにいらっしゃるからは７〜８割は車でいらっしゃるわけでして現実的には公共交通を使われる方は１割ぐらいではないか」というフレーズは姥浦先生のものですが、これはあとで山崎先生に振っていただけると、若干事情は違うかもしれないということがわかるかと思います。それから、「被災した市立病院を駅前に持ってきます」というのは、小野田先生のお言葉ですけれども、交通渋滞が起きるんではないかという話はあります。でもこの病院のインパクトはまちにとっていいことがいろいろあるというのが先生の持論でした。

こちらは今回の一つのテーマだと思っていますが、「石巻は市町村合併によって牡鹿半島を中心とする半島部を抱えています。こ

Table C ―半島部の生活・自治・なりわい・福祉の今と振り返り

問題です。にっこり南の公営住宅建設予定地にはちょうど仮設住宅が８棟かかっていて、仮設住宅を解体撤去しないと計画が進められないという状況でした。あるところから仮設の問題が解決するまでは公営住宅の計画は棚上げになってしまうという話があって、それでは計画が当初より１年くらい遅れてしまうので、そのままではまずいのではということで急きょ、仮設住宅の自治会の方と総合支所さんと相談をさせていただいて、「この問題は解決しなければならない」という認識を得ることになりました。相談してみると何点か問題点が浮かび上がりました。一つは、この仮設住宅の問題が解決しないままでは、当初の予定よりも公営住宅の完成が１年以上遅れてしまう可能性があったのですが、そのことに誰も気が付いていないということがありました。さらに、移転してもらいたいという方にしか説明がなくて、該当しない方はぜんぜんその問題を認識していないという状況でした。あとは、にっこりの仮設住宅に入っている方はにっこりから出たくない方が多かったのですが、自分がこのままにっこりの仮設住宅に居られるのかどうかがわからない、というのが大きな課題だということがわかりました。転居先がちゃんと確保できるという確証がない限りは話が進められないということで、シミュレーションのお手伝いをすることになりました。これはパズルのようなものなのですが、総合支所の職員の方々が仮設に足しげく通って聞き取りをされた内容を随時図面に落としてということを繰り返していくと、数の上ではにっこりの仮設に残りたいという方には残っていただけるような計画を立てられるぞという確証が得られました。そこで、団地全体での説明会で、総合支所の方から事業のスケジュール等を説明していただいて、住民の皆さんに、仮設集約の計画についてご協力いただくことを了承いただくことができました。その後、誰がどの区画に移転するかというところまでたたき台を作って、総合支所職員の方々に説明と聞き取りを重ねていただいたおかげで、問題が発覚したのが昨年の５月だったのですが、８月には誰がどこに移動するかということがすべて決まりました。現在はすべて退去が完了して、解体にかかっています。

もうひとつ、にっこり団地の公営住宅でも「誰がどこに住むか」

Table A　復興事業全般の課題の振り返り

たのではないかと思うのですが、基本的には市町村の事業に対して、その財政力指数に応じて支援をしていくって言うのが災害時の国の考え方で、今回非常に財政力の弱い市町村が多かったので、結果的に100％国の支援ということになってしまいました。このことにより、また別の問題も発生してしまったと思っています。それに法制度の問題については、さっきの事前アンケートの総括でもありましたが、制度が悪いというよりは、使い方・運用の問題であり、使いこなす工夫があれば、十分に制度の使いようはあったのではないかと思います。私も市町村に入って具体的に相談をされると、あまり公には言えないようなアドバイスも結構させて頂いておりましたし、そういう意味で、「制度を持つ」国と、自治体との関わり方という視点も今回は課題になったのではないかと思っております。

（平野勝也）ありがとうございます。流石ですね。見事な答弁ありがとうございます。ということで3つほど大きく議題を頂きました。ひとつは国の関わり方についてです。もっと積極的に関わるべきだったのではないかという意見もありますし、その一方で、都市局の直轄調査がドンと入ったことによって、総合的な復興に対して、土木的って言ったら変ですが、建設事業系の復興が随分先走ってしまった感もある、という話もあります。そんな中でまず国の関わり方についてですが、どうでしょうね…。発災当初現場にいて苦労されたのは、今野さんかな。どうでしょう？でも石巻だともっと微妙な問題もあるので（笑）。国の出番の前に本庁と合併自治体ですので、元々の北上町と石巻市という関係もあるので、少し複雑ですね。どなたにお聞きすればいいかな…、三浦さんは県ですもんね。じゃあここはやはり小野田先生に振っておきましょう（笑）。どうですか？あちこちいろんな支援をなさっていると思いますが、その中には「国はもうちょっとこういうことをするべきだったんじゃないの？」という、何か辛辣なご意見はありますか。

（小野田泰明）まず国の都市局の直轄調査が圧倒的に効いてましたね。あのときやっぱり都市局が踏み込んで、あれをやってくれなかったらもっと恐ろしいことになっていたと思います。だけど

Table B　中心市街地再生、地方創生の取り組み

れが、どうやって中心部とつながるか、あるいはつながらないと中心部の意味はない」というのが2014年に福島大学の名誉教授である鈴木先生からありました。農村、漁村と街なかをどのように有機的につなげるのかというのが大きなポイントだという話です。この話は去年もありました。東北大学の小野田先生の話で、話し言葉になっていてわかりづらいかとも思いますが、「石巻の中心部には半島と関係する場所もある。これは、半島から被災して出てきた方も沢山いらっしゃるので、実は石巻の中心部の外周部でそういう関係が成り立っている。もともと石巻というのは街なかにも幾つかの中心があって街自体に小さなゲットーがある、それが互いにあまり中が良くないということは言われていました。互いに拮抗するような、小さな中心の集まりで大石巻が生まれるような緊張関係のなかで、それぞれが明確な役割というか、地域の色があってそれが競争するような関係があるべきだ」とこれが小野田先生の持論でした。

最後に商売についてです。なんといっても石巻で商売が成り立たないといけない。ビジネスモデルを作らなきゃいけないというのが2014年だったんですが、これがなかなか楽じゃないという話があって、街づくりまんぼうの尾形さんから街なかで自立できる商売は平面駐車場か自己所有の土地での飲食店だけだと言い切っていらっしゃった。本当にそうかどうかはまだわからないけれどもなかなか他に可能性が見いだせないというのは耳の痛いところです。循環型地域経済をもう一度作り直したい、これは先程のコミュニティビジネスの話もそうです。石巻工房の例では石巻の外から「外貨」を稼ぐという以上に外部とデザインや人的資源を掛けあわせて成り立っている。こういった事業は単にお金を外部から入れる、外部にものを売るというのではなくて、継続的な事業を成り立たせるためには今からいろんなことをやらなきゃいけないよねと、駐車場と飲食店だけというのではないものを生み出さなければならないという話でした。西郷先生は商店街の衰退は小売に特化したことが原因だとおっしゃっていました。寂れた商店街でも和菓子屋は流行っている。なぜかと言えばそこで作って売っているからだという話です。

Table C　半島部の生活・自治・なりわい・福祉の今と振り返り

ということを決めることに取り組みました。これについては個別に聞き取り調査を行って、その結果誰がどこに入ると聞き取り内容が満足できるかというグループ分けが複数作れたので、それをもとに話し合いをして決めました。

今後の課題ですが、今の公営住宅の見守りについて、ハードとしては考えていろいろ検討を進めていますが、それが実際に実現できるかどうかというのは、これからどう使っていくかということだと思っています。仮設住宅から復興公営住宅への住み替えにともなうコミュニティの継承であるとか、見守りを実現するために、計画を考える側としても、地域福祉や相互扶助の仕組みなどについて、いま模索をしています。できれば建設段階から見守り空間の使い方のワークショップなどをしながら、徐々に住み替えができないかということを考えています。あと、まだ解決策がみえていないのですが、にっこり団地、または北上らしいまちっていうのはどういったものかということを考えられないか、なにか協定のような押し付けられたものではないルールで環境形成ができないか、例えば「公」と「私」とか、人と人との関係が映し出されたような住宅環境というものが作れないかというようなことを考えています。以上です。

（米野）齊藤さんどうもありがとうございました。建築に関する話が比較的多かったのですけれども、あちらの方に模型がありますので、後ほど休みの時間にでも見ていただけますとより詳しい状況がわかるかと思います。今建築的なことをメインに齊藤さんに発表いただきましたので、続きまして鈴木さんから、今の発表を踏まえつつ現状の課題とかについてコメントとかをいただければと思います。

（鈴木）こんにちは。こういう場所はちょっと慣れていないので説明下手かもしれませんが、仮設住宅の住民の気持ちとしてちょっと言わせていただきます。30番台の仮設に入っている方が引越しなければならなくなって市からの説明があった時、北上町に残るという話でなくて、市内の大きい仮設団地、例えば開成団地とか

Table A ｜ 復興事業全般の課題の振り返り

直轄調査の体制の使い方が自治体によって全然違うんですよ。今日七ヶ浜町の荻野さんがいらっしゃっていますけど、荻野さんたちは、直轄調査として外から一流の人間が来てくれるんだったら、それを町の復興計画の検討機関として位置づけ、またそれを国のパイプとしても活用しようとしていたと思います。直轄コンサルを、まるまる復興事業の検討計画委員会ってことで丸呑みしたんですよね。そういうことをやって、ある程度スピードアップもしたし、国の情報も入り易かったし、逆にまちの計画に応じた支援を国側にお願いするということを、直轄担当官を通じてやってもらったように思います。そういう自治体もある一方で、直轄調査を完全にお飾りにして、直轄は直轄、中の実行系は実行系っていうふうに分断した自治体もあったように思います。それは何故かというと、自分たちの内情を国に触ってほしくないとか、直轄以外に直接他の自治体のサポートを受けたところもあります。これは対口支援に近い形ですけど、例えば山元町は札幌から区画整理部隊がドーッと来て、あれだけ大規模な区画整理が相当短期間に出来たんだと思いますが、でもそれがある種目的化して、直轄の話は鉄道をどうするかということに限定して、課題を切り分けている。だから全町的な話には直轄調査を位置付けているわけではない。面倒くさいJRとの調整だけを国を使ってやろうとしている。それはそれで見識だとは思うけど、それぞれ直轄調査をどう活かしたかって言うことが、その先の展開に繋がっていて、復興庁との関係もそれに関係している。これはなかなか表に出せない部分も多いけど、一端整理しておく必要があると思います。石巻なんかは…、北上の今野さんは忸怩たる思いがあると思いますけど、まあ問題はあるにせよ。今日もいらっしゃっている岸井先生が直轄調査でいらっしゃって、それで「やはり統合が大事なんだ」ということになり、直轄調査の体制をそのまま運営委員会という形で、意思決定の統合会議に移行させたということだと思います。最初の2011年は庁内の問題があってなかなか体制が固まりませんでしたが、2012年の中盤くらいから模様替えして、そこからかなり風通しが良くなって、いろんなことが出来ているような気がします。国交省は頑張ったと思いますけどね。土木先行ということで批判もありますが、でもあれがなかったら全然何も始まらなかっ

Table B ｜ 中心市街地再生、地方創生の取り組み

再開発における商業については昨年に、「再開発は公共がずっと面倒を見なければならない、資金回収に何十年かかっても、懐は赤字でも安い賃料で貸して、いろんなチャンスを与えなくちゃいけないというのが神戸からの教訓」ということでご発言いただきました。この辺は被災地の再開発について、事業や補助の枠組が本当にいまのままで良いのかという少し大きい問題が隠れているのかと思います。経済的に下駄を履かせないと今の状況では難しいということを言っていただきました。当然、商圏は縮小していきます。1995年が商圏のピークで2005年には半減した、というような中で「ISHINOMAKI2.0のような活動がうまくやっていかないとダメですよ、あれを成功させないとだめなんだ」という話が柳井先生からありました。雇用、コミュニティを守っていく、新しい産業を起こしていくということを期待する、人口減は避けられないが、人口構成は変えられる、これは女川なんかでも少し起きていると思いますけれども若い世代を入れていくことが可能だというご指摘がありました。

以上が過去3年間のみやぎボイスの石巻中心市街地についてのざっとした振返りです。それではここから榊原さんよろしくお願いします。

（榊原）どうもありがとうございます。今回石巻の方だけではないので、少しわかりにくい部分があるかもしれません。これ、3年皆勤ででているのは姥浦先生だけですかね、あ、テーブルが違いましたね。断片的にでていらっしゃる方もいらっしゃると思うんですけど、一応、3年の振返りという論点の整理と、同じテーマでも少し話している内容が違ってきているのかなというのがわかると思います。今日、与えられている時間は全部で3時間、もう30分つかってしまって、2時間半という長丁場なんですが、すこし休憩も挟みながらですね、話をみなさんからしていただきたいなと思います。まず、自己紹介を、お名前と所属と、簡単にコメントを頂ければと思います。その後、安田さんの方からあった論点整理について少し皆さんからお話を伺いたいと思います。ま

Table C ｜ 半島部の生活・自治・なりわい・福祉の今と振り返り

に空きが何戸あるという発表だったために、住民がパニックになっちゃったんです。案内も、仮設全体でなくて、30番台の方だけに案内があったために、30番台以外の人には話し合いがあること自体、同じ仮設の集会所であるのにわかりませんでした。実は30番台というのは後からできたために、その他の棟に入っている私たちより、一ヶ月遅れて入っているんです。一ヶ月も私たちより不便な避難所生活をしていた人が、公営住宅の整備が遅れないようにするためには（仮設を）出なきゃないという気持ちもあるけど、自分たちの再建するところも遅れている、なんで私たちだけなの、という気持ちを分かってほしかったのが、市からの一方的な説明でカチンと来ちゃった。会が終わった時点で、私たちのにっこり団地のワークショップを一緒にやっている仲間から抗議の電話が来たので、次の日何人かで支所にお話を聞きに行ったら「引っ越さなくてもいいんです、誤解です」って、説明の仕方だったのかもしれませんが、話し合いで解決するのはちょっと大変な状況でした。その後どうしても引っ越さなきゃだとなったときに、JIAの方たちと色々相談して、四回ぐらい話し合いしまして、そこで、みんなにわかりやすいような形でもっていって、今度の市からの説明の時は、30番台のみんなも引っ越すのはすごく嫌なんだけど、自分たちも遅れてすごく生活が大変で、公営の人たちも早く引っ越したくて待っている気持ちがわかるから、という事で、市からの説明の時には抗議の声は出ませんでした。自分たちが待っている気持ちも、みんなわかるから、それで、引越をスムーズにしていただきました。

（米野）ありがとうございます。先ほど齊藤さんからもありました仮設住宅の移転がらみの話で、いろいろとご苦労をされたというお話をお伺いしました。続きまして、武山さんからは、仮設の話だけではなく全体の取り組みの流れを踏まえて、今のところどういったことをお考えかとかについて、コメントをいただければと思います。

（武山）先ほど説明でありましたように、どうしても北上町というのが田舎町といったようなところなので、集団移転先も、にっこ

た気もします。

（平野勝也）ありがとうございます。確かに直轄調査っていうのは、非常にありがたかったんじゃないかと僕も思います。何故かというと、当時の被災自治体の職員の皆さんは、まだ仮設住宅も整備されていない状況でしたので、被災者の「いろんな意味での支援」に奔走しておられて、復興どころの話じゃなかったんですよね。そういう発注業務なんてできる余裕なんかなかったところを、言ってみれば国が代わりに復興計画の策定を発注してくれたと、いうことだと思います。それは非常にありがたかったような気もしています。

（小野田泰明）でも、自治体に直接国が関与したので、県が中抜きにされるような状態も一部で起こってしまっています。そんな中で、でも県は県でみなし仮設を含め、仮設住宅を大々的にやっていたりしているので、その管理から何から全部県がやっています。そういうバランスの中で、どういうご苦労があったのかを、県の三浦さんに聞きたいのですが。

（平野勝也）そういえば2011年の段階だと石巻市が独自で発注している復興計画と、国の直轄調査と、（県も石巻地区の復興を考えなければいけないので）県の復興計画と、3つの復興計画がバラバラに動いていたという時期がありましたよね。その辺、県としてどういう思いで取り組んでおられたのか。直接担当されていないかもしれませんが、お願いいたします。

（三浦俊徳）私は、まちづくり系というか…国の直轄調査で地域計画をどうするかと言うところを直接は担当してませんでした。ただ周りで見ていて、直轄調査や、県の都市計画サイドの動きはすごくパワフルだったと思います。平野先生がおっしゃったように、市町村はもう全く機能していませんでしたから。避難所をどうするとか避難所にいる人たちをどうする、もしくは亡くなった人にどう対応するということで、もういっぱいいっぱいで、それも出来ない市町村も結構あったと思います。そういう中で先を見て、

ずは簡単な自己紹介からお願いしたいと思うんですが、マイクがあるところからいきましょうか。後藤さんから回しましょう、お願いします。

（後藤）石巻から参りました後藤宗徳です。私は生まれが気仙沼でして、その後、小学校から予備校まで仙台で、あと東京経由で石巻に33年前に行ったという人間です。市内で小さな宿泊業を営んでおりますが、え？、いやいや仙台に比べればずっと小さいですから。あとは、観光協会と商工会議所のほうでいろいろとこき使われているというところでございます。あと、市の方からもずいぶんこき使われて、中村さんからだいぶこき使われております。今日は石巻のことが話題でしたが、私にとっては故郷気仙沼も非常に大切な場所でありますし、この地域というのは三陸の入り口、リアスの海岸が始まる地域でありますから、自分の中では常に広い視点で東北をどういうふうにしていこうかというふうに思っております。過去三年のことを振り返ってみるとあらためて三年前に議論したことが正しいことと、今直面していることが少

し変わってきているなあというところもございますので、そういったところをあとでお話し合いができればいいなと思っております。以上です。

（榊原）はい、ありがとうございます。

（岩田）東北大学の岩田です。去年までは筑波にある国土交通省の建築研究所の立場として参加していて、ここのテーブルではなくて地域復興住宅の方のテーブルについていました。私自身は実は35年間福島県の三春町のまちづくりをやっておりまして、いま、三春に住んでおります。石巻にくらべると人口的にも半分くらいなんですけど、35年間もやっていると、ついこの間35年前に作った計画に基づいてスーパーがまちのど真ん中に来たということがありました。私の家から1.5キロくらいあるんですけど、近所のおばちゃんたちが歩いていたんで「あれ、車に載せてあげようか？」っていったら、「歩いて行く、スーパーまで」「どうしたの？」「健康に良いから」、それを聞いたんで、うちの学生にどれくらい

Table A
復興事業全般の課題の振り返り

国の都市局ベースでそういう調査が入り、県は県で動いていました。県では、被災集落の再生について、200くらいある集落を集約化して、半分くらいにしていかないと今後、行政や地域づくりはうまくいかないよって方針を掲げていました。そういう意味では先ほども話にあったように、国の直轄調査も動いており、県も動いている。今考えると、では誰が統一的に考え方を整理したかという部分が、ちょっと見えてないと思います。一方で、市町村によっては余裕が出てきたところから順繰りに復興計画を立てるということになっていきますが、それに対して、直轄調査や県が提案したことが最終的にどう実現されたか、実現されなかったかは、これから先にちゃんと検証しなければいけないと思います。それは単に復興ということだけじゃなく、これからの地域づくり・地域計画のために、今回のそういったプロセスはすごく重要なんじゃないかと、個人的には思っています。さきほど小野田先生から仮設住宅の話がありましたけど、仮設住宅も元々、宮城県の場合ですと7000戸くらいであればどこに建てるかという調査はやっていたのですが、実際津波被害を受けた市町ではどこも建てるところがなくなりましたし、そういう意味では事前にやっていたことが機能しませんでした。それから当初1万戸くらいつくるとなった段階では、被災地では無理で、内陸部に仮設住宅を造って、そこまで一端引くぐらいのことが必要じゃないかとも私は考えてました。最終的に2万戸ぐらいの仮設住宅が実質的には半年ぐらいで出来たというのはすごいことだと思っています。最終的には1年くらいで2万戸全部出来て、民地仮設という仕組みも後追いで出てきました。そのあたりが後追いではなく、考えを事前に持っていることの重要さは特に感じました。

(平野勝也) ありがとうございます。はい牧先生。

(牧紀男) 三浦さんにストレートな質問です。直轄調査を国が出てきてやったわけですが、県が直轄調査なり、復興計画の策定支援の最前線に立つという状況だってあったと思うんです。まだ結論は出ない話ですが、どっちが良かったという答えは言いにくいのかもしれませんが（笑）、そういう可能性はやっぱりあったのかな

Table B
中心市街地再生、地方創生の取り組み

徒歩圏があるのかな？って調べさせたら、全部とは言わないんですが、2割位の人が歩くようになったっていう範囲まで行くと、1.3キロ（圏）ぐらいまで伸びているんです。ただ、条件があって、前のスーパーより三倍くらい大きくなったっていうこと、それから、まちづくりが進んでいるので、歩道が3.5mでバリアフリーになったっていうのがあっての話です。そういうことを考えるとやればできるんだなと。ただですね、近所の料理屋は売上が倍増している、ところが衣料品屋はまったく売れなくなったとかって、業種によって（いろいろある）、ということになると街全体でやっぱりデパートみたいにですね、業種をきちっとしないといけないということも西郷さんがおっしゃった不動産をどう動かしていくかというのはかなり重要かというので、今日はそのへんの論点で話を私ができればいいなと、ただ、私神戸の出身で、関西人ですから、去年までは国の立場だったんでおとなしかったんですけど、今日は塩崎先生の代わりに言いたいこといっぱい言いますので、よろしくお願いします。

(姥浦) はい、東北大学の姥浦と申します。どうぞよろしくお願いいたします。私は仙台に来たのは8年前でございまして、その前は大阪におりまして、その前は豊橋、東京で、生まれは富山でございまして、だから、地方都市の計画をやりたいなとずっと思っていました。基本的に大都市にずっといたんですけど、そういうときに仙台という話がありまして、地方都市が仙台の周辺にはたくさんあるので是非是非ということで、仙台に来たわけです。そうしたら3年で被災に会いまして、それまで都市計画が専門だったんですけど、気がついたらエセ防災学者にもなっておりまして、ここにも（ネーププレート）災害科学国際研究所と、本当かいなお前という名前になっております。復興とのかかわりで申し上げますと、石巻にちょこっと関わらせていただいているのと、宮古だとか、塩釜も、あ、首になりましたけど、ちょこちょことかかわらせていただいています。あとはいろんな方にいろんなお話を伺いながら勉強させていただいているというところでございます。その辺りまで、ではではよろしくお願い致します。

Table C
半島部の生活・自治・なりわい・福祉の今と振り返り

り団地が北上町の中心部となるようなところで、あと他の移転地については、それほど戸数も多くないので、公営住宅の方、戸建の方の住む場所を決めるのも、市街地のように全て抽選で、という形ではなく、話し合いの結果どうしても同じ場所になった方は抽選となった方も何軒かはあると思うんですけれど、話し合いの場で決めていく形をとりました。

それから、先ほどまちづくり委員会というお話がありましたが、震災後は石巻市内でも北上町だけがまちづくり委員会の活動への取り組みが早かったんです。当初まちづくり委員会の中でも、どうしても北上町の中心になるにっこり地区の話がメインの議題になっていたんですけれども、各集落の代表の方たちから、にっこり地区だけではなく、他の地区の住民が思っているようなことも取り上げてほしいということがあって、色々分科会ができていきました。分科会で議論したこと、その中でも「これはまちづくり委員会で議論すべきことだ」ということはまちづくり委員会でも取り上げ、必要なところについては昨年度、市長に答申するような事もありました。

先ほどの仮設住宅の移転の話ですが、確かに鈴木さんがお話されたように当初、総合支所の地域振興課、仮設住宅の担当の保健福祉課とで説明に上がった時には、確かに説明の仕方がどうしても、同じ場所での引越ではなくて他地区に移動してくださいというような、聞こえ方だったかもしれないです。それで、仮設住宅に入っている方皆様にアンケートを取りながら、1年半かけて調整して、今年1月には、みまもり型の公営住宅が建つ30号棟の方々には全て、にっこり団地の仮設住宅もしくは他地区で生活再建を希望している方にはそちらに移っていただいたという形になります。多分、総合支所の説明不足で色々にっこりの鈴木さんには大変ご迷惑をおかけしたのかなと思っております。

最初にお話した通り小さな田舎町なので、やっぱり何でも市の職員対住民ではなく、総合支所としても住民の声を聞きながら、ということを第一に考えていますので、色々と至らないことも多い

と思うのです。今後のためにあえてお聞きしたいです。どういう方向性が良いと思いますか。

(三浦俊徳)ちょっと難しい話だと思いますが…、県は県で確かに動いていたのは事実ですし、ただ国とも連携はしていたんですよね。市町村ごとに200の集落を最終的に90程度に集約しようといった絵を一緒に描いていました。では、そこでどっちがイニシアチブ取っていたかと言うのは楢橋さんに聞いた方が良い気がします。そこの時の、行政側で言えば、県がどうだとか、国がどうだとかって言うこと自体が、その時点で本当に適当なのかと思います。ましてもっと言えば、市町村の行政機能がないときに、県がどうだとか国がどうだとか言う話ではなく、全体をかなり強力に推し進めるための組織が事前に考えられておくべきかという議論が重要だと思います。今だから言える部分ではあるのですが、そんな気はします。答えになっていないかもしれないですけど。

(平野勝也)そうですね。実際今回の復興計画は市町村を中心につくりなさいというのが、復興の枠組みだったわけです。僕はずっと石巻に入っていて見ていますが、石巻市内でも国直轄の河川があったりするので、(市が県に対して物申すことはあったようですが)石巻市役所から国に対して物申すとか、今までやったことのないようなことをやりながら調整していかないと、復興がうまく進まないという状況になっていたように思います。そういう意味で、先ほど楢橋さんが仰ってたように、地方分権が始まっていて、国がどこまで出ていいのかわからない、逆に市町村の方も今までやったことのない、国や県にお願いをしながら市町村がイニシアチブをとって復興を進めていかなければならないという状況で、基礎自治体の方も随分戸惑いながらやっていたのかなという印象はすごくあります。そこで復興庁が出来たわけですが、復興庁については、まあいろんな議論がありますよね。その辺は…どうですかね、一歩進んで復興庁の話にしたいと思います。やはり石塚さん自ら、復興庁はどうあるべきであったのかという反省がありましたら。

Table A — 復興事業全般の課題の振り返り

(松村)ISHINOMAKI 2.0の松村でございます。よろしくお願いいたします。去年に続いて2回目、おじゃまさせていただいたことになります。昨日のイベントでちょっと自分的にヒットした言葉で「アクシデンタルアントレプレナー」っていう、つまり、もともとバックグラウンドがなにかあって、起業とか創業とかまちづくりとかやっているわけではなくて、たまたま3.11というものに接して目の前のいろいろなことをしたから結果としてこういうことをしている、ぽっと出まちづくり野郎でして、何も専門的なバックグラウンドはなく、ただ、常に現場を見ながらできることを面白くやっていこうということを言っています。先ほど外科手術と鍼治療っていう去年のキーワードがありましたけれども、その主に鍼治療をやっているのかなと思っていまして、小さな予算、あるいはすぐできることをすぐデキる人と一緒に動いていくということを大事にして、先日も我々の拠点、ガレージを改修したIRORIというスペース、オープンシェアオフィスという名前で提案しているんですけど、そこがリニューアル、やはりDIYでできばかりです。思うのは、先ほど街なかの商店街が非常に行政依存だと、あるいは頑張る商店主の人がいない、あるいは言葉を変えれば足をひっぱる商店主の人すらいるというところがリアルにあると思います。昨日、やはり同じイベントでまち・ひと・しごと事務(局?)について一番キーパーソンの村上参事官がおっしゃっていたんですけれども日本の今の課題、地方の課題というのは本当に困っていない、困っている人がいないというのが、課題だというふうにその村上参事官がおっしゃっていました。その時には枕詞で「被災地は別ですが」って言ったんですが、これは違って、被災地ですらそうなんだと思います。実際、なんとかなっちゃっていて、自分でリスクを背負って借金をして、何かするっていう人がいない。それは自戒もこめてですが、だいたいいま被災地の動きというのは補助金とか交付金を待って、それをどう使うかという視点で動き出しています。もちろんこの5年間というのはそれがなきゃどうしようもなかったんですけど、ここからは本当にどういうふうにそれぞれがリスクをとって、あるいは行政の方もまかせて、きちっとビジネスの視点で仕様書を書いたりとか、こういうことをしなさいというのではなく、勝手に儲けなさいとい

Table B — 中心市街地再生、地方創生の取り組み

と思いますが、一人一人の意見を参考にしながら、今後とも集団移転それから移転された後のコミュニティの形成などを考えていきたいと思っています。以上です。

(米野)ありがとうございました。こういった形で北上では住民の方々がまちづくり委員会等で話し合いながら、にっこり地区という中心となる団地の計画なんかを議論してきて、また仮設の移転問題などについても対応してきた、という話をしていただきました。先ほど齊藤さんの発表の最後にもありましたけれども、今後の課題として、住んだ後の地域福祉とか相互扶助をどうするかということが大きな課題になっているということですので、続いて第二部に入りますけれども、そういう視点も含めて、牡鹿の様々な取組をご紹介いただきたいと思います。それではキャンナス東北の野津さんから、ご説明の方お願いします。

(野津)初めまして、キャンナス東北の野津裕二郎と申します。よろしくお願いいたします。今回私は初みやぎボイスですので、どういう形で発表しようかという事で、どういう方が集まられるのかわからなかったので、あまり考えてこなかったんですけれども、大体この雰囲気で、パワーポイントを使わせてもらった方がいいかなと思ったので、やっていきたいと思います。まず私たちの団体の紹介と、その後に活動している内容、そこから活動しながら今の牡鹿半島というところの見えてきている課題とか、というところを報告させてもらったあとに、その後ではそれに対してどう取り組めばいいのかなというところを、私見を交えて私の考えを報告させてもらえたらと思っています。よろしくお願いします。私たちの団体、キャンナス東北は今スタッフが10名いるんですが、元々神奈川県の藤沢市に本部があります。代表の菅原由美が震災後4月2日に石巻に来まして、そのまま避難所支援とか仮設住宅の支援に入ったという事で関わらせてもらっています。

今現段階でいいますと、私たちは看護師、ソーシャルワーカー、リハビリの作業療法士等、医療福祉職の専門職の団体なのですが、2011年から石巻市で県の委託事業を受けまして、仮設住宅を中心

Table C — 半島部の生活・自治・なりわい・福祉の今と振り返り

Table A
復興事業全般の課題の振り返り

（石塚昌志）反省というと言いにくいですけど（笑）。私はやはり、復興庁はあって良かったかなという感じはします。復興庁が出来た一番の利点は「復興に特化して考える部署が出来た」ということだと思います。今、名取市の中でも、震災復興部というところがあって、復興関連のことをやっていますが、やはりそういう部署がないとうまく動かないんですね。名取の中では、閖上というところが大きく被災し、復興の局面で非常に象徴的な場所になっています。名取市の中では閖上の人口は震災前でも10％を切っていました。そういう面では、閖上は、名取の中では1割でしかありません。市議会議員さんの数も、全員で21人いるのですが、閖上に関係する議員さんは2人しかいません。そういった中で、名取市全体の中で、復興をどう考えるかとなると、やはりある程度そういった専門の部署じゃないと前に動かないんです。今名取では、ようやく色々な事業が動き始めたのですが、そういう中で、震災復興部入っていない分野、教育とか福祉といったところとどう調整するかというのが大きな課題になっています。そういった部署は結局名取市全体を見渡しながら仕事しなければなりません。「全体を見なければならない、復興だけに関わっていられない」というのが言い訳にもなっちゃうんです。ですから、やはり復興庁が出来たことは非常に良いことだという気がします。

復興庁の役目としては、ふたつ大きな意味があるという気がしています。ひとつは予算についてです。普通、予算は1年を掛けて

Table B
中心市街地再生、地方創生の取り組み

うような視点のあり方ということが大事なんじゃないかなというふうに最近思ったりしております。今日もいろいろと意見交換を楽しみにしておりますので、どうぞよろしくお願いいたします。

（中村）市役所の復興政策課、中村と申します。今日はよろしくお願い致します。私、今日、初めてこの場所の方に参加させていただきました。私は震災以降ずっと復興の関係に携わっておりまして、この五年間、復興の状況をずっと見てまいりました。役所的な話をしますと、まず、人口的にはこの五年間で1万4千人減っております。石巻そのものというのは昭和60年から人口が減り続けておりますが、大体年間千人、千五百人と減り続けております。ただ、この五年間、五年間といっても最初の一年間でもう一万人は減っているような状況ではあります。そういった中で、今後、今日のテーマにもあります、地方創生、どのようにこの石巻市を作り上げていくかっていうのは大事なキーワードになって、これからいろいろ事業展開をしていかなきゃいけないのかなと考えています。復興の状況を申し上げますと、今大体２０００億規模の予算が市の一般会計予算であります。通常震災前だと６００億なんですね、単純に三倍なんですが、実際は６００億のうち、ハード整備的には１００億にも満たない額でした、この２０００億のうち、増えた分はほとんどハード整備です。となりますと、１００億としても２０００億から６００億を引いて１４００億、単純に１４倍のハード整備、１４倍、１５倍はあります。そういった中で、人の確保、マンパワーの確保が一番大変な状況になっております。いま、全国の自治体から約２００人、それ以外に任期付の採用職員ということで、１００人以上、合計３００人以上の方々の応援をもらってなんとかこの10倍、20倍の事業をやっているというふうな状況になっております。あと、今、仮設住宅に住んでいらっしゃる方が７０００世帯おりまして、その方々の住宅の再建については復興公営住宅で４５００戸、移転先（団地）は市街地だけでも１４００戸の土地の確保を常時進めているような格好になっております。そういった中で実際７０００世帯の方々が今言った復興公営住宅、あとは防集の移転先に全て行くかというと数としては合わないんです。結果的に、仮設住宅から復興公

Table C
半島部の生活・自治・なりわい・福祉の今と振り返り

に個別訪問とか健康相談会を実施しております。今後の動きですけれども、私たち自身としましては介護保険事業等を開始しまして、独自の財源を築きながら地域に残ってしっかりとやっていきたいと思っているところです。主な活動地域は、石巻市の牡鹿半島、あとは渡波地区です。私自身は2011年9月から来まして、牡鹿半島に関わりだしました。2011年12月頃からは牡鹿半島の小網倉という浜に住みはじめました。ここはいま住んでいるところなんですけれども、震災後、借りたときにはがれきもあったような状況でした。2011年から看護師が中心になりまして、仮設住宅で個別訪問ですとか健康相談会、健康講話をしながら、地域の方と関わっていきました。牡鹿半島のほとんどの仮設住宅に関わりまして、特に日中活動していたのでやはり70代80代のご高齢の方が多く集まられたんですけれども、その中で地域の方の声を聞きながら相談に乗っていきました。その中で色々な方と出会ってきましたけれども、仮設住宅でやはり独居高齢者の方ですとか、高齢世帯の方々が、震災後居場所がなくなったという声をよく聞きました。その中で「私たちにできることは何かな」という事で考えて、先ほどの平屋のおうちには実は私だけが住んでいたんですけれども、とてももったいなくて、できれば、ただ私自身が寂しかっただけなんですけれども（笑）、皆の居場所になればいいかなということで、居場所づくりという勝手な名目を打って始めたのが通称「おらほの家」です。そのような居場所を地域の皆さんと一緒につくっていきました。そこで大切にしていること

Table A ― 復興事業全般の課題の振り返り

組み立て、国会に承認いただいて、予算を執行するというのが国の制度です。それを四半期に分けて要求し執行できるということは大きいと思います。ですから、自治体から、（1年先を見越してでなく）それぞれのタイミングに合わせて予算要求することが出来ます。もうひとつは、今まで基礎自治体が国と直接話をするということはありませんでした。しかし、今回は直接的に被災地の状況を、国に対して発言できることも、非常によかったのではないかと思います。そして国の方も、基礎自治体に直接関与できることは非常に良いことだという気がします。基礎自治体も最初は非常に戸惑いましたが、ようやく慣れてきて、現在は国に対してきちんと話が出来るようになって来たという感じはしますね。そういう意味では、復興庁がなくなる平成32年度になった時に、どうなるのかという気がします。今まで基礎自治体が直接国に話をしていたのが、また県を通して国に接触するという形に戻った時、「それはまどろっこしい」、（復興庁がなくなっても）このまま国に直接言わせてくれと、基礎自治体が暴動を起こすんじゃないかなという気がします（笑）。

（平野勝也）はい。ありがとうございます。さすが復興庁におられただけのことはありますね。指名して反論を言えというと問題があるので…あっ言いたい？どうぞ。

（楢橋康英）ちょっと言わせてもらうと、基礎自治体と国との関係って言うのは、分権の中で徐々に進んできてました。例えば今回の被災地で言うと、仙台市などは震災前から国に対して直接モノを申していたわけだし…、

（平野勝也）政令指定都市ですからね。

（楢橋康英）そうです。結局これまでも、なにかまちづくりをやりたいって言うと、国に対して直接窓口が開かれていましたが、今回そういうことをやったことのない市町村が被害にあったということで、気持ちの問題としても国との大きな壁が感じられたということなのかなと思っています。それから決して復興庁だけが国

Table B ― 中心市街地再生、地方創生の今と取り組み

営住宅とか自力再建できる方以外の方々が結構いらっしゃるということが今問題になっております。その方々をどういうふうに再建していこうかということが一つ役所全体としては大きな問題です。今回のテーマは中心市街地ということでありますが、中心市街地だけでも復興公営住宅２００戸くらい作る予定ではあります。あとはまあ、空き地があるという現状、山沿いには空き家というのも結構あるとおもいますので、そういったところに誘導していくという政策というのも必要になってくるのかなというふうに考えております。あとは、いろいろと若者を呼び込む、または交流するというふうなところでも、やっぱり中心市街地というのは一つ、今度の開発次第では魅力的になってくるのかなと、そのためにどうしていったらいいのかというのは今日ちょっといろいろ皆さんのご意見を伺いながら次に持って行きたいなというふうに思っておりますので、今日はよろしくお願い致します。

（今川）気仙沼から来ました今川です。よろしくお願いいたします。いま、市議会議員やっていますけれども１５年前から三陸新報という気仙沼と南三陸町の地元新聞社で記者をずっとしていまして、二年前から市議会議員になっております。どっちかというと記者時代は俯瞰して復興事業を三年間追ったんですが、最近の二年間はどちらかと言うと行政側で、五年間を市民側の視点と行政側の視点両方で見てきたというところでございます。私からしてみると、石巻がこんなに悩んでいると思いませんで、正直、気仙沼からしてみれば石巻すごく羨ましい復興をしておりまして、石巻のように行くようにと言う気仙沼市民に何人も会うという状況でございます。気仙沼から見ると石巻はずいぶんと勝機（商機）を捉えているなというイメージでしたので、そういうところで悩みがあるというのは今日来て初めてわかったようなところです。気仙沼の悩みはもっと深刻でして、中心市街地ってこれから言っていいのかどうかというレベルの話す。駅もないようなところでどうやって中心市街地を再建していくかという話があって、いま、まさしく土地を盛るためのですね、補償事業というのをやるところなんですが、まだ、土地を盛れない状況にもなっています。まだ、ゼロのスタートラインにも立てないようなところがいっぱいある

Table C ― 半島部の生活・自治・なりわい・福祉の今と振り返り

は、今までしていた大切な作業ですとか役割、例えばあるおばあちゃんは、元々わらび採りがすごく好きで一人で行っていたんですけれども、足腰が悪くなって転ぶのが不安だという事で一人では行けなくなってしまった。ただ実は、仲間と一緒だったら手をつなぎながらだったら行けたりするんです。だから、そうやって元々やっていた作業っていうのを大事にしながら、また新たにできる、そんなことに取り組んでいきました。

また、誰かの役に立つ、という事がすごく少なくなったという声も聞きました。震災後、「ありがとう」と言う機会はすごく増えたんだけれども、「ありがとう」と言われる機会が、特に牡鹿半島の被災された方には少なかった。その中で、やはり「ありがとう」と言ってもらえる、そういう喜びというのが増えたらいいなと考えています。元々裁縫がすごい得意だった方が僕のズボンのほつれたポッケを縫ってくれたりとか、そんな形で自然と増えていっていますが、そういう居場所になったらいいなと考えています。畑作りにも、一から地域の皆さんと取り組んでいきました。元々牡鹿半島では畑をやっていた方がすごく多かったんですけれども、塩害の影響で、畑ができなくなってしまったという方も結構多くいらっしゃったんです。その中でみんなで作っていこうという事で一から始めていきました。ある元コックさんは今、「おらほの家」という居場所では、20食分の食事をつくっています。この方にひきつられて、地域のおばちゃまがたが勉強しながら料理をするというそういう時間になっています。一人一人ができないことは助け合ってやればできるような空間、そんな居場所です。この「おらほの家」という居場所づくりで大事にしていることといいますか、結果的にこうなったということなんですけれども、どういう場所かといいますと、キャンナス東北のスタッフだけではなくて、そこに集まる「一人一人のできること」というのはできる人がする。できることというのは一人一人、もしかしたら70代80代になって少なくなってきているかもしれないけれども、ただそれが集まると、一つの大きな力になる。ただ、できないことは別にしなくてもいいですし、やりたくなければしなくてもいい。何もしないというのもあり。その場所では本当に一人一人が支え合って、

Table A
復興事業全般の課題の振り返り

の窓口というわけではないということは国交省的には言っておきたいと思います（笑）

（平野勝也）そこですか（笑）

（楢橋康英）国土交通省には地方整備局がありますけれども、厚労省も農水省も地方支部分局ということで、東北にちゃんと組織があります。そういうところは大いに活用していかなきゃいけないと思います。我々はそれぞれの専門分野の専門集団なので、それを言い換えると縦割りだと言われるのですが、それを横に繋ぐような機能がどうあるべきかは、今後の課題だと思います。復興庁がなくなることによって、コントロールタワー的な役割が失われてしまう、ということは課題ですね。

（小野田）楢橋さんに聞きたいことがあります。自治体側から復興の現場を見ていると思うことについてです。自治体側から復興庁には、復興交付金をもらうために手練手管を使ってストーリーを練り、様々な書類をつくっていますが、でもそれはあくまで、復興交付金を得て事業として成立させるためです。次いで交付金を貰えることになったら、今度は基礎自治体側では各事業（もしくは復興以外の事業も絡めながら）を統合して、どういうふうにこのまちを復興していくかという戦略を練る必要が出てきます。そう考えると、基礎自治体では「統合」しようとしているんですよ。うまく出来ているところといないところがあるけど、基礎自治体は「統合」に向けて必死で模索しています。そんな中で、すごく気になるのは、国側では様々な省庁から復興庁に集まって、国交省の人とか文科省の人とかが「この町はこうだから、こういうふうに戦略を立てて、もうちょっと色付けしよう」みたいな統合や総合調整を、多分やってないということです。やはりそれを復興庁がコントロールタワーとなって調整しないと、基礎自治体の統合力だけではとてもじゃないけど巨大な組織の統合は難しいと思います。

特に学校の復興と地域の復興をどうリンクさせるかというのはすごく大変です。教育委員会も新しい法律が施行されて、これから

Table B
中心市街地再生、地方創生の取り組み

というところが今の気仙沼です。これから気仙沼で起きる問題を石巻で先行して起こっていると思いますので、今日は是非勉強していきたいと思います。よろしくお願いいたします。

（丹澤）丹澤と申します。どうぞよろしくお願いします。復興庁宮城復興局気仙沼支所に雇われておりまして、ただ、仕事自体は気仙沼の鹿折地区のまちづくり協議会というところの事務局をしております。今日、声をかけていただきましたのもたぶんそのまちづくり協議会の業務についてだと思います。今日はまちづくり協議会の立場として、参加させていただきたいと思います。まちづくり協議会で仕事をしている中では、住民参加をなんとか盛り上げようというところでそこを一生懸命やっているところなんですけれどもそこが一番難しいところで、私の中のテーマとしては住民をどれだけ巻き込んで、住民の人にどれだけ主体性をもって、まちづくりに参加してもらう、参加してもらうと言ってもまだ考えるところですね、行政任せじゃなくて、自分たちもちゃんと考える、どういうふうに良くしていきたいか、というところを考えてもらうというところのスタート地点にまず立ってもらうというところをすごく腐心して頑張っていて、いまの一番の課題がまだそこなんですね。鹿折まちづくり協議会というところは本当にグッドプラクティスというものも全然何もなくて、課題だらけなんですけれども、本当に住民参加というところを私はテーマとして仕事をしています。今日はよろしくお願い致します。

（曽根）みなさまはじめまして、石巻の山下地区協働のまちづくり協議会で副会長をしております、曽根といいます。いま、丹澤さんがお仕事でまちづくり協議会をされているというお話だったんですけれども、私達のまちづくり協議会はここでお仕事としてやっている人はだれ一人おりません。全員住民が組織してやっている協議会となっています。わたしは普段は石巻市役所で任期付職員として、ベースに持っている資格が社会福祉士という仕事ですので、虐待防止のお仕事をさせて頂いております。このまちづくり協議会は完全にボランティアで参加させてもらっているものになっています。本当にみなさんいろいろベースをもっていやら

Table C
半島部の生活・自治・なりわい…福祉の今と振り返り

認め合って、助け合って生きていく。人と人がつながるような空間、そこにいてもいい空間、というところです。因みにこの平屋の小さなおうちなんですけれども、そこに集まる方々の年代層は、二年ぐらい前のデータでは主に80代となっていますが、今では80代90代がほとんどです。私たちは福祉介護系の者なので、ちょっと報告させてもらいたいんですけれども、こういう居場所づくりを始めていって、今、何も制度は使っていないんです。財源は助成金等でやっているんですけれども、集まってきている方々、特にゼロ歳から何歳までという区切りはつくっておりません。けれどその中で集まってきている方が、自ずとなんですけれどもやはり高齢者の方が増えてきている。そしてその中でも、いわゆる介護保険の要支援ですとか要介護、少し介護の手が必要になってきている方々が増えてきております。二年位前の時点では約30％近くがそういう方でしたけれども、今現在では、約四割の方が要支援、要介護の方々です。最近やはり認知症の方ですとか、失禁だったりとか、少しそういう状況が起きてきています。

続いて、そのような居場所づくり等をやりながら見えてきた課題に移ります。

牡鹿半島の高齢化率ですけれども、現在43％です。日本が今25％と言われており、石巻では28％、日本の高齢化率というのは単純にこのままいくと、43％になるのが2080年となっております。牡鹿半島では、様々な居場所が、特にご高齢の方の居場所がなくなってしまいました。ホームヘルパーステーションですとか老人ホーム、グループホーム等が震災の影響で流されてなくなってしまった。また、各浜の公民館等も無くなってしまった現状も見受けられます。またそういう集まる老人クラブ等も、元々5か所ぐらいあったのが今1か所になっております。そういう形で特に介護等の手が必要な方の居場所というのも無くなってきた現状があります。石巻市全体で言いますと、介護保険事業所という、いわゆる高齢の方の要介護用支援の方が使うサービスとしては、震災前198か所あったところが、震災後のH26年度、243か所に増えております。約50か所ぐらいの所が増えている現状なんです。ただ、牡

は若干統合されますけど、それにしても教育委員会を復興の話のテーブルに着かせて調整するというのは基礎自治体にとってはすごくハードルの高い仕事です。それがたまたま石巻でやれたのは、文科省が学校の復興とまちづくり研究会というのをつくっていて、そこにたまたま俺が引っ張られたんで、それを使いながら迂回してストーリーを作りました。そういうことでもしないとなかなか統合されないんですよね。だから国側では、そういう統合の必要性をどう考え、どう統合するかについての戦略を持っていたか、について知りたいのです。たぶん復興庁の制度を設計した時にはそういう思想はあったと思うんですよね。それがどこで現状のようなことになってしまったのか。「後退」と言うと怒られますけど、現実化していったのか、そこら辺を知りたい気がします。

(平野勝也)面白い論点なんだけど…どなたか分かりますか。復興庁の内幕…。

(楢橋康英)内幕ではないですが(笑)、今おっしゃったような論点で復興庁が出来たのは事実です。復興は総合行政なので、各省庁が個別にやっても効果がなかなか上がりません。それをどう繋いで、どうコントロールしていくかという意味で復興庁が出来たという経緯ではあります。しかし、結果としてはどうなんでしょうね。これは自治体側の方から復興庁への感想とか述べてもらった方が良いのかもしれませんね。国交省のまちづくりの専門家として復興庁と関わっていた時には、やはり言葉が通じないという部分がありました。復興庁の生え抜きの人間はいないので、各省庁から寄せ集められて組織化されていて、その中での意思統一というか、相互の勉強や相互理解が不足していたのではないか、という反省はあるかなとは思います。私も復興庁に直接行っていたわけではないのですが、国交省の方から見てて、復興庁にちょっと物足りないところがありました。「統合する」という意味では、例えば、復興庁に国交省と厚労省とが呼ばれて「どういうふうに取り組もうか」という議論もありました。そういう意味でのコントロールタワーという機能は、一定程度は果たしてくれたのではないかと思っております。

れている方がほとんどなんだなと思ったんですけど、私たちの協議会としては完全に震災後にどうにかしなくちゃね、っていうところから、一応、市の方から声をかけてもらって東京から来たアドバイザーの方を付けてもらって、あと、ＩＳＨＩＮＯＭＡＫＩ２.０さんのバックアップをもらって、今の形までようやくなっているような状態です。私個人のことを言うと、石巻生まれ、石巻育ちで、大学卒業後は東京で働いていたんですけれども、東京から海外に住んでいたりもして、石巻に帰ってきていたら震災にあっちゃったということで、そのまま石巻に住んで、うちのこととか、地域のこととかでいま活動をしているような状態です。今日もなんだかよくわからないまま参加しているような状態ですけれども、よろしくお願い致します。

(兼子)私も初めての参加になります。NPO法人石巻復興支援ネットワークの代表理事をしております、兼子と申します。どうぞよろしくお願いいたします。うちの団体は震災後に立ち上がったNPOになります。私自身が２０１１年の内閣府の雇用創造事業復興支援枠ということで、補助金をいただきまして設立いたしました。仮設住宅を中心とした、そこから見えてきたニーズに対していろんな仕事を作ってまいりました。その中で代表的なところでは２０１２年に私を応援してくれた関西の"edge"という団体と一緒にコンソーシアムを組んで起業家支援ということを始めました。２０１３年は県の事業を受託して２０１４年にはコワーキングスペースをオープンしてそこにいままで支援させていただいた方々のネットワークづくり、それからこれから起業する方々の創業支援ということを、設置していて、現在も続いている事業になります。人材育成というところでは同時期の２０１２年の内閣府の事業で５０名の人材を育成して、そこは主婦目線のいろいろなサービスを付けたもので、５０人全員が卒業して半数以上が地元のこういった支援団体だったり、企業に務めたという実績があります。今度は日本ロレアルが有するランコムというブランドと一緒に石巻市さんの協力を得て、三者での協力事業ということで女性に特化した人材育成を始めています。それは３年目が昨年終わり、４年目が今年３月８日からスタートする予定になっています。これ

鹿半島の様な、いわゆる人がどんどんいなくなってしまう、職員になるような働き手もいない地域では、介護保険事業所は１個も増えておりません。そのような中でかなり立地的に厳しい状況が見受けられます。

私たち自身が今やっております「おらほの家」を通して、コミュニティの状況が個人に及ぼす影響という事について少しだけ考えさせてもらいました。様々な影響が起こっているのですけれども、やはり震災による環境の変化というのがすごい大きいのかなと思っております。物理的環境ですとか人的環境の変化ですね、度重なる改修工事ですとか、今までと勝手の違う住環境。また、家族や仲間が亡くなってしまった。元々やっていた仕事を止める、今回がきっかけで止められた方もいらっしゃいます。畑ですとか公民館など、人が集まる場所ですとか自分が元々楽しみでやっていたことが流されてなくなってしまった。そんな環境の変化から、外に出るきっかけがなくなってしまって、習い事ができなくなったとか、趣味活動がなくなってしまった、仕事がなくなってしまった、このようにいわゆる「参加すること」がなくなってしまい、活動する機会も少なくなってきてしまっています。看護師等と話し合って考えていたんですけれども、そうなってきますと心の落ち込みというのと、あとは身体自体の落ち込み、健康ですね、例えば膝が痛くなってきたりとか、腰が痛くなってきたりとか、そのような、体の方にも影響が及ぼすという事になってきております。ICF（注；International Clssification of Functioning, disability and Health：国際生活機能分類は人間の生活機能と障害に関する状況を記述することを目的とした分類であり、健康状態、心身機能、身体構造、活動と参加、環境因子、個人因子から構成される。）というモデルの中に当てはめてみますと、結局「環境」だけではなくて、「環境」から「活動」「参加」というところに影響が及ぼして、「活動」「参加」から「心身機能」の方にも影響が及ぼしてくる。ただこれは一方通行ではなくて、「心身機能」の方に落ち込みが出てきたら、結局、「活動」「参加」というのも少なくなってくるような、そんな状況になっています。そんな中で、本当に平屋のちょっとした空間なんですけれども「おらほの家」が個人にどのような影

いう気がします。

(平野勝也) ありがとうございます。強引にまとめると、復興庁というのはある種「一本化した予算配布システム」であったということですね。要するに「一本化」の部分があまり議論される機能しなかったので、(今石塚さんがおっしゃったように)「予算配分システムだけの機能」になってしまったのではないかという指摘もあります。いろいろご意見があると思うのですが、自治体サイドから見てですね…また三浦さんに聞くのは申し訳ないので、熊谷さんにお聞きしましょうか。宮城県知事は最初「査定庁だ」と怒っておられましたよね、復興庁のことを。でその後…「復旧庁」という言葉も、知事はおっしゃっておられたような気がするんですけど。熊谷さんの意見ではなく、知事がどういうおつもりでそういうことをおっしゃられていたのかということをお話しいただけないでしょうか…。熊谷さんもお立場があるので、ご自身の発言じゃない方が良いでしょう？(笑)

(熊谷良哉) 余計言いにくいですね (笑)

(平野勝也) 県から、もしくは岩沼市から見て復興庁はどういう感じですか。

(熊谷良哉) 私の感想も交えて言わせていただければ、と思います。今回の震災が起こって、わたくしは2年目から直接かかわったので、1年目の、今の皆さんのご苦労というのは直接肌感覚で分からないところがあります。2年目では復興庁の制度が出来て、復興交付金の制度も出来て、やっとルールが出来て、これからスタートという部分もあったかと思います。私が担当になって、まず最初に兵庫に行かせてもらい、阪神淡路の時にどうだったのか、或は中越の時がどうだったのかということを学ばせて頂きました。そういう過去の大きな震災を経て、国としても今回のような制度を作り復興庁という組織を作って、やっているのだと思います。その大きな災害を経るたびにどうするべきかが、更新されているんです。20年前の阪神淡路大震災の時はボランティアの皆さんが活躍した

(今川) 石巻の復興事業そのものが実はよく理解していないんですが、いわゆる盛土はたぶん必要なくて、市街地の再開発のほうが中心になっているというイメージでよろしいですかね。

(榊原) その辺は、じゃあ中村さんの方から石巻の中心市街地に限ってざっくりとお話いただけますか？

(中村) 中心市街地につきましては、盛土は行う予定はありません。というのは、被災を受けた住宅がありますが、復旧してその場で再建しているという現状もありまして、本来、地盤沈下を起こしていますので、盛って排水対策をする必要がありますが、そういった状況にもないということで、今、(排水対策として)ポンプ場を整備する予定です。仮設ポンプはだいたい50ヶ所、100基以上のポンプは作っておりますが、今後、恒久的なポンプ場を21ヶ所、既存で9ヶ所ありますが、場所を増やしながらポンプ場で強制排水するということで盛土はする必要がありません。ただ、半島方面はもうすべて沈下しておりますで半島方面はだいたい65ヶ所

くらいは元地の盛土が発生してきています。そういった状況です。

(榊原) あの、区画整理とかもとくにないということですか？

(中村) 区画整理では盛土をしながらやっている場所もあります。湊地区の産業ゾーンとかですね。そういったところはあります。

(榊原) ちなみに再開発の話が先ほどありましたが、今、何個あってどのくらいの状況かというのも少し(お話いただけますか？)

(中村) 再開発ですか、先程少しお話があった通り、7,8ヶ所ですか、動きがありました。ただ、いま現在は民間の再開発としては3ヶ所、1か所はもうオープンしました。2ヶ所いま建設中と、で、その他に優建の事業として1ヶ所、その他に、もともと再開発で動いていたところが、地権者がまとまらずだめになったんですが、そういったところが優建事業として小規模でやろうとしている団体が4ヶ所、5ヶ所ぐらいあります。それが、いま検討中という状

トさせてもらいながらこれからも活動していきたいと思っています。私の方からの発表はこれでおしまいです。ありがとうございました。

(米野) ありがとうございました。引き継ぎ、寄らいん牡鹿の石森さんから、どういう活動をされているかというあたりについてご紹介いただければと思います。

(石森) ご紹介いただきました、寄らいん牡鹿代表の石森でございます。私の方からは、牡鹿地区全般についての、震災直後から現在までの状況を端折ってちょっとまずご説明申し上げたいなと思っております。実は3.11の被災があってから、牡鹿地域の人たちはどういうことをやったかというと、まず避難場所ですね、避難所が非常に少なかったということなんです。というのは公共施設というのがあんまりない場所ですので、特に私が牡鹿地域の小渕浜というところで当時住んでおりましたが、そこには公共施設というのは地区の公民館一か所しかないんです。ところが、その

公民館そのものが津波で全部流出してしまって、避難する場所がないということ。そこで考えたのが、うちの小渕地区というのは、世帯数で言うと157世帯当時ございました。そのうち120世帯が津波で全部流出。残った30数世帯にお願いして、当時の住民約五百何十人を、その残った家の大きさに応じて20人とか、10人とか分散して避難させていただきました。そういう状況の中で、行政サイドでは仮設住宅の設置という事が出てまいりました。ところが当初県ならびに市もそうなんですけれども、仮設住宅の設置する場所については、公共用地以外はダメですよ、という事の一点張りだったんです。いやそれじゃどうもどうしようもないんで、ほとんど半島部の方は地域の沿岸漁業に頼っている場所ですので、やはり現在まで住んでいた地域にどうしても仮設住宅がほしいという思いが非常に強かったものですから、市、県に対して度々要請をおこなったんですけれども、やはり公共用地以外はダメですという一点張りだったんです。ところがたまたまそこに四月の下旬になりましてから東京弁護士会の弁護士の先生方が5人程「現地の調査に参りました」という事で見えられたんですね。

Table A — 復興事業全般の課題の振り返り

最初の年であり、中越の時も基金を作り国からの予算を基金化し、それを自由に使って、復興が進んだというところがあります。それらの経験を踏まえて、今回の被災に対しては復興庁や復興交付金という、制度を整備していただいて復興が進んだのかなと思っています。

岩沼の場合をいうと、直接市庁舎や市職員が大きなダメージを受けなかったことも大きいのですが、いち早く、平成23年の夏には自ら復興計画を立てて、それに向かってやっていこうと取り組みました。当初は7つの柱であり、途中で見直して4つの柱を立て取り組んでいますが、自ら行動出来たか、出来なかったかというところの差が大きかったのではないかと思います。その中で、自ら出来た市町村は、自分たちでは出来ないところを「国や県が支援してくれ」と具体的な要望として出して、国や県はそれぞれそういう要望を拾い対応してくれていました。被災して自治体機能が大きくダメージを受けたところは、そういう復興計画作りにも思うように取り組めなかったのではないかと思っています。そういう自治体がどんどん取り残されてしまったのではないでしょうか。それに対して「国や県は何もしてくれない」という思いもあって、いっそ「査定ばかりしている」という発言にも繋がったのではないかと思うんです。しかし、一番進捗状況の遅い自治体に合わせれば、ほかの自治体からは逆に「もっとどんどん進めてくれ」という要望も出たのではないでしょうか。自ら進んでいる自治体は、「国も県も口出しせず、自分たちの要求にだけちゃんと答えてくれ」という姿勢もあったのではないかと思います。県としてはその間に入って、市町村の手の回らないところをサポートするというような、私のセクションはそういう役目だったのですが、アンケート等を読むと「県ももう少しイニシアチブを発揮して、やってくれた方が良かった」という意見もあるので、難しいところではあるかなと思うのですが…。

過去の大きな災害を経て、制度も徐々に整っていって、今があるのかなと思っています。今こうして議論することが、次の大きな災害に備えるためには大切なことだろうと思いますので、不備だと思うところを皆さんで出しあって、「どう次に備えるか」をご議論いただくといいのかなと思っておりました。

Table B — 中心市街地再生、地方創生の取り組み

況になっております。

（榊原）今川さん、よろしいですか。ちなみに中心市街地のその商業的な状況というのは、それは松村さんにお聞きすればいいのか、後藤さんに聞いたほうがいいのか、どうしましょうか。

（後藤）はい、中心市街地の商店街ということでお題を頂きましたが、商店街というのはいまほぼほぼ存在しないという状況に近いものがございます。そういうとちょっと誤解があるかもしれませんが、まあそう言い切ってもいいだろうと個人的には思っています。したがってある意味、商店街づくりということではゼロベースからのリスタートということだと思っています。その中に、先ほど駅前から川にかけての二核一軸というキーワードがありましたが、それは震災前からずっと変わらないまま、この5年間やってきておりますが、震災当初はある国会議員の方々が石巻にいらっしゃって、当時政権与党だったところですが、駅前から港まで全部ブル（ドーザー）で建物も全部壊して、道路も引き直して、土盛りをして街そのものもゼロから作りなおしたほうがいいんじゃないかというご意見も頂きました。頂きましたがそれは私共としては、考え方としてはわかりますが、非常に現実的ではないでしょうということで、たぶん行政のほうもそれについてはお話としてはのらなかったということだと思います。それで、二核一軸の間に再開発として、中村さんからお話があった通り、すでに3ヶ所が動いているということで、その内の1ヶ所がついこの間オープンしました。今年中に、今年の9月、10月ぐらいに残り2ヶ所、川沿い1ヶ所、街の中1ヶ所というのはできる予定でございます。その間に非常に小さな優良建築物等整備事業を使った、俗に優建という事業ですが、こちらでも1ヶ所すでにオープンしておりますし、立町というところで1ヶ所、今、進んでおります。それからまちの、商工会議所を中心としたエリアのところで数か所優建で事業をすすめようかということです。地権者がまとまらず瓦解したという計画はマスメディアさん大好きで、失敗した事例というのはすぐ取り上げるんですね、そうするとそれを見た市民の方々はこれはなくなったというふうに判断するんですよ、ところがな

Table C — 半島部の生活・自治・なりわい・福祉の今と振り返り

それで、「何か困ったことはございませんか」というお話だったんで、当時私は牡鹿地区の行政区長の連絡協議会というのがございまして、そこの会長もやっておりましたので、この地区の総意なんですけれども「仮設住宅の設置がままならないんです、土地であれば各地域地域にいくらでもあるんだけど、それがダメなんです」という事で困っているんですということを話しましたら、その中のお一人の弁護士の方が、「私は仕事上内閣府の方に度々お邪魔しています。ですから帰りましたら早速現地の窮状をお話してみます。」という事で帰られたんですね。そういう事があって、たまたま5月のゴールデンウィーク明けに、その弁護士の先生から速達便が届いたんで、なんだろうなと思って封を開けてみました。そうしましたら、厚生省の大臣官房と援護局の連名で、被災各県の土木部長宛に、仮設住宅の設置についてという通達を出していただいたんです。手っ取り早く言うと、仮設をつくるのに必要な公共用地がない場所は民間の土地を借り上げてつくってもいいですよ、そのために生じる費用については全部国が負担します、という通達の内容だったんです。しからばということで、それから県と市が設置する場所の現地調査に見えられたんですね。それが5月の中旬以降だったものですから、おしなべて半島沿岸部の仮設住宅の設置工事が大分他より遅れたんです。内陸部の平坦地につくるものはほとんど大体5月頃から入居可能な状況になったんですけれども、半島部については、早くて8月だったんです。それで、一番遅いところで大体11月頃までかかったという経緯がございます。そういった経緯もありまして、それから集団移転団地の選定という事になってくるんですけれども、これもやはり各地域地域の事情がございまして、場所の選定に大分手間取ったんです。それで牡鹿地区だけに限ってみますと、集団移転団地の造成地が12地区ほどあるんですけれども、今比較的小さい移転団地の部分については完成して、各公営住宅なり戸建の家もできて、入居しているところもあるんですけれども、一番大きい鮎川地区と、あと私たちの住んでいる小渕地区についてはまだ造成工事が真っ最中でございまして、最短でも今年いっぱいかかるんじゃないかと、そういう状況になっております。

（平野勝也）ありがとうございました。牧先生、どうですか？

（牧紀男）やはり、復興庁が必要かどうかわからないんです。県が復興庁的な役割を果たしても良いわけじゃないですか。本来的に復興庁が必要かどうかを考えると、やはり3県同時被災というのが今までと違うわけです。先ほどの兵庫県でも新潟でも1県被災ですからね。その県がそういう役割を果たせばよかったのですが、今回3県被災なのでそういう意味では復興庁がいるのかなと思わなくはないですが、やはり復興庁というか復興における調整機能っていうのはすごく重要ですが、それを宮城県が復興局を作って、そこでマネジメントをして、そこに金を持って来るということも、もうひとつの姿としてあったのかなと思うんですけど、どうなんですかね。

（小野田）私は制度の専門家ではないのですが、熊谷さんがおっしゃったように中越の復興の仕組みはけっこう良くできていたように思います。いろいろ調べて基金を作って、制度設計に熟達していた政権がいて、県知事も力があったので、県が主体となって基金をつくって、基金を復興交付金の年度事業っていう枠を超えて復興後のことも考えながら、ソフトウェアを含めて投資をできたっていうことがありました。そこは圧倒的に良かったと思います。だけどそれがなぜ、東日本大震災で経験として活かされなかったかというと、ひとつは大規模な津波災害が起こって、どう、リスクを判断しながら、災害危険区域を含めた災害リスクと安全性を再構築するかっていう、土木と土地利用の問題をまず片づけないとなかなか先に行けなかったので、復興交付金っていう仕組みをつくって直接投資をかけながら、やらざるを得なかったっていうのもなんとなく分かる気がします。でももうちょっと違う仕組み、「基金の役割が前面に出て、それを管理する県の役割も前面に出て」という復興像も描けたはずなんだけど、それがなかなかうまくいかなかったのは何故なのかを整理したいと思います。むしろ専門家としての牧先生にそこら辺の話を今回の津波災害っていうのが持っている、他の災害とは違う位置づけ、それをどういう

[Table A: 復興事業全般の課題の振り返り]

くなったんではなくて、別な形に変えて新しくリプランニングをしているということはまったく報道なしでそういう失敗事例ばかり報道します。そういう意味で私共としては非常に大手メディアさんも含めて迷惑を被っているというところでございます。これだけで話すと私、3日ぐらい話してしまいますから、やめますが、そういうところです。それで、商店街についてはその中に埋めるように震災後頑張っている個店もたくさんございます。ありますが、それがまちとしての機能を果たしているかというと、なかなか、個店として頑張っているわけですが、街全体としてまだまだつながりができていないだろうと言うことで、これは再開発といっても小さな規模の再開発ですが、その間にその隙間を埋めるように若者、よそ者の気持ちも踏まえて起業していただければ大変ありがたいというふうに思っていますし、私共としてもリスクテイクをしながら事業を推進するという準備をしているということです。あと、最後に一つだけさっき若者が発言をする場がないという話がありましたが、たしかにそうだと、よくこの件については松村くんと私も話をするんですが、若者が発言する場がないという、たしかに行政の方々も石巻にどんな若者が入ってきて、彼らが何を考えて、どんなことをやろうとしているのか、どんな夢を持っているのかというところを把握していないですから、そういうことを把握する場というのが必要だということで去年一度集まっていただいて、意見交換会をさせて頂きました。その一方で若者に、ぼくはもう、気持ちの上ではまだ若者なんですが、年齢的にはもはや若者じゃないんで、若い方々に、とくに20代、30代の方々に申し上げたいことは、若者に逆におじさんのところにおいでよって言っても来ないんですよ。逆です。それもありますので、是非是非飛び込んできてほしいというふうなのが、切なるお願いであります。よく行政の縦割りということでこれでも国の支援のあり方とか、復興庁のあり方とかいろいろ書かれていますが、行政の縦割りということでは、我々が進める事業についても様々な部署が関わっていまいりますので、会議体には是非、全関連部署に集まっていただきたいとというお願いを復興政策部のほうにして、その通りやっていただいているわけです。ところがじつは民間も縦割りですので、行政だけではなくて、民間も世代ごとの縦割り

[Table B: 中心市街地再生、地方創生の取り組み]

そこで、本来の私たちの活動なんですが、そういった流れの中にありました。震災後仮設住宅の中に入るようになってやはり、どこもおしなべてそうだったようですけれども、仮設住宅に入ると狭いところに閉じこもってしまう。あまり外出しない。そして震災から一年後ぐらいですか、マスコミ等報道を通じて、仮設住宅内での孤独死というニュースが大分聞こえてくるようになりました。やはり当時私もそういったことが心配だったものですから、各地域の区長さんに連絡をして、「お宅の方の地域はどうだ」といろいろ聞いてみたんですけれども、おしなべてやはり「仮設に入ってからあんまり皆交わりが無いようだよ」「閉じこもりが多くみられる」という話を大分聞くようになったんで、これじゃどうしようもないな、せめてうちの牡鹿地区内からその孤独死というものを出したくないな、と考えて、それらを解消するにはどうしたらいいかと、やはりその閉じこもっている人たちを何とかふれあいさせる場をつくりたいなと思ったんですよ。それでそういう思いを持つ方々何人かで、じゃあどうしようかということで色々相談し合って、一年ぐらい時間はかかったんですけれども、それらを解消するためにはやはり動くしかないなと、というのは一番手っ取り早いのは何かというと、やはりサロン活動が一番最初なんだよねと、ではサロン活動をやれるような場所はどこがあるかという事で、色々模索したんですけれども、鮎川地区の、仮設住宅暮らしの方ではないんですがたまたま家が残った高台の地区の住民の方たちが、やはりみんな閉じこもってる、ところが場所があるから、「じゃあうちらでやってみようや」って、手を挙げていただいたんです。そういうところがあるんであれば、じゃあ我々もとにかく動き出そうや、という事で我々2014年、平成26年の4月にこの寄らいん牡鹿という組織を、住民の中から立ち上げたんです。ではその寄らいん牡鹿の組織というのはどういうものかというと、要するに会員同士の助け合いの活動という事で、まず会員を募ります。会員になっていただいた以上、年二千円の会費を払っていただきます。そしてその中で、例えば、できるものとできないものとあるんですけれど、何か会員が困ったことがあったら、それをできる会員が行ってお助けしましょうと、というようなことで始めたんです。それでふれあいの場をどうするかという

[Table C: 半島部の生活・自治・なりわい・福祉の今と振り返り]

Table A
復興事業全般の課題の振り返り

風に考えたらいいのかっていうことを少し整理していただいて…

（牧）あんまり関係ないと思うんです。津波災害だからっていうのは。使っている40の事業費っていうのは元々国が持っている制度ですから、どんな復興でもそれを使うというのが基本です。それ以外のところは、新潟の場合は基金ですし、今回は効果促進事業です。ということでお金の流れについて、何か大きな違いがあったということはないのかなと思っています。復興庁の方に話を伺っていると、阪神の時は復興委員会方式で、今回は復興庁という方式だったと。その方がおっしゃるには「まさか復興庁ができるとは思わなかった」っておっしゃったので、それは政権のいろんなことがあったのかもしれません。ただ本当に必要なかったのかということはしっかりと議論をしておくべきだと思います。なくてもできたと思いますけどね。

（平野）その手の批判はいろいろ聞きますよね。僕は個人的には中途半端だったのかなという気はしているんですけど。そのへんを現場感覚で話せる話を話していただければと思いますが、今野さんいかがですか。話せない話は話さない方がいいですよ（笑）

（今野）あんまり話すとどこかに異動されるので（笑）。
間違いなく震災の1年目の国土交通省直轄の事業に関しては、かなりスピード感がありました。ただ、すごく残念だったのは、地方分権っていう流れがあり、「1年間は国が面倒を見ますけど2年後は各自治体でやってくださいよ」となった瞬間にスピードがガクッと落ちたような気がしました。それは被災者にとってはすごいショックだったと思います。やはり、これくらい大きな災害ではソフトランディングを意識してもらった方が良かったと思います。要するに我々地方公共団体もこういった大きな災害を経験したことがないので、手法が全く分からない。そうであれば、直轄事業のような大きな事業をやっている方々のノウハウがぜひ必要だったと思うし、そういったものを1年でボンっと切られた瞬間に、やっぱり地方公共団体が対応できたのは、そこから半年後とか、10か月後くらいの遅れが出てしまったというのが今回残念でした。

Table B
中心市街地再生、地方創生の取り組み

があります、それから産業界とか商業界、農業界、水産業界とかというそれぞれの分野でもなんかこうなかなかお互いが考えていることが理解できていない、ということがありますので、やはりこれは同じように打破していかなきゃいけない問題だというふうに考えています。

（榊原）あの、しゃべりたくてウズウズしていらっしゃるので（笑）

（松村）商店街というキーワードなので、ちょっと補足したいなと。今、後藤会長がおっしゃった通り、商店街が実質的に石巻の中心市街ではなくなっているというのは一面、事実です。ただ、もう一つ、客観的事実としては残っているとか、残っちゃっている。2つちゃんと振興組合があって、一つの振興組合の会長さんは宮城県のほうでも理事をされていらっしゃったりするようなところです。来年もこういうふうに記録が残ると今から発言することで「松村とんでもないやつだな」なんて言葉だけが独り歩きしないかちょっと不安に思いながら、ちゃんと事実を出さないといけないと思いますので、言わせていただきますと、ぼく、予め言い訳をしておきますと、商店街の一員として活動していまして、本当に商店街のみなさんと家族のように毎日仲良くおもしろおかしく、本当に幸せな時間を過ごさせていただいております。ただ、一方で先程申し上げました通りビジネスとしてすごい過酷な競争をしていこうみたいな感じは、商店街のお店ではもうほとんどそういったお店はないです。後藤会長おっしゃった通り、その中でもすごい特徴的なことをやろうとしている店舗は本当にいくつかあるんですけれども、なかなか自分で銀行に借金をしてきちんと投資をして新しい販路を開いてみたいというところはモチベーションとして持ちづらいお店が多くあるというのがまず石巻の街のなかの商店街の一つの事実ですね。一方でじゃあどうするか、いまたぶん石巻の商店街というのはそういう商店街エリアというよりも本当に住居エリアとして非常に質のいいコミュニティがまずあるんだろうなというように思います。本当に商店街の皆さんは高い教育を受けていたりとか文化的素養があったりとか、すごいインテリで会話も面白くて、外からくる人をどのほかのエリアよりもてて

Table C
半島部の生活・自治・なりわい・福祉の今と振り返り

事で、当初鮎川の南地区の人たち、じゃあ俺たちお茶っこ会やるよ、と、それでその在宅の人たち、ほとんど高齢者、独居の方なんですけれども、会員が14名ほどで、週一回のお茶っこ会を開き始めたんです。それも、ただやるんじゃなくて、来た人が、一回ワンコイン払ってもらいますよと、100円持ってきてと、その100円を原資にして、コーヒーを買ったり、お茶菓子を買ったり、それで週一回やったら、みんな「楽しい」って、「来週のお茶っこ会が楽しみだよ」という話があって、じゃあこれを他でもやってやろうということで、同じ鮎川地区の今度は湊川仮設住宅という団地があるんですが、そこに話を持っていったら、そこにたまたま、元々鮎川の人なんですけれども、震災の何年か前に東京から戻ってきて自分で店をやっていた板前さんがいたんですよ。「そういう事だったら私、この団地の人たちを集めて昼食会をやってもいいよ」ということで、それは週一というのは無理なので、月二回ぐらいやってみましょうや、という事で、来ていただく方は材料費だけ300円負担してもらいますよと、それを始めたら大変好評で、仮設団地の集会所があるんですけれども、そこはあまり広くはないんですが、そこを溢れるぐらいの人たちが集まってきた。しかも集まってきてただ食べるだけじゃなくて、料理を作る過程でみんなでやるんだ、共同してつくるんだと、そしてそれを自分たちが食べる、非常に楽しいと、ではそれを他でもやれないかな、ということで今度は小網倉地区という、野津さんが住んでおられるところの地区にも、お茶っこでもやってみませんかという事で話を持っていったら、楽しそうだからやってみましょうや、と個々に集える場をつくったんです。それを今度はどうにかしてつないであげたいな、ということで、寄らいん本体でも色々なイベントをやろうや、という事で、寄磯地区というところのお寺さんがあるんですけれども、そこに樹齢300年は経つというとてもすごい枝垂れ桜があるんですよ、じゃあその桜を見る会をやりましょうや、ということで26年の4月にまず一回目を開いたんですが、そうしたら参加したいという人が30数名おられました。ところがうちらの会員だけでは移送できないんで、うちの地区にございます牡鹿の地域包括支援センターにお願いしまして、そちらの応援も得て、それで移送していただいたんです。それが今度は評判を呼

Table A
復興事業全般の課題の振り返り

そういったことを次の災害に活かしていただければなと思います。

（平野）はい、ありがとうございます。復興庁にはいろんな側面があって、だからそういう意味では今、今野さんが指摘されたように、直轄調査が終わったことを引き継ぐぐらいの権限を持って、先ほど話題になった「統合化」の部分や、復興庁一本化という再配分、言い換えれば、いろんな縦割りの行政、予算制度を一本化してやっていくには、（これはプランニングそのものなのですが、）当初の直轄調査が担っていた部分の継続があるとより良かったのではというお話しでしたね。

（小野田）岩沼とか七ヶ浜とか、早く進んだところは、復興庁にそういう大きなパワーがなかったので、先に進めたという側面もあるんじゃないでしょうか。
僕も岩沼にいましたけど、最初の頃に、直轄でなかなか素晴らしい先生がいて、最初は突破力としてはよかったんだけど、だんだんもう大変になってきたので、それをどうやって調整するかということがすごく大変だったんです。でもそういう突破力がなければ前進はできなかったわけだし、復興では、フェーズによって「やらなければならないこと」がどんどん変わっていくので、それをうまく切り替えながらやりきったのではないでしょうか。それは岩沼もそうだし、七ヶ浜、仙台市なんかもそうだと思います。それぞれの自治体の論理をどうやったら復興庁の論理に乗せて説明できるかというところを説明し切って、復興を実現したということですよね。被害の程度が違うので、それを石巻と比べて「だから石巻は…」なんて言っても全然ナンセンスなのですけど。復興庁の在り方としては、やはりああいう被害の程度の自治体にとっては今くらいの感じの方がむしろ良かったし、逆に強力過ぎる復興庁が出来ていたとすると、そういう個別の対策ってなかなかやりにくいということは無いでしょうか。

（平野）強すぎる復興庁は、かえって邪魔だったということですか？

（小野田）まあ岩沼の前市長は相当カリスマの人だったので。でも

Table B
中心市街地再生、地方創生の取り組み

なしている、ボランティアを「うちに住みなよ」とか「うちでご飯をたべなよ」みたいに巻き込んでいく、そういった拠点になっているのは商店街です。ただそれはあくまで商売というところではなくて、コミュニケーションというところで外部の人とうまくつながっている、そこをどういうふうに、そういう外から来た若い人たちがそこに根ざして、単に気持ちいい、楽しいのんびりライフを楽しむんじゃなくて、そこで自分の小さなビジネスあるいは新しい生き方を見つけられるかというところ、ここは次の５年として大事なポイントになるんではなろうかと思います。で、そこでキーワードになるのが、どうやって不動産、土地を流動化させるか、あるいは、いろんなポジションの流動化というのも、もしかしたら必要なのかもしれないというふうに思っていまして、ぼくもＩＳＨＩＮＯＭＡＫＩ２.０という団体を立ち上げて５年間も代表を務めてしまって、相当それは保守的な、居座っている野郎じゃないかと客観的に思ったりするわけですけど、ちゃんとそういうポジションとかキャリアを流動化させて外からくる人にチャンスを作っていくというところもこれから被災地で大事なところなのかなというふうに思ったりしております。

（榊原）石巻の逆に言うと中心部じゃなくて、ちょっと外から見て、、一市民として、石巻の中心部をどう見ていますか。

（曽根）私が住んでいる山下地区というのは、テーブルにお配りさせていただいている白い封筒があるかと思うんですけど、この封筒の絵が山下地区の１６町内会が集まっている地図になっています。この封筒もですね、私たちの方でデザインをして作ってというところで、山下地区というところは運河が流れていて、地図の形がお魚の形にちょっと見えるなというところで、運河を虹色の魚が泳ぐみたいなイメージでちょっと作ったりしていて、ちょっと宣伝なんですけど後ろに広告を載せさせてもらっていて、これは地域の企業さんにお願いをして、地域の企業さんとも繋がりたいなというところで、ちょっとづつ、本当に賛助程度の広告料をいただいて広告料で印刷できる範囲の封筒を印刷したみたいな形になっています。魚のお尻のところに穀町（こくちょう）という

Table C
半島部の生活・自治・なりわい・福祉の今と振り返り

んで、「寄らいんさん何かやらないの」という話になりました。じゃあ次は鮎川で一番近いところで会員さんの自宅で山法師のきれいなところがあるから、そこに行って山法師を見ながらお茶を飲みましょう、たまたまその会員さんの方がピザ釜を持っていたんです。「皆さんおいでいただけるんでしたら、私ピザをつくって皆さんをおもてなししますよ」、とそういう事をやって、それがだんだん評判を呼んで、そういう楽しいことをやるなら私も会員になりますよ、という人がいっぱい出てきたんです。それで当初2014年の設立当初の会員が40名程度だったのが、翌年の４月までには80名超えておったんです。そういうものだから、いずれみなさんを外に出る機会を与えてやると、皆さん喜んで出てくれるんだな、という事で、今年度に入りましてからもお寺さんの桜を見る会もやりましたし、さらに遠くという事で、県北の伊豆沼長沼の蓮のきれいな時に蓮の鑑賞会、これはバス一台満員になるくらいの参加者ございました。それと色々な団体さんとの交流もあるものですから、東京のYMCAさんをお呼びしてみんなで一緒にお寺さんの本堂をお借りして歌声広場をやってみたり、昨年の秋には、今とかく原発の再稼働問題がにぎやかになってまいりましたので、せめて女川の原発見学でもしようやという事で電力さんにお願いしまして、大型バス一台出していただいたらそれも満員の状況。それと私たちできれば多くの人を集めたいなという事で、初年度からそうなんですけれども、昨年の１月に、会員の新春交流会というのを地元のホテルを会場にして開いたんですけれども、昨年度の場合はそれに対して、会員以外も参加があったんですけれども、一泊泊りがけで80数名の参加者がありました。今年も同じく新春交流会を開いたところ、今年もやはり半数が泊まりで、半数が日帰りでしたけれども、70数名の参加者がございました。そういった形で、個々にサロンをおこなえる場所をつくる、さらにそういったものを全体的につないでいくというような活動をやってきました。そしてその中で、困っていることとして、「高台地区で家は残っているんですけれども、病院に通院するのに、交通の便がないんです」という声が聞こえてきました。確かに、路線バスなり、市で今やっている住民バスというのもあるんですけれども、バス停まで行くのが大変。半島部の仮設住宅というのはおしなべ

Table A
復興事業全般の課題の振り返り

あの人がトップダウンで、ここでこうしますって決めたので、現場はすごく動きやすかった部分もあるんですけど。強力な国の仕組みがあったとすれば、逆に、岩沼市自体は動き辛かったんじゃないですかね。だから、表裏だと思うんですよね、強力な仕組みをつくれば良かったとも思わないけど…。岩沼とか、七ヶ浜とか良い例を見ると、基礎自治体の持っている力が最終的には試されているような気がします。

（平野）はい、それはもちろんそうですね。どうしようかな。実は、ガバナンス（自治）の話が一番重要だと思っています。発災前財政的に余力のあった自治体、震災前に、財政的にそれなりに固定資産税収入が多くて、完全単費の独自事業が展開していたであろうなと思われる自治体は、今回の復興においても結構主体的に動けているような気がするんです。その一方で、財政的な体力がそんなに強くなくて、通常時から補助要綱を見ながら「この補助金でお金とれるかも」という感じで、受け身のまちづくりをやってきた自治体はどうしても受け身であり続けています。あんまりこうステレオタイプ化しない方がいいんですけど、言ってみれば当たり前のことで、そういうやり方のキャリアを積んできた人たちがいるわけですから、その違いは、通奏低音のようにすごく響いているような気はしています。ただ、今後に向けてのガバナンス（自治）についての話のような気がするので、後に回したいと思います。次はですね、若干悪名高い、悪名高いじゃないですね。僕の中では悪名が高いんですけど「復興交付金の100％国費」について皆さん、どうお考えですか？なんか差し障りのない人から行こうかな。牧先生（笑）

（牧）だめだと思いますよ。

（平野）だめ？

（牧）あの、お金がないのはあれですけども。私たち研究者って研究費もらうときって、バカみたいになんでも出すんですよ。ですけど、そのあとのこと考えないので当たった時に、学生がいない、

Table B
中心市街地再生、地方創生の取り組み

地区があるんですけれども、ここに石巻市役所があります。お魚のお尻の緑のところですね。ここに市役所があるんですけれども、そこからかなり西の方まで広がっていて、中心市街地とだいぶ離れている部分もあります。病院は穀町にできます。市役所の隣に（市立）病院ができる予定になっているので、山下地区の中に病院もできてくるんだろうという感じですけれども、私たちの地区は実はあまり大きくない被災でした。流出ということはなく、運河から流れてきた水であるとか、あとは市役所の後ろ側を通っているバイパスから流れてきた水、あとは大街道という地区があるんですけれども、大街道側から入ってきた水というところで、全域浸水の地区でした。床上浸水、床下浸水というところで、全壊まで行くお家はそんなになくて、ほぼほぼ大規模半壊と言った地区です。在宅避難を余儀なくされるというか、避難所にいかなくてもなんとかなっちゃうような地区でした。意外と、復興からは取り残されてしまった、一番初めのご飯が来ないとかそういったことで取り残されてしまった地区でもありました。ほぼ住宅地になっているので、新しいことをなにか起こしていこうということができるような地区ではありません。中心市街地でＩＳＨＩＮＯＭＡＫＩ２.０さん、松村さんとも絡んでお仕事、活動させていただいたりしているので、中心市街地、楽しそうだなとか新しいこと始めるっていいなって見ている部分が実はあります。すごく他の地区というのを私は知らないので、他地区のまちづくり協議会であるとかそういったところから、山下（地区）は先進的だよねっていうふうに、頑張っているよねっていうふうに言っていただくことが多いんですけれども、その実ですね、一番はじめに私たちの地区でまちづくりどうしていこうかっていうワークショップが開催されたのが、２４年の４月でした。一年ぐらいワークショップばっかりやっている時期があって、そこからピックアップされた人が集められて、準備会というのをつくりませんかというのがあって、まちづくり協議会を設立するための準備会を立ち上げるまで一年近くかかっています。準備会を立ち上げてから、今度は協議会にするまでも約一年ぐらいかかって、ようやく協議会を設立したという感じになっていて、だれも仕事としてできる立場になく、住民だけでやっている状態で、だれも何もわからないのに協議会

Table C
半島部の生活・自治・なりわい・福祉の今と振り返り

て、この半島部の仮設住宅もそうですけれども、家の残った地区は全部高台地区なんです。そうするとそこまで、急な上り坂下り坂が多いんで、それを行くのが大変だという事で、じゃあ私たち何かできることはないのかと模索した結果、その人たちの病院までの介助をしようじゃないかと、単なる移送だけだと、色々な法令的に引っかかりが出てくるので、病院に通う患者さんの付き添い介助をやりましょうということで、一緒に病院行くからお願いしますと依頼あると、玄関まで迎えに行って、玄関からそれぞれのスタッフのマイカーに乗せまして、病院まで行きます。そして一緒に、特に足腰の悪い人については車いすが必要であれば病院の車イスをお借りして受付まで連れていって、受付も手伝って診察室までお連れして、診察が終わると窓口まで行きまして、会計の介助もすると、そして

Table A — 復興事業全般の課題の振り返り

報告書が書けないってことになる。やはり、本当にちょっとでもいいのですが、自分たちの負担っていうのがあれば、すごく真面目に考えるんだろうなと思います。だから、金額の多寡というよりも、やはり自分たちが少しでも負担するということでしょうね、大事なのは。兵庫県は被災してまだあの震災復興の借金を返していますからね。逆に言うと、そういうその震災復興で災害を受けたことの大変さをあとで背負っていくっていうことは、災害前にそういう被害が起きないための投資にもつながります。被災してただで復興できるのであれば、防災事業をする方が損ということにもなりかねません。なので、自己負担はちょっとでもあった方がいいと思います。

(平野) どうですかね。差し障りのない当たりで安本さん。一般には便乗事業というのかもしれませんが、100%国費だからあれもこれもやらせてくれ、いっぱい出てきて、それで復興庁も査定せざるを得なくなった、という部分もあると思います。査定庁と言われ悪口を言われても、叩かざるを得なくなった。それは「100%国費がモラルハザードを起こした」みたいな論調をよく聞きます。あの、現場の感覚としてどうですか？差し障りのない範囲でいいですよ、副市長もいますから(笑)。

(安本) 大丈夫ですよ、見ないようにしますから(笑)。やはりですね、負担はある程度設けた方がよかったと思います。さきほども出たように、ひとつは「何でもかんでも申請してしまう」モラルハザードの問題もありますし、もうひとつは事業を進める中でも工夫をしなくなることです。こうすれば事業費を圧縮できるという工夫をしなくなるんです。そのためには苦労しなきゃいけない部分は出てきますが、そうでなくて、それだったら復興庁にお願いしてあと10億でも20億でも積んでもらったら、嫌なことを住民から言われなくていいというような、そういう行政の考え方になっちゃう部分もあると思います。だから、負担は設けるべきだと思うのですが、負担を設けるって言ったときに新聞論調などで、「そんな被害を受けたところからお金をとるのか」という論調が出たりします。しかし、そもそも有事に備えてそういう基金なり、何か

Table B — 中心市街地再生、地方創生の取り組み

を立ち上げるというところで、すごく苦しい時期がつづきまして、いまだ苦しい状態は続いているんですけども、そんなわけで、今の松村さんの楽しい、幸せな時間と聞いて「ちっ」って思ったところでありました。

(榊原) 一住民として中心市街地に買い物に行ったりとか、なんかこう普段の生活のなかでの中心市街地ってどういうふうに見ていますか。

(曽根) 中心市街地は、ずっと石巻で生活しているので、シャッター通りというイメージしかありませんでした。どうしても車で行かないといけないのに、車をとめるスペースがない、止めたとしても有料の駐車場、お買い物をしないとタダにならなないけれども、お買い物をするものがないみたいなところが実はずっとあって、個人的には蛇田のほうに行ってしまうことが多かったんですけど、今はたまに2.0さんでオープンしたカフェに行ってみたり、あとは、アイトピア通りと言うところがあるんですけれども、そのお料理屋さんに行ってみたりということは最近はしています。歩けるので私は行けますけど、もうちょっと年齢が上になってくるとやはり車がないと行けないところなので、できたらもうちょっと無料で止められる駐車場みたいなのが何ヶ所かあったら人は来るんじゃないかのかなというふうに思っています。市は震災で使えなくなったところとかもあるので、何件かつぶして駐車場とか作ってくれないのかなってずっと思っていました。できたら行きたいですけど、なかなか行けません。

(榊原) はい、ありがとうございます。兼子さんは、先程、起業家支援みたいなことをされていて、その起業される方は起業する場所として中心市街地を選んだりという視点で、どうですか、起業家の方たちと中心市街地とのかかわりというのは何かありますか？

(兼子) 先ほど後藤さんがおっしゃったように縦社会じゃないですけど、あちこちに利害関係があり、難しいところが沢山ありな

Table C — 半島部の生活・自治・なりわい・福祉の今と振り返り

処方箋が出れば薬局まで行って薬をもらってくる、そして自宅の玄関まで送る、そういう事もやっています。あるいは、会員さんの中には、「家は残ってあるんだけれど、私一人では庭の草取りまで手が回らないんだ、何とかならないか」と、じゃあそれも「会員でできる人いたら派遣しますから」ということで、「その代りただではないですよ、一時間当たり一人700円だけは頂戴しますよ、それでもよろしいですか」という事でお話すると、「私できないんだからぜひお願いします」という事で、できる人に行ってもらっています。我々はそういう事をやっている組織なんです。この組織を立ち上げましてから、先ほども色々発表いただきましたキャンナス東北さんと、今ここにおられますサードステージの杉浦さん、おしかリンクの犬塚さんもそうですけれども、色々連携していただきまして、杉浦さんについては前身がJENという海外NGOだったんですけれども、連携してやっていただいております。最近になりましてからはライオンズクラブさんも私たちの活動していることに大変興味をもっていただきまして、色々ご援助をいただいてやっているというのが現状でございます。大体私の方は以上でございます。

(米野) ありがとうございます。サロン活動から始めた様々な助け合い活動についてご説明いただきました。この活動に連携しているというお立場から、杉浦さんと犬塚さんからもそれぞれコメントをいただければと思います。

(犬塚) まずおしかリンクがどういう事をやっているかということから紹介させてもらいたいなと思います。おしかリンクの法人の目的は、牡鹿半島の暮らしが牡鹿半島らしく続く、というところです。寄らいん牡鹿さん、キャンナス東北さんも、こういった目的というのはまずみんなが共通しているところだと思います。ただ、キャンナスさんの方からもちょっと課題としてあげられていたように、収益介護事業が難しいだとか、社会資源が少ない、キーパーソンの高齢化という事で、今後時間が経つにつれどんどんそういった課題は深刻化していく中で、そういった牡鹿半島らしい暮らしを続けるためにはどういった手段があるのか、ということ

Table A
復興事業全般の課題の振り返り

備えてなかったっていうこと自体を反省しなきゃいけないというのが、今回の反省だと思うんです。そういう面でも、今回の100％国費負担によって、なにかあれば国が100％見てくれるという風潮になってしまうと、自治体自体が考えなくなってしまいます。それが本当に目指している地方分権なのかという部分も重要です。別に用意できなければ、無利子の貸付でもよかったと思うんです。国からの無利子貸し付けっていうかたちで、「原資は返してね」というようなことをやったほうが良かったのではないでしょうか。

（平野）はい、ありがとうございます。なんか、みなさん大体おっしゃること一緒なので僕、あの実はあまのじゃくな人間なので、あえて別のこと申しあげます。実はこの次の段階で少しお話ししようかと思っていたんですけど、今回の復興で一番しんどかったのって、事業間調整だと思っています。被災をしてまちが動くということはすべてのインフラを作り直すわけで、それぞれインフラの種類ごとに縦割り、役割分担していますので、その縦割りの状態の中で、全員一括で解いていかないと解けないんです。こっち変更になったんだからって玉突き変更が永遠と起こり続けて、いつまでたっても決まらないってことが起こりかねない。

それだけでも十分大変だったのですが、実は地元が負担あったりするともっと大変だったと思います。実は、震災前から例えば直轄が予算を持っていて、ここの高速道路を作りたいんだっていうのにブレーキをかけてたっていうのは実は財務省ではなくて、地元自治体であることが多いんですよね。要は地元負担金を払えないので、「ちょっと勘弁してくれないか」っていう話はいろいろ出ていた。例えば県の復興事業に地元負担金がありますと、それを県が単独で支払う仕組みだったらいいんですけど、通常事業であれば、県だけが払うのではなくて当然その県道が通過する市町村も払えという話になって、お金の調整って絶対に決着つかないと思うんです、急には。おかげさまで今回は県の事業もなにもかも100％国費が前提だったので、お金のことを気にしないで、じゃあ今回は県のほうで見ておきますからこの部分はっていう感じで。ザクザクと設計の調整だけで進められたっていうのはものすごいメリットだったと思うんです。だから、確かに地元負担あった方

Table B
中心市街地再生、地方創生の取り組み

感じなので。あとはとにかく小さくスタートしてとにかく堅実にしっかり地元に根付くものを目指しているので、あまり大きくお金をかけてやるっていうような事業はうちとしてあまり輩出できていないかなと思います。その土地の方々が起業するということで、石巻、南三陸、気仙沼の三ヶ所、沿岸部を中心に応援させていただいています。事務所はちなみに市役所の隣りにあり、起業家スペースもそのアルティップのところにあり、というところでは、立地条件的には街なかにあるんですけど、そこから街なかとどうのっていうのはなかなか。さっきの曽根さんじゃないですけどシャッター街というイメージがあったりとか、あとは仮設の商店街ができてそこに漸く入った方もいらっしゃるんですけども、そこである程度足固めをしてどこかに行く前に、仮設が撤去という話があがってしまったので、みなさん気持ち的には萎えているかなというふうに思っています。あと、うちの起業家スペースのところは法人登録ができるのでそこを事務所とか拠点にして起業されている方もいらっしゃるというのが現状ですかね。だからあまり街なかにっていうのはないですね。関係性もないというのも

あるんですけど、これからというところです。

（榊原）はい、いま山崎先生が途中からいらっしゃったので、先生の自己紹介も含めて関わりのなかから中心市街地をどういうふうにご覧になっているかという視点で少しお話いただけますでしょうか。

（山崎）石巻専修大学の山崎です。よろしくお願いいたします。ちょっと諸用で遅れました。、この間、商店街連合体でイベントをやるというんで、そこで話し合いというか、補助金がつくので、有識者で入るというかたちで話をしていました。6ヶ月ぐらいかけてゆっくり対話をして、その中で商店街としてどんなことを取り組むのかということを話し合いました。いままでの大抵の診断士とかが入るやり方って、自分が答えがあって、そこでその答えを押し付けるというパターンが多かったんですね。だから、商店街自体もあんまりやる気を無くしちゃうというのがありました。今回はまったくそういう方法は取らずに、まずは自分たちがなに

Table C
半島部の生活・自治・なりわい・福祉の今と振り返り

に対して、おしかリンクが掲げている手段は、地域づくりとツーリズムを兼ねていきましょう、というものです。ツーリズムというのは観光業という事にはなるんですけれども、今後深刻化してくる人材不足であったりに対して、地域に人材とお金を落とすような仕組みをどのようにつくれるか、ということを考えています。具体的には、外のマンパワー、交流人口を獲得しましょう、それにはIターンとかUターンをもっとして戻ってきてもらうような取り組みをどんどんやっていこう、ただ来てくださいと言ってもなかなか難しいので、どういうふうに発信するかという事も含めて、外の人にも楽しんでもらうような仕組みを地域と一緒に作っていこう、ということを介して、地域づくりをしていこうと活動をしています。震災後、色々な団体が色々なブルーツーリズムとかそういった交流人口を獲得するような仕組みをつくってきたところもあるので、そういった団体のもう少しワンストップとなるような総合受付の体制だったり、一つの情報にまとめて発信するようなプラットフォームをつくろうということで、2014年4月から、蛤浜の亀山さんを発起人として任意団体をつくりました。そ

こで、横連携をしっかりとやる、プラットフォームの体制を敷いてきたのですが、実働をする上でもう少し法人格も持って本格的にやろうかということで、2015年2月に立ち上がったのがおしかリンクという一般社団法人です。私たちは、今寄らいん牡鹿さんやキャンナス東北さんが挙げていたような課題に今後どういうふうに地域全体で取り組んでいくかということに対して、外から人を連れてくるというような役割に徹して、地域で精力的に活動されている寄らいん牡鹿さんだったりキャンナス東北さんと組みながら、それぞれの役割をしっかりと果たすことによって地域課題を解決していきたいなと思っております。簡単ではありますが私からは以上です。

（杉浦）皆様お疲れ様です。一般社団法人サードステージ杉浦達也です。私からは自分たちの活動と、そこで見えてきたことをお話していきたいと思います。私は両親ともに実家が石巻市牡鹿半島にあるという事で、子どものころから慣れ親しんできたという事もあるし、知人や親せきがいっぱいいるといった縁がありました。

がいいと僕も思うんだけど、いったいどういう制度だったら調整も楽にできるし、もうちょっと真剣に考えてできたのかって。ベストだったのはなにかってなかなか悩ましいなっていつも思っているんですけど、その辺なにか知恵ありそうなのって誰でしょう。(笑)。櫨橋さんどう？これは、実は隠れたアドバンテージだと思っているんですよ。

(櫨橋) んー、なるほどということで聞いてました。私も国の立場を除いて言えば、100％というのはおかしかったんだろうなと思います。復興交付金ができた当時の経緯からすると、災害の場合は、ふつう1/2補助からはじまって、各市町村の財政力によって、被害の額がどれくらい大きかったかによって、60％ 70％ 80％と上げていくわけなんです。今回の復興に際し、どこまであげたらいいかというところで、被災地の各市町村の様々な方々と国の財務省の方で調整をしたところ、とてもじゃないけど復旧で手いっぱいで復興には金が回せないということだったので、100％になったという風には聞いています。ただ一方で、今、お話しにも出てましたけれども借金でも良かったのではないか、金貸しでも良かったのではないかということになると、今度はまた、借金の限度額っていう縛りがあります。今回の被災地のような財政力の弱い市町村では、そちらの方もいっぱいいっぱいだったので、これ以上借金できないという状態でもあったというなかでどうするか、という問題も出てきます。すみません、お答えになってませんけれども、ちょっと課題としては大きな問題なのかなと思います。

(平野) はい、財政に詳しい熊谷さん。

(熊谷) 交付金事業では、基幹事業が100％認められていて、効果促進っていうのが後で整備をされて、それは幾らかの負担をいただきながらやっていくことになっています。この制度の線引きが難しいとは思うのですが、これは良かったかなと思います。ほんとに今すぐに直さなくてはいけないインフラなどは、まずは直す。そのための財源が確保されていれば、間違いなくスムーズに復旧は進みます。その中に＋αとして、たとえば岩沼の例で言いますと、

Table A ― 復興事業全般の課題の振り返り

を大事としているのか、自分たちが大切にしているものはなにかという問から始まって、それでやっていきました。出てきたのが、「金華海運商店街」ということで、それを2月3日から8日までイベントとしてそれぞれの商店の一品を持ち寄ってセールをするということをやりました。中心商店街いろいろ言われるんですけど、やる気が無いとか、ところが、実際入ってみるとそうではない。あと仲が悪いって言われるんだけど、実はそうでもない。要は何に対してみんなが集まればいいのかまったくわかっていなかったということです。そこで自分たちが誇りとするものは何かって言ったら金華山だろうと、金華山であれば海運だし、そういうこと（イベント）をやってみたら、商店街としては、参加商店でアンケートをとったら、大抵はもうやりたくないという答えも出たりするんですけど、今回はそんなことはなくて、まあ、一軒だけちょっと変わった人が、やりたくないって言っているだけで、あと参加した商店はですね、５６かな、そのうち５５はまたやってほしいという結果になったわけです。まちづくりにあたって、震災なんだかんだって言いますけど、実際のところそんなのは、そんなのって言ったら失礼ですけど、そういうことはですね、もともと地域に内在された問題であって、内在された問題を解決せずに置き去りにしてきたと、そういったことがあるわけですね。何が大事かと言ったら、やはり今回の関わりで見えたのは「自分たちが何を誇りに思って商売をしているのか」ということです。商店街なんて言うのはどこも同じなんです。ただ単にその土地にたまたま人が集まってきただけであって、何の関係性もないという。それぞれが個店の店主なんで、そんなにお互いのことを考えないんですね。でも、そこのまちに集まってきたということは何かを求めて集まってきたし、そこで商売を続けるということはなにか誇りを持って続けたいという思いがあるわけです。そこをどうやって汲みとるかということで結果が変わってくるのかなというふうに思いました。今回はそういう関わりをしています。

(榊原) はい、ありがとうございます。石巻の状況を伺って、どうですか、今川さんと丹澤さん、それぞれ、気仙沼の商店街の話とかちょっとお願い致します。

Table B ― 中心市街地再生、地方創生の取り組み

今回の震災で、牡鹿半島は人の手が入りにくかった場所なんです。石巻市の中心部は行政なり自衛隊、警察、消防なりがすぐに入れたんですけれども、牡鹿半島に関してはライフラインを通すのにも一か月以上遅れを取っております。そういう状況の場所として、前職、国際NGO JENでの活動から、5年継続して石巻市牡鹿半島全体で活動させていただいておりました。その中で、寄らいん牡鹿さんでは現在では青年部として活動させていただいております。そこでは、自分の親世代であったり子ども世代であったり、世代をつなげて一緒に考え、その中で共通認識を高めたい、そしてそこで継続性をつくっていければなと、当たり前のように継続できる流れをつくっていきたいなと考えております。おしかリンクでは、理事とコーディネーターをさせていただいております。色々な方が震災を機に牡鹿半島に入ってくださっていますが、やはり住民の皆さんもまだ不安とか警戒心とかを持っておりますので、本当に「折角行ったのにあいつなんだったんだ」というふうにならないように、そこを私は住民側の人間として、主に人と人を大切につなげたい、方言も当たり前のように交えながら、安心してつなぐことができるようにという事で活動させてもらっています。そしてまた、ここにもいらっしゃいます寄らいんさん、おしかリンクさんとキャンナス東北さんには事務局としても関わってもらっているんですが、牡鹿半島で活動している住民や団体、企業、行政などが集まって話し合う場として、牡鹿半島ネットワーク協議会というのを設立しました。今現在10回ほど開催して、大体30団体くらいがつながっております。この協議会では代表として、全体がつながる中で、皆さんが共通認識の中で課題だと思われるものを、よりよく解決するために考えていきましょうという事で、例えば今牡鹿半島ではすごくゴミが多いんですけれども、協議会で「皆さんで清掃活動をしましょう」という事にしたりなど、活動させてもらっています。そしてまた「浜の住民による未来の浜づくりのために」という事で、世界の交流の場として運営している「浜へ行こう！」の実行委員会をつくらせていただきまして、そこで事務局長として勤めています。「浜へ行こう！」はこれまで17回、日本を含めた世界の交流の場としての実績があり、今年からは石巻市で初めて、宮城県の教育旅行に選ばれました。そこで

Table C ― 半島部の生活・自治・なりわい・福祉の今と振り返り

Table A
復興事業全般の課題の振り返り

集団防災移転事業があって、その区域の中に保育所を整備したいという部分ではこれは効果促進だから地元負担をする。ま、当然だと思うんです。みなさんの住まいはどんどん整備して、その＋αとなる部分については自己負担をしながら、さらによりよいまちづくりが、出来ればと思います。ただ、その線引きが難しいですよね。これはやっぱり地元負担求められると困るから、もう少し効果促進じゃなくて基幹事業のほうでみてくれとか…。

（平野）すみません、あの確認ですけど、効果促進の地元負担が入るのって来年度からじゃありませんでしたっけ。そうですよね、今来年度に向けてのお話しですね。

（熊谷）そうですね。財源を心配せずにどんどん復旧復興を進める基幹事業の部分と、地元負担してでも新しいまちづくりをしたい、という効果促進事業の2段階の体制は、理にかなっているのかなと思います。

（平野）さきほどした事業調整の大変な話は基幹事業の話なので、最初から効果促進事業については、一部地元負担するという方法は、あるのかもしれませんね。三浦さん。

（三浦）復興交付金が、100％って言われていますが、実は、災害公営住宅については、100％じゃないんですよ。最初に国からいただいた資料では100％になっていて、みんな「お金が来たらどんどん作ろう」という雰囲気だったのですが、実はよくよく見ると国からは7/8で、残り1/8は起債ができるっていう仕組みになっていました。1/8の部分は、今後家賃収入が入ってきますし、今回は家賃補助もけっこう手厚いので、何とかなるじゃないかということなんです。しかしやはり市町では「1/8でも起債をして」ということで、結構意識が違ってきた部分があるんではないかなと思います。ですから、いま「余計に作りすぎて空家になったときどうしよう」なんていうのは、まさしくそういうスタンスでの思考ですし、災害公営住宅には、そういう部分がたまたまあって、計画の中でもコスト意識がけっこうあったんじゃないかと考えていま

Table B
中心市街地再生、地方創生の取り組み

（丹澤）はい、うちのまちづくり協議会は鹿折復興マートという仮設店店街のなかに入っているものですから、結構この手の話はかなりします。仮設店店街自体は、もう今年の8月で解体されます。入っている20ぐらいの商店のうち、本設の商店街に移ることが決まっているのは5店舗ぐらいで、あとは本当に行き先未定というか、もともとテナントをやっていて、家賃の折り合いで8月以降入るところがわからないというが大半です。やっぱりそのことを心配してまちづくり協議会とか、アドバイザーの方々も、どうしようこうしようというのは話しているんですけれども、商店の方々自身はあんまり危機感をもって集まろうとかいうのがないですね。ですからその、松村さんがおっしゃっていた、本当に困っているのか、というので言えば、もしかしたらそんなに困っていないかもしれない。8月を一つの境目にやめるというところもあって、でもそういう人はやめる余地があるんですね、オプションが自分としてあるので、ですからそれはまあ一つありなんだろうなと思います。さっきお話のあった何を誇りにしているかということですが、なにがなんでもやらなきゃっていう、そこが第一ではないんです。3ヶ所、主な仮設商店街があるんですけれども、先日、その代表の人たちとの話し合いがありました。その行き先が決まっていない店主たちも7割ぐらいいるんですけれども、これまで、8月なり、10月なりに解体して出て行かなきゃ行けない状況はもうずっと前からあるのに、店主さん自身はこのまま何の手立ても個別で打ってはこなかったので、仮設商店街の代表の人たちは、もうそういう人達のことは考えなくていいんじゃないかという方向性でいたんです。という状況なんですけど。

（榊原）はい、今川さんいかがですか。

（今川）気仙沼の状況を簡単に説明しますと、埋立地がほとんど市街地となっていまして、それが、地震によって沈下してゼロメートル地帯になりました。そのまま再建してしまうとどんどん地盤が沈下してしまって冠水の問題があるということで、平均して2メートルは最低でも盛りましょう。さらに3メートル、4メート

Table C
半島部の生活・自治・なりわい・福祉の今と振り返り

は「震源地に一番近い地域で、災害を乗り越えた地域力から学べること」ということで期待されております。そういった活動の中で私がいろいろ感じてきたものというのは、一番は、行政の皆さんは専門家とかと話をする場はあるのでしょうけれども、牡鹿半島の場合、専門家、社協さんだったりとか、住民の役員さん、住民団体さんが、そろって話す場というのがまだ作られていないんです。住民さんにもすごく言われるんですけれども、そこで生まれてきているのが、共通認識のレベルの差です。そこら辺をいまから、そういった場や機会をつくることによって、住民さんの不安や誤解を埋めていきたいなと思っていることがまず一つです。後は、今ここにいる犬塚さんも野津さんも、野津さんはもう住んでいますけれども、今後牡鹿半島に移住していく、やはり若者だったり、そういう方々が本当に考えてきてくれて、色々きっかけをつくってくれています。それを私は一緒に考えていきたいなというのと、せっかく来てくれる方々の働く場、住む場所というものを一緒に考えていけたらなというふうにすごく思っております。最後になんですけれども、色々皆さんが考えて新しいものをつくってそれを落とすだけではなくて、今ある宝物、大切なもの、人を含めた資源、それを大切に引き出す中で磨くという作業のほうが、今後にとっては効率が早いのかな、それが住民の皆さんの一番の安心した居場所に変わるんじゃないかなと私は思っています。簡単ですが以上です。今日はよろしくお願いします。

（米野）ありがとうございます。このような形で牡鹿で様々に活動される方のお話をお伺いしたところですけれども、こういった活動は宮城県の様々なところであるというように伺っていますので、その全体的な状況について、中尾さんからご紹介いただきたいと思います。

（中尾）中尾公一と申します。本日はよろしくお願いいたします。本日もう既に皆様方現場で活動されている方々を前に、私が何か「離半島部はこうですよ」と改めてご説明することがあまりないのかなと思いまして、むしろ私の方からは、県から現場にお邪魔させていただいている中でどういった事が見えてきているのか、そ

（平野）はい、ありがとうございます。確かに災害公営住宅には、地元負担があるっていうことと、「家賃収入があるから収益施設でしょ」っていう発想がありましたね。災害公営住宅と下水道に地元負担があったのは、それは両方共収益施設だからですね。特に災害公営住宅は、将来的に空家が増えて、維持管理費が自治体財政を相当圧迫するだろうと言われていました。やはりハコモノは維持管理費が相当かかりますから、そこで随分抑制的に働いたっていう気はしますね。

ということで、復興の仕組みそのものに関してはこのくらいにして、少し休憩しませんか？諸般の事情で休憩をしたいので、休憩をとらせていただきます。

（休憩）

（平野）はい、それでは再開したいと思います。一応、休憩前でですね、復興独特のことの話は終わりにしようと思います。実はさきほど喫煙所で、ここで話せないようないろんな議論をしたんですけど。帝都復興院と比べるとちょっと復興庁っていうのはさみしかったよねという話もしていたところですが…。まあそれは復興独特の話ですよね。

最初に申し上げましたように、実は今回の復興は「疲弊した地方都市をどう活性化していくのか」という全国共通の課題に、仕方なく（というと語弊がありますが）、取り組まざるを得ない状況に追い込まれたという側面があります。そんな状況の中で、いろんな復興事業が展開されているわけです。そうした中で、どんな課題がありそうなのかということを知りたいと思います。まず野村さんに、これまでの法律相談で、地方都市におけるまちづくりにはこんな危機的な課題があって、やはりなかなか厳しいんだなという話をいくつか例示していただけるとありがたいですけど、いかがでしょう。次、新井さん振りますからね。

（野村）前半の議論は聴衆として聞かせていただいていたので、ル盛ったところはもう津波がこないから、住んでもいい場所にしましょうというまちづくりを、しています。実際はですね、全体の事業費は８５haで４００億円ちょっとなんですけど、その半分近くが補償費になります。いわゆる残った建物を直して住んだ人を補償する費用にあてるんですね。それがどういうことかというと、盛るためには家を壊してもらわなくちゃいけなくて、壊すためには移転する場所を用意してあげなくちゃいけない。移転する場所っていうのは、アパートは全部みなし仮設住宅になっていて、行く場所はありません。建てるのも土を盛らないと建てられません、どうするかというと、行政側で５年契約でアパート建てちゃったんです。それを月３０万円とか５０万円ぐらいでリース契約しちゃいました。復興予算ということもあって、どんどんお金は使うんですが、土地区画整理事業なので本当にその人達がアパートから戻ってくるかという保証はないわけです。そういう厳しいことをやっていて、結局、最近思うんですけど、そもそも中心市街地とかっていう考えとか、市街地を活性化しなくちゃいけないという考えそのものにですね、市民の盛り上がりがないんです。郊外に住んでいる人から見ればそこがなくたって、買い物に行くところはある。果してどうして行政がそれだけ市街地を活性化しなくちゃいけないって、今日の議論も市街地をどう活性化するかという議論なんですが、人が住まなくなった市街地をなんで活性化しなくちゃいけないんだという根本のところが実は話し合われていなくて、復興予算がついたよ、まちは原形復旧でとりあえずライフラインは全部戻すんだよ、そこに人が住まないわけにいかないよね、という話から戻していかないといけない。気仙沼市は一つ大きなテーマを抱えていまして、都市計画税というものを、今１００％減免しているんですね。被災地は、人が住めないんだからということで。これをですね、まもなく減免措置が切れた時にもう一回かけていいのかという議論が始まっています。要はもう人が住んじゃダメって宣言して、なにもないところで、果たして都市計画税をもう一回集めてしまっていいのか、そういう期待を持たせて何か、税金を取るということは何かに使うということですから、使う予定もないところにやっていっていいのか、もしかしたら、都市計画区域を縮小しなきゃいけないんじゃない

Table A — 復興事業全般の課題の振り返り

ちょっと、いきなり振られるという想定がなくて…。私が自分の仕事として直接取り組んでいるわけではないのですが、市役所内の法律相談で、法律問題について取り組んでいる中で、素人的に難しいと感じた部分について若干触れたいと思います。ひとつはこのテーブルのテーマではないかもしれませんが、やはり地域の活動がすべての基本になっていると思います。専門家が一生懸命考えて良い知見を与えるということでなく、やはり地元の方たちが、いかに力を出せるかというところが復興の成否に非常に影響しているというがまず基本なんだということは強く感じます。このなかで更にもうひとつ思うことがあります。たまに地域づくりの成功例が話題に上がりますが、どうしても「まとまっている地域」の話が多いと思うんです。都市部やある程度色々な人たちが住んでいる地域での成功例っていうのがあんまりないんじゃないか、今後の話として言えば、都市部で災害が起こった時には、地域づくりの成功例を出すことが非常に難しいんではないか、と感じています。だから、被災地にいて思うことは、首都圏で大規模な災害があったとすれば、経済的には発展していますが、「地域コミュニティというものが消滅してしまっている」という意味で地域が疲弊していますので、復興の非常に難しい要因になるのではないかと感じています。

少し違うテーマになるかもしれませんが、私自身が普段の法律関係の課題として思っていることは、不動産登記の問題が非常に大きい問題だと思っています。このあたりは全国共通の問題だと思っていますが、長く相続登記がされていない土地であるとか、それに限らず、登記全般がちょっと専門的になりすぎており、素人が自分で登記できない世界になってしまっています。しかし本来土地は市民の基本的な財産ですから、（もちろん難しい話もあるにせよ）やれば自分たちでも何とか出来るというくらいのシンプルな制度でなければいけないと思っています。

復興全般についてもそうですが、色々な難しい制度を使って復興させるわけですが、どうしても難しくなり過ぎてしまっている部分がたくさんあり、それを継ぎはぎしながら災害に対応しています（一言で継ぎはぎとは言っても、柔軟にとか、いろんな努力の積み重ねなのですが…）。それを踏まえてやはり次のためには、何

Table B — 中心市街地再生、地方創生の取り組み

かみたいな話し合いをしています。ということは中心市街地ってなんだ、市街地ってなんだというところをもう一回議論しないと、今日のこの議論自体も、郊外の市民からしてみれば、それよりも蛇田の方の商店街をもちょっとこう立派にしてもらったほうがいいねっていう議論になっちゃう、気仙沼でも実際そうなっちゃっているんです。だからそういうところが、たぶん石巻で本当に難しいと思っているところが次は気仙沼に来るだろうというふうに感じました。

（榊原）はい、ありがとうございます。今までの話を聞いてどうですか、姥浦先生。

（姥浦）はい、今までの話を伺っていて、論点２つあるかなと思っていまし。ひとつ目は、まさに今、今川さんがおしゃったように中心市街地ってそもそも何なんだろうというところですよね。特に、石巻でしたら蛇田ですし、気仙沼にも４５号線沿いの郊外がずっと広がっていると思いますけれども、そういうところとの比較した場合のポジショニングが一体何なのかと、そこで一体中心市街地ってどういう役割を果たすべきで、そのためにみんな何をすべきなのかというところがまず一つ目ですね。それから二つ目にそれをどういう役割分担でやっていくのか、ということです。たぶん、いままでは商店主の人は商業をやっていて、行政の人は行政の仕事をしていて、住んでいる人は普通に住んで普通に買い物をしてというだけの話だったと思うんですけど、これがいろんな要因で、少子高齢化もあるでしょうし、人口が減ったということもあるでしょうし、店の魅力がだんだんなくなってきた、客が来ない、いろんなことがあると思うんですけど、いままでのスキームでは全然解けなくなってきているということがたぶんあって、そういった中でおそらく、いままで商店主の人がやってきたことを別の人がやったりだとか、だれもやって来なかったことを新しく来た人がやったりだとか、いろんな人達がいろんな役割分担をいままでとは変えるような形でやっていかないと、それが達成できないのかなという気がしていました。おそらくこの２つについて話し合えると面白いのかなと言う気が致します。

Table C — 半島部の生活・自治・なりわい・福祉の今と振り返り

れと、県としてどういった事をしてきたのか、という事を中心にお話をさせていただきたいと考えています。まず県としてどういった事をしてきたのかという事を簡単にご説明させていただきます。最初に、私には復興支援専門員という肩書があるのですが、何者かよくわからないまま現場によく来る人だなという認識だけが現場の方には持たれていると思います。何者かという事をまず簡単にご説明しますと、非常勤の職員で、週四回現場を訪問させていただくことを中心に、活動させていただいております。何のためにこれをやっているのかということなのですが、仙台に居てはわからないことがいっぱいあるので、それはやはり現場に伺って、お邪魔してその中で「地域の課題ってどういう事なのか」ということを、いまご説明いただいてきた鈴木さん、石森さんの様な住民の方、そしてキャンナスさん、おしかリンクさん、サードステージさんのようなNPO等の団体の方、そして牡鹿総合支所のほか雄勝総合支所の三浦さん、北上総合支所の武山さんなど、行政・NPO・地域住民の方々それぞれから色々お話をいただいて、その中で県としてどういう方向性で施策を練れるかということを検討させていただいているお仕事です。仙台から被災地の現場というのは非常に遠いんです。例えば気仙沼まで行こうとしますと片道３時間、往復６時間かかってしまいます。そういうところで仙台にいて、気仙沼の状況は何だ、といいましてもやっぱりわからないわけです。牡鹿半島も２時間半かかります。交通渋滞に巻き込まれますと３時間以上かかりまして、へなへなになってしまいます。そういう中で、あちこちの現場を縦横無尽に走らせていただいている、というのが今の私の仕事です。私と同様の者が今県庁で３名おります。３人で手分けして県内全域を走り回って、様々な団体とか協議会とか、今年上期前半だけで３名で202か所の場所を回らせていただいております。

今申し上げた私たちのような復興支援専門員の他に、地域復興支援課という課がどのようなことを被災地の現場でさせていただいているかというと、助成金で、資金を今まで皆さんが活動なさってきてくださった「ひと・こと・もの」もしくは先ほど交流の「場所」が非常に重要だということがございましたが、そういった場

かもっとシンプルな仕組みが必要です。何故かと言えば、大きな地域で一部被災した場合にはどんな複雑な仕組みでもプロがどんどんやればいいと思うんです。ただ、石巻を見ていると、これだけ広域的に被災していると、被災者も非常に多く、市民の何割もが被災しているという状況です。こういう時にひとりひとりに対して、難しい仕組みを適用するというのは難しいと思うんです。制度を如何にシンプルにできるかということが、大規模被災の復興局面では大事なんじゃないかと感じています。

(平野)はい、ありがとうございます。コミュニティの問題と土地登記の問題、どちらもすごく大事なお話をご指摘いただきました。僕もいろいろ申し上げたいことがあるので、土地登記の問題はちょっと後回しにさせていただきたいと思います。コミュニティの問題で、新井さん、コミュニティのない、いろんなところから来られた仮設住宅で頑張っておられますけど、その辺いかがですか?

(新井)まず野村さんのご指摘に関連するところから意見させていただきたいと思います。地域というか、地元が力を出せるようなサポートが必要だというようなお話がありました。その時に例えば県や特に市を通して住民主体の復興とか、住民主導のまちづくりに取り組むことになって、その時にどのようにするかっていうと、だいたい連合町内会長のおじいさんたちを集めちゃったりするんです。だけどその人たちが本当にその地域を代表しているか、活性化させる力があるかって言ったら、無いと思うんですね。だけど、どうしても市や県が仕切るとなると、そうなっちゃう。あるいは社協が来たりね。もう本当に期待できないと僕は思っているんです。だけど一方で、NPOや若いお母さんたちのグループの活動では、地域の全体をみてやっている活動じゃなくても、ピンポイントにこの人たちのためにというような、いろんな活動があったりするんですね。そういうところを、県とか市を通して、助成金を貰おうとすると、どうしても連合町内会長にって話になっちゃうんです。やはりここで復興庁は、そういった地元の自治体が目を向けにくいところ、既存の仕組みではこぼれてしまうところに

(榊原)岩田先生、いかがでしょうか?

(岩田)3.11が来ようが来るまいがね、商店街駄目なの。それをどうするかというと、ぼくも全国のまちづくり、直接指導したのもありますけど、たくさん見ています。成功するのはいい建物が残っていて、魅力ある町並みが形成されているか、西郷さんたちの指導のもとでやっている高松の丸亀商店街みたいに、要するに不動産の権利を全部一手にして、コントロールして、まあ、デパート方式みたいなのでやっていく、その2つしか多分ないんだろうなと思っています。私が住んでいる三春町もどうしようかなと思っているんですけど、基本的には普通の住宅地になっていくんだろうなと思います。そこへまたメーカー住宅みたいのをあの土地に建ててしまうと、全く商店街としては成り立たない、魅力もないということですよね。それをちょっとでも防ごうと思ってスーパーを真ん中に持ってきたりっていう努力をこの30年間やってきたんです。さっきね、商店街で起業するとかっていうんだけど、起業するのは家でもできるんですよね、今、ほとんど。何か店ものをするときに商店街という機能が必要なのに、今みたいにメーカー住宅が建っていて、その中の商店で商売できるかって言ったら、ほとんど無理で、そんな状況を直していこうという力は全く無いわけです。さっき山崎先生、「そんなことはなくて」とおっしゃったけど、たとえば気仙沼の大工連中とね公営住宅を作ろうって、木造で、70社ぐらい集まって組合みたいなの作ったんだけど、本当にやろうと思っているのは2.3人なんですよね。で、他の人はついて行こうとも思っていない人も、行かなきゃいかんかなと思っている人も、そうると、二人、三人でもいいからやる気のある人がやって、儲かり始めたらみんな来ますから、って言うぐらいの気持ちでやらないとできないんだけど、それを商店街の形にどうしていくかというと相当な強烈なやり方が必要だなと思います。行政の立場でいままでずっとやって来たところもあるんで、一つだけ言うと、三春の真ん中に唯一鉄筋コンクリートでできた、商業とアパートのついた三春一番館というのがあるんですけど、これを作ろうと、運営しようと言うために、まちづくり株式会社

所の話に代えさせていただいているような仕事をさせていただいております。

まず、後ほど簡単に説明しますが復興応援隊事業というもので、ボランティアで被災地支援に入ってきてくださった方にもっと長く現場にいていただきたい、行政の方々もそういった方々を頼りにしたいということで、そういった方々に現場にいていただくための仕組みづくりというのもさせていただいております。

もう一つ、被災地地域交流拠点施設整備事業という長い名前ですが、これは一言でいいますと集会所を建てるためのプログラムです。各地でやはりコミュニティの中で集会所が大切だという事で、これは兵庫県の皆様からご寄付をいただいたもので集会所を建てさせていただいている、という事業です。

最後に、地域コミュニティ再生支援事業というものがございますが、これはどちらかというと住民さんが自らの地域を自ら作っていくための住民団体さん向けの助成金、主にこれは災害公営住宅

ですとか、防災集団移転されたところの住民さん向けのメニューです。

また、地域復興支援助成金というもので、人件費ですとかいろんなものをご提供させていただいております。この事業の成果としては、今回ここでご発言いただいた方々のように、自らが自分事として地域づくりというのをやっていかなくてはいけないという意識を持った方々が、この助成金を通してつながってきたという事が本当に大きいと思っております。それから、時間をかけて住民さんに伴走していくようなキャンナスさんのような団体があることで、住民主体の機運も盛り上げていただいてきたのかなと思っております。その一方で、課題というものがいくつかございます。一つが、県外から色々ご支援してくださった方々、先ほどのJENさんの話もありましたけれども、そういった団体さんがやっぱり撤退していくという状況が生まれてきております。同時に、先ほど犬塚さんからお話しがございましたが、地域に残って活動していく方々の人件費をどのように確保していくのかということ

Table A
復興事業全般の課題の振り返り

力を入れていただけるといいのかなと思います。ただ、復興庁は被災三県を相手にしているので、そういった手を差し伸べるところをどうやって見つけるのかという問題はあると思うのですが、その辺工夫していただけるといいのかなと思います。それとまた、復興庁さんにお願いしたい、復興庁さんは居ないわけですけど…、

（平野）残念ながら現役はおりません。

（新井）どこかにいる復興庁さんにお願いしたいのは。復興ってどうしても自治体が決める方針に賛成の人は救われるけど、そうじゃない住民は救われない場合もけっこうあるわけです。災害危険区域なんかも突然急に指定されましたけど、それに反対してそこで生きて行きたいっていう人もいるわけです。その人たちが悪いかって言ったら、そうとも言えないと思うんです。だけど全然サポートがなく、話も聞いてくれず、そういった人たちが意固地になってしまう、といった問題が沿岸地域にはまだまだ残っていると思います。対立しちゃっている場合もありますから、地元の市町村はそういうところになかなか手を出しにくいと思うんですけど、そういうマイノリティーだけど悪いとも言えない活動にスポットライトをあてて、硬直してしまっている関係も、地域のまちづくりの力に変えていくっていうようなことをやっていただけると、更に被災地は元気になるのかなと思います。反対している人もすごく元気でパワーはありますから、そのパワーをサポートできるのはなんとなく復興庁かな、なんて思って聞いておりました。

（平野）はい、ありがとうございます。別に復興庁を弁護するわけじゃないですけど、本来その仕事って基礎自治体の仕事だよね。市民の顔がみえているのは彼らなので。復興庁に変われというよりは、基礎自治体が変わる方が本当は近道かなと思いながらも、例えば「新しい東北」なんて事業を復興庁がやっておられたのは、そういう取り組みなのかなと思います。でも本当にローカルな取り組みに対して目が届くかっていったら、そんなことはなくて、よそからやってきたNPOの人たちの「これで頑張るんだ」みたいな話がどんどん通っている部分はありましたけど、仕組みとして

Table B
中心市街地再生、地方創生の取り組み

を作ったんですね。その時に町も出資したんだけど、ぼくらも出資しているんですよ。ところがね、高松みたいなことないもんだから、配当もなんもないわけ。ところがね、町役場だけは固定資産税で元取れているわけ。行政の運営というか商売の仕方ってそういうものだと思っています。例えば三春も古い蔵を直して誰かに貸そうとするときに町長が誰も借りてくれないというけど、「それは家賃が高いんだろうと、楽市楽座やったらどう？ただでいいじゃない」って言ったんです。そうすると必ずただでやると、出て行かなくなると困るとかそんな議論ばっかりする、さっき、若い人たちが起業するって言った時に、商店街にあれば、土地だけでもいいですよ、そこにバラックでも建てて、なんかそういうような発想で町の中へ持ってくる仕組みが必要かなと思っています。あと、もう一つは若い人は蛇田のイオンタウンに行っちゃいますよ、どうしても歩いて生活をしなきゃいけない人が本来町に住む人だったんですよね、なんでかって言うと昔は車持っていなかったからです。今は車が運転できないっていうと年寄りかなと、年寄りが歩いて生活するのに何がいるかというと、ちょっとしたスーパーとあとは病院とそれから役所ぐらいあって、あとはまあ、セブン-イレブンみたいなのがあれば便利かなと思うんです。そうするとそういう商店街を作るのかっていうことになった時に、「役所はこっちで大きいのつくります、病院はこっちで大きいのつくります」と言うんじゃない。石巻の一番最初の絵を見た時、五階建ての街並み描いているんだよね。石巻って2階建ですよ、あの規模だと容積的に、住宅いれても、それで初めて横へ並ぶとするとその中にどうやって病院とかを入れていくか。先週日大郡山の学生の設計作品見に行ったら、一人、前橋の商店街で、商店街の空き地を利用して病院を作ろうと、内科はここ、外来はここ、受付はここ、薬局はここ集中治療室はここみたいに、なんかそういうふうに人が歩くような工夫をがいると思う。ぼくも三春町長によく空き家を利用して役場にしたらって言うんだけど、町に人が歩いてくれないとやっぱり商店は成立しないので、なんかそういうふうな作戦がいるのかなと、ちょっと今その2つを思いました。

（榊原）はい、ありがとうございます。あ、（山崎先生）どうぞ。

Table C
半島部の生活・自治・なりわい・福祉の今と振り返り

も課題だと思います。あともう一つ、住民さんが新規に立ち上げられた団体さんには、これまでの東京とかから来てくださっていた団体のような潤沢な資金ですとか、マンパワーが整っているとは必ずしも言えないため、そこをどう支えていくのか、というのが課題なのかなと思っております。

応援隊事業は、ボランティア人材に現場にいていただくための活動です。今県全体で12地区ございますが、そこで54名の若者の方々に復興の為に活動をしていただいております。そういった方々がどういった成果を上げてくださったのかという事ですが、大きく4点ございます。やはり先ほどの北上地区のお話の中でもありましたが、住民さんの合意形成に際して、やはり行政からの説明って難しい場合があるところを、翻訳してくださる機能を果たしてくださったと思うんです。一つはそういう翻訳家としての役割です。もう一つは、先ほど離半島部では公民館活動が非常に難しいということがございましたけれども、その中でコミュニティを支えるような活動を牡鹿・雄勝・北上それぞれの地区でやってきてくださったんだなと思っております。またそういった中での震災の経験とかを、今後の地域づくりですとか震災伝承ということをやっていこうという人材が新たに生まれてきつつあるというのが今の現状だと思います。そして犬塚さんからもお話がありましたけれども、イベント開催の他に交流人口を離半島部の中でどう増やしていくのかという事を真剣に考えてくださっている若い方々がおられるということが本当に素敵な成果なんだと思っています。その一方で我々の見えてきた課題というのがまず、この制度自体が一人最大で5年までしか地域に定着できないので、その次にその人材の方々にどう残っていただくのかというのを考えていただかなければいかないという段階に来ています。同時に、これは公的なシステムですので、我々行政側にはどうしても稼ぐことに関してちょっと抵抗感がある中で、でも皆さんが残っていただくためにはやっぱり収益を稼いでいただかなければいけないという、この公共のバランスと収益のバランスをどうポジショニングしていくかという難しさがあると思います。

はそんなのもありました。コミュニティの最前線という意味でやっぱり安本さんにきいておかないとだめですよね。どうですか？

（安本）さきほどの野村さんのお話でもありましたが、「地域がまとまっている」っていう言葉を我々もよく使うんですけども、「地域がまとまっている」って具体的に何なのかって考えると非常に難しい。今関わっている閖上についていうと、閖上っていうコミュニティはすごく独自性があって、強いです。ただ、閖上が地域としてまとまっているかっていうと、まったくまとまってない。（事前アンケートにも書かせていただきましたが、）地域の意思決定をするシステムや、組織がきちんと定まっていないんです。さきほど新井先生からも、連合町内会長が集まってもおじいさんばっかりだよ、という話がありました。でも、そこで意思決定されたことが地域に浸透するのであれば、それはそれで構わないと思うんです。地域の人もそれに対して納得していれば良いのですが、でも実は誰も納得していないのに、平時ではそれを「まぁまぁまぁいいだろう」っていうように適当にやり過ごしていたのが問題で

あって、でも、そういう組織がきっちりしているところはまだマシかなと思います。「この問題は難しいので若い人を中心にやろうよ、おじいちゃんたち代わってよ」って言えば組織としてはきっちりと残っているので、地域の意思決定がやりやすいんです。ずっと閖上に関わっていて一番困るのは、「誰と話していいのかわからない」っていうことなんです。この人と話しておけばこの地域はまとまるだろうっていうのがない。だったら「全員と話して、全員がどう考えているのか聞いたらいいや」ということになり、今ももがいているんですけど、それでも私がしゃべれるのって1/3ですよ。もともと5000人くらいいたんで1500くらいの世帯があって、そのうちの1/3、500人くらいとは「実際どうなの」っていう話はできるけども、残りの1000人とはやっぱりできない。「地域として、意思決定する組織があり、ちゃんと話ができて、それが地域に浸透していく」っていう組織があるところきっとスピードも速いし、話も早いし、良いまちづくりが出来るんだろうと思います。私もよその事例は分かりませんが、漁集などで比較的話がスムーズにまとまるっていうのは、昔からある集落でで、トップ

※ Table A: 復興事業全般の課題の振り返り

（山崎）確かに市街地の役割とか、高いところからの議論はいいんですが、現在あるものをどうするのかっていう議論ていうのが非常に必要かなと思うんです。先ほど、車で来なくちゃならないみたいな話もあったんですが、確かに車で来る人もいるんですが、今回の商店街のイベントだと、7割、8割ぐらいはですね、近隣から歩きか自転車です。近隣の住民が来ているんですね、実際に。商店街のイベントを続けたいという意志になったのは、そういう意図が動いたというのはなぜかというと、それは成功事例があったんですよ、儲かったところがあったんです。何はともあれ、基本は個店の努力です。自助努力なんですよ、これは。自分たちがものを売ろうとか買ってほしいものっていうのがないと、売らないと、買ってくれない。もう一つはその町にいる人達が未来をみれるかどうかなんです。だから、フォアキャストで考えても意味がなくて、バックキャストで未来にどんな姿を描くのかとまず置いてみて、そこから何ができるのか考えるんです。今回やったのは、そういう考えでやったわけです。そうしたら自分たちの町の魅力

と言うのは見えてきたわけです。商店街は確かにダメなのなのはわかっています。わかっているんだけど、商店街はあるし、そこで生活しているし、そこで稼いでいるわけです。だから、ダメだからって言って、一概に諦めるっていうのは、まちづくりの視点としてはあってはならないと思うんです。あるんだもん、生活しているんだもん、生きているんですよ、だからそこをどう活かすのかって考えるのはやはりあり方を考えるところじゃないですか？こうあるべきだじゃないんですよ、どうあるかなんです。未来がどうあるかなんです。だから、そこを描けるか、描けないかによって結果は全く変わってきます。と、思いますね。

（榊原）ありがとうございます。はい、じゃあ岩田さんで後藤さんの順で

（岩田）あの、商店街というのが、商店街組合なのかまちなのかという話をぼくはしているわけで、そこにあるものが良くて来る人がいるし、それから石巻の市街地って駐車場結構多いんで、便利

※ Table B: 中心市街地再生、地方創生の取り組み

助成金で活動資金を提供された方も、応援隊で関わってくださった方も、ワークショップのような形で、色々若い人が行政と地域住民の間に入っていただいて、色々翻訳家として役割を果たしてきてくださったと思っています。先ほど、地域を支えていくには働く場所が必要だという話があったと思いますが、逆に、やはり助成金を使ってこういう交流活動をしていく、企画を立てていただく方々が、やはり現場にいるからこそこういう働く場というのが生まれてくるのかもしれません。例えば元々は震災前までは漁師の奥さんだったおばあちゃんですけれども、震災後にできたコミュニティカフェで料理を作り始めて、みまもられる側ではなくて、自分は納税者の側に回ったという事で、単に支えられるだけではなくて自分が納税者に回ることで、その生きる喜びというものを感じていただいている、そういう方々もおられます。また、地域のおじいちゃんたちも元々は漁師だったんですけれども、今は畑作業の方に回って、イチジクを植えたり、唐辛子をつくったりして活動されているということもございます。このような形で働く場というのが生まれることで、新たに皆さんの生きがいとか

がでてきているという現状がございます。

この仕組みの中で、交流というもの色々生まれてきたと思うんです。一つは、今までの世代を超えた交流というものがあると思います。また、震災を機に色々な方々が復興支援とかボランティアとかで入ってきてくださったことで、今まで北上・牡鹿・雄勝だけではお付き合いすることができなかったような方々との交流というものが生まれてきています。そうした中で「自分たちの子どもたちをこの地域でどう育てようか」というお父さんお母さんたちが集まって、外から入ってきた若い人たちと一緒に子どもたちのためにどういうプロジェクトを組めるのだろうかというような取り組みもいま始まっています。

先ほど申し上げた集会所の施設ですけれども、集会所はやはり、皆さんコミュニティをつくっていく上での交流の場という事になります。その中で、こういった公民館とかを改修したり新設するような形で、皆さんのコミュニティづくりを支えさせていただい

※ Table C: 半島部の生活・自治・なりわい・福祉の今と振り返り

Table A

復興事業全般の課題の振り返り

が言えば浸透するような仕組みがあるところではないでしょうか。「まあしゃあねえか、あの人が言うんだったら」っていうので浸透するところはやっぱり早いと思うんですね。昔からある村落的な共同体であることが失われ、中途半端に都市的になっている閖上のような地域が一番難しいと思います。どうすれば、意思決定が上意下達的に伝わり又はボトムアップ的に拾っていけるのか、それがわからないんです。良く分からない人がぎゃーぎゃーいうことに対して市役所が「あの人がぎゃーぎゃーいうからこっちにしよ」っていう感じで意思決定がなされてしまう。そうすると実はそれはマイノリティーな意見でしかなくって、メジャーな意向としては、何も言わないけども「違うよ、あいつら」っていうところでまた、行政不信につながり、全然地域がまとまっていかない悪循環に陥っているのが現状なのかなと思います。その辺はやはり、平時から地域の意思決定をする訓練を怠っていたというところが問題です。でも、ピンと来ないんですね。住民の方々は。

（平野）はい、ありがとうございます。現場のことを聞いていると、例えば地区長さんなんかの、言葉を選ばずに言うと長老支配っていうんですか、そういうある種の古いコミュニティがきちんとある場合は、若い人の発言がそこで封じ込めてしまっていて、ほんとは反対なのにうんと言わざるを得ない状況を作ってしまっているケースもあったように聞いています。その一方で例えば、女川では発災直後にみんなを集めて、たしかかまぼこの高政の御大だと思いますが、「60歳以上は手も足も出すな、口も出すな。50歳以上は口を出してもいいけど手は絶対出すな。30代40代に全部やらせろ。これからの復興まちづくりは30代40代のまちになるはずだ」と自らパッと話をして、若い人を中心に復興まちづくりが動き出したっていう、象徴的に一枚岩な感じがするコミュニティもあったりして、千差万別ですね。

今野さん、北上のコミュニティについてお聞きします。今回実は、「復興は急がなければならない」という大命題があるなかで、我々も誰もがずっと悩んできたことがあります。野村さんがご指摘なさったように、まちづくりは地域住民がその気になってイニシアチブをとって仕組みを回していかないと持続可能な地域づくりに

Table B

中心市街地再生、地方創生の取り組み

なんですよね、行くの。だから、ちゃんと個店がやっているところはできるんです。ただ、町として成立させる時にだれが住むかという話と、空き地をどうするか、空き家をどうするかというのを考えていかないと結局その密度が埋まらなくて、町にはならないっていう話をちょっとしたいなと。

（榊原）じゃあ、後藤さん

（後藤）すみません。ちょっと違う視点から。よく郊外と中心市街地って日本中話題になりますよね。私だけ中心市街地という言葉を使わないで、その前に旧を付けているんですけど、旧中心市街地ってつけると怒られるんですけどね。私は、先ほど自己紹介で申し上げました通り、33年前に石巻に来ました。そのときは、石巻の駅前から、立町という七十七銀行があるあたりの一帯っていうのは坪100万円を超えていたんですね。びっくりしました。本当に、びっくりぽんの世界ですが、それが今売りに出ると、被災直後は10万円を切っていたはずですが、今、15万円くらいだと思います。固定資産税はそうすると十分の一ぐらい、それで町の中で暮らせるんですね。ですから、知り合いの店を出したいという人には、街の中が買いだよというふうに盛んに言うようにしています。いま、盛んに（話題に）でている郊外の蛇田というのは今だいたい坪当たりの単価というのは25万円ぐらいだと思います。たぶんこれは10年後に、20万円切ると思います。今、高値で買っている人は含み損が発生すると言う物件を今買っているというところだと思います。30年前というのは石巻の中心部というのが、ちょうど駅前の町の中心から、大街道というところにシフトしていた時でした。そのエリアというのがスーパーを核として自動車のディーラーさんが元気にあってですね、大街道にあった中国料理のお店なんかは非常にはやっていて私も並んで入った記憶がございます。それから、ほどなくして、10年ぐらいで大街道がだんだん廃れてきて、駅の北のですね、中里というエリア、石巻バイパスというエリアが非常ににぎわいがでました。これもあの、スーパーさん等々が中里地区に出店したというのがきっかけで市内の中心部にあった大きな家具屋さんなんかもそち

Table C

半島部の生活・自治・なりわい・福祉の今と振り返り

ています。

コミュニティをつくるというところのプレイヤーの方々、先ほど杉浦さんが挙げられたような、行政、NPO、社協の方々とどういうふうに地域をつくっていくかですが、それぞれの立場の皆さんがそれぞれの立場で大変さがあるなと私は現場を見て思いました。まず基礎自治体さんは、復興庁さんとの調整とか、非常に書類の山に追われてしまいます。その中で、住民さんの現場に出てこられる時間の無い中での話し合いの中で、何とか住民さんとの折り合いをつけていこうとされている様子がございます。社協さんは、本当に支えたいというお気持ちはあるのかもしれませんが、同じく電話相談であるとか書類の山に追われているというような現状があると思います。NPOさんは、先ほどの話のと

Table A — 復興事業全般の課題の振り返り

は絶対にならない。だから、その地域力を高めていく必要があるのですが、そのためにはものすごく丁寧な対応が必要になります。その一方でとにかく住宅再建を急がなければならないという完全な二律背反の中で取り組んできたのが、この5年間だったと思います。当初その最前線におられて、地域の合意形成を丁寧に取りながら、しかも遅れさせないしスピードアップさせる、というような、その辺の綱渡りを、苦い思いをされていると思いますが、一言まとめていただけると。(笑)

(今野)震災の時にはスピード重視ということで、まず最初に集めたのはやはり地区の区長さんたちでした。もちろん北上地域には「契約講」があったりするので、そういった方々が来るのですが、そうなるとなんかまとまらないんじゃないかという感覚はずっとありました。そんな時にJIAさんが北上を支援してくれていた縁で、被災地に見学に行ってみましょうって話になり、中越地震の復興事例として山古志の渡辺斉さんのところに行ったんです。話を聞くと「新潟でも大変苦労した、三年も男連中を集めてやったんだけど決まんなかった」というんです。で「最後どうだったんですか」と聞くと、「女性を入れました、そしたらすぐ決まりました」って(笑)。その話を聞いて、北上でも早速女性の方たちに集まってもらって「自分たちの地域を考えてみたら」という話をしたら、そこから女性が復興の話に参加するようになったということがありました。今北上には復興応援隊っていうのがありますけども、そこも女性が主で、男性がひとりです。北上はそんな感じで回っているっていうのがあります。

野村さんも話してましたが、都市部におけるコミュニティは大変難しいと思います。実際、都市部の話をしますと、この間都市部の団地である人が団地会を作ろうということになり、班長さんを決めようということで、話し合いをしたそうです。「順番にしましょう」「いや、数字の若い方から順番に…」「いやいや俺心臓ペースメーカーやってるから無理だ」と、そういう話になってきて班長さんが決まらない状態に陥ってしまったようです。ところが北上地域には、手島さんたちに支援に入って貰っているのですが、北上地域では殆どの防災集団移転事業の用地で「誰がどこに住む

Table B — 中心市街地再生、地方創生の取り組み

らの方に出店した。その出店した直後に坪100万円をつけたんですね。駅前がそのころ70万円から80万円に落ちてきて、中里が100万円を付けました。ああすごいなと思っているうちに、今話題の蛇田というエリアが徐々に徐々に開発が進んでいって、人口が増えていったということですが、よく考えていくと、これ日本の住宅政策、国の住宅政策に問題があると思っていますが、持ち家を持ちたいと皆さん考えます。その時にじゃあ土地を求めたい、土地を求める時っていうのはどうしても安いところに土地を求めるということになります。ですから、そこで安い土地を求めると勢い郊外の農地だったところとかそういったところに土地が安くでて、人口が増えるかなと想像する、するとそこに大手のナショナル資本のスーパーさんが出店していく、そうするとさらに集積が加速するということですが、私が石巻に住み始めてから30数年の間に町の賑わいゾーンが3ヶ所変わっています。これは大手のスーパーさんが動いていくことによって、今後もガラッと変わるわけで、未来永劫、蛇田と言うところが賑わうかというと定かではございません。そういうわけで、やっぱりこれを期にもうめちゃめちゃに壊れてしまった中心市街地、まあ、この中心市街地という言葉は改めて「オールドタウン」とかですね、そういう言い方に直してしまったほうがぼくはいいんじゃないかなと思いますが、そういう形でもう一回、山崎先生もおっしゃられるようにぼくは街なかというものをもう一回夢を描いてそこでどんな夢を描いて、どんな町にしたいのかということをもう一回考えて作りなおせば、まだまだ今は買いですから、買っていただいて、そして住んでいただいて、そして、町の未来というのを考えていっていただける環境づくりにラストチャンスなんではないかなというふうに思っているというところです。

(榊原)はい、どうぞ、話したい人はどんどん話してください。

(今川)後藤さんの話した通り、郊外と中心商店街の話というのは個店とチェーン店の戦い連続なんですよね。気仙沼でもそうでしたけど、大きいお店が郊外にドーンとできる、その回りにどんどんチェーン店ができて、負けるのはやっぱりもともとあった個人

Table C — 半島部の生活・自治・なりわい・福祉の今と振り返り

おり、自分たちで継続的に活動していくために資金をどうやって調達していくかというところがあると思います。そうした中で自治組織をこれからつくっていこうとされる寄らいん牡鹿さんのような団体が、何とか地域で自分事としてやっていこうという図がいま生まれつつあるのかなというのが、仮設住宅から公営住宅とかに移っていく中で起きている流れなのかなと思っています。

そうした中で県として、これからの流れの中で新たな仕組みとして立ち上げたのが、住民団体さん向けの助成金であるコミュニティ再生支援事業です。まだ我々の周知不足で皆様にこういう制度があるという事がお伝えできなかったことを非常に反省しておりますが、このような仕組みもまた使っていただけるチャンスがあるという事だけ、簡単にお伝えさせていただきたいと思います。

我々が色々な制度、仕組みを持っていた中で、今日この「みやぎボイス」の機会で、建築家の方が集まっている中に、福祉がご専門の野津さんとか、その野津さんを介して牡鹿半島でご活躍されている住民組織の寄らいん牡鹿の石森さん、支援団体で入っておられる犬塚さん、杉浦さんの様な方々もお会いする場が生まれている様に、ようやく今年になってその仕組みと仕組みがつながり始めている、微力ながらそのお手伝いができ始めているのかなと思っております。そのような中で、今後そういった事業間連携みたいなものが少し広がっていくことで、離半島部のコミュニティづくりとか持続的な地域づくりというのが、なにかしらできるのかなと思って拝見をしております。

その中で、自分事としてこの地域をどうしようかと考えてくださる方々が非常に現場で増えてきているという事が非常にありがたいことだと思っておりますし、非常に心強いことだと勇気づけられています。若い人が入ってきて、地域の住民の方々と一緒に地域をつくってくださるという流れができつつある一方で、先ほどおっしゃられていたとおり高齢化が進みます。それをどういう風に支えていけばいいんだろうかという危機感から、住民主体の動きを動かしていくという流れが離半島部の中で生まれていること

Table A（復興事業全般の課題の振り返り）

か」を決めたのは抽選じゃないんです。すべて自分たちの想いでみんなで話し合って「誰がどこに住むか」を決めていた。要するに、決して抽選は公平じゃないし、みんなが納得するのは抽選じゃないってことを、みんなで分かっているんだと思います。そういう知恵ってすごい地域力だと思います。たぶんそれが北上らしい在り方なのかなと思っています。それで、そんな関係を都市部でどのように作っていくのかなと考えると、すごい難しいんですけど…。やはり今回の震災では、コミュニティは、震災で壊れて、応急仮設住宅に入った時に壊れて、そして出るとき壊れてって3回壊れるんです。壊れた時にどういう細やかな配慮で人がそこに入っていくかで、また次のコミュニティができてくるのかなという気がします。どうしたらコミュニティが出来るのかは私も分からなくて、ただ多くの人の力がないとそれはたぶん難しいのかなと思います。結論はでませんが、お金つぎ込んだからってコミュニティができるわけではないと思っています。

（平野）北上の場合は元々の地域力がちゃんとおありで、その中で女性を一緒にすることによって、意思決定が早いということですね。なので、北上の復興というのは実は石巻全体から見ても合意形成も非常に早かったですし、進んでいるのが事実です。「急ぎながらも合意形成もちゃんとやる」ということが、上手にやればできるんだなと、僕は北上の今野さんや手島さんの活躍を見て思いました。ただ、もともと契約講まであって地域力があり、石巻の中でもすごくコミュニティが強い地域だったっていうことも、「急ぎながらも合意形成もちゃんとやる」ということが実現できている要因だと思います。元々のコミュニティ力・地域力はどうやったら醸成されるのかという問題はなかなか悩ましいことではあるんですけど、急ぎながらコミュニティも大事にすることが不可能ではないということは分かりました。

はい、ということで復興まちづくり、コミュニティの話は当然大事なんですけど、先ほどの土地の話に戻ります。土地に関しては僕も思うことがものすごくあって、まず野村さんがご指摘になられた相続登記の問題ですね。リアス式海岸部では高台移転する場所は、そんなにいい場所はまずなくて、地元の皆さんと回ってい

Table B（中心市街地再生、地方創生の取り組み）

事業主たちなんですよね。いわゆる商店街であって。さっき話し忘れましたけど、中心商店街を守っていかなくちゃいけないというのはそういう気仙沼のオリジナルの商店を守っていかなくちゃいけないという話であって、実は震災後の気仙沼の中心市街地に大手、ま、イオンさんがですね出店の計画を出した時があったんですけど、やっぱりそれはちょっと違うんじゃないかと、（復興）事業で土地をもって、そういうところにそとから来たお店がどんと復活することははたして復興じゃないという議論があって、結局は地元のお店達が頑張っているわけですよ。そこをもうちょっと市民向けにどうやっていいのか、主役が住民になっていくこととそのチェーン店との違い、結局住民はチェーン店のほうが好きなんですけど、なぜ地元のお店が残るといいかということを含めて考える。ちょっと経済の話になっちゃいますけど、地元のお店だと流通からなにから地元に頼れるんだというところも含めてアピールしていかなくちゃ本当に中心商店街の魅力、残さなくちゃいけない価値っていうのも伝わらないんだと思います。

（榊原）はい、じゃあどうぞ

（岩田）あの、確かに安いんですよね、今。三春なんか町内5万円くらいなんですよ。ぼくでも買えるんですけど、じゃあ売ってって言ったら売ってくれないですよ。売ってくれますか？石巻。

（後藤）はい、そうすると土地の流動化になるんですが、私は別に土地は買わなくていいと、阪神（淡路）大震災に自分も一年間行ってですね、神戸に行って、がらっと人生観変わりましたので、不動産は別に自分で所有しなくていいと、借りて住むということは十分な選択肢になると、ちなみにあの時神戸にいた私の友人はマンションは借りていましたから、被災しなかった山手に三ヶ月後に引っ越してそれで生活再建終わりでございます。したがって、持つということだけが全ての選択肢ではないと、借りるということも私は選択肢として、十分ありだろうと思っています。

（岩田）貸してくれますか？

Table C（半島部の生活・自治・なりわい・福祉の今と振り返り）

が非常に心強いかなと思っております。

そうした方向性の中で、先ほどお話したように大きな支援団体が外から入ってきて支援する時代が当初はあったと思いますけれど、支援団体の方々もやはり自分たちはいつまでも支援できないという事も仰っている現場もございます。これからは、宮城の人が宮城のことを支えていくんだという大きな流れの中で、それをどうつくっていくのかという事だと思います。最後に、震災を契機に生まれた地域の外との交流というのが離半島部の方々の一つの私はチャンスだなと思って、この冊子をお配りいたしました。お手元にお配りしましたこの「ISHINO making（イシノメイキング）」という冊子ですが、県の助成金でお付き合いをさせていただいております、牡鹿半島の蛤浜というところで活動をされております一般社団法人はまねさんというところがおつくりになられた冊子です。この冊子は非常にきれいに作ってくださっています。離半島部の魅力、そこにある自然ですとか、そこに生きる人たちの一人一人の人生の彫りの深さといいますか、そういったところに惹きつけられて引き寄せられる若い人たちが実は結構います。そういった方々が、自分たちで自活して生きていくために、何か物を作ったりサービスをつくるということで「離半島部でも生きていけるんだ」というモデルを示しているのが、この冊子だと思っています。そこに先ほど申し上げたような離半島部の方々、自分事で自分の地域をつくっていこうとされる住民の方々に加えて、こういう外から来られる移住者の方々にチャンスとチャレンジの機会があるというところが離半島部のすばらしさかなと思っております。以上話が長くなりましたが、これでお話を終えさせていただきます。どうもありがとうございました。

（米野）ありがとうございました。牡鹿の様々な取組をご紹介いただきまして、そういった様々な団体をつなぐ形での県の支援の仕組みとか実態について、ご説明いただきました。最初に北上の話をして、続いて牡鹿の話をしましたので、雄勝総合支所長の三浦さんからは、今のような様々な取組の状況も踏まえながら、雄勝の状況とか、いろいろお考えのことをコメントいただければと思

ると「ここしかないだろう」ということで決まるですね。ちょっと傾斜が緩くて港も見渡せて、「みんなが住む場所がここなら用意できるだろう」っていう場所が。そして、そこの登記簿を調べてみると「共有地になっていて何名かが相続登記されていません」となる。しかも「相続登記は先々代からしていません」というような話になって、更に調べてみると「関係地権者が30名を超えてしまいます」みたいな。その方々の実印をもらってこないとそこを移転先にできない。これも結局、住宅再建を急がなければならないという話と、ずっと使うんだからいい場所であるべきだっていうことの板挟みになって…。現場では「時間かけてでもいい場所でやった方がいいんじゃないか」っていう議論も随分しましたが、泣く泣くあきらめて、そんなにいい場所じゃないところに急いで住宅地をつくろうっていうケースもよくありました。これがまあ相続登記、土地の問題の難しさですね。父親が死んだときの相続登記は自分でしましたので、登記そのものってそんなに大変じゃないと思っています。こんな書類出すくらいで司法書士にお金払うのもったいないと思ったので、自分で法務局行ってやりましたけど、まあ大変ですよね、一般的にはね。

だから、そういう常日頃からの制度体制の問題と、やはり制度として本当に任意登記でいいのかってことですね。確かに財産権を主張する人が、任意で登記をするっていうのがこの国の仕組みなのですが、土地の公共性を考えるとやはり義務化したほうがいいんじゃないかとか、いろいろ思うところはあります。この辺ちょっと法律家として補足をいただけると…。

(野村) 登記の問題ですが、先ず何故こんなに制度が変わらないのか、難しいのかということなのですが、法務省の中でも、民法などもともと誰がどういう風に相続するかとか、誰が権利者となるかということを議論する人たちがいて、それからその登記の制度そのもの、法務局を持っていて登記の受付をして、登記させる人たちがいます。あと、裁判所も登記制度には深くかかわっていて、裁判所しか付けられない、仮差し押さえとか、そういう登記もあります。同時に裁判所から判決があれば登記が変わります。こういう様に<u>法律のベースを司る人たちが複数関わっている中に登記</u>

――――――

(後藤) 今は貸します。だんだん意識が変わってきていますので、このままではいけないという意識をもっている人、全員とは言いません、そういうふうに考えが変わってきている人がたくさんいらっしゃいますから、その証拠に実際に民間再開発というのは数カ所進んでいるわけです。これから優建でやろうという人達も現にいらっしゃいますから。その時に第一期の再開発で大反対をしていた地権者のかたが今になって、あの時反対をしなければよかったという方も現れ始めているやに伺っています。したがって、これは先ほど出た先行事例を見てやっぱりやっておけばよかったなあというふうに今思っていらっしゃるんだろうと思いますが、それはもう丁寧に一つ一つお話をして進めていけばいいのかなというふうに、それしかないだろうと思っています。あとあの気仙沼の件、気仙沼と石巻のことですが、やはり、ぼく、気仙沼の花火大会を見ながらですね、あれで育って、あのへんを飛び回っていましたので、やはり水、石巻は川、もちろん港もありますけど、気仙沼は気仙沼湾をどう活かすか、そこでどんな人がどんな夢を描くかによりますが、それはぼくは郊外の店にはない最大の武器なんだろうと、それを活かせるか、活かせないかにかかっているというふうに個人的には思っています。

(榊原) はい、ありがとうございます。ちょっと休憩しましょうか、ちょっと次の展開を、あ、曽根さん途中退席ということなので、では最後に一言、曽根さんのコメントいただいて休憩にします。

(曽根) はい、すみません、午後から別件ありましてちょっと退席させていただきます。そうですね、中心市街地がもっともっと元気になって楽しくなったら、行く人もいっぱい増えるんだろうなっていうふうに思いますので、応援したいなと思いますし、なるべく、外から来ているところの大きいスーパーとかでお買い物をするんじゃなくて、なるべく地元のところでお買い物をするっていうのはちょっと心がけているところなので、そういったところがみ皆さんの気持ちのなかで育っていけばもっといい感じになっていくのかなというふうに思います。封筒だけじゃなくて、実は中に広

――――――

います。

(三浦) 雄勝総合支所の三浦と申します。今皆さんの色々なお話を聞かせていただきました。これ以上話すことはないのかなと思いますが、まず第一ステージとしましては震災があってすぐ、避難所にどうやって皆さんに移っていただくか、第二ステージとしては仮設住宅に入っていただくという段階がありました。もうすでに、半島部では防集団地がほとんど出来上がってきています。多分来年度、28年度になれば、ほとんどの所が完成していくのかなと思います。そうしますと、次の問題は何かといいますと、さっき野津さんのお話を聞いてまったくその通りだと思うのですが、その浜に戻った人たちがこれからどうやって暮らしていくのか、我々が今抱える問題は何かといえば、野津さんがおっしゃっているようなことを今からどういうふうにやっていくのか、ということです。<u>特に雄勝総合支所の場合は、住民の大半、三分の二がもういなくなります。そこには住まなくなります。4,300人居た人口が約1,500人、今回の国勢調査の速報値でいきますと、雄勝総合支所の中では75%がマイナスです。</u>逆に言うと残る人は25%しかいないという今の状況です。そうした中で、先ほど石森さんとかからお話のありましたように、<u>寄らいんということで色々な活動をしていただくとしても、そうした中で残った人たちにそれができるのか。</u>牡鹿は高齢化率が43%といいますけど、雄勝の場合は逆に高齢化率7割くらいになりますから、10人のうち7人が65歳以上の人だよというのが雄勝の現状です。そうした中で先ほど中尾さんからお話あった通り、では<u>残った人だけで何かできるのかというと、今も言った通りかなり高齢化率が進んでいる中でかなり難しいと思います。そうした中で例えば今あります復興応援隊であるとか、NPO法人さんであるとか、そういう方々に色々な活動をしてもらいながら、残った人たちで新しいコミュニティをつくっていかなきゃないわけです。</u>で、残った人だけでコミュニティつくれるのかというと、今言った通り、<u>70、80になるじいさんばあさんが、自分たちだけでコミュニティをつくれるのか</u>と、かなりこれは難しい。そうした支援をしていただくというのが、やはり我々にとっては今必要なのかなと思います。ただ、単

Table A — 復興事業全般の課題の振り返り

Table B — 中心市街地再生、地方創生の取り組み

Table C — 半島部の生活・自治・なりわい・福祉の今と振り返り

Table A
（復興事業全般の課題の振り返り）

制度がありますので、ちょっと変えるということに対しても非常に大きな労力が必要になります。悪い言葉を使わないように表現しているんですけど(笑)。そこがこの問題の難しさの原点なのかなと思っています。

登記を義務化するという話については、当局サイドが非常に後ろ向きなようで、その話になると議論がストップするようなので、私としては義務化ではなくて、むしろその登記義務者全員を関与させなくてもある程度の要件を満たしたら登記していいよ、という制度が良いように思います。それですべてが確定するわけではなく、本当に異議があるんだったらあとから何かやってもらうような制度です。はっきり言えば半島部なんて、金銭的に後で補償したってたいしたことではないはずなんです。本当に異議ある人がいたら、その土地は返せないけどいくらか補償しますってことで、金額にしても、権利の何分の一かしか持っていない人であれば、半島部では1人当たり数万円程度の話なんですよね。だから、物権はなくなるかもしれないけれども、相応のお金は戻ってきます、という形ですね。後で十分に対処できる程度のリスクなのにすべてが止まってしまうということが、アンバランスなのではないかなと思います。

このような話が「そうだといいよね」って言いながら、全く進まないような仕組みになっていることがすごく不幸なんです。しかしこれは必ず次への教訓として、同じようなことは必ず起きるという前提で対応するべきです。何分の一の権利者に対する適度な対策が必要なのであって、その人たちに対してもすべて100％保証するような仕組みっていうのは、誰も望んでいないんだと思っています。

（平野）はい、ありがとうございます。

（牧）宮城では地籍の調査っていうのは、関西に比べたら進んでるとお伺いしているのですが、そこら辺の問題もついでに教えてください。

（平野）たしか宮城県は97％ですか、はい。

Table B
（中心市街地再生、地方創生の取り組み）

報誌入っていますので、とってもとっても苦しいという話を先ほどしてしまったんですけど、外に発信していくには楽しく作らなくちゃいけないということで、鋭意楽しく作っていますので、ご覧になってください。よろしくお願いいたします。

（榊原）はい、ありがとうございます。それでは１０分休憩を挟んで後半に臨みたいなと思います。１１時４０分から再開できるように皆様お願い致します。

（休憩）

（榊原）はい、それでは時間になりましたので、後半、残り１時間になります。企画をした安田さんのほうから後半どの辺を話して欲しいか、振返りもしつつ、後半話してほしいというところを少し伺えますか？　後半、紅邑さんに入っていただきます。よろしくお願いいたします。

（安田）後半もよろしくお願い致します。長丁場なんですけれども、皆さんお疲れだともいますが、是非よろしくお願いいたします。振り返るのはちょっと大変なので、次にどういった話にいきたいかという点なんですけれども、なんとなく視点はかなり見えてきて、中心市街地とは個店の努力でしかないというお話がありましたけれども、じゃあ、何をしたらみんなお客さんとして来てくれるのか、先ほど曽根さんがお帰りになりましたが、曽根さんに一つご指摘いただいたのは、「カフェや料理屋へは行きます、無料駐車場がほしい」、無料にできるかどうかわかりませんが、とにかくそういうきっかけがあれば行くんだという話、それから、今川さんのほうからあった話では、街なかでものを買うということは、地域でお金が回る、チェーン店（の商売）とは意味が違うんだ、というお話が少しありました。後半はですね、中心市街地はそもそもどんな役割なのかという問題を念頭に、住宅地にしかならないのかなというお話もありましたけれど、役割分担の話も含めて行

Table C
（半島部の生活・自治・なりわい・福祉の今と振り返り）

に支援をするといっても、やっぱりそこに残る人たちというのは、さっき今中尾さんも言った通り、そこで若い人たちも暮らさねばなんないわけです。ということは収益を上げねばならない。そういう収益を、言い方は悪いですけど国や県がどういう形で残ってくれるみなさんにお金を払ってもらえるのか。それだってずっと、一生もってお金が来るわけではないわけです。そこにある程度の一定の期間、3年、5年という期間の中で、残る我々の方でもやっぱり自立していかなきゃないんです。でもやっぱり、その残る方をどう国や県が支援していくのかというのが今からの問題なのかなと思います。話すことないよと言ってずいぶんしゃべってしまいましたけど、野津さんの話、石森さんの話、杉浦さんや犬塚さんの話を聞いて、全くそれが今から我々が解決していかねばならない一番の問題なのかなと思いました。最初に齊藤さんの方から北上の現状という事で説明がありましたけれども、もうすでに第三ステージ、仮設から新しい住宅に移るという段階は、もう事業としては動いていますので、我々がそれに対してどうのこうのという事はなく、極端なこと言えば契約さえすればどんどんどん仕事は進んでいくわけです。今回、今日来て初めてわかったんですけれども、このＣテーブルの補佐やってもらっています江田さん、関空間さんという設計事務所さんなんですけど、今うちの雄勝総合支所で小中学校併設の学校の設計をやってもらっているのが江田さん、来年の４月１日に開校しますんで、一年後くらいに見に来てください。銀山温泉の様ななかなかユニークな小中学校ができるはずなんです。もう一人いるテーブル補佐の佐伯さんも、雄勝の中心部の総合支所であるとかそういうところのものをやってもらっている。そういうわけで、そういうハード的なものは動き出しては来ている。我々行政的には何ができるのかというと、ハードの部分はできるんです。ハードの部分は計画を立てて、予算さえつけられれば何とかなるわけです。問題なのは今言った通り、戻ってくる80、90歳になるじいさんばあさんをどうやって面倒みなければないのか、というのが我々の次の第四ステージといいますか第五ステージというか、それが我々の一番の課題なのかなと思います。今日は何のために呼ばれたのかよくわからないで来たんですけれども、話を聞かせてもらってですね、まったく

（野村）ちょっと私もすごく詳しいわけではなくて、すみません。むしろ、今野さんとか詳しいかもしれませんが、調査が進んでいる地域もあったと思いますが、今回石巻市でも調査が進んでない部分があったので、そこは、土地の買取が遅れたりとか、そういうことはありました。知らないので詳しく話せませんが、復興の着手、事業の着手にあたって、地籍調査が進んでいない場所はワンステップ障壁が増えたということは間違いありませんので、そういう意味ではそれもひとつ先を考えた備えとしては重要だと思います。

（熊谷）前に地籍調査を担当しておりました。宮城県は非常に進んでおりまして、今回の沿岸部の被災で土地を市町村が買収するにあたっても、土地の復元性がないとダメだということだったのですが、そこが非常にスムーズにいったということが、すごく大きかったかなと思います。そういうことで関西方面の方から、地籍調査が何故進んだのか、進んで良かったところはどういうところだったのか是非話してくれということで随分呼ばれて、お話をさせていただきました。ましてや、近い将来そういう災害が懸念されているところで、地籍調査が終わっていないのであれば、「まずは土地関係を確認しておくことが復旧には非常に役立つので、必ず手を付けるべきだ」と、強く言ってこいと職員を送り出すたびに言っています。実際、5年前の被災を受けて、いち早く市町村が土地を買収できたのは、そこに理由があります。あと、その土地を誰が持っているかという部分もまた大きな問題なのかもしれません。「何故宮城県や東北地方は進んでるんですか」ってよく聞かれるんですけど、単純に、みんな素直だったのかなというふうに思います（笑）。ちなみに宮城県で100％にならないのは、仙台市が非常に低いせいなので…、仙台市以外でやると97、8％くらいいくんです。仙台市さんがひとりで足を引っ張っておりまして（笑）、ぜひ仙台市さんもやるべきではないかというようなお話はしておるのですが、ま、話は違うのでここらへんでやめておきます。

（平野）本当におかげさまで、地籍が整っていなかったら復興はもっ

政の立場の方、地元の大学の方、地元のNPOの代表、学校の先生といろんな立場の方が、それぞれの視点で話して頂ければなと思います。

（榊原）主語を決めたほうがいいかもしれませんが、誰が何をすれば人が来るかというような視点で後半1時間話をしたいなと思います。飛び入り参加の紅邑さんから外で話を聞いていながら第三者的に見て、さっきの自己紹介も含めて少しコメントを頂いて、それぞれ皆さん挙手をしながら後半進めたいと思います。

（紅邑）飛び入りで参加することになりました、みやぎ連携復興センターの紅邑と申します。毎年ジェンダーバランス悪いって言っていたら、だいぶ今日は女性の参加が多かったのでホッとしているところです。ちょっと外から見ていてというところもありますけど、私はみやぎ連携復興センターという団体として、うちのスタッフも石巻、気仙沼に伺うことが多くて、それからまあその間のところでは、南三陸とか女川とか、他の被災地、13市町にも、伺うことがありますけれども、やはり企業の方なんかにお伺いしていると、どこに行けばいいかっていうとやっぱり石巻っていう声が多いですね。それはなんでって言うと行きやすいからって言われるんですよ。気仙沼まではちょっとと言われてしまってというところがあります。けれども気仙沼はまたちょっと違う意味で、岩手の気仙地域と近かったりするので、そちらの流れで気仙沼にも入っている団体とか、支援は多いかなと思います。そんなふうなところを外からいろいろ活動しながら見ているところがありますけど、さっきのお話を聞いていて、一昨年だったと思いますけど、中心市街地の話などを議論していた時に、中心市街地っていうのは郊外があってこその中心市街地だっていう話を確か福島大学の鈴木先生がされていて、全くその通りだなって思ったんですね。やっぱり郊外が、そこに住む場所があったりだとか、それからお仕事があったりだとか、そういったことがないと新市街地というのは活性化しないだろうと、一方で、私は10年ぐらい前に仙台市の中心市街地の商工会議所の会議に出た時に、大手の企業さんが初売りをめぐって抗争がありまして、その時に、思ったことは、

Table A　復興事業全般の課題の振り返り

と遅れてたであろうなと、本当に痛感します。よく地籍調査に関しては、「寝た子を起こすからやめろ」っていう話はよくあります。境界線問題が、どうしても出るので。しかも関西の方にいくと500年とか歴史が出てきちゃうでしょ（笑）。そんなことはないか。少なくとも400年の歴史で、「いやあうちの土地は400年前からここだったんだ」みたいな話をされると大変なことになるので、寝た子を起こすなっていうんですけれども。災害後に寝た子が起きることの方がよほど大変なので、やはり今回、宮城県はそこで躓くことはなかったという事実は是非アピールいただけるといいなと私も常々思っています。

あ、もう一つ言うの忘れた。登記に関していうと、義務化が難しいんだけど野村さんがおっしゃったように、ある種共有名義の場合ね。処分したいって過半数が思っていれば処分できるとか、マンションの区分所有制度とおなじような仕組みもあっていいのかなと。そういう仕組みを援用してきて、定められた割合以上の人が現金化したいっていう話であれば、残りの方に関しては土地の所有権から債権に変わるような、そういう権利変換してでも進めるような仕組みっていうのが現実的ではないかと思いました。

さて、実は土地の問題ってそれだけじゃなくて、例えば、石巻でやっていてほんとに忸怩たる思いだったのは、街中を歩いていると空き地はいっぱいあるんです。ものすごくたくさん空き地はあるし、シャッターになっている空家もある。しかし、これから人口が減少するという時代において、郊外に大規模開発をして被災者の住宅を確保するということをやらざるを得ませんでした。これは市役所の方々とも随分と議論したのですが、結局一筆一筆の空き地の地権者に全部相談をして、全員被災者分の住居用地を用意するっていうことがあまりに手間が掛り過ぎるんです。田んぼ一枚をドンっと持っておられる方に話をして郊外を開発しないと間に合わないということなんですね。そもそも「何故空き地があっても流動化しないか」ってバブル期に随分問題になりました。地上げ問題で問題になりましたが、バブル期の文脈では「もっと土地が流動化しないと高度利用ができない」「木賃アパートじゃなくて、さっさと地上げをして高層ビルにするべきだ」みたいな、そういったバブリーな論理だったんですけど、土地基本法まで作っ

Table B　中心市街地再生、地方創生の取り組み

先ほど商店と行政と住民というお話があったんですけど、住民というのは必ずしもそこに住んでいる人だけではなくて、そこにお買い物に来る人もいらっしゃると思うので、やはり商店街のことを考える時に、買いに来るお客さんをいかに巻き込んで商店街をどうしたいのかと考える場が本当にあったのかなというところがもしかしたら今日のお話にもつながるのかなと思って聞いていました。

（榊原）はい、ありがとうございます。では、最初に投げかけられた、今、何があれば、何をすれば人が来るかという視点でどなたからいきましょうか？

（後藤）元石巻のよそ者だった私としては、石巻に住み始めた頃というのは私も立町というですね、それこそ地価が１００万円ぐらいのところの場所に住んでおりました。それで、石巻に行って、私、結婚しましたので、女房には申し訳ないけど、街の中で意識して買ってくれと、先程もお話が出ましたけど、そうお願いをし

ました。当初はかなり売っているもののバリエーションが少ないとか、クオリティがどうのこうのとか、毎回挨拶して歩くのが億劫だとかですね、色んな話をしておりましたが、だんだん時とともに慣れていったわけです。そのころ、私も若かった、松村くんよりちょっと若いころですけれども、商店街の会合に呼ばれていってお話をさせて頂いた時に、商店街の方に、みなさん七時になるとガラーっとシャッターを閉めて、タバコを表でゆらせながら、今日もお客様が来なかったねと言って、どうしたもんかなということで、「じゃあこれあこれから飲みにさ行くべ」って言って飲みに行きますよね、それは決してまずいことではないと思います。ただし、中央資本のナショナルチェーンの皆さんは、皆さんが飲んでいる時に一流大学を出て、バリバリにマーケティングを学んだ人たちが全国からどういったものを持ってくれば売れるかねというような販売戦略会議を１１時までやっていますよと、そうしたら勝負としてどっちが勝つでしょうねって言う風に言ったらですね、皆さんにすごく嫌な顔をされたというのが忘れることができないんですけれども、ある意味それは正しい側面だと今でもほ

Table C　半島部の生活・自治・なりわい・福祉の今と振り返り

その通りだと、我々の次の課題はやっぱりそこなんですよ。今石森さんには行政委員さんとして頑張ってやってもらっていますが、言い方悪いですけど石森さんも５年後なったら逆に介護される側になっていくかもわかりません。こういうリーダーを、次のリーダーを育てなければない。我々は次の新しい第四ステージとして、そういうことを考えていかなきゃないのかなと思っております。

（米野）ありがとうございます。今お話しいただいたように、第三ステージまでがどうだったかを確認して、第四ステージはどうあるべきかを議論するのがこのテーブルだったんですが、第三ステージまでの確認だけでも結構時間がかかってしまいました。ここで5分ほど休憩を入れまして、最後の１時間弱、その第四ステージの話を議論したいと思います。

（休憩）

（米野）そろそろ再開したいと思います。前半の第一部・第二部で、

北上、牡鹿、雄勝の状況、その中でまさに三浦さんにまとめていただいたように、第四ステージをどうするのか、というのがまさに議論のテーマだと思いますので、その辺の観点から、三人の先生方からコメントをいただきたいと思います。企画側の狙いとしては、福祉が専門の石井先生、生業などの話として阿部先生、地域づくり全般として渡辺先生、というイメージで考えておりますが、必ずしもそれにとらわれなくてもいいですけれども、コメントをそれぞれ頂ければと思います。では石井先生から、コメントをお願いします。

（石井）石井でございます。このみやぎボイス、もう４年、毎年聞かせていただいて、北上の話も毎年聞かせていただいて、５年経ってようやくここまで来たんだ、ということをすごく感じました。その中で最後に中尾さんがおっしゃっていましたけれども、その中でJIAの果たした役割というのはまさに翻訳家というんですかね。こんなに小さな町で行政と住民が比較的近い距離にあって、重なり合いもしながら、そんな町でも、やはり難しい言葉の

Table A — 復興事業全般の課題の振り返り

て、土地の公共性を高らかに謳いながらも単なる宣言法のようなもので、何の実効性のない法律でしたので、(こういう言い方をすると法律家の前で申し訳ないですけど) ほとんど効いてない。土地の流動化は進んでない。だから空き地は相変わらずいっぱいあります。聞いた話ですと、石巻に来ているNPO法人がオフィスを構えたいと言っても、空家を津波で被災した1階部分を自分たちで改修するから貸してくれって大家さんに掛け合っても貸してくんないんですよね。もちろん、どこの馬の骨とも分からない奴に貸せないっていうロジックもあったと思います、外から来られる方なのね。ただ、どうもそれだけじゃなかったようです。自分達は郊外型のショッピングセンターができる前にそれなりに稼いでいて、例えば仙台にマンション1棟持っているとか、そういう方々になっているケースが多くて、リスクをとって人に貸して、トラブルを招くのは面倒臭いと。自分の資産で食うには困ってないという状況で、全然土地が回らないという土地問題があります。時間の問題もあり急いで買収できないという問題もあったのですが、そういうのが背景にありますのでどんなに個別交渉をやったって急いで皆さんの家をまちなかの既成市街地に確保するなんてのは、まず不可能だったっていう思いがあって、結局郊外につくらざるを得ない。これって実は被災地だけの問題だけじゃないんですよね。全国的に同じことが起こっていて、それが如実に今回表れてしまったってことなんですけど、この辺の土地の問題に詳しい方って誰かいらっしゃいませんかね。もっとこうしたらいいんじゃないのって、僕は乱暴に「固定資産税を10倍にしろ」とか思うんですけど、残念ながら今地主の方が世の中に多いので。

(フロアより) 強制収用は出来なかったのでしょうか?

(平野) 地上げが大変だっていう理由で、公営住宅事業で、今回宮城県内で土地収用法適用しているケースはほとんどないです。

(フロアより) それはあの、首長によっていろいろですよね。住民とトラブルしたくないっていう方もいらっしゃいますし。

Table B — 中心市街地再生、地方創生の取り組み

くは信じています。その一方、もう一つ申し上げたのは、皆さん郊外に家を持って、そこに帰って行きますよね。帰る途中、郊外のナショナルチェーンのお店でお買い物をして帰りますよね、それって、行動パターンとしては違いませんかと、町の中でご商売をされるんであれば、町の中に出来るだけ住んでいただいて、町の中の向こう三軒両隣の生鮮食料品屋さん等々で買い物をするとかって言いながら、品揃えがもしよろしくなければ文句を言いながら、もっといいものを置けよというようなことのコミュニケーションのキャッチボールというのがまちを育てて行くということにつながるんじゃないですかということを併せて申し上げたところであります。今でもそうすべきだというふうに思っています。まちを元気にするためにはまずは住むと、当初から石巻市はコンパクトシティを掲げていますので、まちの中に住んでいただいて、そこで買い物をするということをどうシステムとして皆さんにご理解を頂いて作り上げていくかということがとても大切だというふうに思っています。

(榊原) その他、じゃあ姥浦先生、はい。

(姥浦) あの、せっかくなので、私、通常はまとめ役として、最大公約数を話す、あまり敵を作らないんですけど、ちょっと皆さん優しいので、ちょっと汚れ役になります。まず、中心商店街、いままでは要は郊外がなかった時というのはそこに全市レベルでみんな買いに来たわけですよね。それが、全市レベルで買いに行くのは石巻だったらイオンだし、気仙沼だったらまた別のところに行くわけでして、そうするとも中心商店街の役割というのは近隣商店街、周りに住んでいる、まさに山崎さんが先ほどおっしゃったように周りに住んでいる人が行くだけの一商店街にすぎないというレベルになっているんじゃないかなと、というのがまず一つ目です。商業に関しては、それから、歴史性があるじゃないかという話もありますけど、歴史って本当にどこにあるの?っていうのがまたよくわからない。そんなところに毎日人が来るのかっていうと、それだけで人が来るっていうのはそれは歴史を観光にしているところであって、普通のそういうところは歴史性なんて言

Table C — 半島部の生活・自治・なりわい・福祉の今と振り返り

問題というか、同じことを目指していてもそこでずれが出てくるというところで、それを誰かが間に入ってそれをつなげる役割をしないとなかなかうまく進まなかったようなところを、JIAが入ってやってきた。それが一つの住まいの形にもなっていると思うんです。そういうつなぐ役割、お互いの言葉を翻訳して通訳してつなぐ役割っていうのは、こういう時にとても大事だなということをすごく感じました。実は、たぶん復興全体で見たときにはそれがないところが多くて、そうなったときにおこる問題というのは想像に難しくないわけです。そういう事を考えると、色々な課題はこれでもあったんだろうけれども、それでもやはりすごく上手くいっている一つの形なんではないかなとすごく感じました。で、あとは牡鹿の色々な取組ですね、聞いていて、これもいつも思うんですけれども、こういう人口減少が進んで高齢化が進む、町々、田舎というのは、今までの感覚からするとすごく遅れているところですね、日本の都会の発展から取り残されて、遅れているようなところだと捉えられがちなんだけれども、今こうなってみると実はとても進んでいる、逆にこれから先の状況を考えると、日本中どこもが経験する20年後30年後40年後の姿が今ここにあるわけです。ここで起こっていることというのは実は最も新しいことなのではないかなという気がしていて、ここで起こっていることの事実が、ここでどうなっていくのかという事が、まさにこれから日本がどうなっていくのか、都市部の話とはちょっと違うのかもしれないんだけど、多くの日本の地域が抱えている問題というのはまさにこういうことで、その姿をここで見せていただいているような気がしました。野津さんの話、居場所づくりから始まった色々な活動をお伺いしても、制度に頼らない仕組みというんですかね、勿論介護保険事業に乗らないから大変は大変なんです、それがこれから先の継続性や持続性をどうしていくかという事につながっていくんですけれども、でもやっていることというのはまさに制度に頼らないまさにその場にある必要なことを必要な形でやってらっしゃる。やる中で目の前にすぐそこで出てくる課題に対してどうやってそれを解決していくかっていう仕組みづくりや取り組み、それは何かこう一般論としてある高齢化の問題とか一般論としてある課題ではなくて、まさに今のこの状況の中の、

Table A
復興事業全般の課題の振り返り

（椹橋）制度的には土地収用は無理で、その収用かける前にどうしてもその場所じゃないとダメだっていうことが、収用委員会で説明できないといけない。

（平野）だから公営住宅は、隣の敷地でもいいでしょって言われちゃうと勝てないってことですかね。

（椹橋）道路とかは当然ここ来ればここ通らざるを得ないよねっていうロジックが言いやすいんですけども、そういう意味では公営住宅は非常に難しいというのはあります。

（平野）はい、ということで、様々な土地の問題が、今回復興まちづくりの中であからさまに出て来たっていうのが僕の実感です。土地の問題について、もうちょっと今後のためにはこういうこと考えなきゃいけないんじゃないのっていうのは、どなたに聞けばいいのかな。やはり、椹橋さんかな。無理？じゃあ脇坂さんっていう手もあるんだけど。

（椹橋）無理というか…、まちづくりをやっていくときに、「住民合意をどうしていくか」が、いつもぶちあたる課題なんですけど、この議論をしていくと日本国憲法の話になるんですね。基本的な財産権っていうのは各土地所有者に認められていて、公共の福祉に反しない限りは自由にできますよと。その議論をしないと、たぶんこの問題は解決しないのではないかなと。「公共って何」っていう議論だと思いますが。

（平野）それは、難しいから触れるなっていうサジェスチョンなのかな。せっかく振ったついでに脇坂さんどう思います？土地の流動性というのは昔からの懸案ですが、全然流動性が高まりませんよね。日本は土地の流動性が低いことで、市街地開発の不効率性を招いているって30年くらい言われ続けていますけど、なんでこんなに解決しないんでしょうか？

（会場から脇坂）（笑）。結局、日本国憲法もそうですし、その前の

Table B
中心市街地再生、地方創生の取り組み

うとそんなに大したものはないわけです。さらに新しいゲリラ的に起業とかいう話がありますけど、それがどれくらいの量的なものになるのか、確かにいくつか出てきていて、それ、すごく重要だと思いますけど、それが既存の商店街を、極端な話全部埋める数になるのかというと絶対そうはならないわけでして、そんなところの中心商店街って一体何なのというところがまず一つ目です。それから２つ目の役割分担の話で申し上げますと、例えば女川なんかでは、まあ大船渡もそうですけど、公設民営というかたちで、公のほうで基本的には箱物を用意して、中で運営するのは地元の商店街の人でやってくださいというかたちでやっているわけです。本当の田舎のほうに行って、そこでスーパーも何もないというところに行政がハコを作って、まあそこでちょっと運営してという、まあ、社会福祉的な意味でそういうものを作るんならわかります。けれども中心商店街なんて誰も困っていないところに、そこに公費をつぎ込んで、それで安い値段でやると、何のためにやっているのかわからないし、周りは（中心市街地以外は）お金を払ってやっているにもかかわらず、それとの関係はどうなの、っていうこと

もあります。そういう中で、たとえ頑張るとしても、公というのが一体どこまで、何をすべきで、それから民間というのが自助努力でどこまでリスクを追っていくべきで、そういう中で第三セクター的なまちづくり会社とかそういうものもいろいろありますけれども、そういう人達が一体何の役割を果たすべきなのかというところはちょっともう一回根本的に考えないといけないんじゃないかなという気がいたしました。

（榊原）はい、ありがとうございます。じゃあ、少し行政の立場からお願いします。

（中村）はい、えー、行政の立場というか、個人的な意見として言わせていただきたいと思います。中心市街地、震災前からですね、中心市街地を活性化しようということで、計画のほうは作っておりました。ここはコンパクトシティということで、歩いて暮らせるまちづくりと、「歩いて暮らせる」というところにキーワードを置いて進めてきたところではありますが、ただ、（その方向で）進

Table C
半島部の生活・自治・なりわい・福祉の今と振り返り

明治憲法からそうです。最初に明治政府ができた時に、税金を取るときに土地所有者に「土地持ってんだから税金払え」って言ったところから国が成り立っているので、そこを崩すというのはたぶん難しいと思うんです。逆にソ連とかは土地が完全に公有だったので、チェルノブイリでも全村移転ができちゃうわけなんで、そこは国の成り立ちのところなので簡単にはいかないと思います。

(平野)確かに四川地震の復興なんて見ているとすごいですよね。「はいお前らここ」で終わりですからね(笑)。ただ、やはり固定資産税をあげて流動性を高めるみたいなことは、ほんとはもうちょっと地道に取り組んでいいような気がします。消費税を上げる前にそっちじゃないのって僕は思うんだけど。残念ながら、地主の方が多いですからね。こんなちっちゃいですけど、僕みたいな人間でも地主ですので。選挙に勝って政権運営しているので多くの人が反対しそうなことを実現しろっていうのは、難しいことを言っているのかもしれません。土地の問題っていうのは結構深刻で、あちこちの、復興まちづくりだけじゃなくて、あちこちのまちづくりで障壁になっているのかなと思います。

(野村)今の話の流れなのですが、1点だけ申し上げたいのは、土地の流動性の話で、売りたくないとか、処分したくない、自分が持っていたいという理由で土地が流動化していないのは、仕方がないと思うのです。それを流動化させる場合にはもちろん補償の話とかあるのですが、それとは別に、そうじゃなくて売り手も本当は処分したいとか、あるいは権利を一部持っている人が、処分したいんだけど他の権利者との協議がつかないとか、様々な余計な登記がついているとか…。そういう「処分したいのに処分できない不動産による流動性の低下」というところは、直せるはずの部分ですので、ぜひ対応を考えていくべきだと思っています。

(平野)たぶんこれからの時代って、そういうことだけじゃなくても、「相続人のいない土地」のような話もどんどん増えていくでしょうからね。「土地というものを公共がどうマネジメントしていくのか」ということをちょっと真剣に考えていかないと、まちづくり

Table A：復興事業全般の課題の振り返り

められたかというとあの状況のままだと進められなかったんじゃないかと思うんです。震災後なんですが、ここに行政という機能、今までは役所の庁舎がありましたが、今度は市立病院という医療の機能があります。その他に支えあいセンターという介護福祉健康分野をまとめるような機能も集積しました。なおかつ、川沿いにはかわまち交流拠点ということで、後藤会長のほうに誘導して頂いて、生鮮マーケット、あとはそこを水辺と親しめるような空間も整備していく。中心市街地は大きくこの震災後変わりつつあります。そこに、行政拠点とかわまち交流拠点が作られていきますが、どういった人をターゲットに呼び込んでいくかというところを考えますと、たぶんそれだけでは不足すると思うんですね。この真中の機能が商店街の機能だと思うんです。そこをなんとか、民間の力を借りながら作り上げていただきたいなと思います。個人的な考えではありますが、中心市街地はまだあるんです。というのは、飲み屋さんがあります、石巻市民の飲みにいくときはほとんど中心市街地、今、蛇田方面にもありますが、二次会、三次会に行く方はほとんど中心市街地に行きます。市民の皆さんの心のなかではみんな思っているんですね、あそこが中心部だと、そういう気持ちはあるということはそこに行くんですよ、行くっていうことは周りの環境が見れるんですね、だから私の女房もそうなんですが、大規模店舗に行くことはありますが、だんだんニーズが多様化してきて、周りの人もそうなんですが、専門店のほうに行くようになってきているんですね。イオンのフードコートより、美味しいお店に行こうとか、こういう洋服がほしいから売っているところに行こうとか、いろんなニーズが多様化していますので、そのニーズにあったテナントづくりを街場でもし開発して頂ければどんどん人は流れていくのかなと思っています。ですからこのいま行政機能、あと「かわまち、かわまち」っていうのは市民だけじゃなくて、観光客も呼び寄せてこようとは思ってはいますので、市民だけじゃなくて、ターゲット的には観光客もあわせてそこで買い物できるようなテナントが、数多く生まれてくれば本当に新たな中心市街地として発展していくのかなと思っています。

(榊原)どうでしょうか、一市民からみてこれからどう(なるんで

Table B：中心市街地再生、地方創生の取り組み

目の前の方々が抱えている状況に対してどうやってどう支えていくか、まさに本来あるべき支援の在り方をそこで実践されている。本当は、制度というのはそういうものを支えていく仕組みにならなければいけないと思うんです。介護保険は、今のような形でこれから先継続していけるかというのは非常に疑問だし、おそらく今のままでは多分無理だろうと僕は個人的には思っているんです。そういう中では、こういう活動を支えること自体がまさに保険事業だし福祉の事業で、人々がそこで生き生きと暮らせる仕組みや、それを支えること自体が大事なことです。介護になっちゃったらどうしようとか、介護になってからお金を出すのでは遅いんです。その前の段階、介護予防(注：要介護状態の発生をできる限り防ぐ(遅らせる)こと、そして要介護状態にあってもその悪化をできる限り防ぐこと、さらには軽減を目指すこと)、予防が切り捨てられていってしまうのだけれども、実はその部分がとても大事で、そこに対する制度、仕組みというものが多分これからくっついてくるのだろうと思いますし、たぶんこういう活動が、国にも伝わっていきながら、本来あるべき支援の形、制度の在り方というものにつながっていくんだろうなという事をすごく感じました。一人一人の役割をどうつくっていくのかと、話を伺っていても活動の様子を見ていても、高齢者が多くなるという事は勿論財政的にも地域的にも大変なんだけれども、決して高齢者というのは弱い存在ではないという事を教えてもらう訳です。それぞれやっぱり力があって、その人たちの力を引き出すことで、地域も元気になるし、一人一人が役割をもって、意識をもってそこで暮らせる姿をつくっていけるということを見せていただいていると思います。ですから、それを支える場所と仕組みをしっかり整えていくことが本当に必要で、こういう活動が維持して継続できないような社会ではもういけないわけですよね。それをどう支えていくのかというのが行政側のこれからの大きな課題だと思いますし、たぶんそういう方向にならざるを得ない。そういう事を牡鹿の活動というのは教えてくれているような、そういう意味で本当に最先端なことをされていると思うし、これがうまくいかない様じゃ多分どこのこの地域でも何もできないだろうなということをすごく感じさせていただきました。あとは、みんなそれぞれ点で始まった活動が、何か

Table C：半島部の生活・自治・なりわい・福祉の今と振り返り

Table A 復興事業全般の課題の振り返り

そのものが立ち行かないのかなっていうことを本当に感じます。はい、牧先生。

（牧）質問なんですけど。土地の所有権を動かすという話にはならないんでしょうけど、ニュージーランドの復興の時にライフラインの復旧をしないということをやるんですよね。要するに、「あなたのところには水道を通してあげません」と。そういう判断は、日本の国では出来るんですか？「あなたの土地には水を通しません、下水を通しません」て、それをやるとなんとなく所有権に手を入れているわけではなくて、もう少し別の…

（榆橋）できないです。

（牧）できない？

（平野）これあの、どんどん議論が本質化してきましたけど、若干解説すると、「人口減少局面を迎えコンパクトシティへ」っていう話はよくされています。スマートシュリンク（賢い縮小）と言ったりしますが、今回の復興でもいかに上手にコンパクトにまちをつくり替えるかが課題となっています。その中でいくつか課題が浮き彫りになっています。例えばある平常時の仙台近郊の離れ小島のようになっている郊外団地を例にとります。もし将来仙台の総人口が減り、そういう離れ小島の郊外団地の住民が、5軒だけ残ってしまったときは、アクセス道路も含めてどこまでインフラを維持するのかという問題です。最後の1軒まで全部維持し続けるのか、それとも10軒くらいで団地を畳むのかという時に、実はさっきの財産権の問題が出てきます。この国の資本主義の大原則っていうんでしょうか、例えば団地を閉鎖してまちなかに移転してもらおうとすると保障する必要が出てきますよね。でも実は冷静に考えると、そういう辺鄙なところの不良債権化するような土地を購入したのは本人です。要は投資に失敗した人を何故税金で補填してやらなきゃいけないのかという議論がどうしても発生しちゃうんです。一時期、某市で「このラインより外は除雪しません」って、思い切ったことをやりましたが、その市長は次の選挙で通り

Table B 中心市街地再生、地方創生の取り組み

しょうか）、先ほど住民として買い物という、そこのところをお願いします。

（兼子）どこになにがあるかがわからないから行かないんだと思います。あと、さっき言ったように駐車場がない、有料ばっかりで、本当に駅前あたりに病院も建つし、人がそこに集まるはずなんですけど、電車の本数も少ないし、都会じゃないので、バスも時間でほぼ走っていないようなものなので、そういう公共交通機関の整備とかもあわせてやらないと、本当にそこの街に行こうとは思わないかなと思います。ただ、今年の2月にさっき山崎先生がお話されていた立町商店街のやつ、実は私も行ってきたんですけど、あ、こんなお店があったんだというのを外の人間ではなく、ずっと住んでいたはずなのに知らなかったというか、一部のチェーン店がまだ街なかにあった学生の時に、行っていたそういう商店街のイメージだったので、こういうお店があったんだなとか、こんな美味しいものがあったんだなという気付きがすごくあったので、若いお母さんたちもその食に対する意識の高い方が多いので、そういう大型店にはないような専門的なものだったりとか、気軽に行けるところというか、子どもを連れても安心して買い物できるような場所って言うかそういうようなところになったらいいんじゃないかなと一市民として思います。

（榊原）はい、ありがとうございます。山崎先生いかがですか？

（山崎）えっと、まず、中心市街地というものを議論しているんですが、石巻と限定して考えると、どうすればいいのかという話だと思うんですね。一つはっきりさせなくてはいけないのは、その問題が社会的な問題であるのか、個別的な問題であるのかというところもはっきりさせなくちゃいけないですね。今出てきた駐車場問題というのは社会的問題であって、これは市役所や行政機関が率先して土地を用意して無料駐車場を作るべきなんですよね。その問題を解決するには。それで一旦社会問題部分は解決するわけですよ。そして、個別的な問題は、お客さんが来た時に今度個店がどう対応するかなんですよ。そうなると個店の対応とい

Table C 半島部の生活・自治・なりわい・福祉の今と振り返り

つながって、面でつながっていくようなことになっている姿というのがとても印象的で、勿論それはそれをバックアップする県とか自治体とか公の仕組みが当然あるわけですけれども、そこが5年という時間の中でこれができてきているという事がすごく大きなことかなという事も改めて感じさせていただきました。まずはそんなところでよろしいですかね。

（米野）ありがとうございます。では続きまして阿部先生からコメントをお願いします。

（阿部）福島大学の阿部です。昨年も出ているのですけれども、今年初めての方もいらっしゃいますので、なんで福島大学なのにここにいるかという事なのですが、まず出身が石巻です。そして、福島大学では経済学を研究していますが、震災前に漁業資源の乱獲問題を経済学的に考えるような研究をしておりまして、主に相馬地区から、宮城県では山元町や亘理町でものすごくお世話になっていて、何度も漁協の方々に研究上のアドバイスをいただき、論文を書くときのヒアリングにご対応いただいていたのです。昨日、自分の震災後5年間を振り返ってみたのですが、まず震災前にお世話になっていた漁業地区に行きまして、被災地の状況を把握するという事と、福島ですから放射能の問題がありまして、漁協や行政のヒアリングをしたり、仙台の卸売市場や築地で福島のものがどう評価されているかの調査をしたりとか、そんなことをやっていました。あとは、震災前からの問題意識として、日本の沿岸漁業は本当に大丈夫かなと考えていました。コミュニティベースで、乱獲みたいなことがないようにお互いに気を付けながらルールをつくって資源を守りながらやっているということで、上手くいっているように見えて絶賛されているような事例でも、現場に行くと確かに秩序はあるけれども、将来性が見えない。人は減る、外から人は入ってこない、出る仕組みはあるけれども入ってくる仕組みがない、それでも秩序があって上手くいっているように見えてしまう。こういう事がありましたので、震災後、今までは漁協がそのエリアをまとめるような働きをしていた中に、一番大きいのは桃浦の水産特区であったり、あるいは漁業生産組合という

ませんでした。しかし、そういうことをやっていかないとコンパクトシティってうまくいかないと思うんです。今回の復興でも、「災害危険区域で市が買い上げた低平地の土地をどう活用するのか」という議論が結構あります。どうしても今までの日本の発想だと、空いた土地を何とかしなきゃいけないっていう議論になるのですが、それとたぶん同じことです。「郊外の土地が空きました」或は復興の場合では「低平地が空きました」といった時に、例えば、水道を廃止にするだとか、除雪をしないだとか、道路を廃道にするだとか、廃道にしないまでも「維持管理しません、穴ぽこできても市役所は知らないです」みたいなことを、公共はどこまでやっていいんでしょうか、という質問を牧さんがしたわけです。僕が少し補足しましたが…。

（桔橋）解説までしてくれるのかと思いましたけど…（笑）。まず水道の話についてです。これは実際裁判でもあったのですが、市街化調整区域に住宅団地を建てるという話に対して、町としては水不足が激しいので供給しないって主張したのですが、裁判に負けました。「水は生活、命にとって根幹である」ということで非常に難しいと思います。ただ、一方で、平野先生がおっしゃったような、道路の維持の程度を変えるとか、そういうところは今後議論されていくべきだと思います。「都市計画の抜本見直し」の議論を国土交通省の都市局の中で有識者を交えてやったときには、やはり負担の原則をどう考えるかという議論もありました。限られた行政の財をどう配るのか、今までだと市民全員に公平に配っていたのですが、もうそろそろ考え方を変えるべきじゃないかという議論です。実例としてはまだ少ないですが、例えば都市計画税について市街化区域よりも市街化調整区域のほうが高く取っているところはあります。市街化調整区域の方が維持が大変だからという趣旨で、0.1％とかそんな程度ですが、そういう差をつけて市民に対して考え方を明らかにしているような取り組みも徐々には出てきています。

（平野）高台移転した被災地では「低平地をどう土地利用するのか」という話が出ています。高台に集約してインフラを縮小すること

Table A ／ 復興事業全般の課題の振り返り

うのが全く今はなっていないんで、だから、客が来ないというのははっきりしているわけですよ。どこの商店街もそうなんですけどね、個店の努力がまったく足りないんですよ。個店の努力が足りないのは人のせいにしているからなんです。駐車場がないとかなんとか、いろいろ上げるといっぱい出てくるんです、ない理由というは。だけどある理由を探さないんですよ。ある理由を探したっていうのがこの間の商店街のイベントなんですよ。じゃ、何がある？って言った時に、個店として何を出せるという話なんです。最初にあったのは。個店として何をだせる？という話があって、そのガイドラインとして「私たちの町のアイデンティティってなんなの」という議論だったんです。だから割とそれぞれの個店の努力というのが見えてきて、それぞれがうまく成功したのかなと、だからソフト面で言えば、アイデンティティを呼び起こすようなそういったイベントをちゃんと設定しておいて、そこに個店の努力をどう加えるかというその工夫があれば、おそらく延命はできると思います。そのあとで、この先どうするのかという問題が出てくるんです。現状としては、社会問題と個別の努力という問題があるんだけど、じゃあもう一つの問題としては将来どうするのかという話なんです。将来はなくすのか、なくすなら安楽死させるのかというプランを考える必要があるし、残すとなったらじゃあ残していくためには今度もう一回立ち戻って、「社会的な問題としてはどういう枠組を作ればいいのか、個店の問題としてどうすればいいのか」というそこの完結問題に戻ってくると思うんです。結局、先ほど行政の話を聞いても、なんかいろいろ作ります、作りますって言うんだけど、作りますっていうところに将来像がないんですよね、具体的に何人集めるの？具体的にいくら売上を目指すのって、僕ら経営をやっているんで、経営の世界ではそこが大事なんです。具体的な目標なしには達成しないんですよ、これ。だから何人来てほしいの？いくら売上ほしいの？今後何年生きていきたいの？ここなんです。できるなら、それは垣根を超えたステークホルダーが集まって、ちゃんとそこを議論すべきなんです。ぼくのゼミナールでやっている取り組みというのは防災関係の復興ボランティアワークショップをやっているんですけど、僕らのやっているワークショップは5年先をまず考えるんです。5年先

Table B ／ 中心市街地再生、地方創生の取り組み

ものですけれども、漁師さんたちがまとまって会社をつくったり協業化というような新しい動きが出てきたので、そういった事の研究という事で、最初に北上に行ったのは、漁業生産組合「浜人」のインタビューのため、あとは十三浜支所の支所長さんのインタビュー、さらに「浜十三」という漁師さんグループの方とも色々お話させていただきました。そういった形で何回か北上町には行っています。一方、牡鹿半島地域にはあまり関わりがなかったのですけれども、二年前、桃浦で漁師学校というものをやられている筑波大学の貝島先生にシンポジウムでお会いしまして、第二回の漁師学校からは継続的に顔を出させていただいています。私は筑波大学出身で、その意味でも縁を感じました。2014年には、「浜へ行こう！」にも参加させていただきまして、本日出演の石森さんの仮設住宅の中にまで入らせて頂き、仮設くらしの実態のお話を聞いたりする機会もありました。そういうわけで、私はまちづくりというよりは、震災前から震災後、新しい動きも含めて、沿岸漁業が今後上手くいくのかどうかということに関心があるという観点でいます。ただ、皆さん非常に興味深いお話をされたので、漁業以外の部分も感想も交えてコメントさせていただきたいと思います。やはり、にっこりの所では合意形成の難しさというものを感じました。浜の方は実は漁業権の問題とかがあるから、移転地を浜の遠くに作らず、大体は小規模ですね。ところがにっこりにも行ってみたのですけれども、ものすごく大規模なんです。これをまとめ上げるのはものすごく大変だろうなと感じました。北上町でも、十三浜と橋浦で事情が全然違う。日経新聞の記事でも取り上げられていた話題で十三浜でも実態をお聞きした課題なのですけれども、被災地における漁業権の問題で、漁師が別の地域に移ってしまうと漁業ができなくなるという根本的な法律上の問題があって、いまは猶予期間の様なものを設けていますが、それをどうするかという問題があるのです。日本の沿岸の漁業権というのは地縁血縁でやっているんですが、今、被災地で元の場所に住めないとなって場所を移った時に、違うところに住んでいるのにその人に権利をあげられるのかあげられないのか、ということが重大な問題になっていて、今多分決着はついていない。それで、長期的に沿岸漁業を維持していくためには、外に出ていった人に

Table C ／ 半島部の生活・自治・なりわい・福祉の今を振り返り

Table A（復興事業全般の課題の振り返り）

がうまくいったとしても、今度は移転元地をどうするのかという課題があります。例えば民間所有のまま自然に還すなんてことはなかなか難しい。じゃあ公有地化して自然に還していくのか、そういうことに税金をつかっていいのかとか…、「縮退のための論理」はまだまだ構築されておらず、拡大の論理だけで復興に取り組んでいるという難しさは日々感じています。

実は次は仕組みの話をしたいんですけれども、要は「縦割り」ですね。どなたか、縦割りでの苦労話をしていただけるとありがたいのですが。「縦割り行政クソくらえ」みたいな話をしていただける方いらっしゃいませんか。行政関係の方が多いから難しいな。安本さんの出番ですかね（笑）。

（安本）クソくらえ…（笑）。正直ある程度の責任を持って専門性を高めてくとなると、言い方はあれですけど、どうしても縦割りになると思います。しかし今回の復興で一番感じたのは、結局総合的なまちづくりをやるとなると、縦割りだけじゃあ対応できないということです。横に繋がなくてはうまく行きません。どうしても僕がしゃべると具体的になってしまうのですが、例えば、様々な部署がみんなでテーブルに集まって「この辺の調整をしましょう」ってやるのですが、それが一番難しいんです。調整しなきゃいけない事象っていうのはみんなの中間にあるんです。それを誰がやるかということを決めない限り、行政という組織は動かないんです。例えば、道路と産業の部署があって、調整しなきゃいけない事項が真ん中にあります。「道路がそれをやります」と言うと、産業のほうまで突っ込んでいく必要が出てきますが、産業については責任が取れないから「自分がやります」とは言わないんです。産業の方も「じゃあうちが道路整備をするのか」という話になるので言わない。いつまでたってもここで、みんなでポンポンポンとボールを相手にパスし合っているんですよね。パスし合っているだけだったらまだいいのですが、急に手を引っ込めちゃうんです。そうして結局問題だけがずーっとここに残ってしまっています。関係するところが3部署だと結構うまくいったりするのですが、2つの部署の中間にある調整事項っていうのは絶対調整できない（笑）。語弊があると思いますが、問題がずーっと残ってて

Table B（中心市街地再生、地方創生の取り組み）

を考えてじゃあその5年先のものを今の自分が実現するとしたら、明日から何ができるということ、こういう視点じゃないと物事変わらないんです。だから今この場で議論していても、じゃあ皆さん明日から何できますか？市街地のためにあなたは何をやりますか？ということなんです。はっきりしているのは、議論なんて言ったって、こんなものは浮いてどんどん、どんどん、飛んでいっちゃうんですね。蒸発していくんですよ。蒸発させないためにどうしたらいいかって言ったら、自分の中に入れていくんですよね、これがないと何も変わりません。なので、一番大事な議論は、明日から僕らは何ができるかということなんです。将来を、今ここでどんな将来を描けるか、でも僕らがこの場で描く将来というのは重要な人がいない、まさしく中心商店街の人はいないわけですよ。だから解決できないんです、この場では。枠組は見えるけれども解決策は出てこないんです。ただお手伝いする方向として、僕たち一人ひとりが何をできるかということは出せると思います。ということです。

（榊原）ありがとうございます。気仙沼の仮設商店街の話もありましたが、この先どうするかという話で、先ほどの7割ぐらいが決めかねているという話があったんですけど、その議論というのは個店の話なのか、商店街全体でも共有しながら話しを進めていくことなのか、ちょっとそういうところをとっかかりに気仙沼を、先ほど誰が何をどうすれば人が来るか、商店街として成立するかという視点で少しお話いただけますか？

（丹澤）はい、あの、本当に今の山崎先生のお話のあとに一言話すのはちょっと難しんですけど、今のその七割が行き先が決まっていないという話は商店街レベルの話ですね。3商店街、主な市内の商店街、お店の数で言うとたぶん100店舗弱ぐらいあるんでしょうけれども、その中の数字ですね。個別に、7割の人たちがどうしていくかというのは、分からないし、1回集めて、集めてっていっても5店舗ぐらいですけれども今後どうしましょうかっていう話になった時に、もう全然、各店舗先のことが見えてなかったんです。廃業するというひともいれば、今の状況だけ話して泣

Table C（半島部の生活・自治・なりわい・福祉の今も振り返り）

も権利を残していいのかとか、外から入れる仕組みをつくるのかとか、今後重要な課題になってくるのではないかなと思いました。あとは、地域復興支援員という、これは山古志村でも話題になった仕組みでありまして、よく言われるのは三宅島の例でバラバラに避難してしまってその後のコミュニティ維持が非常に大変だった、一方山古志村の中越地震の時はかなりコミュニティがまとまったままでやることによってよかったと。さらに地域復興支援員の方々が合意形成のサポートで活躍されたという話を聞いていたのですけれども、中尾さんのようなお立場のお話しをお聞きしてまさに宮城県でもあったんだなということと、実際にJIAの様な方々も似たような役割をいろいろ難しい中で果たされていたんだなという事がわかって、改めてそういう認識を持ちました。次に牡鹿半島ですけれども、以前、寄らいん牡鹿さんのパンフレットをもらって、ちょっとびっくりしたことがありまして、通常、漁業地区は独立していて、浜ごとの独自性が特徴的なのですが、寄らいんのパンフレットからは代表石森さん以下、鮎川、新山、小渕浜、給分、大原・・・と、たくさんの浜が連携しているという事がわかりまして、震災前からすると驚くべきことです。これは、震災が起こって、石森たちのリーダーシップで可能になったことなのだろうなと思いました。それから、おしかリンクの犬塚さんの話ですけれども、出ていく仕組みがあって入れる仕組みがなかったら上手くいかないわけで、外とどう関わっていくかという事ですね。2011年の夏ぐらいに牡鹿半島部に行ったのですけれども、最初はみなさん外からのアプローチに戸惑っているわけです。この震災を契機にどんどんいろいろな団体が入ってくるわけだから、会ったこともない、この人たちいったいマスコミですか、大学ですか、なんですか、と聞かれるわけです。この人たち何しに来ているんだろう、という戸惑いがあったのではと思うのですけれども、その後は逆に、巻き込まれる力というものを身に着けていくようになっている。住民の人たちも当初はどう付き合ったらいいのかわからなかったのが、半年ぐらい経ったあとには外とのお付き合いの仕方というか、そこが上手いところが復興が早い。外とのお付き合いをどんどん積極的にしているところの復興が進展しているなという感じがしました。今後も、震災後はそういったと

「どうするんだ、どうするんだ」ってみんなで言い合っている部分が、結局コンサルが勝手にやりましたって言われてしまう部分です。「縦割り弊害」と言いますが、ある程度専門性を持ち責任をもってやる上では、それは仕方がないのかなと思います。逆になんでもやりますっていうところは、うちみたいに無責任になってしまうので…。結局そこを繋いでくコンサルが勝手にやりましたって言われても、別に僕は痛くも何んともないんですよ。コンサルが勝手にやったって、それが通るんだったらそれでいいでしょっていう感じなんです。行政の組織の中で、僕みたいな立場の人間がいたら非常に問題になることなので、それはそれで難しいなあと思います。

(平野) 安本さんと大きく分野が違うからですかね？僕の経験でいうと、道路とか河川とか、国土交通省系の縦割りの中だとやっぱり数が多くなればなるほど大変です。例えば道路と河川で調整しましょうとなり、例えばある集落の全体の土地利用計画をどっちが作りますかっていったらどっちもできないんです。「なんで道路事業予算でまちづくりの図面書いてんだよ」ってそれぞれ会計検査院に言われますので。結局、縦割りされた制度を繋ぐのは基礎自治体、市町村でやるしかない。今回の復興計画は最初からそういう方針だったので、それでいいんですけど。とにかく数が多くて…、県の関係者が沢山おられる前ですごく言いにくいのですが…。しかし県がなければ楽だったのになあと本当に思います。市役所の内部でも大変です。道路と河川。復旧事業と復興事業を調整するのも大変なのに、県がだいたい河川と海岸と道路の部署を持っておられるので、県が関与することによってだいたい単純計算で調整相手が倍になるんです。これなんとかならないのかなと常々思っているのですが…。そういう事業調整の最前線で小野田先生も頑張ってこられたと思いますけど、小野田先生の場合はさらに建築と土木の間でも随分と苦労しておられて…。

(小野田) 何を言えばいいかよくわかんないけど…。「共同体としての責任を共有出来る」市民がちゃんといるってことが前提だと思うんです。理想ですけど人間は捨てたもんじゃなくて、岩沼

いてしまうような個店主がいて、そのままになってしまったり。まあそういう状況なんですけれども、その、今後じゃあどうしていくかという話を割りきってできないところがあって、

(聞き取れず) 決断する期限はないのですか？

(丹澤) そうですね、区切っていないですよね。

(山崎) だから、区切っていないんですよ。期間を、今後って言っちゃうと全然区切っていないんで見えないんです。だから、見えるためには一年後でもいいですよ、2年後でも、3年後でもいいし。じゃあどうしたいの、辞めたいっていうんだったら、じゃあ、辞めるためには何をしたらいいのか、これが出てくるわけです。続けたいと言うんだったら、一年後、どんな状態でいたいということ、大事なのは、これ自分がやることですから、やりたくないことやってもしょうがないんです。何やったら楽しい？どうあったらワクワクするとか？そういう問いかけが非常に大事なんですね。大学の世界でも大事なのは問いかけなんですよ。問をどう設定するかです。

(榊原) 今のワクワク感の話だと松村さんの話になってくると思うんですけど、どうですか、今の流れで。

(松村) 休憩時間の後に、誰が、何があれば、何をすれば商店街に人が来るのか、盛り上がるのか、ワクワクするのか、ということ。それから前半で姥浦先生がおっしゃっていた論点の定義として、中心市街地って何？それは政策的な位置づけもそうでしょうし、事実としてのアイデンティティ、あるいは山崎さんおっしゃったところの、中心市街地の人にとっての誇りというか、プライドっていうのは何なのかみたいなことかもしれないということ。それから役割分担、それは、商店主の方、周辺の住人の方、行政の方、あるいは第三セクターや、TMOみたいな方が何ができるのか、今、やっていないことをどういうふうに動かせるのかということ、そういうふうに思って皆さんの意見を聞いて考えていました。

Table A（復興事業全般の課題の振り返り）

も旧集落のコミュニティが強いのですが、長だけを集めてもしょうがないということになり、逆に集落の方でもこれからはお母さんたちが重要だから、お母さんたちをいれようってことになりました。でもお母さんたちだけじゃダメで、お母さんと若手と、もちろん長老にも入ってもらって、枠を割り振ってそれぞれ集落で集まってやりましたけど、そのバランスは良かったですよね。当初は「そこで決めたことについて、そこであれやりたいこれやりたい」って行政におねだりモードだったんだけど、「行政だって金あるわけじゃないから、これやりたいんだったら自分で管理をしますって言えばできるけど、やらないんだったらたぶんできないよ。どうしますか」みたいな話ですよね。

岩沼で手島さんや針生さんに災害公営住宅をやってもらえたのは、そこに発注ができたからなんです。我々が三浦さんと一緒に「プロポーザルコンペをしよう、プロポをして、そういう住民の言うことを受け取りながらちゃんと設計できる人たちを選びましょう」という話をしました。でも最初は、こんな緊急時にプロポをやるのは結構ハードルが高かったです。しかし七ヶ浜と岩沼については「うちらは早くできればいいっていう話じゃない」「この先集落とも仲良くしたいし、その先ちゃんと長く使っていきたいから、優秀と言われる建築家をプロポで選んでもいいよ」って言ってくれたんです。岩沼に関しては、まあ私は嘘つきにならずに良かったと思っていますが、場所によっては、若干一部の建築家がやり過ぎて、私も嘘つきにされたりして痛い目にあっていますけどね。まぁ、そうやって、いろいろなことを積みあげていく大元が「民意調達」です。ちゃんとした「民意調達」があれば行政も動きやすいし、コンサルも動きやすい。ちゃんとした民意調達は、行政や専門家にとって動く明解な根拠になるようです。それがないから、誰がババ引くのっていう話になってしまいます。とある市では、民意調達に問題があるので、誰も統合の音頭を取ろうとしないんです。民意調達に絡む局面で、それが政治化する局面になると必ず誰かに叩かれて、マスコミに吊し上げをくうから、誰も怖くて入れない。やはり技術職員はイデオロギーに対してすごく警戒心が強くノンポリであることも多いから、そこに踏み込めないんだよね。だから、民意調達に絡む局面で政治化する状態になっ

Table B（中心市街地再生、地方創生の取り組み）

いろんな方から聞くたびに、ああ、こういうことを思っているということをメモしたんですが、整理されていなくて、近いところからちょっと反応していくと、まず、山崎先生がおっしゃっていた「この場に中心市街地の人がいないじゃないか」と、非常にクリティカルな指摘だと思います。ただ、一方でここに誰がいたらいいのかというと、商店街の偉い人がいたらいいかというと決してそうではないと思うんですね。つまり、商店街の偉い人は高齢でして、ぼくは仲がいいからこそ、普段から家族のようにお付き合いしているからこそわかるんですが、たぶんこの場にいて、できないリストから始まって、「や、それはできないよ、しんどいよ」というところで、そういった方がいて、なにか建設的な話ができるかっていうと、かならずしも楽観はできないというふうに思います。むしろ、いるべきなのはその次の世代、30代、40代、せめて50代のまだ、あと10年、20年その街で商売をしようという人がいなければいけないんですが、実はそういう30代、40代、50代の方、街の中にいないとは言いませんが、非常に少ないです。そこはもう商店街の存在自体を考えなきゃいけないというところになるのかもしれませんけど、現状、事実としてそうです。

あと、中心商店街のアイデンティティ、意味付け、それはもちろん政策的には行政的な機能だったりとか、公共的な施設だったりだとかがあるというところから、交通面ですとか、インフラ面で予算を投入するという大義はあると思います。一方で、それだけだと弱くて、街の魅力を考えなくちゃいけなくて、前半でも誰かおっしゃっていたかと思いますけど、なんで他の住宅エリアとか、半島とか、港のエリアと違って、中心市街地活性化にはそれだけ潤沢に予算を投入するんだ、そこの大義をちゃんと考えなくちゃいけない、そうしないと既得権益でたまたま昔から中心商店街に住んでいるからいろんなバックアップがあるというだけになってしまう。そこで決定的に足りないのは、姥浦さんがおっしゃってましたけど、「歴史があるっていうけれどもその歴史ってなんだ？ふわっとしているよね」というところがあって、でも間違いなく歴史があるんですね。それって、あけぼの、蛇田、大街道、中里にはない力であって、ただ、欠落しているのは、歴史の価値を中心

Table C（半島部の生活・自治・なりわい・福祉のケアと振り返り）

ころが大きく変わっていくと思います。また、生業としての漁業もありますけど、やはり観光とかツーリズムというところは、発信力を持っていけば将来性があるんじゃないかなと思います。私も実際に行ってみて思ったのですが、牡鹿半島は非常に魅力的な場所なのです。全部の浜を回ってみると、それぞれに神社がある。神社がすごくいいんですよ、趣があって。十三浜も全て回ったのですけれども、それぞれ魅力的です。また、杉浦さんには「浜へ行こう！」で非常にお世話になったんですけれども、先ほどキーパーソンが高齢化しているという話がありましたけれど、杉浦さんのようにものすごく若いキーパーソンが、それもこういう地元のことを良く知っている方が、こういう形でやっていけるということは将来明るい部分も出てきているなというふうに思いました。雄勝についてですが、雄勝は北上から女川とかに行くときに利用していた旅館があったというぐらいで、実際ヒアリングなどはしていないのですが、雄勝の出身の学生が福島大学にいるため、被災時のことなど状況を詳しく聞いております。やはり生活していくことの難しさ、例えば高校に通う、高校をどうするかというのがものすごく大変なことなのです。鮎川であったり、雄勝であったり、小中学校はどうにか集約してもいいでしょうということになるのですが、そうすると、何が問題かというと交通なんです。実はそんなには遠くない、一時間もバスに乗ればどこかかなりの所までは行けるのですが。もちろんタクシーもない。交通手段があると解決する部分がかなりあるんじゃないかなと思うのです。今は家の人が送り迎えとかものすごく苦労している。車を運転できなかったら、どうしようもないような状況になっています。勿論お金もかかることなのですけれども、にっこり団地のように色々なものを集約しても、そこにアクセスする手段というものができてくればいいんじゃないか、何か工夫ができればいいのではないかなと思いました。最後に、阪神大震災をきっかけにNPO法人の仕組みが整いました。今回も、このJIAの皆さんやNPO法人もそうですし、数年前に決まった社団法人の仕組み、実は社団法人の仕組みの方が使いやすいらしくて、これを研究している学生もいるんですが、そういう法制度が非常に機能してよかったなと、つまり皆さんが活動するときにNPO法人なり社団法人の

たときには、選挙で選ばれた首長や首長の意を受けた幹部クラスがリスクを取っていくしかないと思います。こうした民意調達から最終責任までがきちんと機能している市と、機能していない市で、差がでてきているんです。結局、その最終的なツケは住民に戻っていくんだと思います。縦割りや制度の問題など、いろいろとありますが、でも一番重要で、いろいろなことの根本がどこにあるっていえば、やはり民意にある気がします。

（平野）はい、美しくまとめてもらっちゃった気がします。要は、地域力は縦割りを超えると。確かにそうなんだけど、地域力が無くても技術的にもうちょっと上手な調整の方法が無かったのかっていう気もするんですよね。なんか、今野さんお話を聞かせてもらえませんか。地域力は縦割りを超えるって、確かにそうです。しかし、もうちょっと…

（今野）私は、小野田先生の話を聞いてその通りだなと思ってました。というのは、先ほど安本さんが言ったように、会議をしても、全て否定から入ってしまう会議になってしまうと物事は進みません。

私たちが北上から言ったことが、結果として数年後には必ずそのようになっているっていう現実に、ずっと今までがっかりしてきました。北上から我々が一生懸命発信した情報はずっと無視されてしまうのですが、2年後くらいにはそれがスタンダードになっています。これは今回の復興ですごく頭にきたことなのですが、それはそれで今回良い経験になりました。

自分たちの地域をどのようにつくるかということについては、行政じゃなくて地域住民がどのようにしたいかという意思が一番重要だと思うんです。それを我々行政が形にして、どのように具現化していくかだと思っています。その壁を超えるのは地域のアイデアと地域の力だと私は思っていて、その仕事をコンサルさんに投げるんじゃなくて、地域の人たちが自分たちで責任をもって「これをやりたいからこうやってくれ」って言えるのが一番大きいのかなと思います。その一番いい実例が、北上の白浜地区の海水浴場だと思いますが…。

Table A：復興事業全般の課題の振り返り

商店街の人が全く正当に評価していないところだと思います。たとえば、街なかで一番可能性をもっているのは観慶丸っていう建造物としても景観的にも非常に魅力のある建物があります、外から来た人はみんなそこで写真を撮るような建物です。中心商店街の有力者の方は、あれをなくせばいいと言っていました。そこをつぶして新しいコンビニとかプレハブの使いやすいものを建てればいいんじゃないか、そこだと思うんですね。あるいは、観慶丸がわかりやすい象徴的なアイコンですけど、一つ一つの路地にもいろいろなストーリーであって、最近、そういったことの価値を再評価する動きがありますけれども、みんなが街なかに住んでいて、みんなが忘れている路地の名前があるんです。そういったものをなんでいま誰も知らない状態になっているんだろうということだと思うんです。昔、小さなお蔵さんがあったりだとか、金華山道の石碑があったりだとか、あるいは繁華街、夜の淫靡なところに抜けていくお話があったりだとか、そういったことをきちんと、編集して、外からくる人に見せないとまちのアイデンティティというのはできないんじゃないか、そこを誰よりも行政とか

支援者ではなくて、まちの人が大事にしないと始まらないというところがあると思います。あと、岩田先生がおっしゃっていましたけど、あけほのの大規模量販店の人が寝る間を惜しんで頑張っている中、中心商店街の人は5時、6時になるとシャッターを閉めてタバコをくゆらせて、という、全くそれはそのとおりなんですが、逆に言うと今時のそういう経済のなかで、汲々として動いている中で、そんなことが許されているということは、他にない、面白いことだと思うんですよね。これもっと、むしろ堂々と、街なかに行くとなんであの人達はこんなにのんびりと腰掛けに座っているんだろうと、むしろそういう人達をミッキーマウスにしてしまって、あけほののあの商業的な、表面だけの会話じゃなくて、リアルな人間の生き様というか、一種ダメなところはダメなところとして見せる面白さ、それは、いまどきの子どもを連れているお母さんにとっても、量販店に連れて行っては体験させられない教育にもなると思うんです。そういった、ブランディング、リアルな生の、東京で言えば下町の生活みたいなものを見せるという企画を考えられるんじゃないか、本当に雑駁ですが、思ったこと

Table B：中心市街地再生、地方創生の取り組み

仕組みがあって活躍できているということなので、そこは制度としてこれらの法律や仕組みがあってよかったんだなと改めて感じました。以上です。

（米野）ありがとうございました。それでは、先ほど山古志の話も出ましたけれども、渡辺さんからコメントをお願いします。

（渡辺）新潟から参りました渡辺と申します。よろしくお願いします。ちょうど12年前に中越でも東北ほどではないんですが、内陸型で大変大きな、阪神淡路以来、震度7を記録したという地震に襲われました。中越の場合、典型的な中山間地域がやられて、集落の孤立が大きな問題になった地震でした。たまたまその時に、13市町村で約1万人の方の仮設住宅の設計と建設の総括をやったということで、その後大きな被害を受けた山古志など十か市町村が長岡市に合併したため、長岡市で復興の責任者をやらせていただきました。色々その時の経験で、東北の方にも2011年以来色々お伝えしたりして、中越の時大変お世話になったものですから、

恩返しにつながればという事で活動させていただいています。中越の時は、山古志あたりは全村避難をしたわけで、その時に偉い先生方からは中山間地域の山に人々を戻すよりは、むしろ都市に全員収容したほうがいいのではないかと、その方が地域経営とか都市経営としてはコストが安いのではないかとか、色々なそんな議論がありました。その時に、やはり私たちは住民の皆さんと色々な話をして、住み慣れた地域社会でもう一度生きていきたい、そのためにはどうしたらいいかということで、上流に住む意義をきちんと作ろうと、そこで生きている哲学というものをきちんと作ろうという事で、みんなでそれを共有して、「戻ろう山古志へ」とか「戻ろう川口へ」とかいうことで取り組ませていただきました。ちょうど当時から、今でもそうなんですがある意味で大きな時代の転換期で、いわば20世紀が都市化、工業化、経済性、効率性、利便性の時代だったとすれば、21世紀はむしろ一番大事な人類の課題である循環型社会をどうつくっていくか、命の循環だったり、地球環境問題への対応だったり、人々の助け合いだったりとか、そういった新しい価値が出てくるだろうと。それで、一見農

Table C：半島部の生活・自治・なりわい・福祉の今と振り返り

Table A
復興事業全般の課題の振り返り

（平野）ありがとうございます。ここちょっとあえて天邪鬼みたいな言い方しますが、難しいのはそれぞれのインフラの影響範囲が違うってことなんです。例えば白浜であれば、北上町白浜地区にすべてのインフラの影響がそこで閉じていれば、まさに地域が決めるんですよ。縦割りの調整は必要じゃなくなります。ところが、例えば白浜で作られる北上川の堤防はその左岸側の全線を一連のものとしてきちんと整備されないと機能しないという性格を持っていますし、国道398号線が通っていますけど、あそこはたまたますでに整備が終わっていて立派な道路になっていたので、そこに手をつけることない。要はあの広域を結んでいるインフラとして、白浜がこう思ったってそうはいかないことが、実は結構あるんです。本当はそれも含めて、もうちょっと広域の民意をちゃんとつくりましょうっていう話でしかないのですが…。結局、その議論のテーブルには違うスケール感を持っている連中が集まってきて、なんとか決着をつけなくちゃいけないっていうケースがけっこうあります。そこがすごく悩ましいと思うんです。

もうひとつ痛感するのは、例えば素朴な話ですけど、例えば石巻の中心街で北上川を活かしたまちづくりをしたいという話があります。石巻に行ったことあれば、多くの人がそう思いますよね。しかし、今回堤防も作りますし、今までの魅力が下がっちゃうかもしれない。河川管理者は国ですので、国にお願いしないと何も出来ないっていう状態で本当に良いまちづくりができるのかとも思います。白浜と同じように国道398号線が石巻のまちの真ん中を通っています。立町通りがそれです。これもひとつ例を出しましょう。随分揉めたんです。現在398号線は石巻市内でクランク状になっています。立町通りをまっすぐ来て、内海橋を渡るためにはクランク状に動かないと、398号線は繋がりません。広域的な視点で見ると、まちなかでクランクしているなんて、こんな不合理な道路計画は無いんですよ。だから当然道路管理者である県はまっすぐしたい。でもまちづくりの視点から見ると、歴史的にずーっとそうやってクランクで使ってきたんだから、クランクのままでいこうよって思うわけです。地元のひとからもそういう声が結構あったのですが、結局道路管理者が勝ったんです。まっす

Table B
中心市街地再生、地方創生の取り組み

をメモしながら考えてみました。

（榊原）はい、山崎先生どうぞ。

（山崎）まあ、確かにあるものを使うというのが基本だと思います。松村さん言うようにそれ、すごくいいと思う。そういうゆったりしたものを見るというのも、こどもたちが見れば変な大人だと思うけれども、反面、こういう生活もあるのかなという選択肢も広がると思うんです。ただ、最初のうちお話のあった商店街の偉い人が年寄りで、ない物リストを上げるという話もあったんだけど、ぼくが接していたのは商店街の幹部の人達で、その人達からぼくの前では「ない」という話は一つも聞いていないんです。なぜかというと、話す人間がないと思い込んでいるとない話しか出てこないんです、これ、不思議と。ぼくはあるとしか思っていないから。その場にいると、あるという以上に持っているものをどうしたら引き出せるかとしか考えないんです。まあ、基本ファシリテータですから、ないというのはないんです。もう一つ、歴史の話、今指摘のあった歴史の話ですが、「誇り」って何かって言ったら、歴史しかないよねということで、今回「海運商店街」という話が出てきたんです。「海運」というのもいろいろ紆余曲折あって、最初「金華商店街」で、次でてきたのが「金華海運商店街」でも、やっぱり「海運」だけでいいんじゃないということで「海運商店街」に一旦決まって、商店街の人持ち帰ったんです。持ち帰ったところで、やっぱり金華山だよね、海運って言ったらとなって、ぼくが次に行った時には「金華海運商店街」に変わっていたんです。金華開運商店街に変わって、それでお買い物バッグ、どんなお買い物バッグ作りますかって言ったら、古地図を描いたバッグにしましょうと、金華山から許可を得て、弁天様の絵馬のついたチラシを作りましょう、カードを作りましょう、じゃあ、金華山から今度は小判を買ってきましょうと、そんなような感じで自分たちがワクワクしながら進めていったんですね。その議論の中でもちろん路地の話も出てきたんですよ。海運って言ったら、縁起物の言葉っていっぱい散らばっているよね、まちに、じゃあ、路地のそれを引っ張り出しましょうと、ただ、今回は時間がないからできなかった

Table C
半島部の生活・自治・なりわい・福祉の今と振り返り

山村というのはトップランナーから見ると遅れていた地域なんですが、大きな災い、被害を逆にばねにして、新しいトップランナーになるような活動をしましょう、というようなことで取り組ませていただきました。何分何もわからなかったんで、色々な人から話を聞きながらやったんですが、とりあえず行政でできることは限界がたくさんある、ということで、先ほどもご紹介いただきましたように地域復興支援員という制度をつくったり、プラットフォームとしての「山の暮らし再生機構」という民間主体のプラットフォームをつくって、そこに県の復興基金を入れていただいて、なかなか役所ではできない様な活動をさせていただきました。例えば集落の人々のよりどころになっている神社とかが皆壊れていて、そういったものが直らないとやはりみんなで帰ってお祭りをしようとかそういう気にならないのですが、行政のお金だと宗教施設には入れられないので、この基金をつくって財団を通すことによって再生したりしました。そんな中本当に全国からの支援を受けまして、3年2ヶ月で大体住宅の再建が終わって、一番の課題になったのは「地域をどう持続的に再生していくか」ということです。やはりそこで働く場の問題とかいろいろな問題があって実際は人口減少が中々止まらないんですが、むしろ震災前よりはそこに生きて、山に戻って住宅再建して生きている人たちが結構元気になりつつある。色々な人との交流で、それがネットワークの輪を広げていったり、人生の開口部を広げていったり、人間の幸せという概念からすると、まあ多少人が減っても幸せに生きていける仕組みをつくったほうがいいんじゃないかというようなことで、進めさせていただいております。あと、先ほど来お話を聞いていますと、やはり同じ悩みがあるなと思いまして、例えば集落再建した時に誰がどこに住むかというのはやはり齊藤さんからも鈴木さんからも話があったんですが、実は大変大きな問題でした。やはり地域社会の中でコミュニティがとても色濃い地域というのはある意味では助け合いとかにとってはすごくいいんですが、その裏にはかなりどろどろとした背景があって、おじいちゃんの代にあの人にいじめられたとか、そういう怨念みたいなのがあって、誰がどこに住むかというのがとても大きな課題だったのと、もう一つは、やはり厳しい農山村で生きていくというのは、それ

ぐ通すことになりました。それは広域の論理が勝ったといった方が良いかもしれません。そんな時にもうちょっと縦割りを超える調整ノウハウがあるといいなと思います。

(小野田)民意の重要性を強調しすぎちゃったのかもしれませんけど、まず、様々な違う人たちや違う論理が錯綜する中で、何をどうすればいいのかということはすごく見えにくいわけです。情報を統合し縮減していかなきゃいけない。統合して縮減して、あるパターンA、パターンB、パターンC、パターンDみたいなかたちで、それを統合・整理しなきゃいけなくて、それをやるのが専門家で、デザインだと思うんです。うまい統合デザイン案が出来て、複数のレイヤに分かれている情報をある程度統合して、整理した結果が、パターンA、パターンB、パターンC、パターンDで、理想はこれだけど…、というような形で、整理した情報を元にテーブルに人を集めることができれば、またそれを前提にしてある程度の民意を結集できれば、それが可能なんだと思います。
僕は建築家に言いたいんです。いまではこういうシンポジウムを

やって、すごく制度を理解してくれたので良くなっていると思いますが、これを経験する前の一部の建築家たちっていうのは、被災地に押し掛けて、何にも知らんくせにぎゃーぎゃー、ぎゃーぎゃー言って、好き勝手に民意調達して、自分の案を押し通すためにマスコミを動員してどんどんメディアに載せ、行政にしかけてくるってことをしてましたよね。そういうのはゲリラ以外の何者でもなくて、やはりそういう人間は排除されるんですよ。目的は正しかったのかもしれないけど、やり方としては上品ではなかったと思います。昨日も首都圏のある都市で「結構大きい問題になっていることの処理を手伝え」って言われてどうしようかなんて思っているんです。やるかなりと炎上すると思うのですが、でもそれがなんでそこまでこじれたかっていうと、建築家にも大いに責任があるんです。建築家にも責任がある。その建築家とこの会をやっているのは全く別の建築家ですが、そういったこともあって、こういう会を建築家協会がやっているのは非常に素晴らしいことだし、ここの建築家たちには能力もあると僕は思っています。しかし、やはり初期の一部の地域においては、建築家という存在が被災地

のと、あと、やっぱり若い人が協力してくれないんですよ。残念ながら。なので、そこの世代の断絶というのはたぶんあるんでしょうね。世代の断絶を超えて、商店街の人だけが考えるんじゃなくて、やはり盛り上げたいとか手伝いたいとかそういう人達がやっぱり商店街を後押しするような、そういった体制というのが今後必要なのかなというふうに感じました。

(榊原)紅邑さん、お願いします。

(紅邑)私もずい分昔ですけど、榊原さんがまだ学生だった頃ですが、八幡町というのが仙台にあって、そこの地域についてみんなで勝手に行政が考えないまちづくりをやろうみたいな話をし始めて、最初にとりかかったのが、その地域の歴史をちゃんと見て歩こうというまち歩きをして見たんですね。いろいろ歴史について詳しい方のお話を聞きながら、ここは河岸段丘だとか、いろいろ聞きながら歩いたんですけれども、昔のまちの歴史を知ることと、災害が起きた後の今の街を知るという両方必要じゃないかと思う

んですね。昔の街だけでなくて、さっき兼子さんがどこに何があるかわからないとおっしゃっていたように、どんどん変わってきているんですね、石巻にしても、気仙沼にしても、商店街が仮設であったところもなくなっていたりとか、その代わりに違うところができていたりとか、私もすごく久しぶりに石巻に行ったら、変わっていました。それこそ若者の人たちの、起業した人たちのお店とかもたくさん出来てきたし、それから、兼子さんたちがやっているママカフェのような、そういったお母さんたちがそれこそ「石恋」で取り上げているような取り組みも実際に起きているけど、じゃあ、知っているかといったら、知らないですよ。だから、それは昔のことと今のことを掛けあわせた歴史ということをきちんと、明確に見える化していくということがまずあって、そこに、それこそ石恋もそうだと思いますけど、住民の人たちがもっと巻き込まれて活性化していくということに関わる機会を作るということだと思うんです。単に商店街が一人頑張るんじゃなくて、そこに来るお客さんだったり、そこにものを納品している業者さんとかも、そういった人たちもどんどん巻き込んで、この地域どう

それが自立していく力がないと、なかなか生きていけないんです。本当に弱い人はみんなで全力で助け合わなくちゃいけないんですが、普通の人たちはたくましく生きていく力が必要なものですから、何でもかんでも行政でやってしまうとその力をそぐことになってしまうので、できるだけ、例えば住む場所を決めるのも最終的に住民の合意形成を待ったんです。あとは私たちはプランナーなので、ここにちょっと広場をつくってあげたいとか、フットパスをつくってあげたいとか、交流施設をつくってあげたいとか、色々なことがあるんですが、やはり最終的にはそれを経営していくのは住民の皆さんなので、最終的には住民の皆さんに決めていただきました。そういった意味では自分たちが計画したものの大体半分くらいしかできなかったんですけれども、それはそれでいいのかなと考えています。ある意味では、お年寄りの方はそこで生まれてそこで死んでいく、いい死に場所を得るという事もとても大事なことなので、自分たちで地域の中で決めていくような、そういう活動をさせていただきました。そのあたりがもし参考になればと思っています。また、本当に未曾有の千年に一度という大き

な災害を受けたわけですから、それをばねにして「あの時は大変だったけどやっぱりよかったね」といえるような、仕組み、価値観の変換とか連帯とか助け合いとかそういったものに上手くつながっていっていただけるといいのかなと、そういった意味ではこれからが持続可能な社会づくりでは、大変だとはおもいますけれどもぜひ頑張っていただければと思っています。私共のほうでは本当に皆さんにお世話になったおかげで結構今元気で、アルパカちゃんなんかは今すごく人気が出てますし、また機会がありましたら是非訪れていただきたいなと思っています。交流というのがこれから大きなキーワードになるんじゃないかな、他者との交流というのがやはり地域にとってとても大きなことだなと思っていますし、先ほど来聞いていましても、皆さんが外部から行って地域の人とふれあって、そうやって新しい血が入ることによって地域が元気になるという構造もありますので、その辺もぜひ、たぶん地震がなかったら、あるいは津波がなかったら、そういう事は起きなかったんでしょうから、地域づくりに活かしていっていただけるといいのかなと思いました。以上でございます。

Table A
復興事業全般の課題の振り返り

において様々な問題も引き起こしている事実を理解しながら、じゃあどうすれば統合者として信頼されるのかということは考えた方がいいと思います。また、建築家だけで統合者にはなれないと思います。やはり土木のひともいて、都市計画のひともいて、建築家もいて、そういうチームをうまく組めて、それに行政が協力したところはうまくいけたでしょうし、そうじゃなくてずっとゲリラ的なことをやって抵抗してたところはなかなか難しかったんだと思います。その統合者の技術力とそのひとがハンドリングできる範囲みたいなものについては、私もいろんなところで失敗しているので偉そうなことは言えませんが、技術の適合範囲と統合者としてどこまでやれるのかということは、あくまで謙虚に在りながら状況に関与していくっていう、そういう縮減者がいないと物事はやっぱりまとまっていかないっていう、そこは言えると思います。

(平野) はい、ありがとうございます。要は、いろんな論理をもって整備にあたる人たちがばーっといる状況を、上手に整理して情報も圧縮し、みんながわかりやすい状況を作りながら、合意を取りまとめ、解決策を決めていく、これこそがデザインであるというのが小野田先生のお話で、まさにその通りです。その中で、そういうデザインから逸脱した困った専門家問題については、結構な大問題になりましたよね。僕も如実にいろいろと思うことはあるのですが、でも、今日は避けて通ろうかなと思ってたんですけど、振っていただいたので。困った専門家問題について、手島さん、どうですか？

(手島) 困った専門家の代表ではないつもりではいるんですけど…(笑)。「困った専門家問題」の名付け親は確か平野先生ではないかと思います。最初のみやぎボイスで、その呼び名を聞いた時には、ぶっ飛びました。実はこの基調アンケートを取っても、困った専門家の問題について多くの方が項目として挙げています。この問題によってどれくらい被災地が混乱したかというのは、誰もが問題点として上げるポイントで、その多さにはびっくりしました。それはそれで専門家同士で反省するべきことであり、突き詰めて

Table B
中心市街地再生、地方創生の取り組み

したいのかっていう事を考える。さっき山崎先生が言ったビジョンみたいなことを当事者だけが考えるんじゃなくて、ステークホルダーもちゃんと巻き込んで考えていくということができる、そういう場を設けることによって自分たちも当事者になっていくことでなんか変わっていくんじゃないかなというのが今聞いていて思いました。

(榊原) はい、ありがとうございます。

(岩田) 商売のことは山崎先生をはじめ皆さんに任せますけど、ぼくのほうは建築とか都市計画なんで、山崎先生にいわれて明日から何を俺はすればいいのかなと思ったんですけど。ただ、建築やっていても、気仙沼の連中とやっている時も口酸っぱくして言ったんだけど、全国のいろんなまちづくりを見ていてうまく行ったと思うのはぼくが住んでいる三春と山形県の金山町ぐらいなんですけど、それは屋根を揃えるとか、景観を統一するとかいろいろやったんです。その中で、金山町は金山杉っていうのがあって、それをちゃんと売っていこうということで、金山杉住宅という仕様を作ったんです。それは簡単で、せっかく良い杉を使うんだから、杉を表して使いましょう、それから壁なんかも杉張り、床も杉張りにしましょうっていうような仕様を作った。で、まあ、宮城で一軒やろうかなと思ってやったら途中から入ってきた設計士さんが、何を考えていたのか、岩田先生じゃできないと思ったのか、設計を全部取られてしまって、できたらベニヤ板にビニルクロスだったという、なんでこんな馬鹿なことを言ったかというと、今この「この野郎」と思っていることもあるんだけど、そういう街をどうやって作るかっていうイメージがきっと無くて、普通の住宅はこういうもんだからこう作ってしまえば良いんだというふうに思っているんですね。ところが、一般の工務店とか、設計士っていうのは、他のメーカー住宅が作っているような住宅でないものを作る、要するに個別化とか差別化しないと売れないんですよね。それは、商店街も一緒だと思うんですね、ところが、商店街というと昔の商店街を考えるのか、東京のなんとか銀座を考えるのか、だいたいそんなところでみんなイメージ作っている。そん

Table C
半島部の生活・自治・なりわい・福祉の今と振り返り

(米野) 先生方のご発言を踏まえつつ、前半のそれぞれの発表をもとにディスカッションしたいと思います。まずは何かご意見・ご質問などあれば。いかがでしょう。

(渡辺) 中越は結構恵まれていて、合併する前に地震を受けたために、まだそれぞれの地域が、自分のふるさとに対するアイデンティティがかなりあったと思うんです。僕は、日本の平成の大合併ってのは果たして良かったのかどうかって思うんです。やっぱり今回は合併が終わった後だったということで、半島部とか周辺部ってのは本当に厳しい、ある意味での格差っていうのがあったのかなと。どうやってアイデンティティ、あるいは誇りであったり、そういうものを取り戻していくかっていう、もう一度そのプロセスっていうのが、自分たちのふるさと、自分たちの地域という思いを取り戻していくということがこれから重要なのではないかなと思います。

(米野) ありがとうございます。自由なディスカッションにしますので、ぜひご意見や質問があればお受けしたいと思いますけど、いかがでしょう今のお話を聞いて。

(杉浦) 渡辺さんや先ほど鈴木さんから話がありましたが、仮設に皆さん一斉に入った時に、牡鹿半島の場合、よそにもありますけども、どっちかといったら在宅でおうちが残ってそこに再建したという場所や、上の高台移転の場所と、距離が遠いんです。そこで、地域が崩壊しつつあるというのがまず1つあります。あとは、「おうちが残ったでしょ」と言う人との葛藤っていうんですかね。「あなたはおうちが残ったからいいでしょ」と言う人とそこに溝ができてしまったというところもコミュニティ崩壊の原因の1つであったと思います。これからは、地域は同じ地域なんですけど、高台に移る方と下の方で在宅で家が残った方っていうところで、そこに大きく今後の課題が出てくるのかなと考えています。そこで、寄らいんの活動みたく、サロンをやって地域で集まる機会を作ったりっていうことは石森代表と考えたりはしてますが、そう

やろうと思っています。

もうひとつは、さっき行政の縦割りの話がありましたけども、これは専門家の縦割りっていう問題もかなりありますよね。安本さんがおっしゃったように、各分野に責任を持とうとすればするほど、やはりそれぞれ明確に自分の責任範囲があり、責任をもってやれる範囲のこと以上のことにはなかなか手出しできない。それはすごく難しい問題だと専門家としても思います。

しかし更に、僕が北上に関わっていて、専門家の中でも「更にロングスパンで関わる専門家の重要性」を感じました。ただの住民アンケートを作るところからはじめて、ヒアリングし、意見を統合して案をつくって、ワークショップを運営するという一連のことを全部やる専門家が絶対必要だと思います。アンケートというのは、地域が元々持っている方向性や意図、この地域はたぶんこうまとまるだろうという意図をもってつくらないと絶対まとまらないと思います。それにはその前段階として、地域にしばらく入り地域を知っている必要もあります。また、そのアンケート結果をもってじゃあどうするかっていうことも、「たぶんこの地域であればこういう選択をするだろう」ということを見越したうえでまとめてゆくことが必要だと思います。そういうように運営していかないと絶対意見集約なんか出来ないだろうと思います。多数決なんかで決めたら良い意見集約などは絶対無理ですし、そういう意味で土木の前の段階から始まって、運営の最後まで面倒を見るような専門家が必要で、地域が独自性を持続しながらこの時代を生き抜いていこうとすると、それは必ず必要なのかなという気はしました。それをどの分野の専門家がやるんだか分かんないですが…。

（平野）はい、ありがとうございます。そういう話をしていると、究極的には政治だよなっていう気もするんですよね。そういうプロデューサーですよね。

（牧）「困った建築家問題」は、分かるんですけど…。困った土木の人っていうのは、ないのでしょうか。やはり「安全絶対だ」とか、「広域的にB/Cが上がらないとダメだ」とか、逆に土木の側ももう

Table A — 復興事業全般の課題の振り返り

なところに大きなビルが一部建って、どんどん歯抜けになって、商店街でなくなる。それに対して持ってくる事業というのは再開発とか区画整理とかしかなくて、それはこんな要件ですから、こんなのしかできませんといって、そういう街をどんどん作っていくわけ。結局、石巻の街をどうしようというのは形でなくてもいいんだけど、山崎先生がおっしゃったり、松村さんがおっしゃったり、あるいは兼子さんがおっしゃったり、実はね、ぼく秋田屋の修復を頼まれたので結構行っているんですよ。でも、兼子さんから見せてもらったこのお店、一つも知らない、それを発信する仕方、昔は街並みだったんです。街並みを歩けばどこかにある。今はそうではないという状況を作ってしまった時に、要は石巻の中心市街地が物として蘇るのか、あるいは精神として蘇るのかという時に、いままでのイメージがあって、そのままでかいものを作ってしまったり、あるいは全然石巻らしさ、そういうのはどうなのかわからないけど、そうでないもので街並みを作ってしまうと、結局だれも来ないし、何も発見できないということになるんです。やっぱり事業の使い方とか、都市計画の在り方、例えば今回も高台移転ていうとあれはもう集落ではなくて団地です。そんな形しかみんなイメージ持っていないもんだから、もうちょっと作り方のイメージというものにこだわって少し話をしてみましたけど、差別化は一つの手法だと思うんですけど、なにかやっぱりそれを作っていくとか、それを出していかないと、結局いままでやられてきた他のまちのまちづくりと一緒で、例えば金山とか三春は長いこと苦労したことがあって、ちょっとづつ日頃観光客が歩くようになりました。それぐらいの規模でもみんな喜んでくれる街だからいいんですけど、そういうイメージをどう作っていくか、どう差別化していくかというのを建築の立場としてもちょっと考えていかなきゃいけない。

（榊原）まあ、ぼちぼち時間も来ているんですけど、企画されている安田さんから、この人にこういうことを聞いてみたいということがあれば。

（安田）まず最初に一言お詫びを申し上げたいんですが、ここに商

Table B — 中心市街地再生、地方創生の取り組み

Table C — 半島部の生活・自治・なりわい・福祉の今と振り返り

Table A
復興事業全般の課題の振り返り

ちょっと変わらなきゃみたいな議論っていうのはあるんですかね。

（平野）ありませんね。僕、あのよく揶揄して言うんですけど、「金に群がる土木」、「名誉に群がる建築」とか言って揶揄しているんです。今回の復興では、仕組み的な問題とか、関わる人の問題として、そんな側面があると思います。牧先生は防災専門ですから言いますが、防災の専門家、特に防御施設を作る方々は、「防災力さえ高まればいいんじゃないの」って感じの人が結構いらっしゃるんです。安全性を高めるのは俺たちの大命題だって。安全性が高まることによって他にどんな悪影響がでようがあんまり気にしてないです。「それ、自分の専門じゃないんで」って。そういう専門の蛸壺からちゃんと引きずり出してきて、コラボレーションしながらやっていくという体制が重要だと思います。建築のひともたぶんそうで、「敷地に閉じこもっている建築家とは付き合えない」って、よく言っています。敷地から出てきて、周囲のまちなみを考えながらという部分が重要で、どんな民間の建物でも絶対に人に見られるし、まちとのつながりはできるから公共性があるわけです。その公共性を意識しておられる方とだったらコラボレーションできます。結局専門性を持ちながら、自分の専門性からちょっと顔を出して、周囲とコラボレーションしていくという体制を作っていかないと、と思います。今回、石巻の復興のお手伝いを実務的にずっとやっていますけども、良かったなと思うのは、僕がひとりで入ってたらうまくいかなかったことが、小野田先生や姥浦先生とも一緒にやって、土木建築都市計画ってまあハードウェアプランニングの主要分野が（造園がいればもっとよかったんですけど）そろい踏みでやった。造園は脇坂さんに助言いただきながらって感じですけが、それはすごく良かったなと思っていて、やっぱりこれからのまちづくりってきっとそうなんだろうなっていうのを痛切に感じています。だから土木屋も大いに反省しなきゃいけないけれども、困った専門家、困った建築家問題でも建築の方々も反省してもらう必要があります。僕は都市計画屋ももっと反省してもらった方がいいと思うんです。ついでに言うと、都市計画屋も土木屋も標準設計しかできない人ばっかりになっちゃっています。標準設計をずーっとやってきたので、偉い人が

Table B
中心市街地再生、地方創生の取り組み

店街の当事者がいないというお話ありまして、企画者として、今回もうちょっとお声がけをした人がいたんですけど、いろいろとスケジュールがバッティングしてしまって、当事者の方を呼べなかったのは大変反省しております。それは、ともかくとして、今、岩田先生のお話もあって、街並みというお話が出て、どうしても建築をやっている人間だとそっちに行きがちというかそういう視点が強くなってしまうんですね。それは明らかに重要な要素だと思うんですけど、そういうものがそこで買い物をしていくとか、そこの商店街がさっきの歴史の話とも絡めてどういう価値を感じるのかというのを、私はお聞きしたかったんですけれども、できれば兼子さんから、石恋の話も含めてそこに価値があるのか、普通の人にはあるんですか？あるいは起業家としてあるんですか？という視点でも結構ですけれどもお聞きしたいと思います。

（兼子）私、石巻に本当に必要な物って、やっぱりそれぞれの考え方を変えていくということが一番重要かなと思っています。さっき紅邑さんのおっしゃったジェンダーバランスじゃないですけど、女の人がなかなか意見を言える場所っていうのがなかったっていうのが一つあるし、それから、やっぱり出る杭は打たれるじゃないですけど、打たれても折れない杭になれって言われているんですけど、そんなことはやっぱり女性は難しくて、あとやっぱりどうしても支配型なんじゃないかなと思います。どの団体もそうですけど、ある団体に集っている人たちが他の団体のところに行くと、「あそこに行っていたでしょ」とか、今日はちょっと参加しているけど写真とらないでとか、お互い牽制しあっているというところが明らかに見えている。そこで自分の立ち位置がわからなくなると、自分の事業をするうえで色んな所に繋がりたいと思うけれども、そこで「あそことつながっていると思われると、ちょっといろいろやりにくいかなみたいな」感じで言われていらっしゃる。突出した人が何かをするんではなくて、今この時、そこに住み、暮らす全ての人が主役だというふうにとらえて、全員が顔の見える関係になってほしいなという思いをもってこのソフト面の石巻に恋しちゃったというイベントを作りました。これを作る時も２０１１年に別府のオンパク手法を勉強して、自分がもともと

Table C
半島部の生活・自治・なりわい・福祉の今と振り返り

いうところで経験上でアイデアとかあれば、コミュニティづくりに関してのアイデアがあればと思いますがどうでしょうか。

（渡辺）東北はほんとに大変だなと思ったことは、例えば漁業の話も出ましたが、今回巨大な防波堤で命を守るという国の政策が展開されたわけですが、長年大地とつながってきた人、あるいは長年海とつながってきた人を大地や海から引き離すべきか、それともリスクを背負いながら寄り添って生きていくべきかという判断ってとても難しいと思うんです。僕は人間の存在というのは自然の中ですごい小さなものだと思っていて、ある程度リスクを背負いながらも大地とつながりながら生きていくべきじゃないかなと思っています。そういう意味では今回、高台移転の問題や、海とつながってきた人がかなり遠くなっちゃったとか、コミュニティが分断されたっていうのはすごく大きな課題だなと思っています。これからそれをどうやってつないでいくかっていうことが、皆さん方の大きな役割なんじゃないかと思っています。答えはなかなか難しいですよね。答えが出ればそんな楽なことはないと思いますし、本当に大変だと思いますけど、分断されたコミュニティというのをもう1度考えていくのは大きな課題だと思います。山古志では、できるだけ交流を基軸に、山に残った人、降りた人、訪れる人が出会える場所を作りましょうということで、祭りやいろんなときに交流を盛んにするような仕組みを作ることによって、ささやかだけど分かれたコミュニティを取り戻すような活動をしていますが、本当に大変だなと思います。

（米野）ありがとうございます。齊藤さんなにかありますでしょうか。

（齊藤）鈴木さんの入られることになるにっこり団地というところは、北上町の中でも比較的追波という集落に近いところです。入る方も追波の集落の方が多いんですが、北上町全体から移られる方が来るところなので、皆さん話し合いの中では追波の移転地ではなくて、新しいにっこり団地を作ろうということでずっと話し合いをされてきたんですけども、追波の集落にも、にっこり団地

標準設計しかやったことがないから、そんな環境で育ってきた人って工夫してものを作る力がないんですよ。都市計画屋さんもずーっと都市計画決定手続きの仕事ばっかりやっているもんだから、都市計画決定手続きは詳しいんだけれども、都市をどうするのっていう一番大事なところをやってないんです。だから、ひたすら事業制度論みたいになっちゃって「これやるんだったらこの事業使うと賢くできるよ」みたいな話や「都市計画決定手続き書類はこう作んなきゃ駄目」みたいなことばっかり詳しくって、まちをどうするのって話が全然できてなくなっています。土木建築都市計画、造園もたぶんそうですが、業界全体が、高度成長でどうしてもやらなくちゃいけなかった仕事にずーっと縛られたままいるような気がしています。そこから脱却しないと、復興もうまくいかないのは、自分も含めて、ひとがダメなんだなーって思いながら、過ごしているとこなんですけど。ああ、だめだ。まとめに入ってきちゃった。っていうことは牧先生なんか一言反論してください。いや、都市計画はそうでもないよって。

（フロアより）最近東京大学なんかもデザインに力を入れた、景観デザインっていうのがあるそうですが、地元の大学には、そういう研究室はないんですか？やはり土木でもデザインの優秀な人材をどんどんどんどん発掘していかないと、いつまでも建築家に「おんぶにだっこ」じゃ困ると思うんですよ。

（平野）えっとすみません。真っ正面きって反論しますけど、建築家が入ってまともな土木構造物が出来たのってあんまりないです。逆に仕事を持っていかれてしまって、これだったら標準設計のほうがマシだったっていうケースのほうがほとんどなので、そこは土木の方を弁護しておきます。実は僕は、土木でもデザインをやるべきだって主張する、数少ない人間の一人なので、今後ともよろしくお願いします。

（石塚）被災地における専門性、専門家の役回りみたいな話についてです。私も元からの名取の住民ではないし、外から入ってきた専門家の一人なのかなって感じもするんです。イメージとしては、やっていた事業と似ていたのでやれるって、石巻に今必要だって、さっき言った、どこに何があるかわからない、ないものを嘆くんじゃなくて、こんなものもあるんじゃないかという見つけるという自助努力もしなくちゃいけないし、自分たちでも発信しなくちゃいけない。実はこのイベントをするときにまちの方々沢山の人に集まって頂きました。でも、どの団体も、結局どこかがやるんだったらねみたいな感じで、じゃあ、やるって決めたんで私がやりますって、実際、一回目やった時にいろんなメディアさんが注目してくださって、人が集まって、物が集まってというふうになると始めうちがやろうと思っていたとか、そういうところから、あとは同じようなことをやって、あたしが先駆的にやりましたみたいな、そういうちょっと変わった方々がいます。私は別に裏方でよくて、参画する人が主役だと思っています。皆さん見ている視点が違う、自分の利益主義というか、自分の評価というところに目が行っていて、そこでニーズを持っている方々のためにやっていたというそこの部分を忘れている。そういうのをもう一回思い出してお互い手をつなぐことでもっと大きい物ができるよっていう

ところに考えを持っていけばと思います。私、いつも後藤さんに「いつでも来てくれていいよ」って言ってもらえるんですね。それがやっぱりうれしいというか、うちの子ども達の世代になると２０代なんですけど、そういうふうに言ってもらうと彼らも行きやすい。ただ、やっぱり若者の会議といわれているところに行くと３０代、４０代の人は彼らにとってはおじちゃん、おばちゃんなんですよ。若者の会議じゃないし、俺の意見なんか全然通るところじゃないという、だからもう世代別ぐらいで１回やってから集約してほしいなって言っていました。あとは、公的な会議だったらいいんですけど、みんなで考えようみたいな時には、ちゃんとファシリテータを入れてやったほうがいいなと（思います）。もう本当にバカバカしい意見ばっかり出て、無駄な数時間を過ごすというのがどれだけ苦痛かというのをもうちょっとみんな考えてほしいんで、忙しい中、やっぱりことを起こしたいとか、いい街にしたいという思いで参加しているのに、そこですごくがっかりして帰ってくるのは本当に悲しいなと思うので、そういうところをもうちょっと予算つけてソフト面というのも、ハード面はハー

のすぐ近くに残る方がいらっしゃいます。その方々とどういうふうに今後関わっていくかということを、悩み相談になってもいいと思うので今の現状をもうちょっとお話していただけないかなと思います。

（鈴木）追波地区では元の場所に残った人が10軒あります。追波という地区はもともと皆さん知っているように釣石神社という神社があって、それで結束力がけっこう強かったんです。にっこり団地は追波地区の人数が多いから、「追波だけで固まって、他から来る人は混ぜてあげるんだから」という声も出たんですけど、それではまとまらないから、ずーっと、追波地区の方々には追波地区の色を出さないでねということで話し合いをして、コミュニティを作ってきました。ただ今回、集会所を作るにあたって、下に残る10軒の方も集会所が欲しいという話も聞こえてきました。集会所をつくるには自治会をつくる必要があるのですが、追波部落会っていうもとの追波の自治会がまだ続いているんです。４月の総会で10軒が「もとの追波の自治会を抜けて全員にっこり団地の自治会に入っていいよ」となるのか、「追波部落会に残りたいんだ」となるのか、そういう話し合いが出てくるのかを、私たちからどうしますかと言わないで、どう出るかを今は待っている状況です。これは追波地区だけの問題で、今までワークショップをしてきた高台に住むみんなで話し合うことではないので、まだ全員での話し合いではないですが、にっこり団地ではワークショップをしている中で、他の地区から来る方からもいろんな意見が出ますし、桜公園をつくることになって桜を植えるときにもみんなで力を合わせて植えたり、その時出た木できのこを山でつくったりしながら、みんなで集まる機会を作ろうねと、コミュニティの場づくりの段取りを仲間でしています。これからは、よその地域から来る人のお祭りとか、追波のお祭りとか、そういうことをこれからどう話していくかというのが一番問題になってくると思っています。

（阿部）杉浦さんの問題提起というのは、今まで同じ場所にいたのに場合によって離れていくかもしれないことに対して、今後コミュニティとしてどう維持していけるか、いいアイデアはというお話

Table A 復興事業全般の課題の振り返り

ケガをして入院したスポーツ選手のトレーナーみたいなものではないかと思うんです。実際活躍するのは地元のひとたちや地域だし、それに対してちゃんと的確なアドバイスをしながらトレーナーとしてやっていくっていうのが我々の役目かな、という気がするんです。それには、選手の特徴をよく知らなきゃいけないし、選手の持つ可能性をよく知らなきゃいけない。それからその選手の長所と短所もよく知らなきゃいけない。現在被災地に入っている専門家の多くが、あんまり地域のことをよく知らないで入ってしまっています。今名取は安本さんが入ってくれていて、もう随分どっぷり入ってくれているので非常にありがたいと思っています。やはりよく知って入ってもらうことが大切です。閖上については、まさに独特の風土を持っているし、歴史もあるし、そういうことを知らないで入ってくるようなことはしないで欲しいですね。逆に、専門家としてはそこが最低限のルールなんじゃないかなという気はします。

（平野）なるほど。専門家の話になると、みなさん専門家なので、脱線しすぎました…。これからの時代はコラボレーションが大事だし、いま石塚さんがおっしゃったように、トレーナーとして、地域を知り地域力をどう引き出していくのか、そんなところに主眼をおいたまちづくりの在り方っていうのが、ふつうのまちづくりになってきていますよね。新井さん。

（新井）もうちょっと引いた視線で今の話を考えると、土木も建築も「ものをつくる」っていうことでは一緒だと思うんです。ものを作る必要もあるんでしょうけど、しかし、復興って必ずしも、ものを作るとか作ることをサポートしなくてはならないかっていうと、そうでもないって気がしているんです。復興のスピードの議論もそうですけど。本当にものを作るのなら、スピードを重視しちゃったら拙速的なものしか出来ないです。本当にスピードを重視するんだったら、ものを作るんじゃなくてお金を渡しちゃえばいいんですよ。復興っていうまちづくりも当然大事だけど、同時に被災者の生活再建が大事なわけですから、スピード重視するのであればお金をどんどん渡しちゃえばいいじゃないですか。25

Table B 中心市街地再生、地方創生の取り組み

ド面で得意な人がやればいいと思っているので、私たちに出来ることを一緒に考えてくれる人をもっと増やしていきたいなと思っています。

（榊原）はい、ありがとうございます。残りあと１０分ぐらいになってきましたけど、どうですか、気仙沼にも振ろうかなと思ったんですけど、紅邑さん？

（紅邑）すいません、ちょっと今の兼子さんにつながる話なので、さっきの中心市街地の街並みという話と同じように、機能って大事だと思うんですね。それで言うと、買いたいお店があるとか、商売しやすい街であるとかっていうようなことと、あと、そういった意味の情報がいろいろ集まって、そこが混沌としていたり、連携していたりという場だと思うんですけど、ずっと昔に、東京にある商店街に行った時に、そこの商店街って寂れていたんですけど、活性化したんですね。その理由は何かって言ったら、あるおばあちゃんがちょっと具合が悪かったんで、そこちょうどふとん屋さんだったんですけど、駆け込んできて、ちょっと休ませてくれと、で、おじさんが休ませてあげたら、なかなかね、こういったところで休ませてくれるところがなくて良かったわって言われたんだけど、おばあちゃんなんでここに来たのって言ったら、なんかね商店街って用事なくても行きたいっていう感じがあるんだよねっていう話をしていたのを思い出したんです。なんかね、行きたいな、賑わいのあるところに行きたいなという思いがたぶんあると思います。震災後に仙台で商店街がいっせいに開きだした時に、大晦日の時かなとか、初売りのときかなというぐらい人がたくさん来ていた、たぶんそれ待っていたんじゃないかなって思うので、そういう意味では石巻も震災後のところって、沢山いろんなボランティアが来て、賑わっていましたけど、それとは違う意味で用事がなくても行きたい場所っていうのが一つの商店街の機能かなってちょっと思ったりしました。

（榊原）今川さんからも、お願いします。

Table C 半島部の生活・自治・なりわい・福祉の今と振り返り

Table A — 復興事業全般の課題の振り返り

兆円あって、仮に被災者が 25 万世帯だとすると、割ったら 1 億円ですよ、1 億円全部渡せとは言わないけど、10 分の 1 の 1 千万円でもいいと思うんです。山古志なんか義援金も含めて 600 万円くらい貰えたから自力再建できたっていうことですよね。一人一人がそういうように自力再建していけばいいじゃないですか。なんで専門家が行政と一緒にお金を握って、ものを作っていく必要があるのでしょうか。それは別に悪いとは言わないけれど、それだったら「ある程度時間を掛けて良いものを残す」っていう方向に話をもっていかないと、結局すぐまた空家の問題を考えなくちゃいけないとか、そういうことになってくると思います。復興予算の使い方として、「ものを作る」んじゃなくて、「なるべくものを作らない」っていう発想をしないと。建築と土木の間の綱引きって考えると、土木にやられっぱなしなので、建築の側からするとそれが困るという話なのかもしれないですが、被災者の側からしてみたら、もっとお金渡してもらえれば自由に自分の都合に合わせて使ったりすればいいわけですから。そっちのほうが、いいっていう人も多いんじゃないかなと思います。被災者から見ると、土木も建築も自分たちがお金を握って勝手にものを作っているという意味では、あんまり変わらないんじゃないかと思いますけど。

（小野田）日本は個人の財産形成に税金を投入できない建前があるので、どうしてもそういう形になっちゃってお金はなかなか直接被災者に撒けないんです…。しかし世界の中にはそういうことをやっている国もあって、先進国では、ハリケーンカトリーナからの復興を経験したニューオーリンズは、ロードホームプログラム（Road Home Program／州の住宅再建支援制度）っていうので、被災者に直接お金を渡して、自力再建を集中的にやっています。でもなにが起こっているかというと、途中で使っちゃって建物が建たないんです。渡したお金が次の社会資本にならなくて、フローになって消えちゃうんです。胡散臭い人たちがいっぱい出てきて、それを避けるためにロードホームプログラムをかなり厳格に設計して、かつ、それをサポートしてくれるマネジメントステークホルダーっていうエージェントを育てながらやっているんです。それも制度設計なんです。お金を撒けばいいっていう問題ではなく

Table B — 中心市街地再生、地方創生の取り組み

（今川）すいません、ちょっと後半の話し合いがですね、どうもちょっと違和感があるなと思っていたら、討議のテーマが既存市街地の再生だったんですね。そもそも、今、市街地がなくなっちゃって市街地そのものを再生している段階なので、たぶん途中から個店の努力とかいろいろ出てきたんですけど、気仙沼ってまだ個店が努力するまで行っていないと思うと、今日はちょっと場違いだなって正直思いました。そういう意味で考えると石巻はすごく恵まれたステージにいるわけですから、個店の努力でなんとかできるところまで行っているわけなので、そこは本当に恵まれていると思って頑張って欲しいと思うし、逆に気仙沼のように個店の努力どころか仮設の中からもでられなくて、それをどう更新するかって議論をしているところもあるって言うことをわかってほしいなと思います。本当にうらやましいなと思いました。

（榊原）ありがとうございます。あと、10 分もないんですが、いかがでしょうか。

（山崎）まあ、大変ですね、気仙沼本当に。個店の努力というけれど、それぞれの個人の努力をどうするかという話であって、個人がどうやって今後生きていきたいのかっていうそこをちょっと議論されたほうがいいのかなと。それぞれの人達が、さっきも言いましたが、期限を切ってどれぐらいのものになりたいのか？というところはやっぱりやっておきたいですよね。そうすると自分がどうやって進むかわかると思います。あと、さっきも言ったように、兼子さんから出てきましたけど、皆さんエゴの突き合わせになってしまう、ぼくは売名行為でこういうところに出てくるんで、全然気にしていないんですけど、割り切っていますんで。売名行為をしているんだけど、だれも声をかけてくれないという、最近よくわかってきたんですが、まあそれは冗談として、やっぱりそういう場は必要ですよね。今回、商店街をやっていて思ったし、そういう場をそれこそ行政の手伝いとか大嫌いで、めんどくさいんですけど、その辺も手伝ってもらいつつ、お金を出してもらいつつですね、そういう場を作れたらいいなと思います。いよいよ私の出番かなと思います。ファシリテータとしてできる人ってい

Table C — 半島部の生活・自治・なりわい・福祉の今と振り返り

だったのですけれども、その浜ごとにお祭りってあったんですよね。定期的に神社のところでやっていたって聞くのですけれども、定期的に今までやってきたことを維持していくということも重要かなというふうに思います。

（米野）ありがとうございます。先ほど阿部さんのコメントの中で、寄らいん牡鹿がいろんな地域をまたいで動いていることが驚きだったという話もあったのですが、そういう意味で地域をどうつなぐかというあたりは、石森さんがいろいろお考えの部分があるかと思いますが、今の件も含めてコメントいただければと思います。

（石森）実は私は、こういったかたちで寄らいんに関わる前に、たまたま震災直後、東京にあるさわやか福祉財団のインストラクターの方々が雄勝・北上地区と牡鹿地区に入られて、いろいろと支援についてのアドバイスを行っていただいておりました。その関係で震災の翌年、松島のホテルで一泊泊まりで被災地の方々を集めて復興状況の報告等についてのフォーラムをやろうということで、

宮城県の被災地ではこの石巻地区と塩釜の浦戸地区、山元地区、それから岩手県では陸前高田、釜石、宮古、大船渡の 4 地区、合計 7 地区が集まってフォーラムをやったんですけども、その後各地区ごとにグループワークをやりました。その中で石巻地区を除く地域の状況を聞くと、1 年後にはいろんなかたちで地域づくりのために動いている人たちがいっぱい居たんです。ところが石巻地区でいいますと、たまたま参加したのが河北と北上、雄勝、牡鹿の 4 地区だけだったんです。この 4 地区から、牡鹿は私ともう 1 人の 2 名。それから雄勝地区は秋山喜弘さん、他 3 名で 4 名。北上は鈴木学さんと佐藤清吾さんかな。河北も 2 名の 10 名集まったんだけど、他の状況を聞くと活発にやっているんだけど、石巻地区では何にもやってないよね、ということになったんですよ。では石巻地区、遅まきながら今から何かやろうじゃないかということで、この 4 地区だけでもいいからお互いの震災の復興状況の情報連絡でもいいから時折会合を持とうよということで、会の名前を何にしますかということで、じゃあ今ここから始めるんだから「今だっちゃ」でいいんでねえのと。ただ「今だっちゃ」だけだと

Table A｜復興事業全般の課題の振り返り

て、誰かが制度設計して、制度の中でどう調整をするかっていう社会の仕組み、インフラが重要なんです。その仕組みを作ったり仕組みを調整したりする人たちが主役なのはおかしいと思いますけど、日本はそういう人たちに対するリスペクトが意外とない。何故かっていうと、日本人は割ときちんとしていて属人的に解決してしまうので、逆に制度設計はうまく出来ないんです。個人的に資質の良い建築家に頼って、住民主体のまちづくりをしてしまっても、それを仕組みにしていかないと、それ以上には広がらないんです。だから、今ここで考えなきゃいけないのは、（専門家が主役ではなくてあくまでも生活者が主役だということは大前提なんだけど）専門家が前面に出て、その「生活者を主役にするための制度設計」をどうするか、ということだと思います。しかし、それが意外と我々は得意ではないんです。被災者に金を配るということにしたとしても制度設計は残るし、土木を作るってことにしても制度設計は残るし、必ず計画している側の思考の制度設計は残ります。そこに現場の知見をフィードバックして、制度をよりよく変えることが出来るのはやはり、それを知っている専門家だ

けなんです。だからこの会があると思うんです。
それは建築家の資格なんかも同じで、こんなことやっている場合じゃなくてもっとデザインビルドのことを考えた方がいいと思うけど。デザインビルドにどんどんと流れているのは、建築家の権利と実際にリスクをとる建設会社の権限との線引きが非常にあいまいなので、いまそっちに流れ込んじゃっているんですよね。
もうひとつ土木のことについて言えば、やはり「2・2ルール」が問題だったのではないかと思います。もしくは2・2ルールは、あるところにはうまく適用できたけど、本当は適用しちゃいけなかったところにも強引に適用しちゃっいました。その結果、非常にコストパフォーマンスの低い嵩上げの計画があちこちで起こって、国の富が浪費されて、誰も使わないような区画整理地がこれから膨大に出現するような状況を迎えようとしています。あと10分くらいしか時間がない中で言うことじゃないかもしれないけど、せっかく土木の平野さんがいらっしゃるんだから、2・2ルールの適用と、安全をどう考えるか、その線引きが正しかったのかどうかについて議論できないかと思います。まあその時の政権が過剰に反応し

Table B｜中心市街地再生、地方創生の取り組み

いもん、石巻に。ぼくを置いて他にいないと思いますから、はい。

（榊原）時間があと10分と限られてしまっておりまして、できれば最後一言づついただいて、前半のセッション1を終わりたいと思います。こう回りますか。

（丹澤）商店街の関係で最後に一言なんですけれども、当事者だけの話し合いになってしまう、さっき先生の言われたような割りきった話っていうのはなかなかできないし、こちらも言えないし、という中で、公的資金は投入されているんですね。ですから各自ちゃんと考えなくちゃいけない、自分の思いだけじゃなくて、公的資金が投入されているという中で責任を感じて、今後どうしていくのかっていうのをちゃんと考えなきゃいけない、それは外部の人間からみてもわかるんですけれども、やはり当事者の話し合いの中ではそこをもっていけない、そういう割りきった、且つ、根本的な話し合いが今後必要だと思います。今日は本当にそれを感じました。

（榊原）はい、ありがとうございます。

（今川）たぶん、今日のお話っていうのはほとんどが震災前からの課題で、これに復興という切り口を入れたらどうなるかという話だと思うんです。ちょっとわかってほしいんですが、やる気が無いと商店街の方々に感じることもあると思うんですけど、基本的には被災して元気がないという部分がありますので、そこに支援をし続けていただきたいと思います。やる気がないだけでもなく、本当に5年たって、ずっと仮設暮らしで、本当に疲れているなという人も出てきていますので、最近燃え尽き症候群なんて言葉が被災地で聞かれるようになってきましたから、なお、支援をお願いしたいと思います。

（中村）これから、役所として何をすべきなのかということを考えていかなきゃいけないと思っております。いろいろ、商店街の方々との意見交換とか、いままで住民の方々との意見交換等々をやっ

Table C｜半島部の生活・自治・なりわい・福祉の今と振り返り

て、「みなさんの安全を絶対に守ります、これぐらいのグレードです」って言っちゃったから基準がそこにぐーっと引っ張りあげられたという側面があると思います。そういう感情的なところにマスコミもみんな飛びついて、話がどんどん理性的でなくなったのではないかと思いますが、そのことについて、平野さんはどう思われていますか。

(平野)突然、土木批判大会みたいになってきちゃいましたけど(笑)。あと10分なのですが、復興の話に戻ってきたので、復興の話をしたいと思います。新井さんがおっしゃられたように、ソフト部分とのコラボレーションっていうのはものすごく大事な筈です。だから、先ほどの私の話では、土木・都市計画・建築・造園といった、「ものづくり」の専門家とのコラボレーションの話しかしませんでしたけど、医療福祉の人たちとのコラボレーションもちゃんとやっていくべきだし、建築の方々の尽力で、ちゃんと取り組んでいるケースもいくつか出来ているというのも事実です。それは通常のまちづくりでも同じで、本当は、医療福祉と例えば道路計画も一緒にやるべきだと思っています。そういうものの重要性が如実に浮き彫りになったのがこの復興だと思います。被災者支援のお金の話については悩ましいですね。小野田先生がまとめてくださったように、それも制度設計ではあります。日本でもいろんな見方があって、いろいろ言われているようですよね。例えば失業保険を延長した結果、被災者のために良かったという声もある一方で、パチンコ屋が儲かっただけだって批判する方もいらっしゃいます。かえって労働意欲を失わせてしまったのではないかという声も聞きます。ただ、本当に仕事がなくて困っていた方もおられたことは確かでしょうから、どっちが良かったと簡単に言える話ではありません。

話を戻していくと、今回の津波が来ても大丈夫なまちをつくりたいと、そういう安全性でやりたいと一番望んだのは、僕は民主党政権でもなければ、国交省でも、専門家でも、土木屋でもなくて、被災者の方々だと思っています。これは、2011年に石巻市に入った時から徹底的に議論をしていて、例えば石巻市はまちなかでは平野型の防御をします。2・2ルールを適用し、水を一切入れない

Table A：復興事業全般の課題の振り返り

ては来たんですが、役所が入ることで結果的に役所に要望という形で終わってしまうということが結構有ります。そのへんは入ったほうがいいのか、入らないほうがいいのか、そのへんリーダーシップをとってやってもらっている松村さんとかですね、そういった方々と話し合いながら、役所でどういった側面的なバックアップとか、何をすべきなのかとか、そういったところをちょっと今後詰めながら対応していきたいなというふうに思っております。

(松村)商店街を盛り上げるということを誰が望んでいることなのか、誰がやりたいことなのかということをあらためて考えるということが基本の基本ですけれどもやっぱり必要だよねと考えました。例えば山崎さんがおっしゃっていた商店街のアイデンティティを呼び起こすようなイベント、これ本当に大事だし、やらなくちゃいけない、でもこれ誰がやるんだ？というような話だと思うんです。商店街振興会の年に1回の助成金があって、それを使ってなんとかやろうかということじゃなくて、商店街の人たち、ぼくも含めてですけど、自分たちでお金を出し合ってそういったことをやるようなことを作っていかなくちゃいけないんだと思います。あとは、空間、物件を動かす、実際、後藤会長がおっしゃっていた通り、だんだん貸してもいいかなという方が出てきているのは事実なんです。ただ、事実として使える物件、賃貸という意味でも少ないです。そこにはまだ期間的な問題があって、再開発はいくつか実現の見通しが立って、あきらめてしまったところもありますが、そこも冒頭であった優建事業でなんとかできないかというのが、5件ぐらいあって、ただ、それって発想がまったく優建、共同建替事業の思想じゃなくて、完全に再開発を別の形でやり変えているだけです。おそらく非常に困難を伴っているんです。そういう再開発の夢を見た優建事業というのが、今、目の前に吊るされているので、それで動かない物件、地区があるというのも事実です。おそらくだんだん成功するところも、残念ながらというところもあると思うんですが、そこでまた空間が流動するということが一年後、二年後出て来るかとは思います。ただその一年後、二年後まで、待っていたら、そこに感心を持っている人が離れていくので、ちゃんとその待ってくれている人たちをつなぎ止める

Table B：中心市街地再生、地方創生の取り組み

物足りないからなんか付けようと、いまからここの場所でやるから4地区の頭文字をとって、「今だっちゃ！KOKO」ということで、2か月に1回ずつ、各地区会場を持ち回りで情報連絡会議をやりましょう、ってことが私が一番初めに動き出したきっかけなんです。それがあって、その後各地区の独自になんでもいいから活動しようよと始まったのがきっかけで、最終的には牡鹿地区の寄らいん牡鹿が一番早かったんです。「雄勝もまちに戻ってくる人がかなり少ないんだ」と先ほど三浦さんがおっしゃっていましたけど、牡鹿もけっこう減っています。牡鹿で言いますと震災前の10月時点では人口が約4,600人弱ありました。現在の人口状況は、あくまでも住民基本台帳に記載されている人口は2,900人くらいです。ところが昨年10月の国勢調査では、2,400人台になっているんです。しかも、牡鹿地区の高齢化率がだいたい48％くらいということを先ほど野津さんがおっしゃっていましたけど、あくまでも住民基本台帳からみるとそうなんですが、現在住んでいる人の状況からみると約60％くらいまでいっているのかなというような状況です。その中で三浦さんが「雄勝に帰ってくる人はほとんど高齢者ばっかしで、それをまとめられるのかな」という話をしていたんですが、私もすでに来年には後期高齢者の仲間入りです。そしていま、寄らいんを動かしているメンバーをみますと、私より高齢者の方もいます。そういう人たちでも「私、何もできないから」って話していたんですけど、「動けなくてもいんだよ。口だけ出してくれ」と。そうすればいい知恵も出てくるんだからというようなかたちで、それぞれのいいところ、いいところを出し合えるかたちで動いているのが、この寄らいん牡鹿なんです。以上です。

(米野)ありがとうございました。あと時間が10分くらいになってしまったので、大きく2点について、先生方からのコメントを受けて議論したいと思います。1つはさきほど石井先生からあった話で、いわゆる福祉の対応とかを、どうやって今後も続けていくかというあたりについてのお話をしたいと思いますので、その辺についてはキャンナスの野津さんのほうからコメントをいただきたいと思います。もう1つは、外から来る人をどうするかという話が阿部先生からありましたので、その辺については犬塚さんか

Table C：半島部の生活・自治・なりわい・福祉の今を振り返り

Table A 復興事業全般の課題の振り返り

という方法ですけれども、二線堤を整備します。でも、これだけの規模の津波が起こったのは、4、500年前の慶長津波であり、その前は貞観津波です。だから、大体500年に一度の頻度でしか起きないということが、我々が知っている事実です。だからって来年ないっていう保証は誰にもできませんが、そういう中で「500年に一度」を前提としたときに本当に二線堤を作るんですかということです。数十年から百数十年に一度の津波は今作っている防潮堤（L1防潮堤）が守ってくれますよと。でも二線堤を作ると宣言したのは市役所でもなければ、国交省でもないと思うんです。県でもない。やはり、被災した一人一人の方々がもう二度とこんな思いはしたくない、こんなところに家を再建して孫子の代に同じ思いは絶対にさせたくないっていう強い思いがあったんだと僕は理解しています。なので、実はそこから矛盾が始まっちゃったんです。

平たく言えば、今まで津波の防御というのは既往最大基準でやってましたので、東北工大におられた稲村肇先生は2011年の発災当初から、土地の権利関係の調整なんて絶対大変なんだから、今回の津波を止める防潮堤（L2防潮堤）をつくって現地再建するのが一番早いとおっしゃってました。それはたぶんその通りだったと思います。そういう今回の津波を止めるようなとんでもなく高い防潮堤を作るのをやめた結果、言ってみればお金をセーブしたんです。そんな無茶なことをしないという大英断をして、L1防潮堤とL2防潮堤に分けることによって、基準を下げたんです。下げた結果、今度は民意との話が完全にずれてしまった。「今回の津波が来ても大丈夫なようにしたい」という民意を実現するために、高台に逃げたり、二線堤を作ってその内側に住むっていう防御システムを組まざるを得なかった。そういう本質的な矛盾ですね。防潮堤はL1しか守りません、でも、L2でも大丈夫なまちづくりをしたい。その結果、今のような混乱が生じてしまったのだと思います。

だから、この国がどこまでの防御施設をつくって安全性を確保するべきか、つまり防御水準に対して、国民的合意という意味で、無頓着すぎたのかなって思います。災害に対して、努力義務でもいいからどの程度まで行政サイドが頑張るべきなのかという話が

Table B 中心市街地再生、地方創生の取り組み

ようなソフトのところの取り組みをしていかなきゃいけないんだろうなと思います。そのソフトの取り組みのところとして街の人のやる気ですとかあるいは望むこと、もしかしたらきれいに、静かにたたむことを考えていらっしゃる方もいるかもしれないんですけど、そういった声を、商店街のリアルに住んでいる方、営まれている方の声を集めるようなテーブルを作ることが社交辞令でなくて必要だと思っています。是非、山崎先生にファシリテータになっていただいて、われわれもお手伝いさせていただきながら、やりたいなと思っています。

（姥浦）2つ印象に残った言葉として、やる気が無い訳じゃなくて、やり方がわからない人が多いという話と、それからもう一つ、あるんだけれども知られていないというお話と2つが非常に印象に残りました。ポテンシャルがないところの話ではなくて、とは言うものの中心市街地ってかなり衰退してきているわけで、じゃあこれをどうするかって言った時に、なにか新しいライフスタイルといったものがあるっていうことをちゃんと提案すべきなんじゃ

ないかなと思っています。それって言うのは、ずっとむかしは普通だったんだけれども、それが高度経済成長期で、特に郊外の戸建てに個別に住むようになって、そういうライフスタイルに変わってきた中で、失われてきたものも随分あった。それをもう一度取り戻すにはどうしたらいいんだろうという意味の空間として中心市街地というのはありうると思っています。それは当然それを支えるためのソフトのコミュニティ的なもの、福祉的なものだとか、教育的なものだとかそういうものも含めてですけど、いろいろ考えなければならないことはたくさんあると思うんです。いずれにせよ郊外で車を持って、戸建住宅に住んででイオンに行くものとは別のライフスタイルがあって、そこはそこで幸せなんだということをどう打ち出して、どうPRしていくのかというところが重要なんではないかなと思っています。そのためには主体性と協調性ということがあると思っていて、それぞれの人が頑張るということと、それぞれの人が頑張るだけじゃなくて、それをどうつなげていくのか、全体として同じ方向を向いていくのか。その時の行政の役割は微妙なところで、単純に行政に何かお願いするとい

Table C 半島部の生活・自治・なりわい・福祉のみどり振り返り

ら今後の展開みたいなもののイメージについて、コメントをいただきたいと思います。

（野津）石井先生からは介護予防がこれから大切だっていう話があったと思うんですけれども、今のかたちって比較的、いわゆる包括支援センターの方々が介護予防事業というかたちで体操をしたり、集まってなにかアクティビティをやったりとか、すごく一般的な、福祉の業界ではそういうかたちだと思うんです。実は、個人的になんですけど、あまり面白くないなと思っていまして、それこそ犬塚さんが言っているツーリズムだったり、もっと地域づくりに絡めることもできますし、寄らいん牡鹿さんの石森代表がやっていることは、ほんとに牡鹿半島を変えることができるくらい大事な事業だと思うんです。それに関わっている方々の生き生きとした姿とか、やっていること、それ自体が実は結果的に介護予防になっている。地域のためとか人のためになりながら、じつは自分のためにもなっているっていう、そういう循環自体がすごく大事なんじゃないかなと思っています。それが結果的に介護予

防という、国だったりが推し進めている事業に当てはまるという、ボトムアップからくるような、結果的な介護予防っていうのがすごい素敵だなと思っていて、それがポイントじゃないかなと思っています。ただそれでも、人は絶対に衰えますし、絶対に死んでいくんですよね。「いい死に場所」という言葉があったと思うんですけど、今、日本全体で8割の方が自宅以外で亡くなっている現状があります。自宅で亡くなられている方は2割しかない。それは全国的に起きていることで、牡鹿だけじゃない。最終的なところでいうと、介護が必要になってきたりするというのは人なので仕方がないと思うんですが、専門職が地域にしっかりと根付いて活動ができる拠点は必要だと思っています。結果的な介護予防とともに、専門職がしっかりと地域で根付けるような体制、制度があればいいかなと思っています。以上です。

（犬塚）外からどうやって人を呼んでくるかっていうところなのですけども、いままず整備しようとしているのが先ほども紹介させてもらったようなプラットフォーム体制というところです。地域

何にもなかった。泥縄式に決めたってところが良くないと思います。

本当は災害で一番大事なのは備えだと思っています。いろんな備えが本当に足りなくって、今回の復興を更に大変にしたと思います。例えば、ひとつには地域戦略がちゃんとなかったことです。この人口減少の時代に対応した地域戦略があったべきで、「どこかの集落に集約した方が、みんな元気に末永くやってける」みたいな議論があれば（どこの集落にするかは別にして）、今回の災害を契機により良いまちづくりが出来たかもしれない。議論が始まってたケースでいえば、小中学校の統廃合はそれが出来たわけですよね。「やばい、うちの全校生徒5人しかいない、子どもの教育環境考えたらスクールバスで遠くなっても、もっと全校生徒の多いところの方がいいんじゃないか」って、親御さんたちも思いはじめてた。で、そこで災害が起こった。どこの小学校に統合するかなんて、そんな利益誘導みたいな話、揉めるに決まっていますから。でもそういう議論がはじまってたから今回ものすごく進んだんだと思います。

しかし全体的に見れば、そういう備えも全然なかったし、そのなかでも、地域戦略をきちんと持つことが大事で、その一環としてこの防潮堤問題から考えなくちゃいけないのはどこまで守るんですかっていう話ですね。その防御水準っていうものをもうちょっと国民と議論して決めないと駄目だと思います。これまで、土木も建築もそうですけど、耐震基準は地震があるたびに見直していて、実はそれでコストが上るんですよね。例えば、建築の耐震基準が変わったら、それで民間建築のコストも上がるわけです。それに対して、それは安全過ぎるんじゃないか、過剰ではないかという議論に何故ならなのか。これ、道路も一緒です。

（楢橋）建築基準法は、昭和56年から変わってないです。その前は昭和25年。

（平野）変えてないの？じゃあ、ガンガン上げているのは土木だけ？（笑）。土木はやっぱそこで金稼ごうとすんのか。世の中にはもっと本当はいろんなトレードオフのやり方があるので、そういう国

うんじゃなくて、自分はこれをしたいので、だからそれをするためにあなたはこれをしてというところにどうやって持ち込んでいくのかというところだと思うんです。全部、依存依存、お願いお願いという行政に対してもそうだし、協議会に対してもそうだし、いろんな人に対してお願いお願いと言うんじゃなくて、自分たちが一体何をしたいのかというところをちゃんと明確にするということが重要だと思います。曽根さんはお帰りになりましたけど、住宅地と中心市街地はそういう意味ではパラレルで、住宅地のまちづくりというのもほとんど同じような状況になってきていて、それを、高齢化がどんどん進んでいて、郊外のほうもどんどん歯抜け化が進んでいて、これをどうするかといった時に、行政にお願いお願いという風に結局はなってしまって、誰が何をするのというのもよくわからないし、自分たちのいいところもなんなのかよくわからないし、という状況になっている中での、解き方、根本というのは中心市街地だろうが、外の、今日は山下地区の話が出てきましたが、そこもたぶん同じなんじゃないかなという気が致しました。以上です。

（岩田）今回の震災に関して私もいろいろ考えたんですが、去年まで国の立場だったということもあるんですけど、もともとこの大地震が起こった時には各県ぐらいの単位で事情が違うので、昔の戦災復興院みたいなのを作って、権限と金だけ与えて補助要項を与えないというのが本来だったと思うんですね。ただ、現実的には補助（要項）というのがついてきて、たとえば具体的に言うと再開発の補助だと、共用部分に対する補助はあるんですが、それをペイさせるためにどうするかというと、上の部分を売って、工事費を出すというんです。実はですね、石巻の場合、床を貸すあるいは売る値段と建設工事費は同じぐらいなんで、建てれば建てるほどペイするんじゃなくて工事費だけが上がる、儲かるのは工事屋さんだけ、この状態で再開発をやる時になにをやるかということなんですよね。要は補助を使うイメージをきちっとするということがやっぱり必要なんだろうなと、それは市役所の手腕なんだよね。これ、僕らも補助とかいろんなお金をつかうとき、この補助はこうだけど、こういうのに使えないかなとかって一生懸命

づくりっていうのはみんながやられているので、そこを横つなぎするってことと、それをまとめて発信するためのWebを構築するっていうことでいま整備を進めていて、もうすぐそれがオープンできそうな状態で進んでいます。そういった外に売り込むツールをもって、外に営業をかけに行くっていうことも大事なんですけど、ではどういったプログラムを今後やっていったらいいんだろうかというと、来年度から規制緩和が期待されている民泊（注：住宅（戸建住宅、共同住宅等）の全部又は一部を活用して宿泊サービスを提供すること）とか、そういったものもフルに活用しながら、例えば、仙台や東京など都市圏に住んでいて田舎を持っていない人たちに、どう田舎暮らしを提供するか、というようなことをいま考えているところです。牡鹿半島は高齢化以外にも、地域環境で言うと荒れ放題の山や田んぼという課題があるんですが、そういったところで遊ぶというコンテンツも非常に魅力があるところだなと思っています。ではそういうところを誰に教えてもらったらいいかというと70代、80代、90代の人たちってすごく面白い、それをどういうふうに開拓していくかという知恵を持ってい

ます。そういったところで例えば寄らいん牡鹿さんだったり、キャンナス東北さんが普段一緒に動いている高齢者の方に協力してもらいながら、それで「土日に牡鹿半島に来てくださいよ」というプログラムを作って、では泊まるところどうするのっていったら、「息子さん世代が外に出ちゃっていないんだ」というようなところに「親戚みたいな感覚で泊まったらどうですか」ということで民泊をつくるだとか、そういったプログラムは、楽しみながら1泊2日で週末に来て帰るっていうだけですけど、実際、福祉にも貢献しているんじゃないかなと考えています。地域の人と外の人がwin winな関係を築けるプログラムをどういうふうに作れるかということが非常に重要だと思っています。そういったところでもツーリズムというのがすごく貢献できるんじゃないかなと思っていますし、ただ楽しみを提供するという面だけでいっても満足度の高いツーリズムを展開できる、そういった地域力を持っているところじゃないかなと思っております。

（米野）ありがとうございました。お二人のお話が見事につながっ

Table A 復興事業全般の課題の振り返り

民的合意って、あっても良かったんじゃないかなと思います。

全然、まとめになってない？不満そうな小野田さんの顔が見えますけど。

（小野田）ちゃんとした情報をもって、対峙する勇気をもった地域はそうはなってないよ。

（平野）どこですか？

（小野田）例えば、七ヶ浜なんかは…

（平野）七ヶ浜も全部L2防御でしょ？

（小野田）そうなんだけど、イエロー・ブルー・レッドにわけて、2・2ルールとはちょっと別な設定をしながら…。

（平野）あ、ごめんなさい。えっと、そのへんは…。

（小野田）ハザードは、ハザードはそうなんだよ…。そうなんだけど、七ヶ浜なんかは自分たちでエクセルファイル作って、自力再建にしたらこれくらい資産形成ができて、復興公営住宅入ると、当面は楽だけど、最終的には損をするよっていうのをシミュレーションして、それで対面で丁寧にディスカッションしながら、災害公営住宅の数を減らしたんだよね。

（平野）いや、ごめんなさい。それ、リスクと向かい合う話じゃないですよね。

（小野田）で、リスクを調整して、リスクはいったい何なのかっていうことを住民に説明しながら…。

（平野）あ、ごめんなさい。私が言っているリスクは自然災害リスクじゃないですよ、金銭的なリスクですよ。

Table B 中心市街地再生、地方創生の取り組み

考えるわけ、例えばですけどね、そういうことを今回の商店街の復興とか防災のためにうまく使う手法みたいなことでイメージを変えていくということは一つあるんだろうなと思います。それから商店街の差別化というのは、まちの形もあるし、建物の形もあるし、食べ物もあるんですけど、石巻で商店のことを考えると魚とか文化歴史みたいなのとかっていうのが当然差別化になっていくんですけど、さっき姥浦先生も言ったことになるんですけど、まちづくりの会議をやると商店街と市役所が集まるんです。住んでる人がそこにいなくて、その人のために何もできないということがあると思います。そういうことを考えながらまちのかたちを作っていって頂ければと、そういうふうに思います。

（後藤）話し始めると一言じゃなくなるんだけど、中心市街地の話がテーマになっていますが、被災地としては、それぞれの地区によって進行しているフェーズが違うんですけれども、国費で20兆円を越える税金を投入して、東日本大震災の復興事業が進んでいるわけです。そうすると、その20兆円を使っていい地域ができたのかどうか、ということに尽きるんだろうと思います。その20兆円を使って、経済的に潤っている建築関係の方とか、文句を言いたくなる人は山ほどおりますが、なぜ補助がいろんな分野で格差があって、商業分野はほとんどないんだとかですね、山ほど言いたいことはあるんですが、それを一つ一つやったら、これはまた3日間か1週間位かかってしまいますから、それはやめておいて。20兆円使って、地域を良くしていこうとした時に、我々がやらなくちゃいけないことは、こちらのテーブルのテーマである中心市街地だとすれば、それを歴史的にいうと、中心市街地というのは自然発生的にできたわけですよね、日本は。だいたい海沿いに面した、川の河口のところに自然発生的に住宅が集まって、そこで水運やら何やらを活かしながら、商業が発展してきて、商店街が自然発生的に形成されて、行政府がそこに出来上がってくるということですから、それをまた、100年、200年かけて自然発生的に作り変えるということはこれはおかしいだろうということを考えると、人工的に作るということです。日本中で地方都市というのは人口減少が進みます、高齢化も加速的に進みます、石巻

Table C 半島部の生活・自治・なりわい・福祉の今と振り返り

たというか、さまざまなご高齢の方がご自身で動く、楽しんで動く、ツーリズムなんかで動くということがむしろ介護予防に繋がるのではないかというお話がみえてきたと思います。もう終われという指示がきているので、最後のセッションでご発言いただけなかった方、杉浦さん、武山さん、三浦さん、そして中尾さんのほうからそれぞれ一言ご感想も含めて、ご発言いただきまして終わりにしたいと思います。

（杉浦）今いろいろ話が出てきて、話を聞いている中で私が思っているのは、「地域福祉」から「地域づくり」ができるのではないかということです。いろいろ話の中で「地域づくり」という話が出てきていますけど、地域福祉、福祉というものには人が常に絡んでいて、福祉の一番最初に来るものなので、人が磨かれることによって、そこから人が話すことによって地域ってつくられているなっ思います。その中で心が動いて、育って、それが少しでも大きなると今度は人が育って、動いて、そして人が動いて育てば、そこに新しい風が吹く。その中で地域が育っていくのかなと思っています。そこで私が個人的に思ったのは、たくさんの方々が外から色々なきっかけをつくってくれている中で、地元の若い世代も一緒になって考える場とか、一緒になってやっていきたいと思っていて、今回こういった牡鹿半島ネットワーク協議会もそうですけども、こういったつながりが持てたことは嬉しいですし、今後もこういった場で、そこから地元の人間の中からそういった人間が1人でも多く生まれるように、今後も力を出していきたいと思います。以上です。

（武山）今日は参加させていただいて、牡鹿さんの話だったり、すごく勉強になる部分が多くありました。先ほど三浦支所長からもお話があったように、ハード面である高台移転のほうは28年度がピークを迎えて、みなさん住宅を再建されていくというところです。これからはここでお話があったように、ソフト面でのコミュニティとか、自治会形成が課題になってきていますが、地域のイベント事やお祭りというのはどうしても行政で入っていけない部分があります。とはいえ、地域の方だけだとどうしても昔から引

Table A 復興事業全般の課題の振り返り

（小野田）そうなんだけど、リスクはいったい何で、みなさんの生活とどういうふうにつながるかっていうことを、翻訳したわけなんですよ。まあもちろん、防潮堤の話とか2・2ルールの話とかには町役場も手出しできないから、そこを本格的議論したわけじゃないけど、それに近い話は結構ちゃんとやっていたような…

（平野）僕の中で近いようにみえないんだけど、それは。

（小野田）いやいや、だけど、それすらもやれずに民意はどうですかって聞いたら、住民は安全にしてくれっていうに決まっているじゃないですか、それは。それはちゃんとしたこれはこうなるけど、こういうふうにすればこうなりますよって、整理して選択肢に縮減するのはやっぱり、専門家しかいないんじゃないの。そういうバックアップは…

（平野）一般論としては正しいと思います。ただ、2011年の状況で自然災害リスクに対して、津波リスクに対して、経済性と天秤に掛けて反論できる専門家や政治家は、誰もいなかったってことです。七ヶ浜だろうとどこだろうと、誰もいなかったです。L2防御で街を作るんだっていうのは絶対方針になりましたからね。

（小野田）そうなんだけど、L2に対しては完全にやめさせることはできなかったけど…、鵜住居（岩手県釜石市鵜住居）で、学校が破壊されてどうするかという話で、市も住民もみんな、学校は内陸でいいって言ってたんだけど、（L2についてはある程度の浸水は覚悟しなきゃいけないけど）でもこうして防御すれば、まちと一緒にこっち側に戻って来れるから、こういうふうに出来ますよって大議論しました。「お前うちの甥っ子が柿の木にぶら下がって死んでたのを見たんだけど、お前責任とれんのか、お前なんか帰れ」って言われました。それはそれとして、技術論としてはこうだし、確率論はこうだし、って一応丁寧に説明したんです。そうすると集落の中から、少しづつ賛同する人も出て来て、最終的に学校を元の場所に戻すことになりました。学校を戻して、高台が出来て、学校が出来たら、みんな、ああこれ良かったよね、って言ってい

Table B 中心市街地再生、地方創生の取り組み

は2060年の推計では、今、15万弱の人口が7万まで減る予定です。このままなにもしないでいると、半分です。人口が半分になって、今の石巻の面積が全部賄えるかといったら、私は賄えないと思います。かなりクリティカルな状況に陥って、財政破たんというものに瀕する。これは日本中の地方都市がそうなる可能性が高い、そうならないためのコンパクトシティというのが出ていますけど、本当の意味のコンパクトシティというのはなんですか、街をちゃんと作り上げて、他の地区の方々がモデルになるようなものをここでお示ししていくということが、我々としては大事なのではないかなというのが大きいところです。その中で、個人でできることをはなにかといったら、私は評論家にもなりたくないですし、傍観者にもなりたくない、文句だけをいう人にもなりたくない、批判ばっかりしている人にもなりたくない、自らはプレーヤーでありたいと思っています。沢山のひとが亡くなっていったわけですから、その亡くなっていった人に顔向けするためにも、自分はできることをリスクをとってプレーヤーを続けたいというふうに思っております。そうしていくといろいろ批判も頂きます。商工会議所の役割をやっている、観光協会の役割をやっているというと去年も行政の方から質問されましたけど、お給料とっているんですか？というふうに言われました。冗談じゃないよ、高い年会費を払って、一銭も給料とらないでやっています。出張も何も全部自腹です。いくらつぎ込んだかわかりませんという状況でやっています。そういう中でプレーヤーとしてありたいということで、是非、この場にお集まりの皆さんにお願いしたいことは、皆さん是非自腹でどっぷり地域に住んで、地域の中に溶け込んで、我々に手を貸していただくこと、今、引き上げ時期ですから、今こそ新たな人が必要になっているという状況だと思いますので、どうぞよろしくお願いいたします。以上です。

（兼子）最後に一言だけということなんですが、いつも思うんですけど、どういった会議に行っても同じ面子でのお話かなと思っているので、そういうのは残しつつも地域で見えていなくてきちんと個人、団体にかかわらず、<u>地域に根ざした活動をしている方々の声を拾えるような会議体にしてほしいな、会議体にしたいな</u>と

Table C 半島部の生活・自治・なりわい・福祉の今と振り返り

き継いでいる事情などもあるので、先ほど中尾さんからお話があった第三者的な立場である復興応援隊の力を借りながら、コミュニティや新たな自治会形成について北上では、28年度、29年度で、ある程度の方向性を考えていきたいなと思っています。今日はどうもありがとうございました。

（三浦）実は震災直後に、山古志村を見に長岡市に行った時にも渡辺さんの話を聞かせていただいておりました。それを糧にこの5年間頑張ってきたということがありまして、改めて渡辺さんには御礼を申し上げます。先ほど石井先生からお話のあったJIAでの活動のように、いわゆる我々行政と住民の中間を繋ぐという形で、雄勝には雄勝スタジオがありまして、東北大と東京芸大とかの学識のグループが入っております。一番最初に石巻市のほうから学識を入れたいというお話があったときに、「いや、大学の先生たちは学識じゃねえ」と「俺だって学識だ、そんなちょこっと来て、1回2回話したくらいで学識だなんていう連中を入れる気はない」と断った経緯があります。実はそうした時に東北大の小野田先生から「いや大丈夫です。最後のケツまで拭きますから」という約束をいただいたので、「では来てください」ということで、今現在も一緒にやらせていただいております。本来私はこのような場所に来るのはすごく嫌なんですけれども、JIAさんにはそんなわけでいろいろお世話になっていて、雄勝では東北大・雄勝スタジオにもお世話になっています。他にも、東北工業大学の菊池先生とか、学識のみなさんにいっぱい入ってもらっています。北上は手島さんを始めJIA、牡鹿は福屋先生に入ってもらって、ずっとこの5年間面倒を見てもらってきました。講演とかに来てちょこっと話すだけではなく、我々の話、それから地元に住んでいる人の話、その間を繋いで今までやってきてもらっています。先ほど「牡鹿の話が勉強になった」と武山さんも言った通り、我々も「牡鹿ってそんなことやってんのか」と、実は知らないところがあって「なんだうちらより先にそんなことやってんのか」と正直そう思っているところが結構あったんです。ですから、今後もそのような形で、ぜひ、建物を建てるだけがJIAの仕事ではなく、この活動を5年と言わず、この5年は1ステージだとするとあと5年かかるはず

Table A
復興事業全般の課題の振り返り

ました。でもやっぱりそこでどこまで踏み留まって専門的な知見が説明できるかということが重要で、土木と建築と都市計画がもうちょっと一体になってこうなんじゃないかって議論し、主張できると良かったと思います。平野さんが仰っているように東京の空気は全然そうじゃなかったし、そういうことはたぶんこの先も基本的には無理だと思うけど…。でも、もしかして、そういうこと（専門家の協働と地域との連携）が少しでも始まるのが何処かっていったら、たぶんそういう辛い目にあって、コラボレーションをして、そこから何かの成果を得た人たちの間なんじゃないかと思います。この「みやぎボイス」のこと言っているんですけど…。私にはそんな力はないけど、ここから何かを始めるほうが良いのかもしれません。土木の専門家とか都市計画の専門家とか、防災とか行政の人たちが、ここで起こったことはこうなんじゃないのってことを、ある程度整理し縮減して、次の災害についての提言みたいなかたちに、まとめることができれば、少しは辛い目にあった価値があるんじゃないですかね。物事を決めてゆく理由は、「住民がそう言ったから」っていうだけじゃないと思います。それは大きな力だとは思うけど…

（平野）いや、結局ね。小野田先生おっしゃることよくわかるんだけど、「L2から安全であるっていう絶対水準」は、結局誰も何もいじれなかったことも事実で、僕はそのこと自体を反省するべきだと思っているんです。わかります？「L2絶対のなかで、どう泳げたか」っていう話じゃなくて、L2そのものを守らない町…

（小野田）一応防災会議では、L2については「千年に一度の津波が来たら避難しましょう」って最初から言っていたわけでしょ。L1につては「数十年に一度の津波からは守るけど」って。でもそれがどこからか、2・2ルールを絶対守れみたいな、話になってきたん…

（平野）いや、違います。違います。中央防災会議がそういった時点ではもう、高台移転を前提にしたL2防災まちづくりについては、都市局と河川局の間に温度差があったんです。簡単に言う

Table B
中心市街地再生、地方創生の取り組み

いうふうに思っています。それから、最初そういう場に出ることは誰もが尻込みします。こういう大きなところに行くとどんな話をしたらいいかとか、どういうこと聞かれるかというふうに、ただ、その人達はこの5年間なり、その前の段階で、一生懸命「実」を積んできています。そういう人達の声を拾うというのを積極的にしてほしいなと強く強く感じています。そういう人達が参加しやすい、わかり易い言葉で、もっと地域の言葉に戻してきちんと対応して頂ければなと、そうすることで、もっと今まで出てこれなかった人、出ようと思ったけどそこは自分は場違いだと思った人たちが出てこれるんじゃないかなと思っています。地域の人、そこに住み暮らす人全員が本当に人材です、宝だと思っています。そういう人達に出てきてもらうということはその人達に役割を作るということです。どんな人にでも一つ以上役割が果たせるような物があります。そういうものを一緒に見つけ出していってほしい。そして地域が元気になっていくと思っていますので、今日皆さんからいただいたご意見も参考にしながら私たちももっともっと勉強していかなくちゃいけないなと思いました。本当にありがとうございます。

（安田）ありがとうございます。じゃあ、紅邑さんで締めて頂いて、このラウンドテーブルは終了にしたいと思います。

（紅邑）何をすれば、何があれば人が来るのかというのが後半のところのお話だったと思いますけど、中心市街地というのは、先ほ

Table C
半島部の生活・自治・なりわい・福祉の今と振り返り

です。ですから10年間、残りの5年間をぜひいろんなかたちで支援をしていただきたいと思います。特に大学の先生方については、先生たちは1人だけども、その後ろについている学生さんたちは何十人っていますから、まだまだ使える手がありますから、ぜひそういうかたちで支援をお願いできればと思います。以上でございます。

（中尾）今日は貴重なお話ありがとうございました。私の方からは2点だけ皆さんのご議論の中から気になった点がありましたので申し上げたいと思います。まず高台移転の話です。今後、数年後に起こってくる話として、高台移転で皆さんの足の問題をどうするかっていう問題が、今後の5年間の最大の問題だと思っています。これは高齢者の皆さんをどう見守るかという問題だけではなくて、実は可能性を秘めた問題だと思っています。子どもたちが石巻の市街地の高校に行かざるを得ないということが人口減少の流れを生んでいると思うんですけれども、仮に牡鹿半島、雄勝、北上からきちっと交通機関で子どもたちを送り迎えできるシステムが生まれるのであれば、子どもたちは、学校は市街地に行くんですけれども、牡鹿、雄勝、北上に住み続けることができるのではないか、可能性があると思っています。実は高齢者の高台移転した後の交通の問題を考えることが、地域の将来的なものにつながっていく問題だなと思ってお話を1つ挙げました。もう1つ、野津さんがおっしゃっていた市民活動、仕事、習い事がそれぞれできなくなったことで、心身の機能が低下してっていうお話がありました。その逆作用ですよね。つまり市民活動ができて、仕事ができて、習い事ができるようになれば、皆さん心身をもとに戻していく、もしくはもっと発展的に面白いことができていくっていう可能性があると思っています。それができるコンテンツというのは、先ほど犬塚さんが最後におっしゃっていた70代から90代のご高齢の方が今までここで生きてきた暮らしの知恵とか、遊ぶ場所とか、そういうのをいっぱい教えてくれるチャンスがあると思います。それが繋がると単にそこに住む人だけではなくて、仙台や東京などからそれを面白いと思う方々に来てもらって、新たな面白い地域ができる可能性があるのではないかなと思ってお話を伺いました

Table A 復興事業全般の課題の振り返り

と。要は、水管理国土保全局が中央防災会議の後ろで事務局をやっていますが、水管理国土保全局の安全性の議論と、随分早い段階で自治体に入っていた都市局サイドの議論とが合わなかったんです。それはまあ合う筈ないですよね。基本的なロジックとして。だってL2防潮堤を作るわけにいかないですから、それをどう止めるかって一生懸命頑張ったのは水管理国土保全局であって、地元の住民の意見をよく分かっているのは都市局サイドで、「L2で万全なまちづくりをしよう」って言わざるを得ない。だから、そういうふたつの温度差で動いてしまったことが最大の失敗で要因です。それを2度と起こさない為にはどうすればいいかというと、自然災害のリスクに対して、結局公共としてどの程度面倒をみるのか、もしくは面倒を見ないのかまで含めて、きちんとした合意を事前に取っておくっていうある種のドライさが必要だと思うんです。もし事前にそれが出来ているのであれば、発災後もどれだけひどい想定外の災害であっても、そこまでしかやらないって目に見えるので、覚悟をもってそのままやるというケースがあっても良かったと思います。実際岩手県の一部でそういうことやっていますけどね。発災後に議論をして、L1防潮堤だけで下に住んでいるケースがいくつかの浜ではあるようなので、そういうのをもっと広めても良かったんじゃないかというのが、僕の反省です。だから、まちづくりの難しさをすごい感じているところです。もう5分ほど超過しているのでこんなところでいいですか、僕の弁解は（笑）。はい、ということで僕ばかり喋ってた気しますけど、最後なんか吊るし上げられている感じで。まあいろんな思いを持ちながらやっているんですよ、土木屋も。お分かりいただければと思います。どうしましょう。もう終わりですけど、一言ずつみなさんも感想でも言います。まだ最後に言い足りないぞって。

（今野）いろいろと議論をお聞き出来て、本当にいい経験をしました。震災の翌年から言っていたんですけど、いわゆる震災ナレッジ（知識）、今日のような皆さんの専門性の知見をいかに形にまとめるかっていうことをやらなければ、今回のこの震災の経験を次の震災に対して活かすことは出来ません。きちんとそのナレッジの部分をシステム化すると言いますか、一般化すると言いますか、

Table B 中心市街地再生、地方創生の取り組み

ど皆さんがおっしゃったように、商店街だけ頑張ってもという話ではないと思いますし、そこにお買い物に来る人達がいてのことだと思います。あとはやっぱり行政だったり、住民だったり、商店街だったり、それからお客様だったりという、そういった人たちが楽しいなと思ってきてくれること、それぞれの立場で描きながら考えていくということ、たぶん震災がなかったら考えなかったじゃないかと思うんですね、なので、それは気仙沼も同じようなことだと思っているので、震災が起きたことを、さっき、後藤さんもおっしゃったように、沢山の方が亡くなられたということを思いつつ、その方たちに報いるような私たちの役割をきっちり果たしていくということをそれぞれの責任で考えて行動を起こしていくということだと思います。今日ここにいらしている方はすでに行動を起こしている方だと思うんですけど、兼子さんもおっしゃったようにもっとそういった人たちを巻き込んで、アクションを起こしていくということが、またその次の私たちのこの地域を活性化させていくことにつながるんじゃないかなと思っています。

（安田）皆さん、今日はありがとうございました。引き続き後半もぜひ聞いて行っていただきたいともいます。また、今日の内容は報告書にして皆さんにお送りしますので穴が空くほど見返して頂ければと思います。それではありがとうございました。お疲れ様でした。

（拍手）

Table C 半島部の生活・自治・なりわい・福祉の今と振り返り

ので、その展望がうまくつながればいいかなと思っています。今日はありがとうございました。

（米野）ありがとうございました。司会の不手際で前半が長くなって議論の時間が短くなってしまいましたが、むしろ前半でいろんな情報を皆さんからご提供いただきましたので、それを共有できて、今後に生かせるのではないかと思います。また、今後第4ステージに向けて、さらにあと5年に向けて何をするかというあたりの論点出しはできたのかなと思いますので、そういう形でこのテーブルは成果がでたということで確認したいと思います。長時間、どうもありがとうございました。

プラットフォームにきちんと落とし込まないと、皆さんが苦労されていたことが次に実らないのかなと思います。阪神淡路大震災では、地図がなくてコピーしたものに書いて、それを経験して今、GIS（地理情報システム（GIS：Geographic Information System）は、地理的位置を手がかりに、位置に関する情報を持ったデータ（空間データ）を総合的に管理・加工し、視覚的に表示し、高度な分析や迅速な判断を可能にする技術である。平成7年1月の阪神・淡路大震災の反省等がきっかけ）が出来た筈なんですよね。今回、東日本大震災は次に何を残すか、震災のナレッジをいかにするか、ということが大事なのかなと思います。震災の翌年の2012年にこれを言ったら「何を言っているんだろう」って顔をされたので、ちょうど5年も経ったんでそういういい時期になったのかなと思います。今回改めて更に3年を過ぎて言わせていただきました。ありがとうございます。

（平野）ありがとうございます。大事な話ですよね。できれば、行政の方には「門外不出の失敗事例集」を作って欲しいですよね。

阪神淡路の時も、ヒアリングに行って生の失敗話を聞くと本当に参考になりました。要するに行政は無謬性がありますので成功した話しか表に出てこないんですよね。成功事例を勉強してもあんまり勉強にならないんですよ。だからそこは是非、残し方を考えなきゃいけないなと常々思います。はい、もう終われって感じなので牧先生一言。

（牧）失敗事例集は内部資料としてあります。

（平野）ぜひ、石巻市役所でも、岩沼市役所でも、名取市役所でも失敗事例集を門外不出で残していただければと思います（笑）。はい、すいません。長々ともう10分も超過しているのでこれで終わりにしたいと思います。みなさん、拍手をもって終わりにしましょう。

2.3.1 Table A 報告 復興事業全般の課題の振り返り

平野勝也
東北大学災害科学国際研究所
准教授

(平野勝也) こんにちは。午前中テーブルAでファシリテータを務めさせていただきました東北大の平野でございます。わたくしの力量不足で、あまりまとまった議論にならなかったのですが、一応3段階の議論をしました。1段階目が、復興事業特有の話です。話は、国土交通省都市局の直轄調査から始まりまして、直轄調査はどうだったのかという議論です。そういう議論の中で1番最初に出たのが、やっぱり大いに役に立ったということですね。被災自治体の職員の皆さんが避難所の支援や運営に付きっ切りでなかなか動けない状況で、直轄調査が来てくれて、前向きに復興の話が始まったという評価です。もちろんその一方で、都市局の系統ですので、ハードウェアの話が先走ってしまったっていう欠点は無くはないのですが、無いよりは良かっただろうという議論をさせていただきました。

次に復興庁についてもいろいろ議論させていただいて、なかなか難しいですねというところです。あって良かったという議論も随分あったのですが、もうちょっとこういうこともしてくれたらという話が出ておりました。復興庁には予算を一体化して、復興庁

2.3.2 Table B 報告 中心市街地再生 地方創生の取り組み

安田直民
JIA宮城地域会
SOYsource 建築設計事務所

(安田) テーブルBは過去4年間、みやぎボイスで取り上げてきた石巻市の中心市街地をどう復興させるか、それと関連して、今回は気仙沼からも2名お越しいただきまして、いわゆる既存市街地、もしくは地方創生というものを現場に携わっている人たちがどのように感じているか、あるいはどういう問題がそこにあるのかというような話を議論させて頂きました。最初に、過去三年間の振返りということで、石巻市で起こっていることを現場にいるTMOの苅谷さんのレポートを中心にお話をさせて頂きました。そこでは、最初は復興の形がよくわからない、その後、生活再建はなんとかなった、最後はどうも再開発が段々出来上がってきているという中で人の心の変化が起きている、そういった石巻の中心市街地が今後どうなっていくのかということを過去4年間ずっとやってきたという報告をさせて頂きました。

今回は、前回、前々回と少し違って、ラウンドテーブルのメンバーの中には、いわゆるハード系の人ではない方々にかなりはいって頂きました。ということは、まちをソフトの面からどう見るかという意識です。最初にまず言われたのは、「民間も縦割りである」

2.3.3 Table C 報告 半島部の生活・自治・なりわい・福祉の今と振り返り

米野史健
国土交通省
国土技術政策総合研究所

(米野) テーブルCについて簡単に報告します。テーブルCは、半島部の生活・自治・生業・福祉の今と振り返りというテーマで、大きく3つのパートで構成して議論をいたしました。第1部は、過去4年間ずっと議論してきました北上地区の実態についてご報告いただき、現状をみんなで共有しようというパートです。第2部は、北上以外の半島部でどういう取組みがなされているのか、状況はどうなのかということをご紹介いただくパートです。そして最後に第3部として全体で議論をするという構成で話を進めてまいりました。

第1部の北上のパートでは、過去のみやぎボイスでもみなさん聞いてらっしゃいますが、JIAの皆様が様々な協力をして、住民やまちづくり委員会と協力しながら計画の検討を進めてきたというこれまでの経緯をご発表いただきました。またこの1年間の変化として、だれがどこに住むのかを決める作業をしてきたこと、整備に伴って仮設住宅の移転が必要な際に住民の方々と様々な形で交渉しながら進めたことなどをご報告いただきました。

続いて第2部の北上以外の地域につきましては、主に牡鹿の取組

Table A
復興事業全般の課題の振り返り

が全部配分していくということで、復興庁には２つの機能があります。ひとつは一括して一本化して予算配分をする、一本化の部分です。もうひとつは配分のほうです。一本化しているんだから、そこの総合調整等々もっと助言や調整の役割を果たすべきだったという議論があった一方で、逆に、力のある自治体は国に仕切られると面倒になるばっかりで、却って無いほうが良かったんじゃないかという話もあり、受け手側との問題、自治体の力ともちゃんとリンクさせなきゃいけない、というような議論になりました。その後、「国費100％の是非」についても議論をしました。これもなかなか簡単ではなくて、やはり少しでも負担があった方が秩序のある計画立てができたのではないかという意見がある一方で、事業調整はその分非常にスムーズであったという利点も指摘されました。どちらにせよ「国100％」だから県がいくら持つ、市がいくら持つというような議論をまったくしなくて済んだと。じゃあここは県が持っておきましょうと言っても、実際には国が全部持ってくれるわけなので、そういう効果もあったことを確認したような形です。「本来どうあるべきだったのか」については、結局結論もでないままという形になりました。

その後、被災地の復興事業に限らない課題について議論しました。そもそも人口減少化の中で、高齢化社会に対応したまちづくりをしなければならないっていう、ある種日本全体が抱えている問題にも、復興では取り組んでいかなければなりません。そういう側面について議論をさせていただきました。一番最初に議論になったのが土地の問題です。相続登記がされていなくて、やっと見つけた高台移転地を泣く泣く諦めざるを得なかったケースが多くあります。そういった状況の中で、相続のあり方、登記のあり方、土地の所有のあり方について随分議論をさせていただきましたが、これもなかなか「この国の成り立ちの根本」に関わる問題ですので、議論を深めながら難しい問題であることを再確認しました。

その後、専門家の話を随分させていただきました。今回の復興っていうのはまちが移動することもあって、土木・都市計画・建築といったハード系の専門分野同士のコラボレーションもものすごく大事ですが、もっとソフトとの連携、具体的には医療福祉との連携が非常に重要だろうことを議論させていただきました。その

Table B
中心市街地再生、地方創生の取り組み

という話がでまして、これは、世代間や産業分野で民間は垣根なく連携していそうで、実は非常に連携が難しい。これは実は最後まで引きずった問題なんですけれども、細かく言うと、２０代と３０代では非常に大きい断絶がある、３０代と４０代も大きくて、４０代と５０代６０代というのもぜんぜん違う感覚があり、そこで意見やものが言えない、そう言う話がありました。産業分野でもそういった縦割りはあって、中心市街地とその他の産業がリンクしていないというような問題がありました。それから、不動産の流動化、これは昨年辺りから大きな問題になっていたんですけれども、商店街が人も、土地も流動化しない、それは実際には（商店主が）あまり困っていないからなんだという話がありまして、バブルの時代から今まで、商店主が基本的に結構お金を持っている、生活にも特に困っていない、跡取りはいない、じゃあそんなに頑張らなくてもいいんじゃないのという意識の人たちがいる。ところが、最近少しづつ意識が変わってきて、土地を買え、借りろという方向になっているという話がありました。

行政の立場からは中心市街地というのはそもそも、どんな役割があるのか、そこに公的なお金を突っ込んで、復興させる理由があるのかといった話がある一方で、お店はあるんだから、そのお店はなんとかしなくちゃいけないじゃないですか、というような意見がありました。それでは何をどうやるかと言ったら、それは一重に個店の努力である、個店の努力でどのような未来を見るかということを差し置いて、上からの物言いで再開発が何だとか、公的資金が何だとかということではないという意見がありました。それでは、個店の努力とは一体、誰が、どうやって何をという話になります。それぞれが例えば１年後、３年後を見据えて、期間を区切って、街のいいところを引き出して、それを商売に結びつけていかなくちゃいけないという商店街からの話がありました。一方、今回お呼びした方の中にはまちづくりに関わる人がいますが、その人は商店街ではお客さんという立場です。お客さんはなんで中心商店街に来るのかといえば、楽しそうだなということがなければ行かない、それは当たり前なんですけど、もともとシャッター通りだったところになぜ行くのか、最近は、カフェと料理屋

Table C
半島細の生活・自治・なりわい・福祉の今と振り返り

みについていろいろとお話をいただきました。例えば、居場所を作って高齢者の方々が集まれるようにするですとか、サロン活動を積極的に行って住民の方々の交流を深める、もしくはその交流の延長として相互扶助といいますか、お互いに助け合うような活動をしていく中で、様々な形で住民の取り組みが動いているという状況をご紹介いただきました。また、こういう住民の皆様の取り組みに対して、外から様々な形でサポートする方々がいろいろいるので、そのあたりの関係性を作ること、そしてそのいろんな団体が議論をする関係を作るためのプラットフォームを作って検討しているというお話をしていただきました。また、雄勝に関しても状況をご報告いただきました。そのなかで現状については、避難所が第一段階、仮設住宅が第二段階だとすれば、ようやくハードの防集団地や住宅ができる第三段階までは進んだ。これから第四段階、第4ステージとして戻った人々がこれからどうやって暮らしていくかが議論になっているんだというような話をしていただきまして、地域が高齢化する中でそういう第４ステージをどう組むか、というような問題提起や課題をご提示いただきました。

以上の第１部、第２部を受けまして、最後の第３部では議論をいたしました。議論の中では、コメントとしましては、住民のみなさんの個別の自発的な動きはいろいろあるんですけれども、これをある意味どうやって制度的に支え続けていくかということが課題であるという話がありました。また、やはり住民の方々だけではなかなか続いていきませんので、外からくる人々をどういうふうに入れていくか、どういうふうに関わっていくかという仕組みあたりが重要だろうという議論がなされました。その流れで中越地震での取り組みなどの紹介などもいただきまして、山古志なんかは実際には人口が減少しているんですけれども、山に戻った人々がなんで山に戻るのか、なんで山で暮らすのかという意義を再確認して、外からくる人といろいろ交流して進める中で、むしろ以前よりも元気に暮らしているという話がありまして、たぶんそういう取り組みが必要だろうという形の議論がなされました。その中でいくつか論点となりましたのは、やはり震災の中でいろんな形で人が移転していたりもしますので、ある意味地域で別れてしまったコミュニティをどう作り上げて、その中で住民活動を

Table A 復興事業全般の課題の振り返り

中に、基調アンケートにもありましたように「困った専門家」問題が議論にもなりました。そのあたりはそれぞれの分野で反省するべき点は大いにあるでしょう。例えば土木事業でいいますと、安全一辺倒で話をしすぎたのではないかいう反省があります。そこは変わらなければならない。建築のほうは建築のほうで、いわゆる「困った建築家」っていう話にもなりまして、もう少し公共や民意の代弁者として、明確な位置づけをもう一度再確認していく必要があるのでないか。都市計画の分野も、手段が目的化していないか。そんな議論になっていきました。最後には、この辺の専門家の話は全国共通で、まちづくりを丁寧に進めていこうとすると、そういう土木・建築・都市計画・造園など、ハードウェアプランニングに関わっている人間たちがコラボレーションして、総合的なまちづくりをちゃんとやんなきゃいけないというところに行きつきました。

そのうえで最後に議論が防潮堤関係に戻りました。安全水準に関して、随分議論させていただきました。今回は発災後に安全水準をこれまでの考え方と入れ替えるという、初めてのケースでしたので、その中でどうやっていっていいのか非常に難しかったようです。事前にある程度の国民的合意をとって、「防災水準はこのくらいであるべきだ」ってなんとなくの合意がなければ、復興の時に「これは守りすぎだよ」という議論がなかなかできないですし、逆に「これは守らなすぎだよ」という議論ももちろんできないと思います。平常時にいかに防災水準というものをみんなで共有しておくかということが大事だということで、まとめになっていないですが、まとめとして議論は終わりになりました。雑駁ではございますが、午前中のテーブルAの議論は以上でございます。

Table B 中心市街地再生、地方創生の取り組み

にはよく行くという話があります。それについては無料駐車場がほしいんだというような話もあり、商店街の活性化には個の努力と、公的な努力がある。魅力づくりは個の力であって、駐車場の問題は行政の問題であるということで、両者の協力が必要だという話でした。

それで、後半に続くとなりますが、後半は少し立場を変えて、それぞれのレベルで話していただきました。「何があれば、何をすれば人は来るのか」という視点で、社会的問題、個別的問題というかたちで整理してみました。この中には中心商店街と他のところでは何が違うのかといった時に、地元も気がついていない歴史的価値という話があって、石巻の中心市街地には観慶丸商店があるんですが、街の長老たちが集まってあれを壊せばいいんじゃないかという議論が始まるところがそもそもおかしいんじゃないかとか、あるいは、路地みたいなものは昔の商店街の名残が空間として残っているんですね。そういったものをうまく活かしていくことが重要ではないかという話がありました。それから、行政の方では様々なことを仕掛けているという報告がありました。病院も作りました、川湊には大きな商業施設も作ります、アーケードもとった、いろんなことをやってきたということです。これに対して、こうした事業に具体的な目標が伴っていないという指摘がありました。1年後、3年後を見据えた目標を設定して、あなたは明日から何をやるのか、やれるのか考える必要があるという意見です。

ちょっとまとまりに欠きましたが、商店街の復興というのは震災前から議論になっていて、石巻に限らず、日本中で起きているんですが、そのなかである意味ではハード的整備とソフト的な話があり、その中にはゲリラ的な起業みたいな話から、個店の努力という方向をつくっていくという話になりました。最後に、姥浦先生から、一つは主体性、もう一つは協調性、みんなで同じ方向を向くんだということ、この時の行政の関わり方は大変難しいねというお話でセッションは締めくくられました。以上です。

Table C 半島部の生活・自治・なりわい・福祉の今と振り返り

どう組み立てるかということが1つ課題でありますし、また、高齢者が多い中で、介護とか介護予防が必要なわけですけど、それについても福祉の仕組みの中でやるというよりは、地域づくりの中で高齢者が役割を持つ、それが実質的に介護予防につながるのではないかということ。そして高齢者が役割を持つきっかけの1つとして、例えば外からくる人との関係ですとか、ツーリズムのような形で地元の人が外から観光で来た人に何か教えるとか一緒にやるというような活動の活用の可能性が議論されました。こういうことを行っていく中で、今後とも住民と行政の間をつなぐような外からくる第3者の方々の役割が重要であって、そういう方々が当初5年経ちましたけど、10年間、残り5年間のステージでどこまできちっと関わっていけるかということが課題ではないかということが議論されました。以上で報告を終わりにします。

2.4 ラウンドテーブル Ⅱ

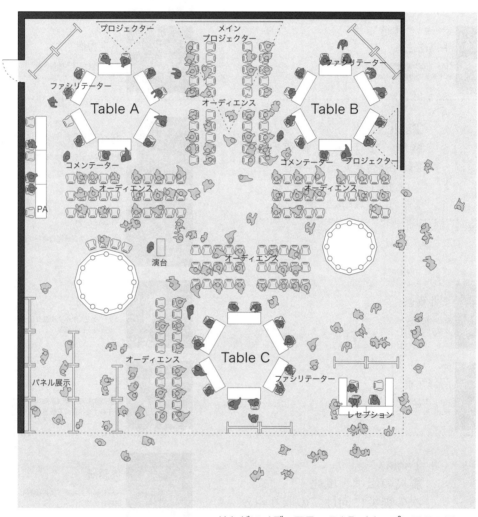

せんだいメディアテーク1F／オープンスクエア

Table A

2.4.1 Table A
これからの社会の在り方
自治・生活・福祉

企画：JIA　宮城地域会　手島浩之
文責：JIA　宮城地域会　手島浩之

岸井隆幸
日本大学理工学部土木工学科
教授

室崎益輝
兵庫県立大学
防災教育研究センター長

ファシリテータ
増田聡
東北大学大学院経済学研究科地域計画担当
教授
東北圏地域づくりコンソーシアム

塩崎賢明
立命館大学政策科学部
教授

企画・コーディネータ
手島浩之
JIA　宮城地域会
都市建築設計集団/UAPP

小泉秀樹
東京大学大学院工学研究科都市工学専攻
教授

Table B

2.4.2 Table B
経済・なりわい・産業の再生

企画：東北学院大学　柳井雅也
　　　JIA宮城地域会　阿部元希
文責：JIA宮城地域会　阿部元希

丸谷浩明
東北大学災害科学国際研究所
教授

関根良平
東北大学理学部地圏環境科学科
助教

ファシリテータ
柳井雅也
東北学院大学教養学部
教授

大矢芳樹
独立行政法人中小企業基盤整備機構
震災復興支援部部長

企画・コーディネータ
阿部元希
JIA　宮城地域会
楠山設計

小林学
経済産業省東北経済産業局経済部
東日本大震災復興支援室室長

Table C

2.4.3 Table C
震災の伝承・風化
次の震災に向けての取り組み

企画：みやぎ連携復興センター　石塚直樹
文責：みやぎ連携復興センター　石塚直樹

佐藤研
一般社団法人みやぎ連携復興センター
事務局次長

脇坂隆一
国土交通省東北地方整備局
東北国営公園事務所長

ファシリテータ
福留邦洋
東北工業大学安全安心生活デザイン学科
准教授

川島秀一
東北大学災害科学国際研究所災害文化研究分野
教授

企画・コーディネータ
石塚直樹
一般社団法人みやぎ連携復興センター
事業部長

佐藤翔輔
東北大学災害科学国際研究所災害アーカイブ研究分野
助教

Table A
これからの社会の在り方、自治・生活・福祉

小野田泰明
東北大学大学院工学研究科都市・建築学専攻
教授

加藤孝明
東京大学生産技術研究所
准教授

大沼正寛
東北工業大学安心安全生活デザイン学科
教授

家田康典
岩沼市参事
元厚生労働省東北厚生局

津久井進
阪神淡路まちづくり支援機構事務局長
弁護士

長純一
石巻市包括ケアセンター所長
医師

本間照雄
宮城県社会福祉協議会
復興支援福祉アドバイザー

サポート
齊藤彰
JIA宮城 石巻市「北上まちづくり委員会」支援活動スタッフ
工作室 齊藤彰一級建築士事務所

サポート
齋藤拓也
関・空間設計

Table B
経済・なりわい・産業の再生

須能邦雄
石巻魚市場株式会社
代表取締役

小松洋介
特定非営利活動法人アスヘノキボウ
代表理事

島田昌幸
株式会社ファミリア
代表取締役

針生信夫
株式会社舞台ファーム
代表取締役

庄子泰浩
仙台朝市商店街振興組合
副理事長
今庄青果　代表取締役専務

小杉雅之
公益財団法人東北活性化研究センター
調査研究部長

サポート
後藤可奈子
東北学院大学教養学部
地域構想学科

サポート
長谷美穂
東北学院大学教養学部
地域構想学科

Table C
震災の伝承・風化、次の震災に向けての取り組み

佐藤正実
特定非営利法人20世紀アーカイブ仙台
副理事長

藤間千尋
公益社団法人みらいサポート石巻

佐藤尚美
We are one 北上

寺島英弥
河北新報社

Table A
これからの社会の在り方、自治・生活・福祉

（増田聡）それでは後半のテーブルAの担当をします増田です、よろしくお願いいたします。前段、このテーブルAは復興事業のこれまでの流れについていろんな議論がなされてきたわけですが、後半は少しテーマを広げて、「これからの社会のあり方－自治・生活・福祉－」というかなり大きなテーマが与えられています。最初に少し、みなさんすでにお互いにご存知の方が大半だと思うのですが、自己紹介も兼ねて、「次に何をどう繋げるべきか」ということを少し念頭に置いて、簡単に今どんなことが大切だと思っているか一言ずついただいて、議論のきっかけをつかみたいと思います。塩崎先生から、よろしくお願いします。

（塩崎賢明）塩崎です。今は立命館大学におります。みやぎボイス、たぶん2回目ですね。このテーブルAのテーマはすごく大きくて、「これからの社会の在り方－自治・生活・福祉－」ということなのですが、これは「震災から見て」っていうことが前につくんだろうと思うんです。その点で考えると、いろいろやらなくちゃいけないことがあるんですけど。基本的には「この5年間で何が達成できて、何が残っているのか」っていうことを踏まえてでなければ、この話ができないんじゃないかなと思っております。僕自身はこの5年間をどう見るのかということについて、まとまった考えを今持っている訳ではありません。午前中にここのテーブルで議論されたことが大変面白かったので、いろいろメモを取ったのですが、その話をすると時間が掛り過ぎてしまうので、後から議論の中でお話したいと思います。課題は非常に多いと感じております。どうぞよろしくお願いします。

（津久井進）肩書にあります、「阪神・淡路まちづくり支援機構」の事務局をやっております、津久井と申します。弁護士です。よろしくお願いいたします。この団体は、今日のみやぎボイスの構成団体であります「宮城災害復興支援士業連絡会」の兄弟団体にあたるのですが、はじめて「みやぎボイス」に参加させていただきます。こんなに面白い取り組みを見てこなかった不明を、今非常に後悔しております。視点ということで、私がいろいろ思うことを三点ほど簡単に申し上げると、ひとつ目は、法律は守るもの

Table B
経済・なりわい・産業の再生

（柳井）皆さんこんにちは。年度末のお忙しい中お集まり頂きましてありがとうございました。テーブルBでは、主に産業を中心にお話していきたいと思っております。
本日は後々順番に皆さんにお話して頂きます。どうぞ忌憚のないご意見をお願いいたします。
本日の議論のポイントは三つです。一点目は、これまでの集中復興期間5年の間に約26兆円のお金が使われてきました。この復興期間が終わりますと、残り5年間は4分の1に萎んでいきます。実際今日の議論にもなってくると思いますが、ひとつひとつの事業者はまだ完全には立ち直っておりません。例えば事業再開率何％という数字を目の当たりにしますが、生産能力の回復は示されていません。つまり1割でも回復すれば、それでもって事業再開というように見なすわけですから、現状はかなり厳しい状況が続いています。そういった中で、この復興の現状と課題を確認していきたいと思っています。
二点目は、産業雇用の再生に何が必要かということです。今日お集まりの方は多くの魅力的なアイディアをお持ちだったり、既に実行されていらっしゃる方が多いです。是非、そのアイディアや施策をお伺いしたいと思います。
そして三点目、この震災後の5年の教訓を今後どう活かしていくのか、あるいは他地域では何を考えていくべきなのかについてです。
出席者の皆さんにはアンケートにご協力頂きましたので、それを踏まえながら、ご自身の仕事の紹介・自己紹介を兼ねて、最初に一人だいたい7分から10分以内でお話をして頂きたいと思います。その後休憩時間を10分程度とりまして、その間に、ご観覧のみなさまに紙をお渡ししますので、質問がありましたらそれに書いて提出して下さい。再開後に質問をもとに議論を深めていきたいと思っています。
最初に学識経験者の方にお話頂くことにして関根先生、丸谷先生にお願いします。次に支援機関から小林さん、大矢さん、小松さん、小杉さんにお願いします。水産業の立場からは須能社長さんにお話をして頂きます。農業の立場からは針生社長さんにお願いします。そして島田さんは水産業・農業全部に取り組んでいますので、

Table C
震災の伝承・風化、次の震災に向けての取り組み

（福留）では、まだいらっしゃっていない方もいますけれども、時間になっておりますので始めたいと思います。これから午後、どうぞよろしくお願いします。ここのセッション、テーブルCでは、「震災の伝承・風化・次の災害に向けて」というテーマで行います。今日お集まりの皆様は、進行形で震災の伝承・風化ということに対して、様々な形で取り組んでいらっしゃる方かと思いますが、地域によって、取り組みの仕方は様々かと思います。この先に対しての心配や懸念などもあるかと思いますが、そういったところを最終的に共有できればと思っております。最初に、今日の全体の流れについて、このセッションを企画したみやぎ連携復興センターの石塚さんから、お話いただければと思います。

（石塚）はい。では皆様、改めまして宜しくお願いします。今福留先生からご紹介を頂きましたが、今回のテーブルの企画をさせて頂きました。どんな狙いがあって、皆様にお声掛けさせて頂いたのかというところを、私からお話させて頂けたらと思います。
登壇者の皆様には、事前に企画書をお送りいたしました。わかりにくいというご指摘も頂きまして、修正をかけてきましたが、このテーブルは震災の、ここでは敢えて復興と入れておりますが、震災復興の伝承や風化、次の災害に向けた取組が、①今どの様な状況にあるのか。②これまでのところでどんな可能性を生み出し、また課題が見えてきたのか。③そして今後、どうあるべきなのか、について、整理・共有する時間としたいと思います。
議決をする場、ではありませんし、いろんな考え方や取組がありますので、その全体像を共有したいと思います。言い換えますと、①と②はどちらかというとこれまでを振り返る、③はこれからを考える、という様な2つの構成となります。
今回登壇頂く皆様は、立場から分けてみますと、まず官からは、国土交通省脇坂さんにお越し頂きました。産からは、河北新報寺島さんにお越し頂いております。学からは3名お越し頂きました。進行頂いている東北工業大学福留先生と、東北大学から川島先生と、佐藤翔輔先生にお越し頂いております。民からは4名お越し頂いておりますが、みらいサポート石巻の藤間さん、WE ARE ONE 北上の佐藤尚美さん、20世紀アーカイブ仙台の佐藤正実さん、

ではなくて、使ったり作ったりするものなので、先ほど前半でも「法律の使い方に習熟してないのではないか」という指摘がありましたが、まったくその通りだと思っています。ふたつ目は、ガバナンスの在り方がいま逆さまになっているんじゃないかということです。午前中の議論でもそれらしい意見があったのですが、本来は国が決めて地方が実行するのではなくて、地方が決めて国がそれをお手伝いするんだと思います。もっと言えば、地方自治体が決めるんではなくて、住民が決めたものを地方自治体が実行するんです。それを国がバックアップする。それがいま、完全に逆さまになっているんじゃないかという問題意識で、これからの議論に臨みたいと思ってます。もうひとつは、「一人一人が大切にされていない」ということが、遠くからみていた私の感想です。宮城の皆さんと一緒に、一人一人が大事にされる「災害復興法をつくる会」というのを去年の5月に立ち上げて、こちらのほうでもごちゃごちゃやっているのですが、そういった一人一人というところに拘って今日は意見を申し上げたいと思っております。よろしくお願いいたします。

（室崎益輝）兵庫県立大学の防災教育研究センターの室崎でございます。私は最初に申し上げることは、復興には、問い直しと立て直しと世直しという、三つの直しが必要だということです。問い直しは、5年目の節目をどう考えるのかということです。常に不十分なところを正しながら前に進むということなので、5年目にしっかり今までの復興のあり方、良いところも悪いところも含めて問い直して、次の方向を再構築しないといけない。それから立て直しというのは、復興とは、復興の主人公、自治体だとか地域社会が自らの力で復興を進めてく力を取り戻さないといけない。いわゆる、自治、自立ということですが、復興の過程では非常事態から平常時の営みにいかにソフトランディングしていくか、自分の力で乗り越えていけるようにしていくか、その自立のプロセスを問い直さないといけない。三番目が世直しで、これが私は一番重要なことだと思うのですが、これからの復興とは、新しい21世紀の社会を作るということに他ならないので、これからどういう社会をつくるべきかという課題です。災害被害では世の中の矛盾が

それらを踏まえてお話を頂戴したいと思います。最後にバイヤー立場から現場をよくご存じの庄子さんから話して頂きます。宜しくお願い致します。それでは最初に関根先生よろしくお願いいたします。

（関根）ご紹介頂きました東北大の関根です。理学部地圏環境科学科は、何をやっているのか分かりにくい所属になっていますが、大学院の所属は環境科学です。やっていることは地理で、一定のまとまりがある地域がなぜまとまっているのかなど、今回の震災では地域的に考えなければならない問題を見てきたつもりです。私の出身地は福島県の伊達市で、放射能の被害をかなり受けているところです。こちらにお越し頂いている中では須能さんにお世話になりまして、石巻の漁業も調べさせて頂きました。それで今、柳井先生からもありましたが、5年が経って私がつくづく感じることは、平均で見ることの恐さだと思います。例えば新聞報道ですと7割復活とか8割復活とか言うのですが、どの職種や業種を見ても、復活したところとしていないところとの差が完全に大き

くなってきています。企業単位で見ると、（復活）しているところはしているのですが、していないところはしていません。例えば二つの企業があって50％と50％復活すると平均すれば50％になりますが、10％と90％でも平均すると50％になってしまいます。こういう状況をどうしたらいいか、今日私は考えられれば良いと思っております。ありがとうございました。

（柳井）それでは丸谷先生、BCP（注：Business continuity planning：事業継続性）の立場からよろしくお願いします。

（丸谷）東北大学の災害科学国際研究所という新しい組織で教授をしております丸谷と申します。もともと私は東京、国土交通省で働いておりまして、政府の防災対策を担当した経緯からBCPと言われております事業継続計画の普及促進の政策や災害ボランティアとの交流など、比較的民間の防災を担当している者です。被災は東京でしまして、2年ぐらい前にこちらに参りましたので、こちらの復興状況については途中段階から拝見しております。私自

Table A
これからの社会の在り方、自治・生活・福祉

いろんなかたちで表に出てきています。例えば、一極集中という問題だとか、あるいは地域の地域性や文化をないがしろにするという問題が出ていて、それを踏まえて次の新しい社会をどうするべきか、将来のビジョンをしっかり持たないといけません。それが、世直しです。この問い直し、立て直し、世直しが必要だと思っています。以上でございます。

（長純一）石巻市包括ケアセンターと開成仮診療所の所長をしております医師の長と申します。石巻市職員としましては、本当に皆さんにお世話になり応援いただいており、お礼を申し上げます。震災後丸1年経ったところで、医師として被災者支援をしたいということで、仮設開成団地という2千戸くらいの仮設住宅の中に、話を持ちかける形で診療所をつくり、応援団になりました。その後、「地域包括ケアシステム」が、地域づくりや或は暮らし、住まいということを重視しており、それが被災地で非常に重要だということを訴えたところ、市の重要政策に位置づけられました。最初は私個人で在宅医療のモデル事業をもらったのですが、その後復興庁のモデル事業としての位置付けをいただき、現在は内閣府の中心市街地活性化モデルケース、その後は地方創生の地域再生事業第一弾ということになっています。一応外向きには地域包括ケアは、石巻市の最重要政策という位置づけになっております。ただし、被災者の状況（健康状態の悪化）は非常に厳しくて、どうしてもそれなりの大きさがあって、分業化が進んでいる中で、地域包括ケアで言われている「福祉まちづくり」や生活支援（高齢者の暮らしやすい社会づくり）といったことが十分に出来ていないという現実があります。ご存知のように今、被災者は災害公営住宅に移り始めている時期ですが、私は当初より、おそらくこの場面が大変だと思っていて、そこを担う覚悟で石巻に入ったのですが、これから、より大変なことが起きてくるだろうなと感じています。もう一度言いますが、仮設住宅よりも災害公営住宅のほうがはるかに厳しいことが起きてくると思っています。この中には、いろんな形で影響力がある方がいらっしゃると思います。今後も日本では大災害が起きると思っていますが、次の震災時にはもっと早い時点から、そういった「超高齢社会の在り方」を考えて、提言

Table B
経済・なりわい・産業の再生

身どちらかというと、復興の専門家というよりは防災の立場で、次の災害にどういうように教訓を活かすかという視点で見ておりましたが、被災地を授業とか演習の関係で回る度に復興の状況を見聞きしまして、感じるところがかなりありました。まず産業復興については事業継続の観点からすると、復旧をいつするのかという<u>復旧のタイミングと、売り先の問題が非常に重要です。</u>今となっては詮無い話になるのですが、通常の企業であれば2週間から2か月位の間に売り先に対して何らかの供給再開をしないと非常に厳しい状況になってしまいます。一度売り先を失うとそれを取り返すのはすごく難しいという原理原則があり、これは買う方の立場からすればある種当たり前で、供給がされなければ代わりの所から買ってきます。それで新しい所から買ってくることにお客様（受容者）の方で慣れてしまえば、あえて元に戻すリスクは冒さないという状況になっている中で、2か月で復旧出来ないということは当然沢山あります。その後いかに早く復旧して元に戻すかというと、これは時間が経てば経つほどどんどん状況が悪くなってくるわけで、今の時点から復旧しようという企業からすれば、ほとんど新しい市場開拓をすることになってしまいます。この間に政策支援が行き届かなかったことについては、非常に大きな反省があると思っています。

その一つの問題点として私の出身である国土交通省にも関わる話ですが、土地の嵩上げによって現地復旧をするのがとても遅くなってしまうという事例があります。当然主な産業の多くは排水やインフラが重要ですが、沿岸部が沈下してしまい1m位盛土をしないと排水が取れない状況なので、それを元に戻さないと現地復旧も難しいというのが一般的に見られました。住宅として再建するためには、さらに5mとか10mとか盛土をしないと使えないというような状況の中で、<u>住宅の復旧のスピードと産業の復旧のスピードを区別して考えないと</u>、混在しているから住宅優先だという話になると、産業の復旧はとても遅くなってしまいます。数年間そのまま放置されてしまうと、その地域の産業復旧はとても難しくなるので、企業としては代わりの場所を探して復旧をしたがる、ということになるのではと思います。代わりの場所で復旧することになると、地元からすると、地域から出ていくということ

Table C
震災の伝承・風化、次の震災に向けての取り組み

Table A

していければと思って今日は参加させてもらいました。よろしくお願いします。

（本間照雄）みなさん、こんにちは。本間です。よろしくお願いします。私は震災の時、非常に大変な状況だと見聞きして、居ても立っても居られなくなり、南三陸町に行政ボランティアとして入り込み、3年間そのまま地元で被災者支援をやっておりました。その後3年経ち、「地域住民の自立が重要だ」と言っているのにそのままそこに居るというのはいけないと思い、そこを出て今は宮城県社協というというところに籍を置いて、県内の被災市町村を回り支援を続けています。どちらかというと、様々な制度で支援を受ける側に出来るだけ寄り添うような形で、様々なことに向き合っています。

そこでの感想です。もうすぐ5年を過ぎようとしているのですが、様々な被災者支援というスキームが5年経ってもずーっと続いている。そういうようなことに、多少なりとも疑問を持っております。被災者支援というスタンスから、もうそろそろ（というか、もうだいぶ前から）「地域の人たちの立ち上がる力を支える」というスタンスに移行すべきなんだろうと思うんです。しかし、まだ外部からの支援ということに重きが置かれているような気がしまして、何とかして地元の人たちが持っている力を活かせるような、そんな支援の在り方を皆さんとともに考えていければ、と思って参加をさせていただきました。よろしくお願いします。

（大沼正寛）東北工業大学の大沼と申します。手島さんに10日くらい前に「お前も混ざりなさい」と言っていただいて参加しています。ちょっと緊張しておりますが、私はどういうことをやっているかと言いますと、普段は自分で少しは設計活動もしていますが、設計とともに保存系の仕事が多くて、ヘリテージマネジメントと言いますか、例えば、石巻の復元委員会や、スレート民家の保存などをやってきました。個別の集落支援ということでは、石巻の旧河北町の長面浦というで、牡蠣漁師さんたちの支援をやってきました。逆にいうと、行政の直接のお手伝いということでは、ぜんぜん役に立ってきたものはないんです。今回の震災復興では、

Table B

は被災地を見捨てるのか、という雰囲気がやはり残ってしまいます。出て行くことを止めたとしても企業は活動できず、もともと潰れる前にほとんどの場合休眠状態になっています。つまり、とりあえず雇用を切って、後で再開したら再雇用できるようにするのが精一杯です。給料を払い続けるが仕事は出来ない、というのでは企業がすぐに潰れてしまうので、潰さないようにするためにまず一度休眠状態に入り待っている状況です。しかし、そういうような状況を続けていればいるほど状況は厳しくなります。その厳しくなる状況について行政等は配慮したのかどうかという問題があり、その面では女川町のように、町をあげて水産加工業などの重要産業に町づくりを加速させて対応したというような取り組みや、岩手県の一部のように、自分の土地の嵩上げについては自費でまずやって良いです、後で精算します、というような柔軟な取り組みをした地域とそうしなかった地域の差が、企業にとっては非常に切実な問題として現れています。そして企業がせっかく土地の嵩上げが出来たから復旧しようと思ったら、必要なインフラはまだ後ですという話になってさらに問題が長引くという話も聞いています。やはり次の復興の際には、産業面での復興のスピードをもっと復興計画の中で明確にしていかないと、地域の復旧はそもそも難しいのに、さらに企業からすれば外に転出する要因にもなってくるのではと考えます。

今後の復旧復興については私に知恵はないのですが、極めて環境が厳しいと思っていて、新たな産業をもう一度作るということになるのか、とにかくお客様を取り戻すという努力に相当エネルギーが必要だろうと考えています。その厳しさは、今後改善というよりはさらに増すのではないかと懸念しています。

（柳井）色々と示唆に富んだお話ありがとうございました。学識経験者お二人の方にご意見をお伺いしました。質問等は後でお受けしますので引き続き進めさせて頂きます。

（小林）私は昨年4月から経済産業省で東日本大震災からの産業復興を担当しています。本日資料（注：「東北地域における産業復興の現状と取組（東北経済産業局）」巻末転載）をお配りしました。これ

Table C

みやぎ連携復興センターの佐藤研さんに参加頂いております。私の思いこみもあるかと思いますので、皆様から訂正を頂けたらと思いますが、空間軸で今回のメンバー構成を見ますと、石巻のプロジェクトに関わられているのは、脇坂さん、佐藤翔輔さん、藤間さん、佐藤尚美さん、それぞれいろんな立場で、石巻の震災伝承・風化を見られているのではないかと思います。仙台の震災伝承に携わられているのは、主に佐藤正実さんと佐藤研さんになります。川島先生は各地をご覧いただいているかと思いますが、気仙沼のことを、震災以前からご存じではないかと思いますし、寺島さんには宮城だけではなく、他県のことも含めて、こういった取り組みの全体像を俯瞰してご覧になられていると思います。

もう一つ、時間軸で今回のメンバー構成を見ていきたいと思います。2011からの5年を振り返り、今後の5年やその先を考えることがメインではありますが、その際に東日本大震災だけでなく、1995年以降の国内の大規模地震災害や、より以前からの三陸の津波をはじめとした災害の経験を、本日の主題ではありませんが、参考としてどのように捉えられるか、ということも含めていきたいと思います。明治三陸地震や昭和三陸地震については川島先生、1995年の阪神淡路大震災以降については福留先生や、佐藤翔輔さんがよくご存じなのではないかと思います。それ以外の皆様につきましては、東日本大震災以降をメインに、様々なご意見を頂けたらと思います。このような構成で、お送りをしていきたいと思います。それでは、進行の福留先生にお戻し致します。

（福留）今回の企画の狙い等は企画者の石塚さんからお話があった通りですが、とはいってもまあ皆さんお話したい事もあるかと思いますので、あくまでも大きな流れと言うことでご理解を頂けたらと思います。また後程議論になったときに、何をどういう風に伝えるか、また皆さんが関わっている取組につきましても、目的と手段があるかと思います。伝承や風化を防ぐこと自体が目的であるのか、またひょっとするとそれは手段であって、もっと先に目的があるのではないかというお考えもあるのではないかと思いますので、その辺りのお考えがあれば、ご披露頂けたらと思います。最後にもし可能であれば、震災伝承、風化を防ぐというのは、今

Table A
これからの社会の在り方、自治・生活・福祉

宮城や東北の震災復興ということになりますが、自分たちが宮城や東北ということをどのくらい理解しようとして来たのか、ずっと気になってました。むしろ、震災後ではなくて、それ以前からのところに、内省が求められるのではと思いながら今回は改めて勉強したいなと思っております。よろしくお願いします。

（家田康典）岩沼市参事の家田康典と申します。本日はよろしくお願いいたします。わたくしは平成24年から3年間、厚生労働省の出先機関である東北厚生局というところにおりまして、主に被災地における社会福祉施設の災害復旧を中心として、いろいろな仕事をさせていただきました。27年度からは自治体に出向し、「震災復興から地方創生への移行」というテーマを意識して、震災復興の次の段階へ進んで行っているという状況です。東日本大震災においては、発災後の3月14日から10日間、宮城県庁で政府現地対策本部の要員として参画させていただいて、被災地の関わりはそこから始まっています。現在、私がいます岩沼市では、ある程度震災復興が進んでいると言われていますが、実は課題もあります。ハード面ではある程度進んでいるのですが、これからは、ソフト的な面が非常に重要になります。そういった意味で、ソフト的なところをどうしていくかが大きな課題だと思っております。以上でございます。

（小野田泰明）東北大学の小野田です。前半に引き続きよろしくお願いします。実際の自治体と一緒に復興をやっているのですが、最近ではだんだん要求が変わってきています。先ほど長先生のお話にもありましたが、特に石巻市のように巨大な仮設住宅を抱えているところでは、仮設住宅から復興公営住宅へ、別な居住場所に大規模な居住移行が起こるのですが、それをどう調整していくかという課題です。これは阪神の際にも大問題になって、様々な学術的な知見がそれなりに残っているのですが、実際にそれを実行する場面ではたくさんの障害があります。これまでの知見を活用しながら、それをどう解いていくかということをやっています。まだ完全にちゃんとつながってないのですが、少し、住民側と長先生の側と、行政をうまく調整しながら繋ごうということをやっ

Table B
経済・なりわい・産業の再生

は震災以降5年間、これまでどんなことをやってきたかということを先週まとめましたので、それを抜粋した資料になります。最後のページには、上の方にハード支援、下の方にソフト支援があります。この意味するところは、先ほどから出ていますように、震災で甚大な被害を受けたところから、まず政府が何をやったのかというと、ハード支援のところに手を付けました。この後の大矢さんのところになりますが、仮設施設を各地に整備し、そこに被災した事業者に入居して頂いて事業を継続していく取り組みを応援しました。併せてグループ補助金（注：中小企業がグループをつくり、復興事業計画を立てて各県に申請する。「地域経済や雇用の維持に重要な役割を果たす」などの条件を満たせば、復旧費の2分の1を国、4分の1を県が助成する制度。）を、阪神淡路大震災の時はこういう補助金はなかったのですが、初めて創設して、工場や商業施設を自ら復旧しようとする事業者のために4分の3の補助金を国や県から出していくというようなことをやりました。続いて、先ほども雇用の話がありましたが、福島で原子力発電所事故がありましたので、このままでは企業の立地がなくなってしまう、消えてしまうのではないかということがありましたので、福島については特別枠で復興の企業立地補助金（注：被災地域において工場等を新増設する企業に対し、その経費の一部を補助するもので、津波浸水地域のみならず原子力災害に掛かる避難区域指定解除の地域も含まれた）を創設して企業さんをつなぎとめました。<u>津波被災地域、原子力被災地域共通で、企業立地補助金ということで工場等の誘致を行ってきまして</u>、まずハードについては以上のように手を付けました。

一方で、このハード整備が進んでくる中で、やはり企業毎に色々な悩みがありましたので、ソフト支援にあるように復興支援アドバイザー制度を作り、中小機構、あるいは復興庁等、様々なところでアドバイザー制度を作って企業への支援を始めました。

それから、これまでの借金や利益を抱えながら営業している中小企業も多数ありましたので、金融支援として産業復興相談センターあるいは同じような機能を持つ東日本大震災再生支援機構を作りまして、負債の整理の仕方等についての相談に乗ったり、場合によっては銀行と協議をして負債を放棄して頂くというような

Table C
震災の伝承・風化、次の震災に向けての取り組み

回の直後の大きな被害であったり、これは私個人の考えかもしれませんが、今進行している復興の中で起きていることなどをきちんと残していく、伝えていく事が、次の災害に非常に関係してくるのではないかと思います。そういう意味では、今被災地で生きてらっしゃる方、前に歩もうとしている方にとっての、震災の伝承・風化を防ぐということは何であるのか、そのあたり特に、現場で関わっている皆さんなりに、お考えがあれば、述べて頂ければと考えております。長い様ですが短い時間になるかと思いますので、なかなか最後まで行きつくかどうかわかりませんが、どうぞよろしくお願いします。

それでは、最初に初めての顔合わせの方もいると思いますし、フロアへの紹介も含めて、簡単に自己紹介と、このようなことに関わったいきさつを含めて、大体5分くらいを目安に、お話頂ければと思います。最初の一巡目は、この座席通りということでよろしいでしょうか。早速で恐縮ですが、佐藤正実さんからお話頂けますでしょうか。

（佐藤正実）みなさんこんにちは。ＮＰＯ法人20世紀アーカイブ仙台の佐藤と申します。どうぞよろしくお願いします。それでは自己紹介を兼ねて、現在の、またはこの5年間の活動をざっとご紹介させて頂きます。

20世紀アーカイブ仙台という名前の通り、20世紀をアーカイブするということで活動を始めたんですが、震災後は市民から写真や証言を集めて、それを記録するということを取り組んでまいりました。アーカイブというか、写真素材等をどう活かすかということを活動の基本としてきたんですけども、このうち、3つだけご紹介をしたいと思います。まず1つめは、3月12日はじまりのごはんという取組です。これは、いわゆる震災後の、大手のメディアの皆さんが撮られた、被災地の生々しい写真だったり映像だったりではなくて、一般市民の方々の日々の生活、震災後の生活というものを、いかに震災というものを自分事にするのか、ということの一つのテーマとして取り組んでいるものです。なかなか自分のこと、生活のことを語る機会が少なくなっている中、震災後、初めて食べたのは何だったのか、という、写真を元にして食につ

てます。今日はそのあたりの話が出てくるのかなと思って期待をしてます。そういうことを我々が出来るのも、石巻市では発災直後から直轄調査が入り、そのあとそれがうまくステアリングコミッティ（Steering Committee／運営委員会）として位置づけられているので、（そこで岸井先生にも大変お世話になっているのですが）そういったガバナンス（運営の仕組み）と実際の実行の部分で、できなかったこともあり、いろいろと思うこともあります。今日はそのあたりを議論できるといいかなと思っております。

（岸井隆幸）日本大学の岸井と申します。この会には前からお声を掛けていただいてたんですけど、参加できたのは今日が初めてでございます。よろしくお願いします。私自身は、ちょうど3月11日のときには、日本都市計画学会の会長を務めていた関係もあって、最初の頃の組み立てについて幾つかお手伝いをさせていただいていました。実際の復興の計画に関しては、6月の都市局の直轄調査がはじまってから、「あなたも石巻に是非行ってください」っていうんで、じゃあ行きましょうってことでお手伝いを開始しました。今日まで引き続きそういった復興全体の進捗の調整役のようなことをやっています。最初の頃は随分一緒にプランニングに関わりましたけど、だんだん減ってきているという状況にあります。そういう意味では、我々のようなプランニングをする連中は少し下がってもいいような状況になってきていると言えます。今日は宮城の話なのですが、本当は福島が一番の問題で、福島はまだまだということで、これはぜひ宮城からも何か言わなきゃいけないんじゃないかなと思いながら、今日は参りました。よろしくお願いします。

（小泉秀樹）東京大学の小泉です。よろしくお願いします。私も岸井先生と同じ都市計画学会を主なフィールドで活躍している、どちらかというと物理的な空間づくりの専門家です。しかし半分くらいソフトの方にも重点を置いていて、この復興の中では長先生のおっしゃられたような少子高齢化社会に向けたコミュニティづくりや、まちづくりを重点的なテーマとして、主に岩手県で支援をさせていただいています。いくつかの自治体で災害公営住宅の

Table A　これからの社会の在り方、自治・生活・福祉

ことをやってきました。
ここ2年ぐらいはそれに加えまして、下の方にありますように、販路が切れてしまっている企業が多数あって、売り上げが回復しないで困っているところに、販路回復支援のための取り組みを色々と展開をしてきました。以上が、これまでの5年間の振り返りになります。
これから特にどういった点に力を入れていくべきなのか、ということですけども、私どもの理解では、基本的に宮城県の内陸部については、いわゆる震災の影響は早期にある程度解消されつつあって、内陸部の産業が抱える課題はおそらく山形県でも秋田県の企業でも抱えているのと同じような課題なのではないかと考えています。つまり、産業競争力をどうやって上げていくのか、あるいは地域外からの顧客をどうやって確保していくのか、という意味では同じような課題なのではと思っています。復興推進室として特に力を入れていかなければならないのは、やはり石巻、気仙沼、女川、南三陸のように、町ごと、工場ごと流されてしまい、いまだ水産業中心としての復旧が本格的に出来ていない地域に、より重点を置いて支援をしていこうと思っているところです。
そのために特にどんなことをしていくかというと、資料の11ページをご覧頂きたいのですが、これまで水産業の皆さん、色々と事業の再開についてご努力をして頂いておりますが、国内の消費がある程度限られていて人口もこれ以上伸びないと想定される中で、お魚を食べて頂くお客さんが急に増えることはないだろうという前提に立ちますと、海外の販路確保を目指していくことがひとつの方策ではないかと思っています。その際、ひとつひとつの港や企業ごとの取り組みですと、なかなか現状打破をして突き抜けていくことも出来ない部分もあるので、三陸地域、岩手県、あるいは青森の八戸エリアも含めて一体となった形で、水産業海外展開あるいはブランド力を高めて国内でも高く売っていく取り組みを進めていけないだろうかと提案しています。今年の3月ぐらいまでには協議会を立ち上げて、色々な企業が連携して行うプロジェクトを応援していく体制を作っていこうと思っています。
もうひとつは、街中再生ですけれども、女川を含めてどんどん新しい町が出来つつありますが、人口が2割から3割減っています

Table B　経済・なりわい・産業の再生

いて語ってもらおうということです。いつ、何を食べたのかという、そういった事から震災後の生活というものが明らかになってくるということがわかりました。
例えば、3月12日に七輪と鍋で炊いたご飯、茶碗洗いをしなくても済むように、ラップを敷いて、ご飯を炊いている様子の写真があります。これを撮った時のいきさつなどを聴きながら、その生活ぶりを洗い出してみる、ということと同時に、話をする機会をつくることを目指しました。と同時に、写真を提供してくれた人だけではなくて、それらを誰が撮ったのか、いつ撮ったのか、のキャプションだけを残し、せんだいメディアテークわすれないためにセンターさんと協働で実施した事業になりますが、これを館内に張り出して、来場者に自分の体験談というものを付箋に書いて張ってもらうという取組をやりました。例えば先ほどのごはんの写真なんかは、ラップについて反応されたり、ご飯の炊き方、おばあちゃんの知恵袋だったというような話をされたり、というような直接的な意見だったり、またはコンビニエンスストアが24時間365日開いていて当然だったところが開かなくなることによってどんな生活になったのか、ということが浮き彫りにされたりと、そういった震災後の日常生活というものを改めて見てみよう、ということです。もう一つは、震災前と現在の定点撮影です。震災前のまちなかの様子というものをもとに、現在の様子を写真を撮ってみるのですが、これは撮影することを目的とするのではなく、それをもとに地元の方々に震災前の様子を語って頂くことを目的としています。例えば荒浜でいうと昭和時代の写真ですが、こういった写真から、例えば閖上と仙台港には港があるんだけれども、荒浜には港が無い。エブリガッコと言われますが、波を切って漁に出る。そして漁が終わったら戻ってくるんだけれども、港が無いので地元の方々が一緒になって船を引き揚げる、ということをやるんですね。震災前の、また元々のまちの生業をご紹介してもらうことで、県外から来る方々、思い出ツアーに参加してもらう方々に、このまちがどんな生活をしていたのか、このまちの特徴は何なのかということを知って頂いて帰ってもらおうと。20世紀アーカイブが主体と言うよりは、地元の荒浜再生を願う会さんだったり、それから海辺の図書館さんであったり、そういった皆さんと一緒にツ

Table C　震災の伝承・風化、次の震災に向けての取り組み

Table A
これからの社会の在り方、自治・生活・福祉

方針に、そういう意図が取り入れられたりしていますが、なかなかうまくいってないという現状もあります。すごく気になるところとしては、ひとつは曲がりなりにも仮設住宅や仮設商店街の中で、復興後に向けたソフトウェアづくりが進んでいるものが、徐々に本設に移行する中で、うまく継承されるのかということについて、なかなか難しいのではないかと実感しております。例えば、地域包括ケアの体制もそうですし、商店街のある種の仲間づくりがうまくいっているところも、今後の復興の局面ではばらばらになる可能性があります。そういう仮設から本設にむけた変化の過渡期のところをどううまくマネジメントできるのかというところは気になっているところです。

(加藤孝明) 東京大学の加藤と申します。今回、みやぎボイスは初めての参加となります。専門分野は、いわゆる都市防災といわれている分野で、基本ベースは都市計画なのですが、都市計画の中で防災に着目して、これまで研究活動を行っております。東日本大震災を経験して、だいぶん社会の雰囲気が変わってきています。

被災地に関していうと今回僕は基本的に俯瞰で見ようというスタンスです。しかしそうするとだんだん現場感覚がなくなってしまうので、釜石市の半島部の集落群に対して、支援しているとまでは言わないのですが、一緒に考えて応援しているという感じで、この5年間を過ごしてまいりました。

社会が大きく変わってきた中で、ちょっと気になる雰囲気がふたつあると思っています。ひとつは、午前中の議論にもありましたが、<u>L1、L2に代表される議論が急きょ行われ、それがスタンダードになって復興が進められ、次の南海トラフにも展開されようとしていることなんです。</u>そういう中で、僕も防災の専門家としてシミュレーションなどもやるのですが、<u>安全至上主義と言いますか、極端にいうと防災ファシズム、シミュレーション至上主義みたいな、そういう感覚がものすごく強くなってきている気がします。むしろ「0か、1か」という議論ではなくて、僕たちは様々なリスクの中で暮らしているので、どれだけリスクを許容できるかに焦点を当てることによって、空間的にも地域社会的にも自由度がある議論もできるし、これからの社会の在り方について、多くの選択</u>

Table B
経済・なりわい・産業の再生

ので、そのまま商店街を作っても商店街の先行きに非常に不安が出てきます。震災復興ツーリズム(注:震災の記憶継承や風化を避ける目的でなされる様々な現地訪問の形態)、あるいはまさにアクティビティを充実させた観光の振興という形で、<u>町の中の人口だけでなくて外からのお客様も迎え入れられるような仕組みや仕掛けを重点的に応援していきたいと思っているところです。</u>冒頭の話としては以上です。

(柳井) ありがとうございました。後程また色々とよろしくお願い致します。次は大矢さん、宜しくお願い致します。

(大矢) 大矢でございます。私は中小企業基盤整備機構で復興を担当していますが、小林さんの資料の最後に、仮設工場、仮設店舗、それから赤い方の復興支援アドバイザー制度、こういったもの全てがこちらの事業です。
最初の復旧期間にこのような仮設施設を沢山作りました。事業再開が基本的な目的で、640ヵ所で入居頂いた企業は2,800社余り、

従業員12,000人くらいの仮設施設の整備をお手伝いできたことは大きな成果だと私どもは思っております。それで、この中に沢山の仮設商店街が含まれております。実は仮設にご入居頂いた方の約半分が商業事業者です。商業事業者は地元でしか商売をしていない方々、つまり地元の住民の方々と一緒に生業されていた方々です。ですから地元で作った仮設施設にこういった方々が沢山入居頂いたのだろうと思っております。こういった方々が実際に基盤整備されたら元の町の中心となるべく商店街に当然移って頂けるものだということで継続して支援をしてきましたし、事業者も大部分の方がそのつもりで準備をされていらっしゃいました。ところが実際にはなかなか進んでいない。なぜかというと、受け皿が大きかったのです。宮城県では南三陸もそうですし、女川もそうです。<u>実際の仮設商店街で働く方々や、事業再開していない方々も含めた事業者の数・規模に比べて受け皿(再整備される商店街などの規模)が大きい。これでは正直言って自分達では埋めきれない。</u>また、周りに張り付く住宅にも本当にどのくらいの人が張り付くのか分からない、これで本当に商売をやっていけるのか、

Table C
震災の伝承・風化、次の震災に向けての取り組み

肢が生まれると思います。そういう意味で、今現在不自由さを感じているのがひとつ目です。

もうひとつは、復興準備という活動を2007年頃からやっています。次の災害に備えて、復興をするための準備を今からしておこうという活動なのですが、そんな中で震災前後ではかなり雰囲気が変わってきています。震災後は今回の復興の経験を教科書として次の震災に備えるという雰囲気が被災地外でかなり広がっていて、これおかしいだろうと強く感じています。むしろ、こういった場での議論を通しながら、修正してゆく必要を感じています。阪神の時には復興のメインフレームはまあまあ良くて、おおよそ時代に合っていました。その上で、ほころびが見つかればほころびを埋める、或は復興のメインフレームから取りこぼされた弱者を救う、というところが主要な課題だったんです。今回の場合はメインフレームそのものがおかしいんだと思います。だから、今回の震災復興を教科書として学ぶということはナンセンスで、むしろこのメインフレームのどこがおかしかったのかということを、こういう場所での議論を通して、次の災害復興に繋げていくべきだと思います。今日はそんな観点から議論させていただければと思います。よろしくお願いします。

(増田)はい、ありがとうございました。一巡して話さないといけない課題がたくさん見えてきました。とりあえず議論の入口として、復興の10年間という期間もそれなりに意味があって設定されていると思いますが、現在の5年目の折り返し地点で、とりあえずこの数年の間に緊急に対応をしなきゃいけない問題が、特に医療福祉の方面で考えられるのではないかと思います。というわけで、長期の話はそのあと議論することにして、今立ち返って早急になにか方向性を変えた方がいいんじゃないかということから、議論に入っていこうと思います。長先生、本間先生、家田さんあたりで、何かご指摘があればお話いただきたいんですけど。

(家田)現在、私が自治体に出向してやっているのは地方創生です。そこでの議論のベースは、人口が減少していくのは確実だということです。そのための対策を打たなくてはならないのですが、既

Table A これからの社会の在り方、自治・生活・福祉

という声を耳にするわけです。この原因というのは別にあるわけで、ここでは言いませんが、それではどうすればいいのか。先ほど小林さんからもありましたように、被災地では人がどんどん減ってきています。人がとにかく増えないと商売が成り立ちませんので、人を増やす、あるいは今減りつつある人をどうやって止めるのかが一つの課題としてあります。

それで当機構では、正直言いまして外から企業を引っ張ってこようと思ってもなかなかうまくいかないだろうなと考えています。人が減りつつあるというのは、端から見ると魅力が無いというように捉えられるわけです。そういったところに来てくれと言ってもなかなか来てくれる企業はないのです。福島で立地補助金をじゃぶじゃぶと付けて、行ってもいいよという企業は出てきますが、「従業員は連れて来て下さいね」というとなかなか二の足を踏む、それと同じです。ですから、地元で人口減少を止めるために、とにかく元気でやってくれる人を一生懸命ピックアップして、そういった方により元気になってもらって、「あ、この地域は割りと元気だね」、「みんな一生懸命やっているからここなら住んでも大丈夫だよね」というような機運を盛り上げなければならないのではないかと考えています。

もう一つは、どうやって新しい人を呼んでくるのか、この人というのは観光客という意味ですけれども、その地域にどうやって新しい観光客を呼んできて、「あ、この地域はこういうところに魅力があるからもう一回来てもいいな」、あるいは「他の人にも勧めて、あそこ面白かったから行ってみたらどう」と、そういう地域にするためにはどうやったらいいか、というのを今一生懸命、当機構や関係機関にお願いをしながらネタを探して歩いているところです。今この場にいらっしゃる方の中で、「実はこんないいものがあるよ」とか、「こういう面白いものがあるよ」というものがあったら、是非それを教えて頂ければ、それを利用させて頂きたいと思っております。宜しくお願い致します。

(柳井)どうもありがとうございました。本日現場からおいでの方はそういうアイディア満載ですので、後程披露して頂ければと思います。では小松さん、宜しくお願い致します。

Table B 経済・なりわい・産業の再生

アーをつくっていく、ということをやっております。ここにも、いくつか課題や問題点、今後こういう風に取り組まなければいけないなあということも見えてきておりますので、それはまた、お話できればと思います。以上です。ありがとうございました。

(福留)それでは続きまして、脇坂さんからお願いします。

(脇坂)はい。国土交通省の脇坂でございます。私は実はみやぎボイスは三回目になるわけですけれども、これまではどちらかというと、復興まちづくりについて、公務員の立場で喋る役割でした。というのは、私は震災直後の7月に東北地方整備局に霞ヶ関からまちづくり担当として赴任し、ずっと防災集団移転だとか区画整理だとか、また下水道や公園の復旧だとか、そういったことをやってまいりましたので、みやぎボイスと言えば、住宅やまちづくりだと思ってまして、まさかこんなテーマで呼ばれるとは思ってなかったということです。まちづくりを担当しながら公園の担当でもあり、いろんなところで復興の祈念公園、メモリアル公園の計画がありました。その中で特に大事な所は、国も直接乗り出して計画づくりしていこうという話がございまして、岩手県では一番被害が大きかった陸前高田市の高田松原、宮城県では最も被害の大きかった石巻市の南浜の公園づくりについて関わることになりました。まちづくりの計画自体は、最初のセッションにもありましたけれど、市町村が国や県の支援を受けながらつくるのですけれども、どうしても実際被害があった低平地、産業として利用できるところは良いのですが、なかなかそうでないところは公園にするという計画が結構ありまして、公園にするにあたって、亡くなった方の追悼、また教訓の伝承を一緒に出来ないかという話がございました。政府が出した復興構想七原則の第一番では、失われたおびただしい生命への、追悼と鎮魂こそ、生き残った者にとっての復興の起点である、とあります。鎮魂の森やモニュメントを含め、大震災の記録を永遠に残し、広く学術関係者によって科学的に分析し、その教訓を次世代に伝承し、国内外に発信するということが、実は復興原則の1番はじめに言われております。と言いながら、それを担当する組織があまり無いというところが問題

Table C 震災の伝承・風化、次の震災に向けての取り組み

Table A
これからの社会の在り方、自治・生活・福祉

存の政策や制度は、人口が増えるという前提で制度を作ってしまっています。そういう意味で震災復興の次のステージに移行する時には「人口が少なくなる」という前提で、政策や制度を練り直し、福祉や医療を考えて行かなくてはなりません。そのために新たな仕事をつくっていくとか、或は人口が減少してもなんとか地域が維持できるような仕組みをこれから考えてゆく必要がありますが、そこを悩んでいるというのが現状です。

(増田)「地方創生の人口ビジョン」をなかなかうまく作れなかったという反省もあると思いますが…。

(長)行政の立場だと、とても喋りにくいので、半分以上医者の立場で喋ります。神戸にも少し関わらせていただいた経験では、神戸ではほんとうに大変でした。自治体の力の強い地域と弱い地域での違いもありますが、当時はまだ介護保険が無く、高齢者問題や弱者の方々の問題のサポートシステムが日本全体でまだ未成熟な中で起きた震災でした。ですので、その問題が逆に自治体全体の問題だった筈なんです。今はかなり介護保険をはじめ様々なサポートシステムが整備されており、災害直後はその影響が非常に大きくプラスの面が大きかったと思います。しかし、別の側面では、福祉の問題が専門職だけの問題にすり替えられてしまっているとも言えます。ケアマネジャーさんや地域包括支援センターができて、元気な高齢者はそこが担当するという仕組みになって、行政の大きな問題だという認識になりにくい。具体的には、その専門職の人たちの仕組みが出来たことによって、そこがカバーすればなんとかなるんじゃないかと思われてしまっています。でも現実にはカバーし切れてないのですが、そのことを行政職員があまり実感出来ていないという気がしています。

このように「専門分化してしまうことによって、全体で考える機会を失ってしまう」ということは様々な場面で起きており、それは、まちづくりの在り方に関しても同じではないかと思います。平時の仕組みが出来たが故に、そこが担うことになり専門分化したので、地域全体の超高齢化社会像みたいなことを行政全体の主要課題として考えることが出来なくなったのではないかと思います。

Table B
経済・なりわい・産業の再生

(小松)宮城県の女川町から来ました小松と申します。宜しくお願い致します。

女川町は、人口減少率が日本一ということで、非常に人口減少が著しい町です。震災があって、最近メディアで公民連携を取り上げて頂くのですが、女川の場合は復興提言書を民間から上げて復興が進んでいる形です。それはどういうことかというと、震災後に商工会長が全産業界のキーマンを集めて復興連絡協議会を作りました。その協議会に当時県議会議員だった現町長が顧問で入り、全産業界の長や若手も入って協議会を作りました。その協議会の中で町がはっきり言ったことが二つあって、まず一つが、よくメディアで出る「還暦以上は口出すな、還暦以上は全員顧問で若手に任せろ」ということです。要は復興にこれから10年で町ができて、本当にその町が良かったのということを問われるのが20年かかると考えた時に、還暦以上の人間は、80歳を過ぎているか死んでいるので、若い人に任せて還暦以上は口を出さずにサポートするということを明言しました。

もう一つが、基幹産業の水産業を再建させて行くのだということです。ただし、水産業というのは独立してあるものではなく産業全てが連関しているので、例えば魚の価値を上げたいのだとしたら、女川という場所が観光地として価値が上がれば、そこで食べられる魚の価値が上がります。さらに商業が潤って工業にも影響が及びます。全て産業は連関しているので、水産は水産、商業は商業という考え方はやめようという話をして、復興提言書を復興連絡協議会のメンバー約70名でずっと議論してきました。水産の話に商工業の人が入りますし、商工業の話に水産業の人が入って議論して80ページの復興提言書を作りました。僕は外から入った人間ですのでそれを作る時にサポートで入らせて頂いたのですが、要は町を使うのは我々産業界と住民だから、自分達としてはこういう町にしたいのだということを、産業復興とさらにゾーニングまで含めて町に提出しました。そこから行政と議会と議論を続けてきて、今町が作られているので公民連携のまちづくりということを言われています。

その中で僕自身何をして来たかと言うと、民間の復興提言書を作

Table C
震災の伝承・風化、次の震災に向けての取り組み

でありまして、私も国土交通省の一機関の担当としてこの役割を担っているつもりでございます。二年前の10月ですが、東日本大震災からの復興の象徴となる、国営の追悼・祈念施設をつくるということが政府で正式に決まりまして、追悼と鎮魂、また記憶と教訓の伝承、また国内外に向けた復興に対する発信のために、陸前高田市、石巻市に国営追悼・祈念施設(仮称)をつくることが正式に決まって、私の今の事務所も出来たわけでございます。施設の目的、場所、概要ですが、地方公共団体がつくる復興祈念公園の中に、国営での追悼・祈念施設、丘や広場等をつくることとなっております。32年、震災10年を目標につくるということになってまして、今設計を行っております。これが陸前高田の高田松原ですが、奇跡の一本松があって有名になったところです。そこの場所に国営追悼・祈念施設をつくるということで計画を進めております。今年度中に、3月中にこの計画のちゃんとしたものが外に出る予定ですけれども、考え方としては、道の駅と一体として、津波が起きた海の方向に軸線をつくりまして、道の駅と一体として震災と津波の伝承館と物販施設をつくり、真ん中の広場を追悼の空間にする、そういった設計を今進めているところでございます。今日はどちらかというとみやぎボイスですので、石巻の話もあるかと思いますが、石巻では日和山の下の南浜地区に公園をつくるということが復興計画で決まっていまして、その真ん中に国営の追悼・祈念施設をつくることが決まっております。これは何が難しいかと言いますとですね、もともとまちであって、そこに多くの方々の暮らしがあった跡地を、防災集団移転事業で買収して公園にする、という事情でして、普通は宅地を分譲したらまちづくりは終わってしまうのですが、それをさらに買い戻して公園にするという逆方向の様な事情ですので、大変難しいところがございます。地元の方々との様々な意見交換をしながら形をかためている最中ですけれども、追悼と鎮魂がやはり大事になります。400人も亡くなった場所ですので、それをどうデザインに埋め込むかというのは難しいところがございます。またそこでの人々の50年以上の生活や、震災の教訓をどう伝承していくのかも課題であります。これは今県や市と一緒になりながら、復興庁からもお金を頂きながら、住民の方々とも意見交換をしながら、かたちを作っ

Table A / これからの社会の在り方、自治・生活・福祉

さらに専門的なことを言うと、各行政には通常保健士がいますが、福祉系の専門職や医者などは殆どいないんです。そうすると実際には保健士が高齢者ケアや介護の領域、福祉の問題を担当しているのですが、医療・看護・保健の視点と福祉の視点って違うと思うんです。人権的な配慮とか、近代市民社会が獲得してきたそういった権利に基づく意識とケアをする人達の意識ってちょっと違うので、そういう意味で今必要なのは福祉の視点なんだろうとずっと思っています。今までソーシャルキャピタル（Social capital、社会関係資本／人々の協調行動が活発化することにより社会の効率性を高めることができるという考え方のもとで、社会の信頼関係、規範、ネットワークといった社会組織の重要性を説く概念）が豊かだった東北では、福祉的な機能は、家族やコミュニティの機能でやれていたので行政がやらなくてもよかったんです。今後は、そのことを都会以上に行政が福祉としてやらなくてはなりません。貧困対策とか、人権的な配慮の面で、そういった仕組みづくりが十分には進んでいないと思っています。
話を広げ過ぎてしまうと難しくなってしまいますが、結局世界的に見れば、日本全体の中で教育や環境問題や医療や保健、福祉の優先順位が非常に低いと言われています。或はお金も使っていません。こういったことはジェンダーの問題もかなりあると思っていまして、特に東北は女性の社会進出が低いと思います。或は男女別学から出来上がって来た社会文化があって、女性が得意としており、女性的な課題であるような健康問題だとかそういった問題が、どうしても優先順位として上って来づらい構造があるんじゃないかと考えています。

（本間）先ほどの長先生のお言葉を借りると、私は、制度が地域にどんどん入っていって、住民を追い立てているように感じています。制度というのは言い換えると専門職と言うのかもしれません。長く地元に入って彼らと一緒に動いていると、住民の力って意外と強いっていう気がしています。それを新たな制度や仕組みでコントロールしようとすると、現場では、どうしても非常に窮屈な感じになってしまいます。更に、持続可能性を考えた場合、それがずーっと財源も制度も人材も続くのかというと、多分そうでは

Table B / 経済・なりわい・産業の再生

るために、ファシリテート（注：(facilitate)：（議論・知的活動などを）促進する、容易にする）や書類も作りながら、その計画の中で行政と組まなければ出来ないことは行政と組んでやりましょう、民間だけで出来ることは民間でやりましょうということで、僕は民間だけ出来ることの支援を始めました。具体的に何かというと、その復興提言書の中に、こういう事業がこれからの町に必要なのだ、ということが書かれています。その必要な事業を起業させていくということをやりまして、自分たちの方からこういう事業で起業をしませんか、という人を探して、募集してどんどん起業させていくということをやっていました。その活動をしていく中で、どんどんどんどん忙しくなったので、今のNPO法人アスヘノキボウは、復興協議会の活動をしていた戦略室が前身となって作られた団体です。私たちが今やっていることは、起業化の支援と起業の支援です。これはすでに起業の意思のある人たちの起業支援ももちろんお手伝いもしますし、これから起業を考えている人たちに向けても起業のプログラムを提供しています。
その他に移住促進ということで、女川に住んでみたいと考える人たちに向けて、急に移住ということは基本的に地方ではあり得ないと思っているので、お試し移住で5日間から30日間タダで泊まって良いよということにして、その代りレポートを（ネット上に？）上げて情報発信してね、ということを約束してもらうお試し移住を行っています。また、インターネットで仕事の受発注ができるクラウドソーシング（注：インターネットを利用し社外の「不特定多数」の人に様々な業務を委託する形態、行為）のサービスがあるので、そのサービスを使って東京の企業と組んで地方に移住者を募っています。会社勤めという人は地方に移住ということは仕事があって行けないのですが、クラウドソーシングをやっている人は基本的にフリーランサーなので、インターネットで仕事の受発注ができるということは、東京で稼いでいる30万が女川でもインターネットの環境があれば稼げてしまうので、そういった人たちの流れを作るということをやったりしています。
その他にも元々私たちは産業団体出なので、最近は東京、大阪の製薬会社と女川町と私たちで提携して、ヘルスケアなどの予防医療を行い医療コストも削減していきながら、地域のものを食べ経

Table C / 震災の伝承・風化、次の震災に向けての取り組み

ているところです。三月には委員会を開催して、設計概要をオープンにしていく予定です。私からは以上でございます。

（福留）どうもありがとうございました。それでは、佐藤尚美さん、宜しくお願いします。

（佐藤尚美）こんにちは。石巻の北上町から参りました、住民任意団体 WE ARE ONE 北上の佐藤と申します。今日は宜しくお願いします。私たちは、震災後に立ち上がった団体でして、震災後当初、地域にお店が無くなったということで、お店を仮設で設置して、その後、復旧・復興の中での流動的な課題の解決を、ちょくちょくお手伝いするというところから活動をスタートしました。その後に復興支援員の制度が北上町にも入りまして、私は今年で3年目になるのですが、半分は復興支援員の立場で地域で活動しています。復興支援員のことも含めてお話しますと、活動の2年目からは復興支援という枠組みから少し抜けて、被災した地域の、北上町は細長くて、被災した地域と被災していない地域がはっきり分かれている地域なのですが、被災した地域と被災していない地域を全部ひっくるめて地域づくりという格好で、活動をしてきました。昨年の8月に、3回目となる白浜海水浴場の海開きを行いましたが、そういった地域でのイベントを復興支援員の活動として行ってしてきた中で、今後は地域福祉や集落運営、そういったところが地域に一番必要ではないかと考えております。ただその中でどうしても官民協働というところがなかなかうまく行っていなくて、そこが今一番大きな課題かなあと考えています。たぶんこのテーブルに呼ばれたのは、石巻市の復興まちづくり情報交流館北上館という市の秘書広報課が管轄となりますが、市の情報を住民に提供しましょうといった施設が出来るんですね。たまたま私たちの拠点の隣にその施設ができるということもあり、私たちの方で受託して運営をすることになりました。震災の伝承・風化は私たちもずっと気にはしてきていたんですけど、正直今までここにあまり積極的な活動はしてこなかったんですが、私も復興支援員をやっていて、そろそろ小学生も震災の記憶がほとんどない子たちが入ってきてるというのを、ああもうそういう風になっちゃっ

Table A

これからの社会の在り方・自治・生活・福祉

ないでしょう。もう少し地域住民の力を活かせるような方向に力を注いでいかないと、持続は難しいのではないでしょうか。国もお金も復興支援ということでやってくれるうちは良いのですが…。例えば、災害公営住宅に集会所があって、そこでコミュニティづくりをしているのですが、名前通り集会所でしかなく、住民の居場所になっていないんです。自治だからという建前で光熱費も自分たちで出すっていうことになり、そうなると（中越や兵庫でもそうでしたが）会議の時だけ鍵を開けて利用して、その他の時間は閉まっているというような利用形態になってしまっています。災害公営住宅では、今まで彼らが生活したことがないようなマンション暮らしを強いられています。そうした中で、なんとか他の人たちと交流しようとしたときの唯一の場所が集会所なのですが、集会所が単なる集会所でしかなくて居場所になっていない。そういう状況では、本来自分たちで持っている地域力を発揮することは出来ません。「地域本来の力を活かす」という方向性を目指すのであれば、大きな制度を作ってどうするかということではなくて、もっと身近に解決のヒントがあるのではないかと思っています。

（室崎）ふたつコメントさせてください。ひとつは簡単なコメントです。「人口減少していく、だから仕方がない」という議論ではないと思うんです。「人口が減少していく」ことに加えて言うと、それは「非常に格差を伴いながら減少していく」ということだと思うんです。「これ以上人が減ってはいけないところほど人が減っていく」というアンバランスな人口減少のスパイラルが動いていることを直視するべきです。それはどこかで歯止めをかけないといけないと、と私は思っています。それはまさに日本の生活や暮らしを支えてきた中山間地や、沿岸部の集落の人口減少を本当に許容していいのか、そういう質の問題として人口減少を考えるべきだと思っています。

ふたつ目は、長先生に教えていただきたいのですが、現在はいろんな意味で制度が充実しているわけです。だけど結果として、一人一人の被災者の健康や暮らし、例えば、孤独死や震災関連死など、そういうものが後をたたないわけです。阪神のときもそうだったのですが、でもじゃあどういう理由で孤独死が起きているの

Table B

経済・なりわい・産業の再生

済循環を作る、というプロジェクトも進めています。

ということで、本来行政がやるべき事業を、民間と一緒にやった方がいいよねというものに関しては行政に私達から提言する、若しくは行政から話をもらって、私達は業務委託を受けてその事業を動かして、行政が通常やる以上の成果を上げる、ということを目指して活動していまして、基本的に産業をメインにやっています。

女川は特に大きな人口減が起きていますが、その中でどうしていくか、という議論を必ず出しています。日本自体の人口が減っているなかで、女川で急激に人口が増えることは基本的にあり得ないだろうと思います。ではどこを目指していくのかを考えたときに、町長がよく使う言葉が活動人口という言葉です。交流人口は観光に特化していますが、活動人口は、観光以外の、例えば女川という町を使って動く人たちです。例えば東京に住んでいるけれども女川の仕事も手伝いますよというプロボノ（注：各分野の専門家が、職業上持っている知識・スキルや経験を活かして社会貢献するボランティア活動全般。それに参加する専門家自身。）の方

や、若しくはビジネスとして東京に住みながら女川に関わる人、先ほどのフリーランスの人たちで言えば、移住はしないけれども季節のいい時期には東京のビルの中で仕事をするのではなくて女川で仕事をする人たち、そういった活動をする人たちをどれだけ増やしていくのか、ということを今議論しています。どちらかというと移住というのは最終的な結果と捉えて、そのプロセスを活動人口という形で人を動かして作っていくということを、今議論しながら女川はやっています。私からは以上です。ありがとうございます。

（柳井）どうもありがとうございました。また後程、人口減少も含めましてお話を進めたいと思っております。次は小杉さん、宜しくお願い致します。

（小杉）東北活性化研究センターの小杉と申します。前職は東北経済連合会のビジネスセンターで企業支援をしておりました。こうやってご説明するといつも、我々は国の機関と違いまして名前を

Table C

震災の伝承・風化、次の震災に向けての取り組み

たんだというのをリアルに感じたので、これから取組んでいかなくちゃならないなと感じていました。復興まちづくり情報交流館を活用して、これまでの5年間のいろんな支援のスキームをきちんと整理して、記録する作業が今まで北上では出来ていないので、そういった部分を整理していきたいなと思っています。最終的には地域福祉、集落運営に住民の声をきちんと届けて、これからの若い世代の人たちに良い仕事を生み出すということを使命にしています。どうぞ今日は宜しくお願いします。

（福留）どうもありがとうございました。では続きまして、藤間さんからお願いします。

（藤間）はい。皆さんはじめましての方も、いつもお世話になっている方もいらっしゃいますが、どうぞよろしくお願いします。みらいサポート石巻という団体から来ました、藤間と申します。今ほどお話頂いた佐藤尚美さんと同じ石巻ではあるんですけれども、石巻はご存じの通りとても広いので、私の方はどちらかという

石巻駅に近い中心地といわれているところで活動しています。私自身はボランティアで石巻に来て、そのあと2011年10月石巻に移住して、四年半くらいになります。その間、震災伝承プログラムにずっと関わり続けていることもありまして、ここに呼んでいただいたのかなと思っております。私自身は被災者ではありませんので、私自身が語り部活動をするということではないんですけれども、語り部プログラムの開催・参加を希望される方と、地域でご案内をしても良いですよという方の間に立って調整活動をするというのが、私の大きな仕事になっています。震災の語り部ということで、部屋の中で語り部さんのお話を聞いている様な写真がありますが、当団体は最初このスタイルからプログラムがスタートしました。元々はボランティアで外から来た人たちが、2日か3日の滞在で、地元の人とほとんどお話をしないで帰る現状にあったのを、私たちの団体は地元のスタッフが当初多かったので、地元のスタッフが、自分たちがどういう被災したのか、どのように感謝をしているのかの思いを伝えるために、ボランティア活動が終わった後の夕方に、車座になって会を開くというところから始

かっていう現実の分析は意外に行われていない。例えば震災関連死について言うと原因別の数字が出てこないとか、そういうところの調査が十分行き届いていなくて、問題点が見えてこないんです。結果として制度が変わったのに問題が更に深刻になっているとしたら、その制度にも問題があるのかもしれないと思っています。もしくは、形だけは上手に整ったけれども内容が伴っておらず、形を活かすような運用やソフト面がちゃんとやられているのかどうかっていうことも、問い直さないといけないと思っています。

（塩崎）議論がいきなり日本全体に通じるような、日本社会全体が抱えている問題にいきなり入っているので、どっから口を挟んでいいのかわからないんですけども…。増田先生が最初に出されたお題はけっこう難しい内容だと思います。「ターニングポイントを迎えて今やるべきこと」みたいなお題でしたが、僕の感じではもうちょっと手が出せないのではないかと思います。殆どの事業が執行途中にあって、やめろとか、方向転換しろとかそういうことはもう言えないので、しばらくはこのまま走るしかしょうがない

というのが僕の印象です。けれども重要なことは、おおむねハード系のものが立ち上がっていくと、これからそこでの生活が始まるということが一番問題で、そこに対してはまだ頑張って何かやらなくちゃいけないと思うんです。

先ほど長先生がおっしゃった中に、「仮設住宅よりも災害公営住宅のほうがひどいことが起こるんじゃないか」って話がありました。そうならないことを祈るのですが、孤独死というものについて、ちょっと分析してみます。建設型の仮設住宅における孤独死っていうのは東日本大震災でもずっと起こってまして、現在私が把握しているのはこの5年間で190人なんです。阪神の時と比べると、入居世帯に対する割合でいうと半分くらいの率なんですよね。5年目の東日本で0.15％くらい、阪神の時は0.4に近いくらいなんですね。ただだけど、1年目2年目3年目4年目っていうのは、この上がり方のカーブはほとんど一緒なんです。入居世帯は減っていくのですが、発生率はだんだん増えていく傾向がある。何故そうなのかというと、結局孤独死しそうな人がずっと沈殿していくってことなんです。震災から5年が経って、東日本の仮設住宅は一応

Table A これからの社会の在り方、自治・生活・福祉

あまり知られていなくて、何をしている機関なのかから始めないといけなくて申し訳ないのですが、特にお金もあまりないところで企業支援をしております。皆さまの企業に入っていって、あなたの企業で何が今足りませんかというお伺いをして、お金が無ければ、例えばグループ補助金使ったらどうですかとか、中小機構の地域資源制度等を使ったらどうですかとお話をしながら進めるなど、ビジネスセンターにいる時は主に企業のご支援をしておりました。

東北7県を主にターゲットにしておりまして、7県それぞれを回って、大船渡に行ったり釜石に行ったり秋田に行ったり、各地を回りながら仕事をしています。皆さんそれぞれ抱えている問題がバラバラでして、共通項があるのかなというぐらいバラバラな企業様のご支援をしています。ですので、一番支援で苦労するところは、あなたの会社は今本当に商品開発をしている場合ですか、というような会社に入っていって、「はい、やりたいのです」と言われても、「いやそうではなくてもっと企業体力つけるべきじゃないですか」とか「あなたはもっと違いますよ」とか言いながら、喧々諤々

で支援をしてきているところです。

例えば、仙台港にある水産加工業者から商品開発したいよ、と依頼が来た時には、マッチングでこういう所と一緒にやりましょう、などとやってきております。登米の会社から、新しいもの作りたいですと言われた時には、あなたのところは企業体力がないので、もう少し中小機構のアドバイザーにお伺いして、企業の立ち直しをしてから新商品開発するための企業体力をつけて、それから打って出ましょうとかアドバイスしています。そうしないと商品が出来ても売る資金がないでしょう、売る人もいないでしょうという話をしながら今まで、支援をしてきております。

先週も柳井先生と一緒に釜石の蕎麦製造メーカーさまと懇親会をしたのですけども、そこも蕎麦を作る時に売れるためには何が必要なのかという話をしまして、美味しい蕎麦が長持ちすれば売れるよね、という話をしました。そこで、粉の段階から殺菌すれば長持ちするのではないのという話をされまして、ＪＳＴ（注：科学技術振興機構）の補助金を使ったのですが、粉体殺菌から始めまして美味しい蕎麦を一週間もたせて、各所に売り込むといった

Table B 経済・なりわい・産業の再生

Table C 震災の伝承・風化、次の震災に向けての取り組み

Table A
これからの社会の在り方、自治・生活・福祉

終わろうとしてますが、おそらくあと3年くらいは残っていくでしょう。そんな中で孤独死が起こる密度がだんだん上って行く可能性があるので、これをどうするかがひとつ大きい問題だと思います。それからもうひとつは関連死ですよね。関連死はもう3407人くらいになっていると思います。阪神の時は932人くらいだったと思いますが、これも大変な数で、これをどうするのかっていうことも大きい問題です。ハード系の事業はもう「戦艦大和」みたいにどんどん進んでいますが、被災者の居住環境で営まれるアクティビティについて、どう手を打っていくかが大変大きい問題で、何としてもやらなきゃいけないと思うんです。

その点で先ほどの話と絡めて考えると、結局多くの自治体では福祉も医療も手薄で、それに対応していけるだけの体制がないわけです。特に今回の被災地の小さな自治体ではそんな人員もいないし、お金もない。だからといって、合理化で人を減らし、全ての職員が完全に機能することを前提にした組織ではだめで、何が起こるか分からないのが日本の社会、日本の国土なので、災害が起こった時にも対応できるような体制を作っておくべきです。普段の財政状況からしたら「そんな無駄なことできるか！」って思うかもしれないけど、でも、家庭に消火器置くようなもんですよ。消火器も普段使わないけど、無いとまずいわけだし、保険もかけておかないとまずいわけです。だから、無駄だと思われても、やっておかなくちゃいけないことあるわけなので、自治体は今までそれをどんどん削ってきているから、この状態に対して対応できないっていうことなんです。

この震災から学ぶとすると、日本全国にある自治体でも人口減少や高齢化など、社会がどんどん劣化していく中でも、災害に対応できるように社会を変えていかなくちゃいけないんじゃないかなと思っています。

(津久井) すみません。阪神方面からばかりなのですが、今の点に関連してということでお許しいただければと思います。さっき加藤先生がおっしゃったように、確かに阪神は格差ゆえに取り残された方々に対してどう向き合ったらいいかという問題をずーっと取り組んできて、20年目の今もやっているわけです。すでに東北

Table B
経済・なりわい・産業の再生

話をしたりしております。

東北経済連合会から東北活性化研究センターに移ってからは、個別の企業のご支援というよりももう少し大きな話をしております。例えば東北の食品関連産業はメーカーの中では雇用の数では一番多いですよね。その反面、付加価値（生産金額から原料費用などをのぞいたもの）は低いです。東北の食品関連産業の従業員一人当たり付加価値が600万円を切るような状態になっており、全国平均と比べると半分以下になっております。他産業の優良企業では1,700～2,000万円ぐらい付加価値がついています。それに比べると3分の1の中で暮らしていますので、その方々がこれからどうすればいいか、という話をさせて頂いております。

例えば、福島の浜通りでワインを作りたいというお話があり、どうしたらいいですか、というご相談を受けています。葡萄は生食用だと1,000円／kgで売れるところを、ワイン用は300円／kgと安くなるので、葡萄農家はワイン用ブドウを作っても儲かりません。葡萄農家ではなく、ワイナリー経営者になれば、付加価値がつきますよよといった個別なことに踏み込みながらご支援しております。

私どもは大きなくくりのなかでは付加価値を付けましょうと言いつつ、足元では小さな企業を相手に、そのためにこれをすれば良いんですよ、ここのお金を使ってやっていきましょうという話をしています。我々にお金はありませんし、人もあまりいませんが、一緒になって国や中小機構の資金を使ってやっていきましょうと言っています。

最近は地域コミュニティの支援もしておりまして、身近なところでは山形県の川西町の「きらりよしじまネットワーク」というすごく良いところありますし、岩手の北上市とか一関市では地域共同体を作って行政をうまく使いながら動いております。そういったすごく良い例を宮城県にご紹介しながら、やる気のあるところはまずやって、頑張って、後に皆続きましょうということを、少しでもご紹介するような形で今作業すすめております。以上です。

(柳井) ありがとうございました。ただいま学識経験者と支援関係の方にお話をお伺いしました。興味深い話もいくつか出てまいり

Table C
震災の伝承・風化、次の震災に向けての取り組み

まったので、私たちの震災の語り部活動は部屋の中でゆっくりお話を聞くという形から始まりました。その後ですね、ボランティア活動は出来ないけれど、お土産などをたくさん買って経済的な支援をしたいという人たちも受けいれてほしいという旅行会社からのご相談があって、もちろんどうぞということで受け入れると、今度彼らは外を見ていないので、外を案内してほしいという話になって、車中案内と言うプログラムがスタートしました。その流れの中で、次に出来たのが、防災まちあるきというプログラムです。2014年の3月から、私たちは1つのアプリを無料公開しています。石巻津波伝承ARアプリと言うんですが、このアプリを無料公開して、震災前や震災直後の写真ですとか、工事現場であれば未来の絵などを、いろんなところから頂きながらアプリに入れて、見て頂ける様にしています。震災後もちろんまちが綺麗になるのはあたりまえすし良いことですけれども、ふらっと来た人たちが、案内人がいなければここでどんなことが起きたのかがわかりづらくなる中で、アプリを見てもらいながら街を歩ける様なプログラムをつくり、個人でアプリをダウンロード頂いてもある程度歩けるようなプログラムをつくろうということで、2年前から公開しています。そしてそれを使ったまちあるきプログラムを運営しています。最後に、語り部と歩く3.11というプログラムがありますが、これは小学校の先生からの強い希望で、大きな部屋で150人とかの生徒に一人の語り部さんが話してもなかなか子どもたちに伝わりにくいので、どうにか小さなグループに出来ないかと言う相談を頂きまして、それで語り部さんが被災した場所の周辺を一緒に歩いたりするプログラムを開発しました。これは小中高校生のみを対象としているプログラムで、去年くらいから修学旅行などで利用して下さる方が増えているプログラムであります。私たちのプログラムは、毎月の統計をとると、基本的には利用者は増えている状況にあります。小中高校生の割合が少しずつ増えていまして、今全体の23％くらいは小中高校生が占めている状況にあります。最後なんですけれども、私たちはプログラムのほかに、2つの施設の運営をしています。2014年3月に、最初は小さくはじめたつなぐ館という施設ですが、震災のことを、後世や、時間軸だけではなく、震災を体験していない方たちへ伝えていきたい

Table A — これからの社会の在り方、自治・生活・福祉

地方でもそういう問題が起きているということに対して、増田先生は問い掛けたのだと思います。「制度や仕組み・インフラをつくって救う」という方向の模索と同時に、目の前にある個別の問題の解決ということで対応可能なものがあると思います。5年目を迎えて「制度や仕組み・インフラをつくって救う」ことはほぼ先が見えています。もう一方をどうするかが現在問われています。今、仙台弁護士会が石巻を中心に個別調査というものを実施しています。災害公営住宅に入る方々と仮設住宅に残された方々と、また別に、在宅被災者と言われる、自分の家に住みながら5年間まだ避難生活的なことをしておられる方々がいます。この間、40数件の事例報告があったのですが、そのうちのひとつは持ち家でひとり住まいをしていて、病気を幾つも持っていて医療費が非常にかかる。家族はいるけども疎遠で助けてもらえません。公営住宅に入りたいけれども税金が滞納されていると要件を欠くということで入居できないようです。本当はそういう人こそ災害公営住宅に入るべきだと思うのですが、滞納者は入れないようです。それから、生活保護も物件を持っているからダメ、という中で、更に宮城県の場合は医療費が4月から打ち切られるという見込みだとのことでした。一旦、宮城の場合はその前にも打ち切りが1年間ほどあり、病院にほとんど行かなかったようです。それまでは行ってたのですが、無料でない期間はずーっと家にいて、相当病状が悪化して、また無料化したので行くようになって、なんとか一命をとりとめたというケースなんです。

二つのことが言えてですね、ひとつ目は保証人がないと公営住宅に入れないという要件設定については、公営住宅法上は、そんな要件はいらないので、復興庁から要件の緩和の意見が出たようです。同じく「税金を滞納している人は入れない」というものについては自治体によっては柔軟に対応しているところもあります。こういうような技術的に対応可能なものは、できるだけ広く解釈すれば多くの人が救えるんじゃないかと思っています。

もうひとつのケースは、この人の場合は生活保護を受けられるんです。自宅があっても他の要件を満たせば生活保護に入れるわけですが、平時の感覚で水際的に申請が却下されていたようで、ご本人もそんなもんかと思っていたところを、弁護士たちが生活保

Table B — 経済・なりわい・産業の再生

ました。それでは須能さん宜しくお願い致します。

(須能)石巻魚市場の須能と申します。皆様のおかげをもちまして、昨年の9月に世界最大級の880mという高度衛生管理の魚市場が完成致しました。ありがとうございました。石巻の水産業界につきましては、実は震災で約5万トンの製品あるいは原料が、100以上の自社冷蔵庫あるいは営業冷蔵庫にありました。これが津波で壊され、電気も来ないということで、腐敗が始まりました。この問題について我々業界が自ら全員解雇した状態ではありましたが、労働賃金が国から頂けるということ、環境庁の方から水深2,000mのところに投棄していいこと、それからパック詰めのような切り離せない切身などについては山形に廃棄処理をお願い出来るということで、300人の人間を毎日雇用しました。不正が無いように全員に名前を書かせチェックし、半数の人間を約10班に編成して10カ所の冷蔵庫に派遣し、残りの半分の人間は岸壁に行き持って帰ってきたものを分ける作業を2ヶ月かけて行い、5万トンの魚を処理致しました。この作業は、誰も経験のない非常に臭い大変な作業でしたけれども、経営者も新入社員も一体となって仕事をしたということで、皆さんが指摘されるように、従来同年代としか取れなかった横のコミュニケーションでしたが、初めて風通しの良い場が出来たなと、私は思っています。

3月21日に業界全体の復活を宣言し、3月31日に水産業界の復興会議が自主的にできまして、これも全てマスコミを経由してオープンにしました。当初は週に2回ぐらい、現在は月1回ですけれども、常にやってきたことによって、現在抱えている問題が何かということを関係者に広く知らしめて、7月12日に初水揚げが可能になりました。こういう意味では良かったなと思っております。

ただ問題は、我々はその時以来、いまだにマラソン状態で走っております。はっきり言えば、我々は戦争状態にいるような気持ちでこの復興に向かっています。当時の国、県、市の人たちも、全員が同じような認識に近かったと思います。ただ残念ながら4月に人事異動があり、これを毎年繰り返すと、これは駅伝のようになってしまい感情の流れが通じなくなり、どんどん常識が優先し

Table C — 震災の伝承・風化、次の震災に向けての取り組み

という思いから、つなぐということばを使い、開館しています。そして去年の4月に、石巻市の復興まちづくり情報交流館や、地域の新聞社がつくっている石巻ニューゼさんという施設の近くに移転して、3館が連携して出来る様にしています。それとともに、先ほど脇坂さんからもお話があった国立の祈念公園が出来る南浜に、市から土地を借りまして、南浜つなぐ館を昨年11月に開館させています。この地域に住んでいた方々の記憶を集めたりですとか、どんなふうに避難をされたのかを共有する避難経路の聞き取りのプロジェクト等を少しずつ始めているというところです。以上になります。ありがとうございました。

(福留)どうもありがとうございました。それでは、佐藤翔輔先生、どうぞよろしくお願いします。

(佐藤翔輔)はい。半分の方ははじめましてです。東北大災害科学国際研究所から参りました、佐藤翔輔と申します。今、佐藤三人目ですけれども、この円の中に佐藤四人おりますので、佐藤翔輔でございます。どうぞ宜しくお願い申し上げます。尚美さん、正実さん、研さん、翔輔でございます。よろしくお願いします。これ言うと結構うけるんですよね、最初(笑)。それでは、お手元の四つ切の資料をご覧ください。一応、私は研究をしている者ですので、一貫して研究する、科学するという立場から、震災伝承に携わらせて頂いています。震災伝承を、災害科学からアプローチするというテーマで、お話させて頂きます。これはつかみでご覧になって頂きたいのですけれども、今、我が国にある、震災のミュージアムですとか、アーカイブの場所をプロットした地図になります。東日本大震災の被災地をご覧になって頂きたいのですけれども、緑一色です。他の被災地にない一番の特徴は、語り部さんやガイドさんが、異常に多いというのが、この東日本大震災の特徴です。こんなことを可視化した上で、こういった取り組みをサポートしなければいけないんだなということで、これまで研究してきました。実は、元々のバックグラウンドが情報系なもので、情報関係から入ることを最初はさせて頂いております。今ほど藤間さんの報告で紹介いただきましたアプリケーションですけれど

Table A

護の申請の支援をしているということです。
例えば、このように、復興では、一人でも取りこぼされた方々がいるのであれば、ひとつひとつ解決してゆくということは大事なことで、それが大きな課題の解決にもつながるんじゃないかと思います。

もうひとつだけ。関連死について室崎先生も塩崎先生も話題に出しておられましたが、これは今放置状態にあります。この間裁判があって、私も高等裁判所から参加させてもらったのですが、審査会の記録は証拠で出ています。これは今まで外に出てなかったのですが、名前は黒塗りされてますが、実際の審査の過程プロセスっていうのが出ていて。それは私からみると杜撰に見えます。たぶん一部の審査委員の方々の所見などによってなされているんだと思うのですが、関連死を防ぐための手立てや今後の教訓を検討する上では、まだまだ手が入る余地があるのではないかと思います。このあたりのことも、今やれば多くの事例を救える可能性はあると思います。先ほどの仙台弁護士会のヒアリングの中の事例では、夫が震災後1か月して自殺し、ご本人が認知症の傾向があるという状況で、「関連死とか何か」を知らないので申請もしてないと思われるケースもありました。

（増田）生活支援員のような制度も含めて、個々の一人一人の対応だけではなかなか難しくなってくると思うんです。個々への対応だけでなく、先ほど本間さんからも提起のあったように、災害公営住宅等の整備の中で、地域のコミュニティづくりや見守り、地域包括ケアのような関係づくりでの対応がこれからの課題として出てくると思います。小泉先生、例えば岩手でやられている事例も含めて、こんな対応をもう少し力を入れた方がいいのではというのがあれば…。

（小泉）もちろん災害公営住宅も大事なのでその話もさせていただきますが、仮設に残される方が大事なんですよね。塩崎先生もおっしゃったようにね。例えば、私が関わったある自治体では、遅れて形成される災害公営住宅も幾つかあるんです。おそらくそこに住まわれる方が最後まで仮設に残るんです。これが何を意味して

Table B

て、法律上の解釈が非常に狭義的になります。さらに政治的な判断ではなく、だいたい主任以下の30代前後の（役人の）方の判断で決まってしまい、上の方の人は不用意に指示すると、内部告発ではないのですが、なんとなく圧力かけたようになるということで、末端の方の判断が最終判断になってしまい、非常にやりとりに手間暇がかかります。ですから、早くその辺を弾力的に解釈して頂きたいです。今後の震災に活かされるときに大事なことは、法律の考え方は誰のために何をやるのだという本来の筋を忘れて、いかに法律上の瑕疵を作らないかに注力するようになってしまったことです。例えば、ほとんどの会社が社員全員を解雇しました。そしてその時に皆さん（第三者）が考えた雇用問題は、働く場所がないから人が余って困っているだろうと思っていたわけです。実際はそうではなくて、彼らは生活しなくてはならないので、失業保険もらっていたのですが、途中で再就職すれば残りの残期間はもらえなくなるから満期までもらおうとするわけです。それと、一旦辞めさせた会社側からは再雇用は出来ないことになっていたのです。それまではね。ダメだからクビにしたのでしょう、辞めさせたのでしょう、という法律的な考えです。実際はそういう事情ではなく、やむなく辞めて頂いたのだから、出来れば手の慣れた人に再就職してもらいたい、すぐ帰って来てもらいたい。但し何かがあったときにまた雇用保険が使えるように、残期間が担保されれば積極的に働いてくれるわけです。それをミスマッチで、雇用したいけれど職場がないのだろうという認識で対応されているものだから、我々の伝えることがなかなか理解されず、結果的には再雇用は認められましたけども、残期間方式はまだありません。

それと同じように水産業に特化して話しますと、水産業というのは、魚を獲る漁業、水産物を加工する二次産業、販売する三次産業がありますが、農業では米麦大豆を作るのが農林省、それから作る味噌醤油酒の醸造業は経済産業省の管轄になります。水産物を加工する缶詰、ソーセージ等は水産加工業と我々は理解していました。現実に水産庁という組織の中には、水産加工課というのがあるのですが、実質的にそこにはＩＱ（注：輸入割当書）、ＩＬ（注：輸入承認書）を扱うだけのところで全体を管轄する所管ではない

Table C

いるかというと、一番問題がある層がご指摘のあったようなかたちで残るんです。しかもそれが数人とかいう単位じゃなくて、結構な世帯数で残っちゃう。どうしてもこれからの生活、公営住宅のほうにばかり目がいってしまうのですが、両方共、二重にケアする必要があるということを強調しておきたいと思います。例えば、そこの町長さんも「やっとこれから公営住宅に移行できる」ということで、公営住宅にすごく関心をお持ちなのですが、取り残されていく仮設住宅の方がむしろ深刻な状況が生じてしまう可能性を、常にお伝えしています。

もうひとつ。公営住宅では、URさんや、復興支援に入っている我々の仲間が、入居前からのコミュニティづくりを試みたりはしてます。例えば、入居者への説明会の時にちょっとした懇親会をやって、そこで仲良くなっていただく取り組みや、事前にコミュニティのリーダーになってくれそうな方にお声掛けをして、住まわれた段階から自治組織の立ち上げが比較的スムーズにいくような、そういうサポートはやっています。それから<u>そんなコミュニティ形成への取組の一方で、非常にパーソナルなケアの体制をそこにど</u><u>う組み合わせるのかも重視しています。</u>例えば、被災者支援や福祉の担当の方と、密に連絡しながらやろうとはしているのですが、なかなかそちらの方の人的リソースが足りなくて、実際のところは手が回っていない状況があります。

（増田）私たちも、「東北地域づくりコンソーシアム」という活動をやったりしているのですが、復興支援員の人たちが地域を巡回し、御用聞きみたいなことをやってくれてはいます。しかし宮城県の中ですら、そういう制度を使って住民と行政の間を繋ぐ取り組みをやっているところは僅かしかないという寂しい状況もあります。何故そういう仕組みが広がらないのかというと、端的に言うと、地元の自治体から手が上がらないということではあるのですが…。少しそのような仕組みを組み込まないといけないかなと思います。じゃあ、住宅づくりの現場ではどうですか。

（手島）日本建築家協会の手島と申します。こういったシンポジウムを企画することは決して本職ではなくて、実際は建築設計事務

── Table A: これからの社会の在り方、自治・生活・福祉

のです。当時私は水産庁に行って、漁業庁に名前を変えて下さい、漁業者向けだというなら我々も納得しますと言いました。要するに水産業は獲って売るまで一貫しているまさしく６次産業です。この６次産業というのは、ほかの産業にないのです。だからこの話をしてもなかなか理解してもらえません。いまだにトップが農林省ですから相変わらず加工流通は経済産業省中小企業庁の管轄です。ところが経済産業省中小企業庁のレベルで言えば、水産業の加工の装置とかにおいてはグループ補助などでやってくれましたけれども、<u>５省庁４０事業には経済産業省は入っていません。</u>ですから商業部門の補助事業メニューが非常に少ない。ほとんど無いに等しいです。ですからこういうことは誰のために何のためにということで度々国会などに陳情に行って話しましたけれども、今までの国の制度の仕組みを変えられません。例えば４分の３の事業は、最初の４分の３は４分の１を県が補助するということですから、第一次補正を国が５月に決めたにも関わらず、それが宮城県にきて、宮城県は国から金を貰ってから補正予算を組んで４分の１をやりましたから、実質的に動いたのは９月過ぎになったわけです。その後の財務大臣が安住さんになり、地元の事情を分かっている安住大臣に直接行って、４分の３を直接国がやってくださいとお願いしました。なぜなら県は金が無くて国に頭を下げにいかなければならないので、そういう<u>上意下達のようなことはやめてください</u>ということです。はっきり言えば国は国民を見るのではなくて県庁を見ているのです。県庁は県民を見ているのではなくて各自治体を見ているのです。各自治体は初めて市民を見るのですが、実際は市民の生活が大変だから、産業のところまで意識がいかないのです。今私が言ったことは私の発想ではなくて、３月１１日以降私は２か月間電気がなかったので、夜中に起きていつも深夜放送（ラジオ）を聞いていたのですけれども、その時、阪神淡路大震災の結果として、皆さんが異口同音にこのようなことを言っていました。ということは、<u>なかなか教訓が活かされない</u>ものだなと思いました。ですから明治時代以降の日本の国のかたちというものは本当に変わっていないし、これを機会に国のあり方、制度のあり方を考えて欲しいなという思いでした。

── Table B: 経済・なりわい・産業の再生

も、つくったのはもちろんみらいサポートさんですが、それが本当に効果があるのかどうかの検証をお手伝いさせて頂いたり、東松島の図書館さんがされている、まちのなかにあるアーカイブの活用、名取の観光協会さんがされている、カッコいいスマートグラスと言って、現地に行くと過去の映像が投影されるというものですが、そういったものの効果を検証することのお手伝いをしております。左上の写真は、これもみらいサポートさんになりますが、語り部さんたちがいらっしゃる勉強会で、こういうことが災害の常識ですよとか、こういう風にするともっと良いですよ、というようなことを、お手伝いさせて頂いております。最近もっぱら一番力をいれてやっていることなのですが、次にご紹介される川島先生とご一緒させて頂いているのですが、碑文とか、口頭の伝承とか、震災遺構とか、あと歌とか、朗読とか、このあと川島先生が紹介するお祭りとか、いろいろな伝えるもの、私は<u>津波伝承地メディア</u>と呼ばさせて頂いていますが、これらについては、どれだけ減災に寄与しているか、人的被害を無くしているか、数字的な根拠というものは無かったんですね。こういったことを数値的に評価できるように、調査研究を進めております。先日、津波碑と、津波に由来する地名については一定の効果があったんではないかと言う見解をお示しして世に出してございます。次は自分の中では一番比重を占めていて苦しめられている事なのですが、２つの大きなプロジェクトを両輪でやっております。これが実は石巻でさせて頂いている事なのですが、右側から行きますと、場づくりと書かせて頂きました。石巻地方でつくる、震災学習の協働事業体制を、みらいサポートさん、脇坂さんらとつくっております。石巻全体、北上等も含むと思いますが、現状を簡単にまとめております。左側の写真三枚は、ガイドさんや語り部さんや展示の写真なんですけれども、実は東日本大震災では、この石巻が被害規模最大の被災地でございます。そういった関係で、ガイドさんや語り部さん等が一番多いのも石巻ということになります。一方で、右側の絵をご覧になって頂きますと、限りあるところでしか集計していないのですが、年々利用者が減少してしまっているということがわかりました。一方で下に、写真が二枚ありますが、これは阪神淡路大震災と、中越地震の被災地ですが、数字は出してい

── Table C: 震災の伝承・風化、次の震災に向けての取り組み

Table A
これからの社会の在り方、自治・生活・福祉

所をやっています。今回、災害公営住宅を２か所で手伝っています。ひとつめは岩沼市の玉浦西です。その時の反省といいますか、思ったことを幾つか挙げさせてください。その時は、あまり入居者説明や要望の吸い上げということをやらなかったんです。理由としては、整備した宮城県の復興住宅整備室との打ち合わせの中で、次のような方針になったからです。「国の大きな方針としては自力再建を後押ししているので、自力再建して良かったって思えることが国にとっても地域にとっても重要である」「災害公営住宅は自力再建出来なかった被災者のためのセーフティーネットである」そして「被災者の意見を過剰に聞き、自力再建者より良い生活が出来てしまったら、地域の中のバランスの中が崩れ、モラルハザードが起きてしまう」ということでした。震災後２年あたりで世の中はまだまだ混乱していましたし、確かにそうだなと思いました。そういう理由で住民や入居者の意見はあまり吸い上げませんでした。ただ、相互見守りが何とか出来るようには工夫しました。ところが、僕が今になって足りなかったなぁと反省しているのは、ソフトに対してのバトンタッチなんです。玉浦西だけでなく多くの災害公営住宅では、入居者も「自分の家ではないから…」と思い、周囲の自力再建者も「自分の地域の中に建っているけど、事前に相談も何もなかったし自分には関係のないもの」だと思ってしまっています。自分たちのまちの中にあるけれども、誰のものでもないという「主体の空白」のような状態なのです。

また、災害公営住宅は福祉施設ではないので、運営側の誰かが見守りをしてくれるということはありません。自主的に彼らが見守り合うような環境をどう作っていくかっていうことなんです。それには、その災害公営住宅の入居者が、「これは私の家だ」とか或は、「今は私が仮に住んでるだけだけど私たちのまちの一部なんだ」っていうように主体的に「私の家、私のまち」だと思うことが重要だと思うんです。その意識づくりを意識しないと、「いや俺たち自分の家じゃないから管理もしないし、近所付き合いも面倒臭いからいい」っていう感じにどうしてもなっていってしまうんだと思います。そういう反省の元に、最近、長先生や様々な方に相談しながら、北上町の災害公営住宅に取り組んでいます。どうすれば彼らが主体的に「これは私たちのまちだ」と思える状態を作って

Table B
経済・なりわい・産業の再生

（柳井）魚市場のハサップ（注：(HACCP)：食品の製造・加工工程のあらゆる段階で発生するおそれのある微生物汚染等の危害をあらかじめ分析（Hazard Analysis）し、製造工程のどの段階でどのような対策を講じればより安全な製品を得ることができるかという重要管理点（Critical Control Point）を定め、これを連続的に監視することにより製品の安全を確保する衛生管理の手法のこと）の動きも説明してください。

（須能）石巻の市場をどうつくるかと業界で議論したときに、石巻の水産業界は、これからは国際水産都市を目指そうということになりました。日本のマーケットがどんどん小さくなる中で、我々が発展を望むとすれば、和食ブームであり、魚は健康に良いというのは世界の常識です。ところが日本はそこからどんどん離れていっています。それを標榜していくためには衛生管理が必要です。アメリカやヨーロッパが衛生的に進んだ概念を持っているとは思っておりません。なぜならば水も簡単に飲めないし、生で魚は食べられないし、そういう面では日本の方が非常に概念的にはレベル高いのです。ただ残念ながら、輸入国の規制に合わせないと輸出はできないので、やむなく高度衛生管理という名前の閉鎖型施設を今回作りました。ですから船ができ、加工場ができているなかで市場がボトルネックになってはいけない、ということで私の方でこれを目指しました。

さらにそれを発展させるため、今年の秋に市場の北側の駐車場の裏に水産総合振興センターができます。そこには調理室も出来ます。そこに地元の子供達がどんどん来るように誘致して、石巻の市場から魚を無償提供して、地元の色々な方の応援をもらって子供たちに魚を触れさせ、自ら調理して食べて、お魚はおいしいな、皆で食べると楽しいなということを感じてもらおうと考えています。新しい担い手を外に求めるのではなく、今の子供たちが地元に誇りを持つような形にしたいです。今回の市場は長さが880ｍあり外から見れば高級ホテルのような建物で、内部では水をすぐに蒸発させることが出来るので臭いもなくなります。従来の汚い・臭い・きついというイメージから、職場としても非常に愛着を持て、色々な方からここだったら働きたいね、と言われるように、水産

Table C
震災の伝承・風化、次の震災に向けての取り組み

ないのですが、利用者は横ばいだったり、むしろやや上昇しているんですね。これはちょっとおかしいなと、何でここだけ減少するのかなということに疑問をもちまして、いまご一緒させて頂いております。その現場をつくるために何をやっているかと言いますと、先ほど申し上げた通り、協働事業体制をつくるといったことになります。複数の自治体さんがいらっしゃいますので、何とか良い所を連携し合いながら、相乗的に利用者を増やすことが出来ないかとやっていることがこれになります。左側の写真は先進事例である神戸や中越を拝見しに行き、右は拝見してきた結果を持ち寄って、課題の全体像やビジョンをつくりあげることを、脇坂さんにも藤間さんにもご参加いただいて、させて頂いております。先ほどお示しした両輪の左側となるのですが、これは全くの研究側のアプローチということになります。川島先生ともご一緒させて頂いております。震災伝承は良いといわれていますが、それがいかに良いのか、科学的根拠に基づいていなければいけないと、意識してやっております。そういった中で、研究所は学際研究組織を謳っておりまして、私は情報ですが、川島先生は民俗学ですし、心理、博物館、観光系など、その他もろもろの先生方とご一緒させて頂いて、いかに人を呼び込むか、いかに帰ったあとに、その人の気持ちを変えることが出来るか、ということを、指標を持って、必ず効果が出るんだ、持続的なんだということを目指すために、今バックヤードで仕掛けをつくってみらいサポートさんなり、石巻市の方々にお試し頂いている、という段階になっております。その一環ですが、震災の教訓を伝えるためのデータベースを二つ公開しております。なんで二つあるかは、もし機会があれば後でご紹介したいと思いますが、ウェブサイトで教訓がご覧になれるデータベースをつくってご提供させて頂いております。これが最後ですが、本学に名誉教授で首藤先生という方がいるんですけれども、首藤先生の研究で、震災の伝承なんて30年越えられないんだという研究結果がございます。それに僕ちょっとムカッときたので、じゃあ30年を越えてやろうじゃないかと思ってやっております。それで、語り部さんの30年を追うということをさせて頂いております。その30年間語られた事の記録を取らせて頂くということと、実は語り部さんの話を聞くと感想文を書い

いけるかが勝負だと思ってます。

(小泉) 今、手島さんがおっしゃられたことはとても大事で、私たちが支援している岩手県の自治体でも、公営住宅の自治組織の立ち上げに取り組んでいます。そこと、そこが立地している元の自治組織がある場合は、元の自治組織との連携を併せてコーディネートするということを特に重視しています。公営住宅単体でいろんなマネジメントするのには限界があるんです。他には、公営住宅に福祉サービスを入れ込むような場合は、むしろそれは周辺にお住いの高齢者も含めてサービスするような展開を睨んでおくべきだということもあります。そのあたりの連携づくりは、極めて大事なポイントなのかなと思います。

(増田) はい、今回の震災復興では、もう少しグループホームのような福祉的なアプローチから入って、復興住宅を考えるというスタンスがあっても良かったのではないかと思いますが…。あ、どうぞ。

(長) 私は、もともと福祉社会を勉強していて、北欧にも勉強しに行ったりしていました。地域包括ケアで住宅やまちづくりが重要視されているってこともありますし、神戸の経験もあったのですが、こちらに来た時から私としてはまちづくりや住宅政策が重要だと考えていました。ただ押し掛けて来てから、政策づくりに多少なりとも意見出来るようになるまでに時間が掛ってしまったので、実際は災害公営住宅の最初の計画の際にはそういう福祉的目線を重視した計画は出来なかったんです。石巻の場合は当初4千戸作るという計画で、追加の計画が出た時には、それはぜひ高齢者のケアを想定したものにしてほしい、と強く要望しました。仮設住宅に最後に残る人に課題が多く残り、虚弱な方が多いという問題を想定しての要望でもありますし、災害公営住宅に入っても介護施設に行くレベルではないが生活出来ない人が続出することへの対策でもあります。具体的には、介護1や2の方は基本的に施設には入れませんが、元々地域にある強いコミュニティの中では暮らせても、災害公営住宅では暮らせないという人がたくさ

Table A — これからの社会の在り方、自治・生活・福祉

業を新しいイメージに変えるようにしていきたいです。そのためには今回の高度衛生管理型の市場というのが、今後女川・気仙沼・塩釜でもどんどん工事されていく予定ですけれど、やはり日本の水産業自体がレベルアップすることが求められる時代になったのだと思います。

(柳井) どうもありがとうございました。ただいま水産業のお話がありましたが、針生さん、同じような事が農業の世界でも起きていますよね。ひとつ宜しくお願い致します。

(針生) 舞台ファームの針生でございます。私も直属のダメージを受け4億円ぐらい債務超過に陥りまして、昨年の2月に無事なんとか返済が終わり債務超過を脱出できて、いまエンジン全開というところであります。ちょっと考えてみて私も、島田社長とも復興で炊き出しを3万食以上やりましたけれども、当時は復旧復興ということで、僕たちは同じような形に戻しただけではつまらないので新しいものを興そうということで、新興という名のもとで

やらせて頂きました。ちょうど5年目に入ってひとつ思うのは、社長より会社が大きくなることはないということです。つまり社長の能力を超えて会社が生き物のように大きくなるなんてことは、上場企業として動いている仕組み（の企業）と、ベンチャーのような復興の中で生まれてきた企業というのは、ほとんどマンパワーで引っ張っているわけですから、その人達の能力を超えてそれ以上大きくはなりません。ですから、この5年間で私が直接感じたのは、新興まで目指していきましょう、新しい力を出しましょう、という仕組みを作ろうということですけれども、多くはベンチャーという名のもとに挑戦するチャレンジャーが経営者にはなり切れないわけです。<u>社長というのは誰でもなれるがCEO（最高経営責任者）という立場はそういかない</u>ということをこの5年間で強く感じました。社長になって赤字で倒産します、というような話ではやはり経営者になり切れていません。究極の課題を必ず最短で乗り越えるためのグッドアイディアとか仕組みづくりとか、そこには資金需要とか、資金だけあったとしても組織や人材力、こういうところをしっかり組み合わせられないと経営ができないわ

Table B — 経済・なりわい・産業の再生

ていただけるのですが、そこに書いてあることを可視化して、その語り部さんの当事者にご覧になって頂いて、実は今お話されたことはこういう効果があったんですよということを繰り返しています。かつ、今二人の女性を追っているのですが、その方々の弟子をつくると、これいま僕は<u>落語弟子モデル</u>と言っているのですが、落語は同じ話を長い年月続けておりますが、そういったモデルが今使えるんじゃないかと思って、弟子を育てるということの研究も併せてやっております。以上で自己紹介を終わらせて頂きます。よろしくお願い致します。

(福留) ありがとうございます。それでは、同じく東北大学の川島先生、宜しくお願いします。

(川島) 東北大学の災害科学国際研究所の川島です。もともと災害の研究者でもなければ、アーカイブの活動家でもありません。ですので、皆さんの様に事業報告ということは出来ないのですが、ただずっと長らくやってきたのは日本民俗学という学問で、生ま

れ育ったところは気仙沼です。そのために、主に三陸沿岸を中心に、全国の漁師さん達に会って、大体30年位になりますかね、彼らから海の生活文化を学んできた者です。そのために漁師さんのですね、自然観ですとか、生死観、あるいは災害をどう捉えてきたかということから、災害文化を考えようとしているもので、行政主導の、上から目線の防災に対しては、少し疑念を持っている者です。今回のテーマは、伝承と風化と言うことですけれども、実は私も5年前に気仙沼にいて、実家が流されて、身内の者を一人亡くしました。<u>そういった手痛い目にあった人、あるいは災いをもたらしたはずの海で現在も生活をしなければならない人にとっては、風化という言葉は無縁です。むしろ震災を外側から見てきた人、あるいは自然と関わらない生活をしている都市生活者から、風化と言う言葉が出てきている様な気がしてなりません。</u>風化と言う言葉の本質論を考えていかなければならないと思いますが、やはり時間というものが一方向だけに直進的に流れているという捉え方から、風化というものが出てきている様に感じます。ただ、人間の時間の捉え方というのはそれだけではなく、円環的に巡りあっ

Table C — 震災の伝承・風化、次の震災に向けての取り組み

Table A
これからの社会の在り方、自治・生活・福祉

ん出ると思います。そういった時に復興公営住宅4千戸から脱落する人たちの受け皿になるような、コミュニティ機能を高められるようなつくりや、或は外からサービスを入れる「サービス付き高齢者住宅」を想定した災害公営住宅を要望しました。そういうことを想定して外付けのサービスや、場合によっては市単独事業で多少人を入れれば、入居者を支えられる仕組みは出来ると思います。そういったものを作って欲しいということを強く言い、市長もそのような方針を出してた筈なのですが、どっかでひっくり返ってしまい、そういう話が流れそうだったんです。そこを小野田先生に頑張っていただいて、もう一度話を戻した筈なのですが、結果的には「市としても間に合わないので、やはり無理」という話になりました。なかなか縦割りの中で思うようにいかなかったんです。

話が大きくなりますが、地方創生の中でCCRC（Continuing Care Retirement Community／継続介護付きリタイアメント・コミュニティ）を謳っていますが、そういう面から考えても、ケアを外付けにすることを前提とした住宅は考えるべきだったと思います。

それはどれくらい必要なのか、また民業との関係でどこまで行政が整備するのか、というのはいろいろ考え方があると思います。住宅を向かい合わせにして外気に触れないで、中廊下型で共有スペースを持つことと、1階部分に外から人が入ってきたときに集まれるスペースを作っておくことなど、いくつかの工夫で、大幅に地域で暮らせる方々が増えると思ってます。そういう作りになっていない災害公営住宅は、集会所を団地の真ん中につくってもほとんど使ってないっていうのが現状で、もうすでにかなりひどい状況が起きはじめています。

（本間）住宅は出来つつありますが、やはりコミュニティ形成という観点で見ると、そこに投入している支援は非常に弱い。今でこそ、復興庁でも災害公営住宅のコミュニティ支援ということについて、ある程度支援が入ってもいいよっていう話をしていますが、ちょっと前までは、支援員は仮設住宅までで、災害公営住宅には適用しませんと言われていたんです。現実問題として、災害公営住宅の見守りは、手厚い配慮が行き届いていない状況です。

Table B
経済・なりわい・産業の再生

けです。私はそういう意味では新しいイノベーション型の農業組織を日本に創りたいと思ってこの5年間やらせて頂いて、おかげさまで昨日も中部地区で説明会をやって参りまして戻ってきたところです。結論から言うと、強い思いがあっただけでは経営はうまくいかないということであります。

補助金とか税金、そういうことにおいてはこの5年間充分に出ました。先ほど柳井先生の方からもありましたが、26兆円くらいお金が出ました。少し話はとびますけれども、私が農林水産省などの省庁に頼まれてお話する時には、先週も国会議員の方の色々な問題が起きたばかりで国会議員の質が下がっている、なんとか農業のいい話を一発頼むよ針生くん、というご依頼を頂き僭越ながらお話させて頂きましたが、そこで私が言ったのは復興特区、農業特区だけではなく人間特区だということで、とりあえず人間を特区にして、<u>付加価値を最大化出来る人間や地域リーダーを特区扱いにしろ</u>、と言うような事を言いまして、これが結構うけていまして（笑）、例えばベンチャーなど色々なアイデアがありますけれども、先ほど出た資金力などの問題もあるのですが、3億で

も5億でも無条件で資金を預けてあげられるような、ＰＬ（注：(Profit and Loss statement) 損益計算書）とかバランスシート、キャッシュフローなど、原価についてのＣＲ（注：(Cost review) 製造原価報告書）ぐらいは最低限分かっている人間、仕組みづくりが出来る人で、なおかつお金があるとこういう結果が出ます、とした方が良いと考えています。例えば、結果を一定期間できちんと達成した場合には、成功しましたねということで、3割ぐらいお金を戻してあげるというように。結果的にアイディアや補助事業の約束にのっとった条件だけ整っている方にだけお渡しをして、（整っていない場合の）結果はドボンというのが今の状況でありますので、これはやはり経営者という目線で、圧倒的な資金を支援していくためには、これからは付加価値を最大化できる方を人間特区として是非支援していくと良いと思います。これからの5年10年というのは、非常に限られた予算しかありませんから、そういうところで面白いかな、というのがひとつ思うことです。そして農業というのはご承知のように、全国民の中の3%が農家の資格を持っており380万人います。実際210万人ぐらいが

Table C
震災の伝承・風化、次の震災に向けての取り組み

Table A

それから、災害公営住宅を作るにあたっては行政も一緒になって自治会づくりの支援をやってくれたりするのですが、殆どが管理組合的なレベルの自治会で終わっているんです。私たちが考えているコミュニティづくりを支える自治会とはちょっと違うんです。ご存知のように、高齢者にとって生きる支えになっていたのがコミュニティなのですが、それがずたずたに壊されて、避難所だ、仮設住宅だ、災害公営住宅だ、自立再建だって、場所が移ってきているのが今の状態なんです。ですから、本当の意味で彼らの力を活かせるようなコミュニティづくりを真剣にやらないといけないと思うんです。先ほどの先生のように住民の中に入って支援をしているという例は、実は本当にレアだと思います。殆どは行政が入って、一時的に自治会づくりをやって、「あとはよろしく」という感じで終わっています。もう少し手厚く、彼ら自身に自治力がつくような支援が必要です。外からやってあげるというようなものではなくて、彼らが自分で立っていけるような、自分の住んでいるところが「わが町だ、わが家だ」と言えるような支援をもっとやっていくべきだと思います。このままでは、本当に孤独死が頻発してしまうのではないでしょうか。

（大沼）集落保全のような観点でみていると、新たなまちをつくるということがいかに難しいか、それを感じています。先ほどの孤独死の関連でいきますと、私の同僚の小杉先生が仙台市内の霊屋の町内会で災害公営住宅の支援をしていました。事前に町内会で受け入れ体制を作り、入居者に町内会に入っていただくという構造をつくって、この間の1月30日に最初の会がありました。ただその1週間前に、復興公営住宅の中でお1人、孤独死（厳密にいうと2人で暮らしている方の1人が外出中に亡くなった）という悲しいことが起きて、これだけ手を入れていたまちの中でも現実に起きてしまうんだと思い、コミュニティをつくると言っても大変な時間が掛かるのだと実感しました。言うまでもないのですが、あらゆることに時間が必要なわけで、住宅の整備や移転を行うスケジュールが10年、という制約は、国庫が続かないからとはいえ、厳しいのは明らかです。お金だけを考えて無理に進めようとすると、いろんなところでもっとひどいことが起きるのではないか、

Table B

60歳から70歳、平均でいうと67, 8歳になっているわけですけれども、その中で210万人の約8割はほぼ家庭菜園です。家庭菜園ということは、やりがいなどを満たしますが、家庭菜園型規模でやっている方を切り捨てるとなると大変大きな問題になります。改めて整理しますと、個人の家業としての農家と、集落営農型の、個人ではなかなかコストダウンが出来なくなってきているので、集落とか地域の中のコミュニティで運営をして頂く方と、また農業会社という名のもとに株式会社などになっていく方と、もう一つ、大規模連携型の大型企業のようなモデルを追加してもらったほうがいいのかなと思います。

そうしますと、例えば、（資本金）1万円の農家が100軒ありまして、1軒1万円の農家会社が100人そろうと100万円になります。一方1社で100万円の企業があるとします。当然農家の方が（バラバラでも）大変多くいるというのは素晴らしいことなのですが、誰かが病気をしたり高齢化になるとその家庭で持っていた技術やノウハウが途絶えてしまいます。そういうものを、あらためてコミュニティでどんどん集めていくと、先ほど言ったような集落営農になっていきます。その中から若いリーダーが法人化して、ある意味のNPOであったり、ベンチャーとして頑張ってねということで、企業化したり法人化してくる、というのが今までのプロセスなのですけれども、ここからが伸びません。

なぜならば、全く経営やマーケットなど、今自分が置かれている商売の上のマトリックスというか、どの立ち位置に自分がい、今後全国民に対して食料をどうやって供給していくかというしっかりした哲学とフレームを持たないと、一過性の形でどうしても埋没してしまいます。それをネットで売るとか商店で売るのだという話は、それはともてきれいですけれども、一年後に行ってみたら商品もない、彼はどこに行ったの？みたいな形になってしまうわけです。我々が今やっているのは、ブルーカラーとホワイトカラーという昭和からの構造に、グリーンカラーという新しい人材を作りましょうとしています。農業はちょっと儲からない、ちょっとかっこ悪いとか色々あったものですから、グリーンカラーという色自体が緑、農業・アグリカルチャーと非常にイコールのイメージがあります。今までは考える方と作業する方が別々だと

Table C

てくる時間の流れがあるんですね。例えば自然の四季はサイクルですし、一年に一度は訪れる年中行事、それから死者の回忌、そういったものは、その度に過去が思い出される、あるいは去年はどうだったかということが思い出されるわけです。どちらかと言うと、生活文化や生活環境のレベルでは、円環的な時間の方が根強く、それを直進的な時間に関わらせている様な感じがします。スライドを見てもらいたいのですが、津波の記念碑と津波の供養碑、先ほど佐藤翔輔先生からご紹介もありましたが、記念碑は昭和8年の津波の時に、おそらく初めてだと思うのですが、未来に対しての標語を与える記念碑が出てきたわけです。これは直進的な時間を想定しておりまして、未来に向けてのメッセージなわけです。それに対して供養碑は、明治の津波の時には記念碑より数は多かったのですが、これは先ほど言いましたように、円環的な時間を想定しておりまして、津波で亡くなった過去の人たちにメッセージを送っている。向き合っている場面が違うわけですね。写真にある気仙沼市にある三ノ浜の津波記念碑に、震災からひと月後に訪れてみたところ、この津波記念碑であるはずのものの下に、栄養剤が二つ供わっていたんです。もはやこれは供養の心なんです。記念碑を供養の心で接しているということです。

次の写真は、今でも行われているものですが、洋野町の八木で、昭和の津波の記念碑の前で、慰霊祭をしているものです。これも1年に1回という循環的な時間の中で、忘れることなく行われているということです。大きな目で見ると、津波のような自然災害の記念碑は三陸沿岸にはずいぶん多いのですが、何年かに一度は巡りくるものという発想をしております。そういった碑の中には、天運循環という言葉が刻まれています。これは60年に1度、同じような災害がやってくるという考え方です。この時間の中で一番大切なのが、供養という行為です。供養がある限り、災害は伝わるだろうと。決して、追悼とか鎮魂とか、大それた言葉ではなくても、個人の供養によって、伝承は続けられているだろうということです。時間がありませんので、その他の供養につきましては、次にまわってきたときに話したいと思います。以上です。

（福留）ありがとうございました。では、寺島さんお願いいたします。

Table A
これからの社会の在り方、自治・生活・福祉

ということを危惧しています。

(小野田) いろんな立場の人が来ているから、なかなか前提が共有できなくて…。長先生は我々のとこにも出張って来ているので、コミュニケーションもするし、すごく頼りにしているのですが、今おっしゃったようになかなか実現するのは難しいっていうか、いい場所にもいらっしゃるし、正しいこともおっしゃっているのですが、それがちゃんと執行されてないし、それが実際に孤独死を抑止するかどうかというのはまた先の、構造が大きい話なんだと思うんです。だから、この場所で長先生や津久井さんの話を聞いて「あ、そうだよね」って納得して帰るのもいいけど、たぶん何も物事は変わらないんです。もうちょっとそうじゃなくて、問題の構造を整理して、どこに焦点をあてて議論するかということから説き起こしたほうが良いのではないでしょうか。「コミュニティを再生する、孤独死を少なくする」ということが、もしこの場のテーマだとしたら、そこを考えたほうがいいかなと思ってます。

まずひとつは、仮設に入っているときにコミュニティがどうなるか。次に本設に入って、小泉先生がおっしゃってたような居住移行の問題が起こるのですが…。まずは仮設の間に何が起こっているのかっていうことが、あまり科学的に究明はされていないと思います。よく言われる「仮設住宅で発生した世帯分離」なのですが、世帯分離が圧倒的に起こってしまい、家族というものの中に閉じ込めていた介護問題が外に噴出するということがいま起こっているわけです。まだ論文に出来ていないのですが、調べている感じでは、やはりみなし仮設だと、実際に仕事の場所や住んでた場所の近くにそういったアパートはなく、都市に近いところにしか居住ストックがないので、みなし仮設に入ってた家族は世帯分離がぐーっと進むんです。建設仮設の場合だと、建設仮設を起点にしながらネットワーク居住っていうか、今まで多世代だった家族がバラバラになっているんだけど、週に1回集まったり、調整しながら家族を繋ぎとめているんです。それが可能になりやすい条件と、可能になりにくい条件とがその先を変えるんです。そういう

Table B
経済・なりわい・産業の再生

いう文化だったのですが、ここはまず一体化して、さらにそこに経営的手法をどんどん教えていくために、極端に言うと、今JAの中で第二種兼業農家によくお金を貸したり、専業農家が少ないという議論がよく出ますけれども、逆に言うと第二種兼業農家や第一種兼業農家の方は農業外で、日々会社の中でPLとか、設計をするときには原価計算とかよくおやりになっていて、そして田舎に住んでいます。専業農家自身は(数字が)よく分からない、肉体労働オンリー、さらに俺の米しかないんだという話になってしまうものですから、大先輩といえども50年とか60年、つまり5、60回しか米を作れないわけです。例えばトヨタのレクサスが出てくれば一分間に一台出てきて、一時間に60回ブラッシュアップするものですから、現場にいる兼業農家の方が、実は地域にいる専業農家に指導してあげて、地域の中で第二種兼業農家や第一種兼業農家が悪いのということではなくて、その人たちが持っている数字の概念を専業農家に教えてあげる、そうしたことによって初めてプラチナ専業農家が生まれてくるわけです。ですからグリーンカラーの先にはプラチナ専業農家が出て来ます。これが実

は今まで言う農業というのは第二種兼業農家とか第一種兼業農家がちょっと多すぎて駄目だよねという、諸先輩方がご指導頂けるような仕組みをどんどん作って参りますと、非常に数字に強くて、まして同じ地域で同じ文化で育っている集落の仲間でありますから、先輩の声は非常に体に入り込むむし、例えば月に1回とか2回草刈りがあったりする時、いやあ先輩の言うことがやっと分かってきたと、また飲み会があったりお祭りがあったときにも、ご指導してもらったことが半分分からないけど、今日の夜もう一度教えて下さいとか、別に改めて指導するのではなくて、生活や地域が一体となった文化としてこれからはプラチナ専業農家を作り上げるような仕組みを改めて定着させていくのも非常に面白いのではと思っております。

さらに、今我々は、人工知能や人工衛星、またはドローンなど色々な話がありますけれども、例えば人工衛星ということで我々はコラボして色々やっておりますが、これからの農業軍団はまさにICT(注：Information and Communication Technology、ITの概念をさらに一歩進め、IT=情報技術に通信コミュニケーションの

Table C
震災の伝承・風化、次の震災に向けての取り組み

(寺島) 寺島と申します。河北新報で編集委員をやっております。3月11日以来、ずっと現場の記者として被災地を歩いています。私は福島県の相馬市生まれなので、どうしても去年は福島で被災したまち、南相馬ですとか飯舘とかに行って取材し、現状と新たな課題等を連載したり、ブログに書いたり、そういったことを続けてきました。もともと東北を長年、文化とか歴史とか生業とかの取材でずっと歩いてきまして、川島さんとは、1996年から1997年にかけて行った「こころの伏流水〜北の祈り」という東北の庶民信仰の連載で、気仙沼の幽霊船についての取材でご一緒させてもらいましたし、東北の20世紀をめぐる連載取材でも、唐桑の船乗りたちの生死観と地元の「オカミサン」(巫女)の関わりについて、取材をさせてもらいました。北上の佐藤尚美さんとは、2013年に「We Are One 北上」という活動を取材させてもらい、それ以降、北上町ともご縁を重ねているところです。私は新聞記者なので、被災地の人々の営みにこそ震災の本質が見えるではないかと、いろんな人に会って取材をしてきました。一方で、震災の風化という問題が深刻に進んでいると思いますが、被災地の内と外を隔たる壁が出来ていると感じます。いかにそういった壁を超える発信をすることが出来るかが課題です。地方紙、地元紙の役割は震災とともに大きく変わったと感じています。地域で生きている人たちの声を外に発信して、風評を止めることに役立てるのではないか、また、バラバラになってしまった被災者をつなぐ役割も出来るのではないかと感じています。一方でこの5年間、震災の全貌が未だに見えず、新たな課題が山積していますが、それが何だったのか、それまで記録してきたものを通して振り返った時に、具体的な問題や進展が分かるのではないかと感じています。そのために、これまでの記事の集積を、どのように公開、そして共有できるかを検討しているところです。東北大災害研やハーバード大学とアーカイブ作りの提携が進んでいますが、そこから開ける場があると感じています。

(福留) 寺島さんありがとうございました。自己紹介を兼ねて、今取り組んでいる事、気になる事を中心にお話頂きました。今日お

Table A ｜ これからの社会の在り方、自治・生活・福祉

問題はすごく起こっていて、今、国全体でみなし仮設に向いてますけど、ほんとうにこの方向性がいいのかどうか疑問もあります。まあもちろん投下コストからするとみなし仮設は住宅ストックもいっぱい余っているあるからいいと思いますが、仮設の段階でのネットワーク型の家族維持ということを考えると、みなし仮設には相当反作用も多くて、そのことをまず考えた方がいいと思います。それは、そういう風に家族の介護力が弱まってしまうと、（地域包括ケアであれなんであれマンパワーが圧倒的に足りないので）そこにどんなに介護サポートをしても限界があります。そのベースになるところをどれくらいつくるか、維持できるかが課題です。多世代居住がいいとは言いませんけど、やっぱりそこのとこをちゃんと考えて、仮設の段階で何が起こっているのかを科学的に理解して、それに対応するということはやっておいた方がいいと思うんです。

もうひとつが、さっき長先生も、小泉先生もおっしゃいましたけど、割と見守りもできるような災害公営住宅をつくったところと、それができなかったところでは相当差があって、見守りができるような公営住宅をつくれた自治体は、住宅担当者が阪神大震災で何が起こったかっていうことをよく勉強しているんですよね。もちろん、勉強は足りないんだけど、住宅担当者が塩崎先生の勉強会に行ったり、いろんなものを見に行って「あ、これはやばい」と理解したんだと思います。そういうことをやった自治体は割と見守りをやれているところもあります。一方で石巻なんかはかわいそうで、たくさんの住宅ストックを短期間につくんなくちゃいけないので、丁寧なやり方をしたのでは不落リスクも高まるし、決められた期限までにつくれないという理由で、現在に至っています。それをこれから検証することが必要です。また、七ヶ浜でも見守りができるようなリビングアクセス型住宅が出来ましたけど、それが本当に動くかどうかについては、かなり疑念が残って、そこに合うようなソフトをちゃんと丁寧に入れてかないと、ただのプライバシーが暴露するバカな住宅になっちゃいます。そこで建築側が頑張ったことが嘘じゃないように、どこまで頑張れるかが、先行している自治体で試されているんじゃないですかね。それぞれのフェーズで必要なことがあるので、いまここで何を議論して、

Table B ｜ 経済・なりわい・産業の再生

重要性を加味した言葉）で、要は毎月お金がっぽがっぽ入ってくるような、農業会社を作らないといけないと思います。これまでのような状況で大根を作ったりお米を作ったり、その農産物の対価を販売して利益を生み出して、そして６次産業でお前儲けろよ、と言われても一人くらいは雇えますけれども、我々のように２００人もの人間を正社員で雇っておりますと、１億円くらいは給料を払わないといけなくなるので、冗談やめなさいとなります。大根だけやっていたって始まらないので、もう少し付加を上げろという話になってくるわけです。

つまり誰かをだますとか誰かを天秤にかけるということではなくて、どうして我々のこの事業が非常に薄利多売なのか、というところにもう少しメスを入れていきたい。日本の農産物のＧＤＰは８.５兆円で、約１５年の間に２兆円ぐらい下がっています。しかし、それが６次産業という名のものに一般の皆さんが食べて頂く段階になると、９０兆円ぐらいまで付加が増えています。ですからなんとか材料から２、３次産業の技術で一緒に頑張りましょうということになります。しかし６次産業によって提供出来る環境が確保されたとしても、毎日同じものを食べてもらうのばかりでは消費者の人が日に日に飽きてしまいます。つまり飽きないようにするためには、次から次へと色々な新商品や、またそのニーズ、また地域ごとに味付けが違うとか、色々なものをしっかり吸い上げる仕組みを持たないとなかなか難しいと思います。そういうところで我々が、大企業型の連携型の、やはり企業型というものが、はじめて大企業がマーケティング、商品開発をして頂いて、それと我々の農業企業とがいかに連携出来るかということが大事です。先ほどの４つめの新しい仕組みを作ったというのは、お客様の嗜好が毎日毎日変わってきますし、さらに３年先とか５年先とかの中期計画を立てたとしても、全く勝負にならないわけです。１年ごとに真剣勝負ですから、今年の赤字は来年回収出来るという保証は全くないので、１年でいかに利益を出して赤字を出さないかが大事です。つまり我々のイノベーションというのは、お互いに連結をすることによって新しい価値を生む、要は新結合だというやり方です。多くのここにいる皆さん、色々な企業、また色々な圧倒的なレジェンド型の特許とか、プラチナ的な付加価値を持っています。

Table C ｜ 震災の伝承・風化、次の震災に向けての取り組み

話頂いた方の中で特に現場で取り組まれている方は、被災されている方といかに協力しながら、残していくのか、伝えていくのか、が一つのカギなのかなと感じた次第です。そういう意味では私事になりますが、前任地が新潟でありまして、中越地震からの復興においても、いろいろと残していく、伝えていく取り組みは行われていますけれども、被災直後、一年後、三年後、五年後と、時間の経過と共に被災した方自身の見方といいますか、考え方が変わってきたように感じています。特に経験を語るですとか、震災遺構の様にそこで起きたことを含めて残していく事に対して、被災者の方自身の考え方の変化を感じてきました。東日本大震災も来月で５年という時間が経過するわけですけれども、特に現場で関わっていらっしゃる方から見られて、今取り組まれていることが、取組みはじめた時と、５年が経とうとしている現在では、被災者の方の反応や見方、また関わり方が変わってきているのか、また残していく、伝えていくという視点においては、被災者の方とどのような関係を築いていくことが特に今大事なのか、現場に関わられている佐藤正実さん、藤間さんからお伺い出来ればと思います。

（佐藤正実）はい。すごく難しい質問で、答えが出せれば良いなと思いながら活動をしてきているんですけれども、発災直後からの活動と、それから最近の活動で、今出てきた被災者という様な言い方をされましたが、多分、まちなかに居る人は被災者ではなくて、沿岸部に居る人が被災者である、という様な、線を付けてしまうことに問題があるなと実は思っています。よく中央から、沿岸部の被災者を紹介して下さいというようなことを言われますけれども、「いや、でもまちなかの人も被災者だよな」と思うことがあってですね、やはり震度７を体験したということもありますし、地震がずっとずっと続いていたというあの恐怖感というのは、あれを感じていた人を被災者ではないと線を引きたくないと感じつつ、活動をしているわけです。ただ、沿岸部の津波被災者に関して言えば、だいぶ話がしやすくなってきた状況にはあると感じています。というのも、私どもの活動は、震災後の写真とか被災体験の記録というのは、今はやっていないんです。むしろその前の

Table A
これからの社会の生り方、自治・生活・福祉

そこから何を導き出そうとしているのかがもうちょっと見えにくいので、増田先生のほうからもう少しスコープをあてていただけると、と思います。

(増田) いや、最初に投げたお題は、「節目である今の時点で仕切り直しし、対応しなければならないこと、対応できることはあるか」ということだったので、例えば今お話があったように、「建築空間としては作り込んだけど、想定通りに使われていない」という現実が幾つかあることが見えてきました。現時点からそこを突破する方法としては、例えば、社協が取り組むべきなのか、生活支援員のような震災対応のシステムをもっと充実するのか、それでも地域包括ケアの側面から、平常時の仕組みをもっと入れていくべきなのか、というのが今取れそうな幾つかの対応だと思います。これは、建築の計画で出来たことと、それをベースに今後どう対処するかは、最初にどなたかからお話があったように、「仕組みで救済すること」と、「仕組みから取りこぼされた人を個別に救済する」ことのように相互補完的と言いますか、そのような関係です。

「仕組みを計画することと、何がそこから零れ落ちどう対処するか」は、一緒に考える必要があると思います…。

(塩崎) 今小野田さんが言われたことに関連してなのですが、結局今ここで議論していることの大事な点は、災害が起こった後の仮設住宅をどうするのかということだと思うんです。僕なりの結論は、現在は、「避難所から、仮設居住をして、本設の生活に移る」という全プロセスがきちんとプログラム化出来ていないんです。その過程では、担っている主体もばらばらだし、被災者が受ける制度もその都度変わっていきます。そして、これからは仮設から本設に移行するのですが、おそらく酷いことになるだろうと、みんな思っているわけです。だから今後に向けて、そこをどう備え、補完してゆくかを議論するべきだと思います。
個々の現場の問題もあるのですが、現時点では、みなし仮設と建設仮設の両方があって、それから災害公営住宅と自力再建で自分の家を持つという選択の過程で、どんなことが起こりつつあるのかを見る必要があります。災害公営住宅では、建築が頑張ってい

Table B
経済・なりわい・産業の再生

てる方と結合させて頂いて、新結合という新しい価値や仕組みをつくるということです。つまりお金がなくても価値をどうやって生み出すかという仕組みをどんどん作っていく、そういうところに僕たちは全身全霊で今走っているという状況であります。

(柳井) 針生さん、アイリスさんと繋がってどのようなことを学ばれましたか?

(針生) アイリスオーヤマとは週に一度月曜日に伝説のプレゼン会議というのがありまして、私は2年半ぐらいずっとその伝説のプレゼン会議に入っています。そうすると、妥協なき数字の応酬でありますから、簡単に言うと、出来ない理由は数字で表れていて、付加価値を付ける考えは数字にヒントがあって、私はどの農業会社の赤字モデルでも1回見せてもらえば原因がどこだというのをすぐ見つけ出せるようになりました。これを多くの皆さんに広げていきたいです。お金を取るということではなくて、これを広げて東北に大きな農業経営者、農業CEOが、どんどん生まれてい

くような形にしていきたいです。

(柳井) ありがとうございました。須能さん、今グリーンカラーというのがありましたけれども、マリンカラーというのはありますか?

(須能) 残念ながらないですが、多分、グリーン・ツーリズムというのに対してブルー・ツーリズムという形で言われるように、農業の方が圧倒的に規模が大きく先進的ですので、農業の世界から産業上の問題など学ぶべきものが多々あります。先ほど言われたようなアイディアを我々も取り込んでいきたいと思っています。

(柳井) ありがとうございました。それでは続けて参ります。島田さん、最近、七のや(しちのや)を開店されたり、カンボジアでも工場を造ったりと活躍されていますが、その辺りも含めましてお話をお願い致します。

Table C
震災の伝承・風化、次の震災に向けての取り組み

時代、昭和の時代の写真や、先ほどご覧いただいた様な写真から、生活のお話を聞く、または県外の方に向けてそのお話をして頂くということを活動の中心としているので、非常に話をしやすいテーマでまずは進めてきたということが大きいのかなと感じています。それから先ほど翔輔先生がおっしゃっていた落語の様な師匠と弟子のモデル、それしかないなと私も思っているところです。語り部さんとして体験者が語れることは、何年何十年と限られているので、師匠と愛弟子と弟子、二番弟子というんでしょうか、師匠はいつまでも師匠ではなくて、愛弟子が二番弟子、三番弟子を育てていかなければ、たぶん語り継がれることはないんだろうなと。その時のために、一時体験ではない伝え方を今のうちに考えておかなければいけないんだろうなと考えていました。

(福留) どうも有難うございました。藤間さんお願いします。

(藤間) はい。まず私たちは、自分の体験を語ってもらう語り部プログラムを、公には2011年の9月の末から始めています。その時

に地元の方に喋ってもらえないかと声を掛けにいったのは、私たちの団体の地元のスタッフでした。地元のスタッフの人脈で交渉して、2011年9月前後で、当時10人弱くらいの語り部さんがいらっしゃいました。その後、去年になりますが、「私にも話させてほしい」という人が事務所を訪ねてきて下さったんです。うちの団体であれば話す場をつくってもらえるんじゃないかと間に入って下さった地元の方がいて、来てくださいました。話せるようになる時期というのは、本当に個人個人で様々なんだなということを感じています。人と防災未来センターに伺った際に語り部さんから「私は7年喋ったことがなかったけれども、7年目で喋れた」というようなお話も聞いていて、何となくそうなのかなと感じていたのですが、去年初めて、喋りたくなったと門をたたいて下さった方がいました。また、南浜という住宅が流失してしまったエリアに展示館をつくる時に、最初はあまり感じていなかったんですけれども、だんだんと怖くなってきたことをすごく覚えています。そこは非可住エリアで、二度と住宅は建てられないんですけれども、そこに真新しいコンテナがオープンの十日前に届いた時に、個人

ろんなことをやった事例もあり、全部失敗じゃないけれども、じゃ成功した例はどんな例で、何が良くて成功したのか。或は、失敗しているところについては、建築についてはもう無理だから、ソフト的にどう手を入れるべきかとか、そういう議論をする必要があると思うんです。そういった議論は、コミュニティ保全という観点から評価しているわけですが、お金の問題や、管理の問題など、いろんな視点から検証する必要があります。だけど現時点での喫緊の課題は、コミュニティ保全ということでしょう。それをうまくやらないと、孤独死は起こるし、今後も関連死が出てくるかもしれないので、今はそういう観点で議論をするべきでしょう。

今後についていえば、今の仕組みは良くないと思っています。じゃあ、今後どうするのかということについてですが、地方部での災害対応と、東京みたいな大都市での災害対応に分けて考えるべきかもしれません。

僕もみなし仮設は大変重要だと思っていますが、それはどんな仕組みにすればいいのかは、今回の震災から学んで次に残すことが出来れば、大変重要な遺産になると思います。まだまだ出来ていないんですけどね。ここから何を学んで次に来るだろう災害に対してどんな仕組みを残すのか、その答えはまだ見えてないのですが、次への備えを探る作業をしながら現場の問題を、とにかくちょっとでも改善していく必要があります。そんな時点に、いま我々は立っているんじゃないかなと思うんですよね。

(室崎)一言だけ、今神戸で何が起きているかを、ちょっと補足したいと思うんです。公営住宅の高齢化率がもう４割を超えると、そこに住んでる人だけでコミュニティが維持できないんです。だから、コミュニティで見守るということは幻想になりつつあります。どんどん高齢化が進んでいきますから、そこに居住している人たちのコミュニティだけでは絶対に見守りは出来ません。これだけは事実なんです。そうすると、事業的なケアや、或は周辺の地域のケアをここに入れたり、社会的なもっと大きなケアをつくらなければならないことは間違いありません。では、それをどうするかが議論になるのですが、公営住宅もそうだし、更に言うと社会全体で、その次のしっかりしたケアのシステムをつくらない

Table A　これからの社会の在り方、自治・生活・福祉

(島田)針生社長の後なので何をお話ししたら良いか分からなくなってきましたが、先日、お陰様で多賀城七ヶ浜商工会がうみの駅（七のや）を設置しました。運営を我々がやらせて頂いていますが、初日で大体17,000人ぐらい来ていて、今週平均でだいたい7,000〜8,000人ぐらい来ているので、着地でいうとおそらく３、４億ぐらいの売り上げかなというところだと思います。オープンする前の日まで失敗すると言い続けられていたので、出だしはあのようになるよう仕掛けていたのもありますが、良かったと思っています。地元の漁師の方も一日５００キロ、６００キロずつ、ワカメなど海産物が売れていますので、そういった意味では直接売れるようになっていて、良かったです。

我々は飲食店が強いというのもあって、僕は７年前針生社長に北海道で拾ってもらった経緯がありますから、東北に来てから７年間、いろんな経緯を（思い出し）今話しながら、（二人共）変わっていないな、というように思っています。

付加価値のようなところは、針生社長はどちらかというと大きい流通をどう動かしていくかというところと、僕たちはどう消費者とコミュニケーションを取っていくかというところで違っていくのかなと思います。針生社長からすると、僕は口八丁手八丁みたいなもので、日本国内の食を維持出来るかというとそういう事業ではないと思います。大きい流通でもって、国家財産で命を育んでいる農業をどうやって支えていくのか、というのを舞台ファームがおそらくやっていることだと思います。我々には、水産業が衰退した理由が分かります。これはやはり子供たちとお母さんたちとで対話をしていないので、（食材としての魚の良さ）何が良いかすらも分かっていません。前浜で獲れて市場に運ばれお客さんがスーパーで手に取る瞬間になった時には、（魚は鮮度が低下し）どんどん臭くなりますから食べなくなります。こういう啓蒙活動を七ヶ浜で一年間やらせて頂いて、お魚デビューは七ヶ浜からということで、朝獲ったお魚を（食べてもらう活動）ずっとやってきました。そうすると当日も４００人の子供たちが七ヶ浜に来て、お魚デビューをしています。まさにこの最初に入る取り組みを漁師さんと地元のお母さんとで話し合って、このオープンを迎えられています。やはり鮮度の悪いものを食べると、それは食べなく

Table B　経済・なりわい・産業の再生

的にはものすごい違和感を感じて、その建物を元々住んでいた方が見た時に、何と言ってくるんだろうと、非常に恐怖感を感じたことを覚えています。中の展示をつくるときも、地元の方に相談しながら行いましたが、写真の大きさを決めるときに、大きく展示しようと地元の方から言って下さったんですが、いざ大きく印刷をしてみたらその方も衝撃を受けた様で、じゃあもう少し小さく、デザインして展示しようかといったようなこともありました。被災をした人も様々で、先ほど佐藤正実さんから沿岸部と都市部という話もあり、石巻は全体的には沿岸部となるかと思いますが、その中でも流失エリアと、私たちが事務所を構えている様な浸水はしたけれども流失はしていないエリアとでもまた差があったりする中で、やっぱりコミュニケーションといいますか、会話をしていくことが必要なんだと感じていますし、被災者とどう関わるかというよりは、個人とどんな風にコミュニケーションをとっていくのかということが大事だと思っています。南浜つなぐ館に関しては、おかげさまでオープンしてから、言葉は変かもしれませんが、なんでこんなものを作ったんだと怒鳴り込まれるということは今まで一度もなくて、逆に再現模型を見て「自分の家はこんな屋根の色だった」と懐かしく見て下さったり、その時の生活をとめどなく話して下さる人がいたり、そこに震災を知らない外の方が来た時も自然と話をして「私の生活はこうだったのよ、ああだったのよ」という話が始まったりですとか、そういった様子を見ていると、館をつくったことが完全に正解だったかということはわかりませんけれども、一応地元の方々には受け入れて頂けたんだなと、今は少し安心をしています。

(福留)どうもありがとうございます。佐藤正実さんからは、震災のお話ではなく、震災以前の生活のお話を聞くことが良かったのではないかということ、また体験者による語り部には限界があり、一時体験ではない伝え方を考えなければいけない重要性についてもお話頂きました。藤間さんからは、被災者というよりは、個人それぞれとどう向き合うかことが基本にあるのではないか、また、そもそも、そういったことを話そうとなる時期や仕方は人によってずいぶん異なるといったことをお話頂きました。先ほど佐藤尚

Table C　震災の伝承・風化、次の震災に向けての取り組み

Table A

といけない。そこをきちっと抑えたうえで、社会的なケアのシステムをどう作っていくかっていう議論をしないといけないと思っています。

阪神の反省から言うと、コレクティブハウジングがうまくいってません。何故かというと、「共有スペースの電気代は使った者が払え」というと誰も使わないんです。都市で言うと、コモンスペースは都市全体の公民館のように行政がつくり管理するべき空間です。コレクティブハウジングや公営住宅のコモンスペースを住んでる人で管理してお金を払えというのは、本当は間違っていると思います。それはきちんと公的な財源やシステムで、共有空間をサポートしていくことをしないと、使われない空間になってしまいます。それは反省点ですね。

逆に阪神で良かったのは、見守りです。神戸の場合は、公営住宅にも地域社会にも、見守りのセンターをつくっていますが、二つの方向性でそれを進めています。ひとつは事業者の社会福祉施設です。神戸で言うと「社会福祉法人きらくえん」や「園田苑」といった、コミュニティケアや高齢者のケアに非常に優れているところがあります。優秀な人材がそこを経由していて、どんどん人材が育っています。本当の専門家を入れないと、中途半端なケアでは却ってうまくいかないので、全体のケアの質を高めることに繋がっています。もうひとつは、今神戸大学の学生が、「お茶飲み会」などで、見守りの現場に一斉に入ってくれてます。震災後20年ですが、制度での取り組みの足りない部分を学生が今まさにボランティアケアで補完してくれています。震災の際に、仮設などで生まれたボランティアのケアが、いま公営住宅や地域社会のケアに入っていて支えてくれています。優秀なプロのケアと学生ボランティアのケアで、兵庫の公営住宅はそこそこもっていると思っています。

（手島）今までの話で重要なのは、それぞれの立場で、建築のほうは建築側で何かやろうとし、福祉の側でも何とかしなければと模索している、ということです。しかし、如何ともし難いほどの縦割りであり、かなり距離が隔たっています。岩沼市玉浦西でも、私が設計したものは「見守りをどう考えるか」をすごく頑張って取り組んだつもりなのですが、実際なかなか見守りの空間って発

Table B

なりますよね。我々がやっているのは、飲食店でありながらも、実は伝えたいのはそういうプロセスであったり、思い出であったり、ストーリーであったりします。でもそれでは日本は変わらないわけです。大きい流通が変わらないと変わらない。もう少しブレイクダウンしたところでいかにその価値を創造していくことができるのか、これは新しい価値観にスイッチするようなものです。Aという考えからBという考えを作っていくというような位置付けで我々はやっていきたい考えです。それは七ヶ浜でもそうだったし、アタラタでも第二弾ということで全面的なリニューアルをかけているというのが、その取り組みです。

もうひとつ、カンボジアですけれども、実際にマーケティングからどう考えるかというと、備蓄ゼリーが4年間の歳月を経て、一応製品化まで来ました。これから商品化に持っていくというところの過渡期になっていますが、乾燥する技術や粉砕する技術を実践し蕎麦でだいたい100万食売っていますから、それら技術でもってドライフルーツとかドライパウダーにしていきます。

日本の課題は世界の課題です。インドに以前行った際、これも針生社長と一緒にやったのですが、（マンゴー）畑の中のカット工場の考え方で、その場で乾燥して流通コストを抑えようとしました。片一方では栄養失調で子供が死んでいるのに、片一方でコールドチェーンが整備されていないので腐っています。流通の中で100トンのものが70トン腐っており、7割8割ぐらいを捨てているわけです。日本的な考え方で、そのマンゴーをその場で乾燥させてしまえば賞味期限は伸びるわけで、粉砕するともっと伸びていきます。そういった意味ではひとつのビジネスモデルは（商材としての）パウダービジネスと、もうひとつは貧困に対しての、パウダー（ビジネスを通じて現地に事業）を供与していくという二軸でやってきました。実際ＯＤＡ（注：(Official Development Assistance,政府開発援助)：発展途上国の経済発展や福祉の向上のために先進工業国の政府及び政府機関が発展途上国に対して行う援助や出資のこと）がやっていることは技術供与で、マーケティングというものは無いです。つまり農業器具を持って行っても、そこで儲れないので、蜘蛛の巣をはった農業器具だけが残ってしまいます。そういった意味では僕たちは物が売れていく（現地

Table C

Table A — これからの社会の在り方、自治・生活・福祉

生しないですし、それがどうしたら発生するのか分からないんです。たぶん厚労省的にも災害公営住宅は純粋な福祉施設ではないので、自然に見守りが発生し、地域で自然に運営されてゆくことを目指しているんだと思うんです。しかし、なかなかそんなに簡単に、計画上僕らが考えた「こうやればこうなるだろう」っていうふうにはならないんです。正直言って、そういう意味では、岩沼だけでなく、見守りを意図した災害公営住宅はまだまだうまくいってないと思います。そちらに関しては、今後どうテコ入れしていくかということは、もちろんやってます。町内会長さんに何度かお願いに行って、いろいろと相談しています。

もうひとつは、北上でそういった反省をどう活かすかです。長先生など福祉分野と最初から連携して、見守りの空間がどうやったら発生するかを見極めたいと取り組み始めています。そうやって福祉の側からも、我々の側からも、お互いに境界を踏み越えて、身を乗り出して、力を合わせてやってかないと、この縦割りは絶対埋まらないと思います。

（塩崎）手島さんがやったところか分かりませんが、岩沼の玉浦西で歩いていろいろ聞いてたら、おばちゃんたちが3人くらい居たんだけど「だめだ〜」とか言ってました。「全然出てこないし、誰が、どこで、何やってっか、分かんないんだもんね〜」とか言って、建物はすごくいいんだけども、おばさんたちはそういうことをおっしゃっていましたね。見守り空間が成立するっていうのは、なかなか時間が掛るなと思います。

（家田）今、岩沼の話が出ましたので少し岩沼の話させていただきますと、今年4月28日にプレハブ仮設住宅の供与が終わり、県内初だと思いますが、仮設住宅がなくなります。震災後5年経ってなくなるのですが、何故早々と仮設住宅がなくなるかというと、当市の人口規模がそれほど大きくなかったこと、震災後すぐに集落ごとの避難所としたことなどが要因だと思います。<u>岩沼では、ばらばらに入ってしまった避難所をそれぞれ集落単位に分けて、集落単位でプレハブ仮設に入り、玉浦西の防災集団移転や災害公営住宅に集落単位で入りました。</u>「まだまだ課題がある」と手島さ

Table B — 経済・なりわい・産業の再生

に仕事を落とせる）と。今回カンボジアにパティシエや流通の人や商社を連れて行った時に、今ナッツが日本国内で採れないので、その時に奇跡的に発見できた僕たちの粉砕技術で、カシューナッツをパウダーにしました。そうしたら今相当高くて手に入らないナッツと、同等のレベルのものができた。そこにパティシエが一緒にいるのでその場でこれだったら日本国内で買うということになりました。そこでキロ2千円の取引が出来るわけです。（原価は）キロ100円です。それはカシューナッツなので、パウダー化すると、船便でも耐えられます。そういった流通経路のものをずっと探していきました。そうなっていくと大きいビジネスチャンスとして、日本国内で採れないものをドライフルーツ、ドライパウダーにして、パティシエや流通商社と一緒に行くことで市場をつくっていくことが出来ます。そういった意味では東北で培った会社とすれば、Aという考え方を発見できたら、Bというエリアで全く違っても、<u>行政が行うような金太郎飴ではない、カメレオン方式でその土地に合ったものに変えてビジネスモデルを作っていく</u>ということを今までやってきました。今東京でも、オリンピックに向けての開発ということで、東北の技術とか、大きい不動産会社が我々のノウハウを買ってエリア開発していくことになっています。こういった小さい会社が、大きい会社に僕たちのコンピテンシー（注：(competency)：能力・資格・適性の意、企業人事評価で業績優秀者の行動様式や特性）を売っていき、そのスパイスが大企業とコラボレーションしていくことによって違う面的製品に出来たり、色々な形でノウハウを買って貰いながらも同時に開発しているという段階です。

（柳井）ありがとうございました。また後程お伺いしたいと思います。それでは庄子さん、よろしくお願い致します。

（庄子）それでは改めまして、戦後の混乱期から発祥しました仙台朝市の中で今庄青果という青果物業を営んでおります、庄子と申します。皆さまの話を伺っておりまして、私達は、毎日の日常の業務、自転車操業の中で一生懸命野菜を売らせて頂いており、現場の声としてお話をさせて頂きたいと思います。

Table C — 震災の伝承・風化、次の震災に向けての取り組み

美さんの方から、北上でも、地域によって目に見える物理的な被災の差があるとのことでしたが、佐藤正実さんや藤間さんからあったように、残していこう、伝えていこうというような動きが、全体として直後に比べると出てきているのか、あまり無いものなのか、また差支えなければ尚美さん自身がどう考えているのか、今後は伝える施設に関わる立場として、住民にはどういうところを期待できそうなのか、答えられるところからで構いませんので、お話頂けたらと思います。

（佐藤尚美）最初何でしたっけ（笑）。

（福留）同じ地域の中でも、ずいぶん被災に対する感覚や温度差があるとのことでしたが。

（佐藤尚美）そうですね。被災者となると、まずは家を流失した人、職場を失った人、津波被害に遭った人、などの分け方になるかと思いますが、昨年一年間、全集落のヒアリング調査をしてきていまして、その中で、私自身は沿岸部で、家を流失した方のエリアに入る立場なので、私たちが被災者、そうじゃない人、というのを無意識に、津波被害が無かった集落の人をそういった風に見ているところが無意識にあったんですけれども、ヒアリングをしている中で、確かに流失した人たちは大変だった、でも今から新しい集落に生まれ変わっていって、新しくなっていくよねって。私たちの集落はこれからどんどん古くなる一方なんだよね、と取り残された感というのを感じている方々もいて、意識が全く違うということを感じました。復興まちづくり情報交流館を通した震災の伝承についても、北上地域自体がよそから人が入ってくる地域じゃないので、住民そのものが特に外から来た人に対して話すとか、語り部さんとして取り組まれている人は一人もいないので、観光という文化もさほど無くて、たまに震災後にフィールドスタディという学生さん達のツアーを個人的に受けたり、漁師さんが体験ツアーを個人的にやっているという程度だったので、北上の場合はどちらかというと、<u>震災の伝承をツールとして使って、被災者や高齢者を含めた住民の役割を作っていくことに私としては</u>

Table A
これからの社会の在り方、自治・生活・福祉

んは仰ってますが、かなり良いものをつくっていただき、再建ができたということがございます。仮設住宅等における相談支援等を行うサポートセンターも27年度で終わりかなと思っていたのですが、今回サポートセンターの費用をいただいたことで、今後は防災集団移転地の住宅や災害公営住宅にも、プレハブ仮設住宅の時と同様に支援に入っていける状況になりました。玉浦西の全体計画のところでは、小野田先生にも参画していただき、地方部における震災復興に関しては、ひとつの成果ではないかと思っています。

さきほど、塩崎先生がおっしゃったように、これからは、どうするかという話についてです。ひとつには空いている土地が多少ありますので、そこで長先生がおっしゃったように、比較的元気なお年寄り等が行える「集いの場所」みたいなものを考えていきたいと思っています。そのハードを作った後、来年度以降、先ほどのサポートセンターと併せてそれをどう動かすかについて取り組んでいきます。

ということから、被災地で広い地域の中の大人数が被災された場所と、小さい地域でそれなりにコミュニティが揃っているところの場所で起こった災害で対応がそれぞれ違ってくると思います。小野田先生がおっしゃったように、いろいろな場面でやり方を変えていく必要があります。こういった対策はあるところでは有効であり、あるところではもう少し変えなきゃ駄目だということが、今回の震災で5年経って見えてくるということだと思います。

(本間) 先ほどの手島さんの発言で思い付いたことを言わせてください。私も宮城県内のあちこちの災害公営住宅を見ていて、まさしく災害公営住宅におけるコミュニティづくりが大変な状況になっていると思います。<u>私の見たところは、どこの災害公営住宅をみてでも、居室を一歩出るとすぐ共用スペースになっており、プライベートとパブリックの両極しかなく、その中間がないんですよ。よく「団地の中に公園を作るから…」って言うのですが、なかなか一気に公園に出てたむろして、公園が居場所になるという雰囲気ではないので、もう少し中間の場所が必要だと思います。</u>ようやくどこの市町村でもLSA (Life support adviser／生活支援

Table B
経済・なりわい・産業の再生

八百屋ですから、目の前に六郷の巨大農家の針生君がおりますので何とも言いにくいのですが、舞台ファームさんのさらに海側、六郷の古川というところに私の自宅がございます。今回津波では若干被災はしておりますが、自宅には被害はございませんでした。そして仙台朝市、ここも被害はございませんでした。ですから私どもは<u>翌日から営業させて頂くという支援の仕方をとりました。</u>やはり、食に携わったからには食い貯め、買い貯め、そうそう出来るものではありませんので、先ほども腐敗のお話が出ておりましたけれども、とにかく毎日の日配品は毎日売らなければならないということを念頭に売り続けようということで、翌日から休み無しでずっと販売をさせて頂きました。もちろん被災地にも足を向けたい、壊れた畑を直しに行きたいという気持ちは芽生えておりましたけれども、自分達の作業を放棄してはやはり行けないわけです。色々な形でそこの営業を続けることによって、その場所に買いに来る東北大学の学生と知り合う機会がありまして、これが実はリルーツというボランティア団体の学生でして、学生さんを通して毎日店を開けているというだけで色々な情報が入ってくる

ようになりました。そのリルーツの一年生ですけれども、本当に痩せたひょろひょろと今にも倒れそうなお兄ちゃんが、六郷、七郷の畑に足を向けて毎日のように被災活動、復旧活動に手を貸していました。そこで、彼らは畑を直すことによって野菜を植えましたが、せっかく作った野菜をどうすることもできなく、ボランティアに来た方にタダで渡していました。僕はそれでは農業の支援にならないなというように思っています。

今も実は色々な形で大きな助成金、お金をかけて新しいものを作るという動きはありますけれども、<u>作った後に売るという行為に皆さん意識が向いていない</u>のではないかなと思います。ここ数年、やっと販路という言葉が出てきました。ただし、これも実際ものを売るという立場からの販路では無いのではないだろうかと思います。朝市は日用品ですから、物を売るという時、ちょっと三角形をイメージして頂きたいと思うのですけれども、頂点に君臨する素晴らしいもの、知事がトップセールスにいくようなものです。これを作ることを皆さん目指しております。今回の復旧復興に関しても、そこの部分に皆さんが目を向けております。確かに格好

Table C
震災の伝承・風化、次の震災に向けての取り組み

<u>目を向けていて。というのも、支援されるよりも、支援している方が精神的に元気になれますし、頼るよりも、頼られていることの方が元気になりますし、そういった面で、「皆さん話して下さいよ」と巻き込みながら、逆に元気になってもらおうかなと思っています。</u>

(福留) ありがとうございます。現地で関わられている方、かつ現地の人である方からもお話を頂きました。急な振りになって恐縮ですが、佐藤翔輔先生にお聞きしてみたいと思いますが、先ほど災害科学というお話をされたかと思います。今ほどの皆さんからのお話を受けて、過去の災害事例であったり、東日本の他の被災地を見ている立場から、また記録を残すという立場からどう捉えるか、お考えがあればお聞かせ頂けますでしょうか。

(佐藤翔輔) どうしたら良いでしょうか (笑)。先ほど紹介をさせて頂いた活動は、時間の軸で表現するならば、今の時期だから出来ているということは多分にございます。これを直後にやってい

たら、受け入れられていたかどうか、僕なんかは蹴られておしまいだったのではないかと思います。実は、ご紹介した取り組みは、早くても二年半前の取組です。やっぱり四年目五年目で、今だからああいったことが出来ていると思います。先ほどお話が聴きやすくなったと正実さんがおっしゃいましたけれども、まさにその通りで、今だからお話頂けている、ということは多分にあると。もともと福留先生は阪神淡路大震災で出来た人と防災未来センターで研究をされていて、わたしもそのころから災害の研究をはじめたのですが、<u>当時の先生方がおっしゃっていたのは、「5年目からちゃんとした論文が出てくるんだ」と。5年よりも前に論文を出されている方には大変恐縮ですけれども、実は現場でも学術の世界でも、5年というのはそういう時期なのかなという風に、皆様のお話をお聞きして思いました。</u>こんな感じで勘弁して頂けますでしょうか。

(福留) ありがとうございます。やはり、時間というのが一つ加味しなければならない事柄なのだと思いました。そういう意味では、

Table A — これからの社会の在り方、自治・生活・福祉

員）さんが配置されるようになってきて、その人たちがなんとかコミュニティづくりの仲立ちをしようという体制になり始めています。しかし、そのLSAさんがいる場所は、災害公営住宅でいうと機械室のような「隅っこ」だったり、みんなの中心にはなってないんです。ですから、設計思想の中で、彼らが人と人を繋ぐ触媒になるんだという考え方が、そもそもないんじゃないかと思います。そういうようなこともあって、住民が、災害公営住宅なら災害公営住宅の中に自宅以外の居場所を見つけるか、つくっていかないと、このままではどうしても孤独死というのが避けられないと思っています。無論、どうしても「入居した途端に限界集落」という状況でもあるので、一人で誰にも看取られないで死んでしまうことはある程度避けられないのかもしれません。でもそれが発見されるまで10日も2週間もかかるっていうのはやっぱり違うかなと思います。

（加藤）これまでの議論を聞いていて感じたのは、大規模災害って数十年に1回くらいしか起こらないので、基本的に準備されている復興政策自体は、常にいまの時代に対して陳腐化したものなんです。なのでその都度、災害復興のプロセスの中で時代補正をしていく必要があります。つまり時代補正するっていうことは、復興のプロセスの中でその時代にあったモデルを作り出す必要があって、今まさにそれをしているんだと思うんです。たぶん阪神のときにもそれをやって、いろんな改善モデルができているんです。ところが、前の時代と今が違うのは、行政の縦割りがすごい細くなっていて、金も無いし人も居ないんです。割と被災者の方々や被災コミュニティが孤軍奮闘しなきゃいけないっていう別の時代補正も必要になってきているってところが、今の困難さのポイントではないかと思います。

高齢化社会や人口減社会というテーマが地域のトレンドになり、いま福祉の問題に、地域の課題が極めてクリアに見えてきていると思います。おそらくここで議論して、なんとか良い解決策を被災地のなかで作り出して（ベストからベターからワーストまであると思いますが）、それが今後展開されていくと思います。この次の災害に向けて、と考えた時にそのベストなものを制度とセッ

Table B — 経済・なりわい・産業の再生

が良い、先ほども、グリーンカラー、僕は農業に対しては、グリーンカラーという色があってもとても良いことだと思います。但しこのトップだけを売るという流れは、ユニクロさんがトマトを作りましたけれども、トップの良いものだけでは絶対に商売は成り立ちません。やはり三角形の底辺の部分、ここがきちっと動いていくということが前提になければいけないと思いますので、整備をするということなら小売り末端まできちんと見ていくことが必要になると思います。イオンや量販店に買ってもらえればそれで良いのかと、そういうことになると町が作れなくなります。仙台朝市は実は地元資本が100％です。マップを作ったり小さな事業の中で支援金、助成金は頂いておりますけれども、大きな助成金は一切ゼロです。それからアーケードも何も付けておりませんので、実は借金がゼロの商店街です。自分の体、自分の労働力、自分の体力、先ほど元気な人を集めてというお話がありましたけれども、元気な人が集まって商売を続けさせて頂いて現在があるという状況です。

売り続けるという作業の中で、被災地から出てくる商品を見つけて販売していこうということに意識を向け1年2年と過ごしまして、3年過ぎた後に、仙台産の天然のキノコが販売禁止になっているということをご存知でしたでしょうか。3年経った後にセシウム被害によって売れないことになりました。仙台駅前の一等地、ここの中で商売をしていく中で、先ほど針生さんもおっしゃっていましたけれど、大根1本売って家賃は払えないのです。極端に言うと。たとえ八百屋だったとしても一日の売り上げが50万から100万ないとあそこの家賃は払い切れません。扱うアイテムというのは、結果的に天の恵み、地の恵み、天然のもの、お魚も含めてですけれども、ブランド品というものを売ることになります。しかしこれが今売れない状況の中で、八百屋さんとしては苦戦しています。ここはぼやいてもしょうがないことですから、新たに新しい商品の開発ということで、野菜の粉末、こういったことにも手をかけてみたのですが、後程島田さんにちょっと伺ってノウハウを頂きたいです。甘い青汁が作れるのではと思って動いてみたのですが、ちょっとしくじっちゃったところもあります。売り続ける作業の中で、物を作る方々はやはり作る仕事、そして

Table C — 震災の伝承・風化、次の震災に向けての取り組み

振り返ると二年目とか三年目の頃から、震災遺構についての動きや話があったと思いますが、阪神や新潟中越などの過去の災害と比べるとずいぶん東日本は早いんじゃないかなと当時個人的には感じていたのですが、これだけ大きな災害ですので、国が主体となってそういった事への対応をしてきていて、結果的に脇坂さんからお話のあった国が設置する追悼施設の計画が進んでおり、また市町村ごとにも計画が進んでいたり、施設がオープンしたりしているという状況かと思います。もし差支えなければ、国として、そういった伝え残すということについて、先ほど何人かの方からお話がありました、時間という中で、国の中での議論の変化について、脇坂さんとして、個人としてで良いのかわかりませんが、お話し頂けたらと思います。

（脇坂）はい。私個人で国の全てを代弁しているわけではないのですが（笑）、復興庁がですね、津波による震災遺構の所在する市町村において、震災遺構の保存を支援するという方針を決めていまして、とりまく課題を整理の上、復興まちづくりとの関連性、維持管理費を含めた適切な費用負担のあり方、住民・関係者間の合意が確認されるものに対して、予算をつけるときにルールをつくらなくてはいけないという議論から、各市町村一箇所まで支援するというルールをつくったわけです。これが妥当かどうかは別の議論だと思うのですけれども、ようやく市町村も復興のフェーズの中で、震災遺構を残そうという動きや、例えば宮古の田老等の市町村間の連携の動きが出てきているわけです。それは震災の伝承だけではなくて、例えば地域の活性化という視点もあろうかと思いますし、市町村ごとの様々な意向があってよいと感じています。一方で、人と防災未来センターにも行ったのですが、阪神淡路大震災の被災地では、震災遺構があまりないということ自体が問題視されていたということも受けて、伝承のためには一定程度の震災遺構を残さなければいけないということが私の基本的な考え方でして、今回もこういった計画で、今残せるものを残していくことが、結果的に社会にとって良い結果となると思っております。ただこ、「こんなものは見せるものでない」「見たくもない」というお考えがある方がいらっしゃるということは重々承知して

Table A
これからの社会の在り方、自治・生活・福祉

トで次に残しておくべきだと思います。阪神の時もそうで、阪神のときに培ったいろんなノウハウが、中越に活かされて、東日本でまたリセットされたみたいな…ね。ちょっと言い過ぎでしたね（笑）。一方では、時間が飛びすぎちゃって継続させにくい気もしているので、そういう意味で次に繋げるための何か仕掛けを是非生み出していただきたいと思います。

（増田）いま加藤先生から、次に繋げるにはどうしたらいいか、という問題提議がありましたので、引き継いでそれを議論していきたいと思います。
おそらく大規模災害が何十年に一回しか来ないというのはその通りですが、でもいま必要な、福祉や医療、介護に十分に対応できていない地域がたくさんあるわけです。そこに今回の復興の枠の中で、新たに適切な対応を加えることができるチャンスになっていることが、今回の震災の（ポジティブに考えると）プラス面だと思うんです。つまり、従来の仕組みでは出来ないけれども、「今回の災害の特例を使ってこういう方法で解決に挑みました」「いくつかのところでは不十分ながら実際にやってみています」というようなことを世に説いて、次に繋げてゆくことが出来るのではないでしょうか。
ライフサポートセンター（暮らしに関わる不安を解消し、生活の安定と地域福祉の向上を目指して設立した組織）もそうですし、パーソナルサポート（パーソナルサポートセンターは、分野をこえて様々な団体が連携し、パーソナルサポートの実施や制度化、パーソナルサポーターの育成を行い、支援を必要としている方を、様々な社会福祉制度やサービス、介護事業所や福祉施設などにつなげ、その方が地域で安心して暮らすことができるようにお手伝いします。）の議論もたぶんそんなことがあって、その中から課題を拾ってもう少し制度化し、次に繋げていくというようなことが多分あるんじゃないかと思います。もしよろしければ津久井先生からそのあたりの制度化の話も含めて、ご意見があれば。

（津久井）制度化についてですが…。制度をつくってしまうことには功罪両方あって、制度を作ることを目的化するのはあまりよく

Table B
経済・なりわい・産業の再生

売る者は売る者としてその町に貢献しなければいけないのではないかというように考えて、とにかく物を売る、販売するということに徹しました。未だに士農工商は今の学校で先生は教えているのですか？僕ら商人で一番下なものですから、先ほども縦割りの行政のお話がありましたけれども、僕らが野菜を買ってくる仙台中央卸売市場は、農林水産省の管轄です。物を売るという立場になったときに経産省が強いです。農林水産物を守るという前提の中に小売業の八百屋がございますので、してはいけないことの方が色々ございます。土俵が全く違うものの中で扱っているアイテムが同じだと勝てるはずがないのです。ただ、そういったところに現場の地域復興や地方の仮設商店街が進まない理由があるのではないかと現場から見て考えております。それに対しては僕らもこのような場所でお伝えすること以外は、なかなかそういう状況を皆さんに聞いて頂く事がないものですから、知らない方の方が多いとは思うのです。出来ないことを愚痴っていてもしょうがないので、朝市として何が出来るかというところで、実は朝市では、販売体験ということをさせて頂きまして、小学生、中学生、それから農業学校、こういったところの子どもたちに、物を売るという立場から見てもらいたいと取り組んでいます。よく相手の身に立ってものを考えろとおっしゃるのですけれども、これ実は、先生方がいらっしゃるからこの前で言うのもはばかりますが、学校の先生は実は物を売ったことがありません。ただ八百屋に来るとまず先生方はいらっしゃい、いらっしゃいと、大きな声で元気よくにこやかにいらっしゃいと言え、と言うのです。物を売る立場から言わせて頂くと、最初に教えたいことは、自分が売る物は何なのか、その物の良さをきちんと知りなさいということです。物を売るという行為はその良さを伝えるということが一番根本にありますので、作られた商品の産地や特性、食べ方を覚えていかなければ売ることは出来ません。先生が教える「物を売る行為」と、「現場で売る行為」が全く根本で違う訳です。本当にこういった部分がなかなか伝わっておらず、先生も一緒に体験したらいいのではないですかと、お声掛けすると、いいえ私はちょっと、というようになってしまいます。私はこんな仕事は出来ませんと言われているような気持がするのですが（笑）、そういったことを経ま

Table C
震災の伝承・風化、次の震災に向けての取り組み

おりますし、一方で、伝承に取り組んでいらっしゃる方々も多くいらっしゃいます。両者のご意見をお聞きしながら、進めていきたいと考えております。

（福留）どうもありがとうございます。今脇坂さんから、まずは残すということが大事であって、残されたモノによる伝え方と、と同時に、遺構の上に人を介した伝承や地域活性化等の取組を伴うことによって、より伝えられるのではないか、というお話をしていただきました。遺構や記録で伝える、実際の行事の様な人の取組で伝える、この両面性と言いましょうか、それぞれの良し悪しがあるのかもしれませんが、それぞれの持つ特性があると思います。過去の事例や他の地域の事例において、とくに注目すべき事例等がありましたら、共有を頂きたく思います。川島先生よろしいでしょうか。

（川島）それは震災遺構に限らずということでよろしかったでしょうか。震災遺構については、私は気仙沼市の委員長をやっておりまして、今脇坂さんからお話がありましたが、私から見れば国の対応が遅かったんじゃないかという気がします。気仙沼の場合は共徳丸を解体する事が既に決定していました。それから、市町村に一箇所というのも、ちょっとおかしい話で、市町村によっては三か所も必要なところもあれば、ゼロであっても良いはずです。そういうところに問題を感じていました。震災遺構を残すということは非常にお金がかかって、当初は国で面倒をみるけれども、あとは市町村で維持するというのも、建物の専門の業者等も入りますから、非常にお金がかかる。むしろ私は、集落に一つ、ここまで浸水したよ、津波が来たよというものでも良いから残した方が、そこに住む人にとっては非常に伝承になりうると思っています。先ほど話した津波記念碑というものは、ある意味では記念碑ですから人工的につくられた遺構の様なものですけれども、今回の震災前に意識していた人が何人いるか、ということです。岩手県の場合は過去の災害の浸水線に記念碑が建てており、そのこと自体は特殊な例ではありませんが、ところがそれが忘れられてしまって今に至っている訳です。今回は高台移転をしますよね。陸

Table A　これからの社会の在り方、自治・生活・福祉

ないような気はしているんです。一方で、例えば企業であればコンプライアンスやCSR（企業の社会貢献活動）、国であれば憲法だとか、目指す大きなものが普通はある筈なんです。けれども、今回の東日本大震災の場合は3県それぞればらばらの状況で、そこがよく分からないというか相対化してしまっていて、それがゆえに迷走がずっと進んでるんだろうと思っています。

そういう中で、もし不変の価値がひとつあるとしたら、やはりパーソナルサポートというか、人に焦点を合わせるのが分かり易いんじゃないかと思います。新しい価値の創造や、新しいまちの発見といったことよりは、「問い直し」をして、自分たちのアイデンティティーをもう一度見直すことがいいのではないかと思うのですが、どうしても、それ自体議論になってしまうところがあります。もちろん、人が大事であるといっても、「理不尽なことを言っている人にどこまで対応するべきか」とか、個別な議論に入っていくと難しくなりますが、「人をなんとか救済せないかん」ということは恐らく異論のない、共通の価値ではないかと思います。さきほどずっと議論していた話では、<u>孤独死を防がなきゃいけないってこ</u>とも、孤独死を防ぐというより、「孤独生」をどう支えるか、ですよね。孤独死に至るまでの孤独な生活をいかに支えるのかということです。そういう視点に立つと、大きな命題として「一人一人の生活の支援」と大きく括られるんじゃないかと思います。その中でひとつ目は、もちろん今出ている住宅や公営住宅や都市という「生活の器」の話があると思いますし、それからふたつ目は健康や、その人自身の生物としての機能維持の問題がずっと出てくると思います。更に、もうひとつはこの成熟した社会で生きていくための「生き甲斐」が必要になってくると思います。「生活の器」と「生命維持」とそれから「生き甲斐」。これらをどう組み立てたらいいのかという理念を作らないといけないのではないのかと思います。これは、今からでも全然遅くないと思うので、どこかで一度真面目に議論をする必要があると思ってます。

例えば、東日本大震災災害復興基本法には福祉という言葉は出てきませんし、子ども被災者支援法という法律にも、健康や医療という言葉はあるのですが、福祉という言葉は出てこないんです。当時、なんで福祉という言葉が出てこないんだって聞いたら、福

Table B　経済・なりわい・産業の再生

して、年間だいたい1,000～1,500人位の学生さん、子供たちをお預かりして、朝市の中で物を売って頂いています。そして物を売った後に、今度は買ってみるという消費者の立場にすぐに変わるように、鉄は熱い内に打て、ではないですけれども、いらっしゃいと声をかけて知らん顔された怖さを知っている内に物を買う立場になってみなさい、自分達がコンビニやスーパー、量販店に入っていった時に、一言でも口を利きながら買い物をしますか、ということも子供たちに伝えております。自分がいらっしゃいと言って知らん顔された怖さを知っている子供たちは、（買う立場として）店に入る時にこんにちはと言えたり、（お店からの）如何ですか？という声に対してはきちんと答えられるように、相手の立場に立ってというところがよく伝わるような仕事をさせて頂いております。ただ、八百屋さんのものですから毎日お店にいないと売り上げが下がります。柳井先生からもいろいろお話を頂きまして、一番僕が怖かったのは、慶応義塾大学院です。そこで授業をさせて頂くというお話が出てきた時に、やはりお店を休まなければいけないのです。店を一日空けると売り上げががっくり減ります。地域貢献をしたい、社会貢献をしたい、色々な応援をしたいという気持ちはありますし、こういったことを伝えたいということはあるのですけれども、稼ぎ頭の僕が店から離れると店の売り上げが下がりますから、本当にしたいことができないということが現状でございます。

先ほど一部のお話の中（前半テーブルB）ですごく気になっていたのが、中心部商店街、朝市、駅前も含めてだと思うのですけども、儲かっているから、蓄えをもう持っているから営業活動しないというようなところがありました。僕らから言わせて頂ければ、親の利益はとっくの昔に使い切っています。バブルの絶頂期に使い切りました。その儲けたものを不動産に変えて大家さんとして動いているような方々はまだ良いのでしょうけれども、現場で物を売っていく連中はもう紆余曲折毎日のように勉強しております。

今流行りのインバウンド（注：(inbound)：外国人が訪れてくる旅行のこと、訪日外国人旅行または訪日旅行という）というお話にすれば、朝市の中でも実は五か国語対応で朝市のマップが見られるようなものを作っております。それが現金に、収入につながる

Table C　震災の伝承・風化、次の震災に向けての取り組み

前高田の長部の例ですが、<u>「あの石碑を高台移転の上に上げたい」</u><u>という声が出ています。石碑は浸水線に建っているなどの立地が</u><u>非常に大事でありまして、だけれども日常的に人々の目に触れる</u><u>機会が無いと忘れ去られてしまう。非常に難しい問題です。</u>大きな震災遺構の問題もそうなんですが、ああいった遺構は今後かさ上げがされて、防潮堤も出来たら海との距離が分からなくなりますよね。あのポイントだけを残そうということではなくて、周りとの位置関係が非常に大事なんです。もう一つ付け加えさせて頂くと、語り部の問題です。皆さんから興味深い話を頂きましたが、「みやぎ民話の会」という、口承による昔話や伝説を集めて伝える活動をしているグループが、震災から半年後に志津川で震災の語りを始めました。それがなぜ出来たかというと、そういう人たちは昔から語ってきたからです。先ほど佐藤翔輔さんの語り部の分布図も見ましたけれども、あの図はやはり、日本の昔話の伝承者の数と同じですね。新潟とか山形では、一人で百話くらい話せるおじいさんおばあさんがいたんです。そういう伝統が、東北にはあるんです。東北は我慢強いとか、無口だというイメージがついていますが、やっぱり喋りたい。私もチリ地震津波に小学校2年生で体験しましたが、東京に行って学生時代を過ごした時に、津波を知らない人に力んで語りました。こういうものだよと。たぶんそういう語りの持つ力というものが、東北には十分備わっている。<u>「語り」と「話」の違いは、語りは相手も巻き込んでいる、話しは一方的なもの。だから、騙すことも語りといいますよね。そのような相槌を伴うものだということです。だから相手が居て、語りが出来る。そういう空間を指しているということです。</u>このようなことが、東北からできる、伝承の仕方ではないかと思います。

（寺島）震災遺構の話が出ましたが、いろんな議論があります。例えば大川小学校の付近や北上川沿いを車で走っていると、回りは農地復旧のダンプカーがいっぱい走っていて、土盛り工事をやっています。その風景の中で大川小学校はぽつんと立っていて、そこに町があったことを全く想像出来ない訳です。遺構を一つ残すことが、そこの地域の人にとってどれだけの、どのような意味があるのかを考える必要があります。防災のために必要なのか、そ

Table A
これからの社会の在り方、自治・生活・福祉

祉は平時の仕組みがあるからそっちでやるので、災害とは関係ないというのが省庁からの返答だったんです。しかし、そんなことはないということは現場にいる我々は知っているわけです。そういったことをきちんとやろうした時、その時にどういうプラットフォームがいいのかということを聞きました。さきほど午前中の議論でも、復興基金の話がありました。なぜ復興基金が出来なかったんですかという議論があって、よくわかりませんっていう話だったと思うんです。復興交付金についていろんな総括ができるんだけれども、もともとこの震災でも復興基金を想定してたものが、いつの間にかこうなってしまい、基金の是非の議論が進んでないのであれば、今からでもあれを考えてみたらいいんじゃないかなと思います。

中越の時は何が良かったかっていえば、行政が良かったんじゃなくて、行政以外に市民団体が入ったことと、専門家が入ったことと、何よりも被災者が一応意見を言う場があったことで、いろんな主体が運営管理、意思決定に携わったというところがすごく良かったと思うんです。今回は、それが圧倒的に足らないように見えます。

今からでも東北の地で、ここに集っている専門家、行政だけではなくて、NPOや、もっといろんな立場の人間が、「大事な価値は何だろう」と一緒に考えたらいいのではないかと思います。たぶん増田先生の振りと全然違うことを言っているんだと、自覚はあるんですけど（笑）。すいません。

（フロアより）建築家主催のシンポジウムなので、みなさんのお知恵を借りたいと思います。残り後半5年は、保育所だとか、総合庁舎、公園、あと石巻の場合だと文化ホールっていう、俗にいう公共施設のプロジェクトがあるんですけども、それもある程度市民のコミュニティに関係あるので、もし時間がありましたら、皆さんの俗にいうハコモノに対してどういうふうに対処すべきかっていうことを聞かせてください。

（増田）すみません。あのもうちょっと続けさせてください。その話は時間があったら、でいいですか。はい。
今、津久井先生のほうから出た議論は、復興基金（もう少し自由

Table B
経済・なりわい・産業の再生

というとこには具体的に出来ていないので、柳井先生の学生さんにアンケートを取って頂いて、そのアンケート調査の報告を見ながら動いていくというところです。

私どもの商店街の震災直前ですけども、平日8,500人、土曜日になると12,500人という買い物客の数字が残っております。平成25年、平成26年、平成27年と3年間経っても実は同じで、8,000〜12,000人というぐらいのところです。お客様の内容はかなり変化しております。私がお世話になった若林区沿岸部の朝市の発祥になった背負子（注：（しょいこ）：荷物を括りつけて背負って運搬するための枠からなる運搬具）さんと言われるようなおばあちゃんたちは、一切朝市にはお越しになってはおりません。背負子さんを見なくなって5年が経ちます。その代わりにベビーカーを押してくる若いお母さんたちが来るようになりました。お客様の内容はどんどん変わっておりますけれども、朝市の集客数はそれくらいなのかなあと思います。集客数をより増やすという考えはうちの朝市では持っていません。あの地震の混乱期、自分の手で助けられる人数しか助けられないだろうなと、現場から見て僕は思

いました。確かにグローバルとか国際化とか素晴らしいことだと思いますし、すごく挑戦的でかっこいいなと、機会があればと僕もと思いますけれども、震災の時に実は老人ホームに配達することが出来ませんでした。給食を待っている病院に食料を運んであげることが出来ませんでした。店で物を売ることは出来ましたけれども、配達業務することが出来なかったので、震災後配送業務という部分に関しては全てお断りするようにしました。いざという時に役に立たない仕事は何の役にも立たないのではないか、と思っております。現場から見て、ちょっと変なお話も進めましたけども、そんな形に今作業を進めております。

（柳井）どうもありがとうございました。行政、支援団体の考え方と、現場の動き方の間には、いろんなところで垣根があるのが見えてきたように思います。これから10分間休憩をとりますので、その間に質問を出して頂きたいと思います。

（休憩）

Table C
震災の伝承・風化、次の震災に向けての取り組み

に使えるお金）と、このあとの復興政策、コミュニティづくりみたいなものがどういう可能性があるのかっていうのがひとつの話題だったと思います。

もうひとつ、昔大学で都市計画を習ったことでいうと、「もっとディテールを地区に落とせ」という議論を70年代、80年代くらいにずっとやってきました。（地区計画制度ができてなんか終わっちゃった感もあるんですけども…）、いまの包括ケアの議論も含めて、地域の福祉は、様々なサービス水準をどう選択し、地域の既存の組織とどう連動していくのかというお話をしたいと思います。「私たちのまちの様々なサービスはこの水準を目指す」といった地域レベルでの計画づくりをすることが、「今後実際にどういう暮らしがその地域で行われていくのか」と比較的連動しやすいんじゃないかと思うんです。

今回の被災地域の中で「コミュニティをどうつくるか」という議論はあるのですが、できればその中で「暮らし方のプランニングを考える組織」を立ち上げて、医療や福祉、教育など様々なものの総合化に取り込むべきだと思います。学生の頃ならった近隣住区（計画的に築かれた住宅地の単位で、田園都市構想とともに20世紀のニュータウン建設を支えた理念の一つ。幹線道路で区切られた小学校区を一つのコミュニティと捉え、商店やレクリエーション施設を計画的に配置するもの）の絵をイメージしているのですが、「ハードとソフトが融合した地区レベルでの総合計画」が必要なのではないかと思っています。その中でライフサポートの人や、見守りをやる人、都市計画の人などが協同する可能性があるんじゃないかと思います。若干の夢でもあるのですが、どこかモデル地区みたいなものができればなという感じもしています。都市計画側に話を振ったつもりですが…、

（岸井）世の中で社会福祉保障費が、30何兆円とかどんどん増えていっている状況の中で、「いかにしてこれから健康寿命を長くしていくか、そのためにはまちにどのようにして出てきてもらうのか」これは大変大きな課題で、我々もそれは大変強く意識してますし、今回のハコモノに関して言っても、僕は前の水準から比べるとかなり進んでると思います。ハコしかないけど進んでる。でもそれ

（柳井）それでは再開いたします。まず須能さんに3人の方から質問が来ております。一つ目は、ブランド化の仕方です。農業も含めて水産業も一層の低コスト化をどう図っていくのという質問です。二つ目が、水産業、水産加工業は地域間で集約することはできるのか、丸谷さんの方からのご質問になります。三つ目として、6次産業は、水産・農家の事業拡大という法解釈になっていますが、そういった意味で法改正などに期待出来るのかどうか、という質問です。

（須能）石巻ではブランド化を金華ブランドという形で十何年前からやっています。実は私は50歳まで東京の大洋漁業に勤務しておりまして、たまたま石巻の将来の社長にという声がかかりまして大洋漁業を辞めて石巻に来て現在23年目に入るところです。その時に石巻という地名は我々水産の人は多少読めますけども、岩手県に花巻がありますので「いしのまき」とは誰も読めないのです。それから東京の方でも、岩手県なのか宮城県なのか、あの辺の位置関係が分からないわけです。例えば我々はこの辺だと分かりますが、例えば鳥取と島根の境港と浜田と言われてもなかなか分からないのと同じです。そういう中で、何か良い名前はないだろうかといった時に、金華というのは、ゴールデンフラワーの意味でありかつシンメトリーで、これほど素晴らしい名前はないとなりました。たまたま定置網で上がる鯖だけに対して、ある会社が金華という名前で築地に出しておりました。それは非常にマイナーで全く評判にならなかったのですけれども、私はそれに気が付いたので、早速その会社にお話しし、やはり拡大しないとブランド化にならないからこれを使わせてくれないかと言いました。そうしたら結構ですという話になりまして、それ以降ブランド名を金華としました。定義付けする時に色々議論しましたけれども、ブランドというのは基本的に、高級品の時計を始め貴金属とか、品質も技術もそれなりのものであるわけです。ところが水産物のように移動性のあるものなどには本来馴染まないものです。先ほど言ったように石巻は知名度がないので、逆に言えば金華という名によって石巻を有名化させようとしていました。まず私は、オ

れとも忘れないためなのか。地域の人にとっては暮らしが失われてしまったという喪失感があって、大勢の子どもたちが亡くなった場との向き合い方も様々で、複雑なんだと思います。もっと悲惨なのは、原発事故被災地ですよね。私は福島県内の被災地に通っていますが、全住民が避難中の浪江町の人々の大きな仮設住宅が二本松市内にあって、浪江小学校も仮校舎で授業をしています。学校で力を入れているのが、「ふるさとなみえ科」という活動です。いまは戻れない古里には、どういった街があって、どういう人たちがいて、どんな産業があって、どんな店があったのか、どんな伝統の文化があったのか、などを学びます。避難している仮設住宅にも、その道の名人の方々がいますから、例えば、なみえ焼きそばを作っている方を先生役として勉強し、自分たちも作ってみる、といった活動もしています。つまり反面、浪江という町があるのに、そこを離れている子どもたちにとってはどんどん記憶が薄れていっている状況があって、非常に切ないのです。先ほど石巻市内で人口が減ってしまっている地域の話がありましたが、そこを離れた人たちにとっても、自分の田舎がここだった、自分の家がここだったといっても、そこに何もなければ記憶は薄れていく一方ですよね。建物だけでなくて、歴史とか文化とか、そこにあったものが無くなってしまっている。震災から5年が経って、戻ることを諦めてそこから去ろうとする人が出てきて、例えば岩手県の沿岸部だと、内陸に避難している人たちの間で、沿岸の古里に戻ろうとする意向の人が2割を切ったという調査結果も出ています。非常に切ないものを感じていたのですが、古里に再び集まろう、消えかけた文化を伝承しよう、という動きも出ています。北上町では、地元に大正時代から伝わる「大室南部神楽」を小学校で伝承していたんですね。ところが、多くの集落と住民が津波で失われた。大室という集落では、津波があった2011年のお盆に避難先から集まった佐藤満利さんら若い世代が、「もういっぺん、来年、神楽をやろう」と話し合ったそうです。それが実現して、翌12年の5月に大室南部神楽の復活祭をやって、それ以後、毎年続けています。満利さんらの子どもたちも参加し、大室の練習場に通っています。そこで再び生きようと決意した人たちがいる限り、歴史なり文化なり、記憶は失われないんだと思います。再び集まって

Table A
これからの社会の在り方、自治・生活・福祉

をどうするかって問題はあるけど、とりあえずはやるしかないんです。「その先を考えろって」なると、その先の人たちにいかにしてまちに出てきてもらうか、です。いま、ケアももちろん大事ですし、ケアは必要だけど、我々としてはもうひとつ先を行きたい。次の世代の人たちがいかに長く元気で働いて楽しく生活できるかって問題は、全人口の三分の一の話ですから、もう特殊なことじゃないんですよね。我々オールジャパンの問題として、大事なことだと思うんです。仰る通り、そういう住宅の構造なんかを考えようってことで、最近は医療福祉の先生方とご一緒してやる機会が増えていることは事実です。そんなにうまくいってないと言われればその通りかもわかりません。それはやりますってことでしかないんですけど。

みなさんのお話で、先ほどみなし仮設の問題がありました。これ、実はすごく大事なことなんですよね。これまでなかったことです。こんなに6割の方がみなし仮設にいるって、こんな災害は今までないんですよ。これを今後どう考えるかって大事であって、その中で起きていることが何なのかをぜひ解明していただきたいし、建設仮設とどう違うのかということははっきりといっていただきたいという気がします。

(増田)おそらく仙台市はパーソナルサポートセンター等の動きもあって、それなりに個人のプロファイルを持っていて、時々いろんな集計が行われてたりしているので、仙台のみなし仮設にお住まいの方はどういう所得水準になって、どういう社会階層なのかっていうのは過去に比べるとかなり分かっています。それがレポートになっているとか、みなさんに分かる様な形で報告されることがこれからの課題かもしれませんが、でも分析のデータはあるようにも思います。ぜひいろんな住宅系の人たちも含めて、検討しないといけないと…

(岸井)どう引用するかについて、あんまり誰もはっきり言ってないんですよね。石巻でも、かなりの方の生活再建がはっきり決まってないのですが、これの多くはみなし仮設にいらっしゃる方なわけです。実は、700戸くらいあります。だから、そういう生活を

Table B
経済・なりわい・産業の再生

リンピック選手を育てる為には底辺の人口を増やす必要があるのと同じ考えで、緩やかな定義で始め、金華ブランドの例えば鯖の場合は脂があって高鮮度のもの、金華山周辺のものという形にしました。要するに定義を限定すれば、必ずクレーマーから何％の脂ですかとか、何センチですかということで、わずかの差を問題にされるので、より脂があるとか、より高鮮度とか、数学的ではなくて国語的な定義で進めました。具体的には、実際に脂肪分を測定して15％ぐらいに達したら金華鯖到来宣言としてマスコミを通してやることとしました。そのようなことをやって、ブランド化は皆が馴染む、そして市場が作るのではなくて、皆が作るのだということで、あくまでブランドを取り扱う皆さんはプロだから、自己責任においてやって下さいとしました。そして市場からは、認証ではないですけれど、ブランドのシールを無償で渡しています。但しそこには番号を付けてトレース出来るようにして、一度クレームが来たらイエローカードとし、2度来た会社にはブランドの資格はないということで渡しませんという形で今行っています。それから低コスト化については、商品のコストというのは各社がやっていることですから、我々の方からは出来ませんけれども、例えばブランド化したものに対してシールなどを大量発注すれば、付加価値を付けた割にはコストをかけない、ということは可能かと思っております。

水産業の集約化ですけれども、震災前は大きな水産会社は一次処理、二次処理を、基本的な定義はありませんけれども、地域での緩やかなグループ化といいますか、下請け孫請けのような形でわずかなものをやってもらっていました。ところが今回の震災の結果、グループ補助金で4分の3は誰でも貰えるようになったものですから、下請け仕事の人も独立するようになってしまって、現在そういう意味では、今まであった緩やかなグループ化といいますか、仲間が少し分散しています。ただ仕事がどんどん厳しくなれば、いずれは集約化してくるだろうなと思います。私は、これを加速させるためには銀行の論理しかありませんよと話しております。要するに商社のライバルでも、あるいはどんな企業のライバルでも、合併は出来ます。私の出身会社の大洋漁業もニチロ漁業と合併して、マルハは海外貿易を主体にしていましたから原料を手配

Table C
震災の伝承・風化、次の震災に向けての取り組み

何かを始めよう、そういう場をつくろうとし、語り始めたり、新しいことをしようとする力は、人の思いにこそあるんだと思います。ちょっと話が長くなりましたが、以上です。

(福留)どうもありがとうございます。それではここまでの話を踏まえて、こういった地域での取り組みや活動の支援をされているみやぎ連携復興センターの佐藤研さんから、お話頂けたらと思います。

(佐藤研)伝えるとか、残すとか、そういった動きがようやく県内各地で出てきたところかと思います。やっぱり、そこに生きている人たちが考えはじめている、言い方を変えれば、考えられる余裕が出来てきているということなのかなとも感じます。ただ、それぞれの地域によって時間差があると思いますが、地域を支えようとしている皆さんや私たちが、寄り添いながら、お話を聞きながら、進めていけたらよいのかなと思っています。私は仙台市の宮城野区や若林区に多く関わらせて頂いていますが、地元学という視点を大事にして活動しています。震災前の自分たちの暮らし、震災直後の、そして今までに至るまでの自分たちの生き様や地域が、どういったものであったのかを、地元の皆さんの手で振り返って頂く、検証して頂く取組を進めています。地域の方々の語りを聞き書きして一緒に冊子をつくる、また地域の方々とジオラマをつくるなど、形は様々ですが、その中から、自分たちの誇りであるとか、歴史であるとかが発見されている様に思います。東日本大震災のメモリアルは3.11からスタートではなくて、その前から始まっていて、ひいては将来のまちづくりにつながる取組だと思っています。仙台の沿岸部では、100年とか、170年とか、そういう周期で大きな津波が来て、400年くらいでものすごく大きな津波が来ているということが、文献で分かっています。先ほどの石碑等の碑がどこまで効果があったのかという話もありましたが、100年や200年後、犠牲者を一人も出さないという自信がある地域にどうすれば出来るか、ということが、残していく、伝えていく活動の神髄ではないかと思っています。

Table A
これからの社会の在り方、自治・生活・福祉

ずっと続けているという状況を、いつ我々は変えてください、と言うのか。或は、言わないのか。どうするのかということも含めて、何かちゃんとメッセージを出さなきゃいけないと思うのですが、住宅サイドの方から何も出てこないんです。正直言って、良くないんじゃないかと僕はすごく感じてます。「もう取り組んでいます」とかおっしゃるけど、僕の目の前にはそんなガイドラインは、出てこないですよね。

（増田）ガイドラインみたいなのはないです。

（室崎）今のみなし仮設の話についてです。みなし仮設に入っている方の実態をきちんと調べて、実態に応じて考えないといけないので、乱暴なことは言えないのですが…。1885年のメキシコの地震の後で、被災者の選択肢は仮設住宅を作るのでそれに入るか、空家を借りるか、がありました。空家を借りる場合には、家賃補助といって収入に応じて収入のある人は一定の家賃を払うんです。どういうことかというと、仮設住宅は住宅ではないので、お金を取れないけれども、空いているストックについては一応住宅であり、きちんとした生活ができるものなので、それについては然るべきお金を払うのがひとつのルールだ、という考え方です。だからこれは次の震災に向けての話です。だけどそこをきちんとやらないと、仮設だからってみなし仮設であっても永遠に家賃を出さないという様にはいかないので、そこの交通整理は必要だと思います。そういったことを踏まえて、仮設とみなし仮設をうまく併用するシステムをつくらないといけないという風に思っています。

それから、もうひとつ前の議論に戻らせてください。僕は建築学科ですが、デザインが下手で楽をして防災の世界に入ったんですけど、建築のデザイナーというのは設計するときに、いろんなニーズ、要求を総合的に考えて、最適値や最適なバランスを導き出す仕事ですよね。これは別にデザイナーでも都市計画もそうだと思いますが、例えば、防災だけで建築はつくってないんですよ。絶対に燃えないし絶対に壊れない住宅を作るってことは絶対していなくて、やはりそこで家族の団欒ができるとかおいしいものが食べれるとか、豊かな生活ができるとか、それを全部満足する答え

Table B
経済・なりわい・産業の再生

し、ニチロ漁業は漁業が駄目になった後、加工分野で特化しました。そうすると原料の手配のマルハと、加工のニチロを合併するというのは、これは農中などの銀行の論理で誘導したのです。彼らの言うことを聞かない経営者はクビになるだけの話ですから、石巻地区でも合併を促進するためには、銀行が我々第三者的な人の意見を聞きながら、それぞれ取引している仲間同士をうまく誘導してもらうことが大事です、ということを伝えています。

それから水産業の6次化ですけども、基本的に水産業は元々6次化なのです。先ほども少し言いましたけれども、獲って作って売るというスタイルです。例えば石巻とか、気仙沼だとか、特定第三種という大型の市場、漁港に水揚げした魚は背後地の人が買い、それを箱に詰めて生出荷していました。箱に詰めることも生鮮の加工です。それを当然販売しますから二次、三次は繋がっているのです。そういう意味で言うと、本来漁獲と漁業と加工と流通というのはセットなのです。かつて大手の大洋漁業は2万人の従業員がいました。その時代は世界の海に行き魚を獲っていて、日本水産もそうでしたけれども、生産現場というのは非常にリスキーというか波は荒い（ハードルは高い）わけです。漁の模様というのは自然に影響されますから、安定供給するためには獲れ過ぎた時に、安定価格を維持するために独自の販売ルート、独自の加工ルートを持って、その絶対的なもののバッファ役をやっていたわけです（価格維持の為に担保ルートを確保していた）。獲ったものをただ流すだけでは、オーバーフローになってしまいますから、本来一番リスクのある生産現場が維持出来るためにあるのが6次産業の基本だと思います。ところが農業でもなんでもそうですけれども、大規模クラスは別として、実際に獲ったり作ったりする人が、それを売ることまで気が回りますでしょうか。それが回って、やれる人はやっていいと思うのです。そうでない限り、基本的にどうするのという時に、私は獲って作って売るというベストミックスを考えるのが本来のあり方で、現在の社会の全ての基盤を壊してまでやることで、本当に日本のこれだけの人口（に対しての食料供給）を維持できるのだろうか。中抜きしていって、儲けた人の税金で生活保護するよりも、ワークシェアリングをして収入はともかくも、生き甲斐をどう回していくかが大事です。

Table C
震災の伝承・風化、次の震災に向けての取り組み

（福留）どうもありがとうございました。前半では、現在までの取組のご紹介と、それに関わる、皆さんのお気づきの点を中心にお話頂きました。いくつか後半の議論につながるようなご示唆を頂きましたが、ここで一旦休憩をはさみます。後半は、3.11を伝えるということは、3.11に始まるのではなくて、それより前の暮らしや生業から伝えていく事が大事だ、という話が再三出ておりましたが、震災発生から5年が経った今、復興と言いましょうか、震災直後ではないその後の状況をどの様に伝えていく事が出来るか、また震災を経験していない次世代に、どのように伝えていく事が出来るのか、弟子の話もありましたが、この先の話を中心にお話できればと思います。それでは再開は4時からとさせて頂きます。

（休憩）

（福留）それでは、4時が過ぎましたので、再開したいと思います。休憩に入る前に、次世代に対してどう伝えていくかというお話がありましたが、もう少し広くとらえますと、最初に問題提起として投げかけさせて頂いた、そもそも伝承とか残すということは、どのような目的なのか、またはどのようなことのための手段なのか、これは今日お集まりの方一人一人でも違うことと思います。前半でも少し触れられましたが、改めて今まで取り組んでいる事を通して、目的なのか、手段なのか、伝承するということに対して皆さんがどのようにお考えなのかをお聞き出来ればと思います。それから併せて、前半の終わりの方では、被災した地域の人にとってどうであるかということは議論されたかと思いますが、一方で被災地外、特に川島先生からは風化というのは被災地外の言葉だというご指摘がありましたが、被災地外に対してと、被災地内に対しての違い等、何かお考えがあれば含めてお話頂けたらと思います。少し大きな話題となりますが、お話頂けるところからそれぞれお話頂き、出来ましたら後半はお集まり頂いている方同士でやりとりをさせて頂けたらと思います。よろしくお願いします。

では今触れたような、伝承は目的か手段か、またいわゆる東北の中に対してと外に対しての違い等について、ざっくばらんにお話

Table A
（これからの社会の在り方、自治・生活・福祉）

を出すという仕事ですよね。それは復興のまちづくりもまさにそうです。僕は、「医、職、住、育、連、治」って言うんですけど、医は福祉も含めてのケア、職は生き甲斐・仕事で、住は住宅で、育は教育です。教育ってのはものすごく重要なポイントで、連は文化とか自然のつながり、治はガバナンス、自治ですね、コミュニティの自治。なるべく「医、職、住、育、連、治」を包括的に考えて、復興像や市街地像を作ってかないといけない。例えばガバナンス、自治という問題について、先ほどの共用スペースの話では、自治とガバナンスの要素が入っていると思うのですが、そういうすべての課題に対して、きちんと満足できる答えを出し切れているのかどうかという視点がないんです。何か住宅さえ作ればいいとか、高台さえ行けばいいということが先に出過ぎて、もう少し一緒に考えるべきことを忘れていたかもしれないと思います。その忘れていた部分については、僕は、これからすぐにでも直せると思うんですよ。私自身は、高台移転は大っ嫌いなんですけど、でもね、それ言っててもしかたないんですよ。今そこで暮らしが始まっているから、そこを最高の場所にしてあげないといけない。最高の場所にしたらそこに人が住んでくれるかもしれないんです。公営住宅だけ切り離して別に作られると困るのですが、最高の場所になった時には、早く公営住宅を払い下げて個人のものにしてあげてほしいと思います。自分のものになったらはじめて、そのまちを良くしようという気持ちなるので…。例えば、そういうことはこれからでも進められると思います。それをやれば、割合早く自分たちで「このまちを良くしていこう」ということになり、そういう力が出せたらいいまちができます。ついでにそこにお店だとか、いろんな公共施設も高台移転したとこにちゃんと作ってあげてほしいと思います。

（塩崎）みなし仮設のことが大変大事だということなんですけども、僕の頭の中ではそれは結論が出ていて、みなし仮設については、家賃補助制度をきちんと作ることです。そして、時期が来たらみなし仮設に入っている人は、一般公営住宅並みの家賃を払っていただくというふうに移行させる。ただ、その家賃を払えない人については、（今でもある）減免制度を適用する、そういう受け皿を

Table B
（経済・なりわい・産業の再生）

特に私は、農業、水産業、畜産業、林業、こういう自然エネルギーをもらって仕事をしている人はもっと環境に敏感でなければいけないし、そういう人は人間の機微にも敏感でなければならないと考えております。そうすると、価値観は、金銭だけではない価値観に我々は根ざしていて、そのバランスの問題に今こそ目覚めなくては、新自由主義で行きつくとこまで行ってしまったら果たしてどうなるのだろうかなと思います。ですから商売の中で王道とすべきことと、変化を求めて色々なところで世の中に警告なりアドバイスする意味では様々なことがあってもいいと思うのですが、幸福とは何かという時に経済的な価値と心理的な価値とか多様性があってしかるべきで、それをひとつの価値観で判断しない生き方、特に私は水産の場でそういうように強く思いやっていきたいと思っています。

（柳井）どうもありがとうございました。参考になりました。次は大矢さんにお願いします。復興の最後に観光を挙げておられます。主要産業が見通しのない中で観光はどのような位置付けになるのでしょうかという質問です。いかがでしょうか。

（大矢）正直言いまして、周りから人を呼んでくるには観光しかないかなと、非常に単純な発想ですがそう考えています。正直に言いまして、東北というのは宮城県はまだ良いのですが、岩手県まで行くと、被災地になかなか行くのが大変だということがあります。観光客もなかなか行きません。今被災地で観光客が一番行っているところが南三陸です。これは仙台からバスで行って一関、平泉に行って帰ってくるという観光ルートが作れるので人がたくさん行くのです。南三陸にはキラキラ丼があるので、そういうのもあって皆さんが行きます。それだけではなく、東北には見どころや美味しいものが沢山あります。ただ非常に似たようなものばかりがたくさんあるのです。牡蠣やアワビ、ワカメであっても色々なところで同じようなものを作っていて、地元の人は皆さんがうちの牡蠣が一番うまい、うちのワカメが一番うまいと言っています。私も頂くのですが、正直言って区別がつきません。こういうことをやっているとなかなか外から人は呼べません。地域ごとに

Table C
（震災の伝承・風化、次の震災に向けての取り組み）

頂けたらと思います。それでは時計回りで、まずは佐藤正実さんからお話頂けますでしょうか。

（佐藤正実）お話を伺っていて思ったんですけれども、記念碑をつくることや、記念誌をつくることが、つくって終わりという風になってしまわないかなと思うと、川島先生がおっしゃっていた円環的なというところや、まだ資料にはあるけどお話はされていないところにある供養碑の墨入れについては、前回お話を伺ってなるほどな。繰り返し繰り返し追体験をしていき、つくったことで終わりとしないということがすごく大事なことなのではないかなと思いました。

以前、宮崎県延岡にお邪魔させて頂いてお話を聞いて、踊りを見せて頂いたんですが、1662年の外所地震、その時に津波が来たことを踊りの仕草を通して伝えているんですが、それは決してオフィシャルなアーカイブではなくて、どうやって供養で、踊りで、物語で、紙芝居で、フィクションで伝えていくということは、今後すごく大事になってくる時期なんだろうなということは感じていました。何でここでは踊りが使われたのかということを知ることで、言い伝えだけではない伝承の在り方に気づかされることがあるんではないかなと思っています。特に震災後は地名がよく取り上げられますけれども、例えばハギという地名ははぎ取られた場所であるとか、先人たちの地名に込めた思いがあったのに、残念ながら震災後に初めて知ったりということが多くて。今後に目を向ければ、誰に何を伝えなければならないのかということは私自身まだまだ考えなければいけませんし、いろんな方々から教えて頂かなければいけないことだと思っています。一つだけ分からないながらに頭の中を横切っているのは、その資料とか体験談というものは、体験者が利活用するものなのか、それとも非体験者が利活用するものなのか、今使うものなのか、今後使うものなのか、ある程度分類をしておかないと全部ごっちゃになって、今全部伝えなければならないという苦しさがあるなあと感じます。一つ例を出すと、例えば先ほど翔輔先生から30年で風化するのを超えたいという話をされていましたけれど、私は30年で風化するんだと実は思っていて、なので記録するんだと思っているんです。その

作る以外に軟着陸は出来ないです。家賃０円の人に、いきなり「８万円払ってください」「１０万払ってください」と言えば、それは生活が破綻するのは目に見えていますよね。いま石巻が、家賃補助制度を一生懸命希望しておられるんですけれども、その突破口が開けるかどうかについては、非常に大きな山場じゃないかと思います。これがもし打開出来れば、東北でこれだけ犠牲を払って、のたうち回ってきたけれども、次の社会へのひとつの贈り物ができるのではないかと私は思っています。

（フロアより）高橋と申します。日ごろ、家田さんと本間さんには教えを乞うていますが、仕事は建築家です。しかも医療と福祉について、５年のスウェーデンのストックホルムで勉強してきました。今まで国の政策で、公営住宅を作ってきたことはもう変えることはできないので、それについて新しいコミュニティが成立するかどうかという論議がこれからされようとしています。そのきっかけになればいいと思って発言させていただきたいんです。私は建築が専門なのですが、自分でも介護老人保健施設や、そのほかにクリニック、デイサービスも経営しています。その実体験を１５年間やってきて、春夏秋冬どこで事故が起きているのかや、性別、年齢別、時間帯、場所、そのデータも全て１５年間とってあります。我々は今、小野田先生が関わっている地方公共団体で、ひとつの小さな福祉施設をやろうとしています。その施設を起点として、こうやればうまく行くということを見せていきたいと思っています。うちでは、いつでもうちの会議室で、例えば古い白黒の映画を見せたり、徘徊している人たちに対しても、いつでもお茶飲めるようなスペースを作ってあげています…。

言いたいことは、公営住宅の中の集会所っていうものを、どのように展開していくか、どう使っていくかっていうのは簡単なことであって、そこで映画でも見せればいいんですよ。そうすると、必然的にそれを共有したい、見たいっていうところからコミュニティが発生するんであって、政策的にシステム的にそれをつくろうとしたって無理なんです。自然の成り行きでそういうものをつくりあげてく方がベストなやり方だと思っております。ですから、決して悲観的にならないで、私は経営者もやってますので、経営

Table A

ある程度広いエリアでもって何かブランド化みたいなものが出来ればもう少し呼ぶことが出来ると思います。また、今まで地元の人は気が付いていないようなもので、東京の人から見ると、あ、こんな面白いものがあるのだというものも当然あるはずです。そういったものを拾い出して、南三陸エリアや北三陸エリアなどでストーリー化することが出来れば人を集めることも可能ではないかということを考えています。そういった意味で、その地域にこういう面白いものがあるのだよ、というのがあったら是非ご紹介頂きたいというのが、ネタ探しの一環ということですけれど、可能性としてはあると信じています。

（柳井）どうもありがとうございました。小林さん、関根先生から行政当局としては、何が、あるいはどうなることが、復興と言えるのか、その復興のゴールといいますか、その基準、考え方を説明して頂きたいという質問です。

（小林）多分それはすごく難しくて、皆さんがそれぞれ悩まれていると思います。それぞれの企業や住民の方が、自分なりのどうなりたいという夢や希望を持たれていて、そういったものが集まった姿が結果的には東北の将来像ということになっていくと思います。ですので、ひとつの指標でどうするというのは難しいのではないかと思っています。その中で我々がどういうような指標を基にどう考えているかを申し上げますと、先ほどお配りした資料の中の２ページですけれど、外からお金を稼いできて頂ける鉱工業、製造業であったり食品もそうですけれど、そこの動きを見ると平成２３年の震災から１年ぐらいで、ほぼほぼ震災前の水準ぐらいまで戻ってきています。その後は全国の経済状況の動きと同じように動いています。ここだけから見ると、マクロ的に見れば、企業競争力強化などを考えていかないといけない状況になっています。マクロでの震災の影響というのは、内陸部の産業力が強いものですから、だいたい１年ぐらいでそれがもう終わっていたというのがデータだけ見れば、そう言えます。しかし先ほどお話があったように、９ページを見て頂きたいのですが、グループ補助金を使って頂いた企業の売上の回復状況を見て頂くと、上から３つ目

Table B

時に上手く忘れるための記録って必要だと思うし、将来に上手く思い出すための記録なんじゃないかなと。震災後、被災した建物は、見てしまうから辛い、見られるから辛い、じゃあ無くしてしまえば良いんじゃないかというような発想と実は似ているのかもしれませんが、体験者が上手く忘れるための記録も必要ですし、将来非体験者が過去の経験を思い起こすために上手く伝えるための記録も必要だと思います。まとまっていないのですが、以上です。

（福留）どうもありがとうございます。脇坂さん、お願いします。

（脇坂）はい。私が復興祈念公園の仕事に携わって３年が経ちましたけれども、両輪あ

Table C

Table A
これからの社会の在り方、自治・生活・福祉

はポジティブに考えてかないと成り立たないので、そういうことを含めて、いろんなことを考えていただきたい、次のテーマにしていただきたいということであります。

（増田）はい、ありがとうございます。先ほどみなし仮設の議論がいくつか…。どうぞ。

（加藤）みなし仮設だけに焦点があたっていますけど、みなし仮設については、結局のところ仮設住宅を現時代的にどう考え直すかということが必要でです。法律を読めば良く分かりますが、基本的に仮設住宅って貧民救済の収容施設に過ぎ無いんです。ずーっとそれは一貫して現在まで至っているわけです。「それだけで災害対応できるか」ということをちゃんと問題提起して、完全に現時代的にフルモデルチェンジしない限りは、たぶん話にならないと思うんです。その中でみなし仮設をどういう位置づけで考えていくかという整理が必要です。
いま僕が非常に危惧しているのは、みなし仮設って建設仮設を作らなくてもいいし、その用地を探さなくてもいいので、全国の自治体が飛びつくわけです。事前の防災対策について、この間真面目な学生が「事前の防災対策とは、自分の責任を問われない安全を確保するための計画である」って、気の利いたこと言っていました。そうすると、仮設住宅の用地を探さなきゃいけないセクションからすると、空家いっぱいあるから空家掴んどけばもう俺たちの仕事は終わりだっていう話になって、より復興準備の対策が、いびつになってくっていうドライブがかかっちゃうんです。だからそういう意味では、まさに今、みなし仮設には現状で、どういう課題があり、最終的にそれをどう落とし込んでいくと世の中が良くなるかという議論が重要だと思います。

あとは他の議論、僕がまとめるわけじゃないんですけど（笑）。今回は、完全に「器先行」で何でも進んでいて、そのあとそれをどうコミュニティづくりも含めて、社会で使いこなしていこうかという議論になっています。これって、基本的には途上国型の典型ですよね。器さえ作ればあとはみなさん伸び盛りで、アクティビティが非常に高いので、放っておいてもなんとかなっちゃうんで

Table B
経済・なりわい・産業の再生

のところに、水産食品加工業の売上の回復状況がありまして、オレンジ色の方が、売上が震災前と同じか増えた方で、震災前に比べ売上げが半分以下の方を赤い枠でくくっています。これを見て頂くと、去年の６月の段階でも売上が半分まで戻っていませんという人が３０数％いらっしゃって、一方で売上が震災前より伸びましたという人が２０数％いらっしゃいます。マクロデータから見るとほぼ震災の影響はないのですが、個別に見ていくと企業ごとに色々な問題が出ているというようなことになっています。
また、こちらも答えがない問題で恐縮なのですが、私がヒアリングした女川の企業は売上が３分の１になっています。しかしそれは会社の規模を絞って再開したためです。もし震災前と同じ規模で始めてしまい、販路もない、従業員も集まってくれない、という状況ではすぐに会社が頓挫するわけです。ですので、この企業は３分の１の売上ベースでやっていけるような体質にしたということです。その結果どうなったかというと、震災前の付加価値は１０％から１２〜３％、これでも多分高い方なのですが、震災後の付加価値が３５％取れていたというのです。そういう意味では大変優良企業になっています。各企業の中でも、どういう目標を設定してどういう会社を目指していくのか、色々なやり方があって、データだけを見て売上が上がっていない企業があるから大変だなと単純に思ってはいけないという事例です。

私どもがお話しているのは、ブランド力を高めて付加価値を形成して、従業員の皆さんにも適正な給料が払われて、地域の中で１０年、２０年、３０年、５０年、１００年と続けていけるような企業作りをしていきませんかということです。その時に一社で難しいとすれば、隣の企業や業種の違う企業や社長さんたちと情報交換をして、知恵を皆で身に付けて伸びていけるようなことを出来ないかと考えています。島田さんのような外から来られて活躍されている方や、たくさんのNPOが震災後に地域に入っていますので、外からの新しい知恵を地域の伝統的な素材や知恵と融合してその繋がりの中で、仮に売上の全体ベースが減ったり人口が減ったりしても、楽しく豊かに暮らしていける東北を目指していきたいです。

Table C
震災の伝承・風化、次の震災に向けての取り組み

りまして、復興記念公園は市民のためでもあり、県民のためでもあります。とくに石巻はもともとの住宅地に立地していますので、私もゼンリンの住宅地図を見ながら仮設住宅を回ってお話をお聞きしたりして、地元のために何が出来るかということをすごく考えてきたのですが、国がやる以上ですね、地元のためだけというよりは、外の人、広くいえば日本全体のためにやるんだということでないといけないなと考えています。というのはやっぱり、今回の震災の教訓、何が教訓なのかということもあるんですけれども、その教訓を無駄にしないということは国としては大事だと。公園自体を教訓が分かるような場としていく事が、結果的に石巻市民にとっても、外から来る人にとっても良い結果となると考えています。その場を通して、後世に伝えていく、また今後の災害の可能性がある地域に伝えていく、ただまだ５年しか経っていないので、伝えていくという現実感はまだ被災地にはない様にも感じていますので、もう少し時間がかかるのではないかなと思っております。

（福留）どうもありがとうございます。続きまして佐藤尚美さんお願いします。

（佐藤尚美）震災の伝承は、個人的には両方で、目的でもあり、手段でもあるんじゃないかと思っていて、私たち住民の立場で見ると、例えば祈念碑というお話もありましたけれど、北上で1,000万円近くのお金を集めて、それで供養碑を建てようというような話があったんです。それを北上の総合支所に私たちが繋ぐことになり、お話したんですけれども、結局市の方はいろんな他の地域、雄勝だったり牡鹿だとかと、足並みを揃えなくちゃないということで、他の地域の状況を待ってからとか、で結局テーブルにもつかないで、話も進まない。そういった中で、こっちで勝手に区長さんとか住民さんたちに集まって頂いて、皆さんどう思いますかと聞いたんですけど、その中で、北上で被災された方の中には、「うちの息子は南三陸の方に行っていて被災して、どこで亡くなったのか分からない。だから私、どこに行って手を合わせたら良いのか分からないのよ」という方がいたり、逆に地震の日に地域の外

すよね。今回は時代補正できないまま、途上国型の復興をとりあえずやってみたっていうことなんです。でも今の成熟社会、縮退していく社会では器だけがあったって中身はぜんぜん埋まらないんです。
本来ならば、器とアクティビティのデザインが両方セットでやれればいいんだけど、今回そうならなかったので、アクティビティをどう考えていくのかがこれからの課題です。先ほど、法律は守るもんじゃなくて、使う・作るものであると。たぶん空間も同じですよね。空間も使うものであって作るものなので、都合が悪ければ修繕、改善はできると思うんです。そういう意味では、これからアクティビティの在り方を地域レベルで統合化して考えていって、必要があれば空間を修繕していくと。今は、そういう調整期間に入ってきているということだと思います。

(増田)今、仮設の話が出ました。その前の避難所もよく考えると、今の日本であのレベルの避難所に何か月もいるっていうのはどうなのかっていうところも今の議論とはつながっているところがあって。学校の体育館ぐらいしか公的な広い施設がないという残念な空間ではあるんですけど、いくつか見直しをしないといけないという課題が出ていたように思います。どうしましょう、今の議論の引き続きで、もう少しお話したい方どなたかいらっしゃいませんか。

(小泉)続きというか、少し議論を展開していったほうがいいんではないかという感じもしていて…。もちろんみなし仮設の問題も建設仮設の作り方もすごく大事で、避難所の問題も大事なのですが、全体として、例えば復興事業にそのあとどうつなげていくかとか、事業が、つまりハコモノができた後にどうそのサービスを展開してくのかとかですね。というのは実は、たぶん復興支援の当初から想定されておくべきことだっただろうし、それをあまり出来てなかったんじゃないかっていうのが強い反省としてあるんです。例えばさっきの午前中の議論で言えば、震災後すぐに都市局が直轄調査をやったり、極めて動きが早かったんですね。ところが他の分野は、住宅局系の調査がようやく年明けぐらいに始まっ

Table A　これからの社会の在り方、自治・生活・福祉

(柳井)どうもありがとうございました。行政の方には統計のトリック（例えば魚1匹が取れても事業再開）や見方を、素人向けに説明して頂けるとありがたいですね。

(小林)多分というところですけれども、最初の頃は復興が遅れていると言われていたので、役人の性質としては、復興は少しづつでも進んでいますよと言うために、先生がおっしゃるような、一匹獲れても再開しました、道路がなんとか細々通っても再開しました、ということを言っていたと思います。しかし始めに申し上げたように、ハードはほぼ順番に進んでおりまして、そういう意味でいくと、ソフト的なところ、業者ごとの状況をみて、きちんと色々な支援が届くようにきめ細かくやっていかなければならないだろうと思います。統計の出し方や読み方についても、マスコミさん向けにきちんと解説しながらやっていきたいと思います。

(柳井)続いて庄子さんに質問が来ております。石巻では小売店などの流通が成り立たない、という話がよく出ます。今後の生鮮小売りの展望をお聞かせ下さいという質問です。

(庄子)石巻と朝市とは全く状況が違いますから同じような話では出来ないと思うのですけれど、先ほどのブランド化というお話もありましたけれど、やはりその地域に人が足を運ばないと商品は動きませんから、元々住んでいらっしゃる方が普通に暮らしていく商品を売るということがまず前提にあって、そこのプラスアルファで観光という形のお客様が大勢いらっしゃいます。今実は朝市もその状態です。日常のお客様が8,500人、先ほど土曜日12,000人と言いましたけれども、週末は4,000人が観光のお客様で、よく、青森の八色センターが東北では取り上げられますけれども、観光客相手の商売でものが成り立つほど販売は楽ではないです。日常の日配というものが一緒にくっついていかないといけないと思います。ですから住宅地の復旧復興、住んでいらっしゃる方が仕事としてもそこに定住していかないと商店街は無理ではないかと感じます。僕らもそうですが、仮設の商店街やさんさん商店街に足を運んで食べにいくように、朝市からもどんどん声をかけており

Table B　経済・なりわい・産業の再生

から北上に来ていて北上で亡くなった方もいて、そういった方も北上に来て手を合わせる場所が無い。そういった状況を、もう少し市に理解してもらえると思っていたんだけれど、というようなすごく難しいことが、最近あったんです。なので、記念碑と供養碑の違いはなんとなくは分かっていたんですけど、今日一つ勉強になったし、行政が記念碑をつくろうとするのは、当たり障りのないものだからかなと。でも今の被災地での伝承は、自分たちの集落が無くなったままだから、どうしてもそこで止まっているんです。自分の子どもを守り、子どもにあなたのルーツはここだったんですよ、あなたの生まれた所はここですよ、ということを伝えたいというところにまだ居るんで、なので私たちの活動自体も究極の内向きで、外の人に伝えるというよりは、内側で伝えて内側で共有するという風になっています。

(福留)ありがとうござました。藤間さんお願いします。

(藤間)はい。震災伝承を私たちの団体でなぜやっているのかということは、ちょうど一か月くらい前に、団体の中で話し合う時間を設けていました。その時にも自分の思いとして言ったのは、私は、もちろん外の人たちに聞いてほしいということもあるんですけど、第一には語り部さんのためにやっているという言い方はおかしいんですけれども、そう考えています。先ほどもご紹介した、やっと喋れるようになったと言って下さった方は「話を真剣に聞いてくれるというその姿勢が、自分にとっての最大のデトックスだった」とおっしゃっていて、本当に日々いろんなことが流されていく気がしている中で、喋ることで自分の頭の中が整理されたり、自分は一人じゃないと思えたりと、傾聴ボランティアにお話をするような効果があるんだというようなことを言っていたんです。時々、「なぜそんなつらいことを話してくれるんですか、申し訳ありません」と言う方もいるんですけれども、「そうじゃない」と。あなたたちが傾聴ボランティアの様な事をしてくれるから、こちらこそありがとうと。そういった会話が実はあるんです。なので私にとっての語り部事業というのは、心の復興と言う言葉がありますけれども、語り部さんの気持ちとか、もう一歩明日も元気に

Table C　震災の伝承・風化、次の震災に向けての取り組み

Table A
これからの社会の在り方・自治・生活・福祉

たっていうのですが、それも国交省ですよね。だから省庁で言えば、他のところはほとんど直接的に地域の支援に入れてないんです。例えば地域包括ケアの問題は、被災直後から指摘されていて、復興のモデルも作って、仮設住宅でそれを実践して、災害公営住宅とか復興後のまちづくりにも使えるモデルも作っていたんです。そういうのはトータルでデザインするということをやろうと思えば出来たんだけど、(いま加藤先生が言われたような)プロセスのデザインから考えてみると、極めて特殊なところだけを強調してやっちゃったっていうことなんじゃないかなと思うんです。
なので、仮設住宅は、住宅系のもので、その基盤ができて、本設の住宅ができてそこに移ってくっていうようなプロセスもあるだろうし、もっと他分野の復興との関係性みたいなことも議論されるべきで、なにかそういう大きなパースペクティブや、関係性、プロセスがどうあるべきかということを、是非みなさんにお伺いしたいんです。特に福祉系の方がいらっしゃるので、そういう方の考えから見た時に、どういうプロセスであれば良かったのかということをちょっと教えていただきたい。その点はどうでしょうかね。議論できればなあと思うんですけれど。

(増田)先ほど介護保険の制度がなかった神戸では、という議論が一言ありましたが…。

(長)ちょっとしっかり受けられているか分かりませんけども、私としては建築系の方々に言うとすると、ひとつは、当初より高齢化社会の建築やまちづくりの在り方を考えていただいたとは思うのですが、もっとそのウェイトが大きくても良かったのではないかと思っています。これは医療分野も同じなのですが、将来的な課題については、国の優先順位として決して高いところにないんです。先ほど言いましたように日本では、コミュニティの問題や、医療・保健・福祉、あるいは教育、そういった問題が相対的に低く位置づけられていることを、最初に関わる方々に意識していただくことが大事だと思うんです。つまり、行政からすると先ず土木やまちづくりという話からスタートすると思うのですが、それ以外のことは日本の中で相対的に見てすごく優先順位が低いんで

Table B
経済・なりわい・産業の再生

ますけども、帰ってきたお客様がよく口にする言葉は、キラキラ丼はとても美味しかったね、それから、マグロの加工品もサンマの加工品もホヤの瓶詰もウニの加工品も買ってきたよ、でも食べて美味しいのはやっぱり生だよね、東北に足を運ぶ時に基本は生だよね、加工品だと東京で買えちゃうものね、と。やはりこの声は一番強いと思います。
皆さんは、例えばお弁当屋の現場をご覧になってないから分からないと思いますけれども、サンマを真空パックにして賞味期限が長くもつように加工された商品が、今年1キロ単位でとある弁当屋に入っています。切身になって味付けされたサンマの煮付けです。これ中国産なのです。僕もちょっとびっくりしました。やはり技術面で後から追いかけてくる企業が海外にいます。確かに日本はＴＰＰの対策や海外戦略を進めているでしょうし、農業の今の金額も目標数値をかなりクリアしているとは思っていますけれども、もっともっと見えない部分の中で、今年サンマが不漁だったのか少なかったのか、僕ら朝市の中でもサンマを売ったという認識はありません。例年よりもはるかに少ないです。原因を辿った時に、やはり和食のブームということもあり、これまで魚を食べなかった中国の文化がそこを食べるという中で、やはり頭の良い方々、金儲けの上手な方々が日本向けの加工品という形で後を追いかけているということも頭に入れておかないと、どんなに素晴らしい技術を作ったり加工品やお土産品を作ったとしても、後から来る方は開発費が０円できますから、そういったところもあるのではないのかなと感じました。

Table C
震災の伝承・風化、次の震災に向けての取り組み

<u>歩いてみようとか、そういう部分を担っているんじゃないかと、今は感じています。</u>
先ほど学校の話がありましたけれども、地元の小学校の総合学習の時間で防災について教えなさいとなっていますが、小学校の先生たちが、何をどう伝えるか悩んでいるという現状があって、そういったところをうちの団体の元小学校の教頭先生をしていたスタッフがサポートしたりもしています。被災地外と被災地内というところでは、語り部さんには自分と同じ辛い体験をしてほしくないという思いが強い方が多くいらっしゃるので、今は体験者としてメッセージや体験を伝えて頂くということがすごく大事だと感じています。あまり被災地を特別視するとか、被災者であるということの前に、やはり人であって、同じようなまちで起きうることなんだよと。特別視されてしまうという壁をなるべく低くしたいなと考えています。

(福留)どうも有難うございます。では、佐藤翔輔先生お願いします。

Table A

す。さっき言ったように、これはたぶんこれまで女性が社会的に担っていて、社会システム化があまり出来ていない領域なんです。今日のこのテーブルにも女性はいないですよね、結局。そういうことなので、復興の中でも女性をいろんなところに参加させたりとか、そういうことを積極的にやれば、おそらくまちづくりや介護、子どもの生活の問題が、もっと優先順位が高くなるのだと思います。

保健や福祉、高齢社会のケアの在り方のようなことを考えることはすごく遅れていると思います。そう思ったのでこちらに来たのですが、実は、医療なんてのは、全体の健康問題の中では比重が小さいんですよ。医療が足らなくて寿命が短くなるなんて、今日本で在り得ないので、それよりも、圧倒的にコミュニティやケアの貧困の方が重要なんです。そういう視点をもった医療者がいなければいけなかっただろうと思います。ほんと大変なことになっちゃうかもしれないんですけども、そういうような自分たちが頑張りたいとか重要だって思うことと同時に、本当に復興の中でどういうことが重要なのかを、できれば広い人たちで議論したいと思います。

（塩崎）今のことに関連して、小泉先生がおっしゃった問題提起についてです。午前中に縦割りの問題が議論されていましたが、建築がこうだとか、医療福祉がこうだっていうのも縦割りや専門性の問題だと思うんです。やはり根本に立ち返ると、目的が手段を決定するわけであって、何を達成しようとしているのかということを、きちんと総合的に考える必要があります。東北のこの地域でこんな被害があって、生活の全局面が奪われているので、何を獲得するべきかという議論をしなければならないんです。にもかかわらず、手段だけが先行して、災害救助法で仮設住宅は供給できて、公営住宅法で災害公営住宅を整備する、というように手段が先行している。逆転している。手段はひとつひとつの行政の縦割り組織が持っています。そして、それはほぼ自動的にお金がついて動くようなマシーンのような性格を持っているので、それが先行してしまっているわけです。それらが動いて結局何を達成しようとしているのかについてはあまり考えてないんです。日本は

Table B

（柳井）どうもありがとうございました。これに関わって、島田さん、水産加工物は生だよねという話をされていました。七のやさんを経営をされていて、その生だよねという考え方と、お客さんのニーズを連携させてお話をお願いします。

（島田）どういう形で伝えているのかというのと、伝わるのかというのがとてもあります。おそらく僕たちだと右脳でどうやって食べさせるかというようなことがあって、その右脳を刺激するということは、お客さんが勝手に想像してくれるということです。結局全てが高コストになれば美味しいのですけれど、結局お客さんの負担増になってしまうので、お客さんはそのコストをどうコストパフォーマンスとして見るのか、その辺りの凌ぎ合いが出てくるのだと思います。全てが前浜で獲れるものとか、宮城で獲れたものではなくても、お客さんが求めているもののバランスが大事かなと思います。確実に価格と商品の質と量というのはあって、うみの駅で洒落た海鮮丼を出しても、それは料亭にいってもらえ

ばいい話で、先ほど針生社長も言っていたのですが、自分達がどうあるべきかということがより大事だと思っています。自分たちの立ち位置を明確にすれば、そのコストとモノが出てくると思います。僕たちも、定禅寺の店とウェスティンの店と一番町の店では、微妙に蕎麦粉の配合も変えています。来る人が違うので、十割と八割と定禅寺は二六、その代り料金の体系もぐんと下がっています。そこで、誰に売りたいかという自分たちの立ち位置をどう明確にしていくかということが重要です。魚に関しても一つ強いブランドがあれば勝手に皆さん想像してくれるというか、実際に今ある魚のブランディングでやってみて分かったのが、お客さんはそもそも、ヒラメという魚を買っていなく、ヒラメという名前を買っているにしか過ぎないのです。例えば獲れたてのカレイとヒラメを、目をつぶって食べたら誰がその差を分かるだろうかと思います。そうなっていくと、人間はとても曖昧な生き物で、僕はどんな食べ物も嫁さんと喧嘩した次の日の飯は絶対まずいと思っていて、鮮度とか新鮮とかについてもそれぐらい曖昧なのです。サービスが悪ければ美味しくなく感じてしまいます。僕はカ

Table C

（佐藤翔輔）目的と手段ですけれども、私は目的は二つ、それに伴って手段は四つと考えています。目的の二つは、いかに次の災害で亡くなる方や被害を減らすかということが一つであるのと、二つ目は今の被災者に向けてとなりますが、復興や賑わいを回復していくためだと考えています。それをどういった手段で私が関わるかとなると、もちろん私自身は被災者ではありませんし、語り部さんでもないので、後方支援、バックヤードをさせて頂く立場となります。どんな風にするのかというと、一つはまずこれまでの5年前を振り返って、先人たちが取り組んできたことの効果をきちんと明らかにする、ということです。もちろん効果があったこともあったでしょうし、無かったこともあるでしょうから、その線をバツっと引いて、じゃあ次からはこうしましょうと、皆さんに繋いでいかなければいけないと考えています。二つ目の手段は、今被災地でされていることの効果を最大限に高めるということについても、役割があると感じています。先ほど川島先生からもありましたが、既存の学問で得られた使える知見をどんどん現場で使ってもらうということをやっています。三つ目四つ目は復興の

話になりますが、賑わいの創出ですね。これは当事者の方、現場の方には大変恐縮な発言かもしれませんが、核とは言いませんが一つのコンテンツとして、これからのまちの賑わいのために組み込んでいくことです。そしてそれが出来たとしたら、それを続ける、ということが四つ目の手段で、実はまだ答えは無いんですけれども、それが先ほどの弟子をつくることであったり、実はこの間久しぶりに中越に行かして頂いたら、震災当時小学生とか中学生だった方が震災伝承のスタッフをされていたりと、そういったことも今後使えるんじゃないかと思っております。以上でございます。

（福留）佐藤翔輔先生、ありがとうございます。それでは、川島先生お願いします。

（川島）目的と手段ということで、事例を二つばかり紹介したいと思います。長崎県の山間部で、万延元年のころの、幕末のころの山津波ですかね。鉄砲水で40名くらい亡くなった地域なんですね。その地域は災害のひと月後から、毎月まんじゅうを配ってい

Table A
これからの社会の在り方・自治・生活・福祉

災害が起こるって分かり切っているし、四六時中起こっているわけです。やはりそのことをよく考えて、こういう地域でこんな災害が起こったら、5年間で何を達成し、何を回復しなくちゃいけないのかを、それぞれの専門分野だけでなく、総合的に見て、それに必要な手段や、体制、事業制度を作り直したり、組み替える必要があると思うんです。次への備えは今からやればできないことはない。役人だって優秀ですからね。だけどそういう体制が全くないので、国交省の偉い人だって枠を超えて農水のことを言ったり、そんなことは出来ないっていうしがらみがあるんです。そこのところを超える必要があると僕は思うんですよね。

（岸井）小泉先生のおっしゃった状況の背景は極めて単純なんです。あの地震が3月11日で、次年度予算がもう組まれていました。すぐに第2次補正予算で直轄調査が組まれましたが、あれはプランニングだと捉えられがちですが、実態調査が目的のひとつであるわけです。各県がばらばらで、どういう基準で集計しているかがはっきりしない、なので、どういう手を打っていいかわからない。

だから早急に、同じ基準で実態調査をしろということを我々も言ったし、それが実際に、第2次補正予算でとれたわけですよね。その次にそれを踏まえて、その次の政策に対する予算を組むはずだったんです。それが11月になってしまったんです。ひとえに、次のステップまでに掛かってしまった、この6か月間が問題なんです。それが決まらなければ、政府が住宅に対する手当をどうしてくれるか分からなかったし、どんな事業制度でどれくらい市町村が負担するのか分からなかったんです。したがって全部止まっちゃったんです。なんで11月になったかっというと、単に政治の問題で、6月に菅総理が辞めると言って、次の予算は次期政権で組むんだと仰って、3か月ずっといたわけです。ですから野田総理が入ったのは9月で、そこからようやく予算を議論しだして11月になったんです。単純に言えば、その6か月間が遅れているんです。だから、塩崎先生の仰る通り、これからに際して具体的に何を用意しておくべきかはちゃんと考えるべきです。今回の交付金制度は極めて包括的ですから、まあどのくらいのレベルの補助にするかという議論はあるけども、いつでもやる気になれば、「はい、これでいこ

Table B
経済・なりわい・産業の再生

レイのブランディングを始めようと思っておりますが、ヒラメはいい価格なのですけれども、結局負担するのはお客さんですので、雑魚から地魚へというテーマで今回僕は取り組んでいきたいと考えています。おまかなえみたいな魚（まかないで食べる魚？）は、漁師さんに話を聞くと、市場にあげても値が付かないから捨てていると言います。僕たちはそこに息吹を与えていきたいです。地元の人だと市場に並べられないものは価値がないとする魚でも、観光客からすると知らない魚に価値があるわけです。そういったものを上手く紐付けていきながらブランド化をしたり、お客さんの右脳を刺激しまくって、雑魚みたいな魚に対しても、お客さんが「あ、やっぱり地元に来た」という感じにさせるようにしていきたいです。

（柳井）関根さんに質問が来ております。一企業の成功が、全体の成功になるには、どうすればよいのか、アドバイスをお願いしたいということです。

（関根）例えば先ほどの牡蠣の話がありましたが、今のご時世ですから、聞き取りに行ってみますと、復活しているところは大抵自分らでも売ってしまいます。自分で牡蠣小屋立てて、俺らの牡蠣はうまいのだと、そういうような形で売ることになっていて、一方で、今までの旧来と言いますか、いわゆる組合や地域ブランドを作ろうという方からすると、それは非常に困ったことで量が集まらなくなります。自分らでも売ってしまうものだから、量が集まらなくて、ある程度流通に流すためには安定供給していかないと駄目だと思うのですが、それが揃っていかないというところで、結局構図的に、いわゆる行政などの支援が必要になっているところは同じ状況です。自分たちで出来る会社は出来るのです。恐らく5年経つと支援は必要ないのです。いわゆる負け組ということではないですが、そこの格差がどんどん顕在化してきて、そういうところを助けるのが行政であり、支援のあり方なのかなと私は思います。牡蠣ですから宮城全域と考えてもいいし、そこも知恵を出して、やはり市区町村単位ではうまくいかないのだというのははっきりしていると思います。

Table C
震災の伝承・風化、次の震災に向けての取り組み

るというか、本当は供養をしていたんですね。供養の内容と言うのが、念仏とか鉦はりをして。まんじゅうというのは、供物なんですね。供物を各一軒ごとに、配って歩いていました。それがどんどん形骸化されて、まんじゅうを配る事だけになっているんです。それでも毎月やっているということは、素晴らしいことなんですが、ただそれをですね、防災のためにやっているという、再文脈化によって今注目されているんですが、実は当人たちは逆にびっくりしています。当人としては供養のために毎月やっている事であって、昔の災害を伝えるという意識は特にない。もちろん、今はそうでないかもしれませんが、そういうことって実は大事なんですね。まんじゅうを配ることで、「どうしてこれをもらっているの？」ということでたぶん伝わることがある。意識していないうちに伝わる。日常の生活の中に、災害伝承を組み入れることが、一番自然で、実感を伴って伝えられるということです。次の例は、安政元年の大阪に入った大津波です。碑文には、「心ある人は必ず墨を入れよ」と刻まれていて、毎年供養に碑に墨を入れているんです。今では市の職員が手伝いに来ているんですけれども、ただ、

去年は雨が降ったので、作業日がずれてしまった。そういう時は来ないんですね。なので私も手伝ったんです。墨が垂れてしまって、なかなかこれは難しい。原文を見ながら、墨を入れていくわけです。世話をされている方が言っていたのは、「強いられてやってきたんじゃないからね。だから続いているんだ」と。もちろんここも供養です。地蔵盆の日に行って、人々はこれを津波記念碑とか供養碑とか言ってなくて、「地蔵さん」と言っています。既に生活の中に定着していて、供養が一番、震災伝承とか災害伝承の一つの大きな要になるのではないか、と思っているのはそのためです。そういった意味では、伝えることの目的というのはあるんだろうけれども、やはり生活の中の手段にしていった方が、たぶん伝わるんだろうと。先ほど佐藤正実さんからの忘れるために記録をするというのは、なかなか良い言葉と思ったんですが、例えば毎日毎日朝起きて、布団を上げているときから防災を考えているという、こういう不幸な生活は無いと思うんですね。やっぱりより良く活きるために伝えていくということですし、もちろん生命第一主義というのも分かるんですが、それだったら三食与えれば良いし、

う」っていうことはできそうな制度なので、少しそういうことは準備しておいてもいいんじゃないかと、僕なんかは思ってます。

（小泉）岸井先生の仰る通りだと思うんですね。もうひとつ僕が気になっているのは、要するに比較的早く都市局は現地に入ったじゃないですか。それはすごく素晴らしいことで評価するべきだと思っているのですが、逆に言ったら他の省庁とかも一緒に、もっと包括的に入れなかったかなって感じがするんです。そのあたりは、どうでしょうか？

（岸井）通常ですね、災害が起こるとわっと本庁の連中いくんです。しかし、今回は行かなかったんです。政権の状況の中で、政治的なところからの命令がない限りは動かないといって、現地に入らなかったんですよ。言っちゃっていいのかな…、都市局は、実は黙って入ったんです、レンタカー借りて。そん時に他の省庁にも声を掛けたら、他のところの局長で、それは行くべきじゃないって言った人がいるんです。だから、すごくそういう意味では政治的な対応って大事なんです。そういう意味ではサッと動く仕組みがあるとすごくいいと思いますね。

（津久井）いいでしょうか、今の流れですが。今岸井先生が仰った空白の半年近くの間で、政府では復興構想会議をつくって、なんだかんだ適当な議論して、最終的に出来上がった復興構想7原則というのも「東北の復興なくして、日本の復興なし。日本の復興なくして、東北の復興なし」といった循環論法の非論理的なものが出来上がって…（笑）。ひとつひとつの議論は非常に参考になるものが多かったのですが、出来上がった東日本大震災復興基本法は、結局役人の方で無難にまとめられたものになってしまいましたが、12月に施行されました。この基本法で優先順位を一応決めたわけですよね。第1条の目的手段のところで、目的の条項の中には「東日本の震災の円滑、迅速な推進と、活力のある日本の再生を図る」というように、日本の再生が主になってたので1.4兆円のムダ金が流用されるということになったんですよね。逆に言うと、この基本法の中には被災者という言葉が出てこないんですね。

Table A　これからの社会の在り方、自治・生活・福祉

スーパーなどで売っているしめ鯖を見ても、残念なことにおしなべてノルウェー産で、そういう状況の中でブランド化していくというので、漁港で言うと、南の銚子、北は八戸が大きいですが、例えば青物系のものも含めて、青物系の魚といえば石巻あたりに全部集めるようなことができないかというアイディアもあります。確かに漁業は難しいところがあり、漁船が来てくれない駄目なので、量的に確保するということも含めて支援ができるような方策というのを、私自身がこうしろとは言えないのですが、支援としてあっていいだろうと思います。

（柳井）先ほど針生さんが言われていたように、地域全体で色々な種類の野菜やお米を扱うと、他のマーケットが見えてきます。一農家だけが自分のお米しか知らない状態では成長に限りがあるのではないかと思いますがいかがでしょうか。

（関根）それも同じで、多くの場合、地域の方はその地域のことを知らないのです。その際、先ほど指摘されていましたけれども、分断なのです。農業も同じで、だいたい70代以上と、60代以下、もうまったく若い層は、自分の農地がどれくらいの面積があるのかすら知らない状況です。一緒に地域に住んでいて、例えば農業の活性化をしようとなっても、会合に出てくるのは高齢者の方といいますか地域の顔役の方ばかりなのです。起業をしている方は特にそうなのですけれども、隣の家で何をやっているか分かりません。当然自分の家の状況も知らないのですから、隣の家のことなど知るわけがありません。そういう中で、<u>何が採れるのか、自分のところは何が出来るのか、自分の農業、漁業はということで、売れるものが埋もれている状況があると思うので、そういうものをいかにうまく引き出しているかが大事</u>です。女川さんは多分自分のところが何が出来るのかというのが上手く引き出せたのではないかと思います。そこのところを支援していくあり方が、5年経って明らかになってきたのだと思います。

（柳井）どうもありがとうございました。針生さん、たくさん質問が来ています。ひとつずつ読み上げていきますのでお答えお願い

Table B　経済・なりわい・産業の再生

<u>ある意味延命治療にも繋がっていて、防災のために、よりよく活きるということが無視されてはならないと思います。</u>それは強調したいと思っております。それから、被災者以外の方の話題が出ましたけれども、一番典型的なのが、私は震災遺構だと思うんですね。他の人に見せるという意味においてですね。気仙沼の共徳丸の場合は、ほったらかして置いているうちに、人々が集まりました。いつの間にか駐車場が出来て、自販機が立って、最後はコンビニまで出来ました。構わないでおいても、これは震災遺構になってしまったものなんです。外から来る人はやはり、ああいったショッキングなものを求めているんだと思うんですね。伝えるという意味では大事なんだけれども、先ほども言ったように、集落の一つ

Table C　震災の伝承・風化、次の震災に向けての取り組み

Table A
これからの社会の在り方・自治・生活・福祉

1ヵ所は出てくるのかな。枕詞としては出てくるんですけども、被災者が救済の対象であるというか、あるいは復興の主体であるとか、そういうことは一言も書かれていない法律だったわけです。急場でつくったものだから間違いもあったのかもしれませんが、霞が関のみなさんは被災地に行かずに虎視眈々と法律に準拠して、いろんな予算を、僕らの分野で言うと法務省は刑務所の受刑者の人たちの職業訓練に使ったりして…。ま、これは、どっちでもいいんですけど。

とにかく私はこういったことはまさに急場しのぎで、泥縄式でやる議論じゃないと思います。先ほども安全第一でこんな惨事が二度と起こってほしくないからL2対応になったという話がありました。しかし、やはりそれは冷静じゃなかった故の結論だろうと思うので、冷静でかつ忘れていない今だからこそできる議論ではないかと思います。阪神淡路の時も、10年経ったくらいでようやく「復興って何かが分からないね」って話が共有化され、「被災地全体で復興とはなにか」ということを真面目に考えるようになり、15年目の2010年に災害復興基本法案を一応作るに至りました。災害復興基本法案では、一番大事なのは被災者であり、そして被災地です。日本がどうのこうのなんて一言も書いてませんし、プロセスは民主的にやらないといけないし、回り道も大事だけれどもお金はあくまでも被災者と被災地のために、平時からちゃんと準備しておかなければいけないと。住まいも大事だけれども人の命も大事だし、それを支える地域社会も経済もコミュニティも大事だと。一応、そういうお題目を平時に作ってみたのですが、実際作っただけで、東北には全く届かなかった。それは残念だとは思うのですが、あれを被災直後の政府関係者に持って行った時には、「今必要なのはそんなものではない、目の前で起こっていることは大変だから、具体的なものが必要だ」と言われました。私たちも具体的なものって言われると、そっちのほうが大事かなってつい思っちゃって、目的論を後回しにすることに、つい迎合してしまったんです。しかし、5年経ってみるとそこが狂ってたんじゃと思うので、是非、今だからこそ「そういった優先順位付け」をきちんとやるべきです。次の震災への備えじゃなくて、今起こっている東日本の救済や、復興のために本来どういう順番であるべきなのかという「そもそ

Table B
経済・なりわい・産業の再生

します。一番目が、プラチナ専業農家が作る野菜とはどういうものなのか、今後の戦略は何でしょうか？ということです。二番目が、日本の農業の最終形はどんなイメージですか？島田さんからの質問でございます。三番目が、付加価値を上げるための手段として6次産業化に期待している、そのために産業規模、事業規模の拡大のために企業参入のあり方を教えて欲しいという質問がきております。それから、須能さんからの質問です。ベニスの商人についてどう理解していますかというなかなか難しい質問が来ています。まとめてご回答をお願いしたいと思います。

（針生）お米を作っている人や野菜を作っている人、畜産をやっている人、畜産でも例えば鶏とか豚とか牛、牛はさらに子牛をとる人と、その子牛を市場で買って５００キロまで大きくする人、そして牛乳を搾る人と、全部分かれているわけです。でも自分で子牛を作って５００キロまで増やしてホルスタインもいたら、全部出来るのではないかと、同じ農業者の私が質問したら皆こう言います。「針生さん、そりゃ出来ないですよ。やっちゃいけない文化なのです。」みたいなことになっているわけです。それでは何故やっていけないのかと尋ねると、餌が違うだとか、牛の管理の仕方がちょっと違うのだと言われる。昭和の食料増産に向けた時に、多くの組合に色々な支援の仕組みが必ず縦割りのように入っていて、情報を寸断したり供給を寸断しているわけです。それがＩＣＴであったり、ライブカメラなどでもどんどん情報が分かり、俗にいうサプライチェーンを原理原則置き換えて考えれば、こここそ繋いであげれば儲かりますということを農業者がなかなか言えない、そういう経験が少ないということが、非常に大切な視点だと思います。先ほどのプラチナ専業農家というのは、２、３次産業というのは、農業を休日しかやらない人と専業農家とを、その寸断されている部分をくっつければ、簡単に言うと儲かるとか利益が出るのではないかということです。つまり今日本の農業は、６８歳に平均年齢がなっていて、お米は、驚くことに６９.８歳なのです。どうして７０歳まで高齢化するまで原理原則の担い手がいなかったのだと考えると、魅力が無かったとか、他産業に勤めた方がメリットがあるということが多々あったと思うのです。さ

Table C
震災の伝承・風化、次の震災に向けての取り組み

一つで、小さなものでも残しておくことが、結局は次の災害を防ぐ。そのためのものを残しておく必要はあると思っています。震災伝承なのか、復興伝承なのかという問いもありましたけれど、やはり震災前伝承も含めなくてはいけないと思います。それから、佐藤正実さんの説明の中に、震災時の食事がありましたよね。要するに、非日常時の日常も、非常に大事な問題で、そのことにも目を向けていきたいと思います。最後に、藤間さんから語り部のためにやっているんだと、非常にこれも大事なことで、私は1995年に、まだ今の様にこんなに災害伝承で大騒ぎしない時代ですが、その時代に唐桑で、たまたまなんですが、おばあさんに昭和8年の津波の話をしてもらったんですね。その時帰り際に、「生まれて初めてこのことを語った」と言っていたんです。計算してみたら62年ぶりに、自分の子どもの時の体験を語っていたんです。「何か胸のつかえが下りた」と言われたんですね。そういう伝承の力みたいなものも、考えていきたいと思っております。以上です。

（福留）ありがとうございます。それでは、寺島さん宜しくお願いします。

（寺島）先ほどのお話にもありましたが、そこで残って生き続けようとする人たちに、歴史や文化を再び取り戻す力があると感じています。そこに残っている方たちは、失われたものと今はまだ向き合っているところなんだと、佐藤尚美さんはおっしゃいました。何を誰に伝えるか、震災から何を学んで、どう活かすか。大きなところで見れば、次は首都圏直下型地震だとか、南海トラフだとか、いろいろ危機感は言われながら、政府は東北の震災と原発事故の体験、教訓、学びを活かそうという意思がほとんど感じられない、残念ながらですね。東京に行くと、風化というものを肌に感じます。真空みたいな感じですかね。まだやってるんですか、と。もう復興したんじゃないですか、と言われる。山梨に避難して、そこで米作りを再び始めた南相馬の農家を取材で訪ねていくんですが、原発事故などの全く情報が無いそうです。メディアからも入ってこないし、周りの人たちも忘れている。辛かったことを思い出さなくてもいいという点では良いのだけれども、浦島太郎のよう

も論」をちゃんとやらないと、過ちが正されないまま10年目迎えてしまうんではないかなと思うんです。

（岸井）政府の悪口をあんまり言ったので、少し弁解しておきます。そのあと、都市局関係は地区担当者という役職を決めて、彼らは1週間に1度か2度、必ず現地に来て、実際に市町村の人と話をしながら、彼らのニーズを上に持ち帰って、中央の制度の動きを伝えて、次に何が起きそうかってことをやってました。これはお互いにすごく役に立ったと思います。ですから、何にもやって無かった訳ではないんです。それからプランニングのほうも、正直言うと地図がなかったんです。つまり震災直後に国土地理院が現況調査をしましたけど、それ上がってきたのが8月末ぐらいです。同じようにL1、L2の津波のシミュレーションをやりますってことになってたのですが、その数字の第1報がきたのも9月ぐらいです。だからそういう意味じゃあ、確かにそのプランニングをするリードタイム（所要時間）が必要だったんです。ですから「政治的な背景で半年遅れた」って言ったけど、そういう意味じゃあ、それだけが理由じゃないのも確かです。

もうひとつ、どういうことを大事にすべきかということについてです。既存市街地のことで言うと、私どもは先ほども議論があった通り、なるべく本当は都心部に人が住んでほしかったんです。ただ、3万3千戸の家がなくなってて、住むところがなくなった人たちに対して、正直言って、「待ってくれ」とは、やはり言えないですよね。そうなると、新市街地ではすぐにまとまった面積の田んぼを売ってくださったから、そこの方が圧倒的に早かったんです。そこになんとか少しでもと思って駅を作って、駅から歩けるようにして、というように状況の中で、やれるだけのことはやりました。全く手順を考えてなかったことはないと思います。ただ確かに、不十分だったと言われれば、そうかも知れません。そんなに目的を考えないでやってたかと言われると、そんなことはないと言いたいですよね。

（加藤）たぶん、津久井先生のお話しは、現行の枠組みを前提とせずに、もう一回きちんとプロセスを考えていくべきだっていう話

らに農家の息子さん自体も、兼業化しようという文化が代々続いてきて、戦後71年の間に現状に追いやられてしまったということの総括をしなければいけないと思います。ですから、多面的機能とか、水田の保水力とか、日本の原風景、これは当然当たり前で、これを誰かが利益を還元して、その地域の中で再分配をするような、リーディングをとるような経営感覚の方がもしいてくれたら、先ほども言ったような、水産関係でも一抜けをするところと、要は抜けられなくて非常に困っている弱者を切り捨てるということにすぐ置き換えるのではなくて、総括をした上で共存をしていく、競争の原理から共に作り出す共創、新しいアイディアを出すというところに大転換をするプラチナ専業農家のような経営目線を持っていた方が、説得力があると思うのです。今までは「いやあ昨日は一生懸命売れました」「今日どのくらい売ったんだ？」「今日はもっと売れたんです」「明日は？」「明日は雨なので多分駄目だと思います」という会話です。今日より昨日はたくさん売れた、今日は雨で駄目だった、それを具体的に72％だとか、昨日の10万円から例えば1万4千円、14％ダウンしちゃったとか、24％売上が増えましたとか、そういう数字で会話をすると、若い農業リーダーや農業リーダーを目指したい人には、伝わりやすいのかなと思うのです。ですから、何かを犠牲にして一生懸命じゃなくて、なぜ高齢化しているのか、なぜ日本の農業や水産業が衰退しているのかを総括した上でもう一歩踏み出して欲しいです。そういうのは今までやっていないからおかしいよね、ということではなくて、寸断しているところをどうやってイノベーションしてくっつけるかという考え方も持つような方にプラチナ専業農家になってもらいたいということです。最終形はどうなのだ、ということですが、僕は例としてよく言っています。オリンピックが始まる時に二つの大きなポイントがあって、一つは、車が自動運転で動きますとアウディやメルセデスが言っています。つまり自動運転で動くと車はぶつかることがほとんどなくなります。そうしますと町の板金屋さんの仕事がいよいよ無くなります。アウトバーンを始めとしてものすごいテストをしております。高低差など簡単にスキャンをして、つまり人工知能が車に付いて、あらゆるセンサーでお互いに距離間を保ちながら走っています。つま

に、自分がどこにいるのか、何をしているのかがわからなくなると言っていましたね。そして、被災地を歩いて同じような事を聞くわけです。川島さんの地元の気仙沼に「南町紫市場」という仮設商店街があるんですが、開設から5年の期限が来て今年秋には閉鎖するとのことです。それからの生き直しを迫られているのですが、仮設商店街の人に聞くと、その市場が出来たころと比べて、団体の観光バス、関西などからの視察の一行もほとんど来なくなったそうです。つまり、外から人に来てもらえなければ、語り部さんも語ることが出来なくなってしまう訳ですよね。例えば、被災地ツアーで人を呼ぼうということで、南三陸町など多くの自治体が企画しましたが、「風化」は、外の人の関心が無くなるということで、結局この先、どこに行っても見えるのは同じ風景になる。どこに行っても巨大な万里の長城の様な防潮堤と、土色のまちばかりになる。北海道の奥尻島の例でいえば、津波が来て、かなりの巨額の予算を投じて巨大な防潮堤と高台移転を行ったのだけれども、その後、たしか島の人口は半減しているはずです。つまり、住民自体がそこを捨てるような島になってしまったという現実がある。人に来てもらって人に伝えられるのは地元の体験者だけ。つながりの種というものは、そこに住んでいる人しか持っていなくて、さっきご紹介した北上町の「大室南部神楽」でも、年々お祭りの時には来る人が増えているんですね。東京からバイクで来たという人、「また来年来ます」と言って常連さんになる人もいる。そこでの人のつながりの種が、また次の年に人を呼んで、「去年と変わってないね」とか、「ああここは変わったね」と、来る毎に変化を感じて、復興が遅いことなどの理由も、人との語り合いから分かっていく。そういう人がどんどん増えていく事がとても大事だと感じています。石巻の鮫浦というところでホヤをつくってっている漁師さんがいましてね、ずっとお付き合いして何度か記事を書いているのですが、ホヤというのは、三年か四年経たないと成長しないんですね。これはホタテや牡蠣とは全然違うところで、その間じっと待たなければならない。だけど、そのホヤも、震災前の一番の販路は韓国だった。つまりキムチの材料とか、海鮮料理とかに大変喜ばれて、宮城県産のホヤの7〜8割方は韓国に出荷されていた。だけども、福島第1原発の汚染水から風評被害が

だったと思います。今のお話しは、今のいろんな制度の枠組みの中では一応考えたっていう話ですよね…。

(小野田) あんまり速度のことを言いたくないけど、5年も仮設住宅にいるとコミュニティが劣化して、まったく違う局面が出てくるっていうことに対して、やはり想像力はそんなに持ててなかったと思うんです。阪神でも相当恐ろしいことが起こりましたよね。山のむこうに仮設住宅ができたりして、それ以上に広域での世帯分離を含めて、地域の崩壊がかなり進んでいます。時間の経過の中で何が起きるのかということをもうちょっと想像すれば、そうすると福祉部局も連動して動けたと思うんです。小泉先生のご指摘のようになぜ福祉部局は動かなかったのかというと、もう介護保険制度が出来ちゃっているから、「基本的に介護保険制度を使って民業でやるべきしょ」っていうことなんです。それのための事業予算も持ってないし、それを調査予算というかたちで都市局みたいに動けばよかったのですが、福祉の人たちと話すと、やはり国交省と違って手段がないのでダメですっておっしゃってました

ね。だから、あの時に省庁横断的なプロジェクトチームが組めて、連動して物事を議論できればもうちょっと違う局面になっていたような気がします。そうであれば、仮設に入っている間を持ちこたえて貰いながら、どうやってコミュニティの劣化を防ぐかみたいな議論はできたと思います。
その中で、小泉先生が釜石でやられた実践や、大槌とか七ヶ浜で頑張ってやったことを吸い上げながら制度をうまく回すってことをできたのかもしれないけど、そこはほとんど出来ていなくって、行政の無謬性もあるから、もう問題としても存在しなかったことになってますよね。それを存在しなかったことにしないで、もう少し違う選択をすれば未来はこうだったよってことを整理しなきゃいけないと思います。
それから、先ほど、手島さんは謙遜されたんだと思いますけど、「岩沼は成功例と言えない…」って仰ってました。でも、我々がちゃんと地域の優秀な建築家に任せれば、地域と対話して、状況をしっかり理解して、コミュニティのサスティナビリティを高めてくれってお題を与えれば、もうちょっと良くなる筈だって選択をしたわ

広まって、未だに販路を回復出来ないことが問題となっています。結局ホヤの販路が見つからなくて、漁業者が手探りで販路を開拓しなければならない。その時に鮫浦という小さな漁港一集落などはもう何もありませんが—彼らは地元の家庭料理である「蒸しホヤ」を作って、長期保存が出来る真空パックにして販路を開拓し、いろんなところに売ろうとしている。その買い手、広め手になってくれているのが、震災後ずっと通ってきてくれている、首都圏からのボランティアたちです。彼らがここに来てホヤの味を覚えて、応援をしてくれている。結局人のつながりなんですよね。一人一人のつながりを地道に広げていくことではないかと思っています。

(福留) どうもありがとうございます。それでは、ここからは先ほど申し上げました様に、登壇者の方同士で確認したい事や深めたい事をやりとり出来ればと思うんですけれども、その前に、もし可能でしたらせっかくの機会ですので、フロアの方でお聞きになって頂いていた方から、今のやり取りに関連して、ご質問ですとか

何かありましたら、挙手いただけたらと思いますがいかがでしょうか。よろしいですか。またもし何かありましたら、お声掛け頂けたらと思います。それでは後半、皆様からお話いただきましたけれども、どこからでも結構です、目的と手段と言っても、ずいぶん異なるということだけは皆さんそれぞれ共有出来たかと思いますけれども、全然違う視点というのもあったかと思います。それぞれの方から、ぜひ伺いたく思います。佐藤さんいかがでしょうか。

(佐藤正実) はい。質問というとちょっと違うんですけれども、川島先生と、寺島さんと、脇坂さんの話を聞いてちょっと思ったことなんですけども、どこも一緒に見えてしまうまち、というお話が出ましたが、実は2013年に私たちの方で取り組ませてもらってる、伝える学校、仙台市の震災メモリアル協働事業なんですが、そこの中で、蒲生と、荒浜と、閖上と、三つのまち沿岸部を、ルートツアーの様な形で、県外からいらした方をご案内するツアーを組んでいたんです。その時一番最初に言われて、今でも忘れられ

Table A

けですよね。謙遜して仰っているのだと思いますけど、そのほかの「北廊下で中の生活が何にも見えない普通の公営住宅」よりは数段良いと思います。一般的な公営住宅では、コミュニティもそうだけど、福祉側がその中の生活状況を見に行ったり、訪問介護に行ったりするときに一回行くだけじゃ全然わかんないですよ。3回くらい行ってやっと、というような公営住宅なんですよね。それが手島さんのやつは、1回行けば何となく生活状況が分かったり、追加の福祉コストからすると、あれはコンシャスにできていると思います。運営上の課題はあるにしろ（課題はもう一度持ち帰って、議論してもらえればいいんです）、5回通わないと中の様子が分からない北側廊下のプライバシーを重視した公営住宅に比べれば、圧倒的に良いストックだと思います。それがイニシャルコストだけが議論されて、追加の福祉コストがどれくらい掛かるかということを全く議論なしに評価されているのが現状です。手間もかかるし、面倒臭いから、そんなことはやるな。北側廊下のやつをボンボン作って、整備率を上げろって言われちゃうんで、そうじゃないんだよってことをこれから立証していかなきゃいけない

でしょ。

（手島）かばっていただいてありがとうございます（笑）。仰る通り、大多数の災害公営住宅は本当にひどいものが多いです。そういった大多数の「何も深く考えずにどんどん出来てしまうものをどうするか」というのは大きな課題です。「岩沼がうまくいってない」って僕が言ったのは、そういうものと比較してという意味ではないんです。岩沼で設計当初、僕らが考えていたのは、見守り空間がどうやったら発生するのかってことまでを最後までやりたいということなんです。そこまでやらないとたぶん福祉と我々の間は、結局お互いに「自分たちの専門分野の世界観だとこうだよ」って言っているだけの話で留まってしまいます。「できたできた」って自画自賛だけする奴も困った専門家ですし、これも先ほどから議論のひとつになっている「縦割り」ですよね。たぶん、それぞれの専門性の中での精度の高い仕事だけではなく、専門性の領域を飛び越えて、少々精度が低くても境界を乗り越えて分野間の溝の橋渡しをするようなことが必要なのではないかと思っています。

Table B

り、僕の大先輩で車の板金社長も雪降るとしめたと言っておりましたが、5年後からどんどん事故が起きなくなる。風が吹けば桶屋が儲かるという部分が、人工知能の車が運転すれば、板金屋さんがつぶれてしまうことになってしまいます。農業に置き換えますと、北海道大学を始め、クボタ、ヤンマーも自動運転というのがあり、簡単に平野で稲刈りをしたり、トラクターでうなうというのは、なんと恐ろしい話、20年前からその技術は出来上がっているのです。僕は20年前にそれを見て凄いなと思いました。昔、イセキのコンバインは「（仕事が）早く終わるとハワイに行きました」というコマーシャルも出していました。ですから、最終形態に行くと付加価値が無くなってしまいます。消費者の皆さんに「米ってロボットが作っているのですよね」と言われた瞬間に、一俵1万2千円だ、高い安い、税金をどうしよう、ＴＰＰ（注：(Trans-Pacific Partnership)：環太平洋戦略的経済連携協定）ってどうだ、という議論から、「あれ、お米ってロボットが作っているんじゃなかったの？」ということに置き換わり、今までお米を作っていた農業者も、丁度高齢化していてのでグッドタイミングでし

た、という方もたくさん出てくるわけです。究極の形態というのは、まさに地域のコミュニティとか、私が先ほど言ったように、家族型、地域型、企業型、全国民の食料をＢＯＰ（注：(base of the (economic) pyramid)：経済ピラミッドの底辺層、所得ピラミッドの最下層）的にベースでしっかり支える仕組みとか、こういう非常にバランスの取れた成功事例を組み合わせる見方が最終形態で、色々な絵に変わってしまいます。つまりそういうビジネスモデルを色々な形に変幻自在に提案をしたり、見えない世界を見えるように説明出来る人というのがイノベーターであり、農村もそういうように変わっていきます。

先ほど付加価値の話が出ましたけれども、今現実は外国人の労働者が全ての加工ビジネスの裏で働いております。当然一次産業ではオールジャパンで、皆で加工して、皆で工場を運営して、そして多くの方に供給したい、これは本当にやりたいビジネスで戦後ずっと続いてきたのですけれども、今言ったように高齢化がどんどん連鎖をして、「先輩のところはいいよね、まだ50人いるから、うちの方30人しかいなくてインドネシアに支社を作れない

Table C

ないんですけれども、更地化されて、草がぼうぼう生えていて、「三つのまちの違いが分からない」という風に言われたんですね。私はもともと仙台生まれ仙台育ちで、蒲生にも荒浜にも子どもの時から行っていたので、その違いはよく分かっているのですが、「そうか、こういう風になってしまうと、全然分からなくなるんだな」というところが、今3.11オモイデツアーをやっていることの一番のとっかかりで、震災前のまちの様子をご覧いただかないと、まちの様子って伝わらないということがまず一つ。それから現地の人たちが、震災や震災後の話はちょっとしにくいんだけれども、震災前のまちの様子であったり、お祭りのようすであったり、または漁をしている、田植えをしている、そういう写真の時は、たくさん話が出来る。写真と、地域の人たちの思い出を、県外の方々にお見せすることで、やっと、蒲生、荒浜、閖上の違いがわかる。一番わかりやすいのが貞山堀なんですよね。ただの堀じゃないか、と思うんだけれども、蒲生には蒲生の、いわゆる海運としての貞山堀の活用の仕方があった。荒浜は荒浜で、しじみ漁としての役割があった。そういう三つのまちに全然違う役割があったという

ことが、写真を見て初めて気付いてもらえる。ということで、その時はすごくガッカリもしたんですが、今から思うと、確かにそうだな、言ってもらって良かったなと。気付かせて頂いたという意味では、研さんも先ほど仰っていましたし、川島先生も仰っていましたが、3.11よりも前の様子、そこから歴史が始まっているんだということを、ちゃんと伝えるべきだなということを思いました。それから、脇坂さんがおっしゃっていた、学びの場であるというところが、ほんとそうだなと思います。仙台市は特に、まちなかと沿岸部で分かれていて、かなり温度差があると思うんですが、とっくに風化しているのは、仙台のまちなかだと思うんです。まちなかでは、ほとんど震災の話は出ない。これでは、風化を助長する一方で、全く学びの場が無いことへの反省をしなければならないなと思っているんです。仙台市のメモリアルは二拠点構想と言っているので、もう一拠点をまちなかにつくると思うんですけれども、それがいつ、つくられるか分からないのを待っているだけでは拍車がかかる一方で、このことを考えるとやはり、誰でもが話が出来る、いつでも学べる場を、やっぱりどこかに作って

Table A
これからの社会の在り方・自治・生活・福祉

そういう意味で、失敗って言ったので、えって思われたんだと思いますが、失敗というか、次のステップのための教訓だと捉えて、次はもっと良くするための題材として検証したいということなんです。そういう意味で、失敗って言ったんです。

（家田）ご説明させていただきます。ちょうど発災した時に私は老健局（厚生労働省の内部部局の一つ。高齢者医療や福祉等を所掌する。2001年1月6日の中央省庁再編で厚生省と労働省が統合されるのに伴い、厚生省老人保健福祉局が組織変更され老健局が発足した。）にいまして、被災施設の復旧をどうするかと、また仮設住宅ができた後にどうするかなどということを老健局の中でいろいろ議論していました。職員も結構現地に行ったりして話を聞いたり、こんなことをやったらいいのではないかという議論をやったりしていました。その後、5月くらいに被災3県の応急仮設住宅に対してサポートセンターの設置をお願いし、それに対しての費用の対応もしました。

ただ、さきほど小野田先生もおっしゃったように、実際時間が経ち現地に行けば行くほど、それぞれの個別の問題がだんだん出て来ておりました。つまり、全般的な話ではなくて、例えば障害の話や保育などの話です。そういう福祉の現場の話になると、どうしても各担当ということになってしまい、どうしても現場サイドの話になってしまうんです。国の立場としては、出来るだけ今後のことを考えて、総合的に福祉をどうするかを考えたいと思っても、現実的にはやはり目の前の問題の対処の方が重要だという話になってしまい、このような形になったのだと思います。今5年経ってみて、今後のことを考えるとすると総合的に考えるべき時期だとは思うんです。しかし私個人の立場で言えば、むしろ現状と課題をそのまま把握して、次回大きな災害が起こった時には、最初の段階からこの震災で得た教訓を活かして、少しづつでも修正を加えてゆくんだと思います。だから、総合的に大きく変えるというよりは、少しずつ漸進的に変えていくっていうようなことが、とりあえずやるべき話だと思います。

実際、新潟中越の震災に比べれば、東日本大震災ではそれなりに結構行政も幅を広げて取り組んでいる部分もあります。今まで認

Table B
経済・なりわい・産業の再生

ので、そういう勉強した色々な人を連れて来れない」という状況です。20年前はブラジルからどんどん入ってきて、日本のコンビニ業界では夜間は皆外国人が働いていました。それを今の子供達、若い日本人の方が、一次産業の中でカット工場であったり、水産の加工所でどんどん夢を持って働けるようなところの仕組みに、もう一度切り出すくらいの気概を持たないといけないと思います。ですけれども、非常に楽で簡単でパソコンを持ってビジネス的に儲かれば良いのではないかという文化もたくさんある中で、農業であり水産業であり、例えば3ヶ所で一緒に働いてねと言ったら、社長、今日のこの瞬間に帰らせて下さい、もう辞めますと、皆すぐ辞めてしまい、いや困ったというくらい人が集まらないのです。建前はそうなのですが、仙台の卸町も海外の多くの皆さんに支えられて動いているのです。我々のグループ会社では、オールジャパンということを一つの大きな目標にしたいと頑張っているのですけれども、ほとんどの水産会社は外国人をいかに招き入れて、しっかり大きな原動力、パワーを頂きたいということになっています。ですから建前と本音があるような言い方をすると誤解を受けますけども、そういう意味では地球規模で日本の産業をもう一度組み立てる、日本人だけではどうしても支えきれない現状があるということも、認識して、価値を増大化していってもらいたいなと思います。

また最後にはベニスの商人のお話もございましたが、これは日々議論をしているテーマですので今日は別において置きたいと思いますが、儲かる儲からないということだけではなくて、儲からないと、結果的に地域の皆さんに支えてくれだとか公共性のある所は、その地域の一番店のところがなんとか頑張ってねなど、そういうアラートを鳴らす人もどんどん増えています。それは絶対的な数ではなくても。ですから誰かが成功する好循環まで地域全体を回すためには、利益というオイルでもって回るようにはしていきたいと思います。僕はそういう目線で頑張ってみたいなと思います。

（柳井）針生さんの考え方で行くと、弱い立場の人達をつぶしていくということではなくて、存在価値があるのだからその中で頑張っ

Table C
震災の伝承・風化・次の震災に向けての取り組み

められなかったことを結構認めてやっていますので、これが災害対応のスタートラインになっています。このスタートラインに現状で足りなかったところを何らかの形にして残し、これに補正を加えて次の震災にはスタートラインにすると。今の課題はすぐには修正できないかもしれませんが、次回の時にそういったことが起こらないように取り組んでくことが、必要ではないかと思います。

（小野田）大変だったろうなと思うんですけど。この震災で新しく工夫されて、これは良かったということが幾つかあります、っておっしゃいましたけども、具体的にどういうところが…。

（家田）まあ、全般的な話というのはなかなか難しいんですけども、老人関係をやっていたことで言いますと、まず応急仮設住宅にサポートセンターができたこと。それからあとは、これらサポートセンターで、この5年間である程度の人材が揃ってきているんです。ということは、新たに地域コミュニティを維持するための人材を育成しなくても、ある程度の人材が揃っているということです。このままでいくと、彼らが途切れてしまうかもしれないのですが、出来るだけ繋げて一般政策に入れていくことが、これからの被災地における福祉の取り組みということになってくるんだと思います。もちろん、その費用として介護保険制度を使うとか、あとは自治体独自の個別の政策を使うだとかあるかとは思うのですが、人材はそれなりに揃っています。岩沼では、手島さんの設計により居住環境もある程度の水準で揃っています。あとはそれらのことをどう活かしていくかを、限られた予算の中で考えていくしかないのかなというところであります。

（増田）あの以前どちらかで、本間さんがそれに関連する話をしていらっしゃったように思いますが…。

（本間）私は南三陸町にいて、被災者支援システムを立ち上げたのですが、その時に、サポートセンターという制度があると聞いたので、それと緊急雇用創出事業（解雇された失業者を救済する目的で

Table A これからの社会の作り方、自治・生活・福祉

ていきなさいとという理解でよろしいですね。

（針生）相互理論を皆さんで理解し合って認めるという文化です。

（柳井）ではまた後程質問がありましたら受け付けるという形にさせて頂きます。小松さん、3つ質問来ております。
一つは、高付加価値経営実現のポイントは何でしょうか？ということです。例えば商品開発、あるいは従業員の育成、そういったあたりをご説明頂きたいです。二つ目は、関根さんの方からご質問です。世代を意識することでまちづくりに繋げると先ほどご説明がありましたが、世代交代をスムーズに進めるにはどうしたらいいのかという質問です。三つ目は、女川町は町開きも行い水産業を軸に据えていくという話だったのですが、5年後の町の目標、あるいは女川町が発展した姿をどうイメージされているのかをご説明をお願いしたいと思います。

（小松）高付加価値経営のところまでをお答えさせて頂くと、地元の方が気付いてないことや、外からこういうものを持ち込んだ方が良いのではないかということを、どう持ち込んでいくのか、ということがすごく大事だと思っています。その中の機能としてとても大事なのはハブ（注：(HAB)：複数台のパソコンを接続しネットワークをつくるための機器、転じて複数の要素を繋ぐこと）という機能だと思っています。要はその地域の中で、地域の価値を分かる人がいるというだけではなくて、それを分かったうえで商品開発をするにあたっても、結局地域の中のリソースでは作れないことが多いのです。例えば女川は今人口約6,850人です。その中で、こういう商品が必要だよね、こんな価値が必要だよね、ということに気付いた時に、じゃあ地域の中のリソースだけで出来ますか、というと出来ないのです。だからこそ、その価値に対して、外部のどの企業と、どのNPOと、どの団体とどう組んで、この事業を作ったら良いのかを考えられる人材、若しくはそういう団体というものが僕自身は凄く必要だと思っています。
例えば、商品ということで僕らがよくやるケースで言うと、こういう商品を作りたいという話が女川の業者さんから上がってくる

Table B 経済・なりわい・産業の再生

おかなければダメだなと。藤間さんの報告にもあったちゃんとした施設、集まってきて皆で話が出来る場があるということが、すごく羨ましいし、そういう場であるべきだなということを感じました。質問ではなく、感想でした。ありがとうございます。

（福留）今のを受けて、どなたかいかがでしょうか。脇坂さんお願いします。

（脇坂）脇坂です。今の話を受けて、佐藤さんに聞きたいんですけれども、荒井に駅が出来て、センターが出来たじゃないですか。私は完成した直後に行ったのですが、まだ一階の展示しか出来ていなかったので、一階を見て二階はまだ上がっていないんですが、河北新報によると、市議会議員からクレームがついたという記事が出ていましたよね。全部を見ていないので分からないのですが、あそこに行くと、確かに荒井の周りには災害公営住宅が出来ていて、被災された方々もお住まいになっていると思うんですが、被災地からは遠くて、被災地という実感がわきにくいのかなという感じを受けました。逆に言うと、みらいサポートさんのつくった南浜のつなぐ館はすごくわかりやすくて、そういう施設ってどこにつくっても良いわけではないんじゃないか、という気がちょっとしているのですが、その辺りどうなんでしょうか（苦笑）。

（佐藤正実）それ、私が答えるんですかね（笑）。一度ご覧になると良いと思います。多分、いろんな思いがある施設だとは思いますが、課題もあると思います。ただやっぱり、二拠点構想と言った時に白羽の矢が立ったのは、荒井駅が新設され、そこに場所があるからメモリアル施設をつくろうということになったんだと思いますし、まだ出来たばっかりですので、きちんと運用されていくのはこれからだと思います。ただ、場所的に言うと、まさにその通りだと思います。これから荒浜に限らず南蒲生など、仙台市で買い上げた場所を、どう活用するかというアイデア募集を新年度から始め、その土地を仙台市が安く貸出し、人が集い、交流を深める場所をしよう、ということになったらしいですが、むしろ、荒浜小学校の近辺にそういった場所が出来れば、建物は簡単なも

Table C 震災の伝承・風化、次の震災に向けての取り組み

Table A （これからの社会の在り方・自治・生活・福祉）

実施されている事業）をプラスして、町民100人を雇用して、被災者支援センターというのを立ち上げたんです。これはたぶん、宮城県内でも数としては一番多かったんではないかなと思うんです。そして、制度を作った時からその人たちを将来の社会資源化しようと考えていました。この被災者支援制度は、あくまでも臨時的、一時的なものだろうと考えていたわけなんですね。ですので、この制度が終わっても地域の人材になるように、生活支援員の段階からホームヘルパーの養成講座を受けさせて、ライセンスを取らせるなどの取り組みをしました。今災地では特に介護施設の職員などがとても厳しいのですが、そういう人材になっているという状況があったりします。これもすべて、<u>被災者支援をその次の段階で地域福祉に繋げるという「大きな全体構想」のもとに被災者支援を行っているかどうかによって、差が出ているのではないかなと思ってます。</u>

（増田）今の話で、やれたところと、やれなかったところの違いはどこにあったんですかね。今みたいな南三陸町のような試みに取り組めたところと、そこまで進めなかったところの違いですが…

（本間）私、南三陸にいた時は分からなかったのですが、南三陸から出て<u>被災市町村全部を回るようになった時に感じたことがあります。「地域住民が資源だという考え方を持てるかどうか」と、「被災者支援は専門家だけがするものだと思っているところには、人材がいない」ということです。</u>そして、「被災者支援は専門家だけがするものだと思っているところ」が飛びついたのが、支援に来たNPOや、ボランティアさんです。そういう人たちを一時的に雇用して、一時的にそこに充てたんです。ですから、その人たちはずーっとそこに住むわけではないので、地元の社会資源になりえなかった。結果として地元に定着する人材をこの5年間で育てられなかったのです。その辺の差は、持続可能性を担保するという意味では大きな課題だと思います。

（増田）はい、ありがとうございます。じゃあ…。

Table B （経済・なりわい・産業の再生）

ケースがありますが、それを受けて、僕たちはそのまま鵜呑みにせずに議論するわけです。これどうやったらいいですかねと。そこで僕たちも食品のプロではないので、だとしたらこういう人たちをちょっと招いて、一緒に話し合いしましょうかとか、若しくはどこまで議論して、それをいつのタイミングで外に繰り出すかとか、その辺の力、バランスを考えながら、マッチングさせて商品を作るということがあったりします。また経営のポイントの中で人材育成というのは僕とても重要だと思っていまして、最近あった具体的な例をお話すると、やはり、企業も人を育てなければなりません。高付加価値を生み出すために人を育てるということは、今現在いる従業員の方を育てることもそうなのですが、それだけでは人が足りません。ですから外から優秀な人材を呼びたいというケースが非常に多いです。ではどうやって呼びますか、という時に、待遇を良くすれば来るというわけではありません。何が大事かというと、地方の中小企業の一つの課題というのは、例えば人事評価とか、人材マネージメントとか組織マネージメントというのが曖昧に進んでいるケースがあります。そういう状況の中、いくら待遇が良いからと来ても、いつまで仕事を続けられるのかという問題があるので、そこに関してはまず優秀な人を採る前に、社内の人事制度とか評価制度、それから人材マネージメントの部分とかも全部整備しましょうということで、私と一人プロを入れて人を招くという動きを作ったりしています。

<u>高付加価値経営は、最初から商品を作るとか何かするということももちろん大事ですが、その手前の企業としてどうするのかというところが実は大きなポイントだと思っていて</u>、ハブになって外と中を繋ぐということをやっています。

次は、世代をどう繋げていくのか。これはすごく重要なテーマだと思っています。僕も今30代ですけれども、還暦以上は全員口出すなというような近いようなコメントを商工会長がおっしゃって下さって、今30代40代中心に女川の町をつくっています。それで次の世代にどうしていくのかということは、町のメンバーも意識をしていて、例えば地域のイベントや、色々な商品や町全体に関わる事業をやる場合に関しては、必ず下の世代を入れることを意識してやっています。併せて今とても懸念していることは、

Table C （震災の伝承・風化、次の震災に向けての取り組み）

のでも良いから、コンテンツがしっかりしたもので、地元の人たちが関われる場を作れればよいなと思います。公募制でも良いから、いくらでこういったものを作ります、が出来ると、良い様な気がします。ぜひ一度、ご覧ください。

（川島）今荒浜の話が出て、いろいろ思い出したんですが、まだ荒浜には漁師さんがいて、そこで漁業の営みをしているわけですよね。船は蒲生の方にあるんですけれども。私は震災の年の8月20日に盆の行事、灯篭流しに行った時に、もちろん住宅は無いんですけれども、そこに住んでいた人々が供養にということで、皆盆船とか集まって流そうとしていたんです。そこに警察が来て、それを止めようとしているのを見た時に、やはり海と人の生活というのは切り離せないのに、むりくりに切り離そうとしている、これは良くないことではないかと感じたんです。それはさっきも言ったように、「生命第一」だからそうなんですけれども、<u>西洋の場合は死んだ人というのは天国にいってしまうけれども、日本の場合は魂としてその場所に残るんですよね。だから交通事故があった</u>場合で供養したりする場面を見かける訳ですけれども、やはりその場に残るんですよね。なぜ三陸の人々が、津波常習地と言われている所に戻ってくるのか。いろいろ経済的な問題とかありますけれども、海を離れられない何かがあるんですよね、やっぱり。それは供養していることも大きいですし、そういうところを見ないと、防潮堤は作るけれども、もう守るべき家も人も居なくなったという状況にいずれなると思います。窓枠を作って海が見えればいいという問題ではないと思うので、その辺を深く考えてもらいたいなとは思います。

（福留）ありがとうございます。寺島さんお願いします。

（寺島）私も「荒浜つながり」なんですが、荒浜の若い方々がやっているそうなんですが、被災地になった荒浜そのものが生きた「記憶の図書館」であるという考えのもと、自然であるとか、震災以前の歴史、文化とかを一冊一冊の「蔵書」と捉えて、来る人たちに伝えている、そういった活動があるそうです。誰でもそこに来

(大沼) 今のお話に関連すると思うんですが。地域に住んでる方々は、福祉や経済、産業といったあらゆる局面でひとりのリーダーに集約されていたりして、つまり地域の側では縦割りされていないわけです。そういう人材がいるところが非常に重要だと思います。ここにある基調アンケートを眺めながら聞いていたのですが、人の在り方というところで貝島さんが「漁村の住民のみなさんの持ってらっしゃる生活力、スキルが都会の人と比較にならない」ということが書いてあります。弱者に寄り添うことは、全体として考えることも重要ですが、一方で地域の潜在力を活かして自律的な在り方を中心に地域計画を立て直すという議論はもう少しあった方がいいかなと思いました。

特に僻地という印象がある場所に、なんでそんなところに住んでるかっていうと、むしろ地の利があってそこに暮らしてきた歴史があるわけです。それはやはり都会の論理ではなかなか解けないことのほうが多い筈です。ただ、もちろんその時に弱者救済とかいろんなサービスを完備しようとすると距離が障害になりますが、彼らはその中で福祉も含めた生活力で対処してきた部分があります。もちろん、これからは必ずしも未来は明るくないかもしれませんけど…。

元々の地域住民が何を目的に暮らしているのかっていうときには、それは生業のところであったりするわけなので、そういった地元の論理を元に組み立てる地域計画の在り方について、話をきけたらなと思ってました。弱者救済ももちろん重要なんですけど。

(増田) じゃあ、はい。

(長) 今の話だと、孤独死の問題や、弱者といわれる方をどこまで支援をするのかというと問題については、在宅医でもありますしずっと僻地医療をやってきた立場からすると、日本中に普通にあるような問題でもあるんです。<u>今後、社会保障が脆弱化していく中で、どこまでサポーティブ（積極的な外部からの支援）にするべきかということに関しては、けっこうシビアに考えなきゃいけないんじゃないかと思っています。であるがゆえに、この震災復興のプロセスの中で、縮退する社会の現状を見据えて、弱者支援</u>

Table A : これからの社会の在り方・自治・生活・福祉

この期間というか、震災があったこのタイミングというのはアントレプレナーシップ（注：(entrepreneurship)：企業家精神。新しい事業の創造意欲に燃え、高いリスクに果敢に挑む姿勢。)、イントラプレナー（注：intrapreneur：社内企業家。新しいビジネスを社内で立上げる際にその役割を担う人材を言う。）のような自走する考えを持っている人がとても多いです。下の世代にそれをどう引き継いでいくのかというのが今の大きなテーマで、私達も動いていまして、では会議に呼べばいいのか、事業のタイミングで人を入れればそれで済むのか、というと、決してそういうことではないということを少し感じています。

僕は最近海外の出張がとても多くて、この間エストニアに行ってきたのですが、そこに世代を繋ぐヒントがあるなと感じました。エストニアは、１９９１年に革命があってソ連から独立しているのです。その時に３０代、４０代が中心となって国を作ってきているのです。非常に小さな国で、それから２５年が経ち、ちょうど次世代にバトンが渡されているのです。向こうの国の関係者とか、民間の方に話を聞いた時に、彼らが皆同じことを言っていたのですが、「雰囲気」と言っていました。空気感を作ると。要は、何か具体的にお前にこのバトンを渡すのではなくて、自分達がやっていること、例えば起業家育成とか新しいものを生み出す機能を作って、<u>次の世代が何かやりたいと思ったときに当たり前のように行動に移せる環境にあることを作ること</u>がとても大事だという話を頂いて、まさにそこだなと僕自身も感じながら今活動しています。女川で言うと、今創業支援のプログラムを僕らが提供しています。そのプログラムを今の世代の人達が受けるだけではなくて、次の世代にもきちんと引き継げるように、プログラムとして継続させなければいけないと思っていますし、クオリティも上げなければいけないと思って、今プログラムの運営をやっています。そういった次の世代の人達が、お前にこれを託すみたいな重い話をするのではなくて、その空気感というか環境整備をしておくことがすごく大事ではないかなと思っています。

そして、町開きの５年後ということで、これからどこを目指しているのか。今から５年後にやっと女川に住めるような環境になってくるので、移住者が増えている環境では決してないと考えてい

Table B : 経済・なりわい・産業の再生

れば参加できるとのことで、まだあまり知られていない様ですが、こうした取組が自然に広がり、子どもも含めて、人が自然と集まってくる場になると良いなと思います。一種のスタディツアーですよね。

(福留) 関連したご発言などあればと思いますがいかがでしょうか。佐藤研さんいかがでしょうか。

(佐藤研) 場づくりですけれども、仙台のメモリアル交流館の話で言いますと、私もあの場をつくる時に「地元の人にわかりやすく伝えてほしい」と言われて協力した経緯があります。地元の人が愛して関わってくれる場にしていくことが、一番大切なんじゃないかなと思っています。いくら立派なハコをつくってもそこで語りかけてくれる地元の方が居なければ、とても無機質で、そこで何が伝わるんだろうかと。メモリアル交流館の関係者には、<u>地元の人が「語り部」として最初に居なくてもいいじゃないか、と伝えています。周辺は農業が盛んな地域ですが、そこでお茶出して、</u><u>自分で作った漬物を出して、自分でつくった野菜を売る、野菜の直売所で良いじゃないかと。まずは、地元の人に居てもらえるような施設でいいじゃないかと。</u>そこから、会話が生まれて、一つずつ語り出せる様になれば良いじゃないかと、そんな風に思っています。これから北上の方でもつくると思うんですけれども、つくだ煮出したり、魚売ったりと、あまり大上段に構えない場からはじまっても良いんじゃないかと思っています。

(福留) 今のを踏まえて、藤間さん、先ほど三館の資料館のネットワークの話もされていましたが、補足頂けたらと思いますがいかがでしょうか。

(藤間) はい。私たちは資料館ではなく伝承スペースという言い方をしているのですが、駅から徒歩10分くらいの街中に二つと南浜という全壊エリアに伝承スペースを持っています。街中の方は私たちが運営する伝承スペース以外に新聞社が運営している館と、市がつくった情報交流館があり、全部徒歩2-3分の所にあります。

Table C : 震災の伝承・風化、次の震災に向けての取り組み

Table A
これからの社会の在り方、自治・生活・福祉

をどう現地化していくか、お互いの見守りに移行していくか、ということは非常に重要なんです。
言い方を変えると、介護保険の仕組みもお金が無くなっていて、例えばデイサービスに通っている人たちは、これからは、近所でお茶呑みをして支え合いましょう、っていうことになります。そんなことで福祉が可能なのかっていう話なのですが、全国一律一斉にそういうことを行わなきゃいけない状況になっているんです。この国の社会保障の状況はそれほど厳しいので、孤独なお年寄りは普通に何処にでもいるんです。これまではそれをずっと制度で見守ってきたのですが、それが良かったかというと、異論もあります。制度で見守るべき時期もあるけど、基本的には隣同士で見守るようにして、そこにお金を出すような仕組みにしていくべきだと思っています。これは地域性によっても違ってくると思いますが、都会で起きることと東北で起きることはたぶん違っていて、東北はもともとそういった地縁血縁などのソーシャルキャピタルがかなり強かった地域なので、そこを活かしながら、再建する仕組みを考えるべきじゃないかなと思います。そして中年女性が一番元気が無くなっているということは分かっていて、いわゆるおばちゃんなのですが、地域コミュニティの核になる人たちが、最も役割を失っているんです。彼女たちはボランティアで動く人たちではないので、社会の役割の中で隣近所の世話をしたり、家族の力になっていた方々にもう一度役割を担ってもらうには、極端に言うと行政が命令するとかお金を付けて委託をするというかたちしかないのでは、と思っています。地域性だと思いますが、先ほども言いましたように、物事を決めていくときに常にほぼ男性で決まってしまうんです。そういったことを踏まえないと、地域の中で女性が果たしてきた役割の重要性が見えないだろうと思っています。

もうひとつ、さきほど、集会所の共益費とかの問題が指摘されていました。非常に重要だと思っているのは、地方自治体が弱くなって、日本中の公民館や集会所といったところがいま極めて脆弱化しているんです。これはものすごく重要な問題です。一方で、厚労省はそこを拠点に福祉を展開したい、或は新しい施設をつくってでもそういうものを活性化してくれと、言っているんですね。

Table B
経済・なりわい・産業の再生

ます。どちらかというと、女川に関わる人達を沢山増やしている、増えているという状態を目指したいと思っています。例えば、うちで今色々なプログラムをやっているのですが、創業のプログラム、起業家をつくるプログラムに関しては、女川町で起業しなければならないというルールは一切外しています。一般的に地方で起業支援する際には、その町で起業する人向けにしか支援しないのです。僕自身は、それはちょっとおかしいなと思っています。実は町を開くことによって、女川で起業しなくても、女川で起業準備した人が他の町で起業しても繋がりが出来るので、女川で同じような事業を作りたい時には、相談も出来ますし、事業展開として次は女川に広げるかも知れません。そういう繋がり拡がりを作るということをとても意識してやっています。そして、そうい

Table C
震災の伝承・風化、次の震災に向けての取り組み

Table A

<u>長野県が日本一の長寿だってことの最大要因は、おそらく人口密度に対して、公民館が、2位の県の倍以上あることなんです。そういった社会教育の領域が健康増進に非常に大きく寄与していいます。高齢化の問題を、医療問題ではなくて、コミュニティの課題だと捉える視点が重要です。</u>コミュニティベースや社会教育、つまり教育や医療をどんどん専門職化し、地域から引き離してしまったことの弊害があったんじゃないかと思います。

社会全体に掛るコストの問題からもそれは明らかです。そこを考えた場合に、例えば災害公営住宅の集会所の共益費の問題でも確かに、そういった対応が必要だし、実は日本中でも必要なことなんだろうと思います。<u>集会所が地域の医療や介護の問題を解消し、日本全体の社会コストを縮減することを意識したまちづくりとか集会所のあり方があると思うんです。</u>

（増田）えっとそれじゃあ、あの、残り時間も少なくなってきましたので、最後にもう少し先を考えて、議論したいと思います。これからもいろんな災害が懸念されています。そんな中で、<u>自治体の復興計画等について今回いろんなことが批判されていますが、基本的に基礎自治体が復興のプランを考えるという体制はたぶんこれからも継続していくと思うんです。</u>さらに言うと今回は、制度の枠組みが固まる前に自治体の復興計画を作ってしまったので、やれることとやれないことが良く分からないうちに計画にいろんな事を書き込んでしまい、やれたりやれなかったりっていうことが起きたと思います。今後基礎自治体が中心になって災害のあとの復興計画をたてるという場面を考えた時に、どういう方向性で議論を準備しておいたらいいかということについて、お聞きしたいと思います。加藤先生よろしいですか。

（加藤）次の災害に備えてという意味では、今首都圏と一部の政令指定都市で進めているのですが、復興準備については、市町村と一緒にやってます。復興準備とは何をやっているかというと、<u>事前に復興課題というのは分かっているんです。震災以前の地域社会の課題が深刻化して飛び出してくるだけなので、事前に復興課題は把握できます。</u>とすると事前に対策を考えておけば被災後に

Table B

う活動人口をどう増やしていくのかということを相当意識してやっています。ビジネスとして東京から女川に関わる人がいたりとか、先ほどのクラウドソーシングではないですけれども、この期間は女川で仕事しようという人が出てきたりとか、プロボノやボランティアとして、イベントやビジネスを手伝っている人が出てきたりとか、そういう環境を作っていくということを意識してやっています。ですので、今私達自身がやっているプログラムは全て町を開くというテーマでやっていて、創業のプログラムも誰でも起業支援します。ちなみにプログラムの中身も相当磨いていて、ハーバードビジネススクールの教材を作っている現役の方が全部教材を作って、小さな町でも起業支援はどこの町よりも良いものを作るということに拘っていますし、今度4月からスタートさせるのは、海士町、神山町、上勝町、西粟倉、女川町で地域アライアンス（注：(alliance)：同盟、連合、提携のこと。）を組んで東京に拠点を作ります。東京に拠点を作って、彼らはプロジェクトベースラーニングといって、各地域、もしくは五地域横断型のプロジェクトを僕たちが提供して、プロジェクトをやりながら地域に関わるということを考えてもらうプログラムをやっていきます。それを4月から、来年度スタートさせて人をどんどん増やして、東京から新しい人の流れを作っていきます。関わり方を考えてもらうということを、プログラムとして提供して、他の町とはうちは組まないではなくて、色々な町と組む、もしくは町を開いて女川に、移住してもらえれば最終的に良いのですけれども、しなくても関わる人をどう増やしていくのかを意識して僕たちは事業をやっています。私からは3つの答えは以上になります。

（柳井）色々なイノベーティブな活動をされているということで今後期待したいと思っております。ありがとうございました。島田さん、質問が来ております。一つは、沿岸部被災地で、野菜はスーパー、もしくは道の駅の産直コーナーで販売されていますが、住民が少ないために八百屋さんが商売出来ないと考えています。このような中で野菜、農作物に付加価値を付ける、あるいは作る人を増やすには、どうすればいいのかということを、大矢さんから質問が出てます。あと、ＪＩＡの鈴木さんから、島田さんの今後

Table C

大きな修学旅行を引き受けたりする場合に、各館ともにそんなに大きいわけではないので、一館では引き受けられないんですね。なのでそういった場合に、2-30人ずつくらいに分けて回ってもらうなど、そうった形での連携を、私がやっている仕事の中ではしたりしています。先ほどからの南浜つなぐ館の話もしていただいて、本当にありがたいのですが、私たちは南浜つなぐ館は、週末土日と、祝日しか開けられていないんです。私たちのマンパワー不足が最大の理由なんですが、ただすごく嬉しかったことがあって、地元に家があった方々から、「もうちょっと開けてくれよ。俺たち手伝うから」と言っていただけたんですね。毎日はもちろん来れないけど、週に1日の午前中だったら開けてあげるよという様なことを言いに来てくれたりとかしてくれるんです。語り部さんが言って下さることもあれば、館に来てくれた方が言って下さったりだとかしていて。4年後に復興祈念公園が出来れば、必ず何か伝えるための館が出来るはずなんですね。その時になって初めて地域の人たちに、来館者への対応のレクチャーなどがはじまっても、きっとすぐに出来る様になるには難しくて、私たちの館が今からやっていいよと言ってくれる人たちを巻き込みながら、4年後に出来た時に、スムーズに対応が出来る様になっている、そんな風につながっていけたら良いなって思っているんです。それとともに、私たちの館にお越し頂いた方の中で、「自分たちのまちの思い出を書けるようにしてほしい」と言って下さった地域の方がいて、どうやったらそういう展示が出来るか、私たちも分からなかったんですけど、とりあえずは航空写真を壁に貼って、付箋を置いて、自分たちのまちの思い出を書けるスペースをつくったんですね。そうしたら付箋に「ここのチーズケーキは最高に美味しかった」といったコメントが書かれて、またその付箋に対して「私そこに震災前まで勤めていました」というコメントも張られて、その場にお二人はいないんですけれども、付箋で会話が繋がっている状況が生まれました。佐藤正実さんからお聞きしていた、付箋の中で会話がされるということが、実際自分たちの取組の中でも起きていて、面白いなあと感じていました。<u>やっぱり館にはなぜここにこういった館があるのかということを丁寧に説明する人が必要で、ただ模型があって、ここに家があったという物理的な</u>

Table A
これからの社会の在り方、自治・生活・福祉

使えます。でも、今回の大きな反省点でもありますが、事前に考えておかないとどうしようもないんです。だから、考えておくことが重要で、要するに事前に必要な政策を検討しておくということを、都市部門中心で考えています。また、一部の自治体では、茅ヶ崎市がそうなのですが、都市部門だけでは限界があるので、全庁的に、部局横断的に考えるっていうスタディをしているところもあります。こういうのを積み上げていくと現行の仕組みでは全く手が出ないような課題も出てきます。そういうものに対してはとりあえず必要な施策を検討して、引き出しにしまっておいて、いざ災害が起きた時に出そうと思っているのですが、それを平時にきちんと受け止めてくれるような窓口を国側が開いておいてくれるということが、非常に重要だと思っています。実は今回の東日本大震災の経験でも、国のいろんな仕組みの欠陥が問題に直結しているところもあって、その部分に関しては、それをきちんと国側にフィードバックしていくということが、次に震災復興をより良く進めていくために必要な条件だと思っています。

あとふたつだけしゃべります。今の生きている人たちの中には、一世代上と比べると社会全体を構想する力というのが無くなっていると思います。たぶん80歳とか90歳くらいの人は高度経済成長期の初期を経験していて、その前の戦後復興も経験しているので、社会全体を総合的に考えて少ない資源をどう選択的に分配するか、を知っています。特に戦後の復興なんてまさにそうですが、あの著しい住宅不足の中で住宅には一切投資してないわけです。かわいそうだから投資するという選択肢もあったと思いますが、しないって決断をしたんです。そういうメリハリのある投資をした結果、復興できたんです。そういう社会全体と先を見通す構想力というものが、その世代にはあった筈なのですが、今は多分なくて、20年後に僕たちが70くらいになったとき、僕らなんか絶対できっこないですもん。だってやったことないし、考えたこともないから出来る筈がないんですよね。だから、これからの災害復興を考えた時に、昔のようなスーパーマンを期待するのでは、無い物ねだりの話になっちゃいます。それに代わる同じ機能を持った社会システムをどう考えていくか、どうつくっていくかを中長期的に議論しておかないとまずいと思います。それがたぶんレジ

Table B
経済・なりわい・産業の再生

の戦略と何か教えて欲しいという質問が来ております。

(島田) 難しいです。人がいないというところでは、買い物弱者対策をよくやっている（支援している？）のですが、あまりうまくいかないです。相当小規模で考えていくと、もうお惣菜とかにして売った方が良いのではないかなと思います。そういう地域ではレタス１個買うのも大きいし、じゃがいも１個も大きいです。だとすると僕でしたらお惣菜とか、お弁当で売った方が逆に言うと付加価値付くので、小さいビジネスでしたら、ついでみたいなビジネスの方が良いので、結局生産からすると消費が追い付かないということだと思うのです。例えば北海道でも、生産量が多くて、じゃあ市民が全員食べられるかというと、カロリーベースで何千％というのと同じ議論で、そうしていくと、もうポテトチップス作れば良いというような話になってしまいます。付加価値とは何かというと、工数入れれば単価上がるので最終形で収めていく以外は無いのかなと思います。後は外に売り先を求めていくか、若しくは外から人を入れるしかないと思います。僕は田舎マニアなので、都心でも商売やっていますけれど、田舎だとストーリーを作って、レストランと言うととても陳腐な言い方なのですが、農家レストランに満たないところが結構あります。東北に来て凄いと思ったのが、観光農業ではなく生活農業だということです。軒先にパンツを干していますし（笑）、北海道ではちょっとあり得ないことです。観光農業だと働く場所と住まいが分離されています。そういった意味では外からきちんと受け入れる体制を作って、お料理も、田舎のお母さんが作ると言いますが、実はそれは商売ではなくて、１００人の町でも毎日食べてもらえれば延べ数で言うと３千人クラスになるわけです。３万人が延べ来るということになるので、３万人を外から呼んでくるのか、１００人に２０回提供するのかは結構同じ威力があって、そのような目線を切り分けることがとても大事だと思います。その３万人とか１０万人の質を分析していくと、非常に丁寧にやるパターンと、とにかく３６５分の１のビジネスをするのか、３６５分の３６５ビジネスにするのかで、全く料理の質とか受け入れ体制とか、メニューの商品構成とか違ってきます。地元の人が来るのであれば、別に隣近所と

Table C
震災の伝承・風化、次の震災に向けての取り組み

ことが分かるだけではなくて、ちゃんとみなさんと同じ、スーパーがここにあって、ケーキ屋さんがここにあって、バッティングセンターがあってとか、本当に普通のまちがあったんだということ、まちや生活の匂いが感じられる展示が出来る様、四年後に向けてためながら活動をしていきたいなと思っています。

(福留) どうもありがとうございます。藤間さんから、南浜つなぐ館などではじめている活動が、将来的に国営公園などで整備される施設などにつながっていけたら良いというお話がありましたが、もし良ければ脇坂さん個人として、整備する側としては、どういう公園になっていくことが望ましいのか、これはあくまでも個人の思いで構いませんので、そのあたり教えて頂けたらと思います。

(脇坂) はい。立場でということになるんだと思いますが、今南浜つなぐ館があって、がんばろう石巻の看板等もあったりするんですが、市民の方々と、みらいサポートさんの様な外から来たNPOの方々とが一緒になって今回の震災を伝えていきたいとは思っていまして、工事している中でも出来るだけ柔軟に取り組んで、こういった伝承活動を繋げていって、完成時点で出来た施設にすっと行ける様にしたいと思っております。公園をつくることが私の任務ではあるんですけれども、つくった公園が機能するという視点に立てば、そこで伝える人と言うのはどうしても必要となってくるんですね。ですからそういった人が伝えやすいように、公園の設計も、例えば町割構造を残してここが何丁目何番地だったかわかる様にしようですとか、池をつくるにしてもここは以前は水田だったんだよと言えるようにするですとか、あとは震災の様子をそのまま残して、震災後はこのような状況だったんだよと言えるように公園をつくって、かつそういった拠点施設もつくり、サポートしていけるような場にしていきたいと考えております。石巻にかぎらず他の所もそうだと思うんですが、それぞれに頑張る必要があって、私は私なりに、石巻と陸前高田で頑張っていけたらと思っております。

リエンスを高めるということになると思います。
　もうひとつが、自然災害って地域づくりにおいてはものすごい不連続点だと思うのですが、その不連続点をどうとらえるか、です。基本的に、被災者に寄り添って復興を進めてくっていう議論になる。被災自治体に寄り添って復興を考えていくっていうのはいいことなのですが、ただ一方で選択肢が実は限定されていく可能性もあるんです。被災者も被災自治体もたぶん世界で一番、心と時間に余裕のない人たちです。そういう人たちに考えてもらうという体制にしたときに、たぶん出てくるのは「元に戻る」って答えだけだと思います。でもそうじゃなくて、「この歴史的な不連続点は、前向きに質的転換をできるチャンスでもある」っていう捉え方があると思うんです。だから、事前にいかに選択肢を増やしておけるか。場合によっては変われる力っていうのを地域につけてくということも、次の震災を見据えた時のレジリエンスを高めていく、非常に重要な要素かなと思ってます。はい、以上です。

（増田）大沼先生、次に。

（大沼）これから考えることに関しては、やはり市街地というか都市部は、平成の市町村合併をした後の状態をベースにして行政を考えてもいいと思うんですが、農山漁村の場合、昭和30年の合併かそれ以前くらいのまとまりで考えるしかないと思っています。その方が、地域の自立性が生まれるんじゃないかと思います。そういった地域に、将来を構想する能力があるかないかは難しいところだとは思いますが、例えば長面浦というところにも、日本のおばちゃん100人に選ばれたグリーンツーリズムの先駆けとされる坂下清子さんという方がいます。その方はかなり人口減少する中でどう人を呼び込むかを実践していたし、全国にネットワークを持っています。そういう能力の高い人はまだ地域にはいるのだと思います。その地域に可能性を見出すことを考えた時も、自然とか土地と対峙して暮らしていく人たちには、近代が財政事情で切り分けて来たエリアの領域とは別の場所性があるということを強調しておきたいです。

Table A　これからの社会の在り方、自治・生活・福祉

Table B　経済・なりわい・産業の再生

（福留）どうもありがとうございます。あともしよろしければ、尚美さんの方からこれから石巻のまちづくり交流館を運営していくという話が冒頭あったかと思いますが、今ほどのいろんな館や語り部の取組を聞かれた中で、これは今後のヒントになりえるなと感じられたことがあればということと、尚美さん個人としてこういう風にやっていきたいと思っているところがあればお話し頂けたらと思います。

（佐藤尚美）はい。今日は私自身はすごく勉強になりました。得るものが多くあったと思います。と言うのは、まちづくり交流館を受託することがつい最近決まって、でも結構ぎりぎりまで「これって北上に必要ですか」というところで私の中で戻っていたんですね。市の方でもどういったことを目指して、どういった運営を行っていくのかもずっと計れないままでいましたし、北上、牡鹿、雄勝、石巻中心部と、石巻市の中で4つできるものの、つながりというものが全くなく、市の計画では今後も無さそうなんですけど、同じ様なものを4つつくったところで、何が意味あんのかなと。で、私たちは去年の年末、新潟のメモリアル施設を住民の人たちで視察に行って、それぞれきちんとストーリー化されていて、「ほらおもしろい」と思って。そして総合支所に行って、「私たち見てきたよ。すごく良かったよ。本当はこうするべきだよね。私たちに委託する前に、自分達も見るべきだよね」というやりとりがあって、市の方が後で追っかけて見に行くということがあって。話を戻すと、20世紀アーカイブ仙台の佐藤さんのはじまりのごはんの取組の、非日常の中の日常が、私たちも新潟に行った時に、そこに一番ピッときて。というのは、まったく知らない地域、知らない集落に行って、ここで何名もの方が亡くなって、集落が消滅しましたと言われても、あまりリアリティがなかったんですけど、新潟の場合は住民さんの証言が強調されていて、そういったところがすごくリアリティがあった。うちの方もそうやりたいなと思っていたけど、どう表現するかはぼんやりしていたんですけど、佐藤翔輔さんのお話の中での津波伝承地メディア、この言葉は今日初めて聞いたんですけど、あら、これならできるって思って（笑）。北上だと浜が13あるから十三浜という地名になっていて、一個一個浜の名前

Table C　震災の伝承・風化、次の震災に向けての取り組み

Table A
これからの社会の在り方・自治・生活・福祉

（塩崎）今後のことについて、2、3点、触れたいと思います。今回もそうだったんですけど、復興の主体は市町村、基礎自治体だということでやってきました。それでやってきたんですけど、それの評価できる面と否定的な面があるんじゃないかと思うんです。評価できる面はもちろん地方自治であって、住民に近いところの基礎自治体が主人公になるっていうことです。これは当然だと思うんです。しかし他方で、実際その市町村にそれだけの力量があるのかと考えると、そうでもないわけですよね。それとやはり市町村は住民に近いだけに、住民の要望に対しては弱いし、既得権益に対しても弱いので、全体が衰退している局面でも人口増を前提に計画したり、どうしてもそういうふうになる傾向があります。国としては財政的に支援するのは当然ですが、冷静に地域の将来像の方向性に助言するなどの関与をしていかないと駄目だと思います。100％国費を出すから自由に作ってくださいって計画を作ると、どうしても住民要望に引きずられたものになってしまいます。何のリアリティのない大きな計画をどこも立ててしまって、いたるところに国営公園ができたり、いっぱいいろんなものが出来ちゃうという傾向があるのでそこを注意する必要があると思います。

他方で国のほうは市町村が主体だというんだけど、僕やっぱりナショナルミニマム（国が保証する最低限の水準）も必要かなと思うんです。つまり、市町村によってえらくばらつきがでるのはやはり良くないと思うんです。原因が地震とか津波であり、市町村に関係なく原因があるわけなので、それで被害を受けた人が市町村によってえらく救われる程度が違うのはやはり変だと思うんです。

ナショナルミニマムで、是非とも早く解決しないといけないのは避難所の状態です。あれはほんとに国辱に近いような状態で、あんなことをいまだにやっているっていうのは驚きです。体育館の床に雑魚寝で何週間、何か月も暮らすというのは…。これについてはナショナルミニマム的にどこででも人間的な暮らしができるようにするっていうことを、まずやらないといけないと思うんです。

それから加藤先生おっしゃったように、事前にいろいろ考えておくことは大変大事だと僕も思うんです。しかし、注意しなくては

Table B
経済・なりわい・産業の再生

自分の飯が同じだったら行く必要がなくなります。そこがやはり、地元だからこれは食わないというと僕は違うと思っています。昨日もずっと（七のや）人が来ているのですが、地元で食べられないものを提供すると人が来ます。そういうのがとても重要だと思っています。一つ目の答えは惣菜にするか、地元で消費できないなら外から引っ張ってくるか、地元の人が何回も効率よく作っていくのか、地域内交流を高めていくのか、生きがい交流で人引っ張ってくるのか、というのが一つだなと考えます。

僕の戦略と言っても、あまりなくて、出たとこ勝負というところがあります。これは昨日も東京で言われた質問ですけれども、あまり未来のことを考えていなくて、ただ目の前のことを一生懸命やっていくと、与えられている場が徐々に大きくなってきたりはしています。今回、東京でチャレンジの場を頂いていると、都市開発にようやく入ってきたというのがあって、三井さんのような業界ナンバーワンのデベロッパーと一緒にやることはとても大きく、東北で生まれた技術や価値観というものを（持ってして）、今うちの会社も業務提供を大変広げています。スノーピークも住友林業も色々な形で業務提携を広げている（状況という）のは、違う血を入れていくことで自分達の価値が最大化されていきます。全く違う血と付き合っていくことで相手の商流にのったり、僕たち自身の強みが最大化されていくので戦略としてしっかりやっていきたいです。そして、僕たちも来月あたりから買参権（注：卸売市場などでセリを通じて魚を仕入れることが出来る権利）を取りにいき、ちゃんとお魚を入札で取りにいきます。最終的には僕たちがどうこうというのではなく、地元の漁師さんに弟子をつくってもらいながらやっていきたいと思っているのですが、ただ漁師さんと話をすると、一代限りという感じで弟子はとらないと頑なに言っていたりするので、やばいです（笑）。そういった意味では、飲みながら心を解きほぐし、弟子をつくっていくのも、ブレイクダウンして（現場に入って）いくのもとても重要です。片一方ではそういう質を高めたり、子供たちの教育よりもお母さんの教育がないと、お魚とか野菜などがどのようなものでも良くなってしまっています。国内の消費を高めていくためには、僕はやはり教育ベンチャーで創業しているので、教育的な（そういった食育）

Table C
震災の伝承・風化、次の震災に向けての取り組み

があってとか、伝統文化も、こういうものを津波の伝承メディアとして捉えるっていう考え方が今まで無かったので、これは目から鱗だったんです。これは使えるなって思いながら、妄想をはじめようかなと思っていて。あと生活の中の一つにした方が伝わるという川島さんの話も、これはそのまままちづくり交流館の中に活かしていけるなと。あと、こういった討論を、本当は市の人たちがまちづくり交流館の計画をする前にしてくれたら、こんなに、これだけの議論がここでなされるのに、結局今回の交流館にしても、これまで伝承活動を担ってきたのは、外から入ってきたNPO等といわれる人たちによってずいぶん行われてきているんですね。そしてその後まちづくり交流館をつくろうとなったんであれば、上手くその人たちの持つ技術や知識を活かすという協働の部分が完全に欠けていて、今日の討論をやればやるほど、逆に市に対して腹立たしい思いをまたムツムツと思い出しながら、今日は帰ります（笑）。ありがとうございました。

（福留）どうもありがとうございます。いろいろとあの、出ましたけれども、もし他の皆様からも何かあれば。

（佐藤正実）川島先生に質問なんですけれど、伝えるというのは、人が云うで伝えるだと思うんですが、全国の、川島先生の知っている範囲で結構なんですが、上手く伝わっている事例はどういうものがあって、何をやっているからなのかというところを教えて頂ければと思います。

（川島）先ほども紹介した、年中行事の中に組み込まれている取り組みが、災害伝承の中で一番根強いし自然だと感じますね。供養という言葉を使ったのですが、大正橋の例でいうと、これは橋のたもとにあるんですね。左岸になるのかな。実は右岸にはこういった供養塔が無くて、実は10年位前にそこを開発するための工事に来ていた人が、毎晩白い着物を着た人が川から上がるのを見て辞めていく人が多かったんです。地蔵様を祀っている側は、だからこっちでは見えないんだね、という言い方をしているんですね。津波で亡くなった人の幽霊だ、ということは確かですよね。そう

いけないのは事前復興で議論するときは、常に現存の制度を前提にして考えるっていう傾向があるので、そこはやっぱり越えないと…。

（加藤）現行の制度を前提とせずに、課題オリエンテッドでどうあるべきだっていうことをきちんと考えたうえで、ちゃんと手段目的を逆転せずにやってますので、大丈夫です。

（室崎）あの…、時々塩崎さんと意見が違うので確認をしておきたいと思うんです…。自治はものすごく大事です。国と自治体の関係は、学校の先生と生徒の関係です。生徒の宿題を国がやってはだめです。国の役割は、基本的には自治体がちゃんとやれるように励まし、育て、サポートする。自治体はそれに応えてしっかりやる。災害の中でもどんどん成長しているので自治体は絶対できると思うんです。それを中途半端に国があーやれやれって言って、最後に緊急時体制のように国が全部やると正解が出るけど、それで本当に良いのかということですよね。なおかつ言うと、今回の復興を見ていたら、国と自治体の職員レベルに差があるかっていうと、ほとんど変わらないです。そういう意味でいうと、僕は、まず自治体はとても大切なので、原則は自治体の力をどうつけるか、です。職員数が足りなかったらちゃんといい職員を採用できるように、しっかりそこを応援すればいいんです。自治というのは復興にとってとても大切なので、あれこれ大人が出てきて指図する必要はないと思います。

それからもうひとつ、これは細かな提案です。これも避難所や仮設住宅の全体的なシステムの考え方をどうするべきかということが原点にあります。なぜ今あんなに避難所が国辱的で、あるいは仮設住宅はひどいかっていうと、避難所は災害救助法で1週間原則なんです。1週間の間だったらこれでも我慢できるだろうということで、避難所の水準が決められているわけです。だからもし、1週間でなく、半年もそこに人を置いておこうと思ったら、最初からああいうものはすべきではないんです。仮設住宅も基本的には1年です。でも、安全率をみて2年と決めているので、本当は、2年の範囲で仮設からちゃんと出ていけるようにする責任があるんで

施設をどんどん作りたいなというのが、今の思いです。

（柳井）どうもありがとうございました。小杉さん、質問が来ております。震災観光ついて丸谷先生が進めていくべきとおっしゃられていたのですが、例えば震災経験の発信のためにどのように震災観光を進めていったらいいのか、その辺のお話をお伺いしたいと思います。

（小杉）震災復興の支援をいくつかやっているところですが、福島の一番顕著な例で、風評被害を払拭するために何をやっているかをご紹介します。まず、九州の学生さんを裏磐梯にお連れしまして、そこで福島のいわきの学生さんがマルシェをホテルの中でやっております。いわきの伝統芸能を披露して、マルシェとして地元の食材を使った豚丼みたいなものをご提供して、その中で高校生が自分の言葉で九州の学生さんに対して、現在こうなっていますよと被害について語ります。それを持ち帰って頂いて、ご両親ですとか、学校の校長先生はじめ、高校生から皆さんに情報を発信して頂くことをやっております。かなり盛況でして、裏磐梯ロイヤルホテルでやったばかりですけれども、ＮＨＫや福島の放送局にも来て頂きまして、成功裏に終わったのが一つの例としてあります。

南相馬の例でお話しますと、農業と観光をマッチしたことをやろうとしています。農業とは言いましても、単純にビニールハウスの上にソーラーパネルを乗せるような形の簡単なものと、相馬では馬を使った伝統芸能がございますので、ロバや馬などを活用しています。特別な特産物はありませんが、農業や馬を見にきて頂いています。ビニールハウスの上にソーラーパネルを付けると、何％ぐらい熱効率が悪くなるのか、作物が育つかを実験しながら、農業を観光資源にしています。今視察が年間数百件単位で来ておりまして、色々な業界の方々に来て頂いております。原発の30キロ圏内のところにございますので、農業と自然と観光、あと風評被害を払拭するために情報発信していこうということをやっております。

イベント系が福島では多くて、イタリアまで福島の高校生をお連

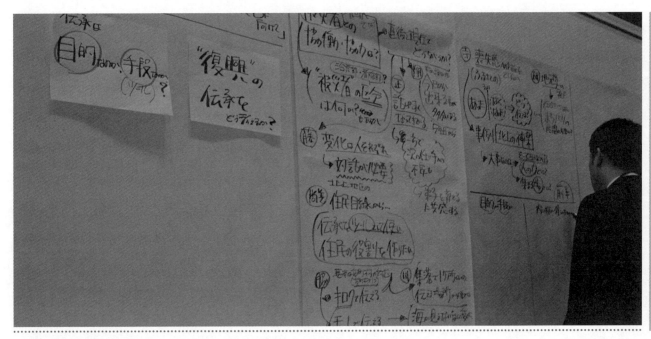

Table A
これからの社会の在り方、自治・生活・福祉

す、自治体には。だからそれをずるずる延ばすのであれば、仮設住宅のああいった非常に脆弱なものではだめなんです。そういう意味でいうと、住宅再建の全体像をどうするかを考えながら、その結論として避難所や仮設住宅がどうあるべきかを議論をすべきだと思います。

もう発言の機会がないのでもう一言だけ言っておきますと、私自身はね、今がとても大切だと思っているんです。今も将来の話をしてしまったのですが、こういう議論をすると将来どうあるべきかとか、ついついそういうところに話がいってしまいます。（これはあまり言わない方がいいと思いますが）私なんかはもう、東北の人たちの復興について、どうしたらいいかという知恵がないんです。沿岸部と内陸部をもうちょっと一体的に見て回れるようなことが出来ないだろうかと思ったりするのですが、エコツーリズムやグリーンツーリズムをやろうと思っても、海岸をどうするべきかという課題もいっぱいあって、答えが出ないんです。答えが出ない中でも、どうしても暗くなってしまうので、将来の明るい話はいくらでも言えるわけです。海と山との共生は大切とかいくらでも言えるんです。だけどそれはうまくいかない。責任をもつと希望のあることが言えないのですが、ついつい現実の問題から目を背けて、明るい話をしてしまう。だけどそれではいけないと思っています。まさにやはり現実の困難な問題に真正面に取り組むことが、それが将来につながることなので、僕は今、あんまり将来の議論はしないでいいと思っています。私の意見です。以上です。

（津久井）急ぎます。それに私、今のお話の流れで塩崎先生の弁護だけしますけれども。こういう議論は災害の度になされて、また使い捨てのように忘れ去られていくというサイクルをずっと繰り返しているわけです。千年後の津波って言ってますけど、千年前の方丈記だってほったらかしになっている上に、90年前の関東大震災だって何も受け継がれていないわけです。単に、知のストック、経験のストックをする仕組みや機関がないだけのことなので、スポーツ庁を作るくらいであれば防災復興省という常設の機関を作るべきだと、塩崎先生が本でおっしゃっているのには同感です。そこには3つのことが必要で、ひとつは専門家を養成するという

Table B
経済・なりわい・生活・産業の再生

れして、ミラノ博の時に現地で高校生がパネルを使って数値を示しまして、福島は線量が少ないですよと英語でアピールしています。今は草の根作戦で高校生や学生さんを中心に発表しておりますので、まだ大きな動きにはなっていないのかも知れませんが、少しずつやっているのが現状です。

（柳井）どうもありがとうございました。須能さん。さっき手が上がっていましたので宜しくお願い致します。

（須能）風評被害について、実態は消費者の意見ではありません。関西、九州の取引先が値を下げるためのビジネストークなのです。ですから、我々が説明してなんとかなることではないです。現実にわが社では5千万円でミンチにしないで1時間で千体測定できる機械は開発したし、それからボックスに入れて測定する設備や、ミンチにするＮａＩシンチレーション（注：ＮａＩ（Ｔｌ）シンチレーション検出器：ヨウ化ナトリウム（ＮａI）の結晶（タリウム含む）を検出器として利用したもので、原理は、放射線が結晶のなかで発する蛍光を測定する放射線測定器。主としてガンマ線の測定に用いられる。）という設備を５台使って全て公開しています。それを外国でもやっています。しかし今海外へも、日本との貿易摩擦の関係で、韓国の国営放送も十分に分かっていますが、そういう事情で輸出出来ません。その他の国も駄目です。ただ皆さんに是非理解してもらいたいのは、４０万ベクレルのものを１キロの食べたときの被ばく線量はどの程度あるかというと、７ミリシーベルトなのです。７ミリシーベルトとは、１回のＣＴスキャンを受けた時の被ばく線量なのです。そういう具体的な話を認識していない中で、日本が１００ベクレル、ヨーロッパは１２５０ベクレル、アメリカは１２００ベクレル、というような規制になっています。学校教育で一切やらない中で１００ベクレルにしてしまったので、１００が最高だと思っているわけです。そういう基礎教育をしていないことと同時に、弱者教育をしていないことによる日本のこのような状況は、我々が今訴えても被害を受けたことがない人にとっては他人事なのです。例えばアメリカで過去にあったことですが、人種差別をさせないために、授業の中で低学年の

Table C
震災の伝承・風化、次の震災に向けての取り組み

いった形で伝わっている方が、実に生活感覚としてはすんなり入ってくる。いろいろモニュメントや公園は出来るんだけれども、追悼、鎮魂の場をどこかで設けないと、単なる記憶をとどめるだけに終わってしまう。やはり災害ということを伝えるには、本当に幽霊話でも伝わるわけですから、何かそういった生活感覚でとらえるもので、動かしていくしかないのかな、と私個人としては思っております。

（佐藤翔輔）川島先生の後で言うのも恐縮なんですけれども、川島先生が長崎のスライドを説明されましたが、一個仰っていないことがあるので言います。むちゃくちゃ大事なことなんで。長崎の念仏講まんじゅうの例で大事なのは、実は二回災害が来たということなんです。念仏講まんじゅうが始まったのは、1860年の土砂災害なんですけれども、この後1982年にもう一回土砂災害が起きるんですね。その時に、けが人が無かったということが、大事な話なんです。隣の町では、犠牲者も出てしまった。この事がこの事例の一番大事な話ですが、先生にお話を聞くと、念仏講まんじゅうをやっている人は災害のことを知らないということなので、不思議だなあと、今そのメカニズムが知りたいなあと思っております。

（福留）ありがとうございます。その他いかがでしょうか。よろしかったでしょうか。

（佐藤尚美）すみません聞きもらしたんですけど、さっき翔輔さんが津波伝承地メディアの効果を研究中と仰っていたんですけど、これはいつまで研究して、答えはいつ見えるんでしょうか。

（佐藤翔輔）はい。一応構想としては三段階で三年でやっているんですが、一年目は終わりました。一年目の答えというのは、あったかもしれないということでして、昨年の秋に発表しているのですが、あくまで統計データで、メカニズムまではまだわかっていないのですが、もし同じ津波のインパクトがあった場所が二つあったとしたら、その二つの場所で片一方の場所で碑があって、もう

ことです。ふたつ目はその専門家は先生であって、実際にやる生徒の代わりにやるのではなく、いろんな提案や、情報の提供、経験の伝達だとかに専念するということです。そうであれば、あるいはコンサルタントも迷うことなくぱっと復興に取り掛かれます。そういうことをすれば復興庁がどうだああだっていう、その場の議論ではなくて次につながる議論になるんじゃないかと思います。
三つ目は、災害救助法はそろそろ変えましょうということです。災害対策基本法は国交省がちゃんと変えました。私、国交省のことはすごく買っているんですね。今回の中でほんとに活躍した省庁で、あの法改正が実現できたのであれば、本当は救助法も改正すべきだったんですけど、あれはもともと厚労省のものとされていたせいか、ほったらかしで今日に至っています。これを今東北の方から変えてくれって言わないと、誰も変えてくれという人はいないので、やはり今日出た議論はほとんどすべて救助法の範疇だと思うので、やった方がいいと思います。
その流れでもうひとつだけ言うと、災害対策基本法の中で、被災者台帳制度が一応できたわけです。あれは一人一人の被害状況とそれに対する支援策と、現状がどうであるかをきちんと帳簿に作るということです。それをどう維持するかも重要です。マイナンバー制度もできていますが、じゃあ現実に動いているかっていうと、1年経って機能しているという話はほとんど聞いていないです。避難者支援システムができている自治体はほとんどだと思うのですが、機能しているかどうかというと疑問です。そういった意味では是非もっと制度を活用して、次の世代に引き継ぐだけじゃなくて、この5年目から10年目にいく経過の中でも、それを活用出来たらいいのではないかと思います。

（岸井）先ほどから地方と国のどちらが主体となるべきか、という話がありましたが、この地域は災害前からすでに仙台と原発のあった町々をのぞいて、みんな人口減なわけですよね。そういう状況の上に被災があり、更に復興をするのは結構大変だと思うわけです。ちょっと申し訳ないんですけど、そういった自治体には構想力がないんです（笑）。そんな中では、いくつか復興の種を探さなきゃいかんと思います。いま、例えば海外から2千万人の方が来

Table A　これからの社会の在り方、自治・生活・福祉

子供にその時赤い服を着ていた子を徹底的に無視させるわけです。そして試験をやらせたところものすごく点数が下がるわけです。翌日は黄色い服の人など、全てやりました。その結果、その人たちが60歳になったテレビ番組がありましたが、皆差別されるというのは良くないことだとなりました。ですから本当に、弱者教育を受けない限り、今の風評被害を含めて、日本で絆だとかなんだかんだ言っても、痛みというのは伝わらないわけです。この震災を経て本当の意味で痛みになるものを、例えば学校で、突然今日の給食をなしにして、パニックになった時にどうなるのかということを体感させることが大事だと思います。風評被害の実態は何なのか、それの対処をどうするのかということについては、もう少し考えて欲しいなと思います。

（柳井）どうも貴重なご意見ありがとうございました。最後に私から、丸谷先生に質問をさせて頂きます。
最初にBCP対応ということでいろいろお話を伺ったのですが、この会合を通じて色々な情報が出てきたと思います。次世代に向けて、次の大きな災害に向けた教訓としてどういったことが今日の話からご理解頂けたか、あるいは皆さんにお伝えしたいか、最後のまとめを兼ねてお願いしたいと思います。

（丸谷）まず一言で言いますと、今日は色々な情報を頂いて、私も知らないこと、たくさん頂きました。特に企業の方々の取り組みの状況については、色々な人材の方がいらっしゃると皆から聞いていたところですが、本日は一部だと思いますが素晴らしい人材がいらっしゃることが分かりました。BCPから若干離れるのですけれども、復旧段階から復興段階に入ってきた場合、集まってきた人材がどう活躍するかがとても大事だというお話について改めて認識しました。災害対応や事業継続についても最終的には人材育成だろうと言われております。結局想像出来ない状況にあった時に、それに対応するためには、マニュアルではなくて人の判断が大事であり、これは方法論としてある程度確立出来ているのですが、復興段階においても人材の重要性が大きいと思います。ただし、中越の方々から留意した方が良いのではないかと言われ

Table B　経済・なりわい・産業の再生

片一方の場所で碑が無かったとしたら、碑があった方が、若干、津波で亡くなった人数が少ないです、ということが統計的に出てきたんですね。今、何でそうなったのかということを調べているので、それを報告できるのは再来年くらいとなるかと思いますが、併せて報告をさせて頂けたらと思います。

（佐藤尚美）再来年ですか。

（佐藤翔輔）はい。いや、なんか、尚美さん怖いですね（笑）。再来年を目指して頑張っております。

（福留）では、そろそろ時間が近づいておりますが、これまでの議論をお聴きになって、その他の方からご発言ありますでしょうか。脇坂さんお願いいたします。

（脇坂）震災伝承はとても大事な事なんですが、ここにいる公務員は私国土交通省の公園づくり担当ですけれども、本来的には県とか市とか、教育委員会とかですね、他にもいっぱいあるはずなんです。多分、震災伝承が仕事だと言える公務員がいないということが、先ほど石巻市の話もありましたけれど、難しい所ではないかなという気がしております。震災伝承もちょっと担当しています、という公務員はたぶんたくさんいらっしゃると思うんですが、それがメインの業務ではないという状況において、いろいろ不満等があるのではないかと思います。それは行政も相当悪いところはもちろんあるのだと思いますけれども、行政も人なので、こういったことが大事であると個人で思ってもらって、一生懸命取り組んでもらうということが大事ではないかと、個人的には思っております。ということで私もこの仕事をしていて、一緒にやっている石巻市の担当の方とは熱い思いでやっておりますので、引き続き関わっていきたいと思います。

（福留）どうもありがとうございます。佐藤研さん、いかがでしょうか。

Table C　震災の伝承・風化、次の震災に向けての取り組み

Table A
これからの社会の在り方、自治・生活・福祉

られてます。それを3千万人にしたいと政府はおっしゃるけど、3千万人の方を泊めるところが今は絶対にないんですよ。東京なんか満杯で、大阪も満杯。つまり、何度も繰り返して来る人たちはどこか他のところに泊まってもらうしかないんです。そうしないと3千万は達成しないんですよ。ということは、日本の地方の魅力をもっとアピールしなければならない。ちょうどオリンピックも来るし、それを通じてうまく売り込むということが大変大事です。更に人口減少の地域は、これから世界中に40も50も出てくるんです。だからここで我々が、「人口減に対応した社会の在り方」をうまく見つけておくと、これは絶対売れると思うんです。ただし、なかなか行政だけでは出来ないだろうと僕は思うので、民間の力を借りるべきだと思います。IBMが、震災の初年度の7月か8月かに、「石巻の復興はIBMが仕切る」というような感じで、企業を集めて石巻市に来たんです。しかし案の定何もやっていないんです。だから僕はそろそろ民間企業の出番なんじゃないかと思っています。IBMや、企業さんたちがせっかくあのときに来てくれたんだから、いまこそもう一度来てもらって、しっかりICTを使った見守りもあるだろうし、新しいことも企業の力を借りてやるっていうことがすごく大事なんじゃないかと思います。

もうひとつは、先ほど直轄調査の話をしたのですが、あの時の議論では、復興センサス（元来は人口静態統計を得るための人口センサスを意味するが、現在では人口のみならず、ある時点における、ある集団を構成する全単位に関する全数調査をいう。）のようなものにしておかなくちゃいけないんじゃないか、つまり定期的に見守るということが必要なんじゃないかという話がありました。復興がどれくらい進捗しているのかを含めて、ちゃんと見ておくってことが大事だろうということです。一応復興庁がやってますけど、復興庁はいずれ消えちゃうかも分からないですし、やはりこういったことは地域の専門家、建築家、大学の先生たちがこれからも担っていくべきだと思うんです。それは前回ちょっと議論した通り、都市計画基礎調査というものがあるので、これを大学に随契発注してもらって、随契した大学が実際にその地域のコンサルタントをある程度決めて（ここは随契できると思いますので）、あるまちの状態をずーっと見守ってくれる医者ができるという意味では、こ

Table B
経済・なりわい・産業の再生

ていることは、復興過程において潤沢に入っていたお金が外部からの人達の雇用のためにかなり使われていたのですが、復興の5年が過ぎた後、どのようにお金を回して、そういう人たちを地域の中に留めていくのかについて、真剣に考えないといけないとのことです。今までの復興の経験がある災害地に比べて今回の被災地については、100％補助とか直接的な税金の支援は手厚かった一方で、今後の復興段階に使える地域における自由なファンドがないというようなことがありまして、民間企業の取り組みでどのようにカバーできるのかが、とても期待されます。また、ボランティアセクターの方々が、どういうようにこちらに残って活動していけるかというのは、本当に大きな課題だと思います。
今日は企業経営のお話で、様々な有力な取り組みをお聞きしたと思うのですが、そういったような人達を、ボランティアセクターの人達と共に、どういうように地域経営をしていくかが、今後の本当に大きな課題だと思います。他の分科会の方でも多分話されていると思いますが、5年経った後が本当の地域復興の本番だとすれば、ファンドの方も含めて、地域の外から来ていただいた人材をどうやって支えていくか、こういったことを地域内で考えるべきではないかと、感想として持ちました。

（柳井）どうもありがとうございました。今日出てきた様々な考え方やアイデアが、今後5年間で、さらに試されていくのではないかと考えております。うまくいくかどうかも含めて良い方向に進化していく事を期待したいと思います。本日は長時間のご議論、ありがとうございました。

Table C
震災の伝承・風化、次の震災に向けての取り組み

（佐藤研）はい。長時間いろんなご意見を頂き、自分としても非常に参考になりました。震災伝承、メモリアル、一口に言いますが、東北にとってはこれから非常にスパンの長い取り組みになると感じていますが、伝承の目的や、携わる方々のモチベーションなど、これから試されることも多いと感じました。今日の場の様な、宮城県内の震災伝承やメモリアルに携わられている方々の情報交換、意見交換等を行う連携やネットワークなどを今後出来るところからつくっていけたら良いなあと思いますし、将来的には宮城だけではなく東北全体のネットワークが出来て、それぞれの地域の先につながる展開を生み出せたらなあと、そんな風に感じました。

（福留）どうもありがとうございました。それでは、司会の不手際で話がやや広がってしまい、まとめる力もございませんので、今日のこの場はここまでとしたいと思います。まだ、話し切れていない部分、個人的に確認をしたいということもあろうかと思いますので、この後の時間をご活用頂いて、ぜひこれをきっかけに、それぞれの皆さんの取組が今以上に円滑にいくようになれば、今日の場は良かったのではないかと思っております。長時間にわたりまして、どうもありがとうございました。

れからの5年間、10年間そういうことを仕組んでいくべきだと思います。以上です。

（家田）さきほどいろいろご指摘がありましたが、国の防災対策は災害対策基本法というものがあるのですが、これは内閣府が所管しています。今回の東日本大震災を踏まえて、災害対策基本法の一部を直しましたし、今回大規模災害の復興法というのも平成25年に制定しています。今までは大きな災害が起こると、それぞれの特例法を設けて対応していたところ、私が知る限りでは阪神淡路と東日本大震災の特例法は作りましたけど、他の災害は基本法の中で読んでいくというやり方をしていたと思います。今回大規模の復興法ができまして、そこで復興計画をつくれるということになりますので、さきほどの加藤先生がおっしゃったように、既に各自治体ではある程度の「このまちどうするか」という構想は作っていると思いますが、ただ、それをそのまま復興計画にいれてしまうと、先ほど言ったように、きれいな復興計画を作ってしまいます。本来ならば、それぞれの自治体が持っている独自の地域構想や、「本当はうちのまちはどんな問題点があるんだ」っていう本質的な部分を、自治体職員はしっかりと見ておく必要があります。当面それは出さなくていいとは思うのですが、大きな災害が起こった時には、人も資金もないという状況になるので、それを復興計画に入れ込むような形でつくっていくのが、今日ご指摘受けて、そういった考え方も必要だと思いました。

なお、先ほど災害救助法の話があったのですが、災害対策基本法の予防・応急救助・復旧・復興という4ステージのうち、唯一足らなかった応急救助を担う災害救助法が内閣府に所管されました。ですから、今まで厚生労働省でやっていた（つまり内閣府でやっていなかった）応急救助が、今後は一体的に取り組まれることになりましたので、少しは変わるのではないかと思われます。

そもそも災害対策基本法の元々の根底は風水害を対象にしているものであり、同様に災害救助法も、地震への対応はそれほど強く対策がとれない仕組みとなっています。今回は大きな津波災害でしたので、広域的な災害に対する救助の方法はこれからの課題と言えます。この次に大きな災害が起こった時には、なかなか今の

Table A　これからの社会の在り方、自治・生活・福祉

ままでは非常に難しいのではないのかなと思います。

(長)いくつかありますが、ひとつはですね、医療面で言うと日本では災害医療を救急医療ベースでやっているのですが、必ずしも世界的には標準ではありません。他の国では、公衆衛生の領域の人たちがやることが多いんです。そうなると、健康問題や長期的な視点がでてくるのですが、日本では圧倒的に救急医療をベースでやっていて、それが問題ではないかと思っています。
長く話しませんが、簡単に言えば医療は県の政策なんですけど、地域包括ケアの時代になると医療が市に降りてきます。それが国内で広まっていくと、市が医療機関と連携をとり、在宅医療をやっている先生たちが日ごろから介護の人たちと連携するようになります。そうなると被災者の状況が分かる医療者がいるという体制になってくるので、大きく災害対策も変わるのではないかと思います。(医療界で言われている訳ではないのですが)個人的には大きく変わる可能性があると思っていますし、それをちゃんと仕組みにしていかなければならないと思っています。

他には、日本は、災害時の国際的な支援の仕組みが非常に脆弱です。世界的には国際協定を結んでいたり大きなNPOをもってたりして、ちゃんと外部からどういう支援が来るか分かっているんです。日本は自衛隊が来るくらいしかなくて、あとはほとんどボランティアとして乗り込んで支援するということくらいしかありません。やはりもう少し国の中で国土強靭化よりも、減災を目指して国としてある程度ストックを持っておく、特にソフト部分のストックを持っておくことが必要じゃないかと思います。震災後5年が経ち、これからお金が減ってくる中で外部から来ていろいろ活動した若者たちがどんどん引かざるを得ないと思うのですが、そういう経験をちゃんとストックしていくことが非常に有効だと思います。
あと、本間先生も言われましたけども、本来地域の住民同士の支え合いと言いますか、住民の持っている力を、より引き出さないといけなくなっています。私はこちらに来て以来ずっと仮設住宅の自治会をやっている方々の支援を続けてきていて、今も理事をやっています。その中でいろいろと困ったことがあります。具体的には、駐車場の問題と、ごみ出し、ペット、アルコール、認知

Table B　経済・なりわい・産業の再生

Table C　震災の伝承・風化、次の震災に向けての取り組み

症の問題と、だいたい5つあり、どこにでもある問題です。それはフェーズによって変わってくるのですが、駐車場の問題などはまさしくまちづくりと大きく関係します。仮設住宅の道路は公道じゃないので取り締まれないんです。そういった問題については、臨時立法みたいなのをちゃんと作るようにしないと駄目だと思います。こうした規範が緩んでしまった社会の中では、本当に自治が成り立たなくなってしまいます。そういった問題にはちゃんと住民ベースで提言書みたいなものを作っていくように指導や、応援をしてかなきゃいけないと思っています。

あとはちょっと長くなりますが、家田さんがいる前で言いにくいことについてです。地方創生ってご存知だと思いますが、山崎史郎さんという介護保険を作った人が、これを作ったんです。あの中で言われているのは、高齢者の移住を背景にして、厚労省の管轄である子育ての問題と雇用の問題と高齢者のケアの問題をセットで、地方の問題として考えろということです。先ほども言ったように今までは地方のソーシャルキャピタル、女性のシャドウワーク（専業主婦などの家事労働など報酬を受けない仕事だが、しかし誰かが賃労働をすることのできる生活の基盤を維持するために不可欠なもの）に頼っていたものをある程度システム化して、雇用に置き換えることをちゃんとやる自治体は生き残るし、そうでない自治体は消えますよ、と言うことです。そのあとCCRC（Continuing Care Retirement Community（継続介護付きリタイアメント・コミュニティ）のことで、主にアメリカで発達した高齢者居住コミュニティのこと）や、高齢者移住村といった議論が出ていますが、東北の被災地はそこを目指していく必要があるんじゃないかという議論自体には私は色々異論があります。しかし、今回の震災で、これだけ公営住宅ストックを作ったことに対して、もちろんそれを姥捨て山にするべきではないのですが、東北出身者にいずれ帰ってきてもらうとなると、そうなったときのひとつのネックは、医療がないということです。東北は医療崩壊を起こしてしまいます。石巻は、なんとかそういうことに対応して、そうしたことが可能な地域づくりをし、（半居住でもいいから）都会から来る人たちを受け入れることを目指していく必要があると思っています。

Table A これからの社会の在り方、自治・生活・福祉

（小野田）まあだいたい論点は出尽くしてきているような気がしますけど、ちょっとだけ別な話をさせてください。先生方もご指摘されてますけど、今回は人口減が非常に進むような局面で、かつ高齢化が起こっているところで起こった大震災なので、（加藤さんもさきほどご指摘されましたが）ハコを作れば復興するとか、そういうことでは全くないわけです。特にそう考えると、コンパクトシティのように、とにかく集まればいいという話ではたぶんなくて、もうちょっと粗放的に物事を管理する仕組みを我々は作り出すべきだと考えています。粗放的な管理が可能な社会はどんなものかというと、ひとりの人が多能工化するということです。農協のおっさんなんだけどガソリンスタンドのおやじでもあって、農業もやって、幼稚園のおやじでもあるみたいな…、これは山陰の過疎化した社会を調べておられている先生が、仰っていましたが、やはりそういう社会は非常にレジリエンシーが高いんです。
事前復興のなかで、もしかすると加藤さんのプログラムの中で組まれているかもしれませんが、粗放管理を可能にする社会を作るためにどうするかが大事で、それが災害がきた時にも強いはずだと思っています。今の災害で立ちはだかっている困難の延長線上に、我々は社会を構想すべきだし、東北ってそういうエリアだと思うんですよね。かなり人口が疎なところに住んでるから、疎に住んでる中でどうやってクリエイティブに住めるかということなんです。現在は、それと全く逆なことが起こっちゃっているので、どう反対側にねじを巻くかということなんです。全く希望がないかといえばそういうわけじゃなくて、要するに災害危険区域に指定された低平地をこれからどうやって再生していくかということで、粗放管理の方法が必要になってくると思います。今は完全に居住禁止にされてますけど、管理するためには住めるとか、こうすれば住めるというようにちょっと法律を柔らかくしてもらって、あれをどうマネジメントしていくかということがたぶん次の課題で、それに頑張ってチャレンジしていくと、いま言ったようなことが起こるかなと思ってます。
それからもうひとつだけ。室崎先生がおっしゃったように、基本は地方自治体で現場に近いところでやるべきだということですが、私もまったくその通りの意見です。でもあまり大きい声で言えま

Table B 経済・なりわい・産業の再生

Table C 震災の伝承・風化、次の震災に向けての取り組み

せんが、ひどい人たちも多く制度的にもほとんど成り立っていない自治体もあります。それは言い過ぎかもしれませんが、完全に制度疲労を起こしちゃって、もうちょっと違うやりかたをしないといけない局面に来ていると思います。現場を見ていて思うのですが、地方自治体が起点になるのであれば、地方自治体の仕組みをもうちょっと変えていただく必要があります。「起点になれと、その代わり、もう少し変われ」というように是非言っていただきたい。

長先生が、社会教育が基本でそれが地域医療の起点なんだっていうお話をされてましたけど、同じように地方自治を考えてみると、地域に公民館があって、公民分館があって、そこの名士が議会に出て、地方自治体の自治をやってということだったんだと思います。社会教育を起点にしながらやろうとした地方自治の仕組みが、これまでは問題もありながらうまくいっていたわけですけども、今まったく違うものを求められていて、それをたぶん探さなきゃいけないんだと思うんです。それが一体何なのか、私には答えはないんですけど。たぶん加藤先生なんか答えあるかもしれませんね…。

地域のコミュニティを起点としながら、復興をうまくやっている自治体もあるので、そういうところを見ながら、うまくいかなかった自治体と、うまくいった自治体をちゃんと精査してフィードバックしていく必要があると思います。特に問題ある自治体は非常に偽装がうまいので、すごいメディアに取り上げられてて、素晴らしいって言われているんだけど、内情を見ると本当に大変だったりします。やはりメディアで語られていることと現実に起こっていることのギャップがすさまじいので、メディアの在り方についてももう少し何とかならないかと思っています。

（手島）小野田先生のおっしゃった、粗放的な管理をする社会について、一言補足させてください。これまでの社会は、ひとりの人間を専門家として育成しそれによって水準の高い安全性を維持してきましたが、地方ではそれは成り立たなくなってしまいます。そういう高度に安全性を確保した社会が成立するには圧倒的に人数が少ないのです。そんな中でも成立する社会モデルが必要にな

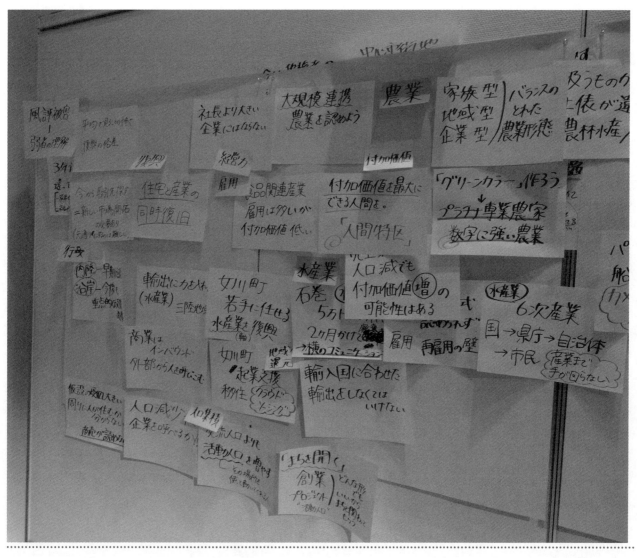

Table A ｜ これからの社会の在り方、自治・生活・福祉

ります。専門に特化し過ぎず、専門性に習熟していないのですが、一人の人間が何でもやるイメージです。これからの地域社会は、たぶんそういう社会になってくると思うんです。

（小泉）みなさんからいろいろ私の言いたいことを言っていただいたので、まだ出てない話題として、2点言いたいと思います。ひとつは事前復興の話もそうなんですけど、復興のモデルみたいなものがやはり大事かなと思っています。加藤さんから、さまざまなことを想像できるスーパーマンが昔いたけど、今はいないっていう話がありましたが、そういう単純な話ではないような気がしています。どういうことかというと、西洋の都市社会を目指せば良かったっていうのは高度成長期までだったと思うんです。今は目指すモデルがないので、自分たちで作らなきゃいけないというのが今の日本に課せられている課題だと思うんです。だから「目指すべき社会像」を平時から作っておかないと、もちろん復興の時にも役に立たないと思っています。そこで例えば都市計画の領域で言えば、立地適正化計画制度や、総務省でいえば公共施設の管理計画をつくる制度など、いろんな制度があり、それぞれが個別的にやられていますが、本当はそれらは総合的な視点で統合される必要があると思います。長先生の話のように、やはり公民館が健康づくりに役立つのならば安易に施設再編したらダメなのかもしれないですよね。そういうことを我々アカデミアとしてはそういうことを探っていって、あるべき社会のモデルみたいなのを考えておかないと、当然、復興のモデルも作れないんじゃないかと感じがしました。それともうひとつは、岸井先生から「企業の力を使って」という話がありましたが、絶対それは必要だと思っています。復興の担い手が今どこにいるかというと、民間の都市計画のコンサルタントも非常に脆弱になっていて、（建築家の方は非常に頑張ってくださっているんですごく助かっている面があるのですが）やはり企業に相当のマンパワーがあるんです。もしくは、企業からNGOやNPOに人が流れ、復興をサポートしているという現状があります。人材が企業にいるんです。それから海外のNGOやNPOという話が出てましたけど、それを含めた、ある種の共同連携のコレクティブインパクト（立場の異なる組織（行政、

Table B ｜ 経済・なりわい・産業の再生

Table C ｜ 震災の伝承・風化、次の震災に向けての取り組み

企業、NPO、財団、有志団体など）が、組織の壁を越えてお互いの強みを出し合い社会的課題の解決を目指すアプローチのこと。）を発揮するような復興の在り方を、担い手ベースで考えていく必要があるんじゃないかと思ってます。やはりこれをある種の復興のモデルのひとつとして、ちゃんと考えておくことが大事だと思いました。

（増田）ありがとうございました。時間になりました。まだ言い足りない方はいらっしゃいますか。居ないようなので、それでは、後半テーブルAは以上で終わりにしたいと思います。計画づくりの現場で言うと、今総合計画を書き直している自治体がたくさんあり、また、震災後5年経って復興計画も見直しているところもあります。地方創生戦略も慌てて作り、しかしあまりちゃんとした議論ができてないという気もしていますが、この5年目の節目が、少し総合的に復興の行く末を見直す、いい機会だったかなとも思います。さらにいろんな議論が出されましたので、このみやぎボイス2016の取りまとめ作業をやって、みなさんにもう一度アンケート表みたいなのが回って、少し提言コメントらしきものをくっつけて、取りまとめたいと思います。またご協力よろしくお願いいたします。

（手島）最後の件だけ補足させてください。頑張ってみなさんにいただいたアンケートをまとめていますが、今日の議論を経て、更に良いものにしたいと思っています。一応この震災復興の論点がきちんと網羅され、さまざまな視点からの指摘があるというかたちにはまとめたいと思っていますので、ぜひまたご協力をお願いいたします。

（増田）じゃあどうも、ご苦労様でした。ありがとうございました。

Table A

2.5.1

Table A　報告
これからの社会の在り方
自治・生活・福祉

増田聡
東北大学大学院経済学研究科地域計画担当
教授
東北圏地域づくりコンソーシアム

Table B

2.5.2

Table B　報告
経済・なりわい・産業の再生

柳井雅也
東北学院大学
教養学部
教授

（柳井）東北学院大学の柳井です。テーブルBの方でも活発な議論と意見の交換が行われました。特に発災後から精力的に動かれた方から、いろんな実際の成果やアイデアを話して頂きました。例えば水産業に関しましては、須能さんが石巻で880メートルの世界一の市場を作られました。これはハサップ対応ということですが、このアイデアは、20年前以上も前から考えていたことだそうです。その為、この対応が素早く行えたということです。こうして、いわゆる漁業ではなく、水産業としてのサプライチェーンを作って価格競争力も付けて輸出にまで見通しがついてたという話がございました。

それから農業につきましては、新指向の農業ということで、針生社長から、今までの農林水産業の農業ではなくて、経済産業省の農業、つまり機械化、工業化、あるいはIT化の進んだ農業が紹介されました。その中で人材育成も図っていくということです。これはグリーンカラーともいうべきニューカテゴリーの誕生で、そういう意味では経済特区ではなく人間特区が本当は必要だったのではないかといった話を頂戴しました。

Table C

2.5.3

Table C　報告
震災の伝承・風化
次の震災に向けての取り組み

福留邦洋
東北工業大学
准教授

（福留）では、テーブルCについて、簡単に振り返りをしたいと思います。最初に自己紹介を兼ねて、現在の取組ということで、国の方で整備を勧めつつある国営公園、それから石巻、そして仙台の取組がまず紹介されました。その中で語り部の方の活動についての話題がかなり出てきたんですけれども、そういった地元で協力してくれる方をいかに増やしていくのかということが、こういった伝承においては一つの大きなカギになると。ただそれについては、やはり直後と、5年が経つ今とでは、時間の中での変化があるということと、個人によって伝承との向き合い方の差があるので、なかなか一概には言えないし、今だからこそ出来ることもあるという話もありました。と併せてですね、よく被災者か非被災者か、被災地か被災地で無いか、という様な線引きがなされる場合があるけれども、決してそれは語り部に代表される伝承の様な、記録として残すという時には、決して被災者か被災者でないか、被災地化被災地で無いか、という狭い意味ではなくて、あくまでも個人として向き合う中で、何を語るか、何を残していくか、という関係性を築いていく事こそが、伝承においては大事である、とい

Table A
これからの社会の在り方、自治・生活・福祉

（増田）すみません。なかなか全体像をまとめてお話しできないのですが、ファシリテータのほうから議論を振ったのは、今5年経ってこの場面で仕切りなおすことは何かないのかという論点です。その中で、このグループには福祉、医療、保健の人たちがいらっしゃいましたので、建設仮設、見做し仮設から本設の災害公営住宅に移行していく中で、地域の医療や福祉の問題をどう考えていったらいいかという点で、幾つかの議論がなされています。発災当初からこの論点はずっとあったわけですけれども、なかなか一般に広まっていかなかった中で、この時期にもう1度改めて議論の立て直しが必要じゃないかということになります。さらに、「自治会の設置や集会所の再整備が進んでいる中でどういう形に自治組織等をつくっていけるのか」、「既成市街地内、あるいは公営住宅の空き家などが問題になる中で、未利用施設・空宅地をもう一度別の目的で有効利用できるのか」、などが直近眺めてできそうな糸口ではという議論でした。後半は、それではもう少し視野を長期において、将来を展望したらどうなるかということです。基本的には、「もう少し事前に知恵を蓄えておく。事前復興のアイデアを持っておく」ということが、とりあえず一番重要なことなんじゃないかということで、さらにそこから現行の計画づくりの中でいろいろな課題が出てきました。専門家の養成とか、基礎的自治体と国の役割の関係、さまざまな災害関連法制の見直しの方向性、直接的にはうまくまとめられませんでしたが基金とか財政、お金の問題というようなことも出されました。結論は出ておりませんが、テーブルAは以上のお話でした。

Table B
経済・なりわい・産業の再生

また、小松さんからは、女川では若い人に発言の機会を与えて活躍をさせようということでした。そこにいろんな仕掛けを入れているとのことです。そうすることで、イノベーティブな町づくりが今後期待されていくということでございます。島田さんは、七ヶ浜町に海の駅をオープンさせました。すでに動ける人は動いております。庄子さんからは、大地震があったとき、動けないようなことはやらないというお話も頂戴しました。

今後も、被災地でイノベーションを起こし続けていくには、人材育成と活躍の場をどう提供していくのか、地域資源の活用法をどう編み出していくか、ITのツールをどう使うか、売れる商品をどう作っていくのか、こういったあたりが課題になってくるのではないかと思います。Bテーブルからは以上でございます。どうもありがとうございました。

Table C
震災の伝承・風化、次の震災に向けての取り組み

うことがお話として最初に出ました。

その後、残し方、伝え方として出たのが、これは川島先生からだったかと思いますが、風化と言うのは、少なくとも被災地内ではなく、被災地の外の話が風化であると。風化という言葉が今回のテーマにも出ているものの、結局外に向けてどうかというところで風化という言葉は扱われるべきだという問題提起がなされました。と同時に、残していく事を内側で、地元側で考えていった際に、過去の例や岩手県のお話の中から、碑などは、人目に触れるということを重んじるのか、それとも、そこまで津波が来たという当時の立てた場所ということを重んじるのか、どちらかということは決めづらいけれども、伝えるという時に、どこに重きを置くかということは、これから考える問題であろうという話がありました。そういう議論を踏まえ、後半は震災伝承の目的や手段に移ってまいりました。そもそもこういった伝承は、被災地外への話、そういう意味では脇坂さんから出たのは、学びの場としての伝承、それから伝承の場が必要ではないかというお話がありました。一方で、今の地元にとっては、伝承と言っても碑に代表されるように、鎮魂や追悼という目的も現実にはあろうだろうと。そういった意味ではまだ、今回の東日本大震災の中では、まず鎮魂や追悼という意味での伝承がなされなければ、次には進まないんではないかという話がありました。外について伝えることと、中に向けて残していく事が、今はまだ異なる部分がある、先ほどの外に向けての学びの場ということであれば、もう既に遅れており、学びの場をしっかりつくっていかなければいけないということがある一方で、地元にとっては追悼する場、鎮魂する場をつくっていかないと次には進めない、この二つの意見が出ました。学びの場としては、ある方から出たのは、外向きに学びの場をつくっていくのであれば、震災遺構の様に、すぐ見て津波の衝撃が伝わることが必要であるという意見が出た一方で、もう一つ出たのは実は今の被災地の多くがどこを見ても同じ光景が広がっていると。そういう意味では、震災前の暮らしなり生業なり、前がどうだったかということを伴って伝えていかないと伝わらない、というお話がございました。ですので、そういう意味では、モノだけで伝えられることは限界があり、そこに語り部など、人が伴って初めて伝承と

Table A　これからの社会の在り方、自治・生活・福祉

Table B　経済・なりわい・産業の再生

Table C　震災の伝承・風化、次の震災に向けての取り組み

言うものが成り立つのではないかと。伝承について地元の人が集まるためには、集まるためのモノが必要だということで、話の中では、震災前に合ったような歴史や文化、例としては神楽の様なもの、そういったものを再開していくことが、地元の人にとってはそこに戻り、前に進むきっかけとなり、それが伝承につながる、というお話がありました。

中長期的に見た時にもう一つ大事な視点としては、いかに日常の中に伝承を含めていくかということで、一つには仙台では取り組みが始まっているそうですけれども、非日常の中で日常を伝えていく、言い方を変えますと、一つには震災直後の3月12日に最初に食べたごはんは何だったか、ということを伝えていく試みがなされているそうです。そういう意味では、多くの人の関心を持ってもらうということは必要なんですけれども、被害の経験者以外の人にとっては自分の日常に置き換えた時に何が起きるのか、ということを知ってもらうということが、中長期的には大事ではないかと。それともう一つは、ずっと追悼、鎮魂という形で、自然に伝えていく事が、結果として長く伝わることになるのではないかというご指摘がございました。そういったところでお話が出た後、最後は進行形の問題ですけれども、伝承をきちんと仕事として取り組める人を増やしていく、それは語り部さんなどもそうですが、今整備を進めている行政関係者の中でも、なかなかそれが自分の部署の正面の業務であるという認識をしてもらえないことが、この議論が進みにくい原因の一つであるのかなと話が出ました。その上で、部署はともかくといってしまうと怒られますけれども、それぞれ向き合う人が、自分の思いを交わす中で、こういうことにしっかり携わっていく事が、伝承につながるんだということを意識した上で取り組んでいく事が、伝承につながっていくという話が出ました。駆け足ですけれども、テーブルCからは以上です。

2.6 閉会の挨拶

渡邉宏

みやぎボイス連絡協議会　代表
JIA 宮城地域会
元 JIA 東北支部　支部長
関・空間設計

朝から長時間、非常に密度の高い討論ご苦労様でした。
これから報告書をまとめていきます。時間がかかりますが、充実した内容となりそうです。

２０１３年に始まった みやぎボイスは、震災直後に多くの方々が経験した「地域と個人の孤立」と、私たち建築に携わってきた者が味わった「建築家は困ったときに必要とされていない」という疎外感がきっかけでした。

「復興まちづくりに取り組む多くの関係者が日頃から集う、プラットフォームの構築」、「活動と知見の共有と記録」、「次代を担う人たちが中心になるプラットフォーム」で、地域の長期にわたる復興まちづくりへの貢献と専門家の地域社会での信頼の構築を目指しました。

東日本大震災は、地震・津波・原発事故の複合災害で 戦後日本の最大の危機です。
この危機に対して、「国家の主導」と「地域自らの責任」で「理想」と「計画」と「実行」を伴って歩もうと被災地では努めてきました。しかし、この国の仕組みと被災地の復興まちづくりとの間には「大きなギャップ」が横たわり、地域の縮退と共にこのギャップを「乗り越え」「変える」力も縮退しています。

「被災者の生活再建支援」でのギャップ、次世代に負担を残す構築物と分散孤立した土木先行の高台移転など「モノ」化した復興事業に触れる度に、復興構想会議のコンセプトと復興庁の仕組みに「新しい東北」を期待しながら、阪神淡路など過去の災害からの知見が生かされていないことに「伝えること」の難しさと、現場で自らの「想像する力」の不足を痛感しています。
「多くの知見」と「すぐれた人材」と「巨額の復興予算」がありながら、「どうして？」と。
本日の議論から、復興の「目的」と「モデル」の共有がされていない、と再確認しました。

本日は限られた時間でしたが、事前アンケートに寄せられた多くの「視点」と「論点」によって、今それぞれの地域と立場で 復興・まちづくり・生業再生に真摯に取り組まれている方々から「広く」、「深く」、「新鮮」で「示唆に富む」お話を伺うことができました。

私も明日からの実務で今日の内容を反芻しながら、これまでの成果を生かしながら、少しでも復興まちづくりに繋げていきたいと思うと共に、復興の現場から「新しい価値」、「新しいリーダー」が生まれてくることを期待しています。
２０１３年最初のみやぎボイスのテーマは、「地域とずっと一緒に考える復興まちづくり」でした。
今回は「宮城県災害復興支援士業連絡会」が新たに構成団体として加わりました。今後もみやぎボイスは「地域と真剣に向き合い」、「安全で安心できるまちづくり」を目指して「プラットフォームでの協働」を通して「地域と一緒」に復興まちづくりに取り組んで行きます。

最後になりますが、本日までの企画・準備の中で数々の失礼があったと思います。この場をお借りして 深くお詫び申し上げます。
休日で間もなく震災満５年を控え、様々な集いやシンポジウムが控えるお忙しい中、お集まり頂いた各界の先頭でご活躍の皆さまと、各テーブルのファシリテーター、企画担当と補佐の方々、各構成団体の皆さまのご理解とご協力に、そして多くのご後援をいただきました各位に、みやぎボイス連絡協議会を代表して心から感謝申し上げます。

ありがとうございました。

2.7 おわりに

渡邉宏　みやぎボイス連絡協議会　代表
JIA 宮城地域会
元 JIA 東北支部　支部長
関・空間設計

□みやぎボイス誕生

1978 年に起きた宮城県沖地震の再来に備えていた私たちにとって、3.11 東日本大震災は想定以上の災害でした。情報が途絶えた発災直後、JIA ではマニュアル通り本部、東北支部、宮城地域会に災害対策本部を立ち上げ、宮城では県との情報交換をはじめました。福島原発事故による屋外活動制約の中、仙台市では 4 日後から住宅の応急危険度判定に取り組みました。沿岸部でも津波被害を免れた高台の住宅で判定作業が行われました。しかし捜査と瓦礫除去の最中、ほとんどが無人の地域での活動は、行政からの要請とはいえその緊急性は疑問でした。想定外の状況の中、官公庁以外では必要な行動を考え対策を講じるための情報共有と連携の場が、私たちにはありませんでした。

また 5 月頃から地域の JIA 会員とのつながりから支援に携わることになった石巻市北上をはじめ多くの被災地では、必要な支援のための的確な情報の受発信と専門家職能に対する理解不足から「初動に至らない、身動きが出来ない」状況でした。その反動で被災地と自治体は多方面からの協力・支援の申し出と提案で溢れていました。が、そのほとんどは日の目を見ることはありませんでした。学識者と土木コンサルタントの活動を横目で眺めながら、私たちの思いと地域の期待とのギャップと、これまでの地域での自らの存在を思い知らされました。私たちは情報とヒト・モノ・カネの資源から遮断されていただけでなく、地域からの認識と信頼の外にあって、「孤立」していました。

そのような混沌の中で 4 月から宮城県建築住宅センターでは、学識者、行政、金融、コンサルタント、建築事業者と設計者、報道が集う計 9 回の情報交換会を開催しました。どこで、誰が、どのような活動を行っているか、被災地での状況と課題を共有する良い機会となりました。10 月には神戸復興塾に参加、多彩な関係者が一同に集う情報共有の場の意義と成果を学ぶことが出来ました。2012 年 3 月に JIA 東北支部がはじめての震災復興シンポジウムを開催しましたが、まだ JIA 主体の集いでした。しかし「つながるボランティア」と「震災復興における専門家の連携」というテーマから、専門家の連携の意義と必要性を考えるきっかけになりました。

これまで国内の災害対応のほとんどが政府・行政主導でした。東日本大震災は政府・行政だけでは対応出来ない想定以上の災害です。阪神淡路大震災、新潟県中越地震同様、災害からの復旧・復興とあわせて戦後日本の課題解決が同時に求められる難しさと、政治・行政・企業・市民と専門家が一緒に考え行動することが必要でしたが、残念ながら私たちにはその経験と拠り所となるプラットフォームがありませんでした。

想定以上の非常時、全ての人と組織が孤立した状況に直面していた中、私たちは 2 年にわたる多彩な支援活動と連携の成果と思いから、多様な主体が集い、課題と問題の解決に向けまず情報共有と協働、共創する場となるプラットフォームを目指し、2013 年 4 月にみやぎボイス「地域とずっと一緒に考える復興・まちづくり」を立ち上げました。

□復興雑観

復興構想会議で「創造的復興」が唱われ、行政、市民、専門家は復興への取り組みに覚悟と責任を、被災者は不安を持ちながらも期待をしていました。しかし、日本には創造的復興を実行する知見と予算が十分あったのに、なぜこの 5 年間の満足度が低いのでしょうか。

5 年に亘る石巻市北上での活動から、次のことを考えています。

一つは目的・目標となる地域のグランドデザインが共有されておらず、復興内容とスケジュールとその成果の評価・検証が出来ていません。例えば安全に対する二項対立的論点と、想定外・想定以上の事態に、被災前より規模も機能も価値も超えてはいけない「復旧」優先の戦後 70 年の仕組みと制度、そして「平等」からくる事業の停滞などがありました。誰のため、何のための復興なのか、主人公が不在です。

二つ目は政策決定での「ギャップ」です。復興まちづくりにおいてこれほど知見と手法と学識者・専門家が備わっているのに、なぜ実行と成果に対して満足の度合いが低いのでしょうか。そこには復興まちづくりの主体間に横たわる大きなギャップを感じます。これまで地域経営を政治と行政に依存してきた地域社会、主体間のプラットフォームと信頼関係の欠如、課題と問題解決の合意形成の不具合などを想起します。

三つ目は「検証・評価と見直し」の欠如です。復興まちづくりに時間がかかる以上、目的とプロセスと成果にズレが生じます。それを「失敗」と断じますが、その様な二項対立的視座とそれを諦めを持って受け入れる社会に違和感を持ちます。今やるべきことは、検証・評価を丁寧に行い共有し、必要あれば見直し変更を行い改善し、次に生かすことです。特に政策決定と事業に PDCA の C(検証・評価)と A(改善)が欠けています。次に備えるためにも、変わる必要があります。「フィードバック」という「想定外」の選択もあります。

これらを戦後日本の「民主政」の限界と評しても意味がありません。今回のみやぎボイスの企画と討論から、地域の姿を共有・共創し、ギャップを埋めるプラットフォームを備え、責任と覚悟を持って PDCA を続ける地域での「新しい公共」という自立する機能と基盤の必要性を痛感します。

また想定外で想定以上の事態を乗り越えるには、既成の制度と仕組みとは違う思考と行動と主体が必要です。例えば当初から避難の長期化と寒冷地という環境での生活が十分予測できるのに、大量に整備された鉄骨プレハブ系応急仮設住宅がその一例です。想像力が欠如したこの様な人的災害を生んだ仕組みで、復興に当たるのは矛盾です。しかし今回の復興まちづくりの中から、それら変える可能性が見えてきているという期待と手応えもあります。

こからの復興は多様でそれぞれ個性があります。また災害と日常が表裏一体であることも学びました。さらに個々の被災者と被災地の事情一つひとつに丁寧に向き合う必要があります。しかし国と自治体の制度と仕組みでは限界があります。復興まちづくりに向き合うそれぞれの主体の特徴と知見と中間支援組織の立場を活かし、「新しい公共」という社会的機能と基盤を構築するために、「共有、協働、共創」を通して「日頃の信頼と関係」を目指して行くことが、私たちに期待されています。

□みやぎボイスの今後

市民と行政と専門家が集い、復興からまちづくりに向けたプラットフォーム構築を目指して始まったみやぎボイスは、3年間にわたってその目的に近付きつつあります。今後は如何に継続的に「視点と論点の抽出」「論点に相応しい討論」「創造的討論を生むプログラム」がデザイン出来るかが問われています。特に復興とまちづくりの基点である「なぜ人はここに住むのか」を考える「地域の価値」と「暮らし」と「生業」の視点を大切にしたいと考えています。

さらにその成果の発信と他地域と次世代への伝達が重要です。

そして最も重要なことは、プラットフォームを通した人材の育成と社会との信頼関係の構築です。そのためには今後も継続的にプラットフォームを開き、協働と検証を深め、建築に期待されている役割「社会に対するサービス」に応え、「公共」のあり方を見つめ、障害となるギャップを埋めて行きます。そして多様な主体の思いと課題と知見を「声」として発信して行きます。今後「みやぎボイス」をプラットフォームに、未だ経験したことのない「縮退する日本でのまちづくりと、価値と目標の共有・共創」について探り続けていきます。

2.8 主催・後援

主催

みやぎボイス連絡協議会
　　　公益社団法人日本建築家協会東北支部宮城地域会
　　　一般社団法人みやぎ連携復興センター
　　　一般社団法人東北圏地域づくりコンソーシアム
　　　宮城県災害復興支援士業連絡会

協力

石巻市北上地区復興応援隊

後援

国土交通省　東北地方整備局
厚生労働省　東北厚生局
経済産業省　東北経済産業局
復興庁　宮城復興局
宮城県
仙台市
石巻市
東松島市
名取市
岩沼市
気仙沼市
山元町
女川町
七ヶ浜町
宮城県商工会議所連合会
仙台商工会議所
みやぎ復興住宅整備推進会議
（一社）日本建築学会東北支部
（一社）宮城県建築士会
（一社）宮城県建築士事務所協会
（一財）宮城県建築住宅センター
（一社）日本建設業連合会東北支部
独立行政法人　都市再生機構
独立行政法人　建築研究所
独立行政法人　住宅金融支援機構東北支店
仙台弁護士会
（公社）建築士会連合会
（一社）プレハブ建築協会
（公社）土木学会　東北支部
（公社）日本測量協会　東北支部
（公社）日本技術士会　東北本部宮城県支部
（公社）都市住宅学会　東北支部
（公社）日本都市計画学会　東北支部
国立大学法人　東北大学
国立大学法人　東北大学災害科学国際研究所
東北学院大学
東北学院大学災害ボランティアステーション

公立大学法人　宮城大学
東北工業大学
尚絅学院大学
朝日新聞仙台総局
毎日新聞仙台支局
産経新聞社東北総局
読売新聞東北総局
日本経済新聞仙台支局
河北新報社
NHK仙台放送局
TBC東北放送
仙台放送
KHB東日本放送
ミヤギテレビ
Date fm Sendai 77.1
東北専門新聞連盟
（株）建設新報社
七十七銀行
S-style
新建築
日経アーキテクチュア
建築ジャーナル
仙台経済界

2.9 事務局／文責

事務局

渡邉　宏	全体統括	
増田　聡	企画	
石塚　直樹	企画	
手島　浩之	企画・報告書・アンケート	
阿部　元希	企画・事務局	
安田　直民	企画・報告書	
齊藤　彰	企画・報告書	
榊原　進	企画	
櫻井　一弥	会場・進行	
鈴木　大助	会場	
江田　紳輔	進行	
佐伯　裕武	進行	
齊藤　彰	進行	
斎藤　拓也	進行	
早坂　陽	撮影	
徳田　伸治	撮影・渉外	
岩渕　大	撮影	
佐々木　宣彦	撮影	
遠藤　博明	会場	
鈴木　弘二	渉外	
安達　揚一	渉外	
松本　純一郎	渉外	
齋藤　健太郎	渉外	
氏家　清一	渉外	
樋口　芳文	渉外	
西村　明男	渉外	
大友　彰	渉外	
鈴木　孝悦	渉外	
東山　圭	渉外	
南雲　明広	設営・会場	
山本　博	設営・会場	
佐藤　浩	設営・会場	
田越　淳也	設営・会場	
吉村　浩	設営・会場	
髙殿　勝正	設営・会場	
中村　充孝	設営・会場	
北田　顕幸	設営・会場	
佐藤　克枝	受付・事務	

文責

みやぎボイス 2013-2016 総括	JIA宮城　（※1）	手島　浩之
開会挨拶	JIA宮城	安達　揚一
ラウンドテーブル Ⅰ		
テーブル A	JIA宮城	手島　浩之
テーブル B	JIA宮城	安田　直民
テーブル C	北上支援チーム（※2）	齊藤　彰
ラウンドテーブル Ⅱ		
テーブル A	JIA宮城	手島　浩之
テーブル B	JIA宮城	阿部　元希
テーブル C	みやぎ連携復興センター	石塚　直樹
閉会挨拶	JIA宮城	渡邉　宏
おわりに	JIA宮城	渡邉　宏

※1）JIA宮城とは、公益社団法人日本建築家協会東北支部宮城地域会を指します。

※2）北上支援チームとは、JIA宮城 石巻市「北上まちづくり委員会」支援活動スタッフを指します。

編集

JIA宮城	安田直民

本誌に掲載されている事例報告、各団体等の活動報告、ならびにラウンドテーブルの討議録は、当日の録音及び発表原稿をもとに文字におこしたものです。一部、録音の不鮮明な部分、口語体で理解が難しい部分については加筆をおこなっています。
内容については上記の文責のもとに原稿を作成いたしました。

みやぎボイス連絡協議会
みやぎボイスは東日本大震災翌年 2012 年の (公社) 日本建築家協会東北支部主催の災害復興支援活動報告シンポジウム「つながるボランティア」「震災復興と専門家の連携」を契機に、市民、行政、専門家が集い、地域の共通のテーマと課題の共有、解決のための協働・共創を行うプラットフォームとして設立されました。2014 年からみやぎボイス連絡協議会として、(公社) 日本建築家協会東北支部宮城地域会 (建築設計職能団体)、(一社) みやぎ連携復興センター (復興中間支援 NPO)、(一社) 東北圏地域づくりコンソーシアム (復興支援活動団体)、共創造する復興推進プロジェクト研究会（民間企業復興支援グループ）と 2016 年から宮城県災害復興支援士業連絡会（士業 11 団体）が加わり、企画・運営しています。

この書籍は、（公財）経和会記念財団及び（一社）日本建築学会東北支部からの助成金を頂き発刊しております。

みやぎボイス

333 人による一人称の復興 　　　― みやぎボイス 2013-2016 総括
みやぎボイス 2016 　　　　　　　― これまでの復興とこれからの社会

2016 年 12 月 10 日　第一刷発行

編　者：	みやぎボイス連絡協議会（れんらくきょうぎかい）
発行所：	みやぎボイス連絡協議会 〒 980-0811　宮城県仙台市青葉区一番町 4-1-1 仙台セントラルビル 4F （公社）日本建築家協会東北支部宮城地域会内 Tel.022(225)1120　Fax. 022(2132)2077
発売元：	鹿島出版会 〒 104-0028　東京都中央区八重洲 2-5-14 Tel.03(6202)5200　Fax. 03(6202)5204　振替　00160-2-180883
印刷・製本：	株式会社グラフィック

落丁・乱丁本はお取替えいたします。
本書の無断複製（コピー）は著作権法上での例外を除き禁じられています。
また、代行業者等に依頼してスキャンやデジタル化することは、
たとえ個人や過程内の利用を目的とする場合でも著作権法違反です。

©Miyagivoice Renrakukyougikai
ISBN 978-4-306-08550-3　C0036　Printed in Japan

本書の内容に関するご意見・ご感想は下記までお寄せください。
URL：　　http://www.jia-tohoku.org
E-mail：　miyagi@jia-tohoku.org